COURS
D'ANALYSE

DE

L'ÉCOLE POLYTECHNIQUE.

PARIS. — IMPRIMERIE GAUTHIER-VILLARS,

29942   Quai des Grands-Augustins, 55.

COURS

D'ANALYSE

DE

L'ÉCOLE POLYTECHNIQUE,

Par Ch. STURM,

Membre de l'Institut;

REVU ET CORRIGÉ

Par E. PROUHET,

Répétiteur d'Analyse à l'École Polytechnique,

ET AUGMENTÉ DE LA

THÉORIE ÉLÉMENTAIRE DES FONCTIONS ELLIPTIQUES,

Par H. LAURENT.

DOUZIÈME ÉDITION,

REVUE ET MISE AU COURANT DU NOUVEAU PROGRAMME DE LA LICENCE,

PAR A. DE SAINT-GERMAIN,

Professeur à la Faculté des Sciences de Caen.

TOME PREMIER.

PARIS,

GAUTHIER-VILLARS, IMPRIMEUR-LIBRAIRE

DE L'ÉCOLE POLYTECHNIQUE, DU BUREAU DES LONGITUDES

Quai des Grands-Augustins, 55.

1901

TABLE DES MATIÈRES.

CALCUL DIFFÉRENTIEL.

PREMIÈRE LEÇON.

DEUXIÈME LEÇON.

TROISIÈME LEÇON.

QUATRIÈME LEÇON.

CINQUIÈME LEÇON.

SIXIÈME LEÇON.

SEPTIÈME LEÇON.

HUITIÈME LEÇON.

NEUVIÈME LEÇON.

APPLICATIONS ANALYTIQUES DU CALCUL DIFFÉRENTIEL.

DIXIÈME LEÇON.

ONZIÈME LEÇON.

DOUZIÈME LEÇON.

TREIZIÈME LEÇON.

QUATORZIÈME LEÇON.

QUINZIÈME LEÇON.

SEIZIÈME LEÇON.

APPLICATIONS GÉOMÉTRIQUES DU CALCUL DIFFÉRENTIEL.

DIX-SEPTIÈME LEÇON.

DIX-HUITIÈME LEÇON.

VINGT-SIXIÈME LEÇON.

CALCUL INTÉGRAL.

VINGT-SEPTIÈME LEÇON.

VINGT-HUITIÈME LEÇON.

VINGT-NEUVIÈME LEÇON.

TRENTIÈME LEÇON.

TRENTE ET UNIÈME LEÇON.

TRENTE-DEUXIÈME LEÇON.

TRENTE-TROISIÈME LEÇON.

APPLICATIONS GÉOMÉTRIQUES DU CALCUL INTÉGRAL.

TRENTE-QUATRIÈME LEÇON.

TRENTE-CINQUIÈME LEÇON.

TRENTE-SIXIÈME LEÇON.

LEÇONS COMPLÉMENTAIRES,
PAR A. DE SAINT-GERMAIN.

PREMIÈRE LEÇON.

DEUXIÈME LEÇON.

FIN DE LA TABLE DES MATIÈRES DU TOME PREMIER.

AVERTISSEMENT

DE LA NOUVELLE ÉDITION.

Depuis sa première édition, parue en 1857, le *Cours d'Analyse*, professé à l'École Polytechnique par Sturm et publié par Prouhet, est resté l'un des Ouvrages consultés le plus volontiers par ceux qui veulent s'initier au Calcul infinitésimal : sa clarté et sa simplicité lui ont valu un succès qui se maintient et se justifie encore aujourd'hui. Il faut reconnaître toutefois que, depuis l'époque où Sturm faisait son cours, les méthodes et les programmes ont changé; diverses théories sont si bien devenues classiques que leur place est marquée, même dans un Livre élémentaire destiné aux candidats à la Licence et aux élèves de nos grandes Écoles.

Parmi ces théories, l'une des plus importantes est, sans contredit, celle des fonctions elliptiques; mais les lecteurs des dernières éditions du Cours d'Analyse de Sturm n'ont rien eu à désirer à cet égard : ils ont trouvé, à la fin du second Volume, un Appendice, rédigé par un de nos géomètres les plus autorisés, M. Laurent, et contenant, sur la théorie générale des fonctions et surtout sur les fonctions elliptiques, des notions largement suffisantes, non seulement pour satisfaire aux exigences des programmes, mais pour guider encore plus loin ceux qui veulent explorer l'immense carrière ouverte par les travaux d'Abel, de Jacobi, de Cauchy, de MM. Hermite et Weierstrass.

Outre cette importante théorie, il en est d'autres, plus ou moins étendues, qui sont omises ou développées d'une manière tout à fait insuffisante dans les leçons publiées par Prouhet, et qu'il est indispensable d'indiquer ou de développer, même en ayant simplement égard au programme de la Licence; c'est ce que j'ai essayé de faire au moyen d'additions qui se rattachent immédiatement aux Leçons de Sturm, et de quelques modifications à ces leçons elles-mêmes. On trouvera les additions proprement dites à la fin de chaque Volume, sous forme de *Leçons complémentaires*. La première, qui est la plus étendue, a pour objet de compléter la théorie des courbes à double courbure; la seconde, qui doit être lue immédiatement après les leçons sur l'intégration des différentielles algébriques, se rapporte aux courbes unicursales et à la réduction des intégrales qui dépendent de la racine carrée d'un polynôme du quatrième degré. La troisième, placée dans le second Volume pour suivre l'ordre adopté par Sturm, contient des compléments sur la théorie des surfaces; la quatrième est consacrée aux séries de Lagrange et de Fourier.

Pour les modifications à apporter au texte des leçons, bien qu'il n'ait pas été rédigé par Sturm lui-même, j'ai usé d'une grande réserve, en conservant toutes les notations et, autant que possible, la méthode d'exposition. La plus grosse modification consiste dans le remplacement de la leçon sur la question, purement algébrique, des équations binômes par une leçon nouvelle qui contient le développement d'un chapitre sur l'élimination des fonctions arbitraires, emprunté à une autre leçon de l'ancien texte, et la théorie du changement de variables quand il y en a plusieurs d'indépendantes. A une démonstration assez pénible de la série de Taylor, j'ai substitué l'élégante démonstration de M. Rouché, en rappelant la démonstration si générale que M. Bonnet a donnée du théorème de Rolle. J'ai dû compléter la leçon sur les imaginaires par des développements sur la définition et les propriétés des fonctions e^z, $\sin z$, $\cos z$, $l z$, z^m. La solution de problèmes élémentaires sur le plan tangent est remplacée par des notions sur les surfaces enveloppes; un paragraphe est consacré au changement de variables dans les intégrales doubles. Enfin, la leçon sur l'intégration des équations aux dérivées partielles du premier ordre a été refondue et accrue de la théorie des équations aux différentielles totales et des équations non linéaires aux dérivées partielles, dans le cas de deux variables indépendantes.

J'ai relu avec soin le texte donné par Prouhet et j'y ai fait maintes corrections de détail, évidemment indiquées : je n'ai pas hésité à abréger certains passages, quand j'ai cru ne rien sacrifier d'utile; mais j'ai conservé les leçons sur les séries et les différences finies, ainsi que les notes de MM. Catalan, Despeyrous, Prouhet et Brassinne, qui toutes présentaient de l'intérêt. Enfin j'ai cru faire plaisir à plusieurs lecteurs en donnant, à la suite des Exercices empruntés à l'excellent Recueil de M. Tisserand, une série de sujets de compositions proposés par les Facultés de Paris et de la province.

Nous espérons que cette nouvelle édition présentera un ensemble aussi homogène qu'on peut le demander à une œuvre collective, qu'elle sera au moins aussi facile à étudier que les éditions précédentes, tout en étant suffisamment complète pour les débutants.

A. DE SAINT-GERMAIN.

AVERTISSEMENT

DE LA PREMIÈRE ÉDITION (1857).

Vers la fin de sa trop courte carrière, Sturm, cédant aux instances de ses nombreux amis, s'était décidé à publier ses *Cours d'Analyse* et *de Mécanique*. Mais comme l'état de sa santé ne lui permettait pas de se livrer aux soins multipliés qu'exige l'impression d'un livre de science, surtout dans une première édition, il avait bien voulu accepter mes bons offices pour la révision du texte et la correction des épreuves. Élève de Sturm, honoré en toutes circonstances de ses précieux conseils et de son bienveillant appui, j'avais saisi avec empressement cette occasion de lui témoigner ma reconnaissance, lorsque sa mort vint interrompre l'entreprise à peine commencée, et me laissa seul chargé d'un travail que j'aurais été si heureux d'accomplir sous sa direction.

Je dois maintenant à la mémoire de Sturm d'entrer dans quelques détails sur la manière dont j'ai compris l'exécution de ses dernières volontés.

Le Cours d'Analyse, pour ne parler que de l'ouvrage dont je publie aujourd'hui le premier volume, est la reproduction des Leçons faites par l'auteur à l'École Polytechnique, et rédigées en premier lieu par quelques élèves de cette École. Ces rédactions rendaient assez fidèlement, dans leur ensemble, la pensée de Sturm, et je les ai reproduites en grande partie; mais, par suite de la rapidité avec laquelle elles avaient été composées, il s'y était glissé de nombreuses fautes de calcul ou de langage, qu'il m'a fallu faire disparaître. A cet effet, je me suis servi des cahiers de Sturm, dans lesquels j'ai trouvé un programme très-détaillé de son Cours, et quelquefois des théories entièrement rédigées par lui; j'ai profité en outre des corrections ou additions qu'il avait indiquées en marge de quelques exemplaires des feuilles lithographiées. Enfin, conformément à l'intention clairement manifestée par Sturm, j'ai supprimé de nombreuses répétitions, indispensables dans un cours oral, mais inutiles dans un livre où elles peuvent être suppléées par des renvois. J'aurai atteint le but de ce modeste travail, si l'on retrouve dans le texte que je publie les qualités qui avaient fait une place si remarquable à Sturm parmi les professeurs.

E. PROUHET.

NOTICE

SUR

LA VIE ET LES TRAVAUX

DE Ch. STURM.

CHARLES STURM naquit à Genève, alors chef-lieu du département du Léman, le 6 vendémiaire an XII (22 septembre 1803). Sa famille, qui appartenait à la religion protestante, était originaire de Strasbourg et avait quitté cette ville vers 1760. Elle comptait probablement parmi ses ancêtres deux hommes célèbres au XVIᵉ siècle, Jacques Sturm, président (*stadt-meister*) de la république de Strasbourg, qui se distingua dans la lutte de cette ville contre Charles-Quint, et Jean Sturm, humaniste, diplomate, théologien, dont le nom se trouve mêlé à toutes les querelles littéraires, politiques et religieuses de son époque.

Le jeune Sturm montra de bonne heure des dispositions extraordinaires, et il obtint au collége de nombreux succès dans toutes les parties de ses études. Il apprit avec une égale facilité les langues anciennes et modernes, la littérature, l'histoire. On nous a même rapporté qu'à douze ans il composait des vers qui décelaient beaucoup d'imagination et de sensibilité. Mais, à mesure qu'il avançait en âge, il donnait une préférence de plus en plus marquée aux études scientifiques.

b.

Sturm quitta le collége en 1818 pour suivre les cours plus savants de l'Académie de Genève. Il y eut pour professeurs MM. J.-J. Schaub, le colonel (depuis général) Dufour et Simon Lhuilier. Ce dernier, géomètre éminent, avait pour son élève une vive affection et se plaisait à lui prédire un brillant avenir. Il eut le bonheur de vivre assez longtemps pour voir ses prédictions se réaliser.

En 1819, un grand malheur vint frapper Sturm et le mettre aux prises avec les nécessités de la vie. Son père mourut dans la force de l'âge, ne laissant aucune fortune à sa veuve et à quatre enfants, dont Charles était l'aîné. Pour venir au secours de sa mère, qu'il aimait tendrement, Sturm, quoique bien jeune, se livra à l'enseignement et commença par donner des leçons particulières. En 1823, il entra comme précepteur dans la famille de Broglie, où il fut chargé de l'éducation du frère de madame de Broglie, fils de la célèbre madame de Staël. Il demeura quinze mois dans cette respectable famille, dont il eut beaucoup à se louer.

Sturm accompagna son élève à Paris, vers la fin de 1823. En route, il lia connaissance avec un bibliothécaire de Dijon qui conduisait son fils à l'École Polytechnique. Ces messieurs étaient des lecteurs assidus du *Journal de Gergonne*, où Sturm avait déjà inséré quelques bons articles. Quand ils apprirent le nom de leur compagnon de voyage, ils lui firent beaucoup de compliments et de politesses. A vingt ans, de pareilles rencontres, premières joies d'une célébrité naissante, ont un charme tout particulier qui les fait compter parmi les plus grands bonheurs de la vie.

Sturm aimait à se rappeler cette époque. Il était alors pauvre et presque inconnu. Mais il avait la conscience de sa force, et son existence modeste était embellie par l'espérance, ce bien souvent préférable au but le plus ardemment poursuivi. « Je suis actuellement, écrivait-il à sa mère, en relation avec des hommes très-savants et très-distingués. Il faut tâcher de m'élever à peu près à leur niveau. »

Ce premier séjour à Paris fut de courte durée. Sturm y revint un an après avec son ami d'enfance, M. Daniel Colladon, aujourd'hui professeur à l'Académie de Genève et physicien distingué. De 1825 à 1829, les deux amis vécurent ensemble, mettant en commun leurs travaux, leurs espérances, leurs joies et leurs peines. Le 11 juin 1827, une haute distinction venait récompenser leurs efforts : ils remportaient le grand prix de Mathématiques proposé par l'Académie pour le meilleur Mémoire sur la compression des liquides.

Sturm était venu à Paris avec une lettre de recommandation de M. Lhuilier pour M. Gerono. L'éminent professeur accueillit le jeune mathématicien avec une cordialité dont celui-ci lui a toujours gardé une profonde reconnaissance, et lui procura des relations utiles. MM. Arago, Ampère et Fourier suivaient avec intérêt les travaux de Sturm et de son ami. Je n'ai pas besoin de dire que les jeunes savants étaient obligés d'abandonner parfois la haute théorie pour des occupations moins relevées, mais plus lucratives. M. Arago, dont la prévoyante amitié embrassait tous les détails, ne laissait échapper aucune occasion de leur envoyer des élèves.

A cette époque, M. Fourier réunissait autour de lui quelques jeunes géomètres, dont la réputation commençait à se faire jour, et qui ont tenu depuis ce qu'ils promettaient alors. L'illustre savant les initiait à ses travaux de prédilection et les entraînait dans la route où il avait fait de si importantes découvertes. Sturm subit l'heureuse influence de ce maître vénéré, dont il ne parlait jamais qu'avec émotion. Il dirigea ses recherches vers la théorie de la chaleur et l'analyse algébrique. C'est en étudiant les propriétés de certaines équations différentielles qui se présentent dans un grand nombre de questions de physique mathématique, qu'il trouva son célèbre théorème. Cette découverte, publiée en 1829, fit sensation et plaça son auteur au rang des premiers géomètres.

Sturm accueillit avec joie la révolution de Juillet, dans laquelle il crut voir l'avénement définitif d'une sage liberté. Cette révolution lui fut du moins favorable en lui permettant d'entrer dans l'Instruction publique, dont sa qualité de protestant l'avait éloigné pendant la Restauration. La haute protection de M. Arago le fit nommer, à la fin de 1830, professeur de Mathématiques spéciales au collége Rollin.

C'est de cette époque que date son amitié avec M. Liouville, amitié qui a duré jusqu'à sa mort.

Le 4 décembre 1834, l'Académie des Sciences l'honora du grand prix de Mathématiques, qui devait, aux termes du programme, être décerné à l'auteur de la découverte la plus importante publiée dans les trois dernières années. Le Mémoire couronné, déposé au Secrétariat le 30 septembre 1833, était relatif à la théorie des équations.

En 1836, Sturm fut nommé Membre de l'Académie des Sciences, en remplacement de M. Ampère, par 46 voix sur 52 votants.

Entré à l'École Polytechnique en 1838, comme répétiteur d'Analyse, Sturm devenait deux ans plus tard professeur à cette École. Dans la même année (1840), présenté en première ligne par le Conseil académique et par la Faculté des Sciences, il occupait à la Sorbonne la chaire de Mécanique, laissée vacante par la mort de Poisson.

Sturm était, en outre, officier de la Légion d'honneur (1847), Membre de la Société Philomathique, des Académies de Berlin (1835) et de Saint-Pétersbourg (1836), de la Société Royale de Londres (1840). Cette dernière lui avait décerné la médaille de Copley pour ses travaux sur les équations.

Sturm se montrait digne de tous ces honneurs par son zèle à remplir ses diverses fonctions. Doué d'une constitution naturellement forte, il pouvait compter sur une longue carrière et de nouveaux succès. Malheureusement, vers 1851, sa santé subit une altération profonde par suite d'une trop forte application à des recherches difficiles, et il fut obligé de se faire remplacer à la Sorbonne et à l'École Polytechnique. Il reprit ses cours à la fin de 1852, mais il ne se rétablit jamais complétement. Malgré les soins de sa famille, qui retardèrent mais ne purent arrêter les progrès du mal, il succomba le 18 décembre 1855, à l'âge de cinquante et un ans.

Sturm n'était pas seulement un homme de talent, c'était aussi un homme de cœur, bon pour sa famille, bon pour ses amis, dont le nombre était grand. « J'ai beaucoup d'amis, » disait-il avec un naïf orgueil, et cette parole, qui chez tout autre aurait passé pour une exagération, était rigoureusement vraie. A ceux que j'ai déjà cités, j'ajouterai, sans prétendre à une énumération complète, MM. Lejeune-Dirichlet, Ostrogradsky, Brassinne, Cassanac, Catalan. M. Faurie, d'abord élève, devenu ensuite l'ami intime de Sturm, mérite une mention spéciale pour le dévouement dont il a fait preuve dans les circonstances les plus pénibles.

Dans sa prospérité, Sturm n'oubliait pas les jours difficiles et le généreux appui qu'il avait reçu de MM. Ampère, Fourier, Arago. Il se plaisait à venir en aide aux jeunes gens qui débutaient dans la carrière des sciences, et il savait les obliger avec une délicatesse admirable.

Sturm se taisait volontiers avec les personnes qu'il ne connaissait pas; mais quand sa timidité naturelle était vaincue, il révélait tout le charme d'un esprit fin et original. Il était passionné pour la musique des grands maîtres, et nous tenons de lui qu'à une époque où ses ressources étaient bien faibles, il s'imposait des privations afin de pouvoir entendre les chefs-d'œuvre de Rossini et de Meyerbeer.

Comme professeur, Sturm se distinguait par la clarté

et la rigueur. On lui doit beaucoup de démonstrations ingénieuses qui, répandues par ses élèves, ont ensuite passé dans les livres dont les auteurs ont presque toujours *oublié* de le citer. Mais il était riche, point avare, et ne réclamait jamais. « En ai-je assez perdu, disait-il en riant, de ces petits objets! et combien peu m'ont été rapportés par d'honnêtes ouvriers! A la longue, cependant, le total peut faire, comme on dit, une perte *consé-quente.* »

Les qualités de Sturm étaient bien appréciées par la jeunesse intelligente qui suivait ses leçons. « On admirait, dit l'un de ses élèves (*) (et j'ajouterai : l'on aimait), cet homme supérieur s'étudiant à s'effacer, pénétrant dans l'amphithéâtre avec une timidité excessive, osant à peine regarder son auditoire. Aussi le plus religieux silence régnait-il pendant ses leçons, et on pouvait dire de lui comme d'Andrieux, qu'il se faisait entendre à force de se faire écouter, tant est grande l'influence du génie! »

Enfin, pour achever de faire connaître l'homme éminent que nous venons de perdre, nous citerons encore les paroles touchantes prononcées sur sa tombe par M. Liouville, le jeudi 20 décembre 1855.

« MESSIEURS,

» Le géomètre supérieur, l'homme excellent dont nous accompagnons les restes mortels, a été pour moi, pendant vingt-cinq ans, un ami dévoué; et par la bonté même de cette amitié, comme par les traits d'un caractère naïf uni à tant de profondeur, il me rappelait le maître vénéré qui a guidé mes premiers pas dans la carrière des mathématiques, l'illustre Ampère.

» Sturm était à mes yeux un second Ampère : candide comme lui, insouciant comme lui de la fortune et des

---

(*) M. Regray-Belmy, ancien élève de l'École Polytechnique. Voir le *Siècle* du 30 décembre 1855.

vanités du monde; tous deux joignant à l'esprit d'invention une instruction encyclopédique; négligés ou même dédaignés par les habiles qui cherchent le pouvoir, mais exerçant une haute influence sur la jeunesse des écoles, que le génie frappe; possédant enfin sans l'avoir désiré, sans le savoir peut-être, une immense popularité.

» Prenez au hasard un des candidats à notre École Polytechnique, et demandez-lui ce que c'est que le théorème de Sturm : vous verrez s'il répondra ! La question pourtant n'a jamais été exigée par aucun programme : elle est entrée d'elle-même dans l'enseignement, elle s'est imposée, comme autrefois la théorie des couples.

» Par cette découverte capitale, Sturm a tout à la fois simplifié et perfectionné, en les enrichissant de résultats nouveaux, les éléments d'Algèbre.

» Ce magnifique travail a surgi comme un corollaire d'importantes recherches sur la Mécanique analytique et sur la Mécanique céleste, que notre confrère a données, par extraits seulement, dans le *Bulletin des Sciences* de M. Férussac.

» Deux beaux Mémoires sur la discussion des équations différentielles et à différences partielles, propres aux grands problèmes de la Physique mathématique, ont été du moins publiés en entier, grâce à mon insistance. « La » postérité impartiale les placera à côté des plus beaux » Mémoires de Lagrange » (*). Voilà ce que j'ai dit et imprimé il y a vingt ans, et ce que je répète sans craindre qu'aujourd'hui personne vienne me reprocher d'être trop hardi.

» Sturm a été le collaborateur de M. Colladon dans des expériences sur la compressibilité des liquides que l'Académie a honorées d'un de ses grands prix.

(*) M. Liouville s'exprimait ainsi dans un Mémoire lu à l'Académie des Sciences le 14 décembre 1836, et cependant Sturm était son concurrent pour la place vacante par le décès d'Ampère. Un pareil fait, assez rare dans l'histoire des luttes académiques, porte avec lui son éloge.

» Nous lui devons un travail curieux sur la vision, un Mémoire sur l'Optique, d'intéressantes recherches sur la Mécanique, et en particulier un théorème remarquable sur la variation que la force vive éprouve lors d'un changement brusque dans les liaisons d'un système en mouvement. Quelques articles sur des points de détail ornent nos recueils scientifiques.

» Mais, bien qu'il y ait de quoi suffire à plus d'une réputation dans cet ensemble de découvertes solidement fondées et que le temps respectera, les amis de notre confrère savent que Sturm est loin d'être là tout entier, même comme géomètre. Puissent les manuscrits si précieux que quelques-uns de nous ont entrevus se retrouver intacts entre les mains de sa famille! En les publiant, elle ne déparera pas les chefs-d'œuvre que nous avons tant admirés.

» L'originalité dans les idées, et, je le répète, la solidité dans l'exécution, assurent à Sturm une place à part. Il a eu de plus le bonheur de rencontrer une de ces vérités destinées à traverser les siècles sans changer de forme, et en gardant le nom de l'inventeur, comme le cylindre et la sphère d'Archimède.

» Et la mort est venue nous l'enlever dans la fleur de l'âge! Il est allé rejoindre Abel et Gallois, Göpel, Eisenstein, Jacobi.

» Ah! cher ami, ce n'est pas toi qu'il faut plaindre. Échappée aux angoisses de cette vie terrestre, ton âme immortelle et pure habite en paix dans le sein de Dieu, et ton nom vivra autant que la science.

» Adieu, Sturm, adieu. »

LISTE BIBLIOGRAPHIQUE DES TRAVAUX DE STURM.

ANNALES DE MATHÉMATIQUES DE GERGONNE.

1. Tome XIII (1822-23), page 289. — *Exténsion du problème des courbes de poursuite.*

Solution d'une question proposée par le rédactéur.

2. *Ibid.,* p. 314. — *Déterminer en fonction des côtés d'un quadrilatère inscrit au cercle : 1° l'angle de deux côtés opposés ; 2° l'angle des diagonales.*

3. Tome XIV (1823-24), p. 13. — *Étant donnés trois points et un plan, trouver dans ce plan un point tel, que la somme de ses distances aux trois points donnés soit un minimum.*

Sturm, sans résoudre le problème par des formules explicites, démontre, à l'aide de considérations empruntées à la Mécanique, plusieurs propriétés du point cherché. Il généralise ensuite le problème.

4. *Ibid.,* p. 17. — *Démonstration analytique de deux théorèmes sur la lemniscate.*

Démonstration de deux théorèmes énoncés par M. Talbot, concernant l'excès fini de l'asymptote d'une hyperbole équilatère sur le quart de cette courbe.

5. *Ibid.,* p. 108. — *Recherches analytiqnes sur une classe de problèmes de Géométrie dépendant de la théorie des maxima et des minima.*

Maximum et minimum d'une fonction des distances d'un point variable à d'autres points dont les uns sont fixes, les autres assujettis à se trouver sur des courbes ou sur des surfaces données.

6. *Ibid.,* p. 225. — *Démonstration de deux théorèmes sur les transversales.*

7. *Ibid.,* p. 286. — *Lieu des points desquels abaissant des perpendiculaires sur les côtés d'un triangle et joignant les pieds de ces perpendiculaires, on obtienne un triangle d'aire constante.*

8. *Ibid.,* p. 302. — *Recherches de la surface courbe de chacun des points de laquelle menant des droites à trois points fixes, ces* droites déterminent sur un plan fixe les sommets d'un triangle dont l'aire est constante.

9. *Ibid.*, p. 381. — *Courbure d'un fil flexible et inextensible dont les extrémités sont fixes et dont tous les points sont attirés ou repoussés par un centre fixe, suivant une fonction déterminée de la distance.*

10. *Ibid.*, p. 390. — *La distance entre les centres des cercles inscrit et circonscrit à un triangle est moyenne proportionnelle entre le rayon du circonscrit et l'excès de ce rayon sur le diamètre de l'inscrit.*

11. Tome XV (1824-25), p. 100. — *Démonstration de quatre théorèmes sur l'hyperbole.*

12. *Ibid.*, p. 205. — *Recherches sur les caustiques.* Cas où la ligne réfléchissante ou séparatrice de deux milieux est une circonférence. Propriétés des ovales de Descartes.

Ce Mémoire est le seul morceau de Géométrie que nous ait laissé Sturm et montre ce qu'il aurait pu faire dans ce genre s'il l'avait cultivé.

13. *Ibid.*, p. 250. — *Théorèmes sur les polygones réguliers.* Démonstration et généralisation d'un théorème de Lhuilier.

14. *Ibid.*, p. 309. — *Recherches analytiques sur les polygones rectilignes plans ou gauches.*

15. *Ibid.*, p. 238. — *Recherches d'analyse sur les caustiques planes.* Relations entre les longueurs des rayons incidents et réfractés correspondants, prises, l'une et l'autre, depuis le point d'incidence jusqu'à ceux où ces rayons touchent leurs caustiques planes. Rectification des caustiques planes.

16. Tome XVI (1825-26), p. 265. — *Mémoire sur les lignes du second ordre.* (Première partie.) Propriété des coniques qui ont quatre points communs. Pôles et polaires. Théorèmes de Pascal et de Brianchon.

17. Tome XVII (1826-27), p. 173. — *Mémoire sur les lignes du second ordre.* (Deuxième partie.) On y trouve les deux théorèmes suivants, qui sont une généralisation de celui de Desargues :

Quand deux coniques sont circonscrites à un quadrilatère, si l'on tire une transversale quelconque qui rencontre ces courbes en quatre points et deux côtés opposés du quadrilatère en deux autres points, ces six points sont en involution.

Quand trois coniques sont circonscrites a un même quadrilatère, une transversale quelconque les rencontre en six points qui sont en involution.

BULLETIN DES SCIENCES DE FÉRUSSAC.

Sturm a rédigé, en 1829 et 1830, la partie mathématique de ce *Bulletin.*

18. Tome XI (1829), p. 419. — *Analyse d'un Mémoire sur la résolution des équations numériques.* (Lu à l'Académie des Sciences le 13 mai 1829.)

Ce Mémoire contient le célèbre théorème de Sturm. La démonstration en a paru pour la première fois dans l'*Algèbre* de MM. Choquet et Mayer (1re édition, 1832). Sturm a donné dans le même ouvrage une démonstration, plus simple que celle de Cauchy, du théorème que *toute équation algébrique a une racine.*

Voici comment Sturm parle de ses obligations envers Fourier : « L'ouvrage qui doit renfermer l'ensemble de ses travaux sur l'analyse algébrique n'a pas encore été publié. Une partie du manuscrit qui contient ces précieuses recherches a été communiquée à quelques personnes. M. Fourier a bien voulu m'en accorder la lecture, et j'ai pu l'étudier à loisir. Je déclare donc que j'ai eu pleine connaissance de ceux des travaux inédits de M. Fourier qui se rapportent à la résolution des équations, et je saisis cette occasion de lui témoigner la reconnaissance dont ses bontés m'ont pénétré. C'est en m'appuyant sur les principes qu'il a posés et en imitant ses démonstrations que j'ai trouvé les nouveaux théorèmes que je vais énoncer. »

19. *Ibid.*, p. 422. — *Extrait d'un Mémoire présenté à l'Académie des Sciences* (1er juin 1829).

Extension du théorème de Fourier et de celui de Descartes aux équations de la forme

$$A x^{\alpha} + B x^{\beta} + \ldots = 0,$$

dans lesquelles α, β, $\gamma,\ldots$ sont des nombres réels quelconques.

A la fin de cet extrait, Sturm énonce quelques théorèmes relatifs au mouvement de la chaleur dans une sphère ou dans une barre. Ils devaient faire partie d'un Mémoire qui paraît n'avoir jamais été rédigé. M. Liouville les a démontrés très-simplement dans son Cours du Collége de France (2e semestre 1856). Ce Cours, consacré à l'analyse des travaux de Sturm, nous a été très-utile pour la composition de cette Notice.

20. *Ibid.*, p. 273. — *Note présentée à l'Académie* (8 juin 1829).

Réalité des racines de certaines équations transcendantes. Sur les coefficients des séries qui représentent une fonction arbitraire entre des limites données.

Cette Note a été refondue dans d'autres travaux de l'Auteur.

21. Tome XII (1829), p. 314. — *Extrait d'un Mémoire sur l'intégration d'un système d'équations différentielles linéaires.* (Présenté à l'Académie des Sciences le 27 juillet 1829.)

Étude des racines des équations qui se présentent dans l'intégration d'un système d'équations linéaires. Nombre de ces racines comprises entre deux limites données.

Cet extrait, fort étendu, peut tenir lieu du Mémoire lui-même. Dans une note, l'Auteur avertit que les conclusions d'un Mémoire précédent (*voir* plus haut, n° 19) s'étendent à un grand nombre d'équations transcendantes.

JOURNAL DE M. LIOUVILLE.

22. Tome I (1836), p. 106. — *Mémoire sur les équations différentielles linéaires du second ordre.* (Lu à l'Académie des Sciences le 30 septembre 1833.)

Très-beau Mémoire, dans lequel les propriétés des fonctions qui satisfont à une équation différentielle sont étudiées sur cette équation même.

Une analyse de ce Mémoire a paru dans le journal *l'Institut* du 9 novembre 1833. Le même journal, dans le numéro du 30 novembre, contient une Note de Sturm, qui complète sa théorie.

23. *Ibid.*, p. 278. — *Démonstration d'un théorème de Cauchy.* (En commun avec M. Liouville.)

Théorème sur le nombre de points-racines renfermés dans un contour donné.

24. *Ibid.*, p. 290. — *Autre démonstration du même théorème.*

25. *Ibid.*, p. 373. — *Sur une classe d'équations à différentielles partielles de la forme*

$$g\frac{du}{dt} = \frac{d\left(k\frac{du}{dx}\right)}{dx} - lu.$$

Complément du Mémoire n° 22.

(*Voir* aussi *Comptes rendus*, t. IV, p. 35.)

26. Tome II, p. 220. — *Extrait d'un Mémoire sur les développements en séries, etc.* — (En commun avec M. Liouville.)

(*Voir* aussi *Comptes rendus*, t. IV., p. 675.)

27. Tome III, p. 357. — *Mémoire sur l'optique.*

Surfaces caustiques formées par des rayons lumineux émanés d'un point et qui éprouvent une suite de réfractions ou de réflexions.

28. Tome VI, p. 315. — *Note à l'occasion d'un article de M. Dellaunay sur la surface de révolution dont la courbure moyenne est constante.*

29. Tome VII, p. 132. — *Note à l'occasion d'un article de M. Gascheau sur l'application du théorème de Sturm aux transformées des équations binômes.*

30. *Ibid.*, p 345. — *Note sur un théorème de M. Chaslés.*

Démonstration nouvelle de ce théorème : Un canal infiniment petit, orthogonal aux surfaces de niveau relatives à un corps quelconque, intercepte sur les surfaces de niveau des éléments pour lesquels l'attraction exercée par le corps a la même valeur.

31. *Ibid.*, p. 356. — *Démonstration d'un théorème d'Algèbre de M. Sylvester.*

Ce beau théorème complète celui de Sturm en faisant connaître la manière dont les différents restes se composent avec les facteurs simples de l'équation proposée.

COMPTES RENDUS DE L'ACADÉMIE DES SCIENCES.

32. Tome IV, p. 720. — *Sur un théorème de Cauchy relatif aux racines des équations simultanées.* (En commun avec M. Liouville.)

33. Tome V, p. 867. — *Rapport sur un Mémoire de M. Bravais concernant les lignes formées dans un plan par des points dont les coordonnées sont des nombres entiers.*

34. Tome VII, p. 1143. — *Rapport sur deux Mémoires de M. Blanchet relatifs à la propagation et à la polarisation du mouvement dans un milieu élastique.*

35. Tome VIII, p. 788. — *Note relative à des remarques sur les travaux de M. Liouville contenues dans un Mémoire de M. Libri.*

36. Tome XIII, p. 1046. — *Mémoire sur quelques propositions de Mécanique rationnelle.*

Sturm étudie dans ce Mémoire la perte de force vive résultant de l'introduction subite de liaisons dans un système matériel : la question avait été traitée en 1835 par Duhamel (XXIVe Cahier du *Journal de l'École Polytechnique*).

37. Tome XX, p. 254, 761 et 1228. — *Mémoire sur la théorie de la vision et sur l'accommodation.*

38. Tome XXVI, p. 658. — *Note sur l'intégration des équations générales de la Dynamique.*

Théorèmes d'Hamilton et de Jacobi.

39. Tome XXVIII, p. 66. — *Rapport sur un Mémoire de M. L. Wantzel ayant pour titre :* Théorie des diamètres rectilignes des courbes quelconques.

MÉMOIRES DES SAVANTS ÉTRANGERS.

40. Tome V (1834), p. 267. — *Mémoire sur la compression des liquides.* (En commun avec M. Colladon.)

Ce Mémoire a remporté le grand prix de Mathématiques en 1827. Il a aussi été publié dans les *Annales de Chimie et de Physique,* t. XXII, p. 113.

41. Tome VI (1835), p. 271. — *Mémoire sur la résolution des équations numériques.* (*Voir* plus haut n° 18.)

NOUVELLES ANNALES DE MATHÉMATIQUES.

42. Tome X (1851), p. 419. — *Sur le mouvement d'un corps solide autour d'un point fixe.*

MANUSCRITS.

43. Un Mémoire très-étendu sur la *communication de la chaleur dans une suite de vases.*

44. Un Mémoire *sur les lignes du second ordre,* dont les dix premiers paragraphes seulement ont paru dans les *Annales de Gergonne.* (*Voir* plus haut, n° 16 et 17.)

COURS DE L'ÉCOLE POLYTECHNIQUE.

45. *Cours d'Analyse,* 1re édit. (1857-59), 2 vol. in-8.

46. *Cours de Mécanique,* 1861, 2 vol. in-8.

(Extrait du *Bulletin de Bibliographie, d'Histoire et de Biographie mathématiques,* mai et juin 1856.)

COURS
D'ANALYSE.

CALCUL DIFFÉRENTIEL.

PREMIÈRE LEÇON.
NOTIONS PRÉLIMINAIRES.

Notions sur les fonctions d'une ou de plusieurs variables. — Méthode des limites. — Méthode infinitésimale. — Différents ordres d'infiniment petits.

NOTIONS SUR LES FONCTIONS D'UNE OU DE PLUSIEURS VARIABLES.

1. Avant d'exposer le but et les principes du calcul différentiel, il est nécessaire d'établir quelques notions préliminaires.

On appelle *variable* une quantité qui prend successivement différentes valeurs, et *constante* celle qui conserve une valeur fixe dans le cours d'un même calcul. La nature de la question dont on s'occupe indique quelles sont les quantités variables et les constantes.

2. Quand les valeurs successives d'une quantité variable dépendent, suivant une certaine loi, de celles que prend une autre variable, la première est dite une *fonction* de la seconde. On peut affirmer que deux quantités qui varient ensemble sont fonctions l'une de l'autre, lorsqu'on sait qu'à chaque valeur de l'une d'elles correspond une valeur déterminée de l'autre, quand même la rela-

tion qui existe entre elles ne serait pas connue ni même susceptible d'être exprimée analytiquement.

3. On nomme *variable indépendante* celle à laquelle on donne des valeurs arbitraires, et *fonction* la variable qui prend des valeurs correspondantes. Ainsi l'aire d'un cercle, d'une sphère, est fonction de son rayon; le temps de l'oscillation d'un pendule est fonction de sa longueur.

Une quantité peut être fonction de plusieurs variables indépendantes; par exemple, le volume d'un cylindre droit à base circulaire est fonction de sa hauteur et du rayon de sa base.

Les quantités variables sont ordinairement représentées par les dernières lettres de l'alphabet x, y, z, etc.; les constantes le sont par les premières a, b, c, etc.

Quand on veut indiquer différentes fonctions d'une variable x, sans en spécifier la nature, on emploie les symboles $f(x)$, $\varphi(x)$, $F(x)$, ... Si l'on donne à x une valeur particulière a, le résultat de la substitution de a à la place de x dans $f(x)$ est indiqué par $f(a)$.

On représente les fonctions de plusieurs variables par les notations $f(x, y, z)$, $\varphi(x, y, z)$, $F(x, y, z)$, ... On indique par $f(a, b, c)$, $\varphi(a, b, c)$, $F(a, b, c)$, ... les résultats que l'on obtient lorsqu'on met a, b, c à la place de x, y, z dans ces fonctions.

4. Une fonction d'une seule variable peut être représentée géométriquement.

Il suffit pour cela de considérer la variable indépendante x comme une abscisse et la fonction y comme l'ordonnée correspondante de la courbe plane définie par l'équation

$$y = f(x).$$

Ordinairement cette courbe est continue, c'est-à-dire que, pour des valeurs de x qui varient par degrés insensibles, l'ordonnée varie aussi par degrés insensibles; y est alors une *fonction continue de x*.

On peut de même représenter par une surface une fonction de deux variables indépendantes ; mais une fonction de trois, de quatre, ou d'un plus grand nombre de variables indépendantes, n'est pas susceptible d'une représentation géométrique.

5. On dit qu'une fonction est *explicite* quand elle est exprimée immédiatement au moyen de la variable ou des variables dont elle dépend, de sorte qu'on peut obtenir sa valeur en effectuant sur ces variables certaines opérations indiquées avec précision. Ainsi

$$y = x + \sqrt{x^2 - a^2}, \quad y = a^x,$$

sont des fonctions explicites de x.

On nomme fonctions *implicites* celles qui sont liées aux variables dont elles dépendent par des équations non résolues, ou par des conditions quelconques qui ne sont pas exprimées analytiquement ; telle est y dans l'équation

$$y^2 - 2xy + 2x^2 - a^2 = 0.$$

La fonction deviendra explicite si l'on tire sa valeur de l'équation, et l'on aura

$$y = x \pm \sqrt{a^2 - x^2}.$$

MÉTHODE DES LIMITES.

6. Quand les valeurs successives d'une quantité variable approchent indéfiniment d'une quantité fixe et déterminée, *de manière à n'en différer qu'aussi peu qu'on voudra*, cette quantité fixe est appelée *la limite* des valeurs de la variable. Citons quelques exemples.

La surface d'un cercle est la limite vers laquelle tendent les aires d'une suite de polygones réguliers inscrits, quand le nombre de leurs côtés devient de plus en plus grand. En effet, on démontre en Géométrie que l'aire d'un polygone régulier inscrit dans un cercle peut différer de l'aire de ce cercle d'une quantité aussi petite que l'on voudra, pourvu que le nombre des côtés soit suffisamment grand. Il faut bien remarquer qu'il n'est pas nécessaire pour cela de démontrer que l'aire du polygone régulier inscrit va constamment en augmentant avec le nombre de ses côtés.

De même, si l'on considère un arc et son sinus, le rapport $\frac{\sin x}{x}$, toujours moindre que l'unité, peut en différer d'aussi peu qu'on le voudra, pourvu que l'on donne à l'arc des valeurs suffisamment petites. Donc la limite de $\frac{\sin x}{x}$ est l'unité, quand x décroît indéfiniment.

On remarquera bien encore qu'il n'est pas nécessaire de démontrer, et même on ne le démontre pas ordinairement, que le rapport $\frac{\sin x}{x}$ va en augmentant continuellement quand x, plus petit qu'un quadrant, diminue indéfiniment.

7. Les fonctions qui se présentent sous la forme $\frac{0}{0}$, pour une certaine valeur de la variable, ont souvent des limites. Nous en avons un exemple dans le rapport $\frac{\sin x}{x}$, qui devient $\frac{0}{0}$ pour $x = 0$, et qui a pour limite l'unité. De même l'expression

$$y = 2a - \frac{x^3 - a^3}{x^2 - a^2}$$

prend, pour $x = a$, la forme $\frac{0}{0}$. Toutefois, si l'on donne à x des valeurs différentes de a, mais qui s'en approchent successivement, les valeurs de y sont déterminées et égales d'ailleurs aux valeurs de l'expression

$$2a - \frac{x^2 + ax + a^2}{x + a}.$$

Or, à mesure que x s'approche de plus en plus de a, cette dernière expression diffère de moins en moins de

$$2a - \frac{3a}{2} \quad \text{ou} \quad \frac{a}{2}.$$

La limite des valeurs de y est donc $\frac{a}{2}$.

8. Une quantité variable peut s'approcher indéfiniment d'une limite en restant toujours plus petite ou toujours plus grande que cette limite; mais il peut se faire qu'une quantité variable devienne alternativement plus grande et plus petite que la limite vers laquelle elle tend, en oscillant, pour ainsi dire, de part et d'autre.

Ainsi le rapport $\frac{\sin x}{x}$ tend vers zéro quand x croît indéfiniment. En même temps, toutes les fois que x devient égal à un multiple de la demi-circonférence, $\frac{\sin x}{x}$ devient o, et change de signe.

9. *Si deux quantités qui varient simultanément restent constamment égales entre elles, dans tous les états de grandeur par lesquels elles passent, et si l'on sait que l'une d'elles tend vers une limite, il est évident que l'autre tend aussi vers la même limite ou vers une limite égale à celle-là.* C'est là le principe de la *méthode des limites* dont on fait un si grand usage dans toutes les parties des mathématiques.

Ainsi, veut-on prouver que le cercle a pour mesure le produit de sa circonférence par la moitié de son rayon; en désignant respectivement par a, p, r l'aire, le périmètre et l'apothème d'un polygone régulier inscrit dans le cercle, on a

$$a = p \times \frac{1}{2} r;$$

or a et $p \times \frac{1}{2} r$ sont des quantités qui varient avec le nombre des côtés, mais qui restent toujours égales entre elles;

leurs limites sont donc égales. Si A, C, R désignent respectivement l'aire, la circonférence et le rayon du cercle,
A est la limite de a, C celle de p et R celle de r : donc

$$A = C \times \frac{1}{2} R.$$

MÉTHODE INFINITÉSIMALE.

10. Lorsqu'une quantité variable prend des valeurs de
plus en plus petites, de manière qu'elle puisse devenir
moindre que toute quantité donnée, on dit qu'elle devient *infiniment petite*. Ainsi la différence entre l'aire
d'un cercle et celle d'un polygone inscrit peut être rendue
infiniment petite en augmentant le nombre des côtés. La
fraction $\dfrac{x}{x^2 - 2x + 3}$ devient infiniment petite quand x
prend des valeurs de plus en plus grandes.

Une quantité infiniment petite ou un infiniment petit
n'est donc pas une quantité déterminée, qui ait une valeur
actuelle assignable : c'est au contraire une quantité essentiellement variable qui a pour limite zéro.

11. Quand une variable prend des valeurs de plus en
plus grandes, de manière qu'elle puisse surpasser toute
grandeur donnée, on dit qu'elle devient *infinie* ou *infiniment grande*, et on la représente alors par le signe ∞
ou $\frac{K}{0}$. Ainsi la fonction

$$y = a + \frac{a^2}{x - a}$$

devient infinie pour $x = a$.

Pour des valeurs de x très-peu différentes de a, mais
plus grandes que a, les valeurs correspondantes de y sont
positives, tandis que, pour des valeurs de x plus petites
que a, les valeurs de y sont négatives. L'infini est donc
positif ou négatif, suivant les cas.

12. Les infiniment petits sont des auxiliaires qui servent à rendre plus aisé le calcul des quantités finies. Leur

-emploi donne lieu à la résolution fréquente de ces deux problèmes : 1° *deux infiniment petits dépendant l'un de l'autre, trouver la limite de leur rapport;* 2° *trouver la limite d'une somme d'infiniment petits dont le nombre augmente indéfiniment.*

La solution de ces problèmes est simplifiée dans un grand nombre de cas par les deux théorèmes suivants :

13. THÉORÈME I. — *La limite du rapport de deux quantités infiniment petites n'est pas changée quand on remplace ces quantités par d'autres qui ne leur sont pas égales, mais qui ont avec elles des rapports tendant vers l'unité.*

Soient α et β deux quantités infiniment petites; α' et β' d'autres quantités telles, que les limites des rapports $\dfrac{\alpha}{\alpha'}$, $\dfrac{\beta}{\beta'}$ soient égales à l'unité. On aura identiquement

$$\frac{\alpha}{\beta} = \frac{\alpha}{\alpha'} \cdot \frac{\alpha'}{\beta},$$

d'où l'on tire

$$\lim \frac{\alpha}{\beta} = \lim \frac{\alpha}{\alpha'} \cdot \lim \frac{\alpha'}{\beta} = \lim \frac{\alpha'}{\beta}.$$

On aura de même

$$\frac{\alpha'}{\beta} = \frac{\beta'}{\beta} \cdot \frac{\alpha'}{\beta'},$$

d'où

$$\lim \frac{\alpha'}{\beta} = \lim \frac{\beta'}{\beta} \cdot \lim \frac{\alpha'}{\beta'} = \lim \frac{\alpha'}{\beta'};$$

donc

$$\lim \frac{\alpha}{\beta} = \lim \frac{\alpha'}{\beta} = \lim \frac{\alpha'}{\beta'}.$$

14. On peut encore présenter la démonstration de ce théorème comme il suit :

Puisque $\dfrac{\alpha'}{\alpha}$ a pour limite l'unité, si l'on pose

$$\alpha' = \alpha + \delta,$$

on aura

$$\frac{\alpha'}{\alpha} = 1 + \frac{\delta}{\alpha},$$

et $\frac{\delta}{\alpha}$ devra tendre vers zéro, ce que l'on exprime en disant que δ est infiniment petit par rapport à α.

On aura de même

$$\frac{\beta'}{\beta} = 1 + \frac{\delta'}{\beta};$$

par suite,

$$\frac{\alpha'}{\beta'} \cdot \frac{\beta}{\alpha} = \frac{1 + \dfrac{\delta}{\alpha}}{1 + \dfrac{\delta'}{\beta}}.$$

Donc, puisque $\frac{\delta}{\alpha}$ et $\frac{\delta'}{\beta}$ ont pour limite zéro, on aura

$$\lim \frac{\alpha'}{\beta'} \cdot \lim \frac{\beta}{\alpha} = 1,$$

d'où

$$\lim \frac{\alpha'}{\beta'} = \lim \frac{\alpha}{\beta}.$$

Ce nouveau point de vue donne lieu à cet autre énoncé :

La limite du rapport de deux infiniment petits ne change pas quand on les remplace par d'autres qui en diffèrent d'une quantité infiniment petite par rapport à eux.

Exemples. On aura, pour $x = 0$,

$$1° \quad \lim \frac{x}{\tang x} = \lim \frac{\sin x}{\tang x} = \lim \cos x = 1,$$

$$2° \quad \lim \frac{\sin 2x}{\sin 3x} = \lim \frac{2x}{3x} = \frac{2}{3},$$

$$3° \quad \lim \frac{\sin x}{\sin^2 3x} = \lim \frac{x}{9x^2} = \infty.$$

15. Théorème II. — *La limite d'une somme d'infiniment petits qui sont tous de même signe ne change
pas quand on les remplace par d'autres dont les rapports aux premiers ont respectivement pour limite
l'unité ou qui diffèrent des premiers de quantités
infiniment petites par rapport à eux.*

Soient α, α', α'', ... des infiniment petits qui sont tous
de même signe et dont le nombre augmente de plus en
plus. Désignons par S leur somme, et supposons que
cette somme ait une limite finie. Soient β, β', β'', ...;
ε, ε', ε'', ... des infiniment petits tels, que l'on ait

$$\beta = \alpha + \alpha\varepsilon, \quad \beta' = \alpha' + \alpha'\varepsilon', \quad \beta'' = \alpha'' + \alpha''\varepsilon'', \ldots,$$

on aura

$$\beta + \beta' + \beta'' + \ldots = S + \alpha\varepsilon + \alpha'\varepsilon' + \alpha''\varepsilon'' + \ldots.$$

Or, si η est la plus grande des quantités ε, ε', ε'', ..., on
aura, en valeur absolue,

$$\alpha\varepsilon + \alpha'\varepsilon' + \alpha''\varepsilon'' + \ldots < S\eta,$$

et comme η a pour limite zéro, il en résulte

$$\lim (\alpha\varepsilon + \alpha'\varepsilon' + \alpha''\varepsilon'' + \ldots) = 0,$$

et par conséquent

$$\lim (\beta + \beta' + \beta'' + \ldots) = S,$$

ce qu'il fallait démontrer.

16. L'égalité

$$\lim (\alpha\varepsilon + \alpha'\varepsilon' + \alpha''\varepsilon'' + \ldots) = 0$$

donne lieu à ce théorème : *Si une somme d'infiniment
petits, dont le nombre augmente indéfiniment, a une
limite finie, la somme des produits obtenus en les multipliant respectivement par d'autres infiniment petits aura
pour limite zéro.*

Par exemple, considérons l'aire comprise entre la
courbe plane CD, l'axe des x et les deux ordonnées CA
et DB. Imaginons que l'on partage AB en parties de plus

en plus petites, telles que PP', suivant une loi quelconque, mais de manière toute-
fois que chacune de ces parties
tende vers zéro. Je dis que la
somme des rectangles tels que
MIM'K, construits avec la différence de deux ordonnées con-
sécutives et l'intervalle PP', a pour limite zéro.

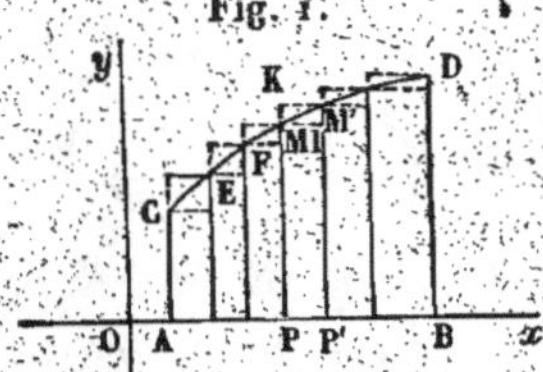

Fig. 1.

On a, en effet,

$$\sum PP' = AB$$

et

$$\sum MIM'K = \sum PP' . KM;$$

et comme KM est une quantité infiniment petite, on aura,
en appliquant le théorème précédent,

$$\sum MIM'K = 0.$$

DIFFÉRENTS ORDRES D'INFINIMENT PETITS.

17. Quand on considère des infiniment petits qui dépendent les uns des autres, on en prend un en particulier
qu'on nomme *infiniment petit principal*, et auquel on
rapporte les autres comme à un terme de comparaison.
On appelle alors *infiniment petits du premier ordre* tous
ceux dont les rapports à l'infiniment petit principal ont
des limites finies; *infiniment petits du second ordre* ceux
dont les rapports aux infiniment petits du premier ordre
sont des infiniment petits du premier ordre, et ainsi de
suite.

D'après cela, si α est un infiniment petit du premier
ordre, tout autre infiniment petit de cet ordre sera de la
forme $\alpha(p + \beta)$, p étant fini et β infiniment petit. En
général $\alpha^n(p + \beta)$ représentera un infiniment petit de
l'ordre de n.

EXEMPLES. Si l'arc x est du premier ordre, $\sin x$ sera

du premier ordre, puisque $\dfrac{\sin x}{x}$ a pour limite 1 ; $1 - \cos x$ sera du second ordre, puisque $1 - \cos x = 2 \sin^2 \tfrac{1}{2} x$.

Les théorèmes I et II (n°s 13 et 15) peuvent s'énoncer ainsi :

Quand on cherche la limite du rapport de deux quantités composées d'infiniment petits de divers ordres, on peut ne conserver, dans chacune de ces quantités, que les infiniment petits de l'ordre le moins élevé.

Quand on cherche la limite de la somme de plusieurs quantités infiniment petites, on peut ne conserver que les infiniment petits de l'ordre le moins élevé (*).

Comme application du premier théorème, on a

$$\lim \frac{\sin x + 3 \sin^2 x}{x + 2 x^3} = \lim \frac{\sin x}{x} = 1.$$

Dans cet exemple, on néglige au numérateur $3 \sin^2 x$, infiniment petit du second ordre, et au dénominateur l'infiniment petit du troisième ordre $2 x^3$.

EXERCICES.

1. Deux points étant placés sur une courbe à une distance infiniment petite du premier ordre l'un de l'autre, la distance du premier de ces points à la tangente menée à la courbe par l'autre point est infiniment petite du second ordre.

2. Deux courbes ayant une tangente commune, la différence de leurs ordonnées, situées à une distance infiniment petite du premier ordre du point de contact, est du second ordre au moins.

3. Théorèmes analogues pour les surfaces.

(*) « Le grand avantage que l'on retire de ces théorèmes consiste en ce qu'ils permettent souvent de négliger, dans les quantités infiniment petites, la partie qui en rend la comparaison et le calcul difficiles. Il suffit toujours que cette partie soit infiniment petite par rapport à la quantité elle-même, et il n'en résulte aucune erreur dans les résultats où l'on n'a en vue que les limites des rapports ou des sommes de ces quantités infiniment petites. » DUHAMEL, *Éléments de Calcul infinitésimal.*

DEUXIÈME LEÇON.

THÉORÈMES SUR LES DÉRIVÉES ET LES DIFFÉRENTIELLES.

Origine et but du calcul différentiel. — Fonction dérivée. — Propriétés des fonctions dérivées. — Différentielle. — Dérivées des fonctions de fonction.

ORIGINE DU CALCUL DIFFÉRENTIEL.

18. On a été conduit à la découverte du calcul différentiel en cherchant une méthode générale pour mener des tangentes aux courbes planes représentées par des équations.

Concevons deux variables x et y liées entre elles par une relation quelconque, de manière que l'une soit fonction de l'autre, $y = f(x)$. Considérons ces variables comme les coordonnées d'un point rapporté à des axes rectangulaires tracés dans un plan, et construisons la courbe AMB dont l'équation est $y = f(x)$. Supposons cette courbe réelle et continue dans une certaine étendue, et proposons-nous de mener la tangente au point M dont les coordonnées sont x et y. On définit ordinairement la tangente

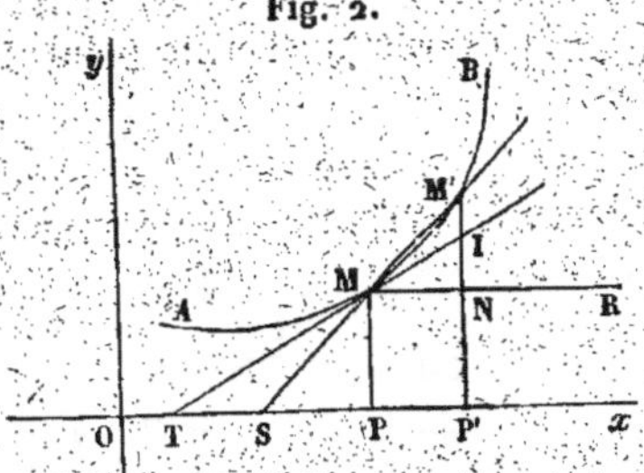

Fig. 2.

comme la limite vers laquelle tend une sécante, lorsque, cette sécante tournant autour d'un de ses points d'intersection, un second point d'intersection s'approche indéfiniment du premier. Soit donc M′ un second point de la courbe ayant pour coordonnées $x + h$, $y + k$; considérons la sécante M′MS, et la tangente MT qui en est lla limite. On a, dans le triangle M'MN,

$$\operatorname{tang} M'MN = \frac{M'N}{MN} = \frac{k}{h}.$$

Donc

$$\operatorname{tang} IMR = \lim \operatorname{tang} M'MN = \lim \frac{k}{h},$$

quand h diminue indéfiniment jusqu'à zéro.

Donc, si l'on cherche la limite du rapport des accroissements simultanés k et h des variables y et x, accroissements liés entre eux par l'équation

$$y + k = f(x + h),$$

quand h diminue indéfiniment, cette limite sera la tangente trigonométrique de l'angle que fait avec l'axe des x la droite qui touche la courbe au point M.

BUT DU CALCUL DIFFÉRENTIEL. — FONCTION DÉRIVÉE.

19. *Le calcul différentiel a pour but de déterminer, pour chaque fonction, la limite du rapport de l'accroissement de la fonction à celui de la variable, quand celui-ci diminue jusqu'à zéro.* Cette limite, qui dépend de la valeur attribuée à la variable x, mais nullement de son accroissement h, est appelée la fonction *dérivée* de la fonction proposée. On la représente par y' ou par $f'(x)$.

Nous allons chercher la dérivée de quelques fonctions simples.

$$1° \qquad\qquad y = x^m,$$

m étant entier et positif. Si nous changeons x en $x + h$, y devient $y + k$, et l'on a $y + k = (x + h)^m$, d'où $k = (x + h)^m - x^m$, ou

$$k = mx^{m-1}h + \frac{m(m-1)}{1 \cdot 2} x^{m-2}h^2 + \ldots + h^m,$$

d'où

$$\frac{k}{h} = mx^{m-1} + \frac{m(m-1)}{1 \cdot 2} x^{m-2}h + \ldots + h^{m-1}.$$

Le rapport $\frac{k}{h}$ se compose de deux parties, l'une indépendante de h, et l'autre dans laquelle le facteur h est commun à tous les termes ; si h décroît indéfiniment jusqu'à zéro, cette seconde partie pourra devenir aussi petite que l'on voudra ; donc

$$\lim \frac{k}{h} = m x^{m-1}.$$

Ainsi, dans ce cas,

$$y' = m x^{m-1}.$$

On peut encore obtenir cette dérivée sans faire usage de la formule du binôme. Posons

$$x + h = X ;$$

on a alors

$$k = X^m - x^m ;$$

et si l'on remarque que $h = X - x$, on en déduit

$$\frac{k}{h} = \frac{X^m - x^m}{X - x} = X^{m-1} + X^{m-2} x + \ldots + X x^{m-2} + x^{m-1}.$$

Quand h diminue jusqu'à zéro, X s'approche indéfiniment de x, et, comme le dernier membre a m termes qui deviennent égaux à x^{m-1}, quand on passe à la limite, on a bien encore $\lim \dfrac{k}{h} = m x^{m-1}$.

2° Soit une fonction entière

$$y = a x^m + b x^n + c x^p + \ldots.$$

Changeons x en $x + h$, y devient $y + k$, et l'on a

$$y + k = a (x + h)^m + b (x + h)^n + c (x + h)^p + \ldots,$$

d'où

$$k = a [(x + h)^m - x^m] + b [(x + h)^n - x^n]$$
$$+ c [(x + h)^p - x^p] + \ldots,$$

et, par suite,

$$k = a \left[mx^{m-1} h + \frac{m(m-1)}{1.2} x^{m-2} h^2 + \ldots \right]$$
$$+ b \left[nx^{n-1} h + \frac{n(n-1)}{1.2} x^{n-2} h^2 + \ldots \right]$$
$$+ \ldots\ldots\ldots\ldots\ldots\ldots\ldots\ldots\ldots\ldots\ldots$$

Divisant par h et faisant ensuite $h = 0$, on a

$$\lim \frac{k}{h} = y' = max^{m-1} + nbx^{n-1} + pcx^{p-1} + \ldots$$

On pourrait aussi obtenir cette dérivée comme la précédente, sans recourir à la formule du binôme.

3° $$y = \frac{1}{x^m} = x^{-m},$$

m étant entier et positif. On a

$$y + k = \frac{1}{(x+h)^m},$$

et

$$k = \frac{1}{(x+h)^m} - \frac{1}{x^m} = \frac{x^m - (x+h)^m}{x^m (x+h)^m},$$

d'où, en développant et divisant par h,

$$\frac{k}{h} = \frac{- mx^{m-1} - \dfrac{m(m-1)}{1.2} x^{m-2} h - \ldots}{x^m (x+h)^m},$$

et enfin, passant à la limite, on a

$$\lim \frac{k}{h} = - \frac{mx^{m-1}}{x^{2m}} = - \frac{m}{x^{m+1}};$$

donc

$$y' = - \frac{m}{x^{m+1}} = - mx^{-m-1}:$$

d'où l'on voit que la règle pour obtenir la dérivée de x^m, quand m est entier, est toujours la même, quel que soit le signe de m.

$$4° \qquad y = \sqrt{x^2 - a^2};$$

on a

$$k = \sqrt{(x + h)^2 - a^2} - \sqrt{x^2 - a^2},$$

et, par conséquent,

$$\frac{k}{h} = \frac{\sqrt{(x + h)^2 - a^2} - \sqrt{x^2 - a^2}}{h};$$

or, si l'on fait $h = 0$, cette expression prend la forme $\frac{0}{0}$.

Pour faire disparaître l'indétermination, on emploie un procédé bien connu : on multiplie les deux termes de la fraction par la somme des radicaux dont le numérateur est la différence, et l'on a

$$\frac{k}{h} = \frac{\left[\sqrt{(x + h)^2 - a^2} - \sqrt{x^2 - a^2}\right]\left[\sqrt{(x + h)^2 - a^2} + \sqrt{x^2 - a^2}\right]}{h\left[\sqrt{(x + h)^2 - a^2} + \sqrt{x^2 - a^2}\right]}$$

$$= \frac{(x + h)^2 - x^2}{h\left[\sqrt{(x + h)^2 - a^2} + \sqrt{x^2 - a^2}\right]},$$

ou

$$\frac{k}{h} = \frac{2x + h}{\sqrt{(x + h)^2 - a^2} + \sqrt{x^2 - a^2}};$$

enfin

$$\lim \frac{k}{h} = \frac{2x}{2\sqrt{x^2 - a^2}} = \frac{x}{\sqrt{x^2 - a^2}},$$

donc

$$y' = \frac{x}{\sqrt{x^2 - a^2}}.$$

Nous avons trouvé d'une manière assez prompte et assez facile les dérivées des fonctions précédentes ; mais les procédés que nous venons d'employer seraient insuffisants pour des fonctions d'une forme moins simple. Le calcul différentiel va nous donner des méthodes plus générales.

DIFFÉRENTIELLE.

20. Soit
$$y = f(x);$$

donnons à x un accroissement quelconque h, positif ou négatif. Soit k l'accroissement correspondant de y; on a

$$y + k = f(x + h):$$

puisque la limite de $\dfrac{k}{h}$ est y', on doit avoir, quand h n'est pas nul,

$$\frac{k}{h} = y' + \alpha,$$

α étant une quantité, fonction de x et de h, qui doit tendre vers zéro en même temps que h. De là résulte

$$k = y'h + \alpha h.$$

Ainsi l'accroissement k de la fonction se compose de deux parties distinctes; la première $y'h$ est le produit de l'accroissement de la variable indépendante x par la dérivée de la fonction. On l'appelle la *différentielle* de la variable y, et on la désigne par dy, de sorte que

$$dy = y'h \quad \text{ou} \quad f'(x)h.$$

La seconde partie est le produit de h par une quantité α qui s'annule avec h : on ne s'en occupe pas.

La différentielle de la variable indépendante n'est autre chose que l'accroissement h. En effet, considérons la fonction

$$y = x;$$

on a

$$y + k = x + h;$$

par suite,

$$k = h,$$

et enfin

$$\frac{k}{h} = 1.$$

Ainsi, pour cette fonction de x qui est la plus simple de toutes, la dérivée est 1 ; par suite, la différentielle

$$dy \quad \text{ou} \quad dx = 1 \times h = h.$$

Par conséquent, la formule

$$dy = y' h$$

peut s'écrire

$$dy = y' dx;$$

d'où l'on déduit

$$y' = \frac{dy}{dx}.$$

Ainsi *la dérivée d'une fonction d'une variable est le quotient de la différentielle de la fonction par la différentielle de la variable.* C'est pourquoi on appelle aussi la dérivée *rapport différentiel* ou *quotient différentiel*.

On dit encore que le quotient différentiel est la dernière raison (ou le dernier rapport) des accroissements simultanés des variables. Mais les accroissements, étant nuls à la limite, n'ont pas à proprement parler de rapport, et ce que l'on appelle ainsi n'est que la limite dont le rapport de ces quantités approche indéfiniment.

21. La différentielle est susceptible d'une représentation géométrique. En effet, soit AMB la courbe représentée par l'équation

$$y = f(x).$$

On a

$$\tang IMN = \lim \frac{k}{h} = y'.$$

Or

$$IN = MN \tang IMN.$$

Donc

$$IN = hy' = dy :$$

ainsi IN représente la différentielle de y, si d'ailleurs

$$MN = h = dx.$$

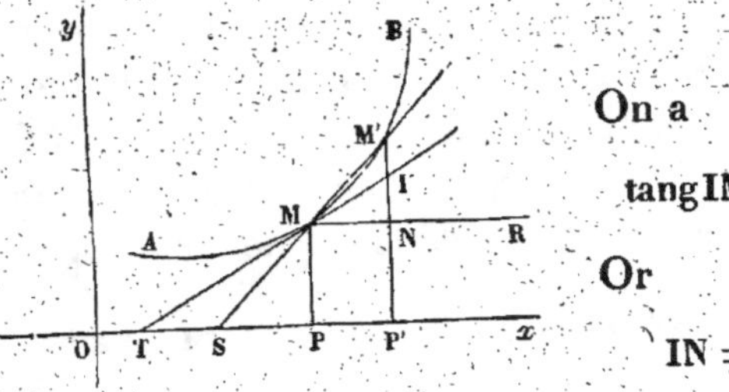

Fig. 3.

On voit par là que dx et dy sont les accroissements correspondants de x et de y, quand on passe du point de contact M situé sur la courbe à un point quelconque I de la tangente, tandis que k ou M'N est l'accroissement de l'ordonnée de la courbe correspondant au même accroissement $h = dx$ de l'abscisse.

22. Toutefois, quoique IN et M'N soient en général différents, leur rapport tend vers l'unité; en effet, de $\frac{k}{h} = y' + \alpha$, ou tire

$$k = (y' + \alpha)h;$$

d'ailleurs, $dy = y'h$: donc

$$\frac{k}{dy} = \frac{y' + \alpha}{y'} = 1 + \frac{\alpha}{y'},$$

et, si y' n'est pas zéro,

$$\lim \frac{k}{dy} = 1 :$$

ainsi *le rapport de l'accroissement de la fonction à la différentielle de cette fonction tend vers l'unité, pourvu que la dérivée ne soit pas nulle.*

Pour des valeurs données de x et y, le rapport des différentielles dx et dy a une valeur bien déterminée, mais les différentielles elles-mêmes sont essentiellement indéterminées, et l'on peut leur attribuer des valeurs finies. Toutefois, on les suppose le plus souvent infiniment petites et l'on dit que dy est l'accroissement infiniment petit de y; cette identification n'entraîne pas d'erreurs dans les opérations les plus ordinaires du Calcul infinitésimal, mais il faut bien remarquer qu'elle n'est rigoureuse que si y est de la forme $ax + b$.

PROPRIÉTÉS GÉNÉRALES DES FONCTIONS DÉRIVÉES.

23. La relation (n° 22)

$$k = (y' + \alpha)h$$

conduit à plusieurs conséquences remarquables.

Attribuons à x une valeur déterminée, y' aura aussi une valeur déterminée; si l'on donne ensuite à x un accroissement suffisamment petit, le signe de $y' + \alpha$ sera le même que celui de y', puisque α peut devenir aussi petit que l'on voudra; le signe de k sera donc celui de $y'h$, et comme nous supposons h positif, k aura le signe de y'. Donc, si y' est positive, k est positif, c'est-à-dire que la fonction augmente, et si y' est négative, la fonction diminue. Ainsi *une fonction croît ou décroît à partir d'une valeur déterminée de x, suivant que sa dérivée est, pour cette valeur, positive ou négative.*

Il résulte de là que, si la dérivée d'une fonction reste constamment positive lorsque x varie depuis la valeur a jusqu'à la valeur b, la fonction croîtra continuellement dans le même intervalle; ce sera le contraire si la dérivée est négative.

Prenons pour exemple la fonction

$$y = \frac{1}{3}x^3 - 2x^2 + 3x + 1.$$

Construisons la courbe représentée par cette équation.

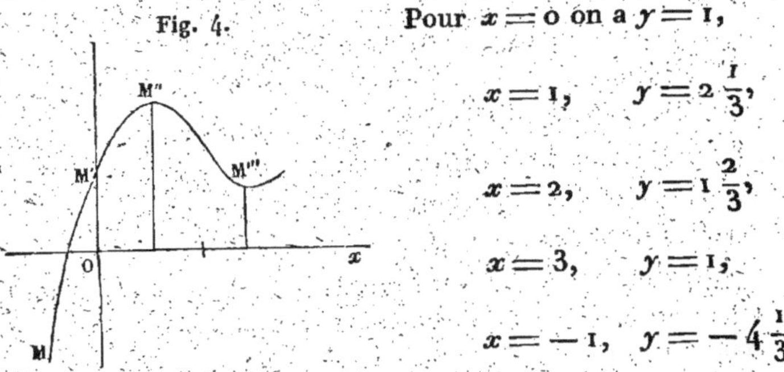

Pour $x = 0$ on a $y = 1$,

$$x = 1, \qquad y = 2\frac{1}{3},$$

$$x = 2, \qquad y = 1\frac{2}{3},$$

$$x = 3, \qquad y = 1,$$

$$x = -1, \qquad y = -4\frac{1}{3}.$$

En construisant ces différents points, on reconnaît que la courbe présente à peu près la forme MM′M″M‴.

Mais si l'on veut savoir pour quelles valeurs de x l'ordonnée va en croissant ou en décroissant, on prendra la dérivée de y. On aura

$$y' = x^2 - 4x + 3 = (x-1)(x-3).$$

On voit alors que si l'on fait croître x de 0 à 1, la dérivée y' est positive; l'ordonnée ira donc en augmentant depuis le point M′ jusqu'au point M″. Pour le point M″, dont l'abscisse est $x = 1$, on a $y' = 0$, c'est-à-dire que la tangente en ce point est parallèle à l'axe des x. Si l'on fait croître ensuite x depuis 1 jusqu'à 3, la dérivée y' devient négative; l'ordonnée va donc en diminuant depuis le point M″ jusqu'au point M‴; et comme $y' = 0$ pour $x = 3$, la tangente en ce dernier point est encore parallèle à l'axe des x.

Enfin, si l'on donne à x des valeurs croissantes à partir de 3, la dérivée y' est constamment positive; l'ordonnée de la courbe va donc toujours en augmentant à partir du point M‴. Si l'on donne à x une valeur négative quelconque, y' est positive, et par conséquent pour des valeurs négatives de x et croissantes, les valeurs correspondantes de l'ordonnée vont encore en augmentant. Il faut bien remarquer qu'une quantité négative augmente quand sa valeur absolue diminue.

24. On déduit de la formule

$$k = (y' + \alpha)\, h$$

que si la dérivée d'une fonction est nulle pour toutes les valeurs de x comprises entre a et b, cette fonction a une valeur constante dans cet intervalle.

Nous supposerons $a < b$. Puisque $\lim \dfrac{k}{h} = 0$ par hypothèse, on aura, pour une valeur quelconque de x comprise entre a et b, $\dfrac{k}{h} < \varepsilon$ en valeur absolue, pourvu que h soit suffisamment petit; ε étant d'ailleurs une quantité déterminée qu'on peut prendre aussi petite que l'on voudra. On déduit de là $k < \varepsilon h$.

Considérons actuellement deux valeurs quelconques de x, x_1 et x_2, comprises entre a et b ; je dis que les valeurs correspondantes y_1 et y_2 seront égales. En effet, donnons à x une suite de valeurs comprises entre x_1 et x_2, croissant d'ailleurs par degrés égaux ou inégaux, mais assez petits pour que l'on ait, pour une quelconque de ces valeurs, $k < \varepsilon h$, k étant pris en valeur absolue. Nous aurons ainsi une suite d'inégalités de la même forme ; et si nous les ajoutons, il en résultera que la somme des accroissements successifs de la fonction y pris tous positivement sera plus petite que la somme des produits εh, c'est-à-dire plus petite que le produit de la quantité ε par la somme des accroissements de la variable x, savoir $x_2 - x_1$. Donc, *à fortiori*, la somme des accroissements successifs de la fonction pris avec leurs signes, ou $y_2 - y_1$, est plus petite que $\varepsilon(x_2 - x_1)$; donc

$$y_2 - y_1 < \varepsilon(x_2 - x_1);$$

et comme ε peut être pris aussi petit que l'on voudra, il s'ensuit que la différence $y_2 - y_1$ est plus petite que toute quantité donnée, c'est-à-dire nulle : on a donc

$$y_2 - y_1 = 0, \quad \text{où} \quad y_2 = y_1.$$

La fonction y conserve donc la même valeur pour toutes les valeurs de x comprises dans l'intervalle considéré : ce qu'il fallait démontrer.

25. Le rapprochement des deux propositions précédentes conduit encore à cette conclusion, que *si une fonction est croissante dans un certain intervalle, sa dérivée ne peut devenir négative dans cet intervalle;* mais elle peut passer une ou plusieurs fois par zéro. De même, *si une fonction est décroissante, sa dérivée sera négative,* mais elle pourra s'annuler pour une ou plusieurs valeurs particulières.

26. Si la dérivée d'une fonction était constamment

infinie, x serait une constante; car si

$$\lim \frac{k}{h} = \infty, \quad \text{on a} \quad \lim \frac{h}{k} = 0,$$

et par les mêmes raisonnements (24), on déduirait de là que deux valeurs quelconques de x sont égales (*).

27. Nous avons désigné jusqu'ici les accroissements simultanés des variables x et y par les lettres h et k; mais comme on aura bientôt à considérer un plus grand nombre de variables, il devient nécessaire d'employer une notation qui rappelle toujours à quelle variable se rapporte chaque accroissement. On se sert à cet effet de la caractéristique Δ. Ainsi, quand on considère plusieurs variables x, y, z, u liées entre elles par des équations, de manière qu'une seule soit indépendante, on représente les accroissements simultanés de ces variables par Δx, Δy, Δz, Δu. Si l'on prend x pour variable indépendante, les rapports

$$\frac{\Delta y}{\Delta x}, \quad \frac{\Delta z}{\Delta x}, \quad \frac{\Delta u}{\Delta x}$$

auront pour limites respectives

$$\frac{dy}{dx}, \quad \frac{dz}{dx}, \quad \frac{du}{dx},$$

quand Δx décroîtra indéfiniment.

28. *Lorsque deux fonctions sont égales pour toutes les valeurs de la variable indépendante, leurs différentielles ou leurs dérivées sont égales.*

En effet, soient u et v deux fonctions égales de x. Donnons à x un accroissement Δx; soient Δu et Δv

---

(*) La dérivée d'une fonction continue ne pouvant être nulle ou infinie que pour des valeurs particulières de la variable, il en résulte qu'en général l'accroissement infiniment petit d'une fonction est du même ordre que l'accroissement de la variable.

les accroissements correspondants de u et de v; on aura

$$u + \Delta u = v + \Delta v;$$

et, comme $u = v$,

$$\Delta u = \Delta v,$$

d'où

$$\frac{\Delta u}{\Delta x} = \frac{\Delta v}{\Delta x}.$$

Cette équation, ayant lieu quelque petit que soit Δx, aura lieu encore à la limite; or la limite de $\frac{\Delta u}{\Delta x}$ est la dérivée de u ou $\frac{du}{dx}$: de même la limite de $\frac{\Delta v}{\Delta x}$ est $\frac{dv}{dx}$; donc

$$\frac{du}{dx} = \frac{dv}{dx} \quad \text{ou} \quad du = dv.$$

La même conclusion subsiste quand les deux fonctions proposées ont une différence constante; car, soit

$$u = v + c;$$

en changeant x en $x + \Delta x$, on a

$$u + \Delta u = v + \Delta v + c,$$

et comme $u = v + c$, on a encore

$$\Delta u = \Delta v, \quad \frac{\Delta u}{\Delta x} = \frac{\Delta v}{\Delta x};$$

par suite,

$$\frac{du}{dx} = \frac{dv}{dx},$$

ou enfin

$$du = dv,$$

c'est-à-dire que *deux fonctions qui ont une différence constante ont la même différentielle.*

29. Réciproquement, *si les différentielles de deux fonctions sont égales entre elles, dans un certain inter-*

valle, ces fonctions auront, dans cet intervalle, une différence constante.

En effet, soit y la différence $u - v$; et supposons que
l'on ait

$$\frac{du}{dx} = \frac{dv}{dx}.$$

De l'équation

$$y = u - v$$

on tire

$$y + \Delta y = u + \Delta u - v - \Delta v$$

ou

$$\Delta y = \Delta u - \Delta v,$$

$$\frac{\Delta y}{\Delta x} = \frac{\Delta u}{\Delta x} - \frac{\Delta v}{\Delta x},$$

ou enfin, en passant à la limite

$$\frac{dy}{dx} = \frac{du}{dx} - \frac{dv}{dx} = 0.$$

Ainsi $\frac{dy}{dx}$ est nulle, et par suite y est une constante : ce
qu'il fallait démontrer.

DES FONCTIONS DE FONCTIONS.

30. Quand on a

$$u = \varphi(y),$$

y étant elle-même une fonction de x, $f(x)$, on dit que u
est une *fonction de fonction* de x.

Pour obtenir la dérivée de u par rapport à x, on pourrait remplacer y par $f(x)$ dans $\varphi(y)$, ce qui donnerait

$$u = \varphi[f(x)],$$

mais il est possible d'éviter cette substitution. En effet,
on a l'équation identique

$$\frac{\Delta u}{\Delta x} = \frac{\Delta u}{\Delta y} \cdot \frac{\Delta y}{\Delta x},$$

dans laquelle Δx étant l'accroissement de la variable indépendante, Δy et Δu sont les accroissements correspondants de y et de u. Si l'on suppose que Δx diminue indéfiniment, l'égalité ayant toujours lieu subsistera encore à la limite. Or $\lim \frac{\Delta u}{\Delta x}$, c'est la dérivée de u par rapport à x ou $\frac{du}{dx}$; $\lim \frac{\Delta y}{\Delta x} = f'(x)$; quant à la limite de $\frac{\Delta u}{\Delta y}$, c'est $\varphi'(y)$ ou la dérivée de $\varphi(y)$ dans laquelle y serait considérée comme variable indépendante, car cette limite ne dépend pas de la relation qui existe entre y et x, et il suffit, pour qu'on l'obtienne, que Δy décroisse jusqu'à zéro. Donc

$$(1) \qquad \frac{du}{dx} = \varphi'(y) f'(x).$$

Ainsi *la dérivée d'une fonction de fonction est égale au produit des dérivées de ces fonctions.*

31. Si dans l'équation (1) on remplace $f'(x)$ par $\frac{dy}{dx}$, on aura

$$\frac{du}{dx} = \varphi'(y) \frac{dy}{dx};$$

et, par suite,

$$(2) \qquad du = \varphi'(y) dy.$$

La différentielle de la fonction $\varphi(y)$, lorsque y est égale à $f(x)$, a donc la même forme que si y était la variable indépendante; mais, dans l'application, il faudra remplacer dy par sa valeur $f'(x) dx$.

32. Enfin, on peut mettre encore l'équation (1) sous une autre forme : en observant que

$$\varphi'(y) = \frac{du}{dy} \quad \text{et} \quad f'(x) = \frac{dy}{dx},$$

on a

$$(3) \qquad \frac{du}{dx} = \frac{du}{dy} \cdot \frac{dy}{dx}.$$

Il ne faut pas croire que cette équation soit une identité; car dy n'a pas la même signification dans $\dfrac{du}{dy}$ et dans $\dfrac{dy}{dx}$: dans la première expression, dy désigne l'accroissement infiniment petit de y regardée comme variable indépendante; tandis que dans l'autre, dy est la différentielle de y considérée comme fonction de x.

Soit comme exemple

$$u = y^m, \quad y = \sqrt{x^2 - a^2}:$$

d'où

$$u = \left(\sqrt{x^2 - a^2}\right)^m = (x^2 - a^2)^{\frac{m}{2}}.$$

On aura (n° 19, 1° et 4°)

$$d.y^m = my^{m-1} dy, \quad dy = \frac{x}{\sqrt{x^2 - a^2}} dx;$$

donc

$$du = m \left(\sqrt{x^2 - a^2}\right)^{m-1} \frac{x\,dx}{\sqrt{x^2 - a^2}} = m \left(\sqrt{x^2 - a^2}\right)^{m-2} x\,dx.$$

33. Si l'on a

$$v = \psi(u), \quad u = \varphi(y), \quad y = f(x),$$

on aura, d'après ce qui a été démontré précédemment,

$$dv = \psi'(u)\,du, \quad du = \varphi'(y)\,dy, \quad dy = f'(x)\,dx,$$

donc

$$dv = \psi'(u)\,\varphi'(y)\,f'(x)\,dx,$$

ou, en divisant par dx,

$$(4) \qquad \frac{dv}{dx} = \psi'(u)\,\varphi'(y)\,f'(x),$$

de sorte que *la dérivée de la fonction v est égale au produit des dérivées des trois fonctions dont elle est formée.* Cette règle s'applique évidemment à un nombre quelconque de fonctions.

TROISIÈME LEÇON.

RÈGLES DE DIFFÉRENTIATION.

Différentielle d'une somme, — d'un produit, — d'un quotient de fonctions. — Différentielle d'une puissance, — d'une expression imaginaire. — Règle des fonctions composées.

DIFFÉRENTIELLE D'UNE SOMME.

34. Soit
$$y = u + v - z,$$

u, v, z étant des fonctions de x. Changeons x en $x + \Delta x$, nous aurons
$$y + \Delta y = u + \Delta u + v + \Delta v - z - \Delta z,$$

et comme
$$y = u + v - z,$$

on a
$$\Delta y = \Delta u + \Delta v - \Delta z,$$

d'où
$$\frac{\Delta y}{\Delta x} = \frac{\Delta u}{\Delta x} + \frac{\Delta v}{\Delta x} - \frac{\Delta z}{\Delta x};$$

passant à la limite,
$$\frac{dy}{dx} = \frac{du}{dx} + \frac{dv}{dx} - \frac{dz}{dx},$$

ou enfin
$$dy \quad \text{ou} \quad d(u + v - z) = du + dv - dz.$$

Ainsi *la différentielle d'une somme de fonctions est égale à la somme des différentielles de ces fonctions.*

Si l'une des quantités u, v, z est constante, elle disparaît dans la différentielle; c'est d'ailleurs ce qui résulte de la proposition démontrée plus haut (28), que les différentielles de deux fonctions sont égales, quand ces fonctions ont une différence constante.

DIFFÉRENTIELLE D'UN PRODUIT.

35. Soit à différentier

$$y = au,$$

u étant une fonction de x et a une constante : **changeons** x en $x + \Delta x$; il vient

$$y + \Delta y = a\,(u + \Delta u),$$

et comme

$$y = au,$$

on a

$$\Delta y = a\,\Delta u, \quad \frac{\Delta y}{\Delta x} = a\,\frac{\Delta u}{\Delta x},$$

et, à la limite,

$$\frac{dy}{dx} = a\,\frac{du}{dx},$$

ou enfin

$$dy = d\,(au) = a\,du.$$

Ainsi *la différentielle d'une fonction multipliée par une constante s'obtient en multipliant par cette constante la différentielle de la fonction.*

36. Soit encore

$$y = uv;$$

on en tire

$$y + \Delta y = (u + \Delta u)\,(v + \Delta v),$$

où, effectuant le produit,

$$y + \Delta y = uv + v\,\Delta u + u\,\Delta v + \Delta u\,\Delta v;$$

et comme $y = uv$, on a

$$\Delta y = v\,\Delta u + u\,\Delta v + \Delta u\,\Delta v,$$

d'où

$$\frac{\Delta y}{\Delta x} = v\,\frac{\Delta u}{\Delta x} + u\,\frac{\Delta v}{\Delta x} + \frac{\Delta u}{\Delta x}\,\Delta v.$$

A la limite, $\frac{\Delta u}{\Delta x}\,\Delta v$ devient nul, puisque $\frac{\Delta u}{\Delta x}$ a une limite en général finie, et que Δv devient nul ; donc

$$\frac{dy}{dx} = v\,\frac{du}{dx} + u\,\frac{dv}{dx},$$

ou enfin

$$dy = d(uv) = v\,du + u\,dv.$$

C'est-à-dire que *la différentielle du produit de deux fonctions s'obtient en multipliant chaque fonction par la différentielle de l'autre, et ajoutant les résultats.*

37. Soit maintenant

$$y = uvz,$$

on a

$$d(uvz) = vz\,du + u\,d(vz), \quad d(vz) = z\,dv + v\,dz;$$

donc

$$d(uvz) = vz\,du + uz\,dv + uv\,dz.$$

Ainsi *la différentielle du produit de trois fonctions s'obtient en multipliant la différentielle de chaque fonction par le produit des autres fonctions, et ajoutant les résultats.*

Cette règle est générale. Ainsi l'on aura

$$d(uvz\ldots t) = vz\ldots t\,du + uz\ldots t\,dv + uv\ldots t\,dz + \ldots + uv\ldots dt$$

ou, en divisant par $uvz\ldots t$,

$$\frac{d(uvz\ldots t)}{uvz\ldots t} = \frac{du}{u} + \frac{dv}{v} + \frac{dz}{z} + \ldots + \frac{dt}{t}.$$

On démontrera cette formule, soit directement, soit en faisant voir que si elle est vraie pour un certain nombre de facteurs, elle aura encore lieu quand on prendra un facteur de plus.

DIFFÉRENTIELLE D'UN QUOTIENT.

38. La différentielle du quotient de deux fonctions se déduit facilement de la différentielle d'un produit. Soit

$$y = \frac{u}{v},$$

on en tire

$$y v = u,$$

et, par suite,

$$v\,dy + y\,dv = du.$$

On remplace y par sa valeur $\dfrac{u}{v}$ et l'on obtient

$$v\,dy + \frac{u}{v}\,dv = du;$$

d'où l'on tire

$$dy \quad \text{ou} \quad d\frac{u}{v} = \frac{v\,du - u\,dv}{v^2}.$$

Ainsi *la différentielle d'un quotient est égale au dénominateur multiplié par la différentielle du numérateur, moins le numérateur multiplié par la différentielle du dénominateur; le tout divisé par le carré du dénominateur.*

On arrive encore à ce résultat par une méthode plus directe. On a

$$\Delta y = \frac{u + \Delta u}{v + \Delta v} - \frac{u}{v}$$

ou

$$\Delta y = \frac{v\,\Delta u - u\,\Delta v}{v\,(v + \Delta v)},$$

et, par conséquent,

$$\frac{\Delta y}{\Delta x} = \frac{v\,\dfrac{\Delta u}{\Delta x} - u\,\dfrac{\Delta v}{\Delta x}}{v\,(v + \Delta v)};$$

passant à la limite,

$$\frac{dy}{dx} = \frac{v\,\dfrac{du}{dx} - u\,\dfrac{dv}{dx}}{v^2},$$

ou enfin

$$dy \quad \text{ou} \quad d\frac{u}{v} = \frac{v\,du - u\,dv}{v^2}.$$

Si le numérateur u était constant, la différentielle $d\dfrac{u}{v}$ se réduirait à $-\dfrac{u\,dv}{v^2}$.

DIFFÉRENTIELLE D'UNE PUISSANCE.

39. Soit $y = u^m$, m étant un nombre entier et positif; nous avons vu (37) que

$$d(uvz\ldots t) = vz\ldots t\,du + uz\ldots t\,dv + \ldots + uvz\ldots dt.$$

Supposons que les facteurs u, v, z, $\ldots$, t au nombre de m deviennent tous égaux; on aura

$$d.u^m = mu^{m-1}\,du.$$

Ce résultat est aussi une conséquence immédiate de la règle des fonctions de fonctions. On sait que si l'on a

$$y = \varphi(u) \quad \text{et} \quad u = f(x),$$

on aura

$$dy = \varphi'(u)\,du;$$

donc, puisque

$$d.x^m = mx^{m-1}\,dx,$$

on aura aussi

$$d.u^m = mu^{m-1}\,du.$$

Voici enfin une troisième méthode. Donnons à x un accroissement quelconque Δx et soit U ce que devient u; nous aurons

$$y + \Delta y = U^m,$$

et, à cause de $y = u^m$,

$$\Delta y = U^m - u^m = (U - u)(U^{m-1} + U^{m-2}u + \ldots + u^{m-1}),$$

d'où

$$\frac{\Delta y}{\Delta x} = \frac{\Delta u}{\Delta x}(U^{m-1} + U^{m-2}u + \ldots + u^{m-1}).$$

Si l'on passe à la limite, U se confondant alors avec u, on a

$$\frac{dy}{dx} = \frac{du}{dx} \times mu^{m-1} \quad \text{ou} \quad dy = mu^{m-1}\,du.$$

40. Supposons actuellement que l'exposant m devienne

égal à une fraction positive $\frac{p}{q}$; on aura

$$y = u^{\frac{p}{q}}, \quad \text{d'où} \quad y^q = u^p.$$

Comme p et q sont des nombres entiers et positifs, nous pouvons, en prenant la différentielle des deux membres, appliquer la règle précédente, ce qui nous donne

$$q y^{q-1}\, dy = p u^{p-1}\, du$$

ou

$$q y^q\, dy = p u^{p-1} y\, du.$$

Mais

$$y^q = u^p \quad \text{et} \quad y = u^{\frac{p}{q}};$$

donc

$$dy = \frac{p}{q} \frac{u^{\frac{p}{q}}}{u}\, du,$$

ou enfin

$$d.u^{\frac{p}{q}} = \frac{p}{q} u^{\frac{p}{q}-1}\, du.$$

En remplaçant $\frac{p}{q}$ par m, nous retrouvons la formule

$$d.u^m = m u^{m-1}\, du.$$

41. Enfin, supposons que $m = -n$, n étant d'ailleurs un nombre entier ou fractionnaire, mais positif; on a

$$y = u^{-n} \quad \text{ou} \quad y = \frac{1}{u^n};$$

par suite,

$$dy = -\frac{d.u^n}{u^{2n}} = -\frac{n u^{n-1}}{u^{2n}}\, du,$$

ou enfin

$$d.u^{-n} = -n u^{-n-1}\, du,$$

ce qui donne encore, en remplaçant $-n$ par m,

$$d.u^m = m u^{m-1}\, du.$$

Cette formule est donc vraie, que l'exposant m soit positif ou négatif, entier ou fractionnaire.

42. La même formule sert à différentier les radicaux. Ainsi,

$$d\sqrt[n]{u} = d.\, u^{\frac{1}{n}} = \frac{1}{n} u^{\frac{1}{n}-1}\, du = \frac{du}{n\sqrt[n]{u^{n-1}}}.$$

Dans le cas particulier où $n = 2$, on a

$$d\sqrt{u} = \frac{du}{2\sqrt{u}}.$$

DIFFÉRENTIELLE D'UNE EXPRESSION IMAGINAIRE.

43. On sait que les expressions imaginaires résultant du calcul algébrique peuvent toujours se réduire à la forme

$$y = u + v\sqrt{-1}.$$

Si, comme en Algèbre, $\sqrt{-1}$ est assimilée à une constante, on aura, par le changement de x en $x + \Delta x$,

$$y + \Delta y = u + \Delta u + (v + \Delta v)\sqrt{-1},$$

et comme

$$y = u + v\sqrt{-1},$$

on aura

$$\Delta y = \Delta u + \Delta v\sqrt{-1};$$

d'où

$$\frac{\Delta y}{\Delta x} = \frac{\Delta u}{\Delta x} + \frac{\Delta v}{\Delta x}\sqrt{-1},$$

et, à la limite,

$$\frac{dy}{dx} = \frac{du}{dx} + \frac{dv}{dx}\sqrt{-1},$$

ou enfin

$$dy \quad \text{ou} \quad d(u + v\sqrt{-1}) = du + dv\sqrt{-1}.$$

Ainsi la différentielle d'une expression imaginaire s'ob-

tient comme celle d'une somme, pourvu toutefois que
l'on traite $\sqrt{-1}$ comme un facteur constant.

APPLICATIONS.

44. Les règles précédentes suffisent pour différentier
toutes les fonctions algébriques explicites.

$1°$ Soit d'abord

$$y = a + b\sqrt{x} - \frac{c}{x}.$$

Pour différentier cette fonction, on la met sous la forme

$$y = a + bx^{\frac{1}{2}} - cx^{-1},$$

et l'on obtient

$$dy = \frac{1}{2} bx^{-\frac{1}{2}}\, dx + cx^{-2} dx = \frac{b\,dx}{2\sqrt{x}} + \frac{c\,dx}{x^2};$$

d'où l'on tire

$$\frac{dy}{dx} = \frac{b}{2\sqrt{x}} + \frac{c}{x^2}.$$

$2°$

$$y = a + \frac{b}{\sqrt[3]{x^2}} - \frac{c}{x\sqrt[3]{x}} + \frac{c}{x^2},$$

ou

$$y = a + bx^{-\frac{2}{3}} - cx^{-\frac{4}{3}} + ex^{-2}.$$

Différentiant, on a

$$dy = \left(-\frac{2}{3} bx^{-\frac{5}{3}} + \frac{4}{3} cx^{-\frac{7}{3}} - 2ex^{-3} \right) dx$$

$$= \left(-\frac{2b}{3x\sqrt[3]{x^2}} + \frac{4c}{3x^2\sqrt[3]{x}} - \frac{2e}{x^3} \right) dx,$$

d'où enfin

$$\frac{dy}{dx} = -\frac{2b}{3x\sqrt[3]{x^2}} + \frac{4c}{3x^2\sqrt[3]{x}} - \frac{2e}{x^3}.$$

$3°$

$$y = (a + bx^n)^m.$$

Posons

$$a + bx^n = u;$$

3.

on a
$$y = u^m;$$

par suite,
$$dy = mu^{m-1} du.$$

Or
$$du = nbx^{n-1} dx;$$

donc
$$dy = mnb (a + bx^n)^{m-1} x^{n-1} dx.$$

45. Nous allons montrer maintenant comment le calcul différentiel s'applique à la détermination de courbes jouissant de propriétés données.

1°. *Trouver une courbe telle, que la sous-normale NP ait, pour chaque point, une longueur constante a.*

On aura, en supposant les coordonnées rectangulaires.
$$NP = MP \times \text{tang PMN}.$$

Mais
$$MP = y, \quad \text{tang PMN} = \text{tang MTN} = \frac{dy}{dx};$$

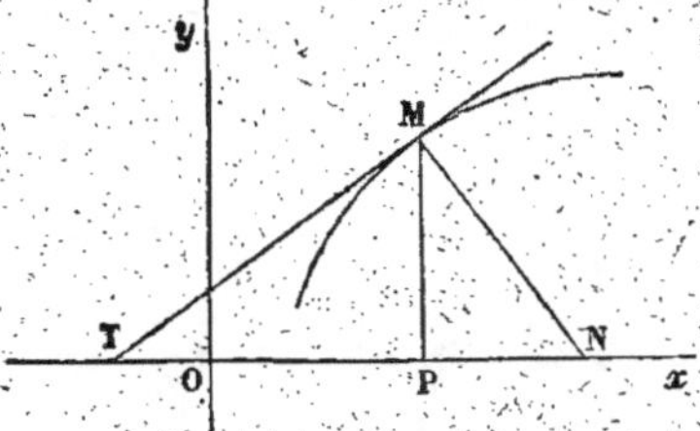

Fig. 5.

donc
$$NP = y \frac{dy}{dx}.$$

Il faudra donc poser
$$\frac{y\,dy}{dx} = a.$$

De là on tire
$$y\,dy = a\,dx,$$

ou
$$2y\,dy = 2a\,dx.$$

Or
$$2y\,dy = d(y^2)$$

et
$$2a\,dx = d(2ax);$$

donc
$$d(y^2) = d(2ax).$$

Mais deux fonctions qui ont la même différentielle ne peuvent différer que par une constante (29) : donc, en appelant c une constante arbitraire, on a pour l'équation du lieu

$$y^2 = 2ax + c.$$

Cette équation représente toutes les paraboles qui ont le même paramètre $2a$, et pour axe commun l'axe des x.

2° *Trouver une courbe dont la sous-normale soit une puissance donnée de l'abscisse.*

On aura

$$\frac{y\,dy}{dx} = x^m, \quad d\cdot\frac{y^2}{2} = d\cdot\frac{x^{m+1}}{m+1},$$

d'où

$$y^2 = \frac{2}{m+1}x^{m+1} + c.$$

3° *Trouver une courbe dont la sous-tangente PT soit en raison inverse de l'ordonnée.*

Puisque l'on a $\mathrm{PT} = \mathrm{MP}\cot\mathrm{MTP} = \dfrac{y\,dx}{dy}$, la courbe cherchée a pour équation différentielle

$$\frac{y\,dx}{dy} = \frac{a^2}{y}.$$

On tire de cette équation

$$dx = \frac{a^2\,dy}{y^2}.$$

Or

$$\frac{a^2\,dy}{y^2} = -d\cdot\frac{a^2}{y},$$

donc

$$x = -\frac{a^2}{y} + c,$$

ou

$$xy - cy = -a^2.$$

Le lieu est une hyperbole équilatère qui a pour asymptotes l'axe des x et une parallèle à l'axe des y.

4° Si l'on cherche *la courbe dont la normale* MN *est constante*, il faudra poser (*fig.* 5, p. 36)

$$\overline{MP}^2 + \overline{NP}^2 = y^2 + \frac{y^2\,dy^2}{dx^2} = a^2;$$

d'où

$$\frac{y\,dy}{dx} = \sqrt{a^2 - y^2}$$

et

$$dx = \frac{y\,dy}{\sqrt{a^2 - y^2}};$$

d'où

$$x = -\sqrt{a^2 - y^2} + c,$$

et enfin

$$(x - c)^2 + y^2 = a^2.$$

La courbe cherchée est un cercle dont le rayon est a et dont le centre est sur l'axe des x.

DIFFÉRENTIATION DES FONCTIONS COMPOSÉES.

46. Après avoir différentié une fonction d'une variable indépendante, nous allons apprendre à différentier une fonction composée de plusieurs fonctions de cette variable, et d'abord de deux. Ainsi, soit

$$y = f(u, v),$$

u et v étant deux fonctions de la variable indépendante; lorsque x devient $x + \Delta x$, les quantités u, v, y deviennent respectivement $u + \Delta u$, $v + \Delta v$, $y + \Delta y$. Mais, au lieu de changer à la fois u en $u + \Delta u$, et v en $v + \Delta v$ dans $f(u, v)$, il revient au même d'effectuer ces deux changements l'un après l'autre. Ainsi, l'on remplacera d'abord $u + \Delta u$, en conservant à v sa valeur actuelle, d'où résultera pour y l'accroissement

$$f(u + \Delta u, v) - f(u, v).$$

Divisons cette différence par Δu, et passons à la limite, en regardant v comme invariable. On aura

$$\lim \frac{f(u + \Delta u, v) - f(u, v)}{\Delta u} = \frac{df(u, v)}{du} = \varphi(u, v).$$

On aurait, de même

$$\lim \frac{f(u, v + \Delta v) - f(u, v)}{\Delta v} = \frac{df(u, v)}{dv} = \psi(u, v);$$

donc, en représentant par α une fonction qui s'évanouit avec Δu, quel que soit v, et par ϵ une fonction qui s'évanouit avec Δv, quel que soit u, on a

$$(1) \qquad f(u + \Delta u, v) - f(u, v) = [\varphi(u, v) + \alpha]\Delta u,$$

$$(2) \qquad f(u, v + \Delta v) - f(u, v) = [\psi(u, v) + \epsilon]\Delta v.$$

Changeant u en $u + \Delta u$ dans l'équation (2), il vient

$$(3) \qquad \begin{cases} f(u + \Delta u, v + \Delta v) - f(u + \Delta u, v) \\ \quad = [\psi(u + \Delta u, v) + \epsilon']\Delta v, \end{cases}$$

ϵ' désignant ce que devient ϵ quand on y change u en $u + \Delta u$, et s'annulant comme ϵ en même temps que Δv.

Ajoutant maintenant les équations (1) et (3) membre à membre et divisant par Δx, on a

$$\frac{f(u + \Delta u, v + \Delta v) - f(u, v)}{\Delta x}$$

$$= [\varphi(u, v) + \alpha]\frac{\Delta u}{\Delta x} + [\psi(u + \Delta u, v) + \epsilon']\frac{\Delta v}{\Delta x};$$

ce qui devient, à la limite,

$$\frac{dy}{dx} = \varphi(u, v)\frac{du}{dx} + \psi(u, v)\frac{dv}{dx}$$

ou

$$dy = \varphi(u, v)\,du + \psi(u, v)\,dv,$$

ou enfin

$$(4) \qquad dy = \frac{dy}{du}\,du + \frac{dy}{dv}\,dv.$$

Il faut observer que, dans les dérivées partielles $\frac{dy}{du}$ et $\frac{dy}{dv}$, les variables u et v doivent être considérées comme indépendantes, tandis que, dans les facteurs du et dv qui multiplient ces dérivées, on doit regarder u et v comme des fonctions de x.

47. Une formule analogue à la formule précédente a lieu pour une fonction composée d'un plus grand nombre de fonctions de la variable indépendante. Ainsi, soit

$$y = f(u, v, z).$$

On a

$$\Delta y = f(u + \Delta u, v + \Delta v, z + \Delta z) - f(u, v, z).$$

Si l'on pose

$$\frac{dy}{du} = \varphi(u, v, z), \quad \frac{dy}{dv} = \psi(u, v, z), \quad \frac{dy}{dz} = \chi(u, v, z),$$

on aura, d'après les considérations qui précèdent,

$$(1) \quad f(u + \Delta u, v, z) - f(u, v, z) = [\varphi(u, v, z) + \alpha]\Delta u,$$
$$(2) \quad f(u, v + \Delta v, z) - f(u, v, z) = [\psi(u, v, z) + 6]\Delta v,$$
$$(3) \quad f(u, v, z + \Delta z) - f(u, v, z) = [\chi(u, v, z) + \gamma]\Delta z.$$

Faisant varier u dans l'équation (2), on a

$$(4) \quad \begin{cases} f(u + \Delta u, v + \Delta v, z) - f(u + \Delta u, v, z) \\ \quad = [\psi(u + \Delta u, v, z) + 6']\Delta v. \end{cases}$$

Faisant varier u et v dans l'équation (3), on a

$$(5) \quad \begin{cases} f(u + \Delta u, v + \Delta v, z + \Delta z) - f(u + \Delta u, v + \Delta v, z) \\ \quad = [\chi(u + \Delta u, v + \Delta v, z) + \gamma']\Delta z. \end{cases}$$

Ajoutant les équations (1), (4) et (5) membre à membre, et divisant par Δx, il vient

$$\frac{\Delta y}{\Delta x} = [\varphi(u, v, z) + \alpha]\frac{\Delta u}{\Delta x} + [\psi(u + \Delta u, v, z) + 6']\frac{\Delta v}{\Delta x}$$
$$+ [\chi(u + \Delta u, v + \Delta v, z) + \gamma']\frac{\Delta z}{\Delta x},$$

et, à la limite, on a

$$\frac{dy}{dx} = \varphi(u, v, z)\frac{du}{dx} + \psi(u, v, z)\frac{dv}{dx} + \chi(u, v, z)\frac{dz}{dx},$$

ou enfin

$$(6) \qquad dy = \frac{dy}{du}\,du + \frac{dy}{dv}\,dv + \frac{dy}{dz}\,dz.$$

De là on peut conclure en général que *la différentielle d'une fonction y, composée d'un nombre quelconque de fonctions de la variable indépendante, s'obtient en prenant successivement la différentielle de la fonction y, par rapport à chaque fonction de la variable indépendante, dans laquelle cette variable seule serait supposée varier, et ajoutant toutes ces différentielles.*

Cette règle comprend comme cas particuliers toutes les précédentes sur une somme, une différence, un produit,.... de fonctions.

EXERCICES.

1. $y = x^2(a^2 + x^2)\sqrt{a^2 - x^2}$, $\quad dy = \dfrac{2a^4 + a^2 x^2 - 5x^4}{\sqrt{a^2 - x^2}}\,x\,dx.$

2. $y = \sqrt{\dfrac{x^3}{a - x}}$, $\qquad\qquad dy = \dfrac{(3a - 2x)\sqrt{x}\,dx}{2\sqrt{(a - x)^3}}.$

3. $y = f(a + x)$, $\qquad\qquad dy = f'(a + x)\,dx.$

4. $y = f(a + bx^2)$, $\qquad\qquad dy = 2f'(a + bx^2)\,bx\,dx.$

5. $y = f\left(\dfrac{a}{x}\right)$, $\qquad\qquad dy = -af'\left(\dfrac{a}{x}\right)\dfrac{dx}{x^2}.$

6. $\qquad\qquad y = \dfrac{1}{x^2}f\left(\dfrac{a + x}{b - x}\right)$,

$$dy = -\frac{2}{x^3}f\left(\frac{a + x}{b - x}\right)dx + \frac{(a + b)f'\left(\dfrac{a + x}{b - x}\right)}{x^2(b - x)^2}\,dx.$$

QUATRIÈME LEÇON.

NOTIONS SUR LES SÉRIES.

Définitions. — Théorèmes sur la convergence des séries. — Application à des exemples. — Limite de $\left(1 + \dfrac{1}{m}\right)^{m}$.

DÉFINITIONS.

48. Avant de passer à la différentiation des fonctions transcendantes, il est nécessaire d'établir quelques notions sur les séries.

Une *série* est une suite composée d'un nombre infini de termes formés tous d'après une loi déterminée. On représente ordinairement par S_n la somme des n premiers termes d'une série. Ainsi, u_1, u_2, u_3, ..., u_n désignant les termes successifs de la série, à partir du premier, on pose

$$S_n = u_1 + u_2 + u_3 + \ldots + u_n.$$

Si, à partir d'une valeur de n suffisamment grande, S_n approche indéfiniment d'une limite finie et déterminée, quand on prend n de plus en plus grand, on dit que la série est *convergente*, et la limite S vers laquelle elle tend est appelée la *somme* de la série. La différence $S - S_n$, que l'on désigne par R_n, se nomme le *reste de la série*. On a donc, par définition,

$$R_n = S - S_n, \quad \text{ou} \quad S = S_n + R_n.$$

Si la somme des n premiers termes n'approche pas indéfiniment d'une limite fixe, quand n augmente indéfiniment, la série est *divergente*.

Une des séries les plus simples est la progression géométrique

$$a, \quad ak, \quad ak^2, \quad ak^3, \ldots, ak^{n-1}, \ldots$$

Cette série est convergente, lorsque la raison k est plus petite que l'unité. En effet, on a, quel que soit k,

$$S_n = a + ak + ak^2 + \ldots + ak^{n-1} = \frac{a(1 - k^n)}{1 - k}$$

ou

$$S_n = \frac{a}{1 - k} - \frac{ak^n}{1 - k}.$$

Or, si la raison k est moindre que l'unité, $\dfrac{ak^n}{1 - k}$ peut devenir aussi petit que l'on veut, et dès lors $\dfrac{a}{1 - k}$ est la limite vers laquelle tend S_n. Si, au contraire, on a $k > 1$, la quantité $\dfrac{ak^n}{1 - k}$ peut surpasser toute grandeur donnée, et la série est divergente. Il en est de même si $k = 1$.

THÉORÈMES SUR LA CONVERGENCE DES SÉRIES.

49. La somme d'une série convergente est une quantité déterminée qui souvent n'est pas susceptible d'une autre expression : elle peut être employée dans le calcul comme une fonction des lettres qu'elle renferme. Il est donc important de savoir si une série est convergente. Voyons donc comment on pourra reconnaître ce caractère.

Pour qu'une série soit convergente, *la condition nécessaire et suffisante consiste en ce que la somme d'un nombre quelconque de termes au delà du $n^{ième}$, u_n, soit aussi petite que l'on voudra, si n est suffisamment grand.* Cette condition est nécessaire puisque, les deux sommes S_n et S_{n+i} devant converger vers la même limite lorsque n est de plus en plus grand, leur différence doit tendre vers zéro. Elle est suffisante, car si la somme

$$u_{n+1} + u_{n+2} + \ldots + u_{n+i}$$

est comprise entre $- \varepsilon$ et $+ \varepsilon$, S_{n+i} sera comprise entre $S_n - \varepsilon$ et $S_n + \varepsilon$, quantités qui se rapprocheront de plus en plus à mesure que n augmentera, i restant le même, mais pouvant d'ailleurs être supposé aussi grand qu'on voudra.

50. De cette proposition résulte la suivante : qu'*à partir d'un terme* u_n, *n étant assez grand, les termes doivent finir par devenir plus petits que toute quantité donnée.* Mais cette condition, qui est nécessaire, n'est pas suffisante. Ainsi l'exemple ci-dessous,

$$1 + \frac{1}{2} + \frac{1}{3} + \frac{1}{4} + \ldots + \frac{1}{n} + \frac{1}{n+1} + \frac{1}{n+2} + \ldots + \frac{1}{2n} + \ldots,$$

offre une série dans laquelle cette condition est évidemment remplie, mais qui néanmoins n'est pas convergente, car, en groupant les termes comme il suit,

$$\left(1 + \frac{1}{2}\right) + \left(\frac{1}{3} + \frac{1}{4}\right) + \left(\frac{1}{5} + \frac{1}{6} + \frac{1}{7} + \frac{1}{8}\right)$$
$$+ \left(\frac{1}{9} + \ldots + \frac{1}{16}\right) + \left(\frac{1}{17} + \ldots + \frac{1}{32}\right) + \ldots,$$

on voit que chacune des sommes renfermées entre parenthèses est plus grande que $\frac{1}{2}$, et, comme il y en a une infinité, la série a nécessairement une somme infinie.

51. En général, pour reconnaître si une série est convergente, on compare ses termes, à partir d'un certain rang, à ceux d'une autre série qu'on sait être convergente, et s'il arrive que les termes de la première soient inférieurs ou au plus égaux à ceux de la seconde, alors cette première série est *convergente*. On peut se dispenser de comparer les premiers termes.

En comparant une série à une progression géométrique, on est conduit aux théorèmes suivants.

52. Théorème I. — *Une série dont tous les termes, ou du moins les termes très-éloignés, sont positifs, est convergente si, à partir d'un certain terme, le rapport d'un terme quelconque au précédent est plus petit qu'un* *nombre déterminé k, qui est lui-même plus petit que l'unité.*

Ainsi, supposons qu'à partir de u_n cette condition soit remplie. On aura, m étant plus grand que n,

$$u_{m+1} < k u_m,$$
$$u_{m+2} < k u_{m+1},$$

et *à fortiori*

$$u_{m+2} < k^2 u_m;$$

de même,

$$u_{m+3} < k^3 u_m,$$
$$\dots\dots\dots\dots$$
$$u_{m+i} < k^i u_m;$$

on aura donc

$$u_{m+1} + u_{m+2} + u_{m+3} + \dots + u_{m+i} < u_m (k + k^2 + k^3 + \dots + k^i).$$

Donc

$$u_{m+1} + u_{m+2} + \dots + u_{m+i} < u_m \frac{k - k^{i+1}}{1 - k}.$$

Or

$$\frac{k - k^{i+1}}{1 - k}$$

est une quantité finie, quelque grand que soit i, puisqu'on suppose k moindre que 1; d'ailleurs $u_m < k^{m-n} u_n$ peut devenir plus petit que toute quantité donnée, en prenant m assez grand; par suite, le reste $u_{m+1} + u_{m+2} + \dots + u_{m+i}$ peut devenir inférieur à tout ce que l'on voudra, en prenant m suffisamment grand. Donc la série est convergente.

Au contraire, la série est divergente si l'on a k plus grand que 1.

Effectivement, si à partir de u_n cette condition est remplie, les termes deviennent de plus en plus grands.

53. THÉORÈME II. — *Une série à termes positifs est convergente, si, à partir d'un certain terme, on a constamment*

$$\sqrt[n]{u_n} < k < 1.$$

En effet, on aura, d'après cette condition,

$$u_{n+1} + u_{n+2} + \ldots + u_{n+i} < k^{n+1} + k^{n+2} + \ldots + k^{n+i},$$

ou bien

$$u_{n+1} + u_{n+2} + \ldots + u_{n+i} < k^n \frac{k - k^{i+1}}{1 - k};$$

d'où l'on conclut, comme précédemment, que la série est convergente.

Au contraire, la série est divergente, si l'on a toujours, à partir d'un certain terme,

$$\sqrt[n]{u_n} > k > 1.$$

Et, en effet, comme de là on déduit $u_n > k^n$, il s'ensuit qu'en prenant n suffisamment grand, u_n, et *à fortiori* le reste de la suite, sera plus grand que toute quantité donnée (50).

54. On a supposé jusqu'à présent que tous les termes de la série, ou du moins les termes très-éloignés, étaient positifs. Soit maintenant une série dont les termes aient des signes quelconques.

Si la nouvelle série qu'on obtient en prenant positivement tous les termes au delà d'un certain rang est convergente, la série proposée le sera aussi. Effectivement, le reste de la série donnée a une valeur absolue moindre que le reste de la série transformée; par conséquent, il peut devenir moindre que toute quantité donnée.

Cette condition de convergence est suffisante, mais non pas nécessaire.

55. THÉORÈME III. — *Une série est convergente quand les termes éloignés sont alternativement positifs et négatifs, et vont en décroissant indéfiniment.*

En effet, admettons que cette loi se vérifie, dans la série

$$u_1 + u_2 + u_3 + \ldots + u_{n+1} + u_{n+2} + u_{n+3} + \ldots + u_p + \ldots,$$

à partir du terme u_{n+1} que nous supposerons positif.

Appelons U_{n+1}, U_{n+2}, U_{n+3}, etc., la valeur absolue des termes u_{n+1}, u_{n+2}, u_{n+3}, etc. On aura, p étant $> n$,

$$S_p = S_n + (U_{n+1} - U_{n+2}) + (U_{n+3} - U_{n+4}) + \ldots,$$

et, par suite,

$$S_p > S_n.$$

On a aussi

$$S_p = S_n + U_{n+1} - (U_{n+2} - U_{n+3}) - (U_{n+4} - U_{n+5}) \ldots$$

Sous cette forme, on voit que

$$S_p < S_n + U_{n+1};$$

donc on a

$$S_n < S_p < S_n + U_{n+1}.$$

Donc S_p est toujours compris entre S_n et $S_n + U_{n+1}$, et comme U_{n+1} peut devenir aussi petit que l'on voudra, la série est convergente.

56. On considère quelquefois, dans le calcul, des séries imaginaires de la forme

$$\left(u_1 + v_1 \sqrt{-1}\right) + \left(u_2 + v_2 \sqrt{-1}\right) + \ldots + \left(u_n + v_n \sqrt{-1}\right) + \ldots$$

Une pareille suite sera convergente, si les deux sommes

$$u_1 + u_2 + u_3 + \ldots + u_n + \ldots, \quad v_1 + v_2 + v_3 + \ldots + v_n + \ldots,$$

sont elles-mêmes des séries convergentes.

ÉTUDE DE QUELQUES SÉRIES.

57. Nous allons appliquer les règles précédentes à quelques exemples.

$$1^{\circ} \quad 1 + x + \frac{x^2}{1.2} + \frac{x^3}{1.2.3} + \ldots + \frac{x^n}{1.2.3\ldots n} + \ldots$$

Cette série est convergente, quel que soit x. En effet, on a

$$u_{p+1} = \frac{x^p}{1.2.3\ldots p},$$

et aussi

$$u_p = \frac{x^{p-1}}{1.2.3\ldots(p-1)};$$

d'où

$$\frac{u_{p+1}}{u_p} = \frac{x}{p}.$$

On voit par là que le rapport d'un terme au précédent finira toujours par devenir plus petit que tout ce que l'on voudra, et, par conséquent, plus petit qu'une fraction quelconque k. Donc la série est convergente, et cela que x soit positif ou négatif.

On peut savoir quel est, dans cette série, le plus grand terme pour une valeur donnée à x.

Supposons que l'on ait

$$i < x < i+1:$$

le plus grand terme sera

$$\frac{x^i}{1.2.3\ldots i}.$$

En effet, on peut mettre ce terme sous la forme d'un produit

$$\frac{x}{1} \times \frac{x}{2} \times \frac{x}{3} \times \cdots \times \frac{x}{i},$$

composé de facteurs plus grands que 1 : tous les termes précédents sont moindres, puisqu'on les obtient en supprimant dans celui-ci un certain nombre de facteurs plus grands que 1 : tous les termes suivants sont aussi moindres, puisqu'on les obtient en multipliant celui que nous venons d'écrire par des facteurs $\dfrac{x}{i+1}$, $\dfrac{x}{i+2}$, ..., moindres que l'unité.

Supposons qu'on s'arrête à $\dfrac{x^n}{1.2.3\ldots n}$ et qu'on veuille avoir une limite supérieure du reste R_n. On aura

$$R_n = \frac{x^n}{1.2\ldots n}\left[\frac{x}{n+1} + \frac{x^2}{(n+1)(n+2)} + \cdots\right],$$

d'où

$$R_n < \frac{x^n}{1.2\ldots n}\left[\frac{x}{n+1} + \frac{x^2}{(n+1)^2} + \frac{x^3}{(n+1)^3} + \ldots\right],$$

ou, en supposant $n+1 > x$,

$$R_n < \frac{x^n}{1.2\ldots n}\cdot\frac{x}{n+1-x},$$

ou, enfin,

$$R_n < \frac{x^{n+1}}{1.2\ldots n}\cdot\frac{1}{n+1-x},$$

2° Les différents termes de la série

$$1 + x\cos x + \frac{x^2}{1.2}\cos 2x + \ldots + \frac{x^n}{1.2\ldots n}\cos nx + \ldots$$

sont plus petits que ceux de la série précédente. Donc la nouvelle série est convergente à plus forte raison.

3°
$$\frac{x}{1} + \frac{x^2}{2} + \frac{x^3}{3} + \ldots + \frac{x^n}{n} + \ldots$$

On a, dans cet exemple,

$$\frac{u_{n+1}}{u_n} = x \times \frac{n}{n+1}.$$

Comme ce rapport tend vers x à mesure que n augmente, il en résulte que la série est convergente pour les valeurs de x comprises entre -1 et $+1$.

On arrive à la même conclusion en appliquant le second théorème (53).

On peut facilement trouver une limite supérieure du reste R_n. En effet, on a

$$R_n = \frac{x^{n+1}}{n+1} + \frac{x^{n+2}}{n+2} + \ldots < \frac{x^{n+1}}{n+1}\left(1 + x + x^2 + \ldots\right),$$

ou, puisque x est moindre que 1,

$$R_n < \frac{x^{n+1}}{n+1}\cdot\frac{1}{1-x}.$$

$$4^{\circ} \quad 1 + mx + \frac{m(m-1)}{1 \cdot 2} x^2 + \dots$$
$$+ \frac{m(m-1)\dots(m-p+1)}{1 \cdot 2 \dots p} x^p + \dots$$

On a, dans cet exemple,

$$\frac{u_{p+1}}{u_p} = \frac{m-p+1}{p} x = \left(\frac{m+1}{p} - 1\right) x.$$

Si x est moindre que l'unité et positif, les termes finissent toujours, quand p est suffisamment grand, par devenir alternativement positifs et négatifs, et par décroître indéfiniment. Donc alors la série est convergente. Elle l'est encore si l'on a $x < 0$ et que sa valeur absolue soit plus petite que 1; car, dans ce cas, le rapport $\frac{u_{p+1}}{u_p}$ finit toujours par être, en valeur absolue, constamment plus petit qu'une fraction quelconque k plus grande que x. Si x, positif ou négatif, est plus grand que 1, la série est divergente, car $\left(\frac{m+1}{p} - 1\right) x$ finit toujours par surpasser 1.

5° La série

$$(1) \quad 1 + \frac{1}{2^m} + \frac{1}{3^m} + \frac{1}{4^m} + \dots + \frac{1}{p^m} + \frac{1}{(p+1)^m} + \dots$$

est divergente pour $m = 1$ ou $m < 1$, et convergente pour $m > 1$.

En effet, quand $m = 1$, on a

$$(2) \quad 1 + \frac{1}{2} + \frac{1}{3} + \frac{1}{4} + \dots,$$

série dont la divergence a été démontrée (50).

Quand m est < 1, la série (1) est à plus forte raison divergente, puisque ses termes sont plus grands que les termes correspondants de la série (2).

Soit ensuite $m > 1$. On a

$$\frac{u_{p+1}}{u_p} = \frac{1}{(p+1)^m} : \frac{1}{p^m} = \left(\frac{p}{p+1}\right)^m.$$

Ce rapport, quoique constamment plus petit que l'unité, finira toujours par en approcher autant qu'on voudra. On ne peut donc pas appliquer le premier théorème (52), mais on démontre la convergence de la série pour $m > 1$ en groupant les termes de la manière suivante :

$$1 + \left(\frac{1}{2^m} + \frac{1}{3^m}\right) + \left(\frac{1}{4^m} + \frac{1}{5^m} + \frac{1}{6^m} + \frac{1}{7^m}\right) + \left(\frac{1}{8^m} + \cdots + \frac{1}{15^m}\right) + \cdots,$$

d'où l'on conclut que la somme des termes est moindre que

$$1 + \frac{2}{2^m} + \frac{4}{4^m} + \frac{8}{8^m} + \cdots,$$

c'est-à-dire moindre que la somme de la progression géométrique décroissante

$$1 + \frac{1}{2^{m-1}} + \frac{1}{4^{m-1}} + \frac{1}{8^{m-1}} + \cdots.$$

6° Si dans la série

$$1 + \frac{x}{1} + \frac{x^2}{1.2} + \frac{x^3}{1.2.3} + \cdots + \frac{x^n}{1.2.3\ldots n} + \cdots$$

on fait

$$x = 1,$$

on obtient la série numérique

$$2 + \frac{1}{1.2} + \frac{1}{1.2.3} + \frac{1}{1.2.3.4} + \cdots + \frac{1}{1.2.3\ldots n} \cdots,$$

série convergente, puisqu'elle est un cas particulier d'une série qui est convergente, quel que soit x. On en représente la somme par la lettre e.

Le nombre e est compris entre 2 et 3; car on a évidemment

$$e > 2$$

et

$$e < 2 + \frac{1}{2} + \frac{1}{2.2} + \frac{1}{2.2.2} + \ldots + \frac{1}{2^n} + \ldots$$

ou

$$e < 3.$$

Il est facile de trouver une limite supérieure du reste R_n de la série, ou de la somme

$$\frac{1}{1.2.3\ldots n\,(n+1)} + \frac{1}{1.2.3\ldots n\,(n+1)\,(n+2)} + \ldots ;$$

car on a

$$R_n < \frac{1}{1.2.3\ldots n}\left(\frac{1}{n+1} + \frac{1}{(n+1)^2} + \frac{1}{(n+1)^3} + \ldots\right),$$

ou

$$R_n < \frac{1}{1.2.3\ldots n} \times \frac{1}{n}.$$

On voit que la convergence est très-rapide. Les onze premiers termes donnent en effet $e = 2,7182818$, valeur approchée à un dix-millionième près.

LIMITE DE $\left(1 + \dfrac{1}{m}\right)^{m}$ QUAND m CROÎT INDÉFINIMENT.

58. *Le nombre e est la limite vers laquelle tend la quantité $\left(1 + \dfrac{1}{m}\right)^{m}$ quand m croît indéfiniment.*

Supposons d'abord m entier et positif. On a

$$\left(1 + \frac{1}{m}\right)^{m} = 1 + m \cdot \frac{1}{m} + \frac{m\,(m-1)}{1.2} \cdot \frac{1}{m^2} + \ldots$$
$$+ \frac{m\,(m-1)\ldots(m-n+1)}{1.2.3\ldots n} \cdot \frac{1}{m^n} + \ldots$$

ce qu'on peut écrire

$$\left(1+\frac{1}{m}\right)^m = 2 + \frac{1-\dfrac{1}{m}}{1.2} + \frac{\left(1-\dfrac{1}{m}\right)\left(1-\dfrac{2}{m}\right)}{1.2.3} + \dots$$

$$+ \frac{\left(1-\dfrac{1}{m}\right)\left(1-\dfrac{2}{m}\right)\dots\left(1-\dfrac{n-1}{m}\right)}{1.2.3\dots n} + \dots$$

Les termes de ce développement au nombre de m sont tous, à partir du second, plus petits que les termes de même rang dans la série qui représente le nombre e, et ils augmentent avec m, d'où il suit que $\left(1+\dfrac{1}{m}\right)^m$ augmente avec m, en restant toujours $< e$. Les numérateurs des premiers termes, qui sont

$$1-\frac{1}{m}, \quad \left(1-\frac{1}{m}\right)\left(1-\frac{2}{m}\right)\dots,$$

approchent indéfiniment de l'unité, quand m croît jusqu'à l'infini; et, par conséquent, ces termes tendent à devenir égaux à ceux de la série e. Mais il n'en est pas de même pour les termes très-éloignés; car si, par exemple, $n-1$ était la moitié de m, le facteur $1-\dfrac{n-1}{m}$, dans le $n^{ième}$ terme, serait $\dfrac{1}{2}$, et le numérateur de ce terme serait $< \dfrac{1}{2}$. Cependant, en prenant m très-grand, et négligeant dans les deux séries les termes très-éloignés qui font une très-petite somme, on conçoit que l'une des séries diffère infiniment peu de l'autre, et qu'ainsi $\left(1+\dfrac{1}{m}\right)^m$ doit s'approcher indéfiniment de e.

59. Au surplus, en voici la démonstration très-rigou-

reuse. En s'arrêtant au $n^{i\text{ème}}$ terme, on a

$$\left(1+\frac{1}{m}\right)^m > 2 + \frac{1-\dfrac{1}{m}}{1.2} + \frac{\left(1-\dfrac{1}{m}\right)\left(1-\dfrac{2}{m}\right)}{1.2.3} + \dots$$

$$+ \frac{\left(1-\dfrac{1}{m}\right)\left(1-\dfrac{2}{m}\right)\dots\left(1-\dfrac{n-1}{m}\right)}{1.2.3\dots n}.$$

Quelque grand que soit n, on peut prendre le nombre m, qui est indépendant de n, tellement grand, que le numérateur

$$\left(1-\frac{1}{m}\right)\left(1-\frac{2}{m}\right)\dots\left(1-\frac{n-1}{m}\right),$$

qui est inférieur à l'unité, surpasse $1 - \varepsilon$, ε étant un nombre déterminé aussi petit qu'on voudra. Car ce numérateur étant plus grand que $\left(1-\dfrac{n-1}{m}\right)^{n-1}$, il suffira de poser

$$\left(1-\frac{n-1}{m}\right)^{n-1} > 1 - \varepsilon,$$

d'où l'on tire

$$m > \frac{n-1}{1 - \sqrt[n-1]{1-\varepsilon}}.$$

Alors, dans le développement de $\left(1+\dfrac{1}{m}\right)^m$, les numérateurs des termes jusqu'au $n^{i\text{ème}}$ étant tous $> 1 - \varepsilon$, on aura, en les remplaçant par $1 - \varepsilon$ et négligeant les termes qui suivent le $n^{i\text{ème}}$,

$$\left(1+\frac{1}{m}\right)^m > 2 + (1-\varepsilon)\left(\frac{1}{1.2}+\frac{1}{1.2.3}+\dots+\frac{1}{1.2.3\dots n}\right),$$

et *à fortiori*

$$\left(1+\frac{1}{m}\right)^m > 2 + \frac{1}{1.2} + \frac{1}{1.2.3} + \dots + \frac{1}{1.2.3\dots n} - \varepsilon,$$

puisque la somme

$$\frac{1}{1.2} + \frac{1}{1.2.3} + \ldots + \frac{1}{1.2.3\ldots n}$$

(qui multiplie ε) est

$$< \frac{1}{2} + \frac{1}{2.2} + \ldots \quad \text{ou} \quad < 1.$$

On a d'ailleurs (57, 6°)

$$e < 2 + \frac{1}{1.2} + \ldots + \frac{1}{1.2\ 3\ldots n} + \frac{1}{1.2.3\ldots n}\frac{1}{n}.$$

Ayant ainsi deux quantités qui renferment entre elles e et $\left(1 + \frac{1}{m}\right)^m$, on aura, en comparant les différences,

$$e - \left(1 + \frac{1}{m}\right)^m < \frac{1}{1.2.3\ldots n}\cdot\frac{1}{n} + \varepsilon,$$

et comme on peut supposer n aussi grand et ε aussi petit qu'on veut, en faisant croître m à l'infini, on voit que e est la limite vers laquelle tend $\left(1 + \frac{1}{m}\right)^m$.

60. On obtient la même limite quand m cesse d'être un nombre entier. Dans ce cas, m tombe entre deux entiers consécutifs p et $p + 1$, et l'on a

$$\left(1 + \frac{1}{m}\right)^m < \left(1 + \frac{1}{p}\right)^{p+1} \quad \text{et} \quad > \left(1 + \frac{1}{p+1}\right)^p$$

ou

$$\left(1 + \frac{1}{m}\right)^m < \left(1 + \frac{1}{p}\right)^p\cdot\left(1 + \frac{1}{p}\right)$$

et

$$\left(1 + \frac{1}{m}\right)^m > \left(1 + \frac{1}{p+1}\right)^{p+1} : \left(1 + \frac{1}{p+1}\right).$$

Quand m croît, ces deux quantités, entre lesquelles la valeur de $\left(1 + \frac{1}{m}\right)^m$ est toujours comprise, tendent l'une et l'autre vers la limite e (puisque p est entier). Donc $\left(1 + \frac{1}{m}\right)^m$ a la même limite.

61. Enfin, si l'on fait m négatif, $m = -\mu$, on aura

$$\left(1 + \frac{1}{m}\right)^m = \left(1 - \frac{1}{\mu}\right)^{-\mu} = \left(\frac{\mu - 1}{\mu}\right)^{-\mu} = \left(\frac{\mu}{\mu - 1}\right)^{\mu}$$

$$= \left(1 + \frac{1}{\mu - 1}\right)^{\mu} = \left(1 + \frac{1}{\mu - 1}\right)^{\mu - 1} \cdot \left(1 + \frac{1}{\mu - 1}\right),$$

quantité dont la limite est encore e, quand μ devient infini.

62. *Le nombre e est incommensurable.* — En effet, si e était un nombre commensurable $\frac{a}{b}$, on aurait

$$\frac{a}{b} = 2 + \frac{1}{1.2} + \ldots + \frac{1}{1.2\ldots b} + \frac{1}{1.2\ldots b(b+1)} + \ldots$$

En faisant passer $2 + \frac{1}{1.2} + \ldots + \frac{1}{1.2.3\ldots b}$ dans le premier membre, multipliant par $1.2.3\ldots b$, et désignant par N un nombre entier, on aurait

$$N = \frac{1}{b+1} + \frac{1}{(b+1)(b+2)} + \ldots$$

On a donc
$$N > 0.$$
D'ailleurs
$$\frac{1}{b+1} + \frac{1}{(b+1)(b+2)} + \ldots < \frac{1}{b+1} + \frac{1}{(b+1)^2} + \ldots,$$
donc
$$N < \frac{1}{b}.$$

On aurait ainsi un nombre entier compris entre 0 et $\frac{1}{b}$, ce qui est absurde; e est donc incommensurable.

CINQUIÈME LEÇON.

DIFFÉRENTIATION DES FONCTIONS TRANSCENDANTES.

Différentiation des fonctions logarithmiques, — des fonctions exponentielles, — des fonctions circulaires directes, — inverses.

FONCTIONS LOGARITHMIQUES.

63. Soit y le logarithme de x dans le système dont la base est a, de sorte que

$$x = a^y.$$

On a

$$y + \Delta y = \log (x + \Delta x),$$

d'où

$$\Delta y = \log (x + \Delta x) - \log x = \log \left(1 + \frac{\Delta x}{x} \right)$$

et

$$\frac{\Delta y}{\Delta x} = \frac{\log \left(1 + \frac{\Delta x}{x} \right)}{\Delta x}.$$

Si l'on pose $\Delta x = \dfrac{x}{m}$, on aura

$$\frac{\Delta y}{\Delta x} = \frac{m}{x} \log \left(1 + \frac{1}{m} \right) = \frac{1}{x} \log \left(1 + \frac{1}{m} \right)^m.$$

Si l'on fait croître m indéfiniment, Δx diminuera jusqu'à zéro, et $\left(1 + \dfrac{1}{m} \right)^m$ atteindra sa limite e (58); donc

$$\lim \frac{\Delta y}{\Delta x} \quad \text{ou} \quad \frac{dy}{dx} = \frac{1}{x} \log e,$$

d'où

$$dy \quad \text{ou} \quad d.\log x = \frac{dx}{x} \log e.$$

64. Quand on prend le nombre e pour base, les logarithmes appartiennent à ce qu'on appelle le système népérien : nous les désignerons par l.

Dans ce système, on a $le = 1$, et, par suite,

$$dlx = \frac{dx}{x}.$$

Il est facile de passer d'un système quelconque au système népérien, et *vice versâ*.

En effet, l'équation

$$x = a^y$$

donne

$$lx = yla = \log x\, la.$$

En faisant $x = e$, il vient

$$1 = \log e \cdot la,$$

d'où

$$\log e = \frac{1}{la},$$

puis

$$\log x = lx \times \frac{1}{la} = lx \times \log e.$$

Le facteur constant $\frac{1}{la}$ ou $\log e$, par lequel il faut multiplier le logarithme népérien d'un nombre pour avoir son logarithme dans le système dont la base est a, est appelé le *module* de ce dernier système. Quand $a = 10$, le module est

$$\log e = 0,4342945..$$

En multipliant les logarithmes des Tables ordinaires par $\frac{1}{\log e}$ ou $l.10$ qui est $2,3025851$, on aura les logarithmes népériens.

65. La règle de la différentiation des logarithmes est souvent utile pour différentier d'autres fonctions.

Ainsi, on peut s'en servir pour différentier u^m, quel que

soit m, u étant une fonction de la variable indépendante.
On pose

$$y = u^m, \quad \text{d'où} \quad ly = m\,lu,$$

et, en différentiant, il vient

$$\frac{dy}{y} = m\frac{du}{u},$$

ou

$$d.u^m = mu^{m-1}\,du.$$

Soit encore un produit de plusieurs fonctions de x, tel que $y = uvz$.

Comme il pourrait y avoir des facteurs négatifs, élevons au carré, et prenons les logarithmes; il viendra, après avoir différentié et divisé par 2,

$$\frac{dy}{y} = \frac{du}{u} + \frac{dv}{v} + \frac{dz}{z},$$

résultat déjà obtenu par une autre méthode.

66. EXEMPLES.

1°
$$y = l\left(x + \sqrt{a^2 + x^2}\right).$$

On a

$$dy = \frac{dx + \dfrac{x\,dx}{\sqrt{a^2 + x^2}}}{x + \sqrt{a^2 + x^2}} = \frac{dx}{\sqrt{a^2 + x^2}}.$$

2°
$$y = l\left(\frac{x}{\sqrt{a^2 + x^2}}\right).$$

On remarque d'abord que

$$l\left(\frac{x}{\sqrt{a^2 + x^2}}\right) = lx - l\sqrt{a^2 + x^2};$$

d'où

$$dy = \frac{dx}{x} - \frac{x\,dx}{a^2 + x^2} = \frac{a^2\,dx}{x(a^2 + x^2)}.$$

3°
$$y = l\left[(x - a)^m (x - b)^n (x - c)^p \ldots\right].$$

Cette quantité est égale à

$$ m\,\mathrm{l}(x-a) + n\,\mathrm{l}(x-b) + p\,\mathrm{l}(x-c) + \dots; $$

donc

$$ \frac{dy}{dx} = \frac{m}{x-a} + \frac{n}{x-b} + \frac{p}{x-c} + \dots. $$

Si l'on pose

$$ (x-a)^m (x-b)^n (x-c)^p \dots = f(x), $$

on aura encore

$$ \frac{dy}{dx} = \frac{d\,\mathrm{l}\,f(x)}{dx} = \frac{f'(x)}{f(x)}, $$

il en résulte

$$ \frac{f'(x)}{f(x)} = \frac{m}{x-a} + \frac{n}{x-b} + \frac{p}{x-c} + \dots, $$

formule qui sert de base à la théorie des racines égales.

FONCTIONS EXPONENTIELLES.

67. Soit

$$ y = a^u, $$

u désignant une fonction quelconque de x. En prenant les logarithmes des deux membres, dans le système népérien, pour plus de simplicité, il vient

$$ \mathrm{l}y = u\,\mathrm{l}a, \quad \text{d'où} \quad \frac{dy}{y} = \mathrm{l}a\,du, $$

c'est-à-dire

$$ d.a^u = a^u\,\mathrm{l}a\,du. $$

68. En particulier, si $a = e$ et $u = x$, on a

$$ d.e^x = e^x dx, $$

de sorte que la fonction e^x est égale à sa dérivée.

On peut se demander si cette fonction est la seule qui jouisse de cette propriété. Pour répondre à cette question, posons

$$\frac{dy}{dx} = y,$$

on en tire

$$\frac{dy}{y} \quad \text{ou} \quad d\,\mathrm{l}y = dx,$$

donc

$$\mathrm{l}y = x + c,$$
$$y = e^{x+c} = e^x e^c,$$

et, remplaçant e^c par C,

$$y = C e^x,$$

ce qui montre que la fonction inconnue doit être le produit de e^x par une constante.

69. **Exemples.**

1°
$$y = v^u,$$

v et u étant deux fonctions de x. On a

$$\mathrm{l}y = u\,\mathrm{l}v,$$

d'où

$$\frac{dy}{y} = du\,\mathrm{l}v + u\,\frac{dv}{v},$$
$$dy = y\,du\,\mathrm{l}v + \frac{y}{v}\,u\,dv,$$

ou bien encore

$$d(v^u) = v^u\,\mathrm{l}v\,du + v^{u-1}\,u\,dv.$$

Ce résultat peut d'ailleurs s'obtenir en appliquant la règle des fonctions composées (47).

2°
$$y = a^{b^x x},$$
$$dy = a^{b^x x}\,\mathrm{l}a\,b^x\,dx + a^{b^x x}\,b^x\,x\,\mathrm{l}a\,\mathrm{l}b\,dx.$$

FONCTIONS CIRCULAIRES DIRECTES.

70. Commençons par établir d'une manière précise sous quel point de vue les fonctions circulaires sont considérées dans le Calcul infinitésimal.

Dans ce Calcul, comme dans la Trigonométrie, les notations $\sin x$, $\cos x$,.... représentent les rapports des droites ainsi nommées au rayon du cercle auquel elles appartiennent; ce sont donc des nombres abstraits. La lettre x représente la longueur d'un arc rapportée au rayon pris pour unité; c'est encore un nombre abstrait. Alors le nombre $\pi = 3,1415926$ est la longueur de la demi-circonférence dont le rayon est l'unité; $\dfrac{\pi}{180}$ est la longueur de l'arc de 1 degré; et $\dfrac{\pi z}{180}$ est la longueur de l'arc de z degrés, de sorte que l'on a, si z est le nombre des degrés contenus dans x,

$$x = \frac{\pi z}{180}, \quad z = \frac{180^\circ}{\pi} \times x = 57^\circ 16' \times x.$$

L'arc égal au rayon est environ de $57^\circ 16'$.

71. *Sinus.* — Soit

$$y = \sin x.$$

On a

$$y + \Delta y = \sin(x + \Delta x),$$

d'où

$$\Delta y = \sin(x + \Delta x) - \sin x;$$

ou, d'après une formule connue,

$$\Delta y = 2 \sin \tfrac{1}{2} \Delta x \cos\left(x + \tfrac{1}{2}\Delta x\right).$$

Donc

$$\frac{\Delta y}{\Delta x} = \frac{\sin \tfrac{1}{2} \Delta x}{\tfrac{1}{2}\Delta x} \times \cos\left(x + \tfrac{1}{2}\Delta x\right).$$

Maintenant Δx devenant nul, $\dfrac{\sin \tfrac{1}{2}\Delta x}{\tfrac{1}{2}\Delta x}$ a pour limite 1, et $\cos\left(x + \frac{1}{2}\Delta x\right)$ se réduit à $\cos x$; donc il vient

$$\frac{dy}{dx} = \cos x,$$

ou

$$d\sin x = \cos x\, dx.$$

Cette formule montre que le sinus d'un arc augmente quand l'arc croît de o à $\frac{\pi}{2}$, diminue quand l'arc croît de $\frac{\pi}{2}$ à π, etc., comme on le voit sur une figure.

72. *Cosinus.* — De la différentielle du sinus, il est facile de tirer celle du cosinus. On a

$$\cos z = \sin\left(\frac{\pi}{2} - z\right)$$

et

$$d\cos z = d\sin\left(\frac{\pi}{2} - z\right) = \cos\left(\frac{\pi}{2} - z\right) d\left(\frac{\pi}{2} - z\right),$$

ou

$$d\cos z = -\sin z\, dz.$$

73. *Tangente.* — La différentielle de la tangente se déduit de la formule

$$\tan g\, z = \frac{\sin z}{\cos z},$$

qui donne

$$d\tan g\, z = \frac{\cos z\, d\sin z - \sin z\, d\cos z}{\cos^2 z}$$

ou

$$d\tan g\, z = \frac{dz}{\cos^2 z}.$$

On trouve de la même manière

$$d\cot z = -\frac{dz}{\sin^2 z}.$$

On voit que si l'arc z augmente, $d\tan g\, z$ est toujours positive, et $d \cot z$ toujours négative, c'est-à-dire que la tangente augmente sans cesse avec l'arc, et que la cotangente, au contraire, diminue continuellement.

74. Sécante. — On a

$$\sec z = \frac{1}{\cos z},$$

d'où

$$d \sec z = \frac{\sin z \, dz}{\cos^2 z}.$$

75. Ces règles suffisent pour différentier toutes les fonctions circulaires directes. En voici quelques exemples :

$$1^\circ \qquad d \sin (ax + b) = a \cos (ax + b) \, dx;$$

$$2^\circ \qquad d\, l \sin x = \frac{dx}{\tang x};$$

$$3^\circ \qquad d \sin^m x = m \sin^{m-1} x \cos x \, dx;$$

$$4^\circ \qquad d \frac{\tang x}{x} = \frac{2x - \sin 2x}{2 x^2 \cos^2 x} \, dx$$

$$5^\circ \quad d \frac{\sin x}{x} = \frac{x \cos x - \sin x}{x^2} dx = \frac{\cos x \, (x - \tang x)}{x^2} dx.$$

Cette dernière différentielle, étant négative quand x est moindre que π, fait voir que le rapport $\dfrac{\sin x}{x}$ va sans cesse en diminuant, lorsque x croît de o à π.

FONCTIONS CIRCULAIRES INVERSES.

76. Les fonctions circulaires inverses sont celles dans lesquelles on regarde un arc comme fonction d'une de ses lignes trigonométriques. On représente l'arc dont le sinus est x par la notation arc $(\sin = x)$, ou plus simplement par arc $\sin x$. On écrit de même arc $\cos x$, arc $\tang x$.

Arc sinus. — Soit d'abord

$$z = \text{arc sin } u,$$

u étant une fonction de x. On aura

$$u = \sin z,$$

d'où

$$du = dz \cos z,$$

et

$$dz = \frac{du}{\cos z} = \frac{du}{\sqrt{1 - u^2}}$$

ou

$$d \operatorname{arc} \sin u = \frac{du}{\sqrt{1 - u^2}}.$$

Comme $\sqrt{1 - u^2}$ remplace $\cos z$, il faut donner à ce radical le signe de $\cos z$.

77. *Arc cosinus.* — Soit

$$z = \operatorname{arc} \cos u, \quad \text{d'où} \quad u = \cos z;$$

on aura

$$du = - \sin z \, dz;$$

d'où

$$dz = - \frac{du}{\sin z} = - \frac{du}{\sqrt{1 - u^2}}.$$

Ainsi

$$d \operatorname{arc} \cos u = - \frac{du}{\sqrt{1 - u^2}}.$$

Comme $\sqrt{1 - u^2}$ remplace $\sin z$, il faut donner à ce radical le signe de $\sin z$.

A cause de la double valeur de $\sqrt{1 - u^2}$, on voit que, pour une même valeur de u, les différentielles de arc sin u et de arc cos u sont égales et de signes contraires, ou bien égales et de même signe, ce qui tient à ce que ces deux arcs ont suivant les cas une somme ou une différence constante.

78. *Arc tangente.* — Soit

$$z = \operatorname{arc} \tan u, \quad \text{d'où} \quad \tan z = u.$$

On a

$$\frac{dz}{\cos^2 z} = du;$$

d'où

$$dz = du \cos^2 z = \frac{du}{1 + u^2};$$

donc

$$d \text{ arc tang } u = \frac{du}{1 + u^2}.$$

On trouve de même

$$d \text{ arc cot } u = -\frac{du}{1 + u^2}.$$

On voit que, pour une même valeur de u, d arc tang u et d arc cot u sont toujours égales et de signes contraires. En effet, les arcs correspondants ont toujours une somme constante.

79. Exemples. 1°

$$d \text{ arc sin } \frac{\sqrt{2ax - x^2}}{a} = \frac{\frac{1}{a} \cdot \frac{2a - 2x}{2\sqrt{2ax - x^2}}}{\sqrt{1 - \frac{2ax - x^2}{a^2}}} dx = \frac{dx}{\sqrt{2ax - x^2}};$$

2°
$$d \text{ arc sin } \left(2x\sqrt{1 - x^2} \right) = \frac{2\,dx}{\sqrt{1 - x^2}};$$

3°
$$d \text{ arc tang } \left(\frac{u}{v} \right) = \frac{v\,du - u\,dv}{u^2 + v^2}.$$

On trouve par cette formule

$$d \text{ arc tang } \frac{x}{\sqrt{1 - x^2}} = \frac{dx}{\sqrt{1 - x^2}}.$$

Ce résultat pouvait être prévu, car

$$\frac{dx}{\sqrt{1 - x^2}} = d \text{ arc sin } x, \quad \text{arc sin } x = \text{arc tang } \frac{x}{\sqrt{1 - x^2}}.$$

$$4° \ d\,\text{arctang} \frac{u+v}{1-uv} = \frac{(1-uv)(du+dv)+(u-v)(u\,dv+v\,du)}{(u+v)^2+(1-uv)^2}$$

$$= \frac{(1+v^2)\,du + (1+u^2)\,dv}{(1+u^2)(1+v^2)},$$

ou

$$d\,\text{arc tang} \frac{u+v}{1-uv} = \frac{du}{1+u^2} + \frac{dv}{1+v^2},$$

résultat facile à prévoir, puisque

$$\text{arc tang} \frac{u+v}{1-uv} = \text{arc tang}\,u + \text{arc tang}\,v.$$

80. Les exemples suivants (1 à 18), où toutes les fonctions transcendantes sont combinées entre elles, fourniront l'occasion d'appliquer les règles contenues dans ce chapitre.

EXERCICES.

1. $y = e^{x^m}$, $\qquad dy = m x^{m-1} e^{x^m} dx.$

2. $y = e^{\sin x}$, $\qquad dy = \cos x\, e^{\sin x} dx.$

3. $y = e^{\text{tang}\,x}$, $\qquad dy = (1 + \text{tang}^2 x) e^{\text{tang}\,x} dx.$

4. $y = x^{\sin x}$, $\qquad dy = x^{\sin x}\left(\cos x \cdot l\,x + \dfrac{\sin x}{x}\right) dx.$

5. $y = e^{\text{arc sin}\,x}$, $\qquad dy = \dfrac{1}{\sqrt{1-x^2}} e^{\text{arc sin}\,x} dx.$

6. $y = e^{-x^2}\cos bx$, $\qquad dy = -e^{-x^2}(2x \cos bx + b \sin bx)\,dx.$

7. $y = l\,(\cos x)$, $\qquad dy = -\text{tang}\,x\,dx.$

8. $y = l\,(\text{tang}\,x)$, $\qquad dy = \dfrac{2\,dx}{\sin 2x}.$

9. $y = \sin\,(l x)$, $\qquad dy = \dfrac{1}{x}\cos\,(l x)\,dx.$

10. $y = \sin^m x \cos^n x$, $\qquad dy = \sin^{m-1} x \cos^{n-1} x\,(m \cos^2 x - n \sin^2 x)\,dx.$

11. $y = \text{arc sin} \dfrac{x}{\sqrt{1+x^2}}$, $\qquad dy = \dfrac{dx}{1+x^2}.$

12. $y = \text{arc cos} \dfrac{a\cos x + b}{b\cos x + a}$, $\qquad dy = \dfrac{\sqrt{a^2 - b^2}}{b\cos x + a}\,dx.$

13. $y = \operatorname{arc\,tang}\left(\sqrt{1 + x^2} - x\right),$ $dy = -\dfrac{dx}{2\left(1 + x^2\right)}.$

14. $y = \operatorname{arc\,tang}\dfrac{x - a}{b - x},$ $dy = \dfrac{(b - a)\,dx}{(x - a)^2 + (b - x)^2}.$

15. $y = \operatorname{arc\,tang}\dfrac{ax + b}{e},$ $dy = \dfrac{ac\,dx}{c^2 + (ax + b)^2}.$

16. $y = l\left(\operatorname{arc\,cos}\sqrt{1 - x^2}\right),$ $dy = \dfrac{dx}{\sqrt{1 - x^2}\,\operatorname{arc\,sin}x}.$

17. $y = l\dfrac{1 - \cos x}{1 + \cos x},$ $dy = \dfrac{\sin x + \cos x}{\sin^2 x}\,dx.$

18. $y = \dfrac{(2 + e\cos x)\sin x}{(1 + e\cos x)^2},$ $dy = \dfrac{3e + (2 + e^2)\cos x}{(1 + e\cos x)^3}\,dx.$

19. *Trouver une courbe dont la sous-tangente soit constante.*

SOLUTION.

$$y = c\,e^{\frac{x}{a}}.$$

20. *Trouver une courbe dont la sous-tangente soit proportionnelle à une puissance de l'abscisse.*

SOLUTION.

$$ly = ax^{1-m} + c.$$

21. *Trouver une courbe dont la sous-normale soit en raison inverse de l'abscisse.*

SOLUTION.

$$y^2 = 2a\,lx + c.$$

SIXIÈME LEÇON.

DIFFÉRENTIATION DES FONCTIONS IMPLICITES. — CHANGE-MENT DE LA VARIABLE INDÉPENDANTE.

Fonctions implicites données par une seule équation. — Élimination d'une constante entre l'équation proposée et l'équation qu'on obtient par la différentiation. — Fonctions implicites données par un nombre quelconque d'équations. — Dérivées et différentielles successives. — Du changement de la variable indépendante.

DIFFÉRENTIATION DES FONCTIONS IMPLICITES DONNÉES PAR UNE SEULE ÉQUATION.

81. Nous savons (5) qu'on nomme *fonctions implicites* celles qui sont liées à la variable dont elles dépendent par une ou plusieurs équations non résolues.

Supposons d'abord deux quantités x et y liées entre elles par une seule équation

$$(1) \qquad f(x, y) = 0,$$

et soit x la variable indépendante. On peut trouver dy ou $\dfrac{dy}{dx}$ sans être obligé de résoudre l'équation par rapport à y. En effet, si l'on conçoit que y soit remplacée par sa valeur en fonction de x, $y = \varphi(x)$, on aura identiquement

$$f[x, \varphi(x)] = 0.$$

Donc la différentielle de $f(x, y)$, prise en regardant y comme une fonction de x, doit être identiquement nulle, et, d'après la règle des fonctions composées (47), on a

$$(2) \qquad \frac{df}{dx}\, dx + \frac{df}{dy}\, dy = 0,$$

d'où l'on tire

$$(3) \qquad \frac{dy}{dx} = -\frac{\dfrac{df}{dx}}{\dfrac{df}{dy}}.$$

Ainsi, *la dérivée de la fonction implicite y s'obtient en divisant la dérivée du premier membre de l'équation prise par rapport à x, par la dérivée de ce membre prise par rapport à y et en changeant le signe du quotient.*

82. Lorsque l'équation d'une courbe se présente sous la forme

$$f(x, y) = 0,$$

la règle précédente permet d'obtenir le coefficient angu-laire de la tangente menée par un point quelconque de cette courbe, c'est-à-dire $\dfrac{dy}{dx}$, sans résoudre l'équation par rapport à l'une des variables.

EXEMPLES. 1° Soit l'équation de l'ellipse

$$a^2 y^2 + b^2 x^2 = a^2 b^2.$$

En différentiant, on a

$$2a^2 y\, dy + 2b^2 x\, dx = 0;$$

d'où

$$\frac{dy}{dx} = -\frac{b^2 x}{a^2 y}.$$

L'équation de l'ellipse donne deux valeurs de y,

$$y_1 = +\frac{b}{a}\sqrt{a^2 - x^2}, \quad y_2 = -\frac{b}{a}\sqrt{a^2 - x^2},$$

auxquelles correspondent deux valeurs de $\dfrac{dy}{dx}$, qui sont

$$\frac{dy_1}{dx} = -\frac{b}{a}\frac{x}{\sqrt{a^2 - x^2}}, \quad \frac{dy_2}{dx} = \frac{b}{a}\frac{x}{\sqrt{a^2 - x^2}}.$$

En général, $\dfrac{dy}{dx}$ a autant de valeurs que y.

2° Soit l'équation

$$A y^m + B x^n + C x^p y^q = 0,$$

on en tire

$$m A y^{m-1} dy + n B x^{n-1} dx + p C x^{p-1} y^q dx + q C x^p y^{q-1} dy = 0,$$

d'où

$$\frac{dy}{dx} = - \frac{n B x^{n-1} + p C x^{p-1} y^q}{m A y^{m-1} + q C y^{q-1} x^p}.$$

3° Soit

$$x^3 + y^3 - 3 a x y = 0;$$

on en déduit

$$\frac{dy}{dx} = \frac{ay - x^2}{y^2 - ax}.$$

Comme, en général, à une même valeur de x répondent trois valeurs de y ou trois points de la courbe, il y a aussi trois valeurs correspondantes de $\frac{dy}{dx}$.

4° Soit encore l'équation

$$a \sin \frac{x + y}{a} = xy,$$

qu'on ne pourrait pas résoudre par rapport à y; elle donne

$$a \cos \frac{x + y}{a} (dx + dy) = x \, dy + y \, dx;$$

d'où

$$\frac{dy}{dx} = \frac{y - a \cos \dfrac{x + y}{a}}{a \cos \dfrac{x + y}{a} - x}.$$

ÉLIMINATION DES CONSTANTES.

83. Entre une équation donnée et l'équation qu'on en tire par la différentiation, on peut éliminer une constante; il en résulte une nouvelle équation qui exprime une propriété de la tangente, commune à toutes les courbes que

représente l'équation proposée, quand on y donne différentes valeurs à la constante.

Ainsi, soit

$$y^2 = 2ax;$$

on en tire

$$y\,dy = a\,dx,$$

puis, en éliminant a,

$$y\,\frac{dx}{dy} = 2x.$$

C'est-à-dire que, *dans toutes les paraboles qui ont le même axe et le même sommet, la sous-tangente est double de l'abscisse du point de contact, quel que soit le paramètre* $2a$.

L'équation

$$y^2 = 2ax + a^2,$$

qui représente une suite de paraboles ayant le même axe et le même foyer, conduit, par l'élimination de a, à l'équation

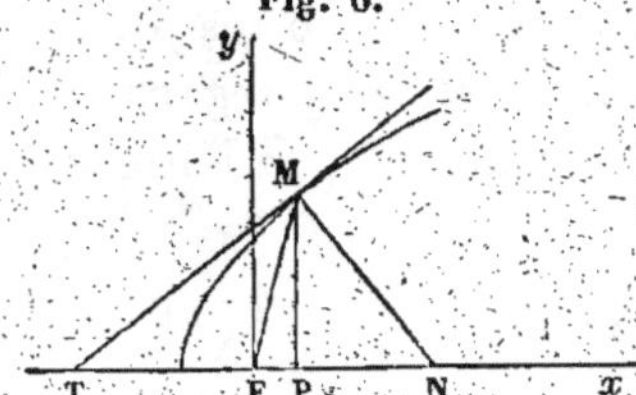

$$y\left(\frac{dy}{dx}\right)^2 + 2x\,\frac{dy}{dx} - y = 0,$$

d'où

$$\frac{dy}{dx} = \frac{-x + \sqrt{x^2 + y^2}}{y},$$

ou

$$x + y\,\frac{dy}{dx} = \sqrt{x^2 + y^2};$$

mais

$$x = \mathrm{FP}, \quad y\,\frac{dy}{dx} = \mathrm{PN}, \quad \sqrt{x^2 + y^2} = \mathrm{FM};$$

on aura donc

$$\mathrm{FM} = \mathrm{FN}, \quad \text{puis} \quad \mathrm{FM} = \mathrm{FT}.$$

C'est-à-dire que *dans toute parabole le foyer est également distant des points où la tangente et la normale rencontrent l'axe, ainsi que du point de contact.*

FONCTIONS IMPLICITES DONNÉES PAR PLUSIEURS ÉQUATIONS.

84. Deux fonctions implicites de x, savoir y et z, étant données par les équations

$$(1) \qquad f(x, y, z) = 0,$$
$$(2) \qquad F(x, y, z) = 0,$$

on peut obtenir $\dfrac{dy}{dx}$ et $\dfrac{dz}{dx}$ sans les résoudre. En effet, si l'on portait dans les équations (1) et (2) les valeurs de y et de z en fonction de x qu'elles déterminent, savoir $y = \varphi(x)$ et $z = \psi(x)$, les premiers membres

$$f[x, \varphi(x), \psi(x)], \quad F[x, \varphi(x), \psi(x)]$$

seraient identiquement nuls; donc leurs différentielles seraient nulles aussi. Il faut donc égaler à zéro les différentielles de $f(x, y, z)$ et de $F(x, y, z)$, en y regardant y et z comme des fonctions de la variable indépendante x. On obtient ainsi

$$(3) \qquad \frac{df}{dx} dx + \frac{df}{dy} dy + \frac{df}{dz} dz = 0,$$

$$(4) \qquad \frac{dF}{dx} dx + \frac{dF}{dy} dy + \frac{dF}{dz} dz = 0,$$

équations qui renferment les deux inconnues $\dfrac{dy}{dx}$ et $\dfrac{dz}{dx}$ au premier degré seulement : on en tire

$$\frac{dy}{dx} = \frac{\dfrac{df}{dx}\dfrac{dF}{dz} - \dfrac{df}{dz}\dfrac{dF}{dx}}{\dfrac{df}{dz}\dfrac{dF}{dy} - \dfrac{df}{dy}\dfrac{dF}{dz}},$$

$$\frac{dz}{dx} = \frac{\dfrac{df}{dy}\dfrac{dF}{dx} - \dfrac{df}{dx}\dfrac{dF}{dy}}{\dfrac{df}{dz}\dfrac{dF}{dy} - \dfrac{df}{dy}\dfrac{dF}{dz}}.$$

Si l'équation (1) ne contenait pas x, on aurait

$$\frac{df}{dx} = 0,$$

et l'équation (3) deviendrait simplement

$$\frac{df}{dy}\, dy + \frac{df}{dz}\, dz = 0;$$

d'où l'on tirerait

$$\frac{dz}{dy} = -\frac{\dfrac{df}{dy}}{\dfrac{df}{dz}}.$$

Cette dernière expression est le rapport des différentielles de z et de y considérées comme fonctions de x; mais c'est aussi bien la fonction dérivée de z considérée comme fonction de y, en regardant y comme une variable indépendante. En effet, z étant fonction de y, en posant

$$z = \varphi(y)$$

et prenant les différentielles par rapport à x, on a, d'après la règle des fonctions de fonctions,

$$dz = \varphi'(y)\, dy, \quad \text{d'où} \quad \varphi'(y) = \frac{dz}{dy}.$$

85. En général, si l'on a n équations entre $n + 1$ variables, une seule sera indépendante et toutes les autres seront fonctions de celle-là. On égalera à zéro les différentielles des premiers membres de toutes ces équations; on aura ainsi n équations où dx, dy, dz, etc., entreront au premier degré, et d'où l'on tirera les valeurs de $\dfrac{dy}{dx}$, $\dfrac{dz}{dx}$, etc.

86. Soient, comme exemple, les deux équations

$$(1) \qquad\qquad x^2 + y^2 + z^2 = k^2,$$
$$(2) \qquad\qquad ax + by + cz + h = 0;$$

on en tire, par la différentiation,

$$x\,dx + y\,dy + z\,dz = 0,$$
$$a\,dx + b\,dy + c\,dz = 0,$$

d'où

$$(3) \qquad \frac{dy}{dx} = \frac{az - cx}{cy - bz},$$

$$(4) \qquad \frac{dz}{dx} = \frac{bx - ay}{cy - bz}.$$

Voici l'interprétation géométrique de ce résultat : les coordonnées étant supposées rectangulaires, les équations (1) et (2) représentent, la première une sphère dont le centre est à l'origine des coordonnées et la seconde un plan ; le système des deux équations représente donc le cercle résultant de l'intersection de ces deux surfaces. $\frac{dy}{dx}$ et $\frac{dz}{dx}$ donnent l'inclinaison des tangentes aux projections de ce cercle sur le plan des xy et sur celui des zx.

On connaît donc la projection de la tangente sur deux des plans coordonnés, et par suite cette tangente elle-même.

DÉRIVÉES ET DIFFÉRENTIELLES DE DIVERS ORDRES.

87. Soient $y = f(x)$ une fonction quelconque de x, et y' sa dérivée. Cette dérivée étant une fonction de x, on peut la différentier, et l'on obtient ainsi la fonction dérivée de y' que l'on appelle la *dérivée seconde*, ou du second ordre de y, et qu'on désigne par y''. De même y'' aura une dérivée y''', et, en continuant ainsi, on aura les dérivées de tous les ordres de y. On les représente aussi par $f'(x), f''(x), f'''(x), \ldots$

A ces dérivées correspondent les différentielles successives de y. En regardant h, qui est l'accroissement arbitraire de x, comme une constante, on a

$$dy = y'h, \quad d(dy) = d(y'h) = y''h^2,$$

et ainsi de suite ; donc, si l'on représente $d\,(dy)$ par d^2y, $d\,(d^2y)$ par d^3y, et ainsi de suite, on pourra écrire

$$dy = y'\,h, \quad d^2y = y''\,h^2, \quad d^3y = y'''\,h^3,\ldots, \quad d^ny = y^{(n)}\,h^n.$$

Comme h, ou l'accroissement arbitraire de x, est la même chose que dx, ces relations deviennent

$$dy = y'\,dx, \quad d^2y = y''\,dx^2, \quad d^3y = y'''\,dx^3,\ldots, \quad d^ny = y^{(n)}\,dx^n.$$

On tire de là les expressions suivantes pour les dérivées successives :

$$y' = \frac{dy}{dx}, \quad y'' = \frac{d^2y}{dx^2}, \quad y''' = \frac{d^3y}{dx^3},\ldots, \quad y^{(n)} = \frac{d^ny}{dx^n}.$$

88. Exemples. 1° $y = x^m$, m étant entier.

$$y' \text{ ou } \frac{dy}{dx} = m x^{m-1},$$

$$\frac{d^2y}{dx^2} = m\,(m-1)\,x^{m-2},$$

$$\frac{d^3y}{dx^3} = m\,(m-1)\,(m-2)\,x^{m-3},$$

$$\cdots\cdots\cdots\cdots\cdots\cdots\cdots\cdots$$

$$\frac{d^ny}{dx^n} = m\,(m-1)\ldots(m-n+1)\,x^{m-n},$$

$$\cdots\cdots\cdots\cdots\cdots\cdots\cdots\cdots$$

$$\frac{d^my}{dx^m} = m\,(m-1)\ldots 3.2.1.$$

On voit que $\dfrac{d^my}{dx^m}$ a une valeur constante, et que les dérivées ultérieures se réduisent à zéro.

$$2° \qquad y = A x^m + B x^{m-1} + C x^{m-2} + \ldots$$

$$\frac{dy}{dx} = m A x^{m-1} + (m-1) B x^{m-2} + \ldots,$$

$$\frac{d^2y}{dx^2} = m\,(m-1)\,A x^{m-2} + (m-1)\,(m-2)\,B x^{m-3} + \ldots;$$

et, si m est un nombre entier,

$$\frac{d^m y}{dx^m} = 1.2.3\ldots m.A.$$

Les dérivées suivantes sont nulles.

3° $$y = a^x.$$

$$\frac{dy}{dx} = a^x \, l a, \quad \frac{d^2 y}{dx^2} = a^x (l a)^2, \ldots, \quad \frac{d^n y}{dx^n} = a^x (l a)^n.$$

Si $a = e$, on a

$$\frac{dy}{dx} = \frac{d^2 y}{dx^2} = \ldots = \frac{d^n y}{dx^n} = y = e^x.$$

4° $$y = \log x.$$

$$\frac{dy}{dx} = x^{-1} \cdot \log e,$$

$$\frac{d^2 y}{dx^2} = -1 \cdot x^{-2} \cdot \log e,$$

$$\frac{d^3 y}{dx^3} = 1.2 \cdot x^{-3} \cdot \log e,$$

$$\ldots\ldots\ldots\ldots\ldots\ldots\ldots\ldots\ldots\ldots\ldots\ldots\ldots$$

$$\frac{d^n y}{dx^n} = (-1)^{n-1} 1.2.3\ldots(n-1) \, x^{-n} \cdot \log e.$$

5° $$y = \sin x.$$

$$\frac{dy}{dx} = \cos x, \quad \frac{d^2 y}{dx^2} = -\sin x, \quad \frac{d^3 y}{dx^3} = -\cos x, \quad \frac{d^4 y}{dx^4} = \sin x.$$

Les dérivées suivantes reprennent périodiquement ces quatre valeurs.

On peut remarquer aussi que

$$\frac{dy}{dx} = \sin\left(x + \frac{1}{2}\pi\right),$$

d'où

$$\frac{d^2 y}{dx^2} = \sin\left(x + \frac{2}{2}\pi\right), \quad \frac{d^3 y}{dx^3} = \sin\left(x + \frac{3}{2}\pi\right), \ldots,$$

et en général

$$\frac{d^n y}{dx^n} = \sin\left(x + \frac{n}{2}\pi\right).$$

Pour $y = \cos x$, on trouverait

$$\frac{d^n y}{dx^n} = \cos\left(x + \frac{n}{2}\pi\right).$$

89. Quand la fonction y est implicite, on peut avoir ses dérivées successives sans résoudre l'équation qui la détermine. Soit

$$(1) \qquad f(x, y) = 0,$$

on aura

$$(2) \qquad \frac{df}{dx} + \frac{df}{dy}y' = 0,$$

équation qui fournit d'abord la valeur de y' en fonction de x et de y, ou en fonction de x seulement si l'on élimine y entre les équations (1) et (2).

Maintenant, représentons par

$$\varphi(x, y, y') = 0$$

l'équation (2), ou plus généralement une combinaison quelconque des équations (1) et (2). On pourra considérer la fonction φ comme identiquement nulle, si l'on y suppose y et y' remplacées par leurs valeurs en fonction de x. Donc on doit avoir $d\varphi = 0$, ou

$$\frac{d\varphi}{dx}dx + \frac{d\varphi}{dy}dy + \frac{d\varphi}{dy'}dy' = 0;$$

d'où

$$(3) \qquad \frac{d\varphi}{dx} + \frac{d\varphi}{dy}y' + \frac{d\varphi}{dy'}y'' = 0.$$

Cette équation fera connaître y'' en fonction de x, y et y', ou en fonction de x seule, si l'on élimine y et y' entre les équations (1), (2) et (3) (*).

(*) Si l'équation (1) renferme deux constantes, on peut les éliminer entre les équations (1), (2) et (3), et l'on arrivera ainsi à une équation exprimant une propriété commune à toutes les courbes représentées par l'équation (1), dans laquelle on ferait varier ces constantes (83). On pourrait éliminer un plus grand nombre de constantes en formant un nombre suffisant d'équations différentielles.

On trouverait de même y''', y^{iv}, etc.

Nous verrons plus loin (111) comment les équations qui déterminent y'', y''', etc., peuvent se former au moyen des dérivées successives du premier membre $f(x, y)$ de l'équation primitive, prises par rapport à x et à y.

DU CHANGEMENT DE LA VARIABLE INDÉPENDANTE.

90. Si l'on a n équations entre $(n+1)$ variables, y, x, t, u, v, ..., on peut en regarder une comme indépendante, et imaginer que toutes les autres soient exprimées en fonction de celle-ci. Si l'on choisit t, par exemple, on a

$$y = \psi(t) \quad \text{et} \quad d^n y = \psi^{(n)}(t)\, dt^n.$$

Supposons, maintenant, qu'auparavant x ait été la variable indépendante, et que l'on ait

$$y = f(x) \quad \text{et} \quad x = \varphi(t).$$

L'élimination de x entre ces deux équations conduirait à l'équation $y = \psi(t)$, qui, par la différentiation immédiate, donnerait les dérivées $\psi'(t)$, $\psi''(t)$, ..., $\psi^{(n)}(t)$ de y, en considérant y comme fonction de la nouvelle variable indépendante t.

Le problème que nous allons traiter consiste à exprimer, sans passer par l'élimination de x, les dérivées ou différentielles successives de y considérée comme fonction de t, au moyen de $f'(x)$, $f''(x)$, etc., et des dérivées ou différentielles de x prises en regardant x comme fonction de t.

91. A cet effet, si l'on prend t pour variable indépendante, et que l'on considère x et y comme fonctions de t, on a, d'après la règle des fonctions de fonctions,

$$dy = f'(x)\, dx.$$

En différentiant cette équation par rapport à t et regardant dx, non plus comme une constante, mais comme une fonction de t, on a

$$d^2 y = f''(x)\, dx^2 + f'(x)\, d^2 x.$$

De même,

$$d^3 y = f'''(x)\, dx^3 + 3 f''(x)\, dx\, d^2 x + f'(x)\, d^3 x,$$

et ainsi de suite.

Si, au lieu des différentielles de y ou de $\psi(t)$ par rapport à t, on veut avoir ses dérivées $\psi'(t)$ et $\psi''(t)$, etc., il suffit de diviser les équations précédentes par dt, dt^2, dt^3 respectivement, ce qui donne

$$\psi'(t) = f'(x)\, \varphi'(t),$$
$$\psi''(t) = f''(x)\, \varphi'(t)^2 + f'(x)\, \varphi''(t),$$
$$\psi'''(t) = f'''(x)\, \varphi'(t)^3 + 3 f''(x)\, \varphi'(t)\, \varphi''(t) + f'(x)\, \varphi'''(t).$$

92. Réciproquement, si l'on connaît les différentielles ou les dérivées successives de x et de y considérées comme des fonctions $\varphi(t)$, $\psi(t)$ de la variable indépendante t, on en peut déduire les dérivées $f'(x)$, $f''(x)$, etc., de y considérée comme fonction de x. Car on tire des équations précédentes

$$f'(x) = \frac{dy}{dx},$$

$$f''(x) = \frac{dx\, d^2 y - dy\, d^2 x}{dx^3},$$

$$f'''(x) = \frac{dx\, (dx\, d^3 y - dy\, d^3 x) - 3\, d^2 x\, (dx\, d^2 y - dy\, d^2 x)}{dx^5},$$

les différentielles dans les seconds membres étant toujours relatives à t.

93. Voici un autre moyen d'arriver à ces formules. On a d'abord

$$f'(x) = \frac{dy}{dx}.$$

En différentiant les deux membres de cette équation par

rapport à t, on trouve

$$f''(x)\, dx = d \cdot \frac{dy}{dx} = \frac{dx\, d^2 y - dy\, d^2 x}{dx^2},$$

et, en divisant par dx,

$$f''(x) = \frac{dx\, d^2 y - dy\, d^2 x}{dx^3}.$$

Une nouvelle différentiation par rapport à t fera connaître $f'''(x)$, et ainsi de suite.

94. On doit remarquer que la dérivée première $f'(x)$ est la seule dont l'expression par les différentielles de x et de y reste la même, quand on cesse de prendre x pour variable indépendante ou quand dx cesse d'être constante.

En effet, $f'(x)$ est toujours exprimée par $\frac{dy}{dx}$, tandis que les autres dérivées $f''(x)$, $f'''(x)$, etc., qui sont représentées par $\frac{d^2 y}{dx^2}$, $\frac{d^3 y}{dx^3}$, etc., lorsque x est la variable indépendante, ont des expressions plus compliquées quand on regarde x et y comme des fonctions de la nouvelle variable indépendante t.

95. Il se présente ici une vérification des formules générales. Si l'on prend x pour variable indépendante, en faisant $x = t$, on a

$$\frac{dx}{dt} = 1, \quad \frac{d^2 x}{dt^2} = 0, \quad \frac{d^3 x}{dt^3} = 0$$

et l'on trouve

$$f'(x) = \frac{dy}{dx}, \quad f''(x) = \frac{d^2 y}{dx^2}, \quad f'''(x) = \frac{d^3 y}{dx^3}, \dots;$$

dx est à présent constante, et les différentielles dy, $d^2 y$, etc., se rapportent à x.

96. Si l'on prenait y pour variable indépendante, l'é-

quation

$$y = f(x),$$

étant résolue par rapport à x, donnerait une valeur de la forme

$$x = F(y).$$

$F(y)$ est dite *fonction inverse* de $f(x)$. Il faudrait faire alors $y = t$, d'où

$$dy = dt, \quad d^2y = 0, \quad d^3y = 0, \dots,$$

puis

$$f'(x) = \frac{dy}{dx} = \frac{1}{\left(\dfrac{dx}{dy}\right)} = \frac{1}{F'(y)},$$

$$f''(x) = -\frac{dy \, d^2x}{dx^3} = -\frac{\dfrac{d^2x}{dy^2}}{\left(\dfrac{dx}{dy}\right)^3} = -\frac{F''(y)}{F'(y)^3},$$

$$f'''(x) = \frac{-dx \, dy \, d^3x + 3 \, dy \, (d^2x)^2}{dx^5}$$

$$= \frac{-\dfrac{dx}{dy} \dfrac{d^3x}{dy^3} + 3 \left(\dfrac{d^2x}{dy^2}\right)^2}{\left(\dfrac{dx}{dy}\right)^5} = \frac{3 F''(y)^2 - F'(y) F'''(y)}{F'(y)^5},$$

$$\dots\dots\dots\dots\dots\dots\dots\dots\dots\dots\dots\dots\dots\dots\dots$$

97. Exemple. Soient $y = f(x)$, et l'expression

$$u = \frac{\left(1 + \dfrac{dy^2}{dx^2}\right)^{\frac{3}{2}}}{\dfrac{d^2y}{dx^2}} = \frac{\left[1 + f'(x)^2\right]^{\frac{3}{2}}}{f''(x)},$$

dans laquelle dy et d^2y désignent les différentielles de y ou de $f(x)$ par rapport à la variable indépendante x.

1° Si l'on prend pour variable indépendante une autre variable t, liée à x et à y par les équations

$$x = \varphi(t), \quad y = \psi(t),$$

les relations précédemment trouvées (92) donneront

$$u = \frac{\left(1 + \dfrac{dy^2}{dx^2}\right)^{\frac{3}{2}}}{\dfrac{dx\,d^2y - dy\,d^2x}{dx^3}} = \frac{(dx^2 + dy^2)^{\frac{3}{2}}}{dx\,d^2y - dy\,d^2x}$$

ou bien

$$u = \frac{\left[1 + \dfrac{\psi'(t)^2}{\varphi'(t)^2}\right]^{\frac{3}{2}}}{\dfrac{\varphi'(t)\,\psi''(t) - \psi'(t)\,\varphi''(t)}{\varphi'(t)^3}} = \frac{[\varphi'(t)^2 + \psi'(t)^2]^{\frac{3}{2}}}{\varphi'(t)\,\psi''(t) - \psi'(t)\,\varphi''(t)}.$$

2° Si l'on prend pour variable indépendante la fonction inverse y, on aura, en supposant $x = F(y)$,

$$u = -\,\frac{\left[1 + \left(\dfrac{dx}{dy}\right)^2\right]^{\frac{3}{2}}}{\dfrac{d^2x}{dy^2}} = -\,\frac{[1 + F'(y)^2]^{\frac{3}{2}}}{F''(y)}.$$

Par exemple, si l'on a

$$x = a(t - \sin t), \quad y = a(1 - \cos t),$$

on aura

$$dx = a(1 - \cos t)\,dt, \qquad dy = a \sin t\,dt,$$
$$d^2x = a \sin t\,dt^2, \qquad d^2y = a \cos t\,dt^2$$

La substitution de ces valeurs donne (en omettant le signe $-$),

$$u = 2a\sqrt{2(1 - \cos t)} = 2\sqrt{2ay}.$$

EXERCICES.

1. *Trouver la dérivée de la fonction y donnée par l'équation*

$$x\sqrt{1 + y} + y\sqrt{1 + x} = 0.$$

SOLUTION.

$$\frac{dy}{dx} = -\,\frac{\sqrt{1 + y}}{\sqrt{1 + x}} \cdot \frac{y + 2\sqrt{(1 + x)(1 + y)}}{x + 2\sqrt{(1 + x)(1 + y)}}.$$

2. *Éliminer la constante a de l'équation*

$$y = ax + \frac{m}{a}.$$

SOLUTION.

$$x\left(\frac{dy}{dx}\right)^2 - y\,\frac{dy}{dx} + m = 0.$$

3. *Éliminer a et b de l'équation*

$$y - ax^2 - bx = 0.$$

SOLUTION.

$$\frac{d^2y}{dx^2} - \frac{2}{x}\,\frac{dy}{dx} + \frac{2y}{x^2} = 0.$$

4. *Éliminer a, b et c de l'équation*

$$z = ax + by + c,$$

y *étant une fonction de x.*

SOLUTION.

$$\frac{d^3z}{dx^3}\cdot\frac{d^2y}{dx^2} - \frac{d^2z}{dx^2}\cdot\frac{d^3y}{dx^3} = 0.$$

5. *Démontrer que si u et v sont des fonctions de x, on a*

$$\frac{d^m uv}{dx^m} = v\,\frac{d^m u}{dx^m} + m\,\frac{dv}{dx}\cdot\frac{d^{m-1}u}{dx^{m-1}} + \frac{m(m-1)}{1.2}\,\frac{d^2 v}{dx^2}\cdot\frac{d^{m-2}u}{dx^{m-2}} + \ldots + u\,\frac{d^m v}{dx^m}.$$

6. *Trouver la $m^{\text{ième}}$ dérivée de la fonction*

$$y = e^{x\cos\theta}\cos(x\sin\theta).$$

SOLUTION.

$$\frac{d^m y}{dx^m} = e^{x\cos\theta}\cos(x\sin\theta + m\theta).$$

7. *Trouver la $m^{\text{ième}}$ dérivée de la fonction*

$$y = x^n(1 - x)^n.$$

SOLUTION.

$$\frac{d^m y}{dx^m} = n(n-1)\ldots(n - m + 1)(1 - x)^n x^{n-m}$$

$$\times\left[1 - \frac{mn}{n - m + 1}\,\frac{x}{1 - x}\right.$$

$$\left. + \frac{m(m-1)}{1.2}\,\frac{n(n-1)}{(n-m+1)(n-m+2)}\,\frac{x^2}{(1-x)^2} - \ldots\right].$$

8.
$$\frac{d^2 y}{dx^2} - x \frac{dy^3}{dx^3} + e^y \frac{dy^3}{dx^3} = 0.$$

Que devient cette équation quand la variable indépendante est y?

SOLUTION.
$$\frac{d^2 x}{dy^2} + x - e^y = 0.$$

9.
$$\frac{dy}{dx} + \frac{y_1}{\sqrt{1 + x^2}} = 0.$$

Que devient cette équation quand on prend t pour variable indépendante, sachant qu'on a
$$t = 1\left(x + \sqrt{1 + x^2}\right)?$$

SOLUTION.
$$\frac{dy}{dt} + y = 0.$$

10.
$$(1 - x^2) \frac{d^2 y}{dx^2} - x \frac{dy}{dx} + n^2 y = 0, \quad x = \cos t.$$

Prendre t pour variable indépendante.

SOLUTION.
$$\frac{d^2 y}{dt^2} + n^2 y = 0.$$

SEPTIÈME LEÇON.

DIFFÉRENTIATION DES FONCTIONS DE PLUSIEURS VARIABLES INDÉPENDANTES.

Différentielles partielles et totales. — Propriétés de la différentielle totale. — Différentielle d'une fonction composée, — d'une fonction implicite. — Dérivées et différentielles de divers ordres. — Théorème sur l'ordre des différentiations. — Différentielles totales de divers ordres des fonctions explicites ou implicites.

———

DIFFÉRENTIELLES PARTIELLES ET TOTALES D'UNE FONCTION DE PLUSIEURS VARIABLES INDÉPENDANTES.

98. Si dans une fonction de plusieurs variables indépendantes

$$u = f(x, y, z),$$

on ne fait varier que x, et qu'on prenne la dérivée de la fonction par rapport à x, cette *dérivée partielle* $\left(\text{qui est la limite du rapport } \dfrac{\Delta u}{\Delta x}\right)$ sera une certaine fonction $\varphi(x, y, z)$; on la représente par la notation $\dfrac{du}{dx}$ ou $\dfrac{df(x, y, z)}{dx}$. La dérivée partielle, multipliée par dx ou par l'accroissement arbitraire de x, donnera la *différentielle partielle* de u par rapport à x, ou $\dfrac{du}{dx} dx$.

On pourra prendre de même la dérivée et la différentielle de u par rapport à y, et aussi par rapport à z.

99. Si l'on pose

$$\frac{du}{dx} = \varphi(x, y, z), \quad \frac{du}{dy} = \psi(x, y, z), \quad \frac{du}{dz} = \chi(x, y, z),$$

la somme des différentielles partielles de u par rapport à toutes les variables, ou

$$\varphi(x, y, z)\,dx + \psi(x, y, z)\,dy + \chi(x, y, z)\,dz,$$

sera nommée la *différentielle totale* de u. Dans cette expression, dx, dy, dz désignent les accroissements arbitraires de x, y, z, ou Δx, Δy, Δz.

100. Pour trouver l'expression de l'accroissement total Δu de la fonction u, nous allons reprendre la marche suivie pour démontrer la règle des fonctions composées. On aura, en désignant par α, ε, γ des fonctions qui tendent vers zéro, avec Δx, Δy et Δz respectivement,

$$(1) \quad f(x + \Delta x, y, z) - f(x, y, z) = [\varphi(x, y, z) + \alpha]\,\Delta x,$$
$$(2) \quad f(x, y + \Delta y, z) - f(x, y, z) = [\psi(x, y, z) + \varepsilon]\,\Delta y,$$
$$(3) \quad f(x, y, z + \Delta z) - f(x, y, z) = [\chi(x, y, z) + \gamma]\,\Delta z.$$

Supposons que, dans l'équation (2), on remplace x par $x + \Delta x$, et, dans l'équation (3), x et y par $x + \Delta x$ et $y + \Delta y$, il viendra

$$(4) \quad \begin{cases} f(x + \Delta x, y + \Delta y, z) - f(x + \Delta x, y, z) \\ \quad = [\psi(x + \Delta x, y, z) + \varepsilon']\,\Delta y \end{cases}$$

et

$$(5) \quad \begin{cases} f(x + \Delta x, y + \Delta y, z + \Delta z) - f(x + \Delta x, y + \Delta y, z) \\ \quad = [\chi(x + \Delta x, y + \Delta y, z) + \gamma']\,\Delta z, \end{cases}$$

ε' s'évanouissant avec Δx et Δy, et γ' avec Δx, Δy et Δz.

Si l'on ajoute la première équation avec les deux dernières, il vient

$$\begin{aligned} f(x + \Delta x, y + \Delta y, z + \Delta z) - f(x, y, z) \\ = [\varphi(x, y, z) + \alpha]\,\Delta x + [\psi(x + \Delta x, y, z) + \varepsilon']\,\Delta y \\ + [\chi(x + \Delta x, y + \Delta y, z) + \gamma']\,\Delta z, \end{aligned}$$

ou, en désignant par β'' et γ'' de nouvelles fonctions qui tendent vers o,

$$(6) \quad \begin{cases} \Delta u = [\varphi(x, y, z)\,\Delta x + \psi(x, y, z)\,\Delta y + \chi(x, y, z)\,\Delta z] \\ \quad + (\alpha\,\Delta x + \beta''\,\Delta y + \gamma''\,\Delta z). \end{cases}$$

Ainsi l'accroissement de la fonction u se compose de

deux parties : dans l'une, les accroissements des variables sont multipliés par des fonctions indépendantes de ces accroissements, et qui sont les dérivées partielles de u; dans l'autre, ces accroissements sont multipliés par des quantités α'', β'', γ'' qui s'évanouissent en même temps qu'eux. Dans le cas où les variables indépendantes se réduisent à une seule, la première partie se nomme différentielle de la fonction. Il est donc naturel de donner, dans tous les cas, à cette première partie, le nom de différentielle totale.

101. Voici quelques exemples de différentielles totales :

1° $\qquad u = x^m y^n, \quad du = m x^{m-1} y^n dx + n x^m y^{n-1} dy.$

2° $\qquad u = \dfrac{ay}{\sqrt{x^2 + y^2}},$

$$du = \frac{a\sqrt{x^2 + y^2}\, dy - ay\, d\sqrt{x^2 + y^2}}{x^2 + y^2};$$

et comme

$$d\sqrt{x^2 + y^2} = \frac{x\, dx + y\, dy}{\sqrt{x^2 + y^2}},$$

il vient

$$du = \frac{-axy\, dx + ax^2 dy}{(x^2 + y^2)^{\frac{3}{2}}}.$$

3° $\qquad u = \text{arc tang}\,\dfrac{y}{x},$

$$du = \frac{d.\dfrac{y}{x}}{1 + \dfrac{y^2}{x^2}} = \frac{x\, dy - y\, dx}{x^2 + y^2}.$$

PROPRIÉTÉS DE LA DIFFÉRENTIELLE TOTALE.

102. Nous avons vu, au commencement du Cours (22), que la limite du rapport de l'accroissement d'une fonction d'une seule variable à sa différentielle est l'unité (pourvu que la dérivée ne soit pas nulle). Le même théorème a lieu pour les fonctions de plusieurs variables indépendantes.

On a, d'après la définition de la différentielle totale,

$$du = \varphi(x, y, z)\, \Delta x + \psi(x, y, z)\, \Delta y + \chi(x, y, z)\, \Delta z,$$

par conséquent (100),

$$\Delta u - du = \alpha \Delta x + \beta'' \Delta y + \gamma'' \Delta z;$$

puis, en divisant par du,

$$\frac{\Delta u}{du} - 1 = \frac{\alpha + \beta'' \dfrac{\Delta y}{\Delta x} + \gamma'' \dfrac{\Delta z}{\Delta x}}{\varphi(x, y, z) + \psi(x, y, z) \dfrac{\Delta y}{\Delta x} + \chi(x, y, z) \dfrac{\Delta z}{\Delta x}}.$$

Lorsque Δx, Δy, Δz deviennent infiniment petits, le numérateur tend vers zéro, mais le dénominateur ne devient pas infiniment petit, tant que l'un au moins des rapports $\dfrac{\Delta y}{\Delta x}$, $\dfrac{\Delta z}{\Delta x}$ reste arbitraire. La limite de $\dfrac{\Delta u}{du}$ est donc l'unité, si les valeurs des accroissements Δx, Δy, Δz n'annulent pas du.

103. *Quand une fonction de plusieurs variables est constante, sa différentielle totale est nulle.*

En effet, la dérivée de cette fonction par rapport à chaque variable est nulle, par conséquent sa différentielle totale, qui est $\dfrac{du}{dx}\, dx + \dfrac{du}{dy}\, dy + \dfrac{du}{dz}\, dz$, est nulle aussi.

On en conclut que si deux fonctions ont une différence constante, leurs différentielles partielles ou totales sont égales. Car si $u - v = c$, c étant une constante, on a

$$d(u - v) \quad \text{ou} \quad du - dv = 0 \quad \text{et} \quad du = dv.$$

Et réciproquement, si $du = dv$, on a

$$d(u - v) = \frac{d(u - v)}{dx}\, dx + \frac{d(u - v)}{dy}\, dy + \frac{d(u - v)}{dz}\, dz = 0,$$

égalité qui entraîne les suivantes :

$$\frac{d(u-v)}{dx} = 0, \quad \frac{d(u-v)}{dy} = 0, \quad \frac{d(u-v)}{dz} = 0,$$

puisque les accroissements dx, dy, dz sont tout à fait arbitraires. Par conséquent la différence $u-v$ est indépendante de chacune des variables x, y et z (24). C'est donc une constante.

DIFFÉRENTIATION D'UNE FONCTION COMPOSÉE DE FONCTIONS DE PLUSIEURS VARIABLES INDÉPENDANTES.

104. Si une fonction est composée, par exemple, de deux fonctions des variables indépendantes x, y, z, comme $p = F(u, v)$, on aura, en la différentiant tour à tour par rapport à chaque variable,

$$\frac{dp}{dx} = \frac{dp}{du}\frac{du}{dx} + \frac{dp}{dv}\frac{dv}{dx},$$

$$\frac{dp}{dy} = \frac{dp}{du}\frac{du}{dy} + \frac{dp}{dv}\frac{dv}{dy},$$

$$\frac{dp}{dz} = \frac{dp}{du}\frac{du}{dz} + \frac{dp}{dv}\frac{dv}{dz};$$

$\frac{dp}{du}$, $\frac{dp}{dv}$ désignant les dérivées de p ou de $F(u, v)$ prises par rapport à chacune des quantités u et v, comme si u et v étaient des variables indépendantes.

En multipliant les dérivées $\frac{dp}{dx}$, $\frac{dp}{dy}$, $\frac{dp}{dz}$ par dx, dy, dz respectivement et ajoutant, on aura la différentielle totale de p,

$$dp = \frac{dp}{du}\,du + \frac{dp}{dv}\,dv.$$

Les facteurs du et dv qui multiplient les dérivées partielles $\frac{dp}{du}$, $\frac{dp}{dv}$ désignent les différentielles totales de u et de v. Ainsi le théorème relatif à la différentiation d'une fonction composée (47) s'étend au cas de plusieurs variables indépendantes.

DIFFÉRENTIELLES DES FONCTIONS IMPLICITES DE PLUSIEURS VARIABLES INDÉPENDANTES.

105. Soient, par exemple, les deux équations

$$(1) \qquad f(x, y, z, u, v) = 0,$$
$$(2) \qquad F(x, y, z, u, v) = 0.$$

On peut choisir x, y, z pour variables indépendantes : alors u et v sont des fonctions implicites de ces variables. Or, $f(x, y, z, u, v)$ et $F(x, y, z, u, v)$ ayant, pour toutes les valeurs des variables x, y, z, une valeur constante qui est zéro, leurs différentielles totales doivent être nulles (103). On aura donc

$$(3) \quad \frac{df}{dx} dx + \frac{df}{dy} dy + \frac{df}{dz} dz + \frac{df}{du} du + \frac{df}{dv} dv = 0,$$

$$(4) \quad \frac{dF}{dx} dx + \frac{dF}{dy} dy + \frac{dF}{dz} dz + \frac{dF}{du} du + \frac{dF}{dv} dv = 0.$$

De ces deux équations on tirera les valeurs de du et de dv qui s'y trouvent au premier degré.

DÉRIVÉES ET DIFFÉRENTIELLES DE DIVERS ORDRES.

106. Soit

$$u = f(x, y, z)$$

une fonction des variables indépendantes x, y, z. Les règles relatives aux fonctions d'une seule variable donnent immédiatement les dérivées successives $\frac{du}{dx}$, $\frac{d^2 u}{dx^2}, \ldots, \frac{d^n u}{dx^n}$, puis $\frac{du}{dy}, \ldots, \frac{d^n u}{dy^n}$ et $\frac{du}{dz}, \ldots, \frac{d^n u}{dz^n}$.

Or toutes ces dérivées sont des fonctions de x, y et z, qui ont elles-mêmes leurs dérivées par rapport à chacune des variables. Ainsi l'on peut prendre $\dfrac{d\left(\dfrac{du}{dx}\right)}{dy}$, c'est-à-dire la dérivée par rapport à y de la dérivée de u par rapport à x.

Pour plus de clarté, on pourrait indiquer ces deux opérations successives par $\dfrac{d_y\left(\dfrac{du}{dx}\right)}{dy}$ ou $\dfrac{d_y\,d_x\,u}{dy\,dx}$; mais il suffit d'écrire simplement $\dfrac{d\,du}{dy\,dx}$ ou $\dfrac{d^2 u}{dy\,dx}$, parce que l'ordre des différentielles dy et dx au dénominateur indique suffisamment qu'il faut prendre d'abord la dérivée de u par rapport à x, qui est $\dfrac{du}{dx}$, et ensuite la dérivée de $\dfrac{du}{dx}$ par rapport à y. De même $\dfrac{d^2 u}{dx\,dy}$ exprimera la dérivée par rapport à x de la dérivée de u par rapport à y.

On indique d'une manière semblable le résultat d'un nombre quelconque de différentiations successives exécutées dans un certain ordre sur la fonction u par rapport aux diverses variables qu'elle renferme. Ainsi $\dfrac{d^4 u}{dz\,dx\,dy\,dx}$ signifie qu'il faut prendre d'abord $\dfrac{du}{dx} = u_1$, ensuite $\dfrac{du_1}{dy} = u_2$, puis $\dfrac{du_2}{dx} = u_3$, et enfin $\dfrac{du_3}{dz} = u_4$. C'est ce dernier résultat u_4 qu'exprime la notation $\dfrac{d^4 u}{dz\,dx\,dy\,dx}$.

THÉORÈME SUR L'ORDRE DES DIFFÉRENTIATIONS.

107. *Le résultat final de plusieurs différentiations successives est toujours le même, quel que soit l'ordre dans lequel on opère par rapport aux diverses variables.*

Je dis d'abord que

$$\frac{d\dfrac{du}{dx}}{dy} = \frac{d\dfrac{du}{dy}}{dx} \quad \text{ou que} \quad \frac{d^2 u}{dy\,dx} = \frac{d^2 u}{dx\,dy}.$$

En effet, si l'on ne fait varier dans la fonction u que x et y, on peut, en faisant abstraction des autres variables, représenter u par $f(x, y)$. Or on a

$$(1) \qquad f(x + h, y) - f(x, y) = \left(\frac{du}{dx} + \alpha \right) h,$$

α étant une fonction de x, y et h, qui tend vers zéro en même temps que h, quelle que soit la valeur qu'on donne à y.

Changeons dans cette équation y en $y + k$. Le premier membre devient

$$f(x + h, y + k) - f(x, y + k).$$

Dans le second, $\dfrac{du}{dx}$ devient

$$\frac{du}{dx} + \frac{d\frac{du}{dx}}{dy} k + 6k,$$

6 tendant vers zéro avec k; α prendra une nouvelle valeur de la forme $\alpha + \alpha' k$, α' ayant pour limite $\dfrac{d\alpha}{dy}$, si k diminue jusqu'à zéro; cette nouvelle valeur devant encore devenir infiniment petite avec h quel que soit k, il faut que α' s'annule aussi avec h. On aura donc

$$(2) \quad \left\{ \begin{aligned} &f(x + h, y + k) - f(x, y + k) \\ &= \left(\frac{du}{dx} + \frac{d\frac{du}{dx}}{dy} k + 6k \right) h + (\alpha + \alpha' k) h. \end{aligned} \right.$$

En retranchant la première équation de la seconde, puis divisant par hk, il vient

$$(3) \quad \left\{ \begin{aligned} &\frac{f(x + h, y + k) - f(x, y + k) - f(x + h, y) + f(x, y)}{hk} \\ &= \frac{d\frac{du}{dx}}{dy} + 6 + \alpha'. \end{aligned} \right.$$

On voit que le second membre, et par suite le premier, a pour limite $\dfrac{d\frac{du}{dx}}{dy}$, quand h et k décroissent indéfiniment.

Mais en faisant varier dans $f(x, y)$ d'abord y et ensuite x, on trouverait de même que $\dfrac{d\frac{du}{dy}}{dx}$ est encore la limite du premier membre de l'équation (3) quand h et k tendent vers zéro.

Les deux limites doivent être égales; on a donc

$$\frac{d\frac{du}{dx}}{dy} = \frac{d\frac{du}{dy}}{dx} \quad \text{ou} \quad \frac{d^2 u}{dy\, dx} = \frac{d^2 u}{dx\, dy}.$$

Il est bon d'observer que le premier membre de l'équation (3) équivaut aux deux expressions (*)

$$\frac{\Delta_y\, \Delta_x\, u}{\Delta x\, \Delta y} \quad \text{et} \quad \frac{\Delta_x\, \Delta_y\, u}{\Delta x\, \Delta y},$$

de sorte qu'on a

$$\Delta_y\, \Delta_x\, u = \Delta_x\, \Delta_y\, u,$$

aussi bien que

$$d_y\, d_x\, u = d_x\, d_y\, u.$$

108. Il résulte de là que si l'on avait à différentier une fonction plusieurs fois de suite par rapport à diverses variables et dans un certain ordre, on pourrait, sans changer le résultat final, intervertir l'ordre de deux différentiations consécutives. On démontrera ensuite qu'il est possible d'amener chaque différentiation à tel rang qu'on voudra, et par suite d'intervertir à volonté l'ordre

---

(*) $\Delta_x u$ indique l'accroissement de u lorsque, y ne variant pas, x est changé en $x + \Delta x$. $\Delta_y\, \Delta_x\, u$ est l'accroissement de $\Delta_x\, u$ lorsque, x restant le même, on change y en $y + \Delta y$. La notation $d_x u$ est quelquefois employée pour désigner la dérivée de u par rapport à x. Alors $d_y\, d_x\, u = d_y(d_x\, u)$.

des différentiations successives, de la même manière qu'on démontre en Arithmétique qu'un produit reste le même, quel que soit l'ordre de ses facteurs, quand on a prouvé qu'on peut échanger deux facteurs consécutifs. On aura, par exemple,

$$\frac{d^6 u}{dx\,dz\,dx\,dy\,dz\,dx} = \frac{d^6 u}{dz\,dz\,dy\,dx\,dx\,dx} = \frac{d^6 u}{dz^2\,dy\,dx^3}.$$

109. EXEMPLES. $1^o\ u = x^m y^n$.

$$\frac{du}{dx} = m x^{m-1} y^n, \qquad \frac{du}{dy} = n x^m y^{n-1} :$$

$$\frac{d\dfrac{du}{dx}}{dy} = \frac{d^2 u}{dx\,dy} = mn x^{m-1} y^{n-1},$$

$$\frac{d\dfrac{du}{dx}}{dx} = \frac{d^2 u}{dx\,dy} = mn x^{m-1} y^{n-1} = \frac{d^2 u}{dy\,dx}.$$

2°
$$u = \text{arc tang}\,\frac{y}{x}.$$

$$\frac{du}{dx} = \frac{-y}{x^2 + y^2}, \qquad \frac{du}{dy} = \frac{x}{x^2 + y^2} :$$

$$\frac{d^2 u}{dy\,dx} = \frac{y^2 - x^2}{(x^2 + y^2)^2} = \frac{d^2 u}{dx\,dy}.$$

DIFFÉRENTIELLES TOTALES DE DIVERS ORDRES D'UNE FONCTION DE PLUSIEURS VARIABLES INDÉPENDANTES.

110. Soit u une fonction de trois variables indépendantes x, y, z, et proposons-nous d'en calculer les différentielles totales du, $d^2 u$, $d^3 u$, etc.

La différentielle première est

$$du = \frac{du}{dx}\,dx + \frac{du}{dy}\,dy + \frac{du}{dz}\,dz.$$

On aura la différentielle totale de du ou la différentielle totale et du second ordre de u, en prenant la différentielle totale de chaque terme de du, ce qui donne, en observant que $\dfrac{d^2 u}{dy\,dx} = \dfrac{d^2 u}{dx\,dy}$, etc.,

$$\left(\frac{d^2 u}{dx^2}\, dx + \frac{d^2 u}{dx\,dy}\, dy + \frac{d^2 u}{dx\,dz}\, dz \right) dx$$

$$+ \left(\frac{d^2 u}{dx\,dy}\, dx + \frac{d^2 u}{dy^2}\, dy + \frac{d^2 u}{dy\,dz}\, dz \right) dy$$

$$+ \left(\frac{d^2 u}{dx\,dz}\, dx + \frac{d^2 u}{dy\,dz}\, dy + \frac{d^2 u}{dz^2}\, dz \right) dz,$$

ou

$$d^2 u = \frac{d^2 u}{dx^2}\, dx^2 + \frac{d^2 u}{dy^2}\, dy^2 + \frac{d^2 u}{dz^2}\, dz^2 + 2\,\frac{d^2 u}{dx\,dy}\, dx\,dy$$

$$+ 2\,\frac{d^2 u}{dx\,dz}\, dx\,dz + 2\,\frac{d^2 u}{dy\,dz}\, dy\,dz.$$

On voit que $d^2 u$ peut se former en élevant au carré la différentielle première $\dfrac{du}{dx}\, dx + \dfrac{du}{dy}\, dy + \dfrac{du}{dz}\, dz$, pourvu qu'au numérateur de chaque terme du carré développé on remplace du^2 par $d^2 u$. Avec cette convention, on écrit la formule symbolique

$$d^2 u = \left(\frac{du}{dx}\, dx + \frac{du}{dy}\, dy + \frac{du}{dz}\, dz \right)^{(2)}.$$

On aura de même en général

$$d^n u = \left(\frac{du}{dx}\, dx + \frac{du}{dy}\, dy + \frac{du}{dz}\, dz \right)^{(n)},$$

l'exposant entre parenthèses indiquant qu'il s'agit d'une formule symbolique, c'est-à-dire d'une expression dans laquelle il faudra remplacer du^n par $d^n u$ après le développement.

On démontre la généralité de cette formule en prouvant que, si elle est vraie pour un certain indice n, elle est encore vraie pour l'indice $n + 1$.

En effet, un terme quelconque du développement

symbolique de $d^n u$ est de la forme

$$(1) \qquad k \frac{d u^n}{dx^p \, dy^q \, dz^r} \, dx^p \, dy^q \, dz^r,$$

où

$$p + q + r = n,$$

et

$$k = \frac{1 . 2 . 3 \ldots n}{1 . 2 \ldots p \times 1 . 2 \ldots q \times 1 . 2 \ldots r}.$$

Le terme correspondant de $d^n u$ est

$$(2) \qquad k \frac{d^n u}{dx^p \, dy^q \, dz^n} \, dx^p \, dy^q \, dz^r.$$

On aura $d^{n+1} u$ en prenant la différentielle totale de chaque terme de $d^n u$. Or la différentielle totale du terme (2) peut s'obtenir en multipliant sa valeur symbolique (1) par l'expression

$$(3) \qquad \frac{du}{dx} \, dx + \frac{du}{dy} \, dy + \frac{du}{dz} \, dz,$$

pourvu qu'après le développement du produit on change du^{n+1} en $d^{n+1} u$. Donc la différentielle totale de $d^n u$ ou $d^{n+1} u$ s'obtiendra en multipliant par l'expression (3) la valeur symbolique de $d^n u$ qui, par hypothèse, est la puissance $n^{ième}$ de la même expression. On aura donc aussi la formule symbolique

$$d^{n+1} u = \left(\frac{du}{dx} \, dx + \frac{du}{dy} \, dy + \frac{du}{dz} \, dz \right)^{(n+1)}.$$

DÉRIVÉES PARTIELLES DES FONCTIONS IMPLICITES.

111. Une équation $f(x, y) = 0$ entre deux variables x et y donne, comme on l'a vu,

$$(\alpha) \qquad \frac{df}{dx} + \frac{df}{dy} \frac{dy}{dx} = 0,$$

d'où

$$\frac{dy}{dx} = - \frac{\dfrac{df}{dx}}{\dfrac{df}{dy}}.$$

On peut exprimer les dérivées suivantes $\frac{d^2y}{dx^2}, \frac{d^3y}{dx^3}$, etc., par les dérivées partielles de divers ordres de $f(x, y)$, car en différentiant par rapport à x l'équation (α), dx étant regardée comme constante, on trouve

$$(\beta) \quad \frac{d^2f}{dx^2} + 2\,\frac{d^2f}{dx\,dy}\cdot\frac{dy}{dx} + \frac{d^2f}{dy^2}\left(\frac{dy}{dx}\right)^2 + \frac{df}{dy}\cdot\frac{d^2y}{dx^2} = 0;$$

d'où l'on tire $\frac{d^2y}{dx^2}$.

En différentiant de nouveau, on obtiendra successivement $\frac{d^3y}{dx^3}, \frac{d^4y}{dx^4}, \ldots$

112. Si l'on a une seule équation entre trois variables

$$(1) \quad f(x, y, z) = 0,$$

deux quelconques d'entre elles x et y sont indépendantes, et la troisième z est une fonction déterminée de celles-ci. On trouve les dérivées successives de z de la manière suivante.

En différentiant l'équation (1) par rapport à x, dont z est une fonction, on a

$$(2) \quad \frac{df}{dx} + \frac{df}{dz}\cdot\frac{dz}{dx} = 0;$$

d'où l'on tire $\frac{dz}{dx}$. On a de même

$$(3) \quad \frac{df}{dy} + \frac{df}{dz}\cdot\frac{dz}{dy} = 0,$$

équation qui donne la valeur de $\frac{dz}{dy}$.

En différentiant l'équation (2) par rapport à x, on aura

$$\frac{d^2f}{dx^2} + 2\,\frac{d^2f}{dx\,dz}\cdot\frac{dz}{dx} + \frac{d^2f}{dz^2}\left(\frac{dz}{dx}\right)^2 + \frac{df}{dz}\cdot\frac{d^2z}{dx^2} = 0,$$

d'où l'on tire $\dfrac{d^2z}{dx^2}$.

En différentiant l'équation (2) par rapport à y ou l'équation (3) par rapport à x, on trouve également

$$\frac{d^2f}{dx\,dy} + \frac{d^2f}{dy\,dz}\cdot\frac{dz}{dx} + \frac{d^2f}{dx\,dz}\cdot\frac{dz}{dy} + \frac{d^2f}{dz^2}\cdot\frac{dz}{dx}\frac{dz}{dy} + \frac{df}{dz}\cdot\frac{d^2z}{dx\,dy} = 0;$$

d'où l'on déduira $\dfrac{d^2z}{dx\,dy}$.

Enfin, en différentiant l'équation (3) par rapport à y, on aura

$$\frac{d^2f}{dy^2} + 2\,\frac{d^2f}{dy\,dz}\cdot\frac{dz}{dy} + \frac{d^2f}{dz^2}\left(\frac{dz}{dy}\right)^2 + \frac{df}{dz}\cdot\frac{d^2z}{dy^2} = 0,$$

équation qui fera connaître $\dfrac{d^2z}{dy^2}$. On trouverait de même $\dfrac{d^3z}{dx^3}, \dfrac{d^3z}{dx^2\,dy}, \ldots$

113. Par exemple, l'équation de la sphère

$$x^2 + y^2 + z^2 - a^2 = 0$$

donne

$$x + z\,\frac{dz}{dx} = 0, \quad y + z\,\frac{dz}{dy} = 0,$$

$$1 + \left(\frac{dz}{dx}\right) + z\,\frac{d^2z}{dx^2} = 0, \quad 1 + \left(\frac{dz}{dy}\right)^2 + z\,\frac{d^2z}{dy^2} = 0,$$

$$\frac{dz}{dx}\frac{dz}{dy} + z\,\frac{d^2z}{dx\,dy} = 0;$$

d'où l'on tire

$$\frac{dz}{dx} = -\frac{x}{z}, \quad \frac{dz}{dy} = -\frac{y}{z},$$

$$\frac{d^2z}{dx^2} = -\frac{x^2 + z^2}{z^3}, \quad \frac{d^2z}{dy^2} = -\frac{y^2 + z^2}{z^3}, \quad \frac{d^2z}{dx\,dy} = -\frac{xy}{z^3}.$$

EXERCICES.

1. $u = \arcsin\sqrt{\dfrac{x^2 - y^2}{x^2 + y^2}}, \quad du = \dfrac{x\sqrt{2}}{(x^2 + y^2)\sqrt{x^2 - y^2}}(y\,dx - x\,dy).$

2. $\quad u = z^{y^x}, \quad du = z^{y^x}y^x\left(\mathrm{l}y\,\mathrm{l}z\,dx + \dfrac{x}{y}\mathrm{l}z\,dy + \dfrac{dz}{z}\right).$

3. u, v, z étant des fonctions d'un nombre quelconque de variables, on a

$$d . uvz = vz\,du + uz\,dv + uv\,dz,$$

la lettre d désignant une différentielle totale.

4. *Démontrer les formules*

$$d^2.uvz - ud^2.vz - vd^2.uz - zd^2.uv + vzd^2.u + uzd^2.v + uvd^2.z = 0,$$
$$d^3.uvz - ud^3.vz - vd^3.uz - zd^3.uv + vzd^3.u + uzd^3.v + uvd^3.z = 6\,du\,dv\,dz.$$

5. u et φ étant des fonctions d'un nombre quelconque de variables, on a, pour $ih < m$,

$$(d^i.u\varphi^m)^h - m\left(\varphi d^i.u\varphi^{m-1}\right)^h + \dfrac{m(m-1)}{1.2}\left(\varphi^2 d^i.u\varphi^{m-2}\right)^h - \ldots$$
$$\mp m\left(\varphi^{m-1}d^i.u\varphi\right)^h \pm \left(\varphi^m d^i.u\right)^h = 0 \,(*).$$

(*) *Voir*, pour cette formule et d'autres analogues, mon *Mémoire sur quelques formules générales d'analyse* (LIOUVILLE, t. XXI, p. 321).   P.

HUITIÈME LEÇON.

FORMATION DES ÉQUATIONS DIFFÉRENTIELLES; CHANGEMENT DE VARIABLES.

Élimination des constantes. — Élimination des fonctions arbitraires. — Changement des variables indépendantes. — Changement simultané des variables indépendantes et de la fonction.

ÉLIMINATION DES CONSTANTES.

114. Étant donnée une équation entre deux variables x, y et une constante arbitraire C, on a vu (n° **83**) que si l'on élimine C entre l'équation donnée et celle qu'on en déduit en différentiant par rapport à x, on obtient une équation différentielle entre x, y et $\dfrac{dy}{dx}$. Cette opération peut se généraliser. Soient n équations de la forme

$$(1) \qquad f(x, y, z, \ldots, t, C_1, C_2, \ldots, C_n) = 0,$$

entre $n + 1$ variables x, y, z, $\ldots$, t et n constantes arbitraires; on peut regarder l'une des variables, x par exemple, comme indépendante, et y, z, $\ldots$, t comme des fonctions de x : la forme de ces fonctions change avec les valeurs attribuées aux arbitraires C_1, $C_2 \ldots, C_n$, et il y a lieu de chercher n équations débarrassées d'arbitraires et pouvant remplacer les équations (1). A cet effet, je différentie chacune de ces équations par rapport à x, ce qui me donne n équations de la forme

$$\frac{df}{dx} + \frac{df}{dy}\frac{dy}{dx} + \ldots + \frac{df}{dt}\frac{dt}{dx} = 0;$$

si l'on élimine C_1, $C_2 \ldots, C_n$ entre ces équations et les équations données, on obtiendra n nouvelles équations de la forme

$$(2) \qquad F\left(x, y, z, \ldots, t, \frac{dy}{dx}, \frac{dz}{dx}, \ldots\right) = 0,$$

qui sont des conséquences des équations données et forment un système de n équations différentielles simultanées du premier ordre.

Si les équations (1) renfermaient $n + p$ constantes arbitraires, on pourrait encore éliminer ces paramètres et obtenir un système de n équations qui devraient être satisfaites pour toutes les valeurs de $x, y, z, \ldots, t$ qui satisfont aux équations données; mais il faut alors différentier chacune de celles-ci un nombre k de fois suffisant pour que nk soit au moins égal à p, et les équations résultant de l'élimination contiennent des dérivées de l'ordre k. Soit, en particulier, l'équation

$$(3) \qquad f(x, y, C_1, C_2, \ldots, C_m) = 0;$$

on peut éliminer les m arbitraires $C_1, C_2 \ldots, C_m$ entre l'équation donnée et celles qu'on en déduit en la différentiant m fois de suite par rapport à x; on arrive à une équation différentielle du $m^{\text{ième}}$ ordre, qui est identiquement vérifiée par toutes les valeurs de y qui satisfont à l'équation (3).

115. Considérons maintenant l'équation

$$(4) \qquad f(x, y, z, C_1, C_2) = 0,$$

qui renferme deux paramètres arbitraires C_1 et C_2 : elle détermine z en fonction de x et de y, que nous devrons regarder comme deux variables indépendantes. Nous pourrons encore éliminer C_1 et C_2 à l'aide de deux différentiations : nous poserons, suivant l'usage,

$$\frac{dz}{dx} = p, \qquad \frac{dz}{dy} = q.$$

Différentions tour à tour l'équation (4) par rapport

à x et par rapport à y : nous aurons

$$\frac{df}{dx} + p\,\frac{df}{dz} = 0, \qquad \frac{df}{dy} + q\,\frac{df}{dz} = 0;$$

l'élimination de C_1 et C_2 entre ces équations et l'équation (4) donne

(5) $$F(x, y, z, p, q) = 0,$$

c'est une équation aux dérivées partielles du premier ordre.

On pourrait, par le même procédé, éliminer un plus grand nombre d'arbitraires d'une ou plusieurs équations renfermant plusieurs variables indépendantes, mais il convient de dire qu'on obtiendrait des résultats essentiellement différents de ceux du n° 114. On démontre, dans le Calcul intégral, que les systèmes d'équations (1) et (2), par exemple, sont équivalents, mais il n'en est plus de même pour un système d'équations à plusieurs variables indépendantes et celui qu'on en déduit par l'élimination des constantes arbitraires. Bornons-nous à constater le fait sur un exemple : soit l'équation

(4 *bis*) $$z = C_1 x + C_2 y;$$

on en déduit, en différentiant par rapport à x et à y,

$$p = C_1, \qquad q = C_2;$$

l'élimination de C_1 et C_2 donne

(5 *bis*) $$z = px + qy;$$

or, on vérifie que cette équation est satisfaite si l'on donne à z la valeur $\dfrac{x^2}{y}$, qui ne satisfait pas à l'équation (4 *bis*); celle-ci est donc moins générale que l'équation (5 *bis*).

ÉLIMINATION IE) FONCTIONS ARBITRAIRES.

116. On peut avoir, entre deux variables indépendantes x, y et une fonction inconnue z de ces variables,

une équation qui renferme non seulement des constantes arbitraires, mais même des fonctions arbitraires de certaines quantités variables : une telle équation représente, en général, un nombre infini de surfaces. Nous allons voir comment on peut, à l'aide de différentiations, en déduire une autre équation qui ne dépende plus des fonctions arbitraires contenues dans la proposée.

Le cas le plus simple, qui répond à la question résolue au n° 83, est celui où l'on a une équation de la forme

$$(1) \qquad f[x, y, z, \varphi(\alpha)] = 0,$$

α étant une fonction explicite donnée de x, y, z et φ désignant une fonction arbitraire de α. Si l'on différentie tour à tour l'équation (1) par rapport à x et à y, on a

$$\frac{df}{dx} + p\,\frac{df}{dz} + \frac{df}{d\varphi}\,\varphi'(\alpha)\left(\frac{d\alpha}{dx} + p\,\frac{d\alpha}{dz}\right) = 0,$$

$$\frac{df}{dy} + q\,\frac{df}{dz} + \frac{df}{d\varphi}\,\varphi'(\alpha)\left(\frac{d\alpha}{dy} + q\,\frac{d\alpha}{dz}\right) = 0.$$

Il suffit d'éliminer $\varphi(\alpha)$ et $\varphi'(\alpha)$ entre ces deux équations et l'équation (1) pour obtenir une équation renfermant x, y, z, p et q, mais indépendante de la fonction φ; elle exprime une propriété commune aux plans tangents à toutes les surfaces du groupe (1).

L'équation (1) peut se ramener à un type plus simple : en effet, elle détermine $\varphi(\alpha)$ en fonction de x, y, z, soit

$$\varphi(\alpha) = \beta,$$

β étant une fonction connue de x, y, z; et cette dernière relation est un cas particulier de l'équation que nous allons considérer,

$$(2) \qquad \psi(\alpha, \beta) = 0,$$

dans laquelle α et β sont des fonctions connues de x, y, z, et ψ désigne une fonction arbitraire de α et β. Les surfaces représentées par cette équation forment une famille caractérisée par les expressions de α et de β. L'équation (2), différentiée par rapport à x, puis par rapport à y, donne

$$\frac{d\psi}{d\alpha}\left(\frac{d\alpha}{dx}+p\,\frac{d\alpha}{dz}\right)+\frac{d\psi}{d\beta}\left(\frac{d\beta}{dx}+p\,\frac{d\beta}{dz}\right)=0,$$

$$\frac{d\psi}{d\alpha}\left(\frac{d\alpha}{dy}+q\,\frac{d\alpha}{dz}\right)+\frac{d\psi}{d\beta}\left(\frac{d\beta}{dy}+q\,\frac{d\beta}{dz}\right)=0.$$

Les dérivées partielles $\frac{d\psi}{d\alpha}$, $\frac{d\psi}{d\beta}$ satisfont donc à deux équations du premier degré dont les seconds membres sont nuls ; et comme elles ne sont pas elles-mêmes constamment nulles, le dénominateur commun qui figure dans les formules générales de résolution de ces équations doit s'annuler, ce qui donne la condition

$$\left(\frac{d\alpha}{dx}+p\,\frac{d\alpha}{dz}\right)\left(\frac{d\beta}{dy}+q\,\frac{d\beta}{dz}\right)-\left(\frac{d\alpha}{dy}+q\,\frac{d\alpha}{dz}\right)\left(\frac{d\beta}{dx}+p\,\frac{d\beta}{dz}\right)=0$$

ou, en réduisant,

$$\left(\frac{d\alpha}{dz}\frac{d\beta}{dy}-\frac{d\alpha}{dy}\frac{d\beta}{dz}\right)p+\left(\frac{d\alpha}{dx}\frac{d\beta}{dz}-\frac{d\alpha}{dz}\frac{d\beta}{dx}\right)q$$

$$=\frac{d\alpha}{dy}\frac{d\beta}{dx}-\frac{d\alpha}{dx}\frac{d\beta}{dy}.$$

C'est une équation aux dérivées partielles, linéaire et du premier ordre ; elle est indépendante de ψ, tout en étant une conséquence de l'équation (2) à laquelle elle est équivalente, comme on le démontre dans le Calcul intégral.

117. Considérons maintenant une fonction inconnue z de n variables indépendantes $x_1, x_2, \ldots, x_n$ et soient $\alpha, \beta, \ldots, \lambda$ n fonctions connues de $z, x_1, x_2, \ldots, x_n$; on donne l'équation

$$(3)\qquad \psi(\alpha, \beta, \ldots, \lambda)=0,$$

dans laquelle ψ désigne une fonction arbitraire de α,

β, ..., λ, et l'on demande d'en déduire une équation indépendante de ψ. A cet effet, nous différentierons tour à tour l'équation (3) par rapport à x_1, x_2, ..., x_n. Si nous posons

$$\frac{dz}{dx_1} = p_1, \qquad \frac{dz}{dx_2} = p_2, \qquad \ldots, \qquad \frac{dz}{dx_n} = p_n,$$

il viendra

$$(4) \begin{cases} \dfrac{d\psi}{d\alpha}\left(\dfrac{d\alpha}{dx_1} + p_1\dfrac{d\alpha}{dz}\right) + \ldots + \dfrac{d\psi}{d\lambda}\left(\dfrac{d\lambda}{dx_1} + p_1\dfrac{d\lambda}{dz}\right) = 0, \\ \ldots\ldots\ldots\ldots\ldots\ldots\ldots\ldots\ldots\ldots\ldots\ldots\ldots\ldots\ldots, \\ \dfrac{d\psi}{d\alpha}\left(\dfrac{d\alpha}{dx_n} + p_n\dfrac{d\alpha}{dz}\right) + \ldots + \dfrac{d\psi}{d\lambda}\left(\dfrac{d\lambda}{dx_n} + p_n\dfrac{d\lambda}{dz}\right) = 0. \end{cases}$$

Nous devrions exprimer que ces équations admettent pour $\dfrac{d\psi}{d\alpha}$, ..., $\dfrac{d\psi}{d\lambda}$ des valeurs différentes de zéro ; mais, pour reconnaître la forme de l'équation qui exprime cette condition, sans m'appuyer sur le calcul des déterminants, je remplacerai les n équations (4) par le système suivant, qui leur est équivalent,

$$\frac{d\psi}{d\alpha}\frac{d\alpha}{dz} + \frac{d\psi}{d\beta}\frac{d\beta}{dz} + \ldots + \frac{d\psi}{d\lambda}\frac{d\lambda}{dz} - h = 0,$$

$$\frac{d\psi}{d\alpha}\frac{d\alpha}{dx_1} + \frac{d\psi}{d\beta}\frac{d\beta}{dx_1} + \ldots + \frac{d\psi}{d\lambda}\frac{d\lambda}{dx_1} + p_1 h = 0,$$

$$\ldots\ldots\ldots\ldots\ldots\ldots\ldots\ldots\ldots\ldots\ldots\ldots\ldots,$$

$$\frac{d\psi}{d\alpha}\frac{d\alpha}{dx_n} + \frac{d\psi}{d\beta}\frac{d\beta}{dx_n} + \ldots + \frac{d\psi}{d\lambda}\frac{d\lambda}{dx_n} + p_n h = 0.$$

Nous avons $n + 1$ équations homogènes et du premier degré par rapport à $\dfrac{d\psi}{d\alpha}$, $\dfrac{d\psi}{d\beta}$, ..., $\dfrac{d\psi}{d\lambda}$ et h ; comme ces quantités ne sont pas toutes constamment nulles, le dénominateur commun qui figure dans les formules générales de résolution doit s'annuler. Chacun des termes de ce dénominateur est le produit de $n + 1$ coefficients appartenant tous à des inconnues différentes ; p_1,

p_2, ... y figureront linéairement et le résultat cherché sera de la forme

$$P_1 p_1 + P_2 p_2 + \ldots + P_n p_n + Q = 0,$$

P_1, P_2, ..., Q étant des fonctions explicites de x_1, x_2, ..., x_n et z : on a encore une équation linéaire et du premier ordre aux dérivées partielles.

118. La liaison qui existe entre plusieurs variables indépendantes et une fonction de ces variables peut dépendre d'une fonction arbitraire dans des conditions différentes de celles que nous venons d'étudier et conduire à une équation aux dérivées partielles qui ne sera plus linéaire. Soient

$$(5) \qquad f[x, y, z, a, \varphi(a)] = 0$$

une équation entre x, y, z, un paramètre a et une fonction arbitraire φ de ce paramètre ; posons en outre

$$(6) \qquad \frac{df}{da} = 0,$$

$\frac{df}{da}$ désignant la dérivée totale de f par rapport à a. L'équation (6) établit une relation entre a et x, y, z ; on n'en pourra tirer la valeur de a qu'en particularisant la fonction φ, mais a n'en est pas moins, d'une manière générale, une fonction de x, y, z, et si l'on imagine qu'on mette cette fonction à la place de a dans l'équation (5), celle-ci définira une valeur de z qui dépend de la forme de la fonction arbitraire φ, ou, si l'on veut, elle représentera une famille de surfaces qui se distinguent les unes des autres par la forme de φ.

Cela posé, différentions l'équation (5) en regardant a comme fonction de x, y, z ; nous aurons

$$\frac{df}{dx} + p \frac{df}{dz} + \frac{df}{da}\left(\frac{da}{dx} + p \frac{da}{dz}\right) = 0,$$
$$\frac{df}{dy} + q \frac{df}{dz} + \frac{df}{da}\left(\frac{da}{dy} + q \frac{da}{dz}\right) = 0.$$

En vertu de l'équation (6), les dernières parties de ces équations disparaissent et, entre les équations réduites et l'équation (5), on peut éliminer a et $\varphi(a)$: l'équation résultante est aux dérivées partielles du premier ordre, mais, en général, elle n'est plus linéaire.

Dans le cas de n variables indépendantes, on aurait, au lieu de l'équation (5), une équation renfermant $n-1$ paramètres et une fonction arbitraire de ces paramètres, et, au lieu de l'équation (6), les $n-1$ équations formées en égalant à zéro la dérivée de la première par rapport à chacun des paramètres qui y figurent.

Comme exemple, considérons les deux équations à deux variables indépendantes

$$(5\ bis) \qquad (x-a)^2+[y-\varphi(a)]^2+z^2=\mathrm{R}^2,$$
$$(6\ bis) \qquad x-a+[y-\varphi(a)]\varphi'(a)=0;$$

en Géométrie, elles représentent l'enveloppe d'une sphère dont le centre parcourt une ligne arbitrairement choisie dans le plan des xy. Si nous différentions partiellement l'équation (5 bis), en ayant égard à la suivante, il viendra

$$x-a+pz=0, \qquad y-\varphi(a)+qz=0;$$

l'élimination de a et de $\varphi(a)$ nous donne

$$(p^2+q^2+1)z^2=\mathrm{R}^2.$$

119. On peut avoir à considérer des équations plus générales que les précédentes et renfermant plusieurs fonctions arbitraires ; il est toujours possible, en prenant les dérivées partielles jusqu'à un ordre suffisamment élevé, d'avoir assez d'équations pour éliminer les fonctions arbitraires et leurs dérivées introduites par les différentiations : on formera des équations aux dérivées partielles d'ordre supérieur. Je me borne à donner deux exemples très simples de cette élimination.

Soit d'abord l'équation

$$z = \varphi(x + my) + \psi(x - my),$$

m étant une constante, φ et ψ deux fonctions arbitraires. Si l'on différentie deux fois par rapport à x ou deux fois par rapport à y, on trouve

$$\frac{d^2 z}{dx^2} = \varphi''(x + my) + \psi''(x - my),$$

$$\frac{d^2 z}{dy^2} = m^2 \varphi''(x + my) + m^2 \psi''(x - my);$$

l'élimination se fait immédiatement et donne une équation linéaire aux dérivées partielles du second ordre

$$m^2 \frac{d^2 z}{dx^2} - \frac{d^2 z}{dy^2} = 0.$$

Soit maintenant le système des deux équations

$$ax + y\varphi(a) + \psi(a) - z = 0, \qquad x + y\varphi'(a) + \psi'(a) = 0.$$

Si l'on différentie la première par rapport à x et à y, on trouve, en tenant compte de la seconde,

$$a - p = 0, \qquad \varphi(a) - q = 0;$$

la fonction ψ a disparu, et rien n'est plus facile que d'éliminer aussi a : on trouve

$$q = \varphi(p) \qquad \text{ou} \qquad \frac{dz}{dy} = \varphi\left(\frac{dz}{dx}\right);$$

différentions tour à tour par rapport à x et à y :

$$\frac{d^2 z}{dx\, dy} = \varphi'(p) \frac{d^2 z}{dx^2}, \qquad \frac{d^2 z}{dy^2} = \varphi'(p) \frac{d^2 z}{dx\, dy}.$$

L'élimination de $\varphi'(p)$ conduit à l'équation non linéaire

$$\frac{d^2 z}{dx^2} \frac{d^2 z}{dy^2} = \left(\frac{d^2 z}{dx\, dy}\right)^2.$$

CHANGEMENT DES VARIABLES INDÉPENDANTES.

120. Supposons qu'ayant à considérer dans une expression quelconque deux variables indépendantes x, y, une fonction u de ces variables et les dérivées partielles $\dfrac{du}{dx}$, $\dfrac{du}{dy}$, $\dfrac{d^2 u}{dx^2}$, ..., on veuille substituer à x et à y deux nouvelles variables indépendantes ξ et η : en général, x et y seront des fonctions données de ξ et de η et on n'aura qu'à les remplacer par leurs valeurs; mais il faut voir comment on exprimera les anciennes dérivées partielles de u au moyen de ses dérivées relatives à ξ et à η.

Si, dans la valeur de u en fonction de x et y, on remplace x et y par leurs valeurs en ξ et η, u deviendra une fonction de ces dernières variables et l'on pourra former ses dérivées partielles à l'aide du théorème des fonctions composées :

$$(1) \qquad \begin{cases} \dfrac{du}{d\xi} = \dfrac{du}{dx}\dfrac{dx}{d\xi} + \dfrac{du}{dy}\dfrac{dy}{d\xi}, \\[2ex] \dfrac{du}{d\eta} = \dfrac{du}{dx}\dfrac{dx}{d\eta} + \dfrac{du}{dy}\dfrac{dy}{d\eta}, \end{cases}$$

$$\begin{aligned} \frac{d^2 u}{d\xi^2} = {} & \frac{d^2 u}{dx^2}\left(\frac{dx}{d\xi}\right)^2 + 2\,\frac{d^2 u}{dx\,dy}\frac{dx}{d\xi}\frac{dy}{d\xi} \\[1.5ex] & + \frac{d^2 u}{dy^2}\left(\frac{dy}{d\xi}\right)^2 + \frac{du}{dx}\frac{d^2 x}{d\xi^2} + \frac{du}{dy}\frac{d^2 y}{d\xi^2}, \end{aligned}$$

$$\dotfill$$

On connaît $\dfrac{dx}{d\xi}$, $\dfrac{dx}{d\eta}$, ... en fonction de ξ et η, et les équations (1), qui sont du premier degré en $\dfrac{du}{dx}$, $\dfrac{du}{dy}$, $\dfrac{d^2 u}{dx^2}$, ..., permettent de calculer ces dérivées en fonction de $\dfrac{du}{d\xi}$, $\dfrac{du}{d\eta}$, ... Il est d'ailleurs évident que l'analyse précédente s'étend au cas où il y a plus de deux variables indépendantes.

121. On peut quelquefois suivre avec avantage une voie différente : supposons u exprimé au moyen de ξ, η, et remplaçons ces variables par leurs valeurs en x et y ; u redevient une fonction de x et y, et l'on a

$$
(2)\quad
\begin{cases}
\dfrac{du}{dx} = \dfrac{du}{d\xi}\,\dfrac{d\xi}{dx} + \dfrac{du}{d\eta}\,\dfrac{d\eta}{dx}, \\[2ex]
\dfrac{du}{dy} = \dfrac{du}{d\xi}\,\dfrac{d\xi}{dy} + \dfrac{du}{d\eta}\,\dfrac{d\eta}{dy}, \\[2ex]
\dfrac{d^2 u}{dx^2} = \dfrac{d\xi}{dx}\left(\dfrac{d^2 u}{d\xi^2}\,\dfrac{d\xi}{dx} + \dfrac{d^2 u}{d\xi\, d\eta}\,\dfrac{d\eta}{dx}\right) \\[2ex]
\qquad + \dfrac{du}{d\xi}\left(\dfrac{d\,\frac{d\xi}{dx}}{d\xi}\,\dfrac{d\xi}{dx} + \dfrac{d\,\frac{d\xi}{dx}}{d\eta}\,\dfrac{d\eta}{dx}\right) \\[2ex]
\qquad + \dfrac{d\eta}{dx}\left(\dfrac{d^2 u}{d\xi\, d\eta}\,\dfrac{d\xi}{dx} + \dfrac{d^2 u}{d\eta^2}\,\dfrac{d\eta}{dx}\right) \\[2ex]
\qquad + \dfrac{du}{d\eta}\left(\dfrac{d\,\frac{d\eta}{dx}}{d\xi}\,\dfrac{d\xi}{dx} + \dfrac{d\,\frac{d\eta}{dx}}{d\eta}\,\dfrac{d\eta}{dx}\right), \\[2ex]
\cdots\cdots\cdots\cdots\cdots\cdots\cdots\cdots\cdots\cdots\cdots,
\end{cases}
$$

mais il faut, pour l'objet qu'on se propose, que $\dfrac{d\xi}{dx}, \dfrac{d\eta}{dx}, \ldots$ soient exprimés en fonction de ξ et de η.

Admettons, par exemple, que x et y désignent des coordonnées rectangulaires et qu'on veuille leur substituer des coordonnées polaires ; on a

$$
x = r\cos\theta, \qquad y = r\sin\theta,
$$

et ces formules de transformation conviendraient à l'emploi des équations (1) ; mais on a aussi

$$
r = \sqrt{x^2 + y^2}, \qquad \theta = \operatorname{arc\,tang}\frac{y}{x},
$$

d'où

$$
\frac{dr}{dx} = \frac{x}{\sqrt{x^2 + y^2}} = \cos\theta, \qquad \frac{dr}{dy} = \sin\theta,
$$

$$
\frac{d\theta}{dx} = -\frac{y}{x^2 + y^2} = -\frac{\sin\theta}{r}, \qquad \frac{d\theta}{dy} = \frac{\cos\theta}{r}.
$$

On peut appliquer les formules (2) et l'on trouve

$$\frac{du}{dx} = \cos\theta\,\frac{du}{dr} - \frac{\sin\theta}{r}\,\frac{du}{d\theta},$$

$$\frac{du}{dy} = \sin\theta\,\frac{du}{dr} + \frac{\cos\theta}{r}\,\frac{du}{d\theta},$$

$$\frac{d^2u}{dx^2} = \cos^2\theta\,\frac{d^2u}{dr^2} - \frac{\sin 2\theta}{r}\,\frac{d^2u}{dr\,d\theta} + \frac{\sin^2\theta}{r^2}\,\frac{d^2u}{d\theta^2}$$
$$+ \frac{\sin^2\theta}{r}\,\frac{du}{dr} + \frac{\sin 2\theta}{r^2}\,\frac{du}{d\theta},$$

$$\frac{d^2u}{dx\,dy} = \sin\theta\cos\theta\left(\frac{d^2u}{dr^2} - \frac{1}{r}\,\frac{du}{dr} - \frac{1}{r^2}\,\frac{d^2u}{d\theta^2}\right)$$
$$+ \frac{\cos 2\theta}{r}\left(\frac{d^2u}{dr\,d\theta} - \frac{1}{r}\,\frac{du}{d\theta}\right),$$

$$\frac{d^2u}{dy^2} = \sin^2\theta\,\frac{d^2u}{dr^2} + \frac{\sin 2\theta}{r}\,\frac{d^2u}{dr\,d\theta} + \frac{\cos^2\theta}{r^2}\,\frac{d^2u}{d\theta^2}$$
$$+ \frac{\cos^2\theta}{r}\,\frac{du}{dr} - \frac{\sin 2\theta}{r^2}\,\frac{du}{d\theta}.$$

De ces relations on tire deux formules importantes :

$$\left(\frac{du}{dx}\right)^2 + \left(\frac{du}{dy}\right)^2 = \left(\frac{du}{dr}\right)^2 + \frac{1}{r^2}\left(\frac{du}{d\theta}\right)^2,$$

$$\frac{d^2u}{dx^2} + \frac{d^2u}{dy^2} = \frac{d^2u}{dr^2} + \frac{1}{r^2}\,\frac{d^2u}{d\theta^2} + \frac{1}{r}\,\frac{du}{dr}.$$

122. Il peut arriver qu'on garde une des variables
indépendantes primitives, x par exemple, et que les
autres variables indépendantes soient seules changées ;
ainsi on a d'abord x et y et l'on prend ensuite x et une
variable ξ qui est donnée en fonction de x et de y. Il
est essentiel de remarquer que la dérivée partielle de u
par rapport à x n'a pas la même valeur dans les deux
cas ; si on représente les dérivées partielles par la *lettre d*
quand les variables indépendantes sont x et y, et par la
lettre ∂ quand ce sont x et ξ, on a

$$\frac{du}{dx} = \frac{\partial u}{\partial x} + \frac{\partial u}{\partial \xi}\,\frac{d\xi}{dx}.$$

Le mot de dérivée partielle par rapport à x n'a de sens précis que si l'on indique les quantités qui restent constantes quand on fait varier x.

La Géométrie donne une représentation bien claire de $\dfrac{du}{dx}$ et de $\dfrac{\partial u}{\partial x}$; imaginons que u représente l'ordonnée d'un point quelconque M d'une surface, dont la projection sur Oxy a pour coordonnées x et y : $\dfrac{du}{dx}$ est le coefficient angulaire de la tangente en M à la section faite dans la surface par un plan parallèle au plan des ux; $\dfrac{\partial u}{\partial x}$ est le coefficient angulaire de la tangente à la courbe suivant laquelle se projette, sur le plan des ux, l'intersection de la surface avec le cylindre lieu des points pour lesquels ξ est constant.

CHANGEMENT SIMULTANÉ DE LA FONCTION ET DES VARIABLES INDÉPENDANTES.

123. Dans les conditions où nous nous sommes placés au début du n° **120**, on peut se proposer de changer à la fois toutes les variables : à x, y, u on substituera des variables ξ, η, υ telles qu'on ait

$$(3) \quad x = \varphi(\xi, \eta, \upsilon), \qquad y = \psi(\xi, \eta, \upsilon), \qquad u = \chi(\xi, \eta, \upsilon),$$

et l'on regardera υ comme fonction de ξ et de η; il s'agit d'exprimer $\dfrac{du}{dx}, \dfrac{d^2u}{dx^2}, \dots$ au moyen de $\dfrac{d\upsilon}{d\xi}, \dfrac{d^2\upsilon}{d\xi^2}, \dots$. Puisque υ est une fonction de ξ et η, on tirera des équations (3)

$$\frac{dx}{d\xi} = \frac{d\varphi}{d\xi} + \frac{d\varphi}{d\upsilon}\frac{d\upsilon}{d\xi}, \quad \frac{dy}{d\xi} = \frac{d\psi}{d\xi} + \frac{d\psi}{d\upsilon}\frac{d\upsilon}{d\xi}, \quad \dots,$$

$$\dots\dots\dots\dots\dots\dots, \quad \frac{du}{d\eta} = \frac{d\chi}{d\eta} + \frac{d\chi}{d\upsilon}\frac{d\upsilon}{d\eta},$$

$$\frac{d^2x}{d\xi^2} = \frac{d^2\varphi}{d\xi^2} + 2\frac{d^2\varphi}{d\xi\,d\upsilon}\frac{d\upsilon}{d\xi} + \frac{d^2\varphi}{d\upsilon^2}\left(\frac{d\upsilon}{d\xi}\right)^2 + \frac{d\varphi}{d\upsilon}\frac{d^2\upsilon}{d\xi^2}, \quad \dots$$

Il suffit de remplacer les premiers membres de ces identités par leurs valeurs dans les relations (1), n° 120, pour obtenir des équations susceptibles de déterminer nos inconnues. Les calculs faits d'une manière générale seront très longs, mais on peut les abréger dans les cas particuliers, en traitant directement la question par une méthode semblable à celles que nous avons exposées.

EXERCICES.

1° Étant donnée l'équation générale d'une parabole

$$y = ax + b \pm \sqrt{2px + q},$$

en déduire une équation indépendante de a, b, p, q.

SOLUTION. — En différentiant deux fois de suite, on a

$$y'' = \mp p^2(2px + q)^{-\frac{3}{2}}, \qquad (y'')^{-\frac{2}{3}} = \frac{2px + q}{p^{\frac{4}{3}}};$$

et l'on différentiera encore deux fois.

2° Que devient l'expression $x\dfrac{du}{dy} - y\dfrac{du}{dx}$ quand on substitue à x et y les variables r et θ, telles qu'on ait

$$x = r\cos\theta, \qquad y = r\sin\theta ?$$

SOLUTION :

$$\frac{du}{d\theta}.$$

3° Éliminer les fonctions φ et ψ de l'équation

$$z = x\,\varphi(z) + y\,\psi(z).$$

SOLUTION :

$$q^2 \frac{d^2 z}{dx^2} - 2pq \frac{d^2 z}{dx\,dy} + p^2 \frac{d^2 z}{dy^2} = 0.$$

4° Éliminer les fonctions φ et ψ de l'équation.

$$z = \varphi(ax + by)\,\psi(ay - bx).$$

SOLUTION :

$$a^2 \left(z\frac{d^2 z}{dx^2} - p^2\right) = b^2\left(z\frac{d^2 z}{dy^2} - q^2\right).$$

NEUVIÈME LEÇON.

APPLICATIONS ANALYTIQUES DU CALCUL DIFFÉRENTIEL.

DÉVELOPPEMENT EN SÉRIES DES FONCTIONS D'UNE SEULE VARIABLE.

Démonstration de la formule de Taylor. — Autres formes du reste. — Remarque sur la série de Taylor. — Série de Maclaurin. — Remarque sur la série de Maclaurin. — Seconde démonstration de la série de Taylor.

DÉMONSTRATION DE LA FORMULE DE TAYLOR.

124. On a vu, dans l'*Algèbre élémentaire,* que, si l'on désigne par $f(x)$ une fonction entière et de degré n de x, on peut développer $f(x + h)$ en une suite ordonnée suivant les puissances entières de l'accroissement h, et qu'on a la formule

$$(1) \quad \left\{ \begin{aligned} f(x + h) &= f(x) + h f'(x) \\ &+ \frac{h^2}{1.2} f''(x) + \ldots + \frac{h^n}{1.2\ldots n} f^n(x); \end{aligned} \right.$$

cette suite se termine d'elle-même à son $n + 1^{\text{ième}}$ terme : les termes qu'on obtiendrait après celui-là en suivant la loi de formation du développement seraient nuls ; en effet, $f^n(x)$ est une constante, et les dérivées suivantes de $f(x)$ sont nulles.

Quand $f(x)$ ne désigne plus une fonction entière et du degré n, il suffit évidemment d'ajouter au second membre de la formule (1) un terme complémentaire convenable, R_n, pour le rendre égal à $f(x + h)$; la question est d'obtenir une expression simple de R_n. Pour y parvenir, nous nous appuierons sur le lemme suivant.

125. *Lemme.* — Soit $F(z)$ une fonction de z qui s'annule pour deux valeurs, a et b, de z, et qui admet une dérivée finie et bien déterminée $F'(z)$ pour toutes les valeurs de z comprises entre a et b; il y a toujours au moins une valeur de z comprise dans le même intervalle, pour laquelle $F'(z)$ s'annule.

Puisque, pour toutes les valeurs de z comprises entre a et b, $F(z)$ a une dérivée finie et déterminée, elle est elle-même continue; si elle était constamment nulle, $F'(z)$ le serait aussi, et il y aurait une infinité de valeurs de z jouissant de la propriété énoncée. Supposons donc que, z variant dans l'intervalle a, b, $F(z)$ prenne des valeurs différentes de zéro, positives par exemple : il y aura forcément au moins une valeur z_1 de z, comprise entre a et b, pour laquelle $F(z)$ aura une valeur plus grande que pour les valeurs de z comprises entre $z_1 - \varepsilon$ et $z_1 + \varepsilon$, ε étant suffisamment petit; si donc h est compris entre o et ε, on aura

$$F(z_1 \pm h) < F(z_1),$$

$$\frac{F(z_1 + h) - F(z_1)}{h} < o, \qquad \frac{F(z_1 - h) - F(z_1)}{-h} > o.$$

Si nous faisons tendre h vers zéro, $\dfrac{F(z_1 + h) - F(z_1)}{h}$ tendra, d'après l'hypothèse, vers une limite déterminée qui sera $F'(z_1)$; en vertu de la seconde inégalité, cette limite sera négative ou nulle; de même $\dfrac{F(z_1 - h) - F(z_1)}{-h}$ aura aussi pour limite $F'(z_1)$; mais, d'après la dernière inégalité, cette limite doit être positive ou nulle : il faut donc que $F'(z_1)$ soit nul, et le théorème est démontré.

Cette démonstration, due à M. Bonnet, met hors de

doute un des points fondamentaux de l'Analyse; elle exige seulement que $F'(z)$ soit finie et déterminée sans qu'on ait à se préoccuper de sa continuité, ni même de son existence pour $z = a$ et $z = b$. Il faut d'ailleurs remarquer que la valeur z_1, dont l'existence a été établie, est distincte de a et de b.

126. Cela posé, représentons par $\dfrac{A\,h^{n+1}}{1.2\ldots n}$ le terme complémentaire R_n de la formule de Taylor; on aura

$$f(x + h) - f(x) - h f'(x) - \ldots$$
$$- \frac{h^n}{1.2\ldots n} f^n(x) - \frac{A\,h^{n+1}}{1.2\ldots n} = 0.$$

Nous poserons

$$x + h = X, \qquad \text{d'où} \qquad h = X - x,$$

et l'identité précédente deviendra

$$(2) \quad \begin{cases} f(X) - f(x) - \dfrac{X - x}{1} f'(x) - \ldots \\[2mm] - \dfrac{(X - x)^n}{1.2\ldots n} f^n(x) - \dfrac{A}{1.2\ldots n}(X - x)^{n+1} = 0, \end{cases}$$

Nous supposons que x et h et, par suite, X soient des quantités fixes données; A est alors un *nombre*, propre à vérifier l'identité (2). Soient, au contraire, z une quantité variable et $\varphi(z)$ une fonction définie de la manière suivante :

$$\varphi(z) = f(X) - f(z) - \frac{X - z}{1} f'(z) - \frac{(X - z)^2}{1.2} f''(z) - \ldots$$
$$- \frac{(X - z)^n}{1.2\ldots n} f^n(z) - \frac{A}{1.2\ldots n}(Z - z)^{n+1};$$

$\varphi(z)$ s'annule évidemment pour $z = X$; elle s'annule aussi pour $z = x$, car alors elle devient égale au premier membre de l'identité (2); nous pouvons essayer de lui appliquer le lemme du n° 125, et, pour cela, nous calculerons $\varphi'(z)$: on trouve

$$\varphi'(z) = -f'(z) - \left[\frac{X - z}{1} f''(z) - f'(z)\right]$$
$$- \left[\frac{(X - z)^2}{2} f'''(z) - \frac{X - z}{1} f''(z)\right] - \dots$$
$$- \left[\frac{(X - z)^n}{1 . 2 \dots n} f^{n+1}(z) - \frac{(X - z)^{n-1}}{1 . 2 \dots (n - 1)} f^n(z)\right]$$
$$+ \frac{(n + 1)A}{1 . 2 \dots n} (X - z)^n ;$$

tous les termes se détruisent à l'exception de deux, et il reste

$$\varphi'(z) = \frac{(X - z)^n}{1 . 2 \dots n} [(n + 1)A - f^{n+1}(z)].$$

Si $f^{n+1}(z)$ est fini et déterminé pour les valeurs de z comprises entre x et X, il en sera de même pour $\varphi'(z)$, et, d'après ce que nous avons vu, $\varphi'(z)$ s'annulera pour une valeur z_1 comprise entre x et X ou $x + h$; cette valeur pourra être représentée par $x + \theta h$, θ étant une quantité inconnue *a priori*, mais comprise entre zéro et l'unité. Comme z_1 est différent de X, on aura

$$(n + 1)A - f^{n+1}(x + \theta h) = 0, \qquad A = \frac{1}{n + 1} f^{n+1}(x + \theta h)$$

et, par suite,

$$(3) \qquad R_n = \frac{h^{n+1}}{1 . 2 \dots (n + 1)} f^{n+1}(x + \theta h),$$

$$(4) \quad \left\{ \begin{aligned} &f(x + h) \\ &= f(x) + \frac{h}{1} f'(x) + \frac{h^2}{1 . 2} f''(x) + \dots \\ &+ \frac{h^n}{1 . 2 \dots n} f^n(x) + \frac{h^{n+1}}{1 . 2 \dots (n + 1)} f^{n+1}(x + \theta h). \end{aligned} \right.$$

C'est Lagrange qui a mis sous la forme (3) le terme complémentaire ou reste de la formule de Taylor; h peut être positif ou négatif; à l'égard de la fonction $f(z)$, on s'inquiétera seulement de savoir si sa dérivée $n + 1^{\text{ième}}$ est finie et déterminée dans l'intervalle de x à $x + h$;

il en résultera d'ailleurs que $f(z)$ et ses n premières dérivées seront finies et continues.

AUTRES FORMES DU RESTE.

127. On peut déduire du résultat précédent une seconde expression du terme complémentaire R_n qu'il est quelquefois utile de considérer. Si nous arrêtons le développement de $f(x + h)$ au $n^{\text{ième}}$ terme, nous aurons, comme dans la formule (4),

$$f(x + h) = f(x) + h f'(x) + \ldots$$
$$+ \frac{h^{n-1}}{1.2\ldots(n-1)} f^{n-1}(x) + \frac{h^n}{1.2\ldots n} f^n(x + \theta h),$$

θ étant toujours compris entre 0 et 1, mais n'ayant plus la même valeur que lorsqu'on prend $n + 1$ termes de la suite. Ajoutons et retranchons dans le second membre $\frac{h^n}{1.2\ldots n} f^n(x)$; nous aurons les $n + 1$ premiers termes de la formule de Taylor, et le terme complémentaire sera

$$(5) \qquad R_n = \frac{h^n}{1.2\ldots n} [f^n(x + \theta h) - f^n(x)];$$

cette expression suppose seulement que $f^n(z)$ soit finie et bien déterminée quand z varie de x à $x + h$; mais $f^{n+1}(z)$ n'est plus assujetti à aucune condition.

Nous pourrons obtenir plusieurs expressions de R_n en suivant mot à mot la méthode du n° **126**, sauf une légère modification au point de départ : elle consiste à écrire R_n sous la forme $\frac{B h^p}{1.2\ldots n}$, B étant un nombre à déterminer, p l'un des entiers $1, 2, 3, \ldots, n + 1$ choisi arbitrairement. Au lieu de l'identité (2), nous aurons

$$(2\,bis) \quad \left\{ \begin{aligned} &f(X) - f(x) - (X - x)f'(x) - \ldots \\ &- \frac{(X - x)^n}{1.2\ldots n} f^n(x) - \frac{B(X - x)^p}{1.2\ldots n} = 0, \end{aligned} \right.$$

La fonction de la variable z que nous introduirons sera

$$\psi(z) = f(\mathrm{X}) - f(z) - \frac{\mathrm{X}-z}{1} f'(z) - \dots$$

$$- \frac{(\mathrm{X}-z)^n}{1.2\dots n} f^n(z) - \mathrm{B}\frac{(\mathrm{X}-z)^p}{1.2\dots n};$$

elle s'annule pour $z = x$ et pour $z = \mathrm{X}$; sa dérivée, qui se réduit à

$$\frac{(\mathrm{X}-z)^{p-1}}{1.2\dots n}[p\,\mathrm{B} - (\mathrm{X}-z)^{n-p+1} f^{n+1}(z)] = \psi'(z),$$

s'annulera pour une valeur de z que nous pourrons encore représenter par $x + \theta h$, θ étant toujours compris entre 0 et 1, mais n'ayant pas la même valeur que dans les résultats précédents; on aura donc

$$p\,\mathrm{B} = [x + h - (x + \theta h)]^{n-p+1} f^{n+1}(x + \theta h)$$
$$= (1 - \theta)^{n-p+1} h^{n-p+1} f^{n+1}(x + \theta h)$$

et enfin

$$(6) \qquad \mathrm{R}_n = \frac{h^{n+1}}{1.2\dots n.p}(1-\theta)^{n-p+1} f^{n+1}(x + \theta h).$$

On aura diverses expressions de R_n suivant la valeur qu'on aura prise pour p : si l'on fait $p = n + 1$, on retrouve l'expression (3), donnée par Lagrange; pour $p = 1$, on obtient une formule due à Cauchy :

$$(7) \qquad \mathrm{R}_n = \frac{h^{n+1}}{1.2.3\dots n}(1-\theta)^n f^{n+1}(x + \theta h). \quad (*)$$

REMARQUES SUR LA SÉRIE DE TAYLOR.

128. Quand $f(x)$ ne désigne pas une fonction entière de x, on peut prolonger indéfiniment la suite de Taylor, qui devient une série; pour que cette série ait pour somme $f(x + h)$, la condition nécessaire et suffisante est évidemment que R_n tende vers zéro pour n infini; cette circonstance entraîne la convergence de la série de

---

$(*)$ Cette élégante méthode de démonstration est due à M. Rouché.

Taylor; le terme complémentaire R_n est alors le reste de la série.

Quand le $(n+1)^{\text{ième}}$ terme de la formule pour le développement de $f(x+h)$ n'est pas nul, on peut toujours prendre h assez petit pour que le terme considéré soit, en valeur absolue, plus grand que le terme complémentaire R_n : il suffit que l'on ait (3) en valeur absolue,

$$\frac{h^n}{1.2\ldots n}f^n(x) > \frac{h^{n+1}}{1.2\ldots(n+1)}f^{n+1}(x+\theta h);$$

d'où

$$h < \frac{(n+1)f^n(x)}{f^{n+1}(x+\theta h)};$$

il est possible de satisfaire à cette inégalité par une valeur finie de h si $f^n(x)$ est différent de zéro, et $f^{n+1}(z)$ fini dans l'intervalle x à $x+h$.

On voit même que le rapport de R_n au terme en h^n où l'on arrête la série tend vers zéro avec h.

SÉRIE DE MACLAURIN.

129. Si l'on fait $x = 0$ dans l'équation (4), et dans celles qu'on obtiendrait en substituant les expressions (5) et (7) de R_n, et si l'on remplace ensuite la lettre h par la lettre x, on obtiendra les formules

$$(8)\begin{cases} f(x) = f(0) + xf'(0) + \dfrac{x^2}{1.2}f''(0) + \ldots \\[2mm] \qquad + \dfrac{x^n}{1.2.3\ldots n}f^{(n)}(0) + \dfrac{x^{n+1}}{1.2.3\ldots(n+1)}f^{(n+1)}(\theta x), \\[4mm] f(x) = f(0) + xf'(0) + \dfrac{x^2}{1.2}f''(0) + \ldots \\[2mm] \qquad + \dfrac{x^n}{1.2.3\ldots n}f^{(n)}(0) + \dfrac{x^n}{1.2.3\ldots n}[f^{(n)}(\theta x) - f^{(n)}(0)], \\[4mm] f(x) = f(0) + xf'(0) + \dfrac{x^2}{1.2}f''(0) + \ldots \\[2mm] \qquad + \dfrac{x^n}{1.2.3\ldots n}f^{(n)}(0) + \dfrac{x^{n+1}(1-\theta)^n}{1.2.3\ldots n}f^{(n+1)}(\theta x). \end{cases}$$

On développe ainsi une fonction quelconque de x en une suite de termes ordonnés suivant les puissances entières et ascendantes de x, pourvu que la fonction dérivée de l'ordre $n+1$ ou celle de l'ordre n de $f(x')$ reste finie et déterminée pour les valeurs de la variable x' comprises entre o et x.

Si, lorsque n croît indéfiniment, l'une des expressions

$$\frac{x^{n+1}}{1.2.3..(n+1)} f^{(n+1)}(\theta x), \quad \frac{x^n}{1.2.3...n}\left[f^{(n)}(\theta x) - f^n(o)\right]$$

ou

$$\frac{x^{n+1}(1-\theta)^n}{1.2\ 3...n} f^{(n+1)}(\theta x)$$

tend vers o, du moins lorsque x est au-dessous d'une certaine limite, la série

$$f(o) + xf'(o) + \frac{x^2}{1.2} f''(o) + \frac{x^3}{1.2.3} f'''(o) + \ldots$$

indéfiniment prolongée sera convergente, et, en outre, aura pour somme $f(x)$. On a dans ce cas

$$f(x) = f(o) + xf'(o) + \frac{x^2}{1.2} f''(o) + \frac{x^3}{1.2.3} f'''(o) + \ldots$$

Cette dernière formule est celle de *Maclaurin*. Si elle était démontrée avant la formule de Taylor, on pourrait en déduire celle-ci, en considérant $f(x+h)$ comme une fonction de h à développer suivant les puissances de h par l'une des formules (10).

REMARQUES SUR LA FORMULE DE MACLAURIN.

130. La fonction $f(x)$ ne peut pas être développée suivant les puissances de x par la formule de Maclaurin, quand cette fonction ou l'une de ses dérivées devient infinie ou discontinue pour $x = o$. Mais on peut alors la développer suivant les puissances de $x - a$, en changeant dans la formule de Taylor (6) x en a et h en $x - a$, ce

qui donne

$$
(9) \quad
\begin{cases}
f(x) = f(a) + (x-a)f'(a) \\
\quad + \dfrac{(x-a)^2}{1.2} f''(a) + \ldots + \dfrac{(x-a)^n}{1.2.3\ldots n} f^{(n)}(a) \\
\quad + \dfrac{(x-a)^{n+1}}{1.2.3\ldots(n+1)} f^{(n+1)}[a + \theta(x-a)].
\end{cases}
$$

La seule condition à laquelle la valeur a soit assujettie est que $f^{(n+1)}(z)$ reste finie et déterminée pour toutes les valeurs de z depuis a jusqu'à x; la série sera d'autant plus convergente que la différence $x-a$ sera plus petite.

131. La fonction $f(x)$ ne peut être développée en une série convergente procédant suivant les puissances entières et ascendantes de x autrement que par la formule de Maclaurin; car supposons cet autre développement en série convergente,

$$
f(x) = A + Bx + Cx^2 + Dx^3 + \ldots,
$$

on en conclut

$$
[A - f(o)] + [B - f'(o)]x + \left[C - \frac{f''(o)}{1.2}\right]x^2 + \ldots = o.
$$

En faisant $x = o$, l'égalité précédente se réduira à $A = f(o)$. Divisant par x et faisant de nouveau $x = o$, on aura $B = f'(o)$. On obtiendra de même $C = \dfrac{f''(o)}{1.2}$, et ainsi de suite.

De même la formule de Taylor donne le seul développement possible de $f(x+h)$ suivant les puissances entières de h.

132. Il ne faut pas croire que la série indéfinie de Maclaurin, quand elle est convergente, ait toujours pour somme $f(x)$; la somme de ses termes peut converger vers une limite différente de $f(x)$. Par exemple, la fonction $e^{-\frac{1}{x^2}}$ devient nulle ainsi que toutes ses dérivées pour $x = o$; tous les termes de la série de Maclaurin

appliquée à cette fonction sont donc nuls, et cependant la fonction n'est pas nulle. Si $\varphi(x)$ est une fonction développable par la formule de Maclaurin, et qu'on pose

$$f(x) = \varphi(x) + e^{-\frac{1}{x^2}},$$

la fonction $f(x)$, développée par la même formule, donnera lieu à une série convergente, mais qui aura pour somme $\varphi(x)$ et non pas la fonction développée $f(x)$.

L'égalité d'une fonction $f(x)$ à la série de Maclaurin prolongée à l'infini n'a lieu que dans le cas où le reste qu'il faut ajouter à la somme d'un nombre quelconque de termes de cette série, pour avoir la valeur exacte de $f(x)$, devient plus petit que toute quantité donnée quand le nombre des termes croît jusqu'à l'infini.

Les mêmes remarques s'appliquent à la série de Taylor.

AUTRE DÉMONSTRATION DE LA SÉRIE DE TAYLOR.

133. Soient m la plus petite et M la plus grande valeur de $f^{(n+1)}(x)$, lorsque x croît depuis x_0 jusqu'à X. Si $a + h$ est une quantité comprise entre x_0 et X, on aura

$$f^{(n+1)}(a + h) - m > 0.$$

Mais le premier membre de cette inégalité est la dérivée par rapport à h de la fonction

$$f^{(n)}(a + h) - f^{(n)}(a) - hm;$$

donc cette fonction croît avec h, et comme elle est nulle pour $h = 0$, on aura pour $h > 0$

$$f^{(n)}(a + h) - f^{(n)}(a) - hm > 0.$$

Maintenant le premier membre de cette nouvelle inégalité est la dérivée par rapport à h de la fonction

$$f^{(n-1)}(a + h) - f^{(n-1)}(a) - hf^{(n)}(a) - \frac{h^2 m}{1 \cdot 2};$$

donc cette dernière fonction est croissante avec a, et comme elle s'annule en même temps que h, on aura pour $h > 0$

$$f^{(n-1)}(a+h) - f^{(n-1)}(a) - hf^{(n)}(a) - \frac{h^2 m}{1.2} > 0.$$

On aura de même

$$f^{(n-2)}(a+h) - f^{(n-2)}(a) - hf^{(n-1)}(a) - \frac{h^2}{1.2}f^{(n)}(a) - \frac{h^3 m}{1.2.3} > 0,$$

$$f^{(n-3)}(a+h) - f^{(n-3)}(a) - hf^{(n-2)}(a) - \ldots - \frac{h^4 m}{1.2.3.4} > 0,$$

$$\ldots\ldots\ldots\ldots\ldots\ldots\ldots\ldots\ldots\ldots\ldots\ldots\ldots\ldots\ldots$$

et enfin

$$(1) \quad \begin{cases} f(a+h) - f(a) - hf'(a) - \dfrac{h^2}{1.2}f''(a) - \ldots \\[2mm] \qquad - \dfrac{h^n}{1.2\ldots n}f^{(n)}(a) - \dfrac{h^{n+1}}{1.2\ldots(n+1)}m > 0. \end{cases}$$

On trouvera de même

$$(2) \quad \begin{cases} f(a+h) - f(a) - hf'(a) - \dfrac{h^2}{1.2}f''(a) - \ldots \\[2mm] \qquad - \dfrac{h^n}{1.2\ldots n}f^{(n)}(a) - \dfrac{h^{n+1}}{1.2\ldots(n+1)}M < 0. \end{cases}$$

On conclut de ces deux inégalités

$$f(a+h) = f(a) + hf'(a) + \frac{h^2}{1.2}f''(a) + \ldots$$

$$+ \frac{h^n}{1.2\ldots n}f^{(n)}(a) + R;$$

R est une quantité comprise entre $\dfrac{h^{n+1}}{1.2\ldots(n+1)}\,m$ et $\dfrac{h^{n+1}}{1.2\ldots(n+1)}\,M$; par conséquent on peut la représenter par $\dfrac{h^{n+1}}{1.2\ldots(n+1)}f^{(n+1)}(a+\theta h)$, si $f^{(n+1)}(x)$ reste finie et continue pour toutes les valeurs de x com prises entre x_0 et X. On aura donc

$$f(a + h) = f(a) + hf'(a) + \frac{h^2}{1\,.\,2} f''(a) + \ldots$$

$$+ \frac{h^n}{1\,.\,2\ldots n} f^{(n)}(a) + \frac{h^{n+1}}{1\,.\,2\ldots(n+1)} f^{(n+1)}(a + \theta h),$$

ce qui est bien la formule de Taylor, accompagnée de son terme complémentaire.

On a supposé jusqu'ici l'accroissement h positif. Lorsque cet accroissement est négatif, il n'y a de changé dans la démonstration précédente que le sens des inégalités (1) et (2).

DIXIÈME LEÇON.

APPLICATIONS DE LA SÉRIE DE MACLAURIN.

Développement des fonctions exponentielles. — Développement de sin x et de cos x. — Formule du binôme pour un exposant quelconque. — Développement de log $(1 + x)$. — Formules pour le calcul des logarithmes. — Des logarithmes considérés comme limites de fonctions algébriques.

DÉVELOPPEMENT DES FONCTIONS EXPONENTIELLES.

134. Soit d'abord

$$f(x) = e^x.$$

Les fonctions dérivées sont toutes égales à e^x, et l'on a

$$f(0) = 1, \quad f'(0) = 1, \ldots, \quad f^{(n+1)}(\theta x) = e^{\theta x};$$

d'où

$$e^x = 1 + \frac{x}{1} + \frac{x^2}{1.2} + \frac{x^3}{1.2.3} + \ldots + \frac{x^n}{1.2.3\ldots n}$$
$$+ \frac{x^{n+1} e^{\theta x}}{1.2.3\ldots(n+1)}.$$

Le reste $\dfrac{x^{n+1} e^{\theta x}}{1.2.3\ldots(n+1)}$ tend vers zéro à mesure que n augmente, quel que soit x, car on peut écrire

$$\frac{x^{n+1}}{1.2.3\ldots(n+1)} = \frac{x}{1}\frac{x}{2}\ldots\frac{x}{i} \times \left(\frac{x}{i+1}.\frac{x}{i+2}\ldots\frac{x}{n+1}\right).$$

Si l'on prend un nombre déterminé $k < 1$, on arrivera nécessairement à un facteur $\dfrac{x}{i+1} < k$; comme les facteurs vont en décroissant, le produit $\dfrac{x}{i+1}.\dfrac{x}{i+2}\ldots\dfrac{x}{n+1}$ sera plus petit qu'une puissance de k marquée par le nombre de ces facteurs, c'est-à-dire plus petit que k^{n+1-i}, et par conséquent aussi petit qu'on voudra, en prenant n assez grand; donc le produit $\frac{x}{1}.\frac{x}{2}\ldots\frac{x}{n+1}$, et par suite le reste $\frac{x^{n+1}e^{\theta x}}{1.2.3\ldots(n+1)}$ (puisque $e^{\theta x}$ reste fini), peut devenir plus petit que toute quantité donnée; d'où l'on conclut que la série $1+\frac{x}{1}+\frac{x^2}{1.2}+\ldots$ est convergente, et qu'elle a pour somme e^x.

135. On tire de là le développement de a^x. En effet, si l'on observe que $a=e^{la}$, d'où $a^x=e^{xla}$, on obtient, en changeant, dans le développement de e^x, x en xla, et en remplaçant $e^{\theta xla}$ par $a^{\theta x}$,

$$a^x = 1 + \frac{xla}{1} + \frac{x^2(la)^2}{1.2} + \frac{x^3(la)^3}{1.2.3} + \ldots + \frac{x^n(la)^n}{1.2\ldots}$$
$$+ \frac{x^{n+1}(la)^{n+1}}{1.2.3\ldots(n+1)}a^{\theta x},$$

résultat qu'on aurait pu obtenir directement.

DÉVELOPPEMENT DE $\sin x$ ET DE $\cos x$.

136. Soit
$$f(x) = \sin x,$$
on aura, en appelant n un nombre *pair* quelconque,
$$f'(x) = \cos x, \qquad f''(x) = -\sin x, \qquad f'''(x) = -\cos x,$$
$$f^{iv}(x) = \sin x, \ldots, \quad f^{(n)}(x) = \mp \sin x, \quad f^{(n+1)}(x) = \mp \cos x;$$
d'où
$$f(0) = 0, \quad f'(0) = 1, \quad f''(0) = 0, \quad f'''(0) = -1, \ldots,$$
$$f^{(n)}(0) = 0, \quad f^{(n+1)}(\theta x) = \mp \cos(\theta x).$$

Il faudra prendre $+\cos(\theta x)$ ou $-\cos(\theta x)$, suivant que $n + 1$ sera de la forme $4p + 1$ ou $4p + 3$. On aura donc

$$\sin x = x - \frac{x^3}{1.2.3} + \frac{x^5}{1.2.3\ 4.5} \ldots$$
$$\pm \frac{x^{n-1}}{1.2\ldots(n+1)} \mp \frac{x^{n+1}}{1.2\ldots(n+i)} \cos(\theta x).$$

Comme $\cos(\theta x)$ est moindre que l'unité et qu'on peut toujours prendre n assez grand (n° 134) pour que $\dfrac{x^{n+1}}{1.2\ldots(n+1)}$ devienne plus petit que toute quantité donnée, la série

$$x - \frac{x^3}{1.2.3} + \frac{x^5}{1.2.3.4.5} - \ldots$$

est convergente quel que soit x et a pour somme $\sin x$.

Lorsque l'on aura $x > \dfrac{\pi}{2}$, le signe de $\cos(\theta x)$ dépendra de la valeur de θ, et l'on ne pourra pas, en général, savoir le sens de l'erreur commise, lorsqu'on s'arrêtera à un terme d'un rang déterminé. Mais si, comme il arrive ordinairement, x est $< \dfrac{\pi}{2}$, $\cos(\theta x)$ sera toujours positif, et l'erreur commise sera alternativement en plus ou en moins.

137. Soit maintenant

$$f(x) = \cos x;$$

on aura, en appelant n un nombre impair quelconque,

$$f'(x) = -\sin x, \qquad f''(x) = -\cos x;$$
$$f'''(x) = \sin x, \qquad f^{\text{iv}}(x) = \cos x, \ldots,$$
$$f^{(n)}(x) = \mp \sin x, \qquad f^{(n+1)}(\theta x) = \mp \cos(\theta x);$$

d'où

$$\cos x = 1 - \frac{x^2}{1.2} + \frac{x^4}{1.2.3.4} - \ldots$$
$$\pm \frac{x^{n-1}}{1.2\ 3\ldots(n-1)} \mp \frac{x^{n+1}}{1.2.3\ldots(n+1)} \cos(\theta x).$$

d'après ce que l'on a déjà démontré (134), on peut donc écrire, quel que soit x,

$$\cos x = 1 - \frac{x^2}{1.2} + \frac{x^4}{1.2.3.4} - \frac{x^6}{1.2.3.4.5.6} + \ldots$$

FORMULE DU BINÔME POUR UN EXPOSANT QUELCONQUE.

138. Proposons-nous de développer $(a + b)^m$, m étant quelconque. On a, en posant $\frac{b}{a} = x$,

$$(a + b)^m = [a(1 + x)]^m = a^m(1 + x)^m.$$

La question étant ramenée à développer $(1 + x)^m$, soit

$$f(x) = (1 + x)^m;$$

on aura

$$f'(x) = m(1 + x)^{m-1}, \quad f''(x) = m(m-1)(1 + x)^{m-2}, \ldots,$$
$$f^{(n)}(x) = m(m-1)\ldots(m-n+1)(1 + x)^{m-n},$$
$$f^{(n+1)}(\theta x) = m(m-1)\ldots(m-n)(1 + \theta x)^{m-n-1}\ldots,$$

et, par suite,

$$(1 + x)^m = 1 + mx + \frac{m(m-1)}{1.2}x^2 + \ldots$$
$$+ \frac{m(m-1)\ldots(m-n+1)}{1.2.3.\ldots n}x^n$$
$$+ \frac{m(m-1)\ldots(m-n)}{1.2.3.\ldots(n+1)}x^{n+1}(1 + \theta x)^{m-n-1}.$$

139. Supposons d'abord que l'on ait $x > 1$, en valeur absolue; je dis que, dans ce cas, la série sera divergente. En effet, on a pour l'expression de deux termes consécutifs :

$$u_{p+1} = \frac{m(m-1)\ldots(m-p+1)}{1.2.3\ldots p}x^p,$$
$$u_p = \frac{m(m-1)\ldots(m-p+2)}{1.2.3\ldots(p-1)}x^{p-1};$$

par suite,

$$\frac{u_{p+1}}{u_p} = \left(\frac{m+1}{p} - 1\right)x.$$

Comme ce rapport, à mesure que p augmente, tend vers $-x$, et que x est plus grand que 1, il s'ensuit que la série est divergente.

140. Quand au contraire x est moindre que 1, en valeur absolue, la série est convergente et a pour somme $(1+x)^m$.

Supposons d'abord x positif, on aura

$$R = \frac{m(m-1)\ldots(m-n)\,x^{n+1}}{1.2.3\ldots(n+1)} \times \left(\frac{1}{1+\theta x}\right)^{n+1-m}.$$

Le premier facteur peut se mettre sous la forme

$$\frac{m(m-1)\ldots(m-i+1)\,x^i}{1.2.3\ldots i}$$

$$\times \left(\frac{m-i}{i+1}x . \frac{m-i-1}{i+2}x \ldots \frac{m-n}{n+1}x\right).$$

Les facteurs de la dernière ligne convergent vers $-x$ en prenant i assez grand, et si k est un nombre positif moindre que 1, mais plus grand que x, on peut supposer i assez grand pour que chacun de ces facteurs soit moindre que k, abstraction faite du signe. Leur produit sera donc moindre que k^{n+1-i}, et par conséquent aussi petit qu'on voudra, si n croît. Donc le produit total $\dfrac{m(m-1)\ldots(m-n)}{1.2.3\ldots(n+1)}x^{n+1}$ sera aussi petit qu'on voudra en faisant croître n.

Quant au facteur $\left(\dfrac{1}{1+\theta x}\right)^{n+1-m}$, comme son exposant finit par être positif, il tend aussi vers 0, à moins toutefois que θ, qui dépend de n, ne s'approche aussi indéfiniment de 0. Mais, dans tous les cas, ce facteur reste moindre que l'unité. Par conséquent, le reste R tend vers 0, quand n croît. Donc la série représente $(1+x)^m$ pour toute valeur positive de x plus petite que 1. Comme d'ailleurs le reste change de signe quand n augmente d'une unité, les sommes successives de la série seront alternativement plus petites et plus grandes que $(1+x)^m$.

141. Si la valeur de x est négative, rien ne prouve que le facteur $\left(\dfrac{1}{1+\theta x}\right)^{n+1-m}$ ne croîtra pas indéfiniment, et même il devra croître, à moins que θ ne tende vers o. Il faut alors recourir à la seconde forme du reste (127),

$$R = \frac{m(m-1)\ldots(m-n)}{1.2.3\ldots n}\,x^{n+1}(1-\theta)^n(1+\theta x)^{m-n-1};$$

on a donc, en valeur absolue, si l'on pose $x = -z$,

$$R = \frac{m(m-1)\ldots(m-n)}{1.2.3\ldots n}\,z^{n+1}(1-\theta)^n\cdot\frac{(1-\theta z)^{m-1}}{(1-\theta z)^n},$$

ou

$$R = \frac{m(m-1)\ldots(m-n)}{1.2.3\ldots n}\,z^{n+1}\cdot\left(\frac{1-\theta}{1-\theta z}\right)^n\cdot(1-\theta z)^{m-1}.$$

Le premier facteur tend encore vers o, quand n augmente (140).

D'un autre côté, comme on a $\dfrac{1-\theta}{1-\theta z} < 1$, $\left(\dfrac{1-\theta}{1-\theta z}\right)^n$ peut devenir plus petit que toute quantité déterminée, à moins que θ ne tende vers o, et dans ce cas même ce facteur est toujours plus petit que 1.

D'ailleurs $(1-\theta z)^{m-1}$ est < 1 si $m-1$ est positif, et $< \dfrac{1}{(1-z)^{1-m}}$ si $m-1$ est négatif: c'est donc, dans tous les cas, une quantité finie. Donc R peut devenir moindre que toute quantité donnée, si n est assez grand.

En résumé, si x tombe entre -1 et $+1$, on a, quel que soit m,

$$(1+x)^m = 1 + mx + \frac{m(m-1)}{1.2}x^2 + \frac{m(m-1)(m-2)}{1.2.3}x^3 + \ldots.$$

DÉVELOPPEMENT DE $\log(1+x)$.

142. Soit
$$f(x) = l(1+x).$$

(On ne cherche pas à développer lx parce que $x = 0$ rend infinies cette fonction et ses dérivées.)
On aura

$$f'(x) = (1+x)^{-1}, \quad f''(x) = -1(1+x)^{-2}, \quad f'''(x) = 1.2(1+x)^{-3}\ldots,$$
$$f^{(n)}(x) = \pm 1.2\ldots(n-1)(1+x)^{-n},$$
$$f^{(n+1)}(\theta x) = \mp 1.2.3\ldots n(1+\theta x)^{-n-1},$$

donc

$$l(1+x) = x - \frac{x^2}{2} + \frac{x^3}{3} - \frac{x^4}{4} + \cdots \pm \frac{x^n}{n} \mp \frac{x^{n+1}}{n+1} \times \frac{1}{(1+\theta x)^{n+1}}.$$

Le rapport d'un terme au précédent est en valeur absolue $\dfrac{p}{p+1} x$, et converge vers x quand p augmente. Donc (52) la série est divergente lorsque la valeur absolue de x est supérieure à 1.

Supposons maintenant qu'on ait, en valeur absolue, x moindre que 1. Dans ce cas la série est toujours convergente, et nous allons démontrer qu'elle a pour somme $l(1+x)$.

1° Soit d'abord x positif; on a

$$R = \frac{1}{n+1}\left(\frac{x}{1+\theta x}\right)^{n+1}.$$

$\dfrac{x}{1+\theta x}$ est une fraction proprement dite; sa puissance $(n+1)^{ième}$ pourra devenir plus petite que toute quantité donnée; et il en sera de même de R, à fortiori.

2° Soit maintenant x négatif. Posons $x = -z$. On aura, abstraction faite du signe,

$$R = \frac{1}{n+1}\frac{z^{n+1}}{(1-\theta z)^{n+1}} = \frac{1}{n+1}\left(\frac{z}{1-\theta z}\right)^{n+1}.$$

Mais, sous cette forme, on ne voit pas que le reste tende vers o; prenons donc l'autre forme de R (127),

$$R = \frac{x^{n+1}(1-\theta)^n}{1.2.3\ldots n} f^{(n+1)}(\theta x) = x^{n+1}(1-\theta)^n \times \frac{1}{(1+\theta x)^{n+1}},$$

on aura

$$R = \left(\frac{z-\theta z}{1-\theta z}\right)^n \times \frac{z}{1-\theta z}.$$

Or on a $\dfrac{z-\theta z}{1-\theta z} < z < 1$. Donc $\left(\dfrac{z-\theta z}{1-\theta z}\right)^n$, et par suite $\left(\dfrac{z-\theta z}{1-\theta z}\right)^n \times \dfrac{z}{1-\theta z}$, peut devenir plus petit que toute quantité donnée.

Ainsi, lorsque x tombe entre $+1$ et -1, on a

$$(1) \qquad l(1+x) = x - \frac{x^2}{2} + \frac{x^3}{3} - \frac{x^4}{4} + \ldots.$$

FORMULES POUR LE CALCUL DES LOGARITHMES.

143. On tire de la série (1) des formules très-commodes pour calculer les logarithmes népériens des nombres.

En posant $x = \dfrac{h}{y}$, on a

$$l(1+x) = l\left(1+\frac{h}{y}\right) = l(y+h) - ly;$$

d'où

$$l(y+h) - ly = \frac{h}{y} - \frac{1}{2}\left(\frac{h}{y}\right)^2 + \frac{1}{3}\left(\frac{h}{y}\right)^3 - \ldots.$$

Si $h = 1$, on aura

$$l(y+1) - ly = \frac{1}{y} - \frac{1}{2y^2} + \frac{1}{3y^3} - \ldots,$$

formule qui donne $l(y+1)$ au moyen de ly, et d'une série qui est très-convergente lorsque y est un nombre très-grand.

Cependant on peut encore obtenir une série plus commode. On a, en changeant x en $-x$ dans la formule (1),

$$(2) \qquad l(1-x) = -x' - \frac{x^2}{2} - \frac{x^3}{3} - \frac{x^4}{4} - \cdots;$$

donc

$$l(1+x) - l(1-x) = l\left(\frac{1+x}{1-x}\right) = 2\left(x + \frac{x^3}{3} + \frac{x^5}{5} + \cdots\right).$$

Posons $\dfrac{1+x}{1-x} = 1 + \dfrac{h}{y}$; on en tire $x = \dfrac{h}{2y+h}$, et comme

$$l\left(1 + \frac{h}{y}\right) = l(y+h) - ly,$$

on aura

$$(3) \; l(y+h) - ly = 2\left[\frac{h}{2y+h} + \frac{1}{3}\frac{h^3}{(2y+h)^3} + \cdots\right].$$

Cette série donne le moyen de calculer $l.10$. On fait d'abord $y = 1$, $h = 1$, et l'on a

$$l.2 = 2\left(\frac{1}{3} + \frac{1}{3.3^3} + \frac{1}{5.3^5} + \cdots\right),$$

puis

$$l.4 = 2l.2, \quad l.5 = l.4 + 2\left(\frac{1}{9} + \frac{1}{3.9^3} + \cdots\right),$$

$$l.10 = l.2 + l.5 = 2,3025818,$$

et, par suite, le module du système décimal

$$\frac{1}{l.10} = 0,434294482 = \log \text{tab. } e.$$

144. Posons

$$y = x^4 - 25x^2 \quad \text{et} \quad y + h = x^4 - 25x^2 + 144,$$

ou

$$y = x^2(x+5)(x-5),$$

$$y + h = (x+4)(x-4)(x+3)(x-3).$$

En substituant ces valeurs dans la formule (3), on a

$$l(x+4)+l(x-4)+l(x+3)+l(x-3)-2lx-l(x+5)-l(x-5)$$
$$= 2\left[\frac{72}{x^4-25x^2+72} + \frac{1}{3}\left(\frac{72}{x^4-25x^2+72}\right)^3\right.$$
$$\left. + \frac{1}{5}\left(\frac{72}{x^4-25x^2+72}\right)^5 + \ldots\right].$$

Lorsque la valeur de x est très-grande, le second membre de cette égalité est très-petit. En effet, si par exemple x est supérieure à 1000, le terme $\dfrac{72}{x^4-25x^2+72}$ sera plus petit que $\dfrac{1}{10^{10}}$, car

$$\frac{72}{x^4-25x^2+72} < \frac{72}{x^2(x^2-25)} < \frac{72}{10^6(10^6-25)} < \frac{1}{10^{10}} \cdot \frac{72}{10^7 - \frac{25}{10^4}}.$$

Les autres termes de la série seront beaucoup plus petits et décroîtront même très-rapidement; par conséquent, si l'on avait $x = 1000$, ou un nombre supérieur, on pourrait, avec une erreur moindre que $\dfrac{1}{10^{10}}$, poser

$$l(x+4)+l(x-4)+l(x+3)+l(x-3)$$
$$-2lx-l(x+5)-l(x-5)=0,$$

formule qui donnerait l'un quelconque de ces logarithmes lorsque les autres seraient connus. Il est facile d'obtenir une multitude de formules de cette espèce.

145. Lorsque deux nombres dépassent une certaine limite assez grande, telle que 10000, leur différence, pourvu qu'elle soit suffisamment petite, qu'elle ne surpasse pas 1 par exemple, est sensiblement proportionnelle à la différence de leurs logarithmes.

En effet, comme, en s'arrêtant au premier terme, dans la série de Taylor, on a

$$l(1+x) = \frac{x}{1+\theta x},$$

on aura, si $x = \dfrac{h}{y}$,

$$l(y + h) - ly = \frac{h}{y + \theta h};$$

si $h = 1$,

$$l(y + 1) - ly = \frac{1}{y + \theta'};$$

donc

$$\frac{l(y + h) - ly}{l(y + 1) - ly} = h\frac{y + \theta'}{y + \theta h}.$$

Comme il n'entre ici que des rapports de logarithmes, on peut écrire, dans un système quelconque,

$$\frac{\log(y + h) - \log y}{\log(y + 1) - \log y} = h\frac{y + \theta'}{y + \theta h},$$

puisque les logarithmes des mêmes nombres, pris dans deux systèmes différents, sont proportionnels (64).
Or

$$\frac{y + \theta'}{y + \theta h} < \frac{y + 1}{y}, \quad \text{ou} \quad < 1 + \frac{1}{y},$$

de même

$$\frac{y + \theta'}{y + \theta h} > \frac{y}{y + 1}, \quad \text{ou} \quad > 1 - \frac{1}{y + 1}.$$

Donc

$$\frac{y + \theta'}{y + \theta h} = 1 \pm \omega,$$

ω étant plus petit que $\dfrac{1}{y}$; par suite,

$$\frac{\log(y + h) - \log y}{\log(y + 1) - \log y} = h(1 \pm \omega)$$

donc

$$\log(y + h) - \log y = [\log(y + 1) - \log y]h$$
$$\pm \omega h[\log(y + 1) - \log y].$$

Donc si l'on pose

$$\log(y + h) - \log y = [\log(y + 1) - \log y]h,$$

l'erreur commise E sera

$$\omega h[\log(y+1)-\log y]=\omega h\log e\,[\mathrm{l}\,(y+1)-\mathrm{l}\,y],$$

ou, ce qui revient au même,

$$E=\omega h\log e\,\frac{1}{y+\theta'},$$

et comme on a

$$\omega<\frac{1}{y},\quad\frac{1}{y+\theta'}<\frac{1}{y},\quad\log e<\frac{1}{2}\,(*),\quad h<1,$$

on aura

$$E<\frac{1}{2\,y^2}<\frac{1}{2}\cdot\frac{1}{10^8}\quad\text{si }y\text{ est}>100000.$$

146. Réciproquement, on a

$$h=\frac{\log(y+h)-\log y}{\log(y+1)-\log y}=\frac{a}{b},$$

en négligeant la quantité $h\omega<\dfrac{1}{y}$. Si y est $>10\,000$, on

a donc h à $\dfrac{1}{10000}$ près. Mais il y a une autre erreur à

craindre, parce que a et b ne sont connus qu'à une unité

près. Alors h ne peut être obtenu qu'à $\dfrac{1}{100}$ près.

DES LOGARITHMES CONSIDÉRÉS COMME LIMITES D'EXPRESSIONS ALGÉBRIQUES.

147. Nous avons vu que $e=\lim\left(1+\dfrac{1}{\mu}\right)^{\mu}$ quand μ

devient infiniment grand. On peut démontrer que

$$e^x=\lim\left(1+\frac{x}{m}\right)^m$$

(*) Les logarithmes étant pris dans le système vulgaire.

quand m devient plus grand que toute quantité donnée. En effet, si l'on pose

$$\mu = \frac{m}{x}, \quad \text{on a} \quad \left(1 + \frac{x}{m}\right)^{\frac{m}{x}} = e + \alpha,$$

α étant une quantité qui s'évanouit quand m est infini. Donc

$$\left(1 + \frac{x}{m}\right)^{m} = (e + \alpha)^{x}.$$

Cette égalité a lieu quel que soit m; par suite, elle a encore lieu à la limite, quand $\alpha = 0$. Donc

$$(1) \qquad e^{x} = \lim \left(1 + \frac{x}{m}\right)^{m}.$$

On pourrait le démontrer directement, comme on a démontré que $e = \lim \left(1 + \frac{1}{m}\right)^{m}$.

148. Si l'on pose

$$e^{x} = y, \quad \text{d'où} \quad x = ly,$$

il s'ensuit que

$$y = \lim \left(1 + \frac{ly}{m}\right)^{m};$$

par conséquent,

$$\lim \sqrt[m]{y} = \lim \left(1 + \frac{ly}{m}\right) \quad \text{ou} \quad ly = \lim \left[m\left(\sqrt[m]{y} - 1\right)\right].$$

Il est d'ailleurs facile de le démontrer directement. Puisque $l(1 + x) = \frac{x}{1 + \theta x}$, si l'on pose

$$1 + x = \sqrt[m]{y}, \quad \text{d'où} \quad x = \sqrt[m]{y} - 1,$$

on a

$$l\left(\sqrt[m]{y}\right) = \frac{l\,y}{m} = \frac{\sqrt[m]{y} - 1}{1 + \theta\left(\sqrt[m]{y} - 1\right)};$$

donc

$$l\,y = \frac{m\left(\sqrt[m]{y} - 1\right)}{1 + \theta\left(\sqrt[m]{y} - 1\right)}.$$

Or, si m est très-grand, $\sqrt[m]{y} - 1$ est une fraction extrêmement petite, qui à la limite devient o; d'où l'on déduit encore

$$(2) \qquad l\,y = \lim\left[m\left(\sqrt[m]{y} - 1\right)\right] \text{ quand } m = \infty.$$

Cette formule pourrait servir à trouver approximativement le logarithme népérien d'un nombre, du moins en théorie. Pour rendre le calcul praticable, il faudrait prendre pour m une puissance de 2, et alors $\sqrt[m]{y}$ s'obtiendrait par des extractions successives de racines carrées.

149. La formule (2) conduit au développement de $l\,(1 + u)$ en série, car, si l'on pose

$$y = 1 + u,$$

on aura

$$m\left(\sqrt[m]{y} - 1\right) = m\left[(1 + u)^{\frac{1}{m}} - 1\right],$$

et si u est moindre que l'unité en valeur absolue, le second membre, développé par la formule du binôme, donnera

$$m\left[(1 + u)^{\frac{1}{m}} - 1\right] = u + \frac{\frac{1}{m} - 1}{1.2}u^2 + \frac{\left(\frac{1}{m} - 1\right)\left(\frac{1}{m} - 2\right)}{1.2.3}u^3 + \dots;$$

et, en supposant $m = \infty$,

$$l\,(1 + u) = u - \frac{u^2}{2} + \frac{u^3}{3} - \dots.$$

EXERCICES.

1. $\quad \arcsin x = x + \dfrac{1}{2} \cdot \dfrac{x^3}{3} + \dfrac{1.3}{2.4} \cdot \dfrac{x^5}{5} + \dfrac{1.3.5}{2.4.6} \cdot \dfrac{x^7}{7} + \ldots$

2. $\quad e^{ax} \cos nx = 1 + (a^2 + n^2)^{\frac{1}{2}} \cos \varphi \cdot \dfrac{x}{1} + (a^2 + n^2) \cos 2\varphi \cdot \dfrac{x^2}{1.2}$

$\quad + (a^2 + n^2)^{\frac{3}{2}} \cos 3\varphi \cdot \dfrac{x^3}{1.2.3} + (a^2 + n^2)^2 \cos 4\varphi \cdot \dfrac{x^4}{1.2.3.4} + \ldots$

Dans cet exemple $\varphi = \operatorname{arc\,tang} \dfrac{n}{a}$. On examinera les cas particuliers : $a = n = 1$; $a = \cos\theta$; $n = \sin\theta$; $a = \dfrac{1}{2}$, $n = \dfrac{\sqrt{3}}{2}$.

3. $\quad (\arcsin x)^2 = 2 \left(\dfrac{x^2}{2} + \dfrac{2}{3} \cdot \dfrac{x^4}{4} + \dfrac{2.4}{3.5} \cdot \dfrac{x^6}{6} + \dfrac{2.4.6}{3.5.7} \cdot \dfrac{x^8}{8} + \ldots \right)$.

ONZIÈME LEÇON.

FORMULE DE MOIVRE ET SES CONSÉQUENCES.

Généralités sur les expressions imaginaires. — Formule de Moivre. —
Développement du sinus et du cosinus d'un multiple d'un arc suivant les puissances du sinus et du cosinus de cet arc. — Développement d'une puissance d'un sinus ou d'un cosinus suivant les sinus et
les cosinus des multiples de l'arc. — Définition et propriétés de e^z,
$\sin z$, $\cos z$, quand z est imaginaire. — Définition de lz et de z^m. —
Dérivées des fonctions de variables imaginaires.

GÉNÉRALITÉS SUR LES EXPRESSIONS IMAGINAIRES.

150. La résolution des équations du second degré qui
n'ont pas de racines réelles conduit à des expressions que
l'on nomme *imaginaires*, et qui sont de la forme

$$a + b \sqrt{-1}.$$

On a trouvé de grands avantages à les introduire dans le
calcul, à les combiner par voie d'addition, de soustraction, etc., en opérant comme si $\sqrt{-1}$ était un facteur
réel dont le carré fût -1. On obtient pour résultat de
nouvelles expressions imaginaires, et il est utile de reconnaître les relations qui existent entre les quantités
réelles comprises dans les expressions données et dans
celles qui résultent de leur combinaison.

Une équation qui contient des imaginaires est la représentation symbolique de deux équations entre des quantités réelles. Ainsi, l'équation

$$a + b \sqrt{-1} = a' + b' \sqrt{-1}$$

comprend les deux suivantes :

$$a = a', \quad b = b'.$$

151. Toute expression imaginaire $a + b \sqrt{-1}$ peut

être mise sous la forme $r\left(\cos t + \sqrt{-1}\,\sin t\right)$. Il faut et il suffit, pour cela, que l'on ait

$$r = \sqrt{a^2 + b^2}, \qquad \cos t = \frac{a}{\sqrt{a^2 + b^2}} \quad \text{et} \quad \sin t = \frac{b}{\sqrt{a^2 + b^2}};$$

on a aussi

$$\tan g\, t = \frac{b}{a}.$$

La quantité r, que l'on prend toujours positive, est dite *le module* de l'expression imaginaire. Les valeurs de $\sin t$ et de $\cos t$ font connaître l'arc t ou l'*argument* : on le choisit ordinairement positif et plus petit que la circonférence.

FORMULE DE MOIVRE.

152. Le produit $\left(\cos x + \sqrt{-1}\,\sin x\right)$ multiplié par $\left(\cos y + \sqrt{-1}\,\sin y\right)$ a pour partie réelle

$$\cos x \cos y - \sin x \sin y \quad \text{ou} \quad \cos(x+y),$$

et pour coefficient de $\sqrt{-1}$,

$$\sin x \cos y + \sin y \cos x \quad \text{ou} \quad \sin(x+y).$$

Par conséquent,

$$\left(\cos x + \sqrt{-1}\,\sin x\right)\left(\cos y + \sqrt{-1}\,\sin y\right)$$
$$= \cos(x+y) + \sqrt{-1}\,\sin(x+y).$$

On conclut de là, quel que soit le nombre des facteurs,

$$\left(\cos x + \sqrt{-1}\,\sin x\right)\left(\cos y + \sqrt{-1}\,\sin y\right)\left(\cos z + \sqrt{-1}\,\sin z\right)\ldots$$
$$= \cos(x+y+z+\ldots) + \sqrt{-1}\,\sin(x+y+z+\ldots).$$

En supposant $x = y = z = \ldots$, on en déduit, m désignant un nombre entier et positif,

$$(1) \qquad \left(\cos x + \sqrt{-1}\,\sin x\right)^m = \cos mx + \sqrt{-1}\,\sin mx.$$

Cette formule, appelée *formule de Moivre*, est encore vraie lorsque m est un nombre fractionnaire, positif ou négatif.

DÉVELOPPEMENT DU SINUS ET DU COSINUS D'UN MULTIPLE D'UN ARC SUIVANT LES PUISSANCES DU SINUS ET DU COSINUS DE CET ARC.

153. Si l'on développe la formule (1) et que l'on égale, de part et d'autre, les parties réelles et les parties imaginaires, il vient

$$(2) \quad \left\{ \begin{aligned} \cos mx &= \cos^m x - \frac{m(m-1)}{1.2} \cos^{m-2} x \sin^2 x \\ &+ \frac{m(m-1)(m-2)(m-3)}{1.2.3.4} \cos^{m-4} x \sin^4 x - \ldots \end{aligned} \right.$$

et

$$(3) \quad \left\{ \begin{aligned} \sin mx &= m \cos^{m-1} x \sin x \\ &- \frac{m(m-1)(m-2)}{1.2.3} \cos^{m-3} x \sin^3 x + \ldots \end{aligned} \right.$$

On voit que $\cos mx$ et $\sin mx$ s'expriment en fonction rationnelle de $\sin x$ et de $\cos x$. Dans tous les cas, $\cos mx$ peut s'exprimer en fonction rationnelle de $\cos x$ seul, mais $\sin mx$ ne peut s'exprimer en fonction rationnelle de $\sin x$ seul que si m est un nombre impair.

DÉVELOPPEMENT D'UNE PUISSANCE D'UN SINUS OU D'UN COSINUS SUIVANT LES SINUS OU LES COSINUS DES MULTIPLES DE L'ARC.

154. Pour résoudre la question inverse et développer $\cos^m x$ et $\sin^m x$ suivant les cosinus ou les sinus des divers multiples de x, posons

$$u = \cos x + \sqrt{-1} \sin x \quad \text{et} \quad v = \cos x - \sqrt{-1} \sin x,$$

on aura

$$2 \cos x = u + v \quad \text{et} \quad 2\sqrt{-1} \sin x = u - v;$$

de là résulte

$$2^m \cos^m x = (u + v)^m = u^m + m u^{m-1} v + \frac{m(m-1)}{1.2} u^{m-2} v^2 + \ldots$$

$$+ \frac{m(m-1)}{1.2} u^2 v^{m-2} + m u v^{m-1} + v^m.$$

Il convient de distinguer deux cas.

1° Quand m est pair et égal à $2n$, le développement renferme un nombre impair de termes et il y a un terme du milieu qui est $\frac{m(m-1)\ldots(n+1)}{1.2.3\ldots n} u^n v^n$. On a donc, en groupant les termes également distants des extrêmes,

$$2^m \cos^m x = u^m + v^m + m u v (u^{m-2} + v^{m-2}) + \ldots$$

$$+ \frac{m(m-1)\ldots(n+1)}{1.2.3\ldots n} u^n v^n.$$

Or $u^p + v^p = 2 \cos px$ et $u^p v^p = 1$, puisque $uv = 1$; donc

$$2^m \cos^m x = 2 \cos mx + 2m \cos(m-2)x + \ldots$$

$$+ \frac{m(m-1)\ldots(n+1)}{1.2.3\ldots n};$$

d'où

$$(1) \begin{cases} 2^{m-1} \cos^m x = \cos mx + m \cos(m-2)x \\ + \frac{m(m-1)}{1.2} \cos(m-4)x + \ldots + \frac{1}{2} \frac{m(m-1)\ldots(n+1)}{1.2.3\ldots n}. \end{cases}$$

2° Si m est impair et égal à $2n+1$, $(u+v)^m$ aura un nombre pair de termes, et l'on obtiendra facilement

$$(2) \begin{cases} 2^{m-1} \cos^m x = \cos mx + m \cos(m-2)x \\ + \frac{m(m-1)}{1.2} \cos(m-4)x + \ldots + \frac{m(m-1)\ldots(n+2)}{1.2.3\ldots n} \cos x. \end{cases}$$

155. Pour avoir $\sin^m x$, il faudra prendre la formule

$$u - v = 2\sqrt{-1} \sin x,$$

et en élever les deux membres à la $m^{\text{ème}}$ puissance; il viendra

$$(\sqrt{-1})^m\, 2^m.\sin^m x = u^m - m u^{m-1} v + \frac{m\,(m-1)}{1.2}\, u^{m-2} v^2 \ldots$$

$$\pm \frac{m\,(m-1)}{1.2}\, u^2 v^{m-2} \mp m u v^{m-1} \pm v^m.$$

1° Supposons d'abord m pair et égal à $2n$. Alors

$$(\sqrt{-1})^m = (-1)^n,$$

et il y aura un terme du milieu qui sera

$$\pm \frac{m\,(m-1)\ldots(n+1)}{1.2.3\ldots n}\, u^n v^n.$$

On aura donc, en groupant les termes deux à deux,

$$(-1)^n.2^m \sin^m x = (u^m + v^m) - m u v (u^{m-2} + v^{m-2})$$

$$+ \frac{m\,(m-1)}{1.2}\, u^2 v^2 (u^{m-4} + v^{m-4}) - \ldots$$

$$\pm \frac{m\,(m-1)\ldots(n+1)}{1.2.3\ldots n}\, u^n v^n,$$

ou, en remplaçant $u^k + v^k$ par $2\cos kx$, $u^k v^k$ par 1, et divisant les deux membres par 2,

$$(3) \quad \begin{cases} (-1)^n\, 2^{m-1} \sin^m x = \cos mx - m \cos(m-2)\,x \\[2mm] + \dfrac{m\,(m-1)}{1.2} \cos(m-4)\,x - \ldots \pm \dfrac{1}{2}\dfrac{m\,(m-1)\ldots(n+1)}{1.2.3\ldots n}. \end{cases}$$

2° Supposons m impair et égal à $2n+1$. Alors

$$(\sqrt{-1})^m = (-1)^n \sqrt{-1},$$

et l'on aura, en groupant les termes deux à deux,

$$(-1)^n \sqrt{-1}\, 2^m \sin^m x = (u^m - v^m) - m u v (u^{m-2} - v^{m-2})$$

$$+ \frac{m\,(m-1)}{1.2}\, u^2 v^2 (u^{m-4} - v^{m-4}) - \ldots$$

$$\pm \frac{m\,(m-1)\ldots(n+2)}{1.2\ldots n}\, u^n v^n (u - v).$$

En général,

$$u^k - v^k = 2\sqrt{-1}\sin kx, \quad u^k v^k = 1.$$

Donc, en divisant les deux membres par $2\sqrt{-1}$, il viendra

$$(4)\quad\begin{cases}(-1)^n\,2^{m-1}\sin^m x = \sin mx - m\sin(m-2)x\\[1mm] \quad + \dfrac{m(m-1)}{1.2}\sin(m-4)x\ldots\pm\dfrac{m(m-1)\ldots(n+2)}{1.2\ldots n}\sin x.\end{cases}$$

DÉFINITION ET PROPRIÉTÉS DE e^z, $\sin z$, $\cos z$,
QUAND z EST IMAGINAIRE.

156. Les fonctions rationnelles d'une variable imaginaire sont définies par la seule extension des règles du calcul des quantités réelles aux imaginaires; mais les fonctions transcendantes ou irrationnelles doivent être définies directement. Considérons d'abord la fonction exponentielle.

Quand z est une quantité réelle, on a

$$(1)\qquad e^z = 1 + \frac{z}{1} + \frac{z^2}{1.2} + \frac{z^3}{1.2.3} + \ldots.$$

Si l'on donne à z une valeur imaginaire quelconque, le second membre de cette égalité forme toujours une série convergente; car, en posant

$$z = \rho(\cos\omega + \sqrt{-1}\sin\omega),$$

il devient

$$1 + \rho(\cos\omega + \sqrt{-1}\sin\omega) + \ldots$$
$$+ \frac{\rho^n}{1.2\ldots n}(\cos n\omega + \sqrt{-1}\sin n\omega) + \ldots;$$

or la partie réelle et le coefficient de $\sqrt{-1}$ dans cette expression forment deux séries convergentes (57). Il en résulte que la série (1) est une fonction bien déterminée de z; nous *dirons* que cette fonction est la fonction exponentielle e^z, qui sera définie par l'égalité (1), quelle que soit la valeur, réelle ou imaginaire, de z.

10.

De même nous avons, dans le cas où z est réel,

$$(2) \quad \begin{cases} \sin z = \dfrac{z}{1} - \dfrac{z^3}{1.2.3} + \ldots, \\[2mm] \cos z = 1 - \dfrac{z^2}{1.2} + \dfrac{z^4}{1.2.3.4} - \ldots; \end{cases}$$

ces séries sont toujours convergentes quand on donne à z des valeurs réelles ou imaginaires quelconques : elles représentent donc des fonctions bien déterminées de z; nous convenons de désigner ces fonctions par $\sin z$ et $\cos z$.

157. Les fonctions e^z, $\sin z$, $\cos z$ sont définies d'une manière très générale et très naturelle, mais il est nécessaire de chercher si elles jouissent toujours des propriétés qui les caractérisent dans le cas où z est réel. Considérons la fonction exponentielle : une de ses propriétés essentielles est exprimée par la relation

$$(3) \quad e^x e^y = e^{x+y};$$

quand x et y sont réels, cette égalité revient à la suivante :

$$\left(1 + \frac{x}{1} + \frac{x^2}{1.2} + \ldots\right)\left(1 + \frac{y}{1} + \frac{y^2}{1.2} + \ldots\right)$$
$$= 1 + \frac{x+y}{1} + \frac{(x+y)^2}{1.2} + \ldots;$$

cette relation étant vérifiée pour des valeurs réelles quelconques de x et y est une identité; elle continuera d'être satisfaite si l'on donne à x et y des valeurs imaginaires quelconques; il en résulte, en se reportant à l'équation de définition (1), que la relation (3) est absolument générale.

A l'égard des fonctions circulaires, il résulte des égalités (2), qui les définissent, que l'on a, comme pour les variables réelles,

$$\sin(-z) = -\sin z, \qquad \cos(-z) = \cos z,$$

Euler a fait connaître une relation extrêmement importante qui existe entre les exponentielles et les fonctions circulaires : si, dans l'identité (1), je change z en $z\sqrt{-1}$, il vient

$$e^{z\sqrt{-1}} = 1 + \frac{z\sqrt{-1}}{1} - \frac{z^2}{1.2} - \frac{z^3\sqrt{-1}}{1.2.3} + \frac{z^4}{1.2.3.4} + \ldots$$

ou bien

$$(4) \qquad e^{z\sqrt{-1}} = \cos z + \sqrt{-1}\sin z,$$

quelle que soit la variable z; si, dans cette relation, je change z en $-z$, il viendra

$$(5) \qquad e^{-z\sqrt{-1}} = \cos z - \sqrt{-1}\sin z.$$

En combinant les égalités (4) et (5) par addition et soustraction, on trouve

$$(6) \qquad \cos z = \frac{e^{z\sqrt{-1}} + e^{-z\sqrt{-1}}}{2}, \qquad \sin z = \frac{e^{z\sqrt{-1}} - e^{-z\sqrt{-1}}}{2\sqrt{-1}},$$

et ces formules sont absolument générales, comme l'identité d'où nous sommes partis.

158. Je dis encore que les formules fondamentales de la Trigonométrie s'étendent aux fonctions de variables imaginaires. En effet, les identités (3) et (4) nous donnent

$$e^{(x+y)\sqrt{-1}} = e^{x\sqrt{-1}}e^{y\sqrt{-1}},$$

$$\cos(x+y) + \sqrt{-1}\sin(x+y)$$
$$= (\cos x + \sqrt{-1}\sin x)(\cos y + \sqrt{-1}\sin y)$$

ou, en effectuant le produit,

$$(7) \qquad \begin{cases} \cos(x+y) + \sqrt{-1}\sin(x+y) \\ = \cos x \cos y - \sin x \sin y \\ \quad + \sqrt{-1}(\sin x \cos y + \sin y \cos x). \end{cases}$$

Si x et y étaient réels, il suffirait d'égaler les parties réelles et les coefficients de $\sqrt{-1}$ pour obtenir les formules relatives à l'addition des arcs; mais ici nous remplacerons, dans l'équation (7), x et y par $-x$ et $-y$; il vient

$$\cos(x+y) - \sqrt{-1}\sin(x+y)$$
$$= \cos x \cos y - \sin x \sin y$$
$$- \sqrt{-1}\,(\sin x \cos y + \cos x \sin y);$$

il suffit de combiner cette identité avec l'identité (7) pour en déduire la généralisation des formules fondamentales de la Trigonométrie

$$\cos(x+y) = \cos x \cos y - \sin x \sin y,$$
$$\sin(x+y) = \sin x \cos y + \sin y \cos x.$$

Remarquons enfin que les identités (6) nous donnent

$$\cos\left(x\sqrt{-1}\right) = \frac{e^x + e^{-x}}{2}, \qquad \sin\left(x\sqrt{-1}\right) = \frac{e^x - e^{-x}}{2}\sqrt{-1};$$

quand x est réel, les fonctions $\frac{1}{2}\left(e^x \pm e^{-x}\right)$ sont désignées sous le nom de *cosinus et sinus hyperboliques de x.*

Les fonctions $\tang z$, $\cot z$ sont définies comme quotients de $\sin z$ par $\cos z$ ou de $\cos z$ par $\sin z$; leur expression est une conséquence des résultats précédents.

DÉFINITION DE lz ET DE z^m.

159. Le logarithme népérien d'une quantité réelle z est l'exposant de la puissance de e qui est égale à z; par analogie, si l'on donne à z une valeur imaginaire de la forme $a + b\sqrt{-1}$ ou $\rho\left(\cos\omega + \sqrt{-1}\sin\omega\right)$, nous conviendrons de désigner par lz une expression $u + v\sqrt{-1}$, telle qu'on ait

$$(8) \qquad e^{u+v\sqrt{-1}} = \rho\left(\cos\omega + \sqrt{-1}\sin\omega\right).$$

Il s'agit de déterminer u et v, que nous supposons

réels : le premier membre de l'équation (8) peut s'é-
crire

$$e^{u+v\sqrt{-1}} = e^u e^{v\sqrt{-1}} = e^u(\cos v + \sqrt{-1}\sin v);$$

si donc on égale les parties réelles des deux membres et
les coefficients de $\sqrt{-1}$, on aura

$$(9) \qquad e^u \cos v = \rho \cos \omega, \qquad e^u \sin v = \rho \sin \omega;$$

élevant au carré et ajoutant membre à membre, on
trouve

$$e^{2u} = \rho^2;$$

e^u et ρ ont leurs carrés égaux ; étant eux-mêmes réels et
positifs, ils sont égaux, et u est le logarithme népérien
arithmétique de ρ ou de $\sqrt{a^2+b^2}$; les équations (9)
donnent alors

$$\cos v = \cos \omega, \qquad \sin v = \sin \omega, \qquad v = \omega + 2k\pi,$$

k étant un entier quelconque, et l'on a finalement

$$(10) \quad \mathrm{l}z = \mathrm{l}[\rho(\cos\omega + \sqrt{-1}\sin\omega)] = \mathrm{l}\rho + (\omega + 2k\pi)\sqrt{-1},$$

$\mathrm{l}\rho$ étant une valeur arithmétique.

Ainsi $\mathrm{l}z$ a une infinité de déterminations, ce qui en
fait une fonction essentiellement différente des fonctions
rationnelles, exponentielles ou circulaires. Toutefois,
soit z_0 une valeur de z : si l'on adopte une valeur de k
qui détermine la valeur de $\mathrm{l}z_0$, et si l'on fait varier z
d'une manière continue à partir de z_0, $\mathrm{l}z$ variera d'une
manière continue que l'on pourra suivre, et, quand on
sera arrivé à une certaine valeur de z, il n'y aura plus
d'ambiguïté sur la valeur de son logarithme.

Quand z est réel et positif, son argument ω est
nul, $\mathrm{l}z$ a une détermination réelle, qui est le logarithme arithmétique, et une infinité de valeurs imaginaires.

160. Comme nous avons toujours $z = e^{lz}$, nous défi-
nirons d'une manière générale la fonction z^m par l'égalité

$$z^m = e^{mlz};$$

nous savons déterminer la valeur ou plutôt les valeurs
du second membre, quels que soient m et z. Si m est
réel et z égal à $\rho\left(\cos\omega + \sqrt{-1}\sin\omega\right)$, on a

$$(10) \quad \begin{cases} z^m = e^{m[l\rho + (\omega + 2k\pi)\sqrt{-1}]} \\ = \rho^m\left[\cos m(\omega + 2k\pi) + \sqrt{-1}\sin m(\omega + 2k\pi)\right], \end{cases}$$

le module ρ^m étant un nombre déterminé. Quand m est
un nombre entier, le second membre a toujours la même
valeur, quel que soit k; si, au contraire, m est égal à
une fraction irréductible $\dfrac{p}{q}$, z^m aura q déterminations
qu'on peut obtenir en donnant successivement à k les
valeurs $0, 1, 2, 3, \ldots, q-1$. En effet, pour deux valeurs k' et k'' de k comprises dans cette suite, la différence

$$\frac{2p(k'-k'')\pi}{q}$$

des arguments de z^m ne peut être un multiple de 2π,
puisque q est premier avec p et supérieur à $k'-k''$; les
valeurs de z^m seront donc distinctes; d'autre part, une
valeur quelconque de k non comprise dans la suite 0,
$1, 2, \ldots, q-1$ est égale à un nombre k' de cette suite
augmenté d'un multiple nq, positif ou négatif, de q;
l'argument correspondant de z^m est

$$\frac{p(\omega + 2k' + 2nq)\pi}{q} = 2pn\pi + \frac{p(\omega + 2k')\pi}{q},$$

et la valeur de z^m coïncide avec l'une de celles que nous
avions d'abord obtenues.

En particulier, nous obtiendrons les racines $q^{\text{ièmes}}$ de l'unité en faisant $m = \frac{1}{q}$, $\rho = 1$, $\omega = 0$ dans l'équation (10) :

$$\sqrt[q]{1} = \cos\frac{2k\pi}{q} + \sqrt{-1}\,\sin\frac{2k\pi}{q}.$$

De même que pour $1z$, si l'on adopte une certaine détermination de z^m pour $z = z_0$, la continuité déterminera ensuite les variations de z^m quand on fera varier z à partir de z_0.

DÉRIVÉES DES FONCTIONS DE VARIABLES IMAGINAIRES.

161. La dérivée $f'(z)$ d'une fonction $f(z)$ se définit exactement de la même manière quand la variable est imaginaire et quand elle est réelle ; c'est toujours la limite vers laquelle tend le rapport

$$(1)\qquad \frac{f(z + \Delta z) - f(z)}{\Delta z}$$

quand Δz tend vers zéro ; la différentielle de $f(z)$ est toujours $f'(z)\,dz$.

Les règles du Calcul algébrique s'étendant aux quantités imaginaires, les résultats obtenus dans la différentiation des fonctions algébriques n'ont à subir aucune modification quand la variable devient imaginaire. Il en est de même pour les fonctions exponentielles, logarithmiques et circulaires ; on peut se rendre compte, en effet, que le calcul des dérivées de ces fonctions est fondé sur ce que les rapports $\frac{e^h - 1}{h}$ et $\frac{\sin h}{h}$ tendent vers l'unité quand h tend vers zéro ; or la définition de e^h et de $\sin h$ montre que ces rapports ont la même limite quand h n'est plus réel. Et il résulte de ce qui précède que les fonctions élémentaires ont toujours des dérivées bien déterminées.

Si z est égal à $x + y\sqrt{-1}$, on peut dire que $f'(z)$ est la limite du rapport

$$\frac{f(x + y\sqrt{-1} + \Delta x + \Delta y\sqrt{-1}) - f(x + y\sqrt{-1})}{\Delta x + \Delta y\sqrt{-1}}$$

quand Δx et Δy tendent vers zéro; l'identité de ce rapport avec la fraction (1) prouve qu'au moins avec les fonctions élémentaires cette limite est la même, quel que soit le rapport de Δy à Δx; mais il peut en être tout autrement pour certaines fonctions transcendantes, qui n'ont plus alors de dérivée déterminée.

Quand $f'(z)$ est déterminé, les dérivées partielles de $f(z)$ par rapport à x et à y s'obtiennent simplement par la règle relative aux fonctions de fonction :

$$\frac{df(z)}{dx} = f'(z), \qquad \frac{df(z)}{dy} = \sqrt{-1}\, f'(z).$$

EXERCICES.

1. *Trouver la différentielle de*

$$y = l\left(\cos x + \sqrt{-1}\, \sin x\right).$$

SOLUTION.

$$dy = \sqrt{-1}\, dx.$$

2. $f(z)$ étant une fonction réelle, si l'on pose

$$f(x + y\sqrt{-1}) = P + Q\sqrt{-1},$$

on aura

$$\frac{dP}{dx} = \frac{dQ}{dy}, \quad \frac{dP}{dy} = -\frac{dQ}{dx}.$$

3 Si l'on pose, dans la question précédente,

$$dx + dy\sqrt{-1} = \sqrt{dx^2 + dy^2}\left(\cos\omega + \sqrt{-1}\,\sin\omega\right),$$

on aura

$$d^n P = \frac{\dfrac{d^n P}{dx^n}\cos u\omega + \dfrac{d^n P}{dx^{n-1}dy}\sin n\omega}{\sin^n\omega}\, dy^n,$$

$$d^n Q = \frac{\dfrac{d^n P}{dx^n}\sin n\omega - \dfrac{d^n P}{dx^{n-1}dy}\cos n\omega}{\sin^n\omega}\, dy^n.$$

DOUZIÈME LEÇON.

EXPRESSIONS QUI SE PRÉSENTENT SOUS UNE FORME INDÉTERMINÉE.

Vraie valeur des expressions qui se présentent sous l'une des formes $\frac{0}{0}$, $\frac{\infty}{\infty}$, $0 \times \infty$, 0^0, 1^∞. — Extension des règles précédentes. — Applications.

VRAIE VALEUR DES EXPRESSIONS QUI SE PRÉSENTENT SOUS LA FORME $\frac{0}{0}$.

162. Soit $\frac{\varphi(x)}{f(x)}$ une fraction qui se réduit à $\frac{0}{0}$ quand $x = a$. On se propose de déterminer la valeur vers laquelle tend $\frac{\varphi(x)}{f(x)}$, lorsque x s'approche indéfiniment de la valeur particulière a. C'est cette valeur limite de $\frac{\varphi(x)}{f(x)}$ qu'on appelle souvent la *vraie valeur* de la fraction qui se présente sous la forme indéterminée $\frac{0}{0}$. Puisque $\varphi(a) = 0$ et $f(a) = 0$, on a identiquement

$$\frac{\varphi(x)}{f(x)} = \frac{\varphi(x) - \varphi(a)}{f(x) - f(a)}, \quad \text{ou bien} \quad \frac{\varphi(x)}{f(x)} = \frac{\dfrac{\varphi(x) - \varphi(a)}{x - a}}{\dfrac{f(x) - f(a)}{x - a}};$$

or, x tendant vers la valeur a, $\dfrac{\varphi(x) - \varphi(a)}{x - a}$, $\dfrac{f(x) - f(a)}{x - a}$ tendent respectivement, et par définition même, vers $\varphi'(a)$ et $f'(a)$. Donc

$$\lim \frac{\varphi(x)}{f(x)} = \frac{\varphi'(a)}{f'(a)}, \quad \text{ou} \quad \lim \frac{\varphi(x)}{f(x)} = \lim \frac{\varphi'(x)}{f'(x)}.$$

On arrive encore à ce résultat par la série de Taylor. Supposons que $f^{(n+1)}(a)$ et $\varphi^{(n+1)}(a)$ soient les premières dérivées qui ne s'annulent pas simultanément pour $x = a$; on aura, en posant $x = a + h$ dans la formule (9) du n° 130,

$$\varphi(a + h) = \frac{h^{n+1}}{1 \cdot 2 \cdot 3 \ldots (n + 1)} \varphi^{(n+1)}(a + \theta h),$$

$$f(a + h) = \frac{h^{n+1}}{1 \cdot 2 \cdot 3 \ldots (n + 1)} f^{(n+1)}(a + \theta' h),$$

d'où

$$\frac{\varphi(a + h)}{f(a + h)} = \frac{\varphi^{(n+1)}(a + \theta h)}{f^{(n+1)}(a + \theta' h)},$$

d'où l'on tire, en faisant $h = 0$,

$$\lim \frac{\varphi(x)}{f(x)} = \frac{\varphi^{(n+1)}(a)}{f^{(n+1)}(a)}.$$

163. **Exemples.** 1° L'expression $\dfrac{x^m - a^m}{x - a}$ devient $\dfrac{0}{0}$ pour $x = a$. Or la dérivée de $x^m - a^m$ est mx^{m-1}, et celle de $x - a$ est 1; donc la vraie valeur de $\dfrac{x^m - a^m}{x - a}$ est ma^{m-1} pour $x = a$, quel que soit m.

2° En appliquant la même règle, on trouve que, pour $x = a$, la vraie valeur de $\dfrac{x^3 - 4ax^2 + 5a^2x - 2a^3}{x^2 - a^2}$ est 0.

On peut le voir autrement, car

$$x^3 - 4ax^2 + 5a^2x - 2a^3 = (x - a)^2(x - 2a),$$
$$x^2 - a^2 = (x - a)(x + a);$$

donc la fraction donnée est égale à

$$\frac{(x - a)^2(x - 2a)}{(x - a)(x + a)} \quad \text{ou} \quad \frac{(x - a)(x - 2a)}{x + a},$$

expression qui devient bien 0 pour $x = a$.

3° Soit $\dfrac{\sin x}{x}$. Pour $x = 0$, cette fonction devient $\dfrac{0}{0}$; la dérivée de $\sin x$ est $\cos x$, et celle de x est 1; donc la limite de $\dfrac{\sin x}{x}$ est 1 pour $x = 0$.

Ce résultat doit être considéré comme une vérification, mais non comme une démonstration, puisque nous n'avons obtenu la dérivée de $\sin x$ qu'en nous appuyant sur ce théorème, que $\lim \dfrac{\sin x}{x}$ est 1 pour $x = 0$.

4° En appliquant la même théorie on trouve $\lim \dfrac{\sin^2 x}{x}$ pour $x = 0$; cette limite est 0.

On y arrive aussi de la manière suivante :

$$\lim \frac{\sin^2 x}{x} = \lim \frac{\sin x}{x} \times \lim \sin x = 1 \times 0 = 0.$$

On aurait de même

$$\lim \frac{\tan g\, x}{x} = \lim \frac{\sin x}{x} \times \lim \frac{1}{\cos x} = 1 \times 1 = 1.$$

5° Limite de $\dfrac{e^x - e^{-x} - 2x}{x - \sin x}$ pour $x = 0$.

On trouve successivement

$$\frac{\varphi'(x)}{f'(x)} = \frac{e^x + e^{-x} - 2}{1 - \cos x} = \frac{0}{0} \text{ pour } x = 0;$$

$$\frac{\varphi''(x)}{f''(x)} = \frac{e^x - e^{-x}}{\sin x} = \frac{0}{0} \text{ pour } x = 0;$$

$$\frac{\varphi'''(x)}{f'''(x)} = \frac{e^x + e^{-x}}{\cos x} = 2 \text{ pour } x = 0.$$

La limite cherchée est donc égale à 2.

On serait parvenu à ce résultat, en remplaçant e^x, e^{-x} et $\sin x$ par leurs développements en séries. En effet,

$$e^x = 1 + x + \frac{x^2}{1.2} + \frac{x^3}{1.2.3} + \dots,$$

$$e^{-x} = 1 - x + \frac{x^2}{1.2} - \frac{x^3}{1.2.3} + \dots,$$

$$\sin x = x - \frac{x^3}{1.2.3} + \frac{x^5}{1.2.3.4.5} - \dots;$$

donc

$$e^x - e^{-x} - 2x = 2\left(\frac{x^3}{1.2.3} + \frac{x^5}{1.2.3.4.5} + \dots \right),$$

$$x - \sin x = \frac{x^3}{1.2.3} - \frac{x^5}{1.2.3.4.5} + \dots;$$

d'où

$$\frac{e^x - e^{-x} - 2x}{x - \sin x} = \frac{2\left(\dfrac{x^3}{1.2.3} + \dfrac{x^5}{1.2.3.4.5} + \ldots\right)}{\dfrac{x^3}{1.2.3} - \dfrac{x^5}{1.2.3.4.5} + \ldots}.$$

Si l'on divise le numérateur et le dénominateur du second membre par x^3, puis qu'on fasse $x = 0$, on trouve encore

$$\lim \frac{e^x - e^{-x} - 2x}{x - \sin x} = 2.$$

6° $\qquad\qquad \lim \dfrac{x^x - x}{1 - x + 1x} = -2$ pour $x = 1$.

7° $\qquad\qquad \lim \dfrac{1x}{x - 1} = 1$ pour $x = 1$.

VALEUR DES EXPRESSIONS QUI PRENNENT LA FORME $\dfrac{\infty}{\infty}$.

164. Supposons que l'expression $\dfrac{\varphi(x)}{f(x)}$ prenne la forme $\dfrac{\infty}{\infty}$, pour $x = a$, il s'agit de déterminer la valeur de $\lim \dfrac{\varphi(x)}{f(x)}$. On a identiquement

$$\frac{\varphi(x)}{f(x)} = \frac{\dfrac{1}{f(x)}}{\dfrac{1}{\varphi(x)}};$$

or, pour $x = a$, $\dfrac{1}{f(x)}$ et $\dfrac{1}{\varphi(x)}$ sont nuls. Donc la vraie valeur de cette expression sera la limite du quotient des dérivées de $\dfrac{1}{f(x)}$ et de $\dfrac{1}{\varphi(x)}$, et l'on aura

$$\lim \frac{\varphi(x)}{f(x)} = \lim \frac{-\dfrac{f'(x)}{f(x)^2}}{-\dfrac{\varphi'(x)}{\varphi(x)^2}} = \lim \left[\frac{f'(x)}{\varphi'(x)} \times \frac{\varphi(x)}{f(x)} \times \frac{\varphi(x)}{f(x)}\right],$$

ou, en désignant par A la limite de $\frac{\varphi(x)}{f(x)}$,

$$\Lambda = \lim \frac{f'(x)}{\varphi'(x)} \cdot \mathrm{A}^2,$$

d'où

$$\Lambda \quad \text{ou} \quad \lim \frac{\varphi(x)}{f(x)} = \lim \frac{\varphi'(x)}{f'(x)}.$$

On retombe ainsi sur la règle donnée dans le cas où l'expression proposée devient $\frac{o}{o}$; par conséquent, si $n+1$ désigne l'ordre des dérivées de $\varphi(x)$ et de $f(x)$ qui, les premières, ne sont pas nulles ou infinies à la fois, on a

$$\lim \frac{\varphi(x)}{f(x)} = \frac{\varphi^{(n+1)}(a)}{f^{(n+1)}(a)}.$$

165. La démonstration précédente suppose que A, c'est-à-dire la limite de $\frac{\varphi(x)}{f(x)}$, est différente de o ou de l'infini; je dis d'abord que la même règle subsiste quand $\mathrm{A} = o$. En effet, g désignant une constante, l'expression

$$\frac{\varphi(x)}{f(x)} + g \quad \text{ou} \quad \frac{\varphi(x) + gf(x)}{f(x)}$$

deviendra encore $\frac{\infty}{\infty}$ pour $x = a$; mais sa vraie valeur est g, puisque A ou $\frac{\varphi(a)}{f(a)}$ est nulle. Donc, d'après ce que nous venons de démontrer,

$$g = \frac{\varphi'(a) + gf'(a)}{f'(a)} = g + \frac{\varphi'(a)}{f'(a)},$$

donc

$$\frac{\varphi'(a)}{f'(a)} = o = \mathrm{A}.$$

Ainsi, dans ce cas, l'application de la règle générale conduit à la vraie valeur de l'expression.

Il en résulte qu'elle y conduirait encore si A était infinie, car si $\dfrac{\varphi(a)}{f(a)} = \infty$, on a $\dfrac{f(a)}{\varphi(a)} = 0$. Donc $\dfrac{f'(a)}{\varphi'(a)} = 0$,

et par conséquent $\dfrac{\varphi'(a)}{f'(a)} = \infty$.

VALEUR DES EXPRESSIONS QUI PRENNENT LA FORME $0 \times \infty$.

166. Pour trouver la valeur de l'expression $\varphi(a)f(a)$, dans laquelle $\varphi(a) = 0$ et $f(a) = \infty$, on observe que

$$\varphi(x)f(x) = \frac{\varphi(x)}{\dfrac{1}{f(x)}},$$

expression qui devient $\dfrac{0}{0}$ pour $x = a$.

On peut encore poser

$$\varphi(x)f(x) = \frac{f(x)}{\dfrac{1}{\varphi(x)}},$$

qui devient $\dfrac{\infty}{\infty}$ pour $x = a$.

Dans les deux cas, on appliquera les règles précédentes. On trouvera ainsi

$$\lim \left[(1 - x)\, \mathrm{tang}\, \frac{\pi x}{2} \right] = \frac{2}{\pi} \ \text{pour } x = 1$$

167. Lorsque les dérivées de $\varphi(x)$ et de $f(x)$ conduisent à des expressions qui présentent toujours pour $x = a$ la même indétermination que celle dont on cherche la vraie valeur, il faut recourir à des artifices particuliers. Celui qui réussit le plus généralement consiste à remplacer x par $a + h$, à développer les fonctions par la série de Taylor, à opérer toutes les réductions et simplifications possibles, et à faire finalement $h = 0$. Ainsi

$$(1) \qquad \frac{\sqrt{x} - \sqrt{a} + \sqrt{x - a}}{\sqrt{x^2 - a^2}}$$

devient $\frac{0}{0}$ pour $x = a$. Le quotient des dérivées

$$\frac{\dfrac{1}{2\sqrt{x}} + \dfrac{1}{2\sqrt{x-a}}}{\dfrac{x}{\sqrt{x^2 - a^2}}}$$

devient $\frac{\infty}{\infty}$, et les dérivées suivantes donneront tou-jours $\frac{\infty}{\infty}$. Pour déterminer la valeur de l'expression (1), posons $x = a + h$; elle devient

$$\frac{\sqrt{a+h} - \sqrt{a} + \sqrt{h}}{\sqrt{h}\sqrt{2a+h}}.$$

Si l'on multiplie les deux termes de ce rapport par $\sqrt{a+h} + \sqrt{a}$, il vient

$$\frac{h + \sqrt{h}\left(\sqrt{a+h} + \sqrt{a}\right)}{\sqrt{h}\sqrt{2a+h}\left(\sqrt{a+h} + \sqrt{a}\right)};$$

divisant ensuite ces deux termes par $\sqrt{h}$, on a

$$\frac{\sqrt{h} + \sqrt{a+h} + \sqrt{a}}{\sqrt{2a+h}\left(\sqrt{a+h} + \sqrt{a}\right)},$$

expression qui, pour $h = 0$, devient

$$\frac{2\sqrt{a}}{2\sqrt{a}.\sqrt{2a}} \quad \text{ou} \quad \frac{1}{\sqrt{2a}}.$$

On serait encore parvenu à ce résultat, en développant $\sqrt{a+h}$ par la formule du binôme.

VALEUR DES EXPRESSIONS QUI PRENNENT LA FORME 0^0
OU 1^∞.

168. L'expression $f(x)^{\varphi(x)}$ prend une forme indéter-minée lorsque les fonctions $f(x)$ et $\varphi(x)$ s'annulent

toutes les deux pour $x = a$; on trouvera sa vraie valeur en cherchant celle de son logarithme $\varphi(x)\, l\, f(x)$.

Par exemple, soit à trouver pour $x = \infty$ la limite de $f(x)^{\frac{1}{x}}$. Le logarithme népérien de cette expression est $\dfrac{l\, f(x)}{x}$, et sa limite est celle de $\dfrac{f'(x)}{f(x)}$. On aura donc

$$\lim f(x)^{\frac{1}{x}} = e^{\lim \frac{f'(x)}{f(x)}}.$$

De même, la vraie valeur d'une expression qui prend la forme 1^∞ se déduira de la vraie valeur de son logarithme qui prendra la forme $\infty \times o$.

EXTENSION DES RÈGLES PRÉCÉDENTES.

169. Les règles pour trouver la valeur des expressions qui deviennent indéterminées quand $x = a$ subsistent encore lorsque a devient infini, puisqu'elles sont vraies quelque grand que soit a; mais la démonstration ne pourrait plus se faire de la même manière. Nous allons arriver directement à ces règles dans le cas d'une expression qui prend la forme $\dfrac{o}{o}$ pour $x = \infty$. A cet effet, soit $x = \dfrac{1}{y}$; on aura

$$\varphi(x) = \varphi\left(\frac{1}{y}\right), \quad f(x) = f\left(\frac{1}{y}\right);$$

d'où

$$\lim \frac{\varphi(x)}{f(x)} = \lim \frac{\varphi\left(\frac{1}{y}\right)}{f\left(\frac{1}{y}\right)}.$$

Or pour $x = \infty$, on a $y = o$: donc

$$\lim \frac{\varphi\left(\frac{1}{y}\right)}{f\left(\frac{1}{y}\right)} = \lim \frac{\varphi'\left(\frac{1}{y}\right)\left(-\frac{1}{y^2}\right)}{f'\left(\frac{1}{y}\right)\left(-\frac{1}{y^2}\right)}$$

ou bien

$$\lim \frac{\varphi(x)}{f(x)} = \lim \frac{\varphi'\left(\frac{1}{y}\right)}{f'\left(\frac{1}{y}\right)} = \lim \frac{\varphi'(x)}{f'(x)}.$$

Mais avant d'appliquer les règles il faudra bien s'assurer que l'expression proposée, ainsi que $\frac{\varphi'(x)}{f'(x)}$, approche d'une limite quand x tend vers l'infini. Par exemple, l'expression

$$\frac{x + \cos x}{x - \sin x} = \frac{1 + \dfrac{\cos x}{x}}{1 - \dfrac{\sin x}{x}}$$

tend vers 1 pour $x = \infty$, tandis que le rapport des dérivées $\frac{1 - \sin x}{1 - \cos x}$ a une valeur complétement indéterminée quand $x = \infty$.

EXERCICES.

1. $\lim x^n e^{-x} = \lim \dfrac{1 . 2 . 3 \ldots n}{e^x} = 0$ pour $x = \infty$;

cette limite est encore 0, même quand n n'est pas entier, comme on s'en assure en développant e^x en série.

2. $\lim x^{\frac{1}{x}} = 1$,   pour $x = \infty$.

3. $\lim \left(A x^m + B x^{m-1} + \ldots + U\right)^{\frac{1}{x}} = 1$,   pour $x = \infty$.

4. $\lim (1 + x)^{\frac{1}{x}} = e$ pour $x = 0$.

5. $\dfrac{a^x - b^x}{x} = \mathrm{l}a - \mathrm{l}b$ pour $x = 0$.

TREIZIÈME LEÇON.

DÉVELOPPEMENT DES FONCTIONS DE PLUSIEURS VARIABLES.

Extension du théorème de Taylor aux fonctions de plusieurs variables. — Extension du théorème de Maclaurin. — Propriétés des fonctions homogènes.

EXTENSION DU THÉORÈME DE TAYLOR.

170 Soit $u = f(x, y)$ une fonction de deux variables. Pour développer $f(x + h, y + k)$ suivant les puissances de h et de k, on change d'abord x en $x + ht$, y en $y + kt$ et, dans le résultat $f(x + ht, y + kt)$ développé suivant les puissances ascendantes de t par la formule de Maclaurin, on fait $t = 1$.

Soit donc

$$f(x + ht, y + kt) = \varphi(t) = U;$$

si l'on pose, pour simplifier la notation,

$$x + ht = p \quad \text{et} \quad y + kt = q,$$

on a

$$U = \varphi(t) = f(p, q).$$

Maintenant on a, d'après la série de Maclaurin,

$$\varphi(t) = \varphi(0) + t\varphi'(0) + \frac{t^2}{1.2}\varphi''(0) + \ldots + \frac{t^n}{1.2.3\ldots n}\varphi^{(n)}(0) + R$$

et

$$R = \frac{t^n}{1.2.3\ldots n}\left[\varphi^{(n)}(\theta t) - \varphi^{(n)}(0)\right].$$

Mais, à cause de $\varphi(t) = U$,

$$\varphi'(t)\, dt = \frac{dU}{dp}\, dp + \frac{dU}{dq}\, dq = \left(\frac{dU}{dp}\, h + \frac{dU}{dq}\, k\right) dt,$$

puisque l'on a

$$dp = h\, dt, \quad dq = k\, dt;$$

donc

$$\varphi'(t) = \frac{dU}{dp} h + \frac{dU}{dq} k.$$

Si l'on désigne $\varphi'(t)$ par U', U' sera encore une fonction de p et de q, et l'on aura

$$\varphi''(t) = \frac{dU'}{dp} h + \frac{dU'}{dq} k = \frac{d^2U}{dp^2} h^2 + 2 \frac{d^2U}{dp\,dq} hk + \frac{d^2U}{dq^2} k^2.$$

Mais le dernier membre n'est autre chose que le développement de $\left(\frac{dU}{dp} h + \frac{dU}{dq} k\right)^2$ dans lequel on aurait remplacé dU^2 par d^2U; on peut donc écrire la formule symbolique

$$\varphi''(t) = \left(\frac{dU}{dp} h + \frac{dU}{dq} k\right)^{(2)};$$

on aura de même

$$\varphi'''(t) = \left(\frac{dU}{dp} h + \frac{dU}{dq} k\right)^{(3)},$$

et, en général,

$$\varphi^{(n)}(t) = \left(\frac{dU}{dp} h + \frac{dU}{dq} k\right)^{(n)}:$$

ce qu'on démontrera aisément en faisant voir (comme pour les différentielles totales des fonctions de plusieurs variables) qu'une nouvelle différentiation revient à multiplier chaque terme de l'expression symbolique par $\frac{dU}{dp} h + \frac{dU}{dq} k$, puis à changer les exposants de dU en indices de différentiation.

Ainsi donc on aura généralement

$$\varphi^{(n)}(t) = \frac{d^nU}{dp^n} h^n + n \frac{d^nU}{dp^{n-1}dq} h^{n-1} k$$
$$+ \frac{n(n-1)}{1.2} \frac{d^nU}{dp^{n-2}dq^2} h^{n-2} k^2 + \dots$$
$$+ n \frac{d^nU}{dp\,dq^{n-1}} h k^{n-1} + \frac{d^nU}{dq^n} k^n.$$

171. Maintenant, comme

$$u = f(x, y), \quad U = f(p, q), \quad p = x + ht, \quad q = y + kt,$$

si l'on fait $t = 0$, p devient égal à x, q à y, U à u, et l'on a

$$\varphi(0) = f(x, y) = u;$$

$$\varphi'(0) = \frac{du}{dx} h + \frac{du}{dy} k;$$

$$\varphi''(0) = \left(\frac{du}{dx} h + \frac{du}{dy} k \right)^{(2)};$$

$$\cdots\cdots\cdots\cdots\cdots\cdots$$

$$\varphi^{(n)}(0) = \left(\frac{du}{dy} h + \frac{du}{dy} k \right)^{(n)};$$

d'ailleurs, si l'on pose $t = 1$, on a

$$R = \frac{1}{1.2.3.\ldots n} \left[\varphi^{(n)}(\theta) - \varphi^{(n)}(0) \right];$$

donc

$$(1) \quad \begin{cases} f(x + h, y + k) \\[6pt] = u + \dfrac{du}{dx} h + \dfrac{du}{dy} k + \dfrac{1}{1.2} \left(\dfrac{du}{dx} h + \dfrac{du}{dy} k \right)^{(2)} \\[10pt] \quad + \dfrac{1}{1.2.3} \left(\dfrac{du}{dx} h + \dfrac{du}{dy} k \right)^{(3)} + \cdots \\[10pt] \quad + \dfrac{1}{1.2.\ldots n} \left(\dfrac{du}{dx} h + \dfrac{du}{dy} k \right)^{(n)} + R. \end{cases}$$

On a d'ailleurs

$$R = \frac{1}{1.2.\ldots n} \left[\left(\frac{dU}{dp} h + \frac{dU}{dq} k \right)^{(n)} - \left(\frac{du}{dx} h + \frac{du}{dy} k \right)^{(n)} \right],$$

expression dans laquelle il faut remplacer p par $x + \theta h$, et q par $y + \theta k$.

172. Comme h et k sont les accroissements arbitraires des variables indépendantes x et y, on peut les remplacer par dx et dy, ce qui change $\varphi'(0)$ en du, $\varphi''(0)$ en

$d^2 u$, etc., et il vient

$$f(x+h,\ y+k) = u + du + \frac{d^2 u}{1.2} + \frac{d^3 u}{1.2.3} + \dots$$

$$+ \frac{d^n u}{1.2\dots n} + R.$$

On parviendrait de la même manière à la formule

$$(2) \quad \begin{cases} f(x+h,\ y+k,\ z+l,\dots) \\ = u + du + \dfrac{d^2 u}{1.2} + \dots + \dfrac{d^n u}{1.2\dots n} + R, \end{cases}$$

où

$$R = \frac{1}{1.2\dots n}\left[\left(\frac{dU}{dp}h + \frac{dU}{dq}k + \frac{dU}{dr}l + \dots \right)^{(n)} \right.$$

$$\left. - \left(\frac{du}{dx}h + \frac{du}{dy}k + \frac{du}{dz}l + \dots \right)^{(n)} \right].$$

Dans cette expression symbolique, on a

$$u = f(x,y,z,\dots), \quad U = f(p,q,r\dots),$$
$$p = x + \theta h, \quad q = y + \theta k, \quad r = z + \theta l\dots,$$

et θ représente une fraction positive.

Quand on reconnaît que le reste R peut devenir plus petit que toute quantité donnée, lorsque n est assez grand, la série indéfinie qui forme le second membre de l'équation (2) est convergente et a pour somme $f(x+h,\ y+k,\ z+l,\dots)$. C'est la série de Taylor étendue à un nombre quelconque de variables.

173. On peut faire voir ici, comme pour les fonctions d'une seule variable, qu'en prenant h et k assez petits, un terme quelconque du développement, s'il n'est pas nul, surpassera en valeur absolue le reste de la série, à partir de ce terme.

Ainsi soit, dans la série (1), le terme

$$T_{n+1} = \frac{1}{1.2\dots n}\left(\frac{d^n u}{dx^n}h^n + n\frac{d^n u}{dx^{n-1}dy}h^{n-1}k + \dots + \frac{d^n u}{dy^n}k^n \right),$$

on a

$$\frac{R}{T_{n+1}} = \frac{\dfrac{d^n U}{dp^n} - \dfrac{d^n u}{dx^n} + n\left(\dfrac{d^n U}{dp^{n-1} dq} - \dfrac{d^n u}{dx^{n-1} dy}\right)\dfrac{k}{h} + \dots}{\dfrac{d^n u}{dx^n} + n\dfrac{d^n u}{dx^{n-1} dy}\dfrac{k}{h} + \dots},$$

après avoir divisé les deux termes de la fraction par h^n.

Or, pour $h = 0$ et $k = 0$, $\dfrac{d^n U}{dp^a dq^{n-a}}$ devient $\dfrac{d^n u}{dx^a dy^{n-a}}$: donc, en prenant h et k assez petits, le numérateur pourra être rendu plus petit que toute quantité donnée, puisqu'il se compose de groupes de termes qui tendent séparément vers zéro, tandis que le dénominateur a une limite différente de zéro ; donc, etc.

EXTENSION DU THÉORÈME DE MACLAURIN.

174. Supposons que, dans le développement de $f(x + h, y + k)$ du n° **171**, on fasse $x = 0$, $y = 0$. Désignons par u_0, $\left(\dfrac{du}{dx}\right)_0$, $\left(\dfrac{du}{dy}\right)_0$, $\dots$, ce que deviennent u, $\dfrac{du}{dx}$, $\dfrac{du}{dy}$, $\dots$, pour $x = 0$, $y = 0$.

On aura

$$f(h, k) = u_0 + \left(\frac{du}{dx}\right)_0 h + \left(\frac{du}{dy}\right)_0 k$$
$$+ \frac{1}{1.2}\left[\left(\frac{du}{dx}\right)_0 h + \left(\frac{du}{dy}\right)_0 k\right]^{(2)} + \dots + R.$$

Cette formule deviendra, en remplaçant h par x, k par y,

$$(3)\quad \begin{cases} f(x, y) = u_0 + \left(\dfrac{du}{dx}\right)_0 x + \left(\dfrac{du}{dy}\right)_0 y \\[2ex] \qquad + \dfrac{1}{1.2}\left[\left(\dfrac{du}{dx}\right)_0 x + \left(\dfrac{du}{dy}\right)_0 y\right]^{(2)} + \dots + R, \end{cases}$$

et l'on aura

$$R = \frac{1}{1.2.3\dots n}\left[\left(\frac{dU}{dp}h + \frac{dU}{dq}k\right)_0^{(n)} - \left(\frac{du}{dx}h + \frac{du}{dy}k\right)_0^{(n)}\right] :$$

expression dans laquelle on doit faire $x = 0$, $y = 0$, et remplacer h par x, k par y, p par θx et q par θy. Lorsque R tend vers o à mesure que n augmente, le second membre de la formule (3) donne lieu à une série convergente qui a pour somme $f(x, y)$. C'est la série de Maclaurin étendue aux fonctions de deux variables. On l'étendrait de la même manière aux fonctions d'un nombre quelconque de variables.

FONCTIONS HOMOGÈNES.

175. Une fonction est dite *homogène*, lorsqu'en multipliant les variables qu'elle contient par un même facteur, le résultat est égal à la valeur primitive de la fonction multipliée par une certaine puissance de ce facteur. Ainsi $f(x, y, z)$ sera une fonction homogène si l'on a

$$f(tx, ty, tz) = t^m f(x, y, z);$$

m est dit le degré de la fonction.

176. *Si l'on divise une fonction homogène du $m^{ième}$ degré par une des variables élevée à la puissance m, la fonction ne dépendra plus que des rapports des autres variables à celle-ci.*

En effet, posons $tx = 1$, on aura $t = \dfrac{1}{x}$, et la relation

$$f(tx, ty, tz) = t^m f(x, y, z)$$

devient

$$f\left(1, \frac{y}{x}, \frac{z}{x}\right) = \frac{f(x, y, z)}{x^m}.$$

Réciproquement, si cette condition est remplie, la fonction est homogène. En effet, si

$$f(x, y, z) = x^m \varphi\left(\frac{y}{x}, \frac{z}{x}\right),$$

on a

$$f(tx, ty, tz) = t^m x^m \varphi\left(\frac{y}{x}, \frac{z}{x}\right).$$

Éliminant la fonction φ, il vient

$$f(tx, ty, tz) = t^m f(x, y, z),$$

ce qui démontre que la fonction $f(x, y, z)$ est homogène.

177. *Les dérivées partielles et du premier ordre de toute fonction homogène du $m^{ième}$ degré, $f(x, y, z)$, sont des fonctions homogènes du $(m-1)^{ième}$ degré.*

Soit, en effet, $\dfrac{df(x, y, z)}{dx} = \varphi(x, y, z)$; on a (175)

$$f(tx, ty, tz) = t^m f(x, y, z);$$

d'où, en prenant la dérivée des deux membres par rapport à x,

$$\varphi(tx, ty, tz)\, t = t^m \varphi(x, y, z);$$

ce qui revient à

$$\varphi(tx, ty, tz) = t^{m-1} \varphi(x, y, z);$$

donc (176, *récipr.*) $\varphi(x, y, z)$ ou $\dfrac{df(x, y, z)}{dx}$ est une fonction homogène du $(m-1)^{ième}$ degré.

178. Pour toute fonction homogène, on a (175)

$$f(tx, ty, tz) = t^m f(x, y, z).$$

Posons

$$t = 1 + \alpha,$$

on aura, u désignant $f(x, y, z)$,

$$(a) \qquad f(x + \alpha x, y + \alpha y, z + \alpha z) = (1 + \alpha)^m u.$$

Or, la série de Taylor étendue aux fonctions de plusieurs

variables (172) donne

$$f(x + \alpha x,\, y + \alpha y,\, z + \alpha z) = u + \alpha \left(\frac{du}{dx} x + \frac{du}{dy} y + \frac{du}{dz} z \right)$$

$$+ \frac{\alpha^2}{1 \cdot 2} \left(\frac{du}{dx} x + \frac{du}{dy} y + \frac{du}{dz} z \right)^{(2)} + \dots,$$

puis le développement du binôme donne

$$(1 + \alpha)^m u = u + m u \alpha + \frac{m(m-1)}{1 \cdot 2} u \alpha^2 + \dots$$

Comme l'équation (a) est identique, il en résulte

$$(1) \qquad \frac{du}{dx} x + \frac{du}{dy} y + \frac{du}{dz} z = mu,$$

$$(2) \qquad \left(\frac{du}{dx} x + \frac{du}{dy} y + \frac{du}{dz} z \right)^{(2)} = m(m-1)u,$$

$$(3) \qquad \left(\frac{du}{dx} x + \frac{du}{dy} y + \frac{du}{dz} z \right)^{(3)} = m(m-1)(m-2)u,$$

$$\dots \dots \dots \dots \dots \dots \dots \dots \dots \dots \dots \dots$$

La relation (1), la plus importante, montre que *la
somme des dérivés partielles d'une fonction homogène,
multipliées respectivement par la variable correspondante, est égale à la fonction multipliée par son degré.*

179. EXEMPLE.

$$u = A x^2 + B y^2 + C z^2 + 2 D yz + 2 E xz + 2 F xy.$$

On a

$$\frac{du}{dx} = 2 A x + 2 E z + 2 F y,$$

$$\frac{du}{dy} = 2 B y + 2 D z + 2 F x,$$

$$\frac{du}{dz} = 2 C z + 2 D y + 2 E x,$$

d'où

$$x \frac{du}{dx} + y \frac{du}{dy} + z \frac{du}{dz}$$

$$= 2 (A x^2 + B y^2 + C z^2 + 2 D yz + 2 E xz + 2 F xy) = 2 u.$$

180. L'identité (1) peut s'obtenir directement comme il suit.

Posant

$$tx = p, \quad ty = q, \quad tz = r,$$

on a

$$f(p, q, r) = t^m f(x, y, z);$$

d'où il résulte, en prenant la dérivée des deux membres par rapport à t,

$$\frac{df(p, q, r)}{dp} x + \frac{df(p, q, r)}{dq} y + \frac{df(p, q, r)}{dr} z$$
$$= m t^{m-1} f(x, y, z).$$

Cette identité a lieu pour toutes les valeurs de t; or si $t = 1$,

$$\frac{df(p, q, r)}{dp}, \quad \frac{df(p, q, r)}{dq}, \quad \frac{df(p, q, r)}{dr}$$

deviennent respectivement

$$\frac{du}{dx}, \quad \frac{du}{dy}, \quad \frac{du}{dz},$$

donc

$$(1) \qquad x \frac{du}{dx} + y \frac{du}{dy} + z \frac{du}{dz} = mu.$$

181. Pour démontrer directement la relation (2), il faut différentier l'équation (1) par rapport à x, à y et à z; ce qui donne

$$x \frac{d^2 u}{dx^2} + y \frac{d^2 u}{dx\,dy} + z \frac{d^2 u}{dz\,dx} + \frac{du}{dx} = m \frac{du}{dx},$$

$$x \frac{d^2 u}{dx\,dy} + y \frac{d^2 u}{dy^2} + z \frac{d^2 u}{dy\,dz} + \frac{du}{dy} = m \frac{du}{dy},$$

$$x \frac{d^2 u}{dx\,dz} + y \frac{d^2 u}{dy\,dz} + z \frac{d^2 u}{dz^2} + \frac{du}{dz} = m \frac{du}{dz}.$$

Ajoutons ces équations respectivement multipliées par

x, y, z; puis retranchons des deux membres de l'équation résultante la quantité

$$\frac{du}{dx} x + \frac{du}{dy} y + \frac{du}{dz} z,$$

il viendra

$$\left(\frac{du}{dx} x + \frac{du}{dy} y + \frac{du}{dz} z \right)^{(2)} = m(m - 1) u.$$

On obtiendrait de la même manière les équations $(3), (4)$ et suivantes (178).

QUATORZIÈME LEÇON.
MAXIMUM ET MINIMUM DES FONCTIONS D'UNE VARIABLE.

Maximums et minimums des fonctions d'une *seule* variable indépendante.
—Applications. —Maximums et minimums d'une fonction implicite.

MAXIMUMS ET MINIMUMS DES FONCTIONS D'UNE SEULE VARIABLE INDÉPENDANTE.

182. Soit $f(x)$ une fonction d'une seule variable x. Si, en faisant croître x, la fonction prend une valeur réelle qui surpasse celles qui la précèdent et celles qui la suivent immédiatement, cette valeur de la fonction est dite un *maximum*. On appelle *minimum* une valeur moindre que les valeurs voisines.

Si $f(x)$ devient un maximum pour $x = a$, la différence $f(a + h) - f(a)$ sera *négative*, quel que soit le signe de h, pourvu qu'on prenne h suffisamment petit. Cette différence serait *positive* si $f(a)$ était un minimum.

183. Une fonction peut avoir plusieurs maximums et minimums qui se succèdent alternativement, si la fonction est continue. Un maximun peut être moindre qu'un minimum. Un maximum négatif devient un minimum quand on fait abstraction de son signe, et de même un minimum négatif pris positivement devient un maximum.

Ces diverses conséquences de la définition sont rendues manifestes par l'inspection de la courbe sinueuse ABCDE. Soit $y = f(x)$ l'é-

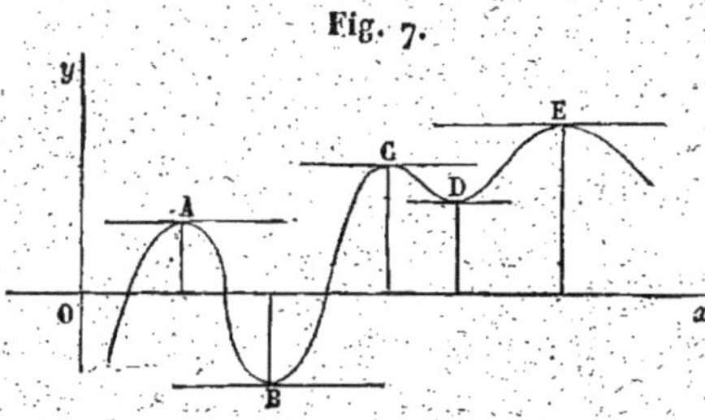

quation de cette courbe ; les valeurs maximum et minimum de $f(x)$ sont évidemment les ordonnées des points A, B, etc., où la tangente est parallèle à l'axe des x. On voit que l'ordonnée du point A, qui est un maximum, est moindre que l'ordonnée du point D, qui est un mimimum, et que l'ordonnée du point B, qui est un maximum en valeur absolue, est un minimum quand on la prend avec son signe.

184. On sait que la fonction $f(x)$ croît continuellement lorsqu'en faisant croître x, dans un certain intervalle, la dérivée $f'(x)$ reste constamment positive, et que $f(x)$ décroît au contraire quand la dérivée est négative. La fonction $f(x)$ ne devient donc ni *maximum* ni *minimum* tant que, x croissant, la fonction dérivée conserve le même signe. Mais si la dérivée change de signe lorsque x atteint et dépasse une certaine valeur a, alors la fonction $f(x)$ deviendra, pour cette valeur, un *maximum* si la dérivée passe *du positif au négatif*, ou un *minimum* si la dérivée passe *du négatif au positif*. Cette dérivée ne peut d'ailleurs changer de signe qu'en s'évanouissant, ou bien encore en devenant discontinue ou infinie. Ainsi, les valeurs de x qui rendent $f(x)$ maximum ou minimum sont uniquement celles pour lesquelles $f'(x)$ devient nulle, infinie ou discontinue en changeant de signe.

185. Ordinairement le maximum et le minimum répondent à des valeurs de x pour lesquelles la fonction dérivée change de signe en s'évanouissant et en restant finie et continue. Dans ce cas, on peut établir les conditions du maximum et celles du minimum à l'aide de la série de Taylor. On a d'abord

$$f(x+h) - f(x) = hf'(x) + \mathrm{R}.$$

Si $f'(x)$ n'est pas nulle, la différence $f(x+h) - f(x)$ a le même signe que $hf'(x)$. Cette différence change donc de signe avec h; donc $f(x)$ n'est, dans ce cas, ni maximum ni minimum.

Mais si $f'(x)$ est nulle et si $f''(x)$ ne l'est pas, on a

$$f(x+h)-f(x)=\frac{h^2}{1.2}f''(x)+R;$$

alors, quel que soit le signe de h, $f(x+h)-f(x)$ a le même signe que $f''(x)$. Donc, si $f''(x)$ est positive pour la valeur de x que l'on considère et qui annule $f'(x)$, $f(x)$ est un minimum, et si $f''(x)$ est négative, $f(x)$ est un maximum.

Mais si $f''(x)$ est nulle, on aura

$$f(x+h)-f(x)=\frac{h^3}{1.2.3}f'''(x)+R;$$

et si $f'''(x)$ n'est pas nulle, $f(x+h)-f(x)$ changera de signe avec h : $f(x)$ ne sera ni maximum ni minimum. Si $f'''(x)=0$, on aura

$$f(x+h)-f(x)=\frac{h^4}{1.2.3.4}f^{\mathrm{iv}}(x)+R,$$

et $f(x)$ sera un minimum ou un maximum selon que $f^{\mathrm{iv}}(x)$ sera positive ou négative pour la valeur de x qui annule $f'(x)$, $f''(x)$, $f'''(x)$, et ainsi de suite.

186. En général, *quand une valeur de x annule quelques-unes des dérivées successives $f'(x)$, $f''(x)$,..., si la première dérivée qu'elle n'annule pas est d'ordre pair, la fonction $f(x)$ est un minimum ou un maximum, selon que cette dérivée est positive ou négative; mais il n'y a ni maximum ni minimum si la première dérivée qui ne s'annule pas est d'ordre impair.*

Cette règle s'accorde avec celle que nous avons donnée plus haut (n° 184); car si, par exemple, les trois premières dérivées s'annulent, on aura, en appliquant la série de Taylor à la dérivée,

$$f'(x+h)=\frac{h^3}{1.2.3}f^{\mathrm{iv}}(x)+R',$$

et l'on voit bien que $f'(x)$ changera de signe avec h. Il est clair que $f'(x)$ ne changerait pas de signe avec h si la première dérivée qui ne s'annule pas était d'ordre impair.

APPLICATIONS.

187. 1° *Minimum de x^x.* Comme il revient au même de faire la recherche du minimum sur le logarithme népérien de cette expression, posons

$$f(x) = l.x^x = x \, l x;$$

on aura

$$f'(x) = 1 + l x \quad \text{et} \quad f''(x) = \frac{1}{x},$$

Or si l'on fait

$$1 + l x = 0,$$

on a

$$l x = -1, \quad \text{d'où} \quad x = e^{-1} = \frac{1}{e}.$$

Comme

$$f''\left(\frac{1}{e}\right) = e > 0,$$

on en conclut que x^x est minimum pour $x = \dfrac{1}{e}$.

2° *On donne deux points* A *et* B, *situés dans deux milieux différents, séparés par une surface plane* P. *Un mobile se meut dans le premier milieu avec une vitesse uniforme* u, *et dans le second milieu avec une vitesse uniforme* v; *on demande le chemin* AHB *que ce mobile doit suivre pour se rendre de* A *en* B *dans le temps le plus court.*

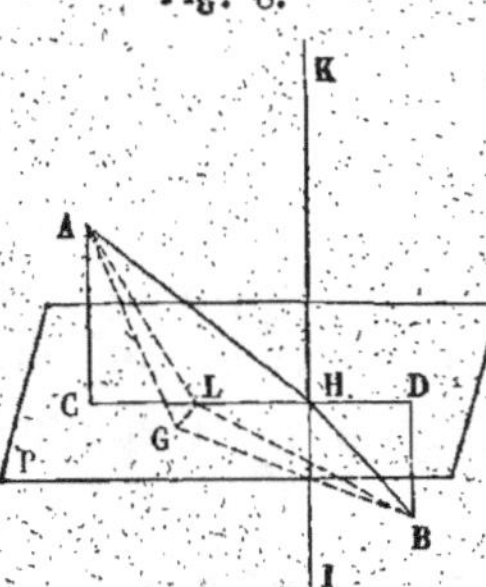

Fig. 8.

Il est clair d'abord que ce chemin doit être composé de lignes droites. Je dis ensuite que la ligne brisée qui résout le problème doit être dans le plan ABCD, conduit par les perpendiculaires AC, BD au plan P. En effet, supposons que cette ligne soit AGB et qu'elle rencontre le plan P au point G non situé dans le plan ABCD. Menons GL perpendiculaire à CD, et joignons AL et BL. Les triangles AGL et BGL étant rectangles en L, on a $AL < AG$ et $BL < BG$; par suite, le mobile ira plus rapidement du point A au point B en suivant le chemin ALB qu'en suivant le chemin AGB.

Cherchons donc, dans le plan ABCD, perpendiculaire au plan P, la ligne AHB, qui est parcourue par le mobile dans le moindre temps possible. Soient

$$AC = a, \quad BD = b, \quad CD = c \quad \text{et} \quad CH = x;$$

le temps que le mobile emploie pour aller de A en H est $\dfrac{AH}{u} = \dfrac{\sqrt{a^2 + x^2}}{u}$, et celui qu'il met pour aller de H en B est $\dfrac{BH}{v} = \dfrac{\sqrt{b^2 + (c - x)^2}}{v}$; par suite, la fonction qu'il s'agit de rendre un minimum est

$$f(x) = \frac{\sqrt{a^2 + x^2}}{u} + \frac{\sqrt{b^2 + (c - x)^2}}{v}.$$

Posons donc

$$f'(x) \quad \text{ou} \quad \frac{x}{u\sqrt{a^2 + x^2}} - \frac{c - x}{v\sqrt{b^2 + (c - x)^2}} = 0,$$

ou bien

$$\frac{x}{u\sqrt{a^2 + x^2}} = \frac{c - x}{v\sqrt{b^2 + (c - x)^2}}.$$

Si l'on voulait tirer de cette équation la valeur de x, il faudrait en élever les deux membres au carré, et l'on aurait ensuite à résoudre une équation du quatrième degré. Mais comme

$$\frac{x}{\sqrt{a^2 + x^2}} = \sin CAH = \sin AHK,$$

$$\frac{c - x}{\sqrt{b^2 + (c - x)^2}} = \sin HBD = \sin BHI,$$

12.

on voit que, dans le cas du minimum [la fonction $f(x)$ n'a pas évidemment de maximum], on a

$$\frac{\sin AHK}{u} = \frac{\sin BHI}{v} \quad \text{ou} \quad \frac{\sin AHK}{\sin BHI} = \frac{u}{v}.$$

Dans la théorie de la lumière, la quantité $\frac{u}{v}$, rapport des vitesses de la lumière dans les deux milieux, est l'indice de la réfraction de la lumière, au passage du premier milieu dans le second.

3° $$f(x) = e^x + 2\cos x + e^{-x}.$$

On a

$$f'(x) = e^x - 2\sin x - e^{-x},$$
$$f''(x) = e^x - 2\cos x + e^{-x},$$

Si l'on égale $f'(x)$ à o, ou a $x = o$, valeur qui, substituée dans $f(x)$, donne $f(o) = 4$.

Pour savoir si c'est un maximum ou un minimum, substituons o à la place de x dans $f''(x)$. Comme $f''(o) = o$, il faut aller plus loin. Or

$$f'''(x) = e^x + 2\sin x - e^{-x} \quad \text{et} \quad f^{IV}(x) = e^x + 2\cos x + e^{-x},$$

d'où l'on tire

$$f'''(o) = o \quad \text{et} \quad f^{IV}(o) = 4;$$

donc $f(o) = 4$ est un minimum de $f(x)$.

4° *Trouver la distance minimum d'un point donné* M (a, b) *à une courbe dont on connaît l'équation*

$$(1) \qquad\qquad y = f(x).$$

Joignons MK, K étant un point quelconque de la courbe. On aura

$$\overline{MK}^2 = (x - a)^2 + (y - b)^2.$$

En égalant à zéro la différentielle de cette expression, nous aurons

$$(x - a) + (y - b)\frac{dy}{dx} = o,$$

équation qui revient à

$$(2) \qquad \frac{y-b}{x-a} \cdot \frac{dy}{dx} + 1 = 0.$$

Or cette relation entre $\frac{dy}{dx}$, coefficient angulaire de la tangente à la courbe donnée au point (x, y), et $\frac{y-b}{x-a}$, coefficient angulaire de la droite MK, montre que ces deux droites sont perpendiculaires entre elles. Donc la droite minimum doit couper la courbe donnée à angle droit.

Si la distance MK était susceptible d'un maximum, on le trouverait encore par la résolution des équations (1) et (2).

Considérons en particulier le cercle dont l'équation est

$$x^2 + y^2 = r^2.$$

On aura $\frac{dy}{dx} = -\frac{x}{y}$, et la relation (2) deviendra

$$1 - \frac{y-b}{x-a} \cdot \frac{x}{y} = 0,$$

ou bien, après réduction,

$$y = \frac{b}{a} x.$$

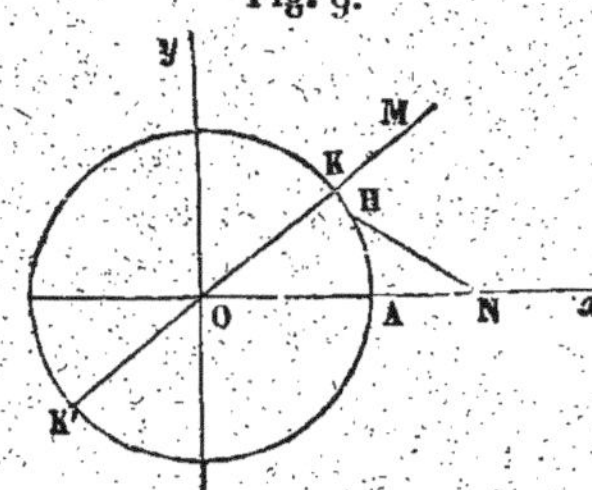

Ainsi, pour déterminer x et y, nous aurons les deux équations

$$x^2 + y^2 = r^2,$$

$$y = \frac{b}{a} x,$$

qui, prises simultanément, représentent les points d'intersection du cercle donné avec la droite MO. Alors KM sera la distance minimum, et K'M la distance maximum, comme on le verra facilement en considérant les dérivées suivantes.

Mais il se présente ici une singularité que l'on peut cependant expliquer par la définition même des maximums et des minimums.

Supposons que le point donné soit le point N situé sur l'axe des abscisses à une distance a du centre. Le carré de la distance NH sera représenté par l'expression

$$y^2 + (x - a)^2,$$

ou bien par

$$r^2 - 2ax + a^2.$$

Or la dérivée de cette expression est une quantité constante $(-2a)$ qui, par conséquent, ne peut être égalée à zéro. Ainsi, quoiqu'il existe une distance minimum qui est NA, on ne l'obtient pas par notre procédé. Cela vient de ce que, d'après la définition, une fonction est minimum pour une certaine valeur de la variable, lorsqu'elle augmente pour des valeurs plus grandes et plus petites de cette variable. Or, si NH est considérée comme une fonction de x, NA n'est plus un minimum dans le sens que nous venons de dire, puisque cette fonction, réelle pour des valeurs de x moindres que r, devient imaginaire pour des valeurs plus grandes.

5° $$f(x) = x^m (b - x)^n.$$

Cette fonction est nulle pour $x = 0$ et pour $x = b$. Il est clair qu'entre les deux valeurs 0 et b, il y en aura au moins une pour laquelle elle sera maximum; en prenant la dérivée, on aura

$$f'(x) = mx^{m-1}(b - x)^n - nx^m(b - x)^{n-1}$$
$$= x^{m-1}(b - x)^{n-1}(mb - mx - nx).$$

Il faudra donc poser

$$x^{m-1}(b - x)^{n-1}[mb - (m + n)x] = 0,$$

ce qui donne les trois valeurs

$$x = \frac{mb}{m+n}, \quad x = b, \quad x = 0.$$

A la première correspond un maximum, car la dérivée passe évidemment du positif au négatif quand x dépasse la valeur $\frac{mb}{m+n}$.

Si m est pair, à la valeur 0 correspondra une valeur minimum de la fonction, mais dans ce cas seulement. En effet, pour des valeurs positives ou négatives très-voisines de zéro, les facteurs de la dérivée, $(b-x)^{n-1}$ et $mb-(m+n)x$, sont toujours positifs, tandis que le facteur x^{m-1} passe du négatif au positif, puisque m est pair : la fonction sera un minimum dans ce cas. Mais si m est impair, aucun des facteurs de la dérivée ne changera de signe, et il n'y aura ni maximum ni minimum.

On verra de même qu'à la valeur b il correspondra un minimum si n est pair, mais qu'il n'y aura ni maximum ni minimum si n est impair.

MAXIMUMS ET MINIMUMS DES FONCTIONS IMPLICITES D'UNE SEULE VARIABLE INDÉPENDANTE.

188. Soit

$$y^2 - 2mxy + x^2 = u$$

une équation qui détermine y en fonction de x. On peut trouver les maximums et les minimums de y sans la résoudre. En effet, la différentiation de cette équation donne

$$(y - mx)\frac{dy}{dx} - my + x = 0,$$

d'où

$$\frac{dy}{dx} = \frac{my - x}{y - mx}.$$

Comme les valeurs de x qui répondent à des maximums ou à des minimums de y doivent satisfaire à la condition

$$\frac{dy}{dx} = 0,$$

on aura ces valeurs en résolvant les deux équations

$$y^2 - 2mxy + x^2 = a, \quad x - my = 0.$$

189. Supposons, pour plus de généralité, que l'on ait trois équations entre quatre inconnues :

$$(1) \quad \begin{cases} f(x, y, z, u) = 0, \\ \varphi(x, y, z, u) = 0, \\ \psi(x, y, z, u) = 0. \end{cases}$$

L'une quelconque des variables, x par exemple, étant prise pour variable indépendante, les trois autres seront des fonctions de celle-ci. Considérons en particulier la fonction u. Pour trouver les valeurs de x, ainsi que les valeurs correspondantes de y et de z, qui donnent des maximums ou des minimums de u, on observe que, dans le cas ordinaire du maximum ou du minimum, on a

$$\frac{du}{dx} = 0.$$

D'après cela, la différentiation immédiate des équations (1) donne, en y regardant y, z et u comme des fonctions de x et supprimant les termes où entre $\dfrac{du}{dx}$,

$$(2) \quad \begin{cases} \dfrac{df}{dx} + \dfrac{df}{dy} \cdot \dfrac{dy}{dx} + \dfrac{df}{dz} \cdot \dfrac{dz}{dx} = 0, \\[2mm] \dfrac{d\varphi}{dx} + \dfrac{d\varphi}{dy} \cdot \dfrac{dy}{dx} + \dfrac{d\varphi}{dz} \cdot \dfrac{dz}{dx} = 0, \\[2mm] \dfrac{d\psi}{dx} + \dfrac{d\psi}{dy} \cdot \dfrac{dy}{dx} + \dfrac{d\psi}{dz} \cdot \dfrac{dz}{dx} = 0. \end{cases}$$

On élimine $\dfrac{dy}{dx}$ et $\dfrac{dz}{dx}$ et l'on obtient une équation,

$$(3) \qquad F(x,\ y,\ z,\ u) = 0,$$

qui, jointe aux équations (1), détermine les valeurs de x, y, z et u.

En différentiant de nouveau les équations (1), on obtiendra $\dfrac{d^2 u}{dx^2}$. On y substituera les valeurs trouvées pour x, y, z, u, et, selon que le résultat sera positif ou négatif, u sera un minimum ou un maximum.

L'élimination de $\dfrac{dy}{dx}$ et de $\dfrac{dz}{dx}$ entre les équations (2) peut se faire en ajoutant ces équations muliipliées respectivement par 1, λ et μ, et choisissant les indéterminées λ et μ de manière que dans le résultat les coefficients de $\dfrac{dy}{dx}$ et de $\dfrac{dz}{dx}$ soient nuls. On remplace ainsi les équations (2) par celles ci :

$$(4) \qquad \begin{cases} \dfrac{df}{dx} + \lambda \dfrac{d\varphi}{dx} + \mu \dfrac{d\psi}{dx} = 0, \\[2mm] \dfrac{df}{dy} + \lambda \dfrac{d\varphi}{dy} + \mu \dfrac{d\psi}{dy} = 0, \\[2mm] \dfrac{df}{dz} + \lambda \dfrac{d\varphi}{dz} + \mu \dfrac{d\psi}{dz} = 0. \end{cases}$$

L'élimination de λ et de μ conduit quelquefois plus rapidement à l'équation (3) que celle de $\dfrac{dy}{dx}$ et de $\dfrac{dz}{dx}$ entre les équations (2).

190. Soient à déterminer les maximums ou les minimums d'une fonction explicite $F(x,\ y,\ z,\ u)$, x, y, z et u étant des variables liées entre elles par les équations

$$(1) \qquad \begin{cases} f(x,\ y,\ z,\ u) = 0, \\[1mm] \varphi(x,\ y,\ z,\ u) = 0, \\[1mm] \psi(x,\ y,\ z,\ u) = 0. \end{cases}$$

L'une des variables, x par exemple, étant regardée comme indépendante, y, z, u, (F, x, y, z, u) seront des fonctions de x.

Si l'on joint aux équations (1) la suivante,

$$F(x, y, z, u) - v = 0,$$

on voit que la nouvelle question est un cas particulier de la précédente, savoir celui dans lequel la fonction implicite v, dont on cherche les maximums et les minimums, n'entre que dans une seule des équations (1).

EXERCICES.

1. *Quel est le plus grand quadrilatère que l'on puisse former avec quatre côtés donnés ?*

SOLUTION. — Le quadrilatère inscriptible.

2. *Trouver sur une circonférence donnée un point tel, que la somme de ses distances à deux points donnés soit un maximum ou un minimum.*

SOLUTION. — Le point de contact de la circonférence et d'une ellipse, tangente au cercle, ayant pour foyers les deux points donnés.

3. *Inscrire dans une sphère donnée un cône dont la surface totale soit un maximum.*

SOLUTION. — En désignant par x la hauteur du cône et par r le rayon de la sphère, on a

$$x = \frac{23 - \sqrt{17}}{16} r.$$

4. *Circonscrire à une sphère donnée un cône dont le volume soit un minimum.*

SOLUTION. — Mêmes notations.

$$x = 4r, \quad \text{vol. max.} = \frac{8}{3} \pi r^3.$$

5. *Parmi toutes les paraboles que peuvent décrire des corps pesants partant d'un point donné avec une vitesse donnée, trouver celle qui a l'aire la plus grande.*

SOLUTION. — Parabole décrite par un corps lancé dans une direction inclinée de 60 degrés à l'horizon.

6. *Parmi toutes les cordes d'une même longueur inscrites dans une courbe donnée, déterminer celle qui retranche le plus grand ou le plus petit segment.*

SOLUTION. — La corde doit faire des angles égaux avec les tangentes menées à la courbe par ses extrémités.

7. *Deux roues circulaires extérieures l'une à l'autre sur un même plan tournent uniformément autour de leurs centres fixes, l'une faisant deux tours, l'autre trois tours par seconde. Déterminer les époques et les positions des deux roues pour lesquelles deux points marqués sur leurs circonférences seront à la plus petite ou à la plus grande distance l'un de l'autre.*

QUINZIÈME LEÇON.

MAXIMUM ET MINIMUM DES FONCTIONS DE PLUSIEURS VARIABLES.

Maximums et minimums des fonctions explicites ou implicites de *plusieurs* variables indépendantes.

MAXIMUMS ET MINIMUMS DES FONCTIONS DE PLUSIEURS VARIABLES INDÉPENDANTES.

191. On dit qu'une valeur particulière et réelle d'une fonction de plusieurs variables indépendantes $f(x, y, z)$ est un maximum, quand elle surpasse toutes les valeurs voisines de cette fonction, c'est-à-dire celles qu'on obtiendrait en donnant aux variables des valeurs très-peu différentes de celles que l'on considère. On appelle minimum d'une fonction une valeur particulière moindre que toutes les valeurs voisines. La différence

$$f(x + h, y + k, z + l) - f(x, y, z)$$

doit donc être constamment *négative* pour des valeurs suffisamment petites et aussi petites que l'on voudra, de h, k et l, quand $f(x, y, z)$ est un maximum, quels que soient les signes de h, k et l; au contraire, cette différence est constamment *positive* quand $f(x, y, z)$ est un minimum.

Supposons que la fonction $u = f(x, y, z)$ soit un maximum ou un minimum pour $x = a$, $y = b$, $z = c$. Si dans cette fonction on attribue à y et à z les valeurs fixes b et c, et qu'on ne fasse varier que x, elle sera encore un maximum ou un minimum pour $x = a$. Par conséquent, il faudra que, pour $x = a$, $y = b$, $z = c$, $\dfrac{du}{dx}$ soit nulle, infinie ou discontinue. On dira la même chose de $\dfrac{du}{dy}$ et de $\dfrac{du}{dz}$. Donc les valeurs de x, y, z qui rendent u maximum ou minimum se trouvent parmi celles qui rendent les dérivées $\dfrac{du}{dx}$, $\dfrac{du}{dy}$, $\dfrac{du}{dz}$ nulles, infinies ou discontinues.

192. En se bornant au cas où ces dérivées sont continues, on peut recourir à la série de Taylor pour distinguer, parmi les solutions du système,

$$\frac{du}{dx} = 0, \qquad \frac{du}{dy} = 0, \qquad \frac{du}{dz} = 0,$$

celles qui répondent à des maximums ou à des minimums. En effet, on a Δu ou

$$f(x+h, y+k, z+l) - f(x,y,z) = \frac{du}{dx}h + \frac{du}{dy}k + \frac{du}{dz}l + R.$$

Or on peut toujours prendre h, k et l assez petits pour que la somme des valeurs absolues des termes qui contiennent h, k et l au même degré surpasse la valeur absolue du reste R correspondant : d'ailleurs, dans la question qui nous occupe, on doit regarder h, k et l comme pouvant être plus petits que toute quantité donnée, et en même temps comme ayant des signes quelconques ; donc : 1° Δu doit avoir le même signe que

$$\frac{du}{dx}h + \frac{du}{dy}k + \frac{du}{dz}l ;$$

2° si l'on n'avait pas à la fois

$$\frac{du}{dx} = 0, \qquad \frac{du}{dy} = 0, \qquad \frac{du}{dz} = 0,$$

$f(x, y, z)$ ne pourrait être ni un maximum ni un minimum, puisque en changeant simplement les signes de h, k et l, sans changer leur valeur absolue, on changerait le signe de $\dfrac{du}{dx}h + \dfrac{du}{dy}k + \dfrac{du}{dz}l$, et, par suite, celui de Δu. Nous retrouvons ainsi les conditions précédemment obtenues (191).

193. Cherchons maintenant quelles sont les conditions nécessaires et suffisantes pour que $f(x,\ y,\ z)$ soit un minimum ou un maximum.

La différentielle totale du premier ordre étant nulle, on aura

$$\Delta u = \frac{1}{1.2}\,(A\,h^2 + B\,k^2 + C\,l^2 + 2\,D\,hk + 2\,E\,hl + 2\,F\,kl) + R,$$

ou bien

$$\Delta u = \frac{1}{2}\,d^2 u + R.$$

Admettons d'abord que les coefficients A, B, C, D, E, F, qui, pour abréger, désignent les dérivées partielles du second ordre, $\dfrac{d^2 u}{dx^2}$, $\dfrac{d^2 u}{dy^2}$, etc., ne soient pas tous nuls à la fois pour les valeurs considérées de x, y, z, c'est-à-dire pour celles qui annulent les dérivées du premier ordre $\dfrac{du}{dx}$, $\dfrac{du}{dy}$, $\dfrac{du}{dz}$.

Si $d^2 u$ n'est pas identiquement nulle, il peut arriver trois cas : 1° $d^2 u$ pourra changer de signe, alors il n'y aura ni maximum ni minimum ; 2° $d^2 u$ conservera toujours le même signe, alors u sera maximum ou minimum selon que $d^2 u$ sera négative ou positive ; 3° $d^2 u$ sera nulle pour certaines valeurs de h, k, l, mais sans jamais changer de signe, alors on ne peut dire, sans pousser plus loin le développement de Δu, si la fonction est un maximum ou un minimum.

Nous nous contenterons de chercher les conditions nécessaires et suffisantes pour que $d^2 u$ ou la fonction

$$A\,h^2 + B\,k^2 + C\,l^2 + 2\,D\,hk + 2\,E\,hl + 2\,F\,kl$$

soit constamment positive, quels que soient les signes de h, k, l, pour de très-petites valeurs de ces trois quantités.

Mais comme cette expression est une fonction homogène de h, k et l, en la mettant sous la forme

$$h^2\left(A + B\frac{k^2}{h^2} + C\frac{l^2}{h^2} + 2D\frac{k}{h} + 2E\frac{l}{h} + 2F\frac{k}{h}\cdot\frac{l}{h}\right),$$

on voit que, si elle est positive pour de très-petites valeurs de h, k, l, elle le sera encore pour des valeurs aussi grandes que l'on voudra de ces variables, pourvu que leurs rapports ne changent pas. Ainsi, il sera nécessaire et suffisant que l'expression

$$A h^2 + B k^2 + C l^2 + 2D hk + 2E hl + 2F kl$$

soit positive pour toutes les valeurs réelles de h, k et l.

Observons maintenant que si l'un des coefficients des carrés, A par exemple, était nul, les coefficients des termes qui contiennent h, c'est-à-dire D et E, seraient aussi nuls. En effet, dans ce cas, on a

$$d^2u = Ph + Q,$$

en posant

$$P = 2(Dk + El), \quad Q = Bk^2 + Cl^2 - 2Fkl,$$

P et Q étant indépendants de h; si, après avoir donné des valeurs arbitraires à k et à l, on fait

$$h = -\frac{Q}{P} + \alpha, \quad \text{puis ensuite} \quad h = -\frac{Q}{P} - \alpha,$$

les résultats de cette substitution seront $P\alpha$ dans le premier cas, et $-P\alpha$ dans le second. Donc, si P n'était pas nul identiquement, d^2u pourrait changer de signe. Par conséquent, l'égalité A = o entraîne les suivantes :

$$D = o, \quad E = o.$$

Il résulte de là que les coefficients A, B, C ne sont pas nuls à la fois; car, s'il en était ainsi, la fonction d^2u s'annulerait d'elle-même, contrairement à notre supposition.

Supposons donc que A, par exemple, ne soit pas nul; je dis que A sera positif; car si l'on pose $k = o$ et $l = o$, la fonction se réduit au terme $A h^2$ qui, pour être positif, exige que A soit positif. Une première condition nécessaire dans le cas du minimum est donc

$$(1) \qquad\qquad A > o.$$

Maintenant, on peut mettre $d^2 u$ ou la fonction

$$A h^2 + B k^2 + C l^2 + 2 D h k + 2 E h l + 2 F k l$$

sous la forme

$$A \left(h^2 + 2 h \frac{D k + E l}{A} \right) + B k^2 + C l^2 + 2 F k l,$$

ou bien encore, en complétant le carré dont les deux premiers termes sont dans la parenthèse,

$$A \left(h + \frac{D k + E l}{A} \right)^2 - \frac{D^2 k^2 + 2 E D k l + E^2 l^2}{A} + B k^2 + C l^2 + 2 F k l$$

$$= A \left(h + \frac{D k + E l}{A} \right)^2 + \left(B - \frac{D^2}{A} \right) k^2 + \left(C - \frac{E^2}{A} \right) l^2 + 2 \left(F - \frac{ED}{A} \right) k l.$$

Si l'on pose, pour abréger,

$$B - \frac{D^2}{A} = G, \quad C - \frac{E^2}{A} = I, \quad F - \frac{ED}{A} = M,$$

on devra donc avoir, pour toutes les valeurs de h, k, l,

$$A \left(h + \frac{D k + E l}{A} \right)^2 + G k^2 + I l^2 + 2 M k l > o.$$

Si G était nul, la fonction considérée se réduirait pour

$$h = - \frac{D k + E l}{A}$$

$$I l^2 + 2 M k l,$$

Ce binôme ne peut être positif pour toutes les valeurs de l et de k que si $M = o$; mais $d^2 u$ pouvant alors être mis sous la forme

$$A\left(h + \frac{Dk + El}{A}\right)^2 + Il^2,$$

cette différentielle s'annulerait pour la valeur $l = o$ jointe à une infinité d'autres valeurs de k et de h, cas particulier que nous avons écarté.

Soit donc G différent de o : si l'on fait

$$l = o \quad \text{et} \quad h = -\frac{D}{A}k,$$

la fonction se réduit à Gk^2, et comme ce résultat doit être positif pour toutes les valeurs de k, on en déduit que G doit être positif. Ainsi, une seconde condition, nécessaire dans le cas du minimum, est

$$(2) \qquad\qquad G > o.$$

Maintenant, abstraction faite du premier terme, le reste du polynôme pourra s'écrire

$$G\left(k^2 + \frac{2Mkl}{G}\right) + Il^2,$$

ou

$$G\left(k + \frac{Ml}{G}\right)^2 - \frac{M^2l^2}{G} + Il^2 = G\left(k + \frac{Ml}{G}\right)^2 + Nl^2,$$

en complétant le carré dans la parenthèse, et posant, pour abréger,

$$N = I - \frac{M^2}{G}.$$

Donc la différentielle seconde d^2u pourra être mise sous la forme

$$A\left(h + \frac{Dk + El}{A}\right)^2 + G\left(k + \frac{Ml}{G}\right)^2 + Nl^2,$$

et l'on reconnaîtra, comme plus haut, que l'on doit avoir

$$(3) \qquad\qquad N > o.$$

Ainsi, en général, trois conditions,

$$A > 0, \quad G > 0, \quad N > 0,$$

sont nécessaires pour que $f(x, y, z)$ soit un minimum. Ces conditions sont d'ailleurs suffisantes; car, si elles sont remplies, l'expression

$$A \left(h + \frac{Dk + El}{A} \right)^2 + G \left(k + \frac{Ml}{G} \right)^2 + Nl^2,$$

c'est-à-dire d^2u, sera positive pour toutes les valeurs réelles de h, k et l.

194. Si $f(x, y, z)$ est un maximum, il faudra, pour les mêmes raisons, que l'on ait

$$Ah^2 + Bk^2 + \ldots + 2Fkl < 0,$$

ou bien

$$- Ah^2 - Bk^2 - \ldots - 2Fkl > 0$$

pour toutes les valeurs réelles de h, k, l. On aura donc les conditions nécessaires et suffisantes du maximum, en remplaçant, dans les trois conditions trouvées plus haut, A par — A, B par — B, ..., F par — F.

195. S'il arrivait que les quotients différentiels A, B, C, D, E, F fussent tous nuls, pour les valeurs de x, y et z tirées des équations

$$\frac{du}{dx} = 0, \quad \frac{du}{dy} = 0, \quad \frac{du}{dz} = 0,$$

on verrait facilement que tous les quotients différentiels du troisième ordre devraient s'annuler d'eux-mêmes. Mais nous n'irons pas plus loin, parce que les conditions qui, dans le cas du maximum ou du minimum $f(x, y, z)$, doivent alors être remplies par les quotients différentiels du quatrième ordre, deviennent beaucoup trop compliquées.

MAXIMUMS ET MINIMUMS DES FONCTIONS IMPLICITES DE PLUSIEURS VARIABLES INDÉPENDANTES.

196. Soient les équations

$$(1) \quad \begin{cases} f(x,\ y,\ z,\ u,\ v) = 0, \\ \varphi(x,\ y,\ z,\ u,\ v) = 0, \\ \psi(x,\ y,\ z,\ u,\ v) = 0. \end{cases}$$

Si l'on considère deux des variables, par exemple x et y, comme indépendantes, z, u, v seront des fonctions de x et de y déterminées par ces équations. Pour rendre maximum ou minimum la fonction v, par exemple, il faut, d'après la règle donnée précédemment, résoudre les équations

$$\frac{dv}{dx} = 0, \quad \frac{dv}{dy} = 0.$$

Par suite, on doit avoir

$$\frac{dv}{dx}\,dx + \frac{dv}{dy}\,dy = 0,$$

c'est-à-dire que la différentielle totale de v doit être nulle.

Si l'on différentie les équations (1) en faisant attention que $dv = 0$, il viendra

$$(2) \quad \begin{cases} \dfrac{df}{dx}\,dx + \dfrac{df}{dy}\,dy + \dfrac{df}{dz}\,dz + \dfrac{df}{du}\,du = 0, \\[2mm] \dfrac{d\varphi}{dx}\,dx + \dfrac{d\varphi}{dy}\,dy + \dfrac{d\varphi}{dz}\,dz + \dfrac{d\varphi}{du}\,du = 0, \\[2mm] \dfrac{d\psi}{dx}\,dx + \dfrac{d\psi}{dy}\,dy + \dfrac{d\psi}{dz}\,dz + \dfrac{d\psi}{du}\,du = 0. \end{cases}$$

Dans ces équations, dx, dy sont des constantes, et dz, du sont les différentielles totales de u et de z considérées comme des fonctions de x et de y.

13.

En éliminant dz et du entre les équations (2), on obtiendra une équation de la forme

$$P\,dx + Q\,dy = 0,$$

qui devra être vérifiée, dans le cas du maximum comme dans celui du minimum, par les valeurs correspondantes des variables x et y. Par suite, puisque dx et dy n'ont aucune dépendance entre elles, il faudra que l'on ait

$$(3) \qquad\qquad P = 0, \quad Q = 0.$$

Les équations (1) et (3) donneront les valeurs cherchées de x, y, z, u, v.

Pour savoir si la valeur correspondante de la fonction est maximum ou minimum, il restera à examiner si la différentielle totale $d^2 v$ garde toujours le même signe.

197. Ce qu'on vient de dire renferme comme cas particulier la détermination des maximums et des minimums des fonctions de plusieurs variables indépendantes liées entre elles par un certain nombre d'équations.

Ainsi, supposons qu'il s'agisse d'une fonction

$$v = F (x,\ y,\ z,\ u)$$

et que l'on ait en outre les relations

$$\varphi (x,\ y,\ z,\ u) = 0,$$
$$\psi (x,\ y,\ z,\ u) = 0.$$

On voit que cela revient à changer, dans la question précédente, $f(x,\ y,\ z,\ u,\ v)$ en $F (x, y,\ z,\ u) - v$, et à supposer les fonctions φ et ψ indépendantes de v.

EXERCICES.

1. *Trouver la plus courte distance de deux droites dans l'espace, données par leurs équations.*

Solution. — Les équations des droites étant

$$\begin{cases} x = az + p, \\ y = bz + q, \end{cases} \qquad \begin{cases} x = a'z + p', \\ y = b'z + q', \end{cases}$$

la plus courte distance est

$$\frac{(a - a')\,(q - q') - (b - b')\,(p - p')}{\sqrt{(a - a')^2 + (b - b')^2 + (c - c')^2}}.$$

2. *Parmi les parallélipipèdes de même surface, assigner celui qui a le plus grand volume.*

SOLUTION. — Le cube.

3. *Mener par un point donné la ligne droite la plus courte entre deux courbes données dans un plan.*

SOLUTION. — Les normales aux extrémités de la droite minimum doivent rencontrer au même point la perpendiculaire à cette droite menée par le point donné.

4. *Déterminer, dans une surface du second degré, le plus grand et le plus petit des rayons vecteurs partant du centre.*

5. *Déterminer dans l'espace un point tel, qu'une fonction de ses distances à des points donnés soit un maximum ou un minimum.*

SOLUTION. — Si $p, p', p'', \ldots$, sont les distances en question, et $u = f(p, p', p'', \ldots)$ la fonction qui doit être un maximum ou un minimum, il faudra que le point M reste en équilibre sous l'action de forces proportionnelles à $\dfrac{du}{dp}, \dfrac{du}{dp'}, \dfrac{du}{dp''}, \ldots$, et dirigées suivant les droites $p, p', p'', \ldots$ (*Annales de Gergonne*, t. XIV, p. 118).

SEIZIÈME LEÇON.

APPLICATIONS GÉOMÉTRIQUES DU CALCUL DIFFÉRENTIEL.

THÉORIE DES TANGENTES.

Équations de la tangente et de la normale. — Longueur des lignes appelées sous-tangente, sous-normale, etc. — Degré de l'équation de la tangente. — Problèmes sur les tangentes. — Sens de la concavité et de la convexité des courbes.

ÉQUATIONS DE LA TANGENTE ET DE LA NORMALE.

198. Soit

$$f(x, y) = 0$$

l'équation d'une courbe plane AMM'. Si MT est la tangente au point M(x, y) de cette courbe, on aura, en supposant les axes rectangulaires,

$$\tang MT x = \lim \frac{\Delta y}{\Delta x} = \frac{dy}{dx} :$$

Fig. 10.

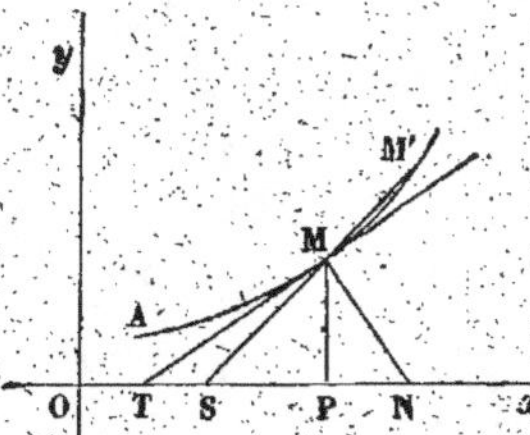

par conséquent, en désignant par X et Y les coordonnées courantes d'un point quelconque de la tangente, l'équation de cette droite sera

$$(1) \qquad Y - y = \frac{dy}{dx} (X - x).$$

Si l'on remplace $\frac{dy}{dx}$ par sa valeur tirée de l'équation de la courbe, l'équation de la tangente deviendra

$$Y - y = - \frac{\frac{df}{dx}}{\frac{df}{dy}} (X - x),$$

ou

$$(2) \qquad \frac{df}{dx}(X - x) + \frac{df}{dy}(Y - y) = 0.$$

199. L'équation de la tangente conserve la même forme lorsque les axes sont obliques. En effet, si x et y sont les coordonnées du point de contact M, d'une tangente MT à la courbe AMM', l'équation de cette tangente sera de la forme

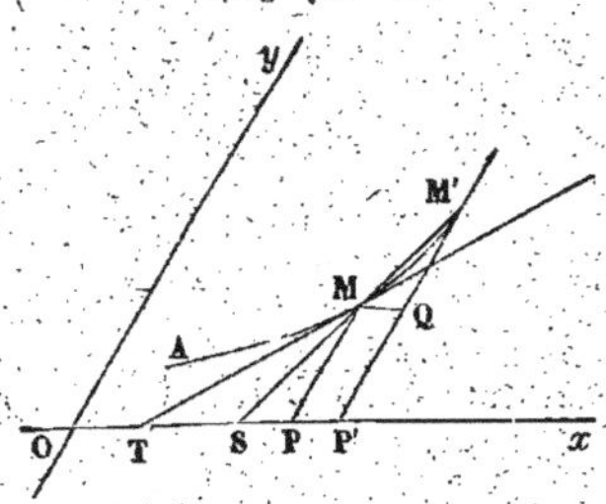

$$Y - y = a(X - x),$$

Or la sécante M'MS a pour équation

$$Y - y = a'(X - x),$$

et a est la limite de a', lorsque le point M' se confond avec le point M.

Menons MP et M'P' parallèles à Oy, et MQ parallèle à Ox; on aura

$$\frac{M'Q}{MQ} = a'.$$

Mais

$$M'Q = \Delta y \quad \text{et} \quad MQ = \Delta x;$$

donc

$$a' = \frac{\Delta y}{\Delta x}.$$

De là il suit que

$$\lim \frac{\Delta y}{\Delta x} \quad \text{ou} \quad a = \frac{dy}{dx}.$$

Donc

$$Y - y = \frac{dy}{dx}(X - x)$$

est dans tous les cas l'équation de la tangente au point (x, y).

200. Il suit de là que, si les axes sont rectangulaires,

l'équation de la *normale* MN sera

$$Y - y = - \frac{dx}{dy} (X - x).$$

Si les axes sont obliques et font un angle θ, l'équation de cette droite sera

$$Y - y = - \frac{dx + dy \cos\theta}{dy + dx \cos\theta} (X - x).$$

LONGUEUR DES LIGNES NOMMÉES SOUS-TANGENTE, ETC.

201. Attachons-nous maintenant, en particulier, au cas où les axes sont rectangulaires.

Si l'on veut avoir la *sous-tangente* $S_t = $ PT, on aura

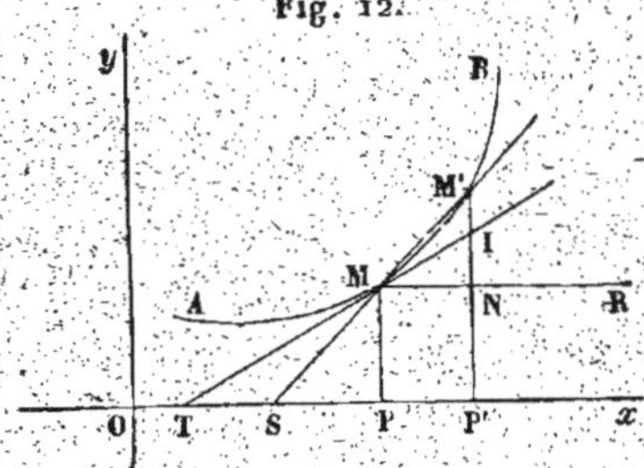

$$PT = MP \tan TMP = y \frac{dx}{dy};$$

donc

$$S_t = \frac{y\, dx}{dy}.$$

On trouve encore la valeur de la sous-tangente en la regardant comme la limite de la sous-sécante, c'est-à-dire de la droite SP. Or

$$SP = MP \tan SMP = y \frac{\Delta x}{\Delta y},$$

et cette expression a bien pour limite $y \frac{dx}{dy}.$

Le triangle MPN (*fig.* 11, p. 198) donne pour la *sous-normale* PN

$$S_n = \frac{y\, dy}{dx}.$$

Pour la longueur MT de la tangente, on aura

$$MT = y \sqrt{1 + \frac{dx^2}{dy^2}}.$$

Enfin, pour la longueur MN de la normale, on a

$$MN = y\sqrt{1 + \frac{dy^2}{dx^2}}.$$

EXEMPLE.

$$y = a^x.$$

Supposons, pour fixer les idées, $a > 1$. Cette courbe, nommée logarithmique, s'étend à l'infini des deux côtés de l'axe des y, et elle est asymptote à l'axe Ox du côté des x négatifs. On tire de l'équation $y = a^x$,

Fig. 13.

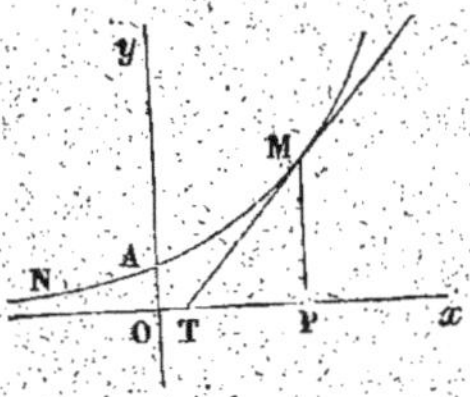

$$\frac{dy}{dx} = a^x \, la;$$

par conséquent,

$$Y - y = a^x \, la\,(X - x)$$

est l'équation de la tangente.

Cette tangente peut être construite bien simplement à l'aide de la sous-tangente TP; on a

$$TP = y\frac{dx}{dy} = a^x \frac{dx}{dy} = a^x \times \frac{1}{a^x \, la},$$

ou

$$TP = \frac{1}{la} = \log e.$$

Ainsi *la sous-tangente est constante et égale au logarithme de e pris dans le système dont la base est a, c'est-à-dire au module de ce système.* Quand $a = e$, la valeur constante de la sous-tangente est l'unité.

DEGRÉ DE L'ÉQUATION DE LA TANGENTE.

202. L'équation de la tangente menée par le point (x, y) peut être mise sous la forme

$$\frac{df}{dx} X + \frac{df}{dy} Y = \frac{df}{dx} x + \frac{df}{dy} y.$$

Si l'équation de la courbe est algébrique et du $m^{ième}$ degré, il semble au premier abord que $\dfrac{df}{dx}\,x + \dfrac{df}{dy}\,y$ sera une fonction du $m^{ième}$ degré des coordonnées du point de contact. Mais ce degré s'abaisse d'une unité quand on tient compte de l'équation $f(x, y) = 0$.

En effet, soit

$$f(x, y) = u + u_1 + u_2 + \ldots,$$

u étant l'ensemble des termes du $m^{ième}$ degré, u_1 l'ensemble de ceux du $(m-1)^{ième}$, et ainsi de suite. On aura

$$\frac{df}{dx} = \frac{du}{dx} + \frac{du_1}{dx} + \frac{du_2}{dx} + \ldots,$$

$$\frac{df}{dy} = \frac{du}{dy} + \frac{du_1}{dy} + \frac{du_2}{dy} + \ldots,$$

d'où

$$\frac{df}{dx}\,x + \frac{df}{dy}\,y = x\,\frac{du}{dx} + y\,\frac{du}{dy}$$
$$+ \left(x\,\frac{du_1}{dx} + y\,\frac{du_1}{dy}\right) + \left(x\,\frac{du_2}{dx} + y\,\frac{du_2}{dy}\right) + \ldots,$$

ce qui, d'après un théorème (n° 178) sur les fonctions homogènes, donne

$$\frac{df}{dx}\,x + \frac{df}{dy}\,y = mu + (m-1)\,u_1 + (m-2)\,u_2 + \ldots$$
$$= m(u + u_1 + u_2 + \ldots) - u_1 - 2u_2 - 3u_3 - \ldots.$$

Or, le point (x, y) étant sur la courbe, on a

$$m(u + u_1 + u_2 + \ldots) = 0;$$

donc l'équation de la tangente devient

$$\frac{df}{dx}\,\mathrm{X} + \frac{df}{dy}\,\mathrm{Y} + u_1 + 2u_2 + 3u_3 + \ldots = 0,$$

et ne contient plus de termes du $m^{ième}$ degré : ce qu'il s'agissait de démontrer.

EXEMPLE.

$$\mathrm{A}y^2 + \mathrm{B}xy + \mathrm{C}x^2 + \mathrm{D}y + \mathrm{E}x + \mathrm{F} = 0.$$

On a
$$\frac{dy}{dx} = -\frac{By + 2Cx + E}{2Ay + Bx + D}.$$

Il vient donc, pour l'équation de la tangente,

$$(2Ay + Bx + D)(Y - y) + (By + 2Cx + E)(X - x) = 0,$$

ou
$$(2Ay + Bx + D)Y + (By + 2Cx + E)X$$
$$= (2Ay + Bx + D)y + (By + 2Cx + E)x.$$

Simplifiant au moyen de l'équation de la courbe, on a finalement

$$(2Ay + Bx + D)Y + (By + 2Cx + E)X + Dy + Ex + 2F = 0,$$

pour l'équation de la tangente au point (x, y).

PROBLÈMES SUR LES TANGENTES.

203. *Une courbe étant donnée, lui mener une tangente par un point extérieur (a, b).*

On aura, pour déterminer les coordonnées inconnues x et y du point de contact, d'abord l'équation de la courbe

$$(1) \qquad f(x, y) = 0,$$

et ensuite l'équation

$$(2) \qquad a\frac{df}{dx} + b\frac{df}{dy} = \frac{df}{dx}x + \frac{df}{dy}y,$$

obtenue en mettant a et b à la place de X et de Y dans l'équation de la tangente (198).

Les valeurs de x et de y tirées des équations (1) et (2) détermineront les coordonnées du point de contact. Si $f(x, y)$ est une fonction entière du $m^{ième}$ degré, l'équation (2) pourra se réduire au $(m-1)^{ième}$ degré; par suite, le problème proposé aura au plus $m(m-1)$ solutions. Pour $m = 2$, il y a au plus deux tangentes; il y en a au plus six, pour $m = 3$; et ainsi de suite.

L'équation (2), réduite en ayant égard à l'équation (1),

représente un lieu géométrique qui contient les points de contact et qui est du $(m-1)^{ième}$ degré au plus.

204. *Mener une tangente parallèle à une droite dont l'équation est* $Y = aX$.

L'équation de la tangente cherchée étant

$$Y - y = \frac{dy}{dx}(X - x),$$

on doit avoir

$$\frac{dy}{dx} = a,$$

équation qui, jointe à celle de la courbe, déterminera les coordonnées du point de contact.

Comme l'équation $\frac{dy}{dx} = a$ revient à

$$-\frac{\frac{df}{dx}}{\frac{df}{dy}} = a, \quad \text{ou à} \quad \frac{df}{dx} + a\frac{df}{dy} = 0,$$

qui est du $(m-1)^{ième}$ degré, si $f(x,y)$ est du $m^{ième}$ degré, le problème admettra au plus $m(m-1)$ solutions.

DE LA CONCAVITÉ ET DE LA CONVEXITÉ DES COURBES

PLANES.

205. Nous allons maintenant comparer les ordonnées d'une courbe à celles de sa tangente, pour une même abscisse, dans les environs du point de contact. Soit MT une tangente à la courbe MM'; soient $x = $ OP, $y = $ MP les coordonnées du point de contact. En désignant PP' par h, on aura

Fig. 14.

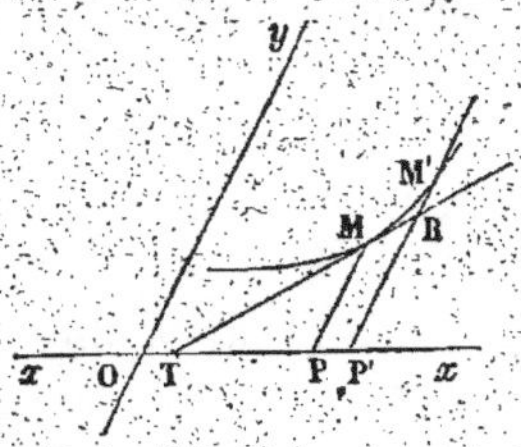

$$M'P' = y + \frac{dy}{dx}h + \frac{d^2y}{dx^2}\frac{h^2}{1.2} + R.$$

L'équation de la tangente étant

$$Y - y = \frac{dy}{dx}(X - x),$$

on aura, pour le point dont l'abscisse est $x + h$,

$$Y - y = \frac{dy}{dx}h,$$

et, par suite, l'ordonnée correspondante sera

$$P'R = y + h\frac{dy}{dx},$$

d'où

$$M'R = M'P' - P'R = \frac{d^2y}{dx^2}\frac{h^2}{1.2} + R.$$

On a démontré, à l'occasion de la formule de Taylor, que si h est assez petit et si la dérivée seconde $\frac{d^2y}{dx^2}$ est différente de 0, la valeur absolue de $\frac{d^2y}{dx^2}\frac{h^2}{1.2}$ surpasse celle de R; par conséquent, dans ce cas, la différence $M'P' - P'R$, pour un point M' de la courbe, suffisamment rapproché, soit d'un côté, soit de l'autre, du point M, aura le même signe que $\frac{d^2y}{dx^2}$.

Donc, si l'on a

$$(1) \qquad \frac{d^2y}{dx^2} > 0,$$

les ordonnées de la courbe sont plus grandes que celles de la tangente dans les environs du point M, de part et d'autre de ce point. Si, au contraire, on a

$$(2) \qquad \frac{d^2y}{dx^2} < 0,$$

les ordonnées de la tangente surpassent celles de la courbe.

Dans le premier cas que représente la *fig.* 15, la courbe, aux environs du point M, tourne sa concavité du côté des y positifs; dans le second cas, la concavité est tournée du côté des y négatifs. La convexité est toujours tournée vers l'axe des x, quand y et $\dfrac{d^2 y}{dx^2}$ ont le même signe, les axes étant rectangulaires.

206. Nous avons supposé, jusqu'à présent, que $\dfrac{d^2 y}{dx^2}$ conservait le même signe pour des points situés de part et d'autre du point M; mais il peut arriver que $\dfrac{d^2 y}{dx^2}$ soit positive un peu avant que x devienne égal à OP, et

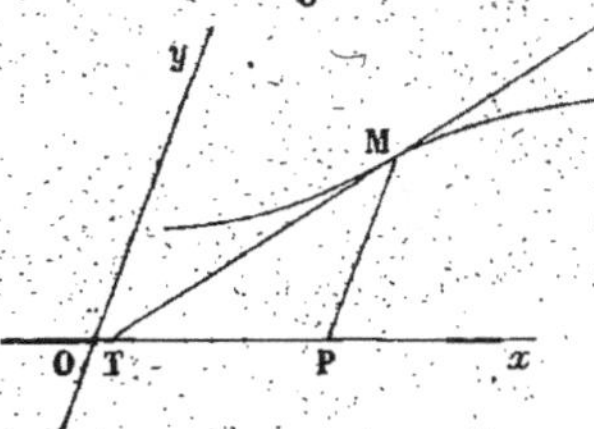

négative après que x a dépassé cette valeur, ou *vice versâ*. Alors la courbe, convexe ou concave vers les y positifs à gauche du point M, devient concave ou convexe à droite de ce point. On dit alors que la courbe a une *inflexion* au point M, qui est dit un *point d'inflexion*. Ces points remarquables s'obtiennent donc en cherchant les valeurs de x et de y, qui, rendant $\dfrac{d^2 y}{dx^2}$ nulle ou infinie, lui font en même temps changer de signe.

EXERCICES.

1. *Trouver la sous-tangente de la courbe qui a pour équation*

$$x = e^{\frac{x-y}{y}}.$$

SOLUTION.

$$\frac{x^2}{x-y}.$$

2. *La courbe qui a pour équation*

$$x^{\frac{2}{3}} + y^{\frac{2}{3}} = a^{\frac{2}{3}}$$

est constamment touchée par une droite de longueur invariable qui glisse en s'appuyant sur les axes coordonnés.

3. *Trouver les points d'inflexion de la courbe qui a pour équation*

$$x^3 + 3xy^2 = 4a^3$$

SOLUTION. — Il y a deux points d'inflexion dont l'abscisse est a.

DIX-SEPTIÈME LEÇON.

THÉORÈMES SUR LES AIRES ET LES ARCS DES COURBES PLANES.

Différentielle de l'aire d'une courbe plane. — Des aires considérées comme limites d'une somme de parallélogrammes. — Applications. — Rectification d'un arc de courbe plane. — Différentielle d'un arc de courbe. — Limite du rapport de l'arc à sa corde. — Nouveaux théorèmes sur les arcs de courbe considérés comme limites.

DIFFÉRENTIELLE DE L'AIRE D'UNE COURBE PLANE.

207. L'aire comprise entre une courbe plane CM, une ordonnée fixe CA, une ordonnée quelconque MP et

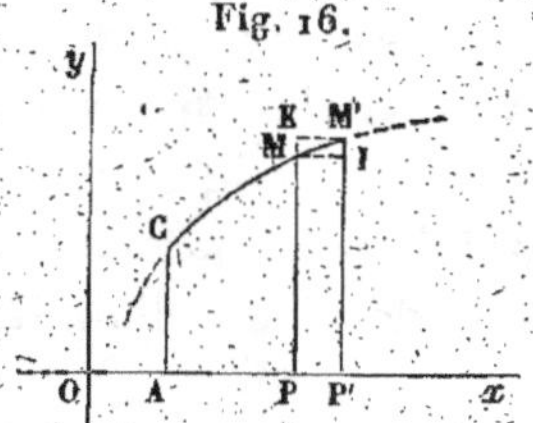

l'axe des abscisses Ox, est une fonction de l'abscisse $OP = x$ du point M, puisqu'elle varie quand on change le point P. Proposons-nous d'en chercher la différentielle. Soit CAMP $= u$. Nommons Δu la surface MM'PP', répondant à un accroissement très-petit PP' $= \Delta x$ de l'abscisse. Si l'on mène les droites MI et M'K parallèles à Ox et terminées aux ordonnées MP et M'P', comme on peut toujours prendre le point M' assez rapproché du point M pour que les ordonnées soient constamment croissantes ou décroissantes de M en M' (et ici, pour fixer les idées, nous les avons supposées croissantes), on aura

$$\text{PMM'P'} > \text{PMIP'} \quad \text{et} \quad \text{PMM'P'} < \text{PKM'P'},$$

c'est-à-dire

$$\Delta u > y\,\Delta x \quad \text{et} \quad \Delta u < (y + \Delta y)\,\Delta x,$$

ou

$$y < \frac{\Delta u}{\Delta x} < y + \Delta y.$$

De là, en passant à la limite,

$$\frac{du}{dx} = y, \quad \text{ou} \quad du = y\,dx.$$

208. Quoiqu'on puisse parfaitement admettre qu'en prenant le point M′ assez voisin du point M les ordonnées seront toujours constamment croissantes ou décroissantes de M en M′, cette hypothèse n'est pas nécessaire à la démonstration. Il suffit pour s'en convaincre de reprendre les raisonnements en remplaçant partout y et $y + \Delta y$ par y_1 et y_2, y_1 étant la plus petite et y_2 la plus grande des ordonnées, dans l'intervalle où l'on fait varier l'abscisse.

209. Le même mode de démonstration convient au cas des axes obliques, avec cette seule différence que l'accroissement Δu est alors compris entre les aires de deux parallélogrammes dont les côtés sont parallèles aux axes, et comme l'aire d'un parallélogramme est égale au produit de deux côtés adjacents multiplié par le sinus de l'angle qu'ils font entre eux, on a, θ désignant l'angle des axes,

$$du = y\,dx \sin\theta.$$

DES AIRES CONSIDÉRÉES COMME LIMITES D'UNE SOMME
DE PARALLÉLOGRAMMES.

210. Dans le cas des axes rectangulaires, la surface ABCD est la limite d'une somme de rectangles intérieurs, formés en menant par les points C, E, F,..., M, M′, etc., pris sur la courbe, des parallèles à Ox telles, que chacune soit terminée à l'ordonnée du point suivant (l'un de ces rectangles

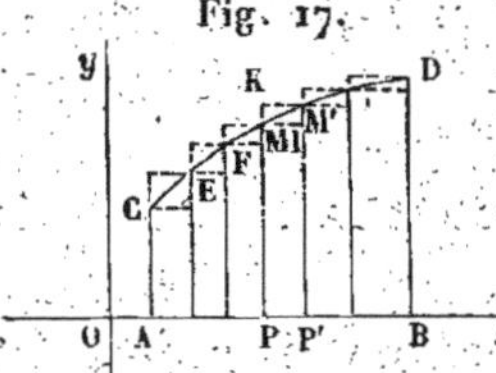

serait, par exemple, MIP′P), et l'on suppose que ces

points se rapprochent indéfiniment les uns des autres, en même temps que leur nombre augmente sans limite.

Supposons d'abord que les ordonnées soient constamment croissantes du point C au point D. Soient x et y les coordonnées de l'un quelconque des points de la courbe, M par exemple; soient $x + \Delta x$, $y + \Delta y$ les coordonnées du point suivant M'. On aura

$$\text{MP'P} = y \Delta x;$$

et si l'on désigne par $\Sigma(y\Delta x)$ la somme de tous les termes analogues à $y\Delta x$, c'est-à-dire la somme de tous les rectangles intérieurs de CA à BD, en posant surf ACDB $= u$ on a évidemment

$$u > \Sigma(y\Delta x).$$

Maintenant, si l'on mène, par chacun des points considérés sur la courbe, des parallèles à Ox, terminées aux ordonnées des points précédents, on formera des rectangles extérieurs analogues à

$$\text{PKM'P'} = (y + \Delta y)\Delta x = y\Delta x + \Delta y \Delta x;$$

et comme ABCD a une surface plus petite que la somme de ces rectangles, on a

$$u < \Sigma(y\Delta x) + \Sigma(\Delta y \Delta x);$$

par conséquent,

$$u - \Sigma(y\Delta x) < \Sigma(\Delta y \Delta x).$$

Mais comme, à mesure que le nombre des divisions augmente, Δy tend vers zéro, il résulte d'un principe démontré (16) que $\Sigma(\Delta y \Delta x)$ tend aussi vers zéro : donc

$$u = \lim[\Sigma(y\Delta x)].$$

On démontrerait de même que u est la limite de la somme des rectangles extérieurs.

Le raisonnement reste le même lorsque les ordonnées sont constamment décroissantes depuis C jusqu'à D; le théorème que nous venons de démontrer est donc vrai quand les ordonnées varient d'une manière quelconque, car on pourra toujours partager l'aire totale en parties dans lesquelles les ordonnées soient assujetties à constamment augmenter ou diminuer.

APPLICATIONS.

211. 1° Soit

$$y^2 = 2px,$$

l'équation d'une parabole rapportée à son axe et à la tangente au sommet.

Si surf OMP $= u$, on a

$$du = y\,dx = \sqrt{2px}.dx = \sqrt{2p}.x^{\frac{1}{2}}\,dx.$$

Or,

$$x^{\frac{1}{2}}.dx = \frac{2}{3}d.x^{\frac{3}{2}}.$$

Donc

$$du = \frac{2}{3}\sqrt{2p}\,d.x^{\frac{3}{2}} = d\left(\frac{2}{3}\sqrt{2p}.x^{\frac{3}{2}}\right).$$

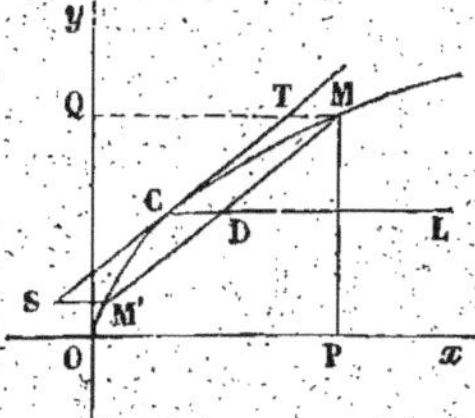

De là il suit que

$$u = \frac{2}{3}\sqrt{2p}\,x^{\frac{3}{2}} + C;$$

mais, pour $x = 0$, on doit avoir $u = 0$; on a donc $C = 0$, et

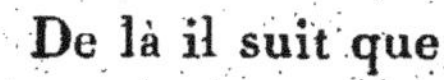

$$u = \frac{2}{3}\sqrt{2px} \times x = \frac{2}{3}xy;$$

c'est-à-dire que le segment OMP est égal aux deux tiers du rectangle OPMQ.

Il est également facile d'évaluer la surface comprise entre un arc MCM' de parabole et sa corde. En effet, si l'on mène la tangente CT parallèle à MM', et, par le point de contact C, le diamètre CDL, on trouvera par la même méthode, en posant CD $= x$, MD $= y$ et

$$TCL = \theta,$$

$$\text{surf CMD} = \frac{2}{3}\, xy \sin\theta = \frac{2}{3}\, \text{CDMT},$$

d'où

$$\text{surf MCM}' = \frac{4}{3}\, xy \sin\theta = \frac{2}{3}\, \text{MTSM}'.$$

2° Soit $xy = m^2$ l'équation d'une hyperbole rapportée à ses asymptotes. Nommons u l'aire du segment ACMP,
Fig. 19.
symptote Ox, l'ordonnée CA du sommet, et l'ordonnée variable MP. On aura

$$du = y \sin\theta\, dx = m^2 \sin\theta\, \frac{dx}{x}$$
$$= m^2 \sin\theta\, d.\mathrm{l}x.$$

Donc u et $m^2 \sin\theta.\mathrm{l}x$ ne peuvent différer que par une constante C; par conséquent,

$$u = m^2 \sin\theta.\mathrm{l}x + C.$$

Pour trouver C, faisons $x = OA = m$; on aura

$$u = o \quad \text{ou} \quad o = m^2 \sin\theta.\mathrm{l}m + C;$$

donc

$$C = - m^2 \sin\theta.\mathrm{l}m,$$

et, par suite, on aura

$$u = m^2 \sin\theta.\mathrm{l}x - m^2 \sin\theta.\mathrm{l}m = m^2 \sin\theta.\mathrm{l}\left(\frac{x}{m}\right).$$

Si l'on avait $m = 1$ et $\theta = 90$ degrés, l'hyperbole serait équilatère, et l'on aurait $u = \mathrm{l}x$, c'est-à-dire que *les aires considérées seraient les logarithmes népériens des abscisses correspondantes.*

DIFFÉRENTIELLE D'UN ARC DE COURBE.

212. On ne peut se faire une idée nette et précise de la longueur d'une courbe qu'en nommant ainsi la limite vers laquelle tend le périmètre d'une ligne brisée inscrite

dans cette courbe, lorsque ses côtés sont de plus en plus petits, et que leur nombre croît jusqu'à l'infini. Il devient alors nécessaire de démontrer que ce périmètre a réellement une limite déterminée dans tous les cas.

Soit CD un arc de courbe plane, rapportée à deux axes rectangulaires Ox et Oy. Inscrivons dans cet arc un contour polygonal CEF…MM′….D; soient $OP = x$, $MP = y$ les coordonnées du sommet M, et $x + \Delta x$, $y + \Delta y$ celles du sommet suivant M′ : on a

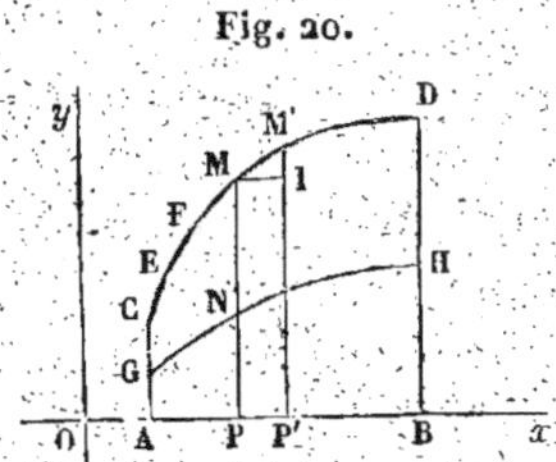

Fig. 20.

$$MM' = \sqrt{\Delta x^2 + \Delta y^2} = \Delta x \sqrt{1 + \left(\frac{\Delta y}{\Delta x}\right)^2}.$$

Si l'on faisait Δx ou $PP' = 0$, $\frac{\Delta y}{\Delta x}$ deviendrait $\frac{dy}{dx}$. On doit donc avoir

$$\sqrt{1 + \left(\frac{\Delta y}{\Delta x}\right)^2} = \sqrt{1 + \left(\frac{dy}{dx}\right)^2} + \alpha,$$

α s'évanouissant avec Δx : par conséquent,

$$MM' = \Delta x \sqrt{1 + \left(\frac{dy}{dx}\right)^2} + \alpha \Delta x.$$

En remplaçant successivement, dans cette équation, x et y par les coordonnées de tous les sommets du contour polygonal, depuis le point C jusqu'au point D, on aura les longueurs des côtés correspondants. De là résulte, si l'on appelle P le périmètre de cette ligne brisée,

$$P = \sum \left[\Delta x \sqrt{1 + \left(\frac{dy}{dx}\right)^2} \right] + \sum (\alpha \Delta x).$$

Pour avoir la limite de P ou la longueur de l'arc CD, remarquons d'abord que, α étant une quantité infiniment petite et $\sum \Delta x$ ayant une valeur finie qui est AB, il résulte du théorème démontré au n° 16 que

$$\lim \sum (\alpha \Delta x) = 0.$$

Maintenant $\sqrt{1 + \left(\dfrac{dy}{dx}\right)^2}$ est une fonction de x, que l'on peut regarder comme la longueur de l'ordonnée NP d'un point N répondant à la même abscisse $x = $ OP. Si l'on fait la même construction pour tous les points de la courbe CD, on aura une courbe GNH, dont l'équation est

$$Y = \sqrt{1 + \left(\frac{dy}{dx}\right)^2};$$

d'après cela, on a

$$\sum \left[\Delta x \sqrt{1 + \left(\frac{dy}{dx}\right)^2} \right] = \sum (Y \Delta x),$$

et, par suite, à cause de $\lim \sum (\alpha \Delta x) = 0$,

$$P = \lim \sum (Y \Delta x).$$

Or $\sum (Y \Delta x)$ a une limite déterminée qui est l'aire AGNHB. Ainsi le même nombre exprime la longueur de l'arc CD et l'aire AGNHB.

213. Considérons maintenant l'abscisse OP $= x$ comme variable. La longueur de l'arc CM est une fonction de x dont on peut chercher la différentielle.

Soit donc CM $= s$; comme $s = $ aire AGNP, on a

$$ds = Y \, dx = dx \sqrt{1 + \left(\frac{dy}{dx}\right)^2},$$

ou enfin

$$ds = \sqrt{dx^2 + dy^2}.$$

Cette valeur de ds permet d'exprimer très-simplement le sinus et le cosinus de l'angle que la tangente au point M fait avec l'axe des x. En effet, si α désigne cet angle, on a $\tang\alpha = \dfrac{dy}{dx}$. Par conséquent,

$$\sin\alpha = \frac{dy}{\sqrt{dx^2 + dy^2}} = \frac{dy}{ds}, \qquad \cos\alpha = \frac{dx}{\sqrt{dx^2 + dy^2}} = \frac{dx}{ds}.$$

LIMITE DU RAPPORT DE L'ARC A SA CORDE. — NOUVEAUX THÉORÈMES SUR LES ARCS CONSIDÉRÉS COMME LIMITES DE POLYGONES.

214. *La limite du rapport d'un arc quelconque à sa corde est l'unité.*

En effet, considérons un accroissement quelconque de l'arc CM (*fig.* 22, p. 217). Soit $\mathrm{MM'} = \Delta s$, on aura

$$\frac{\operatorname{arc}\mathrm{MM'}}{\mathrm{MM'}} = \frac{\Delta s}{\sqrt{\Delta x^2 + \Delta y^2}} = \frac{\dfrac{\Delta s}{\Delta x}}{\sqrt{1 + \left(\dfrac{\Delta y}{\Delta x}\right)^2}}.$$

Lorsque Δx s'annule, $\dfrac{\Delta s}{\Delta x}$ et $\sqrt{1 + \left(\dfrac{\Delta y}{\Delta x}\right)^2}$ deviennent $\sqrt{1 + \left(\dfrac{dy}{dx}\right)^2}$; donc

$$\lim \frac{\operatorname{arc}\mathrm{MM'}}{\mathrm{MM'}} = 1.$$

215. Si $cef\ldots d$ est un contour polygonal d'un même nombre de côtés que le contour CEF... D ; si, à mesure que les sommets C, E, F,..., se rapprochent de plus en plus, les côtés ce, ef, etc., tendent de plus en plus à devenir égaux aux côtés correspondants CE, EF, etc., en même temps que le nombre de ces côtés va en augmentant jusqu'à

Fig. 21.

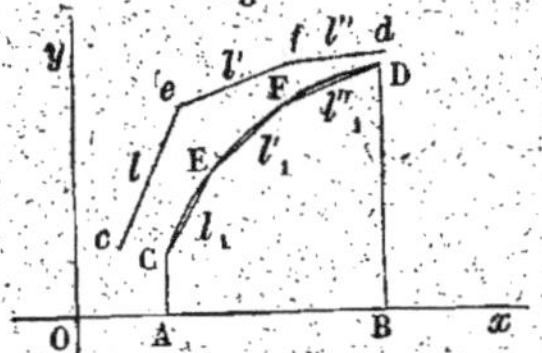

l'infini, le contour polygonal *cef*...*d* aura même limite que le contour CEF...D, c'est-à-dire la longueur de l'arc CD.

En effet, soient α, β, γ,..., λ les côtés du contour polygonal *cef...d*, et α', β', γ',..., λ' les côtés correspondants du contour CEF...D. Appelons L la longueur de *cef...d* et L' celle de CEF...D. Soient $\dfrac{a}{a'}$ le plus petit et $\dfrac{A}{A'}$ le plus grand des rapports entre les côtés correspondants des deux contours polygonaux. On sait que la valeur du rapport

$$\frac{\alpha + \beta + \gamma + \ldots + \lambda}{\alpha' + \beta' + \gamma' + \ldots + \lambda'}$$

est toujours comprise entre $\dfrac{a}{a'}$ et $\dfrac{A}{A'}$, c'est-à-dire que l'on a

$$\frac{a}{a'} < \frac{L}{L'} < \frac{A}{A'}.$$

Or, $\lim \dfrac{a}{a'} = 1$ et $\lim \dfrac{A}{A'} = 1$. Donc $\lim \dfrac{L}{L'} = 1$, ou

$$\lim L = \lim L'.$$

216. Voici encore un théorème du même genre, et que l'on démontrerait d'une manière analogue : Si l'on mène entre les deux ordonnées extrêmes CA, DB un nombre indéfini de parallèles à l'axe des y, puis que l'on inscrive entre ces parallèles d'autres lignes droites, tangentes à la courbe, la somme de ces dernières tend vers une limite qui est encore la longueur de la courbe donnée, même quand elles ne forment pas une ligne brisée continue.

DIX-HUITIÈME LEÇON.

DES COURBES PLANES RAPPORTÉES A DES COORDONNÉES POLAIRES.

Détermination de la tangente. — Longueur des lignes nommées sous-tangente, sous-normale. — Différentielle de l'aire d'un secteur. — Différentielle d'un arc de courbe. — Applications. — Des coordonnées bipolaires.

DÉTERMINATION DE LA TANGENTE.

217. Soient O le pôle, OL l'axe polaire, et M′MC une

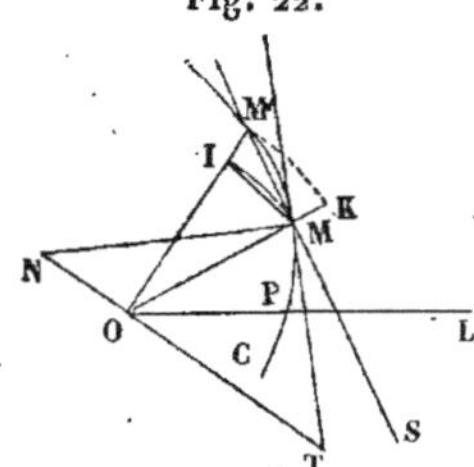

Fig. 22.

courbe, représentée par l'équation $f(r, \theta) = 0$. Pour mener la tangente MT à cette courbe par le point M, il suffit de connaître l'angle $OMT = \mu$. Soient donc r et θ les coordonnées du point M, et $r + \Delta r$, $\theta + \Delta \theta$ celles d'un point voisin M′ pris sur la même courbe. Décrivons, du point O comme centre, l'arc MI. Dans le triangle M′MI on a

$$\frac{\sin IM'M}{\sin M'MI} = \frac{MI}{M'I} = \frac{MI}{\text{arc } MI} \times \frac{\text{arc } MI}{M'I} = \frac{MI}{\text{arc } MI} \times \frac{r \Delta \theta}{\Delta r}.$$

Si le point M′ se rapproche indéfiniment du point M, l'angle IM′M devient OMT ou μ, l'angle M′MI devient $90° - \mu$, et l'on a

$$(1) \qquad \tan \mu = \frac{r d\theta}{dr}.$$

On tire de là

$$(2) \qquad \cos \mu = \frac{dr}{\sqrt{dr^2 + r^2 d\theta^2}}, \qquad \sin \mu = \frac{r d\theta}{\sqrt{dr^2 + r^2 d\theta^2}}.$$

Comme μ est compris entre o et 180 degrés, il faut que $\sin\mu$ soit positif. Quant à $\cos\mu$, il sera positif ou négatif, suivant que l'angle μ sera aigu ou obtus.

218. On parvient encore à la formule (1) par une transformation de coordonnées. Prenons l'axe polaire Ox pour axe des abscisses, et une perpendiculaire Oy pour axe des ordonnées. Soient OP $= x$ et MP $= y$; on aura

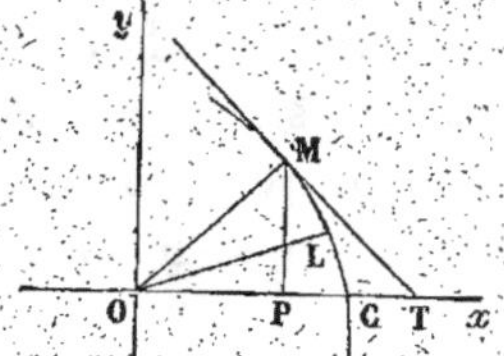

$$\tang\, OMT = \tang\,(MTx - MOx).$$

Mais

$$\tang\, MTx = \frac{dy}{dx} \quad \text{et} \quad \tang\, MOx = \frac{y}{x},$$

donc

$$\tang\, OMT = \frac{\dfrac{dy}{dx} - \dfrac{y}{x}}{1 + \dfrac{ydy}{xdx}} = \frac{xdy - ydx}{xdx + ydy}.$$

Or, on a

$$x = r\cos\theta \quad \text{et} \quad y = r\sin\theta;$$

donc

$$dx = dr\cos\theta - rd\theta\sin\theta, \quad dy = dr\sin\theta + rd\theta\cos\theta.$$

On en tire

$$\tang\, OMT = \frac{r\cos\theta\,(dr\sin\theta + rd\theta\cos\theta) - r\sin\theta\,(dr\cos\theta - rd\theta\sin\theta)}{r\cos\theta\,(dr\cos\theta - rd\theta\sin\theta) + r\sin\theta\,(dr\sin\theta + rd\theta\cos\theta)}.$$

et, toutes réductions faites, il viendra

$$\tang\, OMT = \frac{r^2 d\theta}{rdr} = \frac{rd\theta}{dr}.$$

LONGUEUR DES LIGNES NOMMÉES SOUS-TANGENTE, SOUS-NORMALE.

219. Dans ce système de coordonnées, la sous-tangente est la perpendiculaire OT (*fig.* 23, p. 217) menée au rayon vecteur OM par l'origine, et terminée à la tangente MT. La sous-normale ON se mesure sur la même droite, à partir du pôle O, jusqu'à la rencontre de la normale MN au point N. D'après ces définitions, S_t et S_n désignant ces deux droites, on aura

$$S_t = OT = r \tang \mu = \frac{r^2 d\theta}{dr},$$

$$S_n = ON = \frac{r}{\tang \mu} = \frac{dr}{d\theta}.$$

DIFFÉRENTIELLE D'UN SECTEUR.

220. Désignons par u (*fig.* 23, p. 217) un secteur POM, compris entre deux rayons vecteurs OP et OM. Soit $MOM' = \Delta u$. Prenons l'arc MM' assez petit pour que, de M en M', les rayons vecteurs soient constamment croissants ou décroissants. Pour fixer les idées, supposons-les croissants. Décrivons du point M, comme centre, les arcs de cercle MI, M'K, terminés aux rayons vecteurs $OM = r$ et $OM' = r'$: on aura

$$OMI < \Delta u < OM'K,$$

ou bien, comme $OMI = \frac{1}{2} r^2 \Delta\theta$ et $OM'K' = \frac{1}{2} r'^2 \Delta\theta,$

$$\frac{1}{2} r^2 \Delta\theta < \Delta u < \frac{1}{2} r'^2 \Delta\theta, \quad \text{ou} \quad \frac{1}{2} r^2 < \frac{\Delta u}{\Delta\theta} < \frac{1}{2} r'^2.$$

Or, à la limite, r' devient égal à r ; donc

$$\frac{du}{d\theta} = \frac{1}{2} r^2, \quad \text{ou} \quad du = \frac{1}{2} r^2 d\theta.$$

221. Ce calcul conduit à une conséquence souvent utile. On a trouvé plus haut (n° 218)

$$\operatorname{tang} OMT = \frac{x\,dy - y\,dx}{x\,dx + y\,dy},$$

et aussi (n° 217)

$$\operatorname{tang} OMT = \frac{r\,d\theta}{dr};$$

on aura donc

$$\frac{x\,dy - y\,dx}{x\,dx + y\,dy} = \frac{r^2\,d\theta}{r\,dr}.$$

Mais, à cause de

$$x^2 + y^2 = r^2,$$

on a

$$x\,dx + y\,dy = r\,dr;$$

donc

$$x\,dy - y\,dx = r^2\,d\theta.$$

Or $\frac{1}{2} r^2 d\theta$ est la différentielle du secteur LOM; donc cette différentielle est aussi égale à $\frac{1}{2}(x\,dy - y\,dx)$.

On pourrait d'ailleurs obtenir ce résultat de la manière suivante. On a

$$\frac{y}{x} = \operatorname{tang}\theta; \quad \text{d'où} \quad \frac{x\,dy - y\,dx}{x^2} = \frac{d\theta}{\cos^2\theta},$$

ou

$$x\,dy - y\,dx = \frac{x^2}{\cos^2\theta}\,d\theta.$$

Or on a

$$x^2 = r^2 \cos^2\theta;$$

donc

$$\frac{1}{2}(x\,dy - y\,dx) = \frac{1}{2}\,r^2\,d\theta.$$

DIFFÉRENTIELLE D'UN ARC DE COURBE.

222. Considérons l'arc CM $= s$ (*fig.* 23, p. 217), et soit MM' $= \Delta s$ son accroissement.

Dans le triangle $M'MI$ on a

$$\frac{MM'}{MI} = \frac{\sin MIM'}{\sin MM'I},$$

d'où, à cause de $MI = 2r\sin\frac{1}{2}\Delta\theta$,

$$\frac{MM'}{\operatorname{arc}MM'} = \frac{2r\sin\frac{1}{2}\Delta\theta}{\Delta s} \cdot \frac{\sin MIM'}{\sin MM'I},$$

et, en passant à la limite,

$$1 = \frac{rd\theta}{ds} \cdot \frac{1}{\sin\mu}, \quad \text{d'où} \quad ds = \frac{rd\theta}{\sin\mu};$$

donc [(217), formules (2)]

$$ds = \sqrt{dr^2 + r^2 d\theta^2}.$$

De là résulte

$$\sin\mu = \frac{rd\theta}{ds}, \quad \cos\mu = \frac{dr}{ds}.$$

223. On arrive encore à la différentielle de l'arc par une transformation de coordonnées; on a

$$ds = \sqrt{dx^2 + dy^2}$$
$$= \sqrt{(dr\cos\theta - rd\theta\sin\theta)^2 + (dr\sin\theta + rd\theta\cos\theta)^2},$$

ou

$$ds = \sqrt{dr^2 + r^2 d\theta^2}.$$

APPLICATIONS.

224. 1° L'équation d'une ellipse, quand on prend pour pôle le foyer de droite F et le grand axe pour axe polaire, est

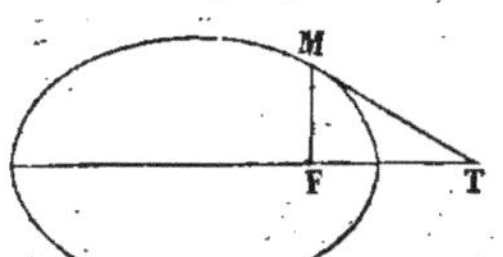

Fig. 24.

$$r = \frac{p}{1 + e\cos\theta}.$$

De là on tire

$$dr = \frac{ep\sin\theta\, d\theta}{(1 + e\cos\theta)^2}, \quad \frac{d\theta}{dr} = \frac{(1 + e\cos\theta)^2}{ep\sin\theta};$$

d'où

$$\frac{rd\theta}{dr} = \text{tang FMT} = \frac{1 + e\cos\theta}{e\sin\theta}.$$

2° La *spirale d'Archimède*,

$$r = a\theta.$$

La courbe part du pôle et touche en ce point l'axe polaire. Pour la construire, du pôle comme centre avec

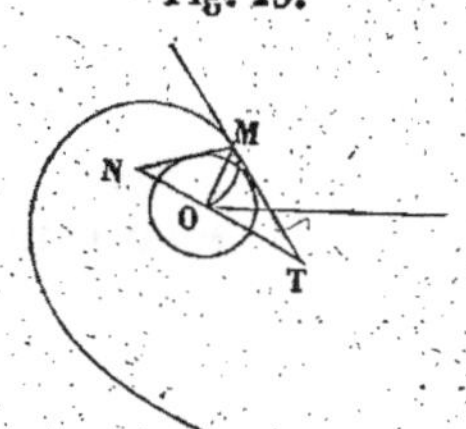

Fig. 25.

l'unité pour rayon, on décrit un cercle, dont l'arc compris entre un rayon vecteur et l'axe polaire a pour longueur θ. En portant cette longueur, multipliée par a, sur le rayon vecteur à partir du centre, on aura un point de la courbe.

Comme r croît indéfiniment avec θ, la courbe fait une infinité de révolutions autour du pôle.

On a $dr = ad\theta$, d'où

$$\text{tang}\,\mu = r\frac{d\theta}{dr} = \frac{rd\theta}{ad\theta} = \frac{r}{a} = \theta$$

$$S_t = \text{OT} = r^2\frac{d\theta}{dr} = a\theta^2,$$

$$S_n = \text{ON} = \frac{dr}{d\theta} = a.$$

Ainsi la sous-normale est constante, ce qui offre un moyen très-simple de construire la tangente.

3° La *spirale hyperbolique*, ainsi nommée parce que son équation

$$r\theta = a,$$

est analogue à celle de l'hyperbole $xy = m^2$.

De l'équation de la courbe on tire $r = \dfrac{a}{\theta}$: pour $\theta = 0$, on a $r = \infty$; pour des valeurs très-petites de θ, r est fort grand, et diminue à mesure que θ augmente; pour $\theta = \infty$, on a $r = 0$. Par conséquent, la courbe fait une infinité de révolutions autour du point O sans jamais pouvoir l'atteindre; ce point est un point asymptote. La courbe a une droite asymptote parallèle à OA; car si, d'un point M pris sur la courbe, on

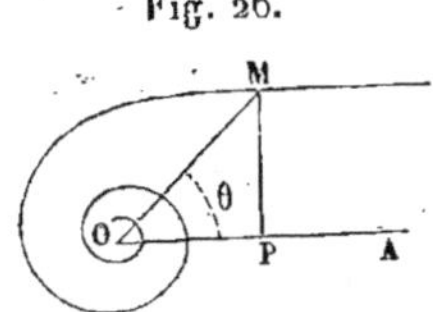

Fig. 26.

abaisse une perpendiculaire MP sur l'axe polaire, on aura

$$MP = OM \sin\theta = r\sin\theta = a\,\frac{\sin\theta}{\theta}.$$

Donc, lorsque θ tend vers 0, la distance MP tend vers a, puisque $\dfrac{\sin\theta}{\theta}$ tend vers l'unité.

On a ensuite

$$\tang\mu = \frac{rd\theta}{dr} = -\frac{r\theta^2}{a} = -\theta,$$

$$S_t = \frac{r^2 d\theta}{dr} = -r\theta = -a.$$

La sous-tangente est donc constante. Cette propriété offre un moyen commode pour mener la tangente par un point pris sur la courbe.

$4°$ La *spirale logarithmique,* dont l'équation est

$$r = ab^{\theta}.$$

En changeant l'axe polaire sans changer le pôle, on peut mettre l'équation sous la forme

$$r = e^{m\theta}.$$

En effet, posons $a = e^{\alpha}$, $b = e^{m}$, alors

$$r = e^{\alpha} . e^{m\theta} = e^{m\theta + \alpha} = e^{m\left(\theta + \frac{\alpha}{m}\right)}.$$

Soient OA le premier axe polaire, et M un point de la courbe. Prenons un axe polaire OA', qui fasse avec le premier un angle $AOA' = \dfrac{\alpha}{m}$. Alors, si $MOA = \theta$, en posant $\theta + \dfrac{\alpha}{m} = \theta'$,

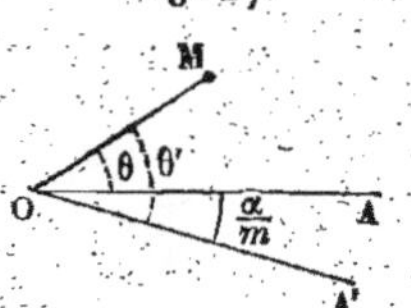

Fig. 27.

l'équation deviendra

$$r = e^{m\theta'}.$$

Considérons donc l'équation $r = e^{m\theta}$: pour $\theta = 0$, on aura $r = 1$, et si l'on fait croître θ indéfiniment, r croîtra indéfiniment. Par conséquent, la courbe fera, à partir du point A (*fig.* 30), pour lequel $OA = 1$, une infinité de révolutions. En donnant à θ des valeurs négatives, r diminuera indéfiniment; donc la courbe fera encore à partir du point A, mais, dans l'autre sens, une infinité de révolutions, en s'approchant toujours du pôle.

On aura $dr = me^{m\theta}d\theta = mrd\theta$; par suite, $\tang\mu = \dfrac{1}{m}$,

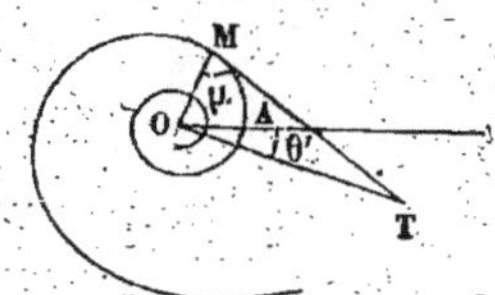

Fig. 28.

quantité constante. Donc, *dans la spirale logarithmique, la tangente fait un angle constant avec le rayon vecteur qui passe par le point de contact.*

La sous-tangente sera $\dfrac{r}{m}$, et la sous-normale mr.

L'extrémité T de la sous-tangente décrit une spirale égale à la première, mais située différemment. Soit $OT = \rho$, on a

$$\rho = \frac{r}{m} = \frac{e^{m\theta}}{m}.$$

Or, en posant $TOA = -\theta'$, on aura $\theta = \theta' + \dfrac{\pi}{2}$. Par suite,

$$\rho = \frac{e^{m\left(\theta' + \frac{\pi}{2}\right)}}{m} = \frac{e^{m\left(\theta' + \frac{\pi}{2}\right)}}{e^{lm}} = e^{m\left(\theta' + \frac{\pi}{2} - \frac{lm}{m}\right)},$$

et, en prenant un nouvel axe polaire incliné sur le premier d'un angle égal à $\dfrac{\pi}{2} - \dfrac{l\,m}{m}$, puis posant

$$\theta'' = \left(\theta' + \frac{\pi}{2} - \frac{l\,m}{m}\right),$$

on aura l'équation

$$\rho = e^{m\theta''},$$

qui représente une spirale égale à la première.

L'extrémité de la normale décrit aussi une spirale égale à la première.

DES COORDONNÉES BIPOLAIRES.

225. Dans ce système de coordonnées, la position d'un point sur un plan se détermine par les distances r et r' de ce point à deux points fixes A et B.

Soit $f(r, r') = 0$ l'équation de la courbe CM, et proposons-nous de lui mener une tangente au point M.

Considérons, pour cela, la sécante M'MS. Menons MH perpendiculaire à AM'.

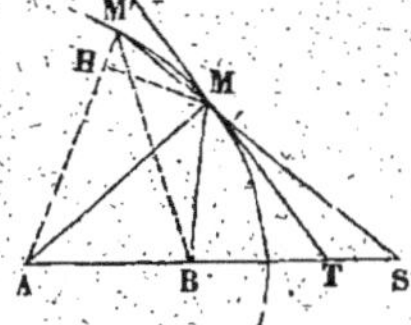

Soient

$$\text{AM} = r, \quad \text{BM} = r'; \quad \text{AM}' = r + \Delta r, \quad \text{BM}' = r' + \Delta r';$$
$$\text{MAM}' = \Delta\theta, \quad \text{arc MM}' = \Delta s, \quad \text{AMT} = \alpha, \quad \text{BMT} = \varepsilon.$$

On aura

$$\cos \text{AM}'\text{M} = \frac{\text{M}'\text{H}}{\text{MM}'} = \frac{\text{M}'\text{H}}{\Delta s} \times \frac{\text{arc MM}'}{\text{MM}'},$$

ou bien

$$\cos \text{AM}'\text{M} = \frac{\Delta r + 2r\sin^2 \frac{1}{2}\Delta\theta}{\Delta s} \times \frac{\text{arc MM}'}{\text{MM}'}.$$

Or

$$\lim \frac{2r\sin^2 \frac{1}{2}\Delta\theta}{\Delta s} = 0, \quad \lim \text{AM}'\text{M} = \alpha, \quad \lim \frac{\text{arc MM}'}{\text{MM}'} = 1;$$

donc

$$\cos\alpha = \frac{dr}{ds}.$$

Pour la même raison,

$$\cos 6 = \frac{dr'}{ds}.$$

Par suite, on a

$$\frac{\cos\alpha}{\cos 6} = \frac{dr}{dr'},$$

ce qui détermine la tangente MT.

226. En prenant les deux foyers d'une ellipse pour points fixes, l'équation de cette courbe sera

$$r + r' = 2a.$$

De là on tire $dr + dr' = 0$; d'où $\dfrac{dr}{dr'} = -1$: donc

$$\frac{\cos\alpha}{\cos 6} = -1,$$

ou

$$\cos\alpha = -\cos 6.$$

Donc *les rayons vecteurs d'un point de l'ellipse forment avec la tangente, d'un même côté de cette droite, deux angles supplémentaires.*

On trouverait de même, pour l'hyperbole, $\cos\alpha = \cos 6$. Pour une courbe dont l'équation serait $r \pm mr' = a$, on aurait $\cos\alpha = \mp m\cos 6$.

EXERCICES.

1. *Une courbe est donnée par une relation entre les distances r et r' de chacun de ses points à deux points fixes. Trouver l'expression de la différentielle de son arc en fonction des distances r et r' et de leurs différentielles. Application aux sections coniques.*

SOLUTION.

$$ds^2 = \frac{4rr'\left[rr'(dr^2 + dr'^2) - (r^2 + r'^2 - a^2)\,dr\,dr'\right]}{(r+r'+a)(r+r'-a)(a+r-r')(a+r'-r)};$$

a désigne la distance des deux pôles.

2. *Une courbe est donnée par une relation entre deux angles θ et θ' que les droites menées d'un point quelconque M de cette courbe à deux points fixes A et B font avec la droite AB. Déterminer la tangente à cette courbe et exprimer la différentielle de son arc en fonction des angles θ et θ' et de leurs différentielles.*

Appliquer les résultats à la courbe décrite par l'intersection de deux droites mobiles qui tournent autour de deux points fixes avec des vitesses de rotation uniformes.

SOLUTION. — Si μ et μ' désignent les angles que la normale fait avec les rayons vecteurs MA et MB, on aura

$$\frac{\cos \mu}{\cos \mu'} = \frac{\sin \theta' \, d\theta}{\sin \theta \, d\theta'}$$

$$ds = \frac{a}{\sin^2 (\theta + \theta')} \sqrt{\sin^2 \theta' \, d\theta^2 + \sin^2 \theta \, d\theta'^2 - 2 \sin \theta \sin \theta' \cos (\theta + \theta') \, d\theta \, d\theta'}.$$

Dans le cas particulier, n et n' étant les vitesses angulaires des deux mouvements, on a

$$\frac{\cos \mu}{\cos \mu'} = \frac{n \sin \theta'}{n' \sin \theta}.$$

3. Les ovales de Descartes, représentés en coordonnées bipolaires par les équations

$$r + nr' = \alpha,$$
$$r' - nr = 6,$$

se coupent à angle droit, quels que soient α et 6.

DIX-NEUVIÈME LEÇON

THÉORIE DU CONTACT DES COURBES PLANES.

Contact de divers ordres des courbes planes. — L'ordre de ce contact est indépendant du choix des axes. — Caractères distinctifs des contacts d'ordre pair ou d'ordre impair. — Des courbes osculatrices. — Du cercle osculateur. — Application aux sections coniques.

CONTACT DE DIVERS ORDRES DES COURBES PLANES.

227. Soient deux courbes CMN, $C'M'N'$ ayant pour équations

$$y = f(x), \quad y' = \varphi(x),$$

y et y' étant des fonctions explicites ou implicites de x. Supposons que ces deux courbes aient en M un point commun, et comparons les ordonnées QN et QN' des deux courbes, répondant à une même abscisse, dans le voisinage du point M. Soient $OP = x$ et $PQ = h$: on a

$$QN = f(x + h), \quad QN' = \varphi(x + h).$$

Donc

$$NN' = f(x + h) - \varphi(x + h),$$

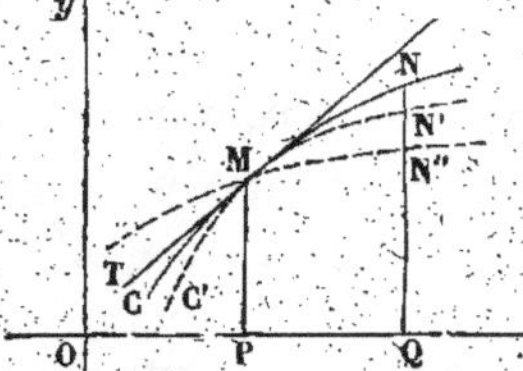

et l'on aura, d'après la série de Taylor,

$$NN' = y - y' + h\left(\frac{dy}{dx} - \frac{dy'}{dx}\right) + \frac{h^2}{1 \cdot 2}\left(\frac{d^2y}{dx^2} - \frac{d^2y'}{dx^2}\right) + R.$$

Or, on peut mettre R sous la forme $\dfrac{h^2}{1 \cdot 2}\,\alpha$, α devenant nul avec h; et comme le point M est commun aux deux courbes, ce qui donne $y = y'$,

on a

$$NN' = h\left(\frac{dy}{dx} - \frac{dy'}{dx}\right) + \frac{h^2}{1.2}\left(\frac{d^2y}{dx^2} - \frac{d^2y'}{dx^2} + \alpha\right).$$

Maintenant, si l'on suppose que les deux courbes aient au point M une tangente commune MT, on aura en outre $\frac{dy}{dx} = \frac{dy'}{dx}$, et l'égalité précédente deviendra

$$NN' = \frac{h^2}{1.2}\left(\frac{d^2y}{dx^2} - \frac{d^2y'}{dx^2} + \alpha\right).$$

Il est facile de démontrer que la courbe MN' approche plus de la courbe MN que toute autre courbe MN'' qui, passant par le point M, ne serait pas tangente à MT.

En effet, soit $y'' = \psi(x)$ l'équation de MN''; on aura

$$NN'' = h\left(\frac{dy}{dx} - \frac{dy''}{dx} + \mathfrak{G}\right),$$

$\mathfrak{G}$ s'annulant avec h; donc

$$\frac{NN'}{NN''} = \frac{\dfrac{h}{1.2}\left(\dfrac{d^2y}{dx^2} - \dfrac{d^2y'}{dx^2} + \alpha\right)}{\dfrac{dy}{dx} - \dfrac{dy''}{dx} + \mathfrak{G}}.$$

Donc, quand h tend vers o, on a

$$\lim \frac{NN'}{NN''} = o.$$

Ce qui montre qu'en se plaçant suffisamment près du point M, NN' est moindre que NN'', et par suite que la courbe MN' est située entre MN et MN''.

228. Généralement, supposons que l'on ait

$$(a) \quad y' = y, \quad \frac{dy'}{dx} = \frac{dy}{dx}, \quad \frac{d^2y'}{dx^2} = \frac{d^2y}{dx^2}, \cdots, \frac{d^ny'}{dx^n} = \frac{d^ny}{dx^n}.$$

Il en résulte

$$NN' = \frac{h^{n+1}}{1 \cdot 2 \cdot \ldots (n+1)} \left(\frac{d^{n+1}y}{dx^{n+1}} - \frac{d^{n+1}y'}{dx^{n+1}} + \alpha \right),$$

α étant une quantité qui devient nulle en même temps que h. Je dis que, dans les environs du point M, la courbe MN′ qui remplit les conditions (a) approche plus de MN que toute autre courbe MN″ qui ne les remplirait pas toutes.

En effet, soit $y'' = \psi(x)$ l'équation de MN″, et supposons que les m premières dérivées de y'' soient égales aux m premières dérivées de y, m étant moindre que n : on aura

$$QN - QN'' = NN'' = \frac{h^{m+1}}{1 \cdot 2 \cdot \ldots (m+1)} \left(\frac{d^{m+1}y}{dx^{m+1}} - \frac{d^{m+1}y''}{dx^{m+1}} + \varepsilon \right),$$

ε étant une quantité qui devient nulle en même temps que h. Il résulte de là que

$$\frac{NN'}{NN''} = \frac{h^{n-m}}{(m+2)(m+3)\ldots(n+1)} \times \frac{\dfrac{d^{n+1}y}{dx^{n+1}} - \dfrac{d^{n+1}y'}{dx^{n+1}} + \alpha}{\dfrac{d^{m+1}y}{dx^{m+1}} - \dfrac{d^{m+1}y''}{dx^{m+1}} + \varepsilon}.$$

Or, comme h décroît jusqu'à 0, α et ε tendent de plus en plus vers cette limite ; il s'ensuit que, lorsque h est assez petit, le rapport $\dfrac{NN'}{NN''}$ est sensiblement proportionnel à h^{n-m}, et, par conséquent, peut devenir plus petit que toute quantité donnée, puisque n est plus grand que m.

Si l'on convient de dire que *les deux courbes* MN′ *et* MN *ont un contact de l'ordre* n, et par suite que les deux courbes MN et MN″ ont un contact de l'ordre m, les résultats auxquels nous venons de parvenir peuvent s'énoncer en disant que, *par un point commun à deux courbes qui ont un contact de l'ordre* n, *on ne peut faire passer entre ces deux courbes aucune autre courbe ayant, avec l'une des deux proposées, un contact d'un ordre inférieur au* $n^{ième}$.

L'ORDRE DU CONTACT EST INDÉPENDANT DU CHOIX DES AXES.

229. *L'ordre du contact est indépendant de la direction des axes*, pourvu que l'axe des ordonnées ne soit pas parallèle à la tangente commune aux deux courbes.

On pourrait démontrer ce théorème en employant les formules générales de la transformation des coordonnées, et faisant voir que les dérivées des ordonnées des deux courbes sont encore égales dans le nouveau système d'axes jusqu'au $n^{\text{ième}}$ ordre, si n était l'ordre de contact dans le premier système. Mais on peut y parvenir plus simplement par des considérations géométriques.

Soient CMN, C′M′N′ les deux courbes tangentes en M.

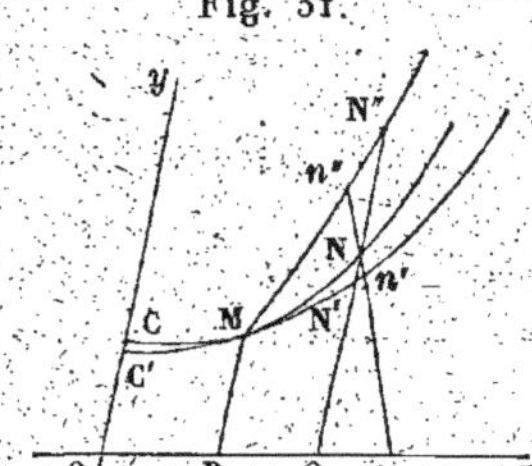

Fig. 31.

Par le point M menons une droite quelconque Mn'', mais différente de la tangente au point M. Son équation sera

$$y'' = ax + b.$$

Soient

$$y = f(x), \quad y' = \varphi(x)$$

les équations des deux courbes. Considérons les ordonnées de ces trois lignes correspondant à un point N pris sur la première; on aura encore

$$NN' = \frac{h^{n+1}}{1.2.3\ldots(n+1)}\left(\frac{d^{n+1}y}{dx^{n+1}} - \frac{d^{n+1}y'}{dx^{n+1}} + \alpha\right),$$

et puisque, par supposition, la droite menée par le point M est différente de la tangente,

$$NN'' = h\left(\frac{dy}{dx} - \frac{dy''}{dx} + \delta\right) = h\left(\frac{dy}{dx} - a + \delta\right)$$

Par suite,

$$\frac{NN'}{(NN'')^{n+1}} = \frac{\dfrac{d^{n+1}y}{dx^{n+1}} - \dfrac{d^{n+1}y'}{dx^{n+1}} + \alpha}{\left(\dfrac{dy}{dx} - a + \delta\right)^{n+1}} \cdot \frac{1}{1.2.3\ldots(n+1)}.$$

Or, quand h tend vers zéro, α et 6 tendent aussi vers zéro. On voit donc que le rapport $\dfrac{NN'}{(NN'')^{n+1}}$ tendra vers une limite finie.

On peut donc dire que si le contact est du $n^{\text{ième}}$ ordre, le rapport $\dfrac{NN'}{NN''}$ sera un infiniment petit du $n^{\text{ième}}$ ordre. La réciproque est d'ailleurs évidente.

230. Supposons maintenant que l'on rapporte la courbe à d'autres axes ; par le point N menons une parallèle au nouvel axe des y. Soient n' le point où cette parallèle coupe la courbe $y' = \varphi(x)$ et n'' le point où elle coupe la droite $M n''$. Pour démontrer que l'ordre du contact ne change pas, il suffit de prouver que le rapport $\dfrac{N n'}{(N n'')^{n+1}}$ tend vers une limite finie. Car $\dfrac{N n'}{N n''}$ sera, dans ce cas, un infiniment petit du $n^{\text{ième}}$ ordre, et, par suite, le contact sera encore de l'ordre n.

Or, si l'on mène $N' n'$, le triangle $N N' n'$ donnera

$$\frac{NN'}{N n'} = \frac{\sin n'}{\sin N'}.$$

Le point N s'approchant indéfiniment de M, le point N' tendra vers N, ainsi que le point n', et, par conséquent, N' et n' se confondront *à la limite*. Donc $n' N'$ tendra vers la tangente au point M, et, par suite, le rapport des sinus des angles n' et N' aura une limite finie. D'ailleurs, le rapport $\dfrac{NN''}{N n''}$ reste constant quand le point N s'approche du point M, puisque le triangle variable $N n'' N''$ reste toujours semblable à lui-même.

On a

$$NN' = N n' \frac{\sin n'}{\sin N'} \quad \text{et} \quad NN'' = N n'' \frac{\sin n''}{\sin N''}.$$

De là

$$\frac{NN'}{(NN'')^{n+1}} = \frac{Nn'}{(Nn'')^{n+1}} \times \frac{\dfrac{\sin n'}{\sin N'}}{\left(\dfrac{\sin n''}{\sin N''}\right)^{n+1}},$$

d'où l'on déduit que le rapport $\dfrac{Nn'}{(Nn'')^{n+1}}$ tend vers une limite finie ; ce qu'il fallait démontrer.

CARACTÈRES GÉOMÉTRIQUES D'UN CONTACT D'ORDRE PAIR OU D'ORDRE IMPAIR.

231. Si les deux courbes CMN, C′M′N′, qui ont respectivement pour équations

$$y = f(x) \quad \text{et} \quad y' = \varphi(x),$$

ont au point $M(x, y)$ un contact de l'ordre n, les $n+1$ conditions suivantes seront remplies :

$$y' = y, \quad \frac{dy'}{dx} = \frac{dy}{dx}, \quad \frac{d^2y'}{dx^2} = \frac{d^2y}{dx^2}, \ldots, \quad \frac{d^ny'}{dx^n} = \frac{d^ny}{dx^n}.$$

Dans ce cas, on a, comme nous l'avons vu,

$$NN' = QN - QN' = \frac{h^{n+1}}{1.2\ldots(n+1)} \left(\frac{d^{n+1}y}{dx^{n+1}} - \frac{d^{n+1}y'}{dx^{n+1}} + \alpha \right).$$

Mais, jusqu'à présent, nous n'avons fait attention qu'à la valeur absolue de NN' ou de $QN - QN'$. Nous allons maintenant avoir égard au signe de cette différence.

Si n est pair, $n+1$ étant impair, h^{n+1}, et par suite

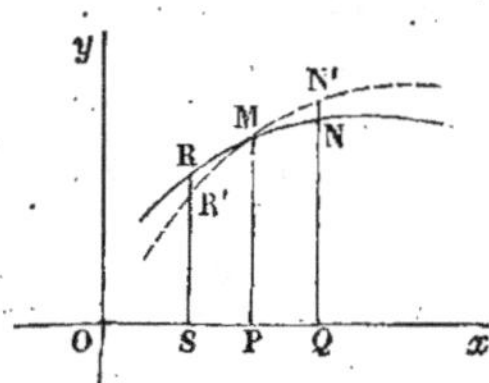

Fig. 32.

QN $-$ QN′, changera de signe avec h, et l'on en conclut que celle des deux courbes qui est au-dessous de l'autre, à gauche du point de contact, est située au-dessus à droite de ce point, en sorte qu'en ce point les deux courbes se traversent mutuellement, comme on le voit dans la figure.

Si n est impair, alors $n + 1$ étant pair, en prenant h assez petit, le signe de $QN - QN'$ ne changera pas avec celui de h, c'est-à-dire qu'aux environs du point M les deux courbes ne se traversent pas.

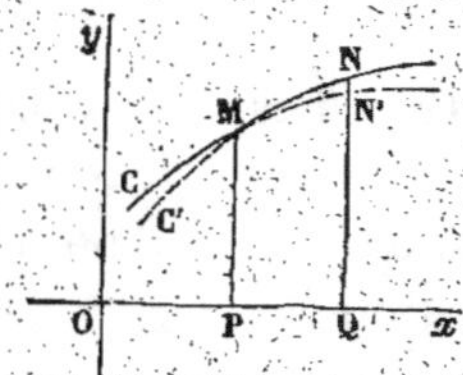

Fig. 33.

Donc, *quand deux courbes ont entre elles un contact d'ordre* IMPAIR, *l'une des deux embrasse l'autre,* et deux courbes *se traversent mutuellement au point de contact, quand elles ont un contact d'ordre* PAIR.

Une ligne droite tangente à une courbe a en général avec elle un contact du premier ordre, c'est-à-dire d'ordre impair; aussi est-elle, au point de contact, tout entière d'un côté de la courbe. Si le point de contact est un point d'inflexion, alors le contact devient d'ordre pair, et la tangente traverse la courbe.

DES COURBES OSCULATRICES.

232. Soit

$$(1) \qquad \Phi(x, y', a, b, c, \ldots, l) = 0$$

une équation renfermant $n + 1$ constantes arbitraires, $a, b, c, \ldots, l$, et qui, suivant les valeurs attribuées à ces constantes, convient à une infinité de courbes différentes. On peut disposer des indéterminées $a, b, c, \ldots, l$, de manière que la courbe (1) ait un contact d'un ordre déterminé, du $n^{ième}$ au plus, en un point donné (x, y), avec une courbe donnée par l'équation

$$(2) \qquad y = f(x).$$

Si le contact est du $n^{ième}$ ordre, les $n + 1$ conditions suivantes seront remplies :

$$(a) \quad y' = y, \quad \frac{dy'}{dx} = \frac{dy}{dx}, \quad \frac{d^2y'}{dx^2} = \frac{d^2y}{dx^2}, \ldots, \quad \frac{d^ny'}{dx^n} = \frac{d^ny}{dx^n}.$$

On obtiendra $\dfrac{dy'}{dx}$, $\dfrac{d^2y'}{dx^2}$, ..., $\dfrac{d^ny'}{dx^n}$, en différentiant n fois

de suite l'équation (1), et $\dfrac{dy}{dx}$, $\dfrac{d^2y}{dx^2}$, ..., $\dfrac{d^ny}{dx^n}$, en différen-

tiant n fois de suite l'équation (2). Les $n+1$ équations (a) détermineront les $n+1$ constantes inconnues,
a, b, c, ..., en fonction des coordonnées du point de
contact et des coefficients de l'équation (2).

Quand on détermine les constantes a, b, c, ..., l, de
manière à obtenir le contact de l'ordre le plus élevé possible, qui est égal au nombre des constantes moins 1, on
dit que parmi toutes les courbes de même espèce représentées par l'équation (1) celle qui répond à ces valeurs
des constantes est *osculatrice* à la courbe $y = f(x)$.

233. Comme première application, considérons la
droite

$$(1) \qquad\qquad y' = ax + b,$$

et la courbe $y = f(x)$.

L'équation de la droite ne renfermant que deux constantes arbitraires, on ne pourra établir qu'un contact
du premier ordre. Il faudra pour cela satisfaire aux deux
équations

$$y' = y \quad \text{et} \quad \frac{dy'}{dx} \quad \text{ou} \quad a = \frac{dy}{dx}.$$

Si l'on remplace y' par y dans l'équation (1), on aura

$$y = ax + b,$$

d'où l'on tire

$$b = y - ax = y - \frac{dy}{dx}x.$$

L'équation (1) deviendra alors

$$y' = \frac{dy}{dx}x' + y - \frac{dy}{dx}x, \quad \text{ou} \quad y' - y = \frac{dy}{dx}(x' - x),$$

ce qui est bien l'équation de la tangente au point (x, y).

DU CERCLE OSCULATEUR.

234. Appliquons encore les mêmes considérations au cercle. Soit en coordonnées rectangulaires

$$y = f(x)$$

l'équation d'une courbe. Puisque l'équation générale du cercle contient trois constantes arbitraires, le cercle osculateur sera celui qui aura avec la courbe donnée un contact du second ordre. Soit donc

$$(1) \qquad (x - \xi)^2 + (y' - \eta)^2 = \rho^2$$

l'équation de ce cercle inconnu.

On en tire par deux différentiations successives :

$$(2) \qquad x - \xi + (y' - \eta)\frac{dy'}{dx} = 0,$$

$$(3) \qquad 1 + \frac{dy'^2}{dx^2} + (y' - \eta)\frac{d^2y'}{dx^2} = 0.$$

Comme on doit avoir

$$y' = y, \quad \frac{dy'}{dx} = \frac{dy}{dx}, \quad \frac{d^2y'}{dx^2} = \frac{d^2y}{dx^2},$$

si l'on remplace dans les relations (1), (2) et (3) y', $\frac{dy'}{dx}$, $\frac{d^2y'}{dx^2}$, respectivement par y, $\frac{dy}{dx}$, $\frac{d^2y}{dx^2}$, on aura pour déterminer ξ, η, ρ les trois équations

$$(4) \qquad (x - \xi)^2 + (y - \eta)^2 = \rho^2,$$

$$(5) \qquad (x - \xi) + (y - \eta)\frac{dy}{dx} = 0,$$

$$(6) \qquad 1 + \frac{dy^2}{dx^2} + (y - \eta)\frac{d^2y}{dx^2} = 0,$$

x et y étant les coordonnées du point de contact.

On tire de ces équations :

$$\eta - y = \frac{1 + \dfrac{dy^2}{dx^2}}{\dfrac{d^2y}{dx^2}}, \qquad \xi - x = -\frac{\dfrac{dy}{dx}\left(1 + \dfrac{dy^2}{dx^2}\right)}{\dfrac{d^2y}{dx^2}},$$

et enfin

$$\rho^2 = \frac{\left(1 + \dfrac{dy^2}{dx^2}\right)^2}{\left(\dfrac{d^2y}{dx^2}\right)^2}\left(1 + \dfrac{dy^2}{dx^2}\right) = \frac{\left(1 + \dfrac{dy^2}{dx^2}\right)^3}{\left(\dfrac{d^2y}{dx^2}\right)^2},$$

d'où

$$(7) \qquad \rho = \pm \frac{\left(1 + \dfrac{dy^2}{dx^2}\right)^{\frac{3}{2}}}{\dfrac{d^2y}{dx^2}}.$$

235. Le numérateur de cette expression étant positif, il faut prendre le signe $+$ ou le signe $-$ suivant que $\dfrac{d^2y}{dx^2}$ est positif ou négatif, si l'on veut avoir la valeur absolue de ρ.

L'équation (6) montre que $\eta - y$ et $\dfrac{d^2y}{dx^2}$ sont toujours de même signe. Comme $\eta - y$ est la différence entre l'ordonnée du centre du cercle et l'ordonnée du point de contact, il en résulte que le centre du cercle osculateur est toujours dans la concavité de la courbe.

La courbe et le cercle osculateur ayant la même tangente, le centre du cercle osculateur est sur la normale à la courbe au point (x, y); on peut encore le conclure de l'équation (5) mise sous la forme

$$(8) \qquad \frac{y - \eta}{x - \xi} \cdot \frac{dy}{dx} = -1,$$

d'où résulte que la droite dont le coefficient angulaire est $\dfrac{y - \eta}{x - \xi}$, c'est-à-dire la droite qui unit le point de contact au centre du cercle osculateur, est perpendiculaire à la tangente commune.

Le cercle osculateur ayant avec la courbe un contact du second ordre en général, par conséquent d'ordre pair, il s'ensuit qu'il traverse la courbe, excepté en certains points particuliers où le contact est d'un ordre supérieur au second. Dans ce dernier cas, si le contact est d'ordre impair, la courbe et son cercle osculateur sont du même côté de la tangente commune.

On appelle souvent le cercle osculateur *cercle de courbure*; son centre et son rayon *centre* et *rayon de courbure*. Nous en verrons plus tard la raison.

236. Comme exemple, proposons-nous d'obtenir le rayon de courbure MK d'une section conique, en un point quelconque.

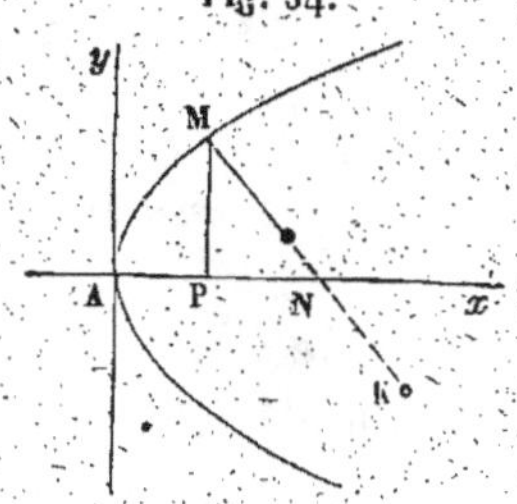

Cette courbe rapportée à l'un de ses axes de figure et à la tangente au sommet a pour équation

$$(1) \qquad y^2 = 2px + qx^2.$$

En différentiant deux fois cette équation, on trouve

$$\frac{dy}{dx} = \frac{p + qx}{y},$$

$$y\frac{d^2y}{dx^2} + \left(\frac{dy}{dx}\right)^2 = q,$$

et, en mettant pour $\frac{dy}{dx}$ sa valeur,

$$y\frac{d^2y}{dx^2} + \frac{p^2 + 2pqx + q^2x^2}{y^2} = q,$$

ou enfin

$$\frac{d^2y}{dx^2} = -\frac{p^2}{y^3}.$$

Par suite on a, en valeur absolue,

$$(2) \qquad \rho = \frac{y^3 \left(1 + \dfrac{dy^2}{dx^2}\right)^{\frac{3}{2}}}{p^2}.$$

Le numérateur de ρ est le cube de la normale MN. En effet, le triangle rectangle MNP donne

$$\overline{\text{MN}}^2 = n^2 = y^2 + y^2 \frac{dy^2}{dx^2}, \quad \text{ou} \quad n = y \sqrt{1 + \frac{dy^2}{dx^2}};$$

d'où

$$y^3 \left(1 + \frac{dy^2}{dx^2}\right)^{\frac{3}{2}} = n^3.$$

Donc

$$(3) \qquad \rho = \frac{n^3}{p^2}.$$

Ainsi, *en tout point d'une section conique, le rayon de courbure est égal au cube de la normale, divisé par le carré du demi-paramètre.*

Il est, du reste, facile d'obtenir la valeur de ρ en fonction seulement de l'abscisse du point M. En effet,

$$y^2 = 2px + qx^2 \quad \text{et} \quad y \frac{dy}{dx} = p + qx;$$

on a, par suite,

$$n^2 = 2px + qx^2 + (p + qx)^2 = (q + q^2) x^2 + 2pqx + 2px + p^2.$$

Donc

$$\rho = \frac{\left[(q + q^2) x^2 + 2p(1 + q) x + p^2\right]^{\frac{3}{2}}}{p^2}.$$

VINGTIÈME LEÇON.

DÉVELOPPÉES ET ENVELOPPES DE COURBES PLANES.

Développées et développantes des courbes planes. — Propriétés générales
des développées. — Application à la parabole, à l'ellipse, à l'hyperbole.
— Enveloppe d'une courbe mobile.

DÉVELOPPÉES ET DÉVELOPPANTES.

237. Les coordonnées ξ et η du centre de courbure
correspondant au point M de la courbe CM sont déterminées, comme on l'a vu, par les équations

$$(1) \qquad x - \xi + (y - \eta)\frac{dy}{dx} = 0,$$

$$(2) \qquad 1 + \frac{dy^2}{dx^2} + (y - \eta)\frac{d^2y}{dx^2} = 0.$$

Les centres de courbure K, K_1, ..., forment une nouvelle courbe FF′ que l'on ap-
pelle la *développée* de la courbe
CM, et celle-ci est appelée la
développante de FF′; nous verrons bientôt la raison de ces
dénominations.

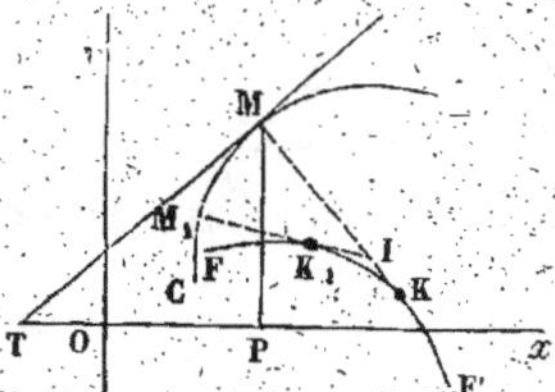

Puisque les équations (1) et (2)
avec l'équation de la courbe donnée CM

$$(3) \qquad f(x, y) = 0$$

déterminent les coordonnées ξ et η du centre de courbure K, relatif au point donné M (x, y) de la courbe CM,
on aura l'équation du lieu des points K en éliminant x
et y entre les équations (1), (2) et (3).

PROPRIÉTÉS GÉNÉRALES DE LA DÉVELOPPÉE.

238. La développée d'une courbe jouit de propriétés générales très-remarquables.

En premier lieu, *les normales à la développante touchent la développée aux centres de courbure.*

En effet, si l'on prend x pour variable indépendante, et que l'on différentie l'équation (1), en y regardant y, $\dfrac{dy}{dx}$, ξ et η comme les fonctions de x, on a

$$dx - d\xi + (dy - d\eta)\frac{dy}{dx} + (y - \eta)\frac{d^2y}{dx} = 0,$$

ou

$$dx\left[1 + \frac{dy^2}{dx^2} + (y - \eta)\frac{d^2y}{dx^2}\right] - d\xi - d\eta\frac{dy}{dx} = 0,$$

ou bien, à cause de l'équation (2),

$$d\xi + d\eta\frac{dy}{dx} = 0,$$

ou enfin

$$(4)\qquad \frac{d\eta}{d\xi} = -\frac{dx}{dy}.$$

Cette dernière relation montre que la tangente à la développée menée par le point K est perpendiculaire à la tangente menée par le point M à la courbe CM. Donc la droite KM est tangente à la développée.

239. Une conséquence immédiate de cette propriété, c'est que *la développée d'une courbe est le lieu des intersections successives des normales à cette courbe.* En effet, considérons les deux normales MK et M_1K_1 qui touchent la développée aux points K et K_1. Soit I le point où elles se coupent : quand M_1 se rapproche indéfiniment de M, la normale M_1K_1 se rapproche de MK, et l'angle K_1IK tend vers deux angles droits. Donc K_1K est le plus

grand côté du triangle K_1IK, et comme ce côté tend vers zéro, il en sera de même de IK. Par conséquent le point I se meut sur la droite fixe MK en se rapprochant indéfiniment de K, que l'on peut considérer comme le point d'intersection de la normale MK et de la normale infiniment voisine.

240. *La différence entre deux rayons de courbure MK et M_1K_1 est égale à l'arc K_1K de la développée, compris entre les deux centres de courbure correspondants.*

Pour le démontrer, différentions l'équation

$$\rho^2 = (x - \xi)^2 + (y - \eta)^2,$$

en y regardant y, ξ, η et ρ comme des fonctions de la variable indépendante x. Il vient ainsi

$$\rho\, d\rho = (x - \xi)(dx - d\xi) + (y - \eta)(dy - d\eta),$$

ou

$$\rho\, d\rho = dx\left[x - \xi + (y - \eta)\frac{dy}{dx}\right] - (x - \xi)d\xi - (y - \eta)d\eta,$$

ce qui, d'après l'équation (1) du n° 237, se réduit à

$$\rho\, d\rho = -(x - \xi)d\xi - (y - \eta)d\eta,$$

d'où l'on tire, en désignant par σ l'arc FK,

$$\frac{d\rho}{d\sigma} = \frac{\xi - x}{\rho} \cdot \frac{d\xi}{d\sigma} + \frac{\eta - y}{\rho} \cdot \frac{d\eta}{d\sigma}.$$

Mais le second membre est le cosinus de l'angle que la droite MK fait avec la tangente à la développée au point K. Comme cet angle est nul, son cosinus est égal à l'unité, et l'on a

$$d\rho = d\sigma.$$

De cette équation on conclut

$$\rho = \sigma + C,$$

C désignant une constante ; on aura de même

$$\rho_1 = \sigma_1 + C :$$

donc

$$\rho - \rho_1 = \sigma - \sigma_1 = \text{arc} FK - \text{arc} FK_1 = \text{arc} KK_1.$$

241. On peut aussi concevoir cette propriété comme une conséquence de ce que la développée est le lieu des intersections successives des normales à la courbe donnée. En effet, remplaçons un petit arc KK_1 de la développée par sa corde, et supposons que cette ligne prolongée rencontre la courbe en M. La droite KM différera très-peu de la normale KN menée par le point K, et $K_1 M$ très-peu de la normale $K_1 N_1$ menée par le point K_1, en sorte qu'on aura, en négligeant des infiniment petits du second ordre,

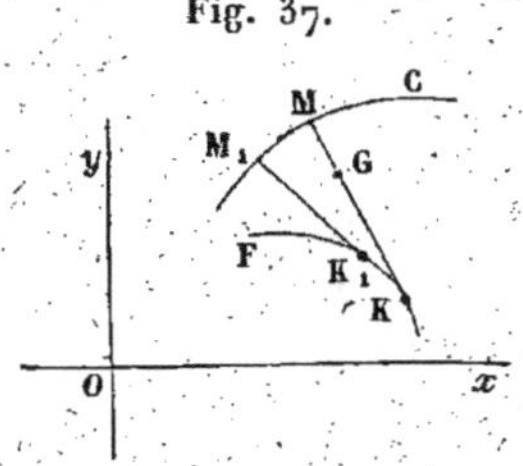

Fig. 36.

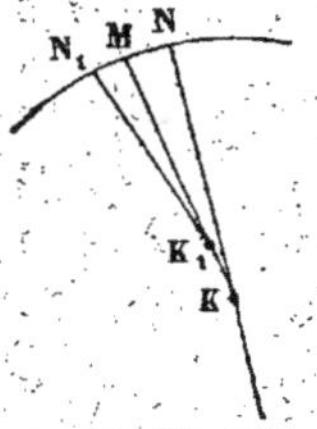

$$KK_1 = KM - K_1 M = KN - K_1 N_1.$$

C'est cette propriété de la courbe FK qui lui a fait donner le nom de développée. En effet, imaginons un fil dont une partie soit enroulée sur FK, et dont l'autre partie, tendue suivant la tangente $K_1 M_1$, se termine en M_1 sur la courbe CM. Je dis que si l'on déroule ce fil en le tenant toujours tendu, son extrémité décrira la courbe CM. Car supposons que la partie rectiligne soit maintenant dirigée suivant la tangente KM, et que l'extrémité aboutisse au point G : on a

Fig. 37.

$$GK = M_1 K_1 + K_1 K,$$

puisque $K_1 K$ est la partie qui est devenue rectiligne. Mais d'ailleurs on a aussi $MK = M_1 K_1 + K_1 K$. On aura donc $GK = MK$ et G coïncidera avec le point M sur la courbe CM : donc l'extrémité du fil décrira la courbe CM.

242. Une même courbe FK a une infinité de développantes, et pour les décrire il suffira d'allonger ou de diminuer le fil d'une quantité arbitraire. Les tangentes à la courbe FK sont normales à toutes les développantes, d'où il suit que celles-ci ont les mêmes normales et les mêmes centres de courbure; et comme elles interceptent sur leurs normales communes des longueurs constantes, on peut, au moyen d'une développante, obtenir toutes les autres.

243. Si une courbe est algébrique, les rayons de ses cercles osculateurs auront aussi une expression algébrique d'après les formules trouvées précédemment : par conséquent, un arc de la développée, qui est la différence de deux de ces rayons, aura, dans ce cas, une expression algébrique, et cette courbe sera rectifiable.

RAYON DE COURBURE ET DÉVELOPPÉE DE LA PARABOLE.

244. Appliquons la théorie précédente à la parabole dont l'équation est

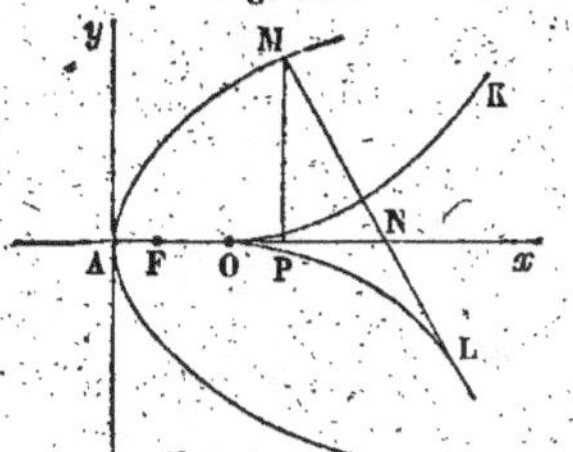

$$y^2 = 2px.$$

Nous avons trouvé, en désignant par n la normale MN, et par ρ le rayon de courbure au point M,

$$\rho = \frac{n^3}{p^2} \quad (236).$$

Si l'on veut exprimer ce rayon en fonction des coordonnées du point M, il faudra différentier deux fois l'équation $y^2 = 2px$, ce qui donne

$$\frac{dy}{dx} = \frac{p}{y}, \quad \frac{d^2y}{dx^2} = -\frac{p^2}{y^3}.$$

Donc on a, en valeur absolue,

$$\rho = \frac{\left(1 + \dfrac{p^2}{y^2}\right)^{\frac{3}{2}}}{\dfrac{p^2}{y^3}} = \frac{(y^2 + p^2)^{\frac{3}{2}}}{p^2}.$$

Pour avoir l'équation de la développée, substituons les valeurs de $\frac{dy}{dx}$ et de $\frac{d^2y}{dx^2}$ dans les équations

$$x - \xi + (y - n)\frac{dy}{dx} = 0,$$

$$1 + \frac{dy^2}{dx^2} + (y - n)\frac{d^2y}{dx^2} = 0 :$$

il vient

$$x - \xi + (y - n)\frac{p}{y} = 0, \quad 1 + \frac{p^2}{y^2} - (y - n)\frac{p^2}{y^3} = 0.$$

L'élimination de x et de y entre ces équations et celle de la courbe conduit à l'équation de la développée. De la seconde on tire

$$1 + \frac{p^2}{y^2} - \frac{p^2}{y^2} + \frac{p^2 n}{y^3} = 0 \quad \text{d'où} \quad n = -\frac{y^3}{p^2}.$$

En mettant cette valeur de n dans la première, on aura

$$x - \xi + p + \frac{y^2}{p} = 0,$$

d'où

$$\xi - p = 3x.$$

On a donc

$$y^3 = - p^2 n, \quad x = \frac{1}{3}(\xi - p) \quad \text{et} \quad y^2 = 2px,$$

d'où

$$y^6 = p^4 n^2$$

et

$$y^6 = (2px)^3 = \left[\frac{2}{3}p(\xi - p)\right]^3.$$

Donc

$$p^4 n^2 = \frac{8}{27}p^3(\xi - p)^3$$

et

$$n^2 = \frac{8}{27p}(\xi - p)^3.$$

Si l'on transporte l'axe des ordonnées parallèlement à lui-même jusqu'au point O, tel que $AO = p$, l'équation prend la forme plus simple $\eta^2 + \dfrac{8}{27p}\xi'^3$, ou simplement

$$\eta = \pm\sqrt{\frac{8}{27p}}\,\xi^{\frac{3}{2}}.$$

Cette courbe a la forme KOL (*fig.* 39, p. 244). Elle est symétrique par rapport à l'axe des abscisses, ce qui était évident à priori, et s'étend à l'infini du côté des x positifs.

En différentiant, on trouve

$$\frac{d\eta}{d\xi} = \frac{3}{2}\sqrt{\frac{8}{27p}}\,\xi^{\frac{1}{2}},$$

$$\frac{d^2\eta}{d\xi^2} = \frac{3}{4}\sqrt{\frac{8}{27p}}\cdot\xi^{-\frac{1}{2}} = \frac{1}{\sqrt{6p}}\cdot\frac{1}{\sqrt{\xi}}.$$

Le signe de $\dfrac{d^2\eta}{d\xi^2}$ est le même que celui de η; par conséquent, la courbe est partout convexe vers l'axe des abscisses.

RAYON DE COURBURE ET DÉVELOPPÉE DE L'ELLIPSE.

245. Soit

$$a^2y^2 + b^2x^2 = a^2b^2$$

l'équation d'une ellipse rapportée à son centre et à ses axes. On en tire

$$\frac{dy}{dx} = -\frac{b^2x}{a^2y}, \quad \frac{d^2y}{dx^2} = -\frac{b^4}{a^2y^3}.$$

Cela posé, la formule connue du rayon de courbure donne

$$\rho = \frac{\left(1 + \dfrac{b^4x^2}{a^4y^2}\right)^{\frac{3}{2}}}{\dfrac{b^4}{a^2y^3}} = \frac{\left(b^4x^2 + a^4y^2\right)^{\frac{3}{2}}}{a^4b^4}.$$

Pour avoir la développée de l'ellipse, reprenons les

deux équations

$$(1) \qquad 1 + \frac{dy^2}{dx^2} + (y - \eta)\frac{d^2 y}{dx^2} = 0,$$

$$(2) \qquad x - \xi + (y - \eta)\frac{dy}{dx} = 0.$$

Quand on remplace $\frac{dy}{dx}$ et $\frac{d^2 y}{dx^2}$ par leurs valeurs, l'équation (1) devient

$$a^4 y^3 + b^4 x^2 y - a^2 b^4 (y - \eta) = 0,$$

ou

$$y - \eta = \frac{(a^4 y^2 + b^4 x^2)y}{a^2 b^4}$$

$$= \frac{a^4 y^2 + b^2 (a^2 b^2 - a^2 y^2)}{a^2 b^4} y$$

$$= \frac{(a^2 - b^2) y^2 + b^4}{b^4} y;$$

et posant $a^2 - b^2 = c^2$, il viendra

$$y - \eta = \frac{(b^4 + c^2 y^2)y}{b^4} = y + \frac{c^2 y^3}{b^4};$$

ou enfin

$$(3) \qquad \eta = -\frac{c^2 y^3}{b^4}.$$

En permutant dans la relation (3) x et y, a et b, ce qui change c^2 en $-c^2$, on aura

$$(4) \qquad \xi = \frac{c^2 x^3}{a^4}.$$

Par conséquent, si l'on pose, pour abréger, $\frac{c^2}{a} = A$ et $\frac{c^2}{b} = B$, on a

$$\frac{x}{a} = \left(\frac{\xi}{A}\right)^{\frac{1}{3}} \quad \text{et} \quad \frac{y}{b} = -\left(\frac{\eta}{B}\right)^{\frac{1}{3}}.$$

En substituant ces valeurs dans l'équation de l'ellipse,

mise sous la forme

$$\left(\frac{x}{a}\right)^2 + \left(\frac{y}{b}\right)^2 = 1,$$

on a, pour l'équation de la développée,

$$(\alpha) \qquad \left(\frac{\xi}{A}\right)^{\frac{2}{3}} + \left(\frac{\eta}{B}\right)^{\frac{2}{3}} = 1.$$

La courbe représentée par cette équation est symétrique par rapport aux axes de l'ellipse, comme, du reste, on pouvait le prévoir. Pour $\eta = 0$, on a

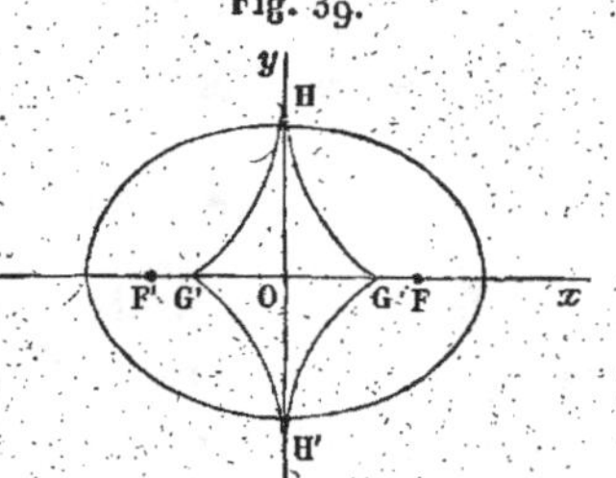

$$\xi = \pm A = \pm \frac{c^2}{a},$$

ce qui donne deux points G, G', situés sur l'axe des x entre les foyers. On obtiendra de même les points H, H', où la développée rencontre l'axe des y.

En différentiant l'équation (α) deux fois de suite, on a

$$\left(\frac{\xi}{A}\right)^{-\frac{1}{3}} \frac{d\xi}{A} + \left(\frac{\eta}{B}\right)^{-\frac{1}{3}} \frac{d\eta}{B} = 0,$$

$$-\frac{1}{3}\left(\frac{\xi}{A}\right)^{-\frac{4}{3}} \frac{d\xi^2}{A^2} - \frac{1}{3}\left(\frac{\eta}{B}\right)^{-\frac{4}{3}} \frac{d\eta^2}{B^2} + \left(\frac{\eta}{B}\right)^{-\frac{1}{3}} \frac{d^2\eta}{B} = 0.$$

De là on tire

$$\frac{d^2\eta}{d\xi^2} = \frac{\left(\frac{\xi}{A}\right)^{-\frac{4}{3}} \frac{1}{A^2} + \left(\frac{\eta}{B}\right)^{-\frac{4}{3}} \frac{1}{B^2} \left(\frac{d\eta}{d\xi}\right)^2}{3\left(\frac{\eta}{B}\right)^{-\frac{1}{3}} \frac{1}{B}}.$$

Or $\dfrac{d^2\eta}{d\xi^2}$ est de même signe que le dénominateur, puisque le numérateur est positif. Par suite, cette dérivée a le même signe que η. Donc la courbe tourne partout sa convexité vers l'axe des x.

On a ensuite

$$\frac{d\eta}{d\xi} = - \frac{\left(\dfrac{\xi}{A}\right)^{-\frac{1}{3}}}{\left(\dfrac{\eta}{B}\right)^{-\frac{1}{3}}} \cdot \frac{\dfrac{1}{A}}{\dfrac{1}{B}} = - \left(\frac{A\eta}{B\xi}\right)^{+\frac{1}{3}} \frac{B}{A};$$

cette dérivée étant nulle pour $\eta = 0$ et infinie pour $\xi = 0$, on en conclut que les axes sont tangents à la courbe aux points G, G′, H et H′, qui, à cause de la symétrie de la figure, doivent être des points de rebroussement.

RAYON DE COURBURE ET DÉVELOPPÉE DE L'HYPERBOLE.

246. Le rayon de courbure et la développée de l'hyperbole peuvent se déduire de ce qui précède en changeant b^2 en $-b^2$. On a ainsi pour le rayon de courbure

$$\rho = \frac{(b^4 x^2 + a^4 y^2)^{\frac{3}{2}}}{a^4 b^4},$$

et, pour l'équation de la développée,

$$\left(\frac{\xi}{A}\right)^{\frac{2}{3}} - \left(\frac{\eta}{B}\right)^{\frac{2}{3}} = 1,$$

en posant $c^2 = a^2 + b^2$, $\dfrac{c^2}{a} = A$ et $\dfrac{c^2}{b} = B$.

La développée de l'hyperbole se compose de deux branches infinies HGK, H′G′K′, symétriques par rapport aux deux axes; elle a deux points de rebroussement G et G′ situés sur l'axe transverse au delà des foyers par rapport au centre, et elle tourne partout sa convexité vers l'axe transverse.

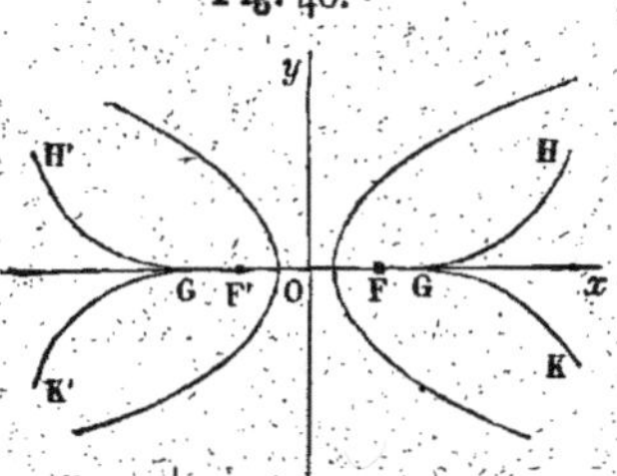
Fig. 40.

ENVELOPPE D'UNE COURBE MOBILE.

247. Quand une courbe se meut sur un plan, en changeant de forme suivant une loi déterminée, en général elle touche constamment une courbe fixe qu'on nomme son *enveloppe*. On peut supposer que la courbe mobile est représentée par une équation

$$(1) \qquad F(x, y, c) = 0,$$

dans laquelle c est un paramètre que l'on fait varier d'une manière continue. Si l'on donne à ce paramètre deux valeurs successives c et $c + \Delta c$, les courbes représentées par les équations

$$F(x, y, c) = 0, \qquad F(x, y, c + \Delta c) = 0,$$

se couperont en un point (x, y), pour lequel on aura

$$F(x, y, c + \Delta c) - F(x, y, c) = 0,$$

et, par suite,

$$(2) \qquad \frac{F(x, y, c + \Delta c) - F(x, y, c)}{\Delta c} = 0.$$

Si Δc diminue indéfiniment, les coordonnées du point (x, y) qui ne cessent pas de satisfaire aux équations (1) et (2) vérifieront, à la limite, les équations

$$(3 \qquad F(x, y, c) = 0, \qquad \frac{dF}{dc} = 0.$$

On obtiendra donc le point limite M de l'intersection de la courbe (1) et de la courbe infiniment voisine, en résolvant les équations (3). Si maintenant on élimine c entre ces équations, on aura le lieu des points M, c'est-à-dire le *lieu des intersections successives* des courbes représentées par l'équation (1).

Je dis que ce lieu est l'enveloppe cherchée. En effet, une courbe A représentée par l'équation (1) est coupée par celle qui la précède, B, et par celle qui la suit, C, en deux points qui finissent par se confondre. La droite qui joint ces deux points tend donc à devenir tangente à la courbe A. Elle tend d'ailleurs évidemment à devenir tangente au lieu des intersections successives. Donc ce lieu est tangent à toutes les courbes représentées par l'équation (1).

EXERCICES.

1. *Développée de la courbe*

$$3\,ay^2 = 2\,x^3.$$

SOLUTION.

$$81\,ay^2 = 16\left(2a \pm \sqrt{a^2 - 6ax}\right)^2\left(\pm\sqrt{a^2 - 12ax} - a\right).$$

2. *Développée de la courbe*

$$x^{\frac{2}{3}} + y^{\frac{2}{3}} = a^{\frac{2}{3}}.$$

SOLUTION.

$$(x + y)^{\frac{2}{3}} + (x - y)^{\frac{2}{3}} = 2\,a^{\frac{2}{3}}.$$

3. *Enveloppe des ellipses concentriques dont les axes ont les mêmes directions, et pour lesquelles la somme de ces axes est constante.*

SOLUTION.

$$x^{\frac{2}{3}} + y^{\frac{2}{3}} = k^{\frac{2}{3}}.$$

On trouve le même lieu quand on cherche l'enveloppe d'une droite de longueur constante (k), qui se meut en s'appuyant sur deux droites rectangulaires.

VINGT ET UNIÈME LEÇON.

ÉTUDE PARTICULIÈRE DE LA CYCLOIDE.

Définition et équation de la courbe. — Tangente et normale. — Rayon du
cercle osculateur. — Développée. — Longueur d'un arc de cycloïde.

DÉFINITION ET ÉQUATION DE LA CYCLOÏDE.

248. La *cycloïde* est le lieu des positions d'un point M
donné sur un cercle qui *roule sans glisser* sur une droite
indéfinie Ax.

Prenons pour axe des abscisses la droite Ax, pour origine le point A, où se trouve le point générateur M à
l'origine du mouvement, et pour axe des ordonnées la
perpendiculaire Ay.

On reconnaît, *à priori*, que l'ordonnée est maximum

au point C, correspondant à l'abscisse $AD = \frac{1}{2}$ circ. OM;

que la courbe rencontre de nouveau l'axe des x en un

point A′ dont l'abscisse
est égale à la longueur
de la circonférence gé-
nératrice, et que la por-
tion CA′ de la courbe est
symétrique de l'arc CA
par rapport à CD; en-
suite qu'au delà du
point A′, comme à gauche du point A, il existe une infinité d'arcs identiques à ACA′.

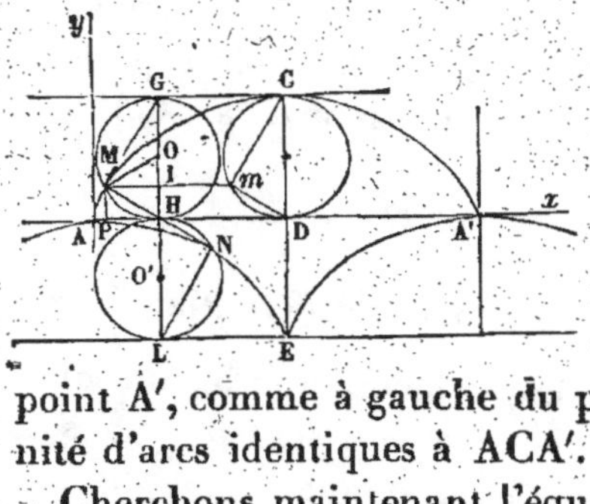

Cherchons maintenant l'équation de la courbe. Soient
$AP = x$, $MP = y$ les coordonnées d'un point M du lieu,
$MO = a$ et $MOH = u$; joignons MO et menons MI perpendiculaire à GH.

D'après le mode même de génération, l'arc de cercle MH est égal à la portion de droite AH. On a

$$x = \text{AH} - \text{PH} = \text{arc MH} - \text{MI} = au - a\sin u = a(u - \sin u),$$
$$y = \text{OH} - \text{IO} = a - a\cos u = a(1 - \cos u).$$

Il ne s'agit donc plus, pour avoir l'équation de la cycloïde, que d'éliminer u entre les deux équations

$$(1) \qquad x = a(u - \sin u),$$
$$(2) \qquad y = a(1 - \cos u).$$

Or la dernière donne

$$\cos u = \frac{a - y}{a} \quad \text{ou} \quad u = \text{arc cos}\, \frac{a - y}{a},$$

d'où

$$\sin u = \pm \frac{\sqrt{2ay - y^2}}{a}.$$

Portant ces valeurs dans l'équation (1), on a l'équation de la cycloïde,

$$(3) \qquad x = a\, \text{arc cos}\, \frac{a - y}{a} \mp \sqrt{2ay - y^2}.$$

Pour expliquer le double signe du radical ou de $\sin u$, on remarque que si le point M est sur l'arc AC, on a $u < \pi$ et $\sin u > 0$. Mais si le point M était sur l'arc CA', on aurait $u > \pi$ et $\sin u < 0$. Donc le signe supérieur convient à l'arc AC, et le signe inférieur à l'arc CA'.

TANGENTE ET NORMALE.

249. Pour obtenir $\dfrac{dy}{dx}$, on pourrait différentier l'équation (3), mais il est plus simple de différentier les équations (1) et (2), dans lesquelles x et y sont fonctions de la variable indépendante u, ce qui donne

$$dx = a\, du\, (1 - \cos u) = y\, du,$$
$$dy = a\, du\, \sin u = du\, \sqrt{2ay - y^2}.$$

Divisant membre à membre, il vient

$$\frac{dy}{dx} = \frac{\sqrt{2ay - y^2}}{y}.$$

La sous-normale au point M ayant pour valeur $\frac{y\,dy}{dx}$, on voit qu'elle est égale à $\sqrt{2ay - y^2}$. Or

$$\sqrt{2ay - y^2} = \sqrt{y(2a - y)} = \sqrt{IH \times IG} = MI \quad \text{ou} \quad PH.$$

Donc MH est la normale au point M, et, par suite, MG, perpendiculaire à MH, est la tangente en ce point.

De là résulte un moyen très-simple de mener une tangente à la cycloïde par un point M de cette courbe. Supposons le cercle CmD décrit sur l'ordonnée maximum comme diamètre; menons Mm parallèle à Ax : une parallèle à Cm, menée par le point M, sera la tangente cherchée.

250. La longueur de la normale, au point M, a pour expression

$$\sqrt{y^2 + \frac{y^2\,dy^2}{dx^2}} = \sqrt{y^2 + 2ay - y^2} = \sqrt{2ay}.$$

Or GH $= 2a$, IH $= y$. Cette longueur est donc moyenne proportionnelle entre IH et GH; c'est donc la ligne MH elle-même.

RAYON ET CENTRE DU CERCLE OSCULATEUR.

251. On a

$$\frac{dy}{dx} = \frac{\sqrt{2ay - y^2}}{y} = \sqrt{\frac{2a}{y} - 1};$$

donc

$$\frac{dy^2}{dx^2} = \frac{2a}{y} - 1,$$

d'où

$$2\frac{dy}{dx}\frac{d^2y}{dx^2} = -\frac{2a}{y^2}\frac{dy}{dx},$$

ou
$$\frac{d^2y}{dx^2} = -\frac{a}{y^2}.$$

Substituant ces valeurs de $\frac{dy}{dx}$ et de $\frac{d^2y}{dx^2}$ dans l'expression connue du rayon de courbure, on trouve

$$\rho^2 = \frac{\left(\frac{2a}{y}\right)^3}{\frac{a^2}{y^4}} = \frac{8a^3y}{a^2}; \quad \text{donc} \quad \rho = 2\sqrt{2ay}.$$

Mais
$$\sqrt{2ay} = \sqrt{GH \times IH} = MH,$$

donc le rayon de courbure est double de MH, et puisque d'ailleurs MH est la normale au point M, on aura le centre de courbure en prenant sur la direction de MH un point N tel que MN = 2 MH.

DÉVELOPPÉE DE LA CYCLOÏDE.

252. Ce résultat donne très-simplement la développée de la cycloïde.

Soit HNL un cercle égal au cercle OM, tangent au point H à l'axe Ax, au-dessous de cette droite; menons LE parallèle à Ax, et prolongeons le diamètre CD jusqu'à sa rencontre en E avec LE; les arcs MH et NH étant égaux, on a
$$\text{arc } NH = AH;$$
d'ailleurs
$$\text{arc } HNL = AD.$$
Donc
$$\text{arc } NL = AD - AH = DH = LE.$$

Ainsi la développée de la cycloïde est engendrée par le mouvement d'un point N placé sur la circonférence d'un cercle égal au cercle OM, mais qui roulerait sur une parallèle LE à Ax, au-dessous de cette droite, et à une distance de celle-ci égale au diamètre du cercle mobile. Cette développée est donc une cycloïde égale à la première.

On peut d'ailleurs le démontrer sans connaître la longueur du rayon de courbure. En effet, de même que MG est tangente à AMC en M, NH ou MN est la tangente en N à la cycloïde ANE. Donc cette dernière courbe est le lieu des intersections successives des normales consécutives à la cycloïde ACA′, et par conséquent elle en est la développée.

253. On retrouve le même résultat par le calcul. On a

$$\frac{dy}{dx} = \sqrt{\frac{2a}{y} - 1}, \quad \frac{d^2y}{dx^2} = -\frac{a}{y^2}.$$

Substituons ces valeurs dans les équations

$$1 + \frac{dy^2}{dx^2} + (y - \eta)\frac{d^2y}{dx^2} = 0,$$

$$x - \xi + (y - \eta)\frac{dy}{dx} = 0.$$

La première équation donne

$$\frac{2a}{y} - (y - \eta)\frac{a}{y^2} = 0 \quad \text{ou bien} \quad 2ay - a(y - \eta) = 0,$$

ou enfin

$$(1) \qquad\qquad y = -\eta.$$

On tire de la seconde équation

$$x - \xi + (y - \eta)\sqrt{\frac{2a}{y} - 1} = 0,$$

ou, en remplaçant y par sa valeur et transposant,

$$x = \xi + 2\eta\sqrt{-\frac{2a}{\eta} - 1},$$

ou enfin, en faisant passer η sous le radical, dont le signe doit être changé puisque η est négatif,

$$(2) \qquad x = \xi - 2\sqrt{-2a\eta - \eta^2}.$$

Substituant les valeurs (1) et (2) dans l'équation de la cycloïde,

$$(3) \qquad x = a \text{ arc cos } \frac{a-y}{a} - \sqrt{2ay - y^2},$$

on a, pour l'équation de la développée,

$$(4) \qquad \xi = a \text{ arc cos } \frac{a+\eta}{a} + \sqrt{-2a\eta - \eta^2}.$$

Supposons maintenant qu'on prenne pour axes les droites Ex' et Ey'; nommons x' et y' les nouvelles coordonnées d'un point quelconque N de la développée : puisque

Fig. 42.

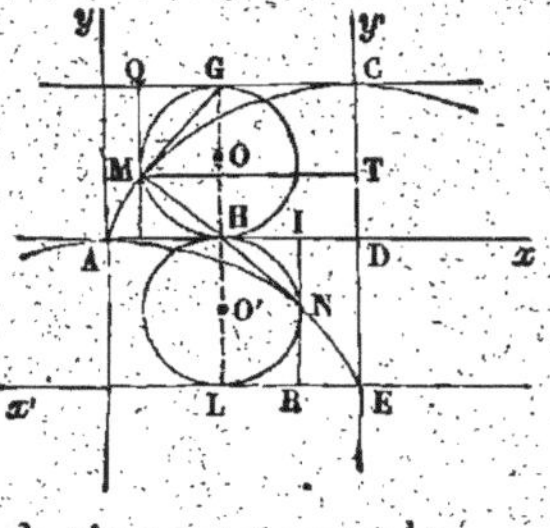

$$\text{AD} = \pi a, \quad \text{DE} = 2a,$$

on aura

$$\xi = \text{AD} - \text{DI} = \pi a - x',$$
$$\eta = \text{NR} - \text{IR} = y' - 2a.$$

Substituant ces valeurs de ξ et de η dans l'équation (4), l'équation de la développée par rapport aux nouveaux axes devient

$$\pi a - x' = a \text{ arc cos } \frac{y'-a}{a} + \sqrt{2ay' - y'^2},$$

ou bien

$$x' = a\left(\pi - \text{arc cos } \frac{y'-a}{a}\right) - \sqrt{2ay' - y'^2},$$

ou enfin, comme deux arcs supplémentaires ont des cosinus égaux et de signes contraires,

$$x' = a \text{ arc cos } \left(\frac{a-y'}{a}\right) - \sqrt{2ay' - y'^2}.$$

Cette équation, comparée à l'équation (3), montre que

la développée de la cycloïde est une cycloïde égale, placée par rapport aux axes Ex', Ey', comme la proposée par rapport aux axes primitifs.

LONGUEUR D'UN ARC DE CYCLOÏDE.

254. La ligne MN, double de HN, est le rayon de courbure correspondant au point M de la cycloïde développante, ou la tangente menée par le point N à la cycloïde ANE développée de la première. De plus, au point A, le rayon de courbure est nul puisque la normale MH devient nulle pour ce point. Donc, comme un arc de développée est égal à la différence des rayons de courbure extrêmes, on a

$$\text{arc AN} = \text{MN} = 2\,\text{NH}.$$

En revenant à la cycloïde proposée, on peut dire que l'arc CM est égal à $2\,\text{MG}$.

Exprimons maintenant cet arc en fonction des coordonnées de son extrémité.

On a

$$\text{arc CM} = 2\,\text{MG} = 2\sqrt{2a.\text{MQ}},$$

ou bien, puisque $\text{MQ} = 2a - y$,

$$\text{arc CM} = 2\sqrt{4a^2 - 2ay}.$$

255. On peut encore parvenir à ce résultat par le calcul.

En effet, soit $\text{CM} = s$ un arc compté à partir du sommet C; on aura

$$ds = \pm\, dy \sqrt{1 + \frac{dx^2}{dy^2}}.$$

Or on a

$$\frac{dx}{dy} = \frac{y}{\sqrt{2ay - y^2}};$$

donc

$$ds = \pm\, dy\, \frac{\sqrt{2a}}{\sqrt{2a - y}}.$$

Mais l'arc CM diminue lorsque y augmente ; on doit donc prendre le signe $-$, et écrire

$$ds = - dy \frac{\sqrt{2a}}{\sqrt{2a - y}} = d\left(2\sqrt{2a}\sqrt{2a - y}\right),$$

donc

$$s = 2\sqrt{2a}\sqrt{2a - y} + C,$$

ou

$$s = 2\sqrt{4a^2 - 2ay} + C.$$

C est une constante que l'on détermine en faisant $y = 2a$, ce qui donne $s = 0$, et, par suite, $C = 0$. On a donc, comme plus haut,

$$\text{arc CM} = 2\sqrt{4a^2 - 2ay}.$$

256. Si l'on suppose $y = 0$, on aura

$$\text{arc CA} = 4a,$$

et, par suite,

$$\text{arc ACA}' = 8a.$$

Ainsi *l'arc entier de la cycloïde est égal à quatre fois le diamètre du cercle générateur.*

EXERCICES.

1. Quand une courbe plane C roule sans glisser sur une autre courbe fixe C', chaque point du plan de la première décrit une courbe dont la normale passe à chaque instant par le point de contact de C et de C'.

2. Discuter la courbe engendrée par un point qui se meut d'un mouvement uniforme sur un cercle dont le centre se meut aussi d'un mouvement uniforme et en ligne droite.

3. Le lieu des points d'où l'on peut mener à une cycloïde deux tangentes formant un angle droit est une cycloïde raccourcie (courbe du n° 2, quand la vitesse du centre est moindre que celle du point décrivant).

VINGT-DEUXIÈME LEÇON.

COURBURE DES COURBES PLANES.

Expression du rayon de courbure quand la variable indépendante est quelconque. — Application aux coordonnées polaires. — Théorie de la courbure des courbes planes. — Identité du cercle de courbure et du cercle osculateur. — Applications.

EXPRESSION DU RAYON DE COURBURE QUAND LA VARIABLE INDÉPENDANTE EST QUELCONQUE.

257. En prenant x pour variable indépendante, nous avons trouvé

$$\rho = \frac{\left(1 + \dfrac{dy^2}{dx^2}\right)^{\frac{3}{2}}}{\dfrac{d^2 y}{dx^2}}.$$

Supposons maintenant que x et y soient fonctions d'une autre variable t, et cherchons, dans cette hypothèse, l'expression de ρ. On sait (92) que $\dfrac{dy}{dx}$ conserve la même forme, et que $\dfrac{d^2 y}{dx^2}$ doit être remplacé par $\dfrac{dx\, d^2 y - dy\, d^2 x}{dx^3}$. On aura donc

$$\rho = \frac{\left(1 + \dfrac{dy^2}{dx^2}\right)^{\frac{3}{2}}}{\dfrac{dx\, d^2 y - dy\, d^2 x}{ax^3}},$$

ou bien

$$(1) \qquad \rho = \frac{(dx^2 + dy^2)^{\frac{3}{2}}}{dx\, d^2 y - dy\, d^2 x}$$

expression dans laquelle les différentielles de x et de y sont prises en regardant t comme variable indépendante.

EXEMPLE. — La cycloïde est représentée par l'ensemble des deux équations

$$x = a(u - \sin u), \quad y = a(1 - \cos u).$$

De là on déduit, en prenant u pour variable indépendante,

$$dx = a(1 - \cos u)\,du, \quad d^2x = a \sin u\,du^2,$$
$$dy = a \sin u\,du, \quad d^2y = a \cos u\,du^2.$$

Par conséquent,

$$dx^2 + dy^2 = (1 - 2\cos u + \cos^2 u + \sin^2 u)a^2\,du^2,$$
$$dx\,d^2y - dy\,d^2x = (\cos u - \cos^2 u - \sin^2 u)a^2\,du^3,$$

ou

$$dx^2 + dy^2 = 2(1 - \cos u)a^2\,du^2,$$
$$dx\,d^2y - dy\,d^2x = -(1 - \cos u)a^2\,du^3.$$

Par suite,

$$\rho = 2^{\frac{3}{2}}\frac{(1 - \cos u)^{\frac{3}{2}}a^3\,du^3}{(1 - \cos u)\,a^2\,du^3} = 2a\sqrt{2}(1 - \cos u)^{\frac{1}{2}}.$$

Or,

$$1 - \cos u = \frac{y}{a}.$$

Donc

$$\rho = 2a\sqrt{2}\sqrt{\frac{y}{a}} = 2\sqrt{2ay}.$$

EXPRESSION DU RAYON DE COURBURE EN COORDONNÉES POLAIRES.

258. La formule (1) conduit à l'expression du rayon de courbure au point M, en fonction des coordonnées polaires de ce point. Pour cela, menons par le pôle deux axes rectangulaires Ox et Oy. Soient

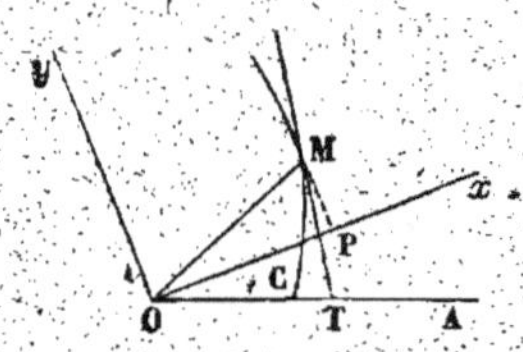

Fig. 43.

$$xOA = \alpha, \quad OP = x, \quad MP = y,$$
$$OM = r, \quad MOA = \theta,$$

on aura

$$x = r\cos(\theta - \alpha), \quad y = r\sin(\theta - \alpha),$$

ou en posant, pour abréger, $\theta - \alpha = \theta'$,

$$x = r\cos\theta', \quad y = r\sin\theta'.$$

De là on tire, en observant que $d\theta' = d\theta$,

$$dx = dr\cos\theta' - rd\theta\sin\theta',$$
$$dy = dr\sin\theta' + rd\theta\cos\theta',$$
$$d^2x = d^2r\cos\theta' - 2\,dr\,d\theta\sin\theta' - rd\theta^2\cos\theta',$$
$$d^2y = d^2r\sin\theta' + 2\,dr\,d\theta\cos\theta' - rd\theta^2\sin\theta'.$$

On aura donc

$$dx^2 + dy^2 = dr^2\cos^2\theta' + r^2\sin^2\theta'\,d\theta^2 + dr^2\sin^2\theta' + r^2\cos^2\theta'\,d\theta^2$$
$$= dr^2(\sin^2\theta' + \cos^2\theta') + r^2\,d\theta^2(\sin^2\theta' + \cos^2\theta'),$$

et, toutes réductions faites,

$$(2) \qquad dx^2 + dy^2 = dr^2 + r^2d\theta^2.$$

De même,

$$dx\,d^2y - dy\,d^2x$$
$$= (dr\cos\theta' - rd\theta\sin\theta')(d^2r\sin\theta' + 2dr\,d\theta\cos\theta' - rd\theta^2\sin\theta')$$
$$- (dr\sin\theta' + rd\theta\cos\theta')(d^2r\cos\theta' - 2dr\,d\theta\sin\theta' - rd\theta^2\cos\theta')$$
$$= d^2r(dr\sin\theta'\cos\theta' - rd\theta\sin^2\theta' - dr\sin\theta'\cos\theta' - rd\theta\cos^2\theta')$$
$$+ 2\,dr^2(d\theta\cos^2\theta' + d\theta\sin^2\theta') + r^2(\sin^2\theta'\,d\theta^3 + \cos^2\theta'\,d\theta^3),$$

ou, en simplifiant,

$$(3) \qquad dx\,d^2y - dy\,d^2x = 2\,dr^2d\theta - rd\theta\,d^2r + r^2d\theta^3.$$

Substituant les valeurs (2) et (3) dans la formule (1), on obtient

$$\rho = \frac{(dr^2 + rd\theta^2)^{\frac{3}{2}}}{2\,dr^2d\theta - rd^2r\,d\theta + r^2d\theta^3},$$

ou bien

$$(4) \qquad \rho = \frac{\left(r^2 + \dfrac{dr^2}{d\theta^2}\right)^{\frac{3}{2}}}{r^2 + 2\dfrac{dr^2}{d\theta^2} - r\dfrac{d^2r}{d\theta^2}}.$$

Ce résultat s'obtient d'ailleurs plus simplement en faisant coïncider l'axe Ox avec OM. Il faut faire alors $\alpha = \theta$, et l'on a

$$dx = dr, \quad dy = rd\theta,$$

$$d^2x = d^2r - rd\theta^2, \quad d^2y = 2dr\,d\theta.$$

259. On introduit quelquefois, au lieu du rayon vecteur r, sa valeur inverse dans l'expression du rayon de courbure. Soit

$$r = \frac{1}{u},$$

il en résulte

$$dr = -\frac{du}{u^2}, \quad d^2r = \frac{2\,du^2 - u\,d^2u}{u^3}.$$

Donc

$$\rho = \frac{\left(\dfrac{1}{u^2} + \dfrac{1}{u^4}\dfrac{du^2}{d\theta^2}\right)^{\frac{3}{2}}}{\dfrac{1}{u^2} + \dfrac{2}{u^4}\dfrac{du^2}{d\theta^2} + \dfrac{u\,d^2u - 2\,du^2}{u^4\,d\theta^2}} = \frac{\left(\dfrac{1}{u^2} + \dfrac{1}{u^4}\dfrac{du^2}{d\theta^2}\right)^{\frac{3}{2}}}{\dfrac{1}{u^2} + \dfrac{1}{u^3}\dfrac{d^2u}{d\theta^2}},$$

ou enfin

$$(5) \qquad \rho = \frac{\left(u^2 + \dfrac{du^2}{d\theta^2}\right)^{\frac{3}{2}}}{u^3\left(u + \dfrac{d^2u}{d\theta^2}\right)}.$$

260. EXEMPLES. 1° *Courbes du second degré.* L'équation générale des courbes du second degré, rapportées à l'un des foyers et à l'axe focal, est

$$r = \frac{p}{1 + e\cos\theta} \quad \text{ou} \quad u = \frac{1 + e\cos\theta}{p}.$$

On aura, dans ce cas,

$$du = -\frac{e}{p}\sin\theta\,d\theta, \quad d^2u = -\frac{e}{p}\cos\theta\,d\theta^2,$$

et la formule (5) donnera

$$\rho = \frac{\left[\dfrac{(1+e\cos\theta)^2}{p^2} + \dfrac{e^2}{p^2}\sin^2\theta\right]^{\frac{3}{2}}}{\dfrac{(1+e\cos\theta)^3}{p^3}\left(\dfrac{1+e\cos\theta}{p} - \dfrac{e}{p}\cos\theta\right)},$$

ou bien

$$\rho = p\,\frac{(1+2e\cos\theta+e^2)^{\frac{3}{2}}}{(1+e\cos\theta)^3},$$

2° *Spirale logarithmique : $r = ae^{m\theta}$.*

On tire de cette équation :

$$\frac{dr}{d\theta} = mae^{m\theta} = mr, \qquad \frac{d^2r}{d\theta^2} = \frac{m\,dr}{d\theta} = m^2 r.$$

Substituant ces valeurs dans la formule (4), on a

$$\rho = \frac{\left[r^2(1+m^2)\right]^{\frac{3}{2}}}{r^2(1+m^2)}$$

ou bien

$$\rho = r\sqrt{1+m^2}.$$

Soient MK la normale et OK la sous-normale du point considéré. Le triangle rectangle KOM donne

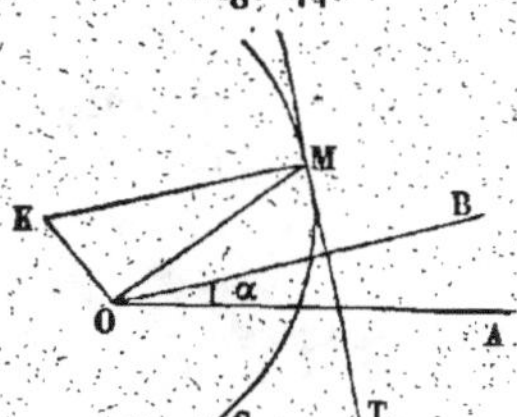

$$MK = \sqrt{\overline{OM}^2 + \overline{OK}^2}$$
$$= \sqrt{r^2 + r^2\tan^2 OMK}.$$

Or, on a

$$\tan OMK = \cot OMT = m,$$

donc

$$MK = r\sqrt{1+m^2} = \rho.$$

Ainsi l'extrémité K de la sous-normale est le centre de courbure.

Pour trouver l'équation de la développée, prenons un nouvel axe polaire OB, incliné d'un angle α sur le pre-

mier. K étant l'un quelconque des points du lieu, soient
$OK = r'$ et $KOB = \theta'$, on aura

$$r' = mr = mae^{m\theta} :$$

mais $\theta' + \alpha = \theta + \dfrac{\pi}{2}$; donc l'équation de la développée
sera

$$r' = mae^{m\theta' + m\left(\alpha - \frac{\pi}{2}\right)},$$

ou bien

$$r' = ae^{m\theta'} \times me^{m\left(\alpha - \frac{\pi}{2}\right)}.$$

Comme α est arbitraire, déterminons cette quantité
de telle sorte que l'on ait

$$me^{m\left(\alpha - \frac{\pi}{2}\right)} = 1,$$

ce qui donne

$$\mathrm{l}\,m + m\left(\alpha - \frac{\pi}{2}\right) = 0, \quad \text{ou} \quad \alpha = \frac{\pi}{2} - \frac{\mathrm{l}\,m}{m};$$

l'équation de la développée deviendra

$$r' = ae^{m\theta'}.$$

On voit que *la développée est une spirale logarithmique
égale à la première, mais différemment placée.*

DE LA COURBURE DES COURBES PLANES.

261. On doit considérer la courbure d'une circonférence comme étant la même en tous ses points, et d'autant plus grande que son rayon R est plus petit, ou que
la valeur inverse $\dfrac{1}{R}$ est plus grande. Il est donc naturel de
prendre $\dfrac{1}{R}$ pour mesure de la courbure du cercle.

On conçoit mieux cette définition si l'on considère un

cercle tangent à une droite en un point, et si l'on éloigne de plus en plus le centre sur la perpendiculaire à cette droite en ce point. Le cercle mobile, dans une de ses positions, sera compris entre la droite fixe et le cercle précédent, et, par conséquent, il s'approchera d'autant plus de la droite que son rayon sera plus grand.

Soient MT et M'T' deux tangentes à une circonférence dont le rayon MK est égal à R, et soit HIM' $= \omega$. On aura

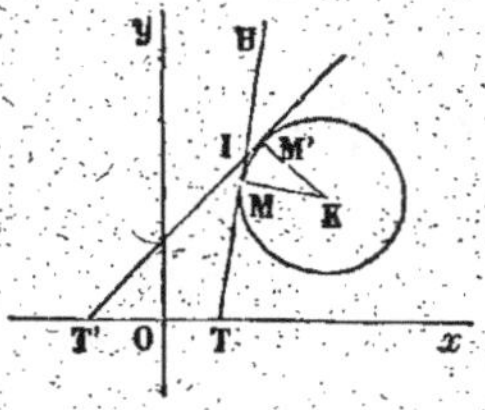

$$\text{arc } MM' = R\omega,$$

puisque l'angle MKM' est égal à HIM'; donc

$$\frac{1}{R} = \frac{\omega}{\text{arc } MM'}.$$

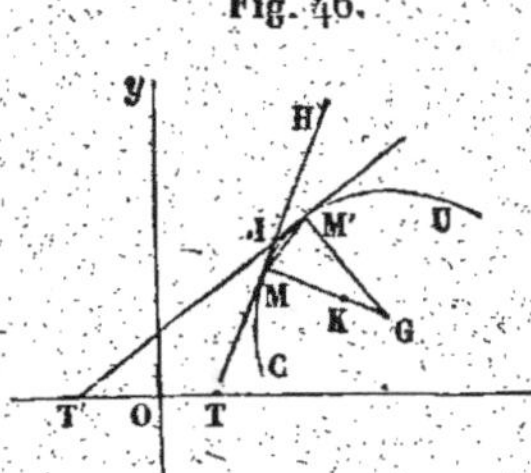
Fig. 45.

Ainsi la courbure d'un cercle est égale à l'angle de deux tangentes divisé par l'arc compris entre les points de contact.

262. Considérons maintenant une courbe quelconque CMM'U. C étant un point fixe pris sur cette courbe, soient CM $= s$, MM' $= \Delta s$; τ l'angle MTx, τ' l'angle M'T'x, formés par les tangentes MT et M'T' avec Ox, et $\Delta\tau$ la différence de ces angles, c'est-à-dire l'angle HIM'.

Si la courbe était une circonférence de cercle, $\frac{\Delta\tau}{\Delta s}$ serait sa courbure au point M, et ce rapport serait indépendant de Δs. Quand la courbe est quelconque, le rapport $\frac{\Delta\tau}{\Delta s}$, qui varie avec Δs, est appelé la *courbure moyenne* de l'arc MM', et l'on nomme *rayon de courbure moyenne* le rayon d'un cercle dans lequel les tangentes

Fig. 46.

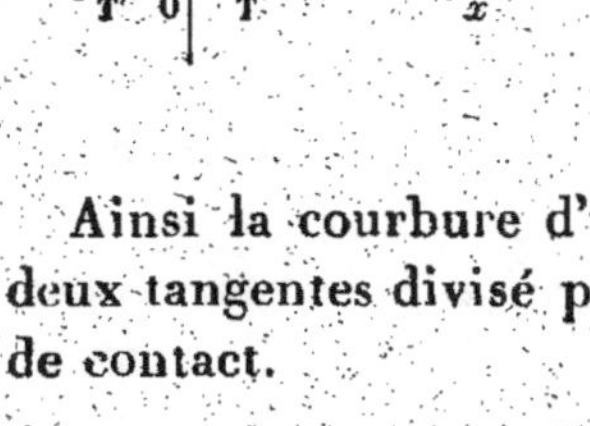

menées aux extrémités d'un arc égal à Δs font entre elles un angle égal à $\Delta\tau$. Le rayon de ce cercle est $\dfrac{\Delta s}{\Delta\tau}$.

Supposons maintenant que le point M' se rapproche indéfiniment du point M : le rapport $\dfrac{\Delta\tau}{\Delta s}$ convergera vers $\dfrac{d\tau}{ds}$, qui sera dit la *courbure de la courbe au point* M. Concevons un cercle ayant la même courbure, et soit ρ son rayon : on aura

$$\frac{1}{\rho} = \frac{d\tau}{ds} \quad \text{ou} \quad \rho = \frac{ds}{d\tau}.$$

Si l'on prend sur la partie intérieure de la normale une longueur MK $= \rho$, le cercle décrit du point K comme centre avec MK comme rayon sera *le cercle de courbure*, le rayon et le centre de ce cercle seront *le rayon et le centre de courbure* correspondant au point M.

On appelle *angle de contingence* l'angle $d\tau$ formé par les tangentes menées aux extrémités d'un arc infiniment petit. On peut donc dire que *la courbure d'une courbe en un point est égale à l'angle de contingence divisé par la différentielle de l'arc.*

IDENTITÉ DU CERCLE DE COURBURE ET DU CERCLE
OSCULATEUR.

263. Le cercle de courbure est le même que le cercle osculateur, déterminé par la théorie des contacts ; en effet, on a

$$ds = dx\sqrt{1 + \frac{dy^2}{dx^2}},$$

$$d\tau = d\left(\text{arc tang}\,\frac{dy}{dx}\right) = \frac{d\,\dfrac{dy}{dx}}{1 + \dfrac{dy^2}{dx^2}};$$

donc

$$\frac{ds}{d\tau} = \rho = \frac{\sqrt{1 + \frac{dy^2}{dx^2}\left(1 + \frac{dy^2}{dx^2}\right)}}{\dfrac{d\dfrac{dy}{dx}}{dx}},$$

ou

$$\rho = \frac{\left(1 + \dfrac{dy^2}{dx^2}\right)^{\frac{3}{2}}}{\dfrac{d^2 y}{dx^2}},$$

ce qui montre bien que ρ, *ou le rayon de courbure, est égal au rayon du cercle osculateur, et, par suite, que le cercle de courbure se confond avec le cercle osculateur.*

264. On peut démontrer ce théorème par la géométrie. Soient MK et M'G (*fig.* 49, p. 266) les normales en M et en M' à la courbe donnée, G leur point d'intersection, et MK le rayon de courbure au point M. Joignons MM'; on a

$$MG : MM' = \sin MM'G : \sin G,$$

d'où

$$MG = \frac{MM' \sin MM'G}{\sin G};$$

ou bien

$$MG = \frac{MM'}{\operatorname{arc} MM'} \times \frac{G}{\sin G} \times \frac{\operatorname{arc} MM'}{G} \times \sin MM'G.$$

A la limite, quand le point M' vient coïncider avec M, la droite MM' devient tangente : par suite l'angle MM'G devient droit, et son sinus a pour valeur l'unité. On a d'ailleurs

$$\lim \frac{MM'}{\operatorname{arc} MM'} = 1, \qquad \lim \frac{G}{\sin G} = 1,$$

$$\lim \frac{\operatorname{arc} MM'}{G} = \lim \frac{\Delta s}{\Delta \tau} = \frac{ds}{d\tau};$$

donc

$$\lim MG = \frac{ds}{d\tau} = MK.$$

Ainsi le centre de courbure K est l'intersection de deux normales infiniment voisines : donc il se confond avec le centre du cercle osculateur; et, par suite, le rayon de courbure (262) est aussi le rayon du cercle osculateur.

265. Nous avons démontré l'identité du rayon de courbure et du rayon du cercle osculateur en déduisant la valeur de ce dernier de celle du rayon de courbure : nous pouvons parvenir au même résultat en suivant une marche inverse, c'est-à-dire en déduisant la valeur du rayon de courbure de celle du rayon du cercle osculateur.

En effet, le rayon du cercle osculateur au point M est

$$\rho = \frac{\left(1 + \frac{dy^2}{dx^2}\right)^{\frac{3}{2}}}{\frac{d^2 y}{dx^2}} = dx \sqrt{1 + \frac{dy^2}{dx^2}} : \frac{d\frac{dy}{dx}}{1 + \frac{dy^2}{dx^2}}.$$

Or,

$$dx \sqrt{1 + \frac{dy^2}{dx^2}} = \sqrt{dx^2 + dy^2} = ds,$$

$$\frac{d\frac{dy}{dx}}{1 + \frac{dy^2}{dx^2}} = d\left(\text{arc tang} \frac{dy}{dx}\right) = d\tau;$$

donc,

$$\rho = \frac{ds}{d\tau}.$$

EXPRESSION DU RAYON DE COURBURE EN COORDONNÉES POLAIRES.

266. Pour obtenir l'expression du rayon de courbure en coordonnées polaires, nous partirons de la formule

$\rho = \dfrac{ds}{d\tau}$. Soit μ l'angle que la tangente au point M fait avec le rayon vecteur : on aura

$$\tang \mu = \frac{rd\theta}{dr};$$

mais

$$\mu = \tau - \theta,$$

donc

$$(1) \qquad \cot(\tau - \theta) = \frac{1}{r}\frac{dr}{d\theta}.$$

On en déduit

$$\frac{d\theta - d\tau}{\sin^2(\tau - \theta)} = d\left(\frac{1}{r}\frac{dr}{d\theta}\right), \qquad \frac{d\tau}{d\theta} = 1 - \sin^2(\tau - \theta)\frac{d}{d\theta}\left(\frac{1}{r}\frac{dr}{d\theta}\right).$$

Mais l'équation (1) donne

$$\sin^2(\tau - \theta) = \frac{1}{1 + \left(\dfrac{1}{r}\dfrac{dr}{d\theta}\right)^2};$$

donc

$$(2) \qquad \frac{d\tau}{d\theta} = \frac{1 + \left(\dfrac{1}{r}\dfrac{dr}{d\theta}\right)^2 - \dfrac{d}{d\theta}\left(\dfrac{1}{r}\dfrac{dr}{d\theta}\right)}{1 + \left(\dfrac{1}{r}\dfrac{dr}{d\theta}\right)^2}.$$

D'ailleurs nous avons

$$ds = \sqrt{dr^2 + r^2 d\theta^2} = r\sqrt{\frac{dr^2}{r^2} + d\theta^2},$$

ou bien,

$$(3) \qquad \frac{ds}{d\theta} = r\left[1 + \left(\frac{1}{r}\frac{dr}{d\theta}\right)^2\right]^{\frac{1}{2}}.$$

Donc, en divisant l'équation (3) par l'équation (2), on aura

$$\rho = \frac{ds}{d\tau} = \frac{\left(r^2 + \dfrac{dr^2}{d\theta^2}\right)^{\frac{3}{2}}}{r^2 + 2\dfrac{dr^2}{d\theta^2} - r\dfrac{d^2r}{d\theta^2}},$$

formule déjà trouvée (n° 258).

267. Appliquons ce résultat à la spirale logarithmique

$$r = ae^{m\theta}.$$

Soient $MO = r$ et $MOL = \theta$ les coordonnées polaires du point M. On a

$$ds = \sqrt{dr^2 + r^2 d\theta^2} = d\theta \sqrt{r^2 + \frac{dr^2}{d\theta^2}},$$

ou bien, à cause de $\dfrac{dr}{d\theta} = mr$,

$$ds = rd\theta \sqrt{1 + m^2}.$$

Maintenant on a, en posant l'angle $OMT = \mu$,

$$\tau = \theta + \mu.$$

Fig. 48.

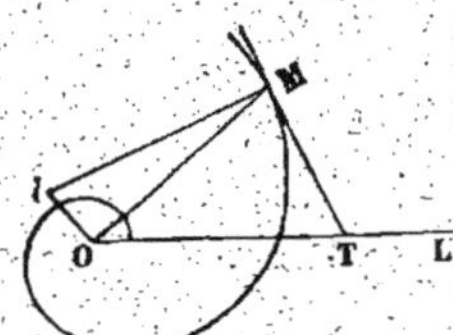

Or, dans la spirale logarithmique, μ étant constant, puisque $\operatorname{tang}\mu = \dfrac{1}{m}$, on a $d\tau = d\theta$. Par suite

$$\rho = \frac{ds}{d\tau} = r \sqrt{1 + m^2},$$

comme on l'a déjà trouvé (n° **260**, 2°).

EXERCICES.

Rayons de courbure des courbes suivantes :

1. $\qquad 3ay^2 = 2x^3, \qquad\qquad \rho^2 = \dfrac{(2a + 3x)^3}{3a^2}\, x.$

2. $\qquad y = \dfrac{c}{2}\left(e^{\frac{x}{c}} + e^{-\frac{x}{c}}\right), \quad \rho = \dfrac{y^2}{c}.$

3. $\qquad r = a\,(2\cos\theta \pm 1), \qquad \rho = a\,\dfrac{(5 \pm 4\cos\theta)^{\frac{3}{2}}}{3\,(3 \pm 2\cos\theta)}.$

4. $\qquad r^2 = a^2 \cos 2\theta, \qquad\qquad \rho = \dfrac{a^2}{3r}.$

VINGT-TROISIÈME LEÇON.

DES COURBES A DOUBLE COURBURE.

Équations de la tangente. — Angles de la tangente avec les axes des coordonnées. — Plan normal. — Différentielle d'un arc de courbe. — Limite du rapport d'un arc à sa corde.

ÉQUATIONS DE LA TANGENTE.

268. On appelle *courbes à double courbure* celles dont tous les points ne sont pas dans un même plan.

Une courbe à double courbure est représentée, comme on le sait, par deux équations

$$(1) \qquad f(x, y, z) = 0,$$
$$(2) \qquad \varphi(x, y, z) = 0,$$

qui appartiennent à deux surfaces dont cette courbe est l'intersection.

On choisit ordinairement pour surfaces auxiliaires des cylindres parallèles aux axes, et alors la courbe est représentée par deux équations dont chacune ne renferme que deux variables.

269. Pour obtenir les équations de la tangente menée à une courbe par un point M, nous chercherons d'abord les équations d'une sécante MM'. Soient x, y, z les coordonnées du point M, et $x + \Delta x$, $y + \Delta y$, $z + \Delta z$ celles du point M'. Les équations de la sécante MM' sont

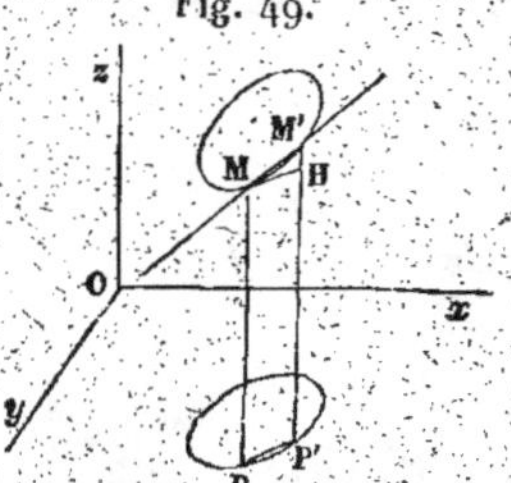

$$Y - y = \frac{\Delta y}{\Delta x}(X - x), \qquad Z - z = \frac{\Delta z}{\Delta x}(X - x),$$

X, Y, Z étant les coordonnées courantes.

Or, si le point M′ se rapproche indéfiniment du point M, la sécante MM′ devient à la limite tangente à la courbe au point M, les coefficients angulaires $\frac{\Delta y}{\Delta x}$, $\frac{\Delta z}{\Delta x}$, tendent vers $\frac{dy}{dx}$ et $\frac{dz}{dx}$, et l'on a les équations de la tangente,

$$(a) \qquad Y - y = \frac{dy}{dx}(X - x), \quad Z - z = \frac{dz}{dx}(X - x),$$

où $\frac{dy}{dx}$ et $\frac{dz}{dx}$ sont les dérivées de y et de z par rapport à x; en les divisant membre à membre, on a l'équation de la projection de la tangente sur le plan yz,

$$Y - y = \frac{dy}{dz}(Z - z).$$

La forme de ces équations montre que la projection de la tangente sur chaque plan coordonné est tangente à la projection de la courbe sur ce plan, ce qui résulte d'ailleurs de ce qu'au moment où le point M′ se réunit au point M, le point P′ se réunit au point P.

270. Les coefficients différentiels $\frac{dy}{dx}$ et $\frac{dz}{dx}$ s'obtiennent par la différentiation des équations (1) et (2), qui donne

$$(\alpha) \qquad \begin{cases} \dfrac{df}{dx} + \dfrac{df}{dy}\dfrac{dy}{dx} + \dfrac{df}{dz}\dfrac{dz}{dx} = 0, \\[2ex] \dfrac{d\varphi}{dx} + \dfrac{d\varphi}{dy}\dfrac{dy}{dx} + \dfrac{d\varphi}{dz}\dfrac{dz}{dx} = 0. \end{cases}$$

En tirant de ces deux équations les valeurs de $\frac{dy}{dx}$ et de $\frac{dz}{dx}$, et les substituant dans les équations (a), on aurait les équations de la tangente. Mais il revient au même d'éliminer $\dfrac{dy}{dx}$ et $\dfrac{dz}{dx}$ entre les quatre équations (α) et (a).

Or, de (a) on tire

$$\frac{dy}{dx} = \frac{Y - y}{X - x}, \quad \frac{dz}{dx} = \frac{Z - z}{X - x}.$$

Substituant ces valeurs dans les équations (α), on a enfin

$$(b) \begin{cases} \dfrac{df}{dx}(X - x) + \dfrac{df}{dy}(Y - y) + \dfrac{df}{dz}(Z - z) = 0, \\[2mm] \dfrac{d\varphi}{dx}(X - x) + \dfrac{d\varphi}{dy}(Y - y) + \dfrac{d\varphi}{dz}(Z - z) = 0. \end{cases}$$

On obtient donc les équations de la tangente en remplaçant, dans les équations différentielles,

$$\frac{df}{dx} dx + \frac{df}{dy} dy + \frac{df}{dz} dz = 0,$$

$$\frac{d\varphi}{dx} dx + \frac{d\varphi}{dy} dy + \frac{d\varphi}{dz} dz = 0,$$

les différentielles dx, dy et dz par les différences $X - x$, $Y - y$, $Z - z$.

ANGLES DE LA TANGENTE AVEC LES AXES.

271. Supposons maintenant que les axes soient rectangulaires, et nommons α, β et γ les angles formés par la tangente avec les trois axes coordonnés Ox, Oy et Oz.

Dans le trapèze $MPP'M'$, dont les côtés parallèles sont $MP = z$ et $M'P' = z + \Delta z$, menons MH parallèle à PP'. Soit γ' l'angle $MM'H$, c'est-à-dire l'angle que la sécante MM' fait avec l'axe Oz. Le triangle rectangle $MM'H$ donne

$$\cos\gamma' = \frac{\Delta z}{MM'} = \frac{\Delta z}{\sqrt{\Delta x^2 + \Delta y^2 + \Delta z^2}}.$$

Si t est la variable indépendante, on peut écrire

$$\cos\gamma' = \frac{\dfrac{\Delta z}{\Delta t}}{\sqrt{\left(\dfrac{\Delta x}{\Delta t}\right)^2 + \left(\dfrac{\Delta y}{\Delta t}\right)^2 + \left(\dfrac{\Delta z}{\Delta t}\right)^2}}.$$

Or, quand M' vient se confondre avec le point M, la sécante devient tangente, γ' devient γ, et l'on a

$$\cos\gamma = \frac{\dfrac{dz}{dt}}{\sqrt{\dfrac{dx^2}{dt^2} + \dfrac{dy^2}{dt^2} + \dfrac{dz^2}{dt^2}}},$$

ou bien

$$\cos\gamma = \frac{dz}{\sqrt{dx^2 + dy^2 + dz^2}}.$$

Si dz est > 0, c'est-à-dire si z croît avec la variable indépendante t, on a $\cos\gamma > 0$ et $\gamma < \dfrac{\pi}{2}$; si, au contraire, dz est < 0, on a $\cos\gamma < 0$ et $\gamma > \dfrac{\pi}{2}$.

On trouve de même $\cos\alpha$ et $\cos\beta$, de sorte que les trois angles cherchés sont donnés par les formules

$$(c) \quad \begin{cases} \cos\alpha = \dfrac{dx}{\sqrt{dx^2 + dy^2 + dz^2}}, \\[2mm] \cos\beta = \dfrac{dy}{\sqrt{dx^2 + dy^2 + dz^2}}, \\[2mm] \cos\gamma = \dfrac{dz}{\sqrt{dx^2 + dy^2 + dz^2}}. \end{cases}$$

Si l'arc infiniment petit MM' est désigné par ds, on aura, comme nous le verrons bientôt (n° 275),

$$ds = \sqrt{dx^2 + dy^2 + dz^2}.$$

18.

et les formules précédentes deviendront

$$(d). \qquad \cos\alpha = \frac{dx}{ds}, \quad \cos\delta = \frac{dy}{ds}, \quad \cos\gamma = \frac{dz}{ds}.$$

PLAN NORMAL.

272. Le *plan normal* à la courbe CM est le plan perpendiculaire à la tangente MT, mené par le point M. En nommant X, Y, Z les coordonnées courantes, l'équation de ce plan sera de la forme

$$A(X - x) + B(Y - y) + C(Z - z) = 0.$$

Les équations de la tangente MT étant

$$Y - y = \frac{dy}{dx}(X - x), \quad Z - z = \frac{dz}{dx}(X - x),$$

pour que le plan soit perpendiculaire à cette droite, il faut que l'on ait

$$\frac{B}{A} = \frac{dy}{dx}, \quad \frac{C}{A} = \frac{dz}{dx},$$

ce qui donne pour l'équation du plan normal

$$(e) \qquad (X - x)\,dx + (Y - y)\,dy + (Z - z)\,dz = 0.$$

273. Voici un autre moyen d'obtenir cette équation.

Soit N un point quelconque de ce plan; appelons X, Y, Z ses coordonnées, et α', β', γ', les angles que fait MN avec les axes Ox, Oy, Oz. On a

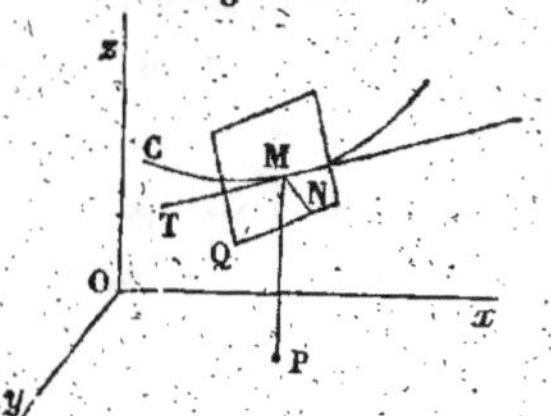

Fig. 56.

$$\cos\alpha' = \frac{X - x}{MN},$$

$$\cos\beta' = \frac{Y - y}{MN},$$

$$\cos\gamma' = \frac{Z - z}{MN}.$$

Si α, β, γ sont les angles que fait la tangente MT avec

les axes, on a [formules (d)]

$$\cos\alpha = \frac{dx}{ds}, \quad \cos\beta = \frac{dy}{ds}, \quad \cos\gamma = \frac{dz}{ds}.$$

Or,

$$\cos TMN = \cos\alpha \cos\alpha' + \cos\beta \cos\beta' + \cos\gamma \cos\gamma'.$$

D'un autre côté, on doit avoir $\cos TMN = 0$, puisque l'angle TMN est droit; l'équation du plan normal est donc

$$\frac{X - x}{MN} \frac{dx}{ds} + \frac{Y - y}{MN} \frac{dy}{ds} + \frac{Z - z}{MN} \frac{dz}{ds} = 0,$$

qui revient à l'équation (e).

DIFFÉRENTIELLE DE L'ARC D'UNE COURBE A DOUBLE COURBURE.

274. Prenons, d'une manière arbitraire et en nombre quelconque, des points E, F,..., M, M',..., sur l'arc de courbe CMD, et considérons le polygone gauche CEF... MM'... D, inscrit dans l'arc CMD. Je dis que le périmètre de ce polygone tend vers une limite déterminée quand ses sommets se rapprochent tous indéfiniment les uns des autres, en même temps que leur nombre augmente jusqu'à l'infini; après l'avoir démontré, nous conviendrons de prendre cette limite pour la longueur de l'arc CD.

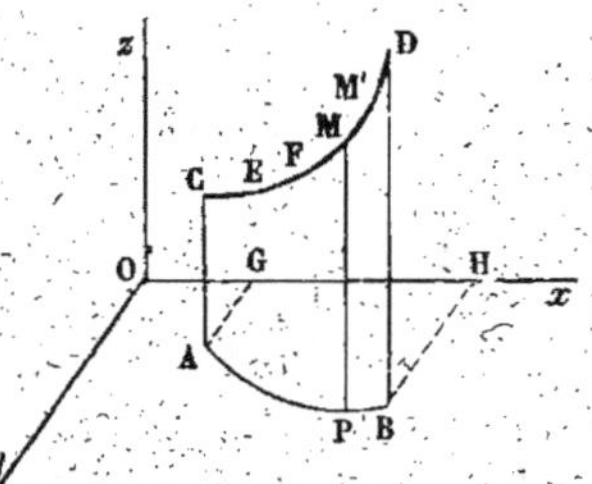

Fig. 51.

Soient donc x, y, z les coordonnées de l'un quelconque des sommets M, et $x + \Delta x$, $y + \Delta y$, $z + \Delta z$ celles du sommet suivant M'; on a

$$MM' = \sqrt{\Delta x^2 + \Delta y^2 + \Delta z^2} = \Delta x \sqrt{1 + \left(\frac{\Delta y}{\Delta x}\right)^2 + \left(\frac{\Delta z}{\Delta x}\right)^2}.$$

Donc, si nous désignons par P le périmètre du polygone, on a

$$P = \sum \left[\Delta x \sqrt{1 + \left(\frac{\Delta y}{\Delta x}\right)^2 + \left(\frac{\Delta z}{\Delta x}\right)^2} \right].$$

Si Δx décroît jusqu'à 0, $\frac{\Delta y}{\Delta x}$ et $\frac{\Delta z}{\Delta x}$ tendent vers $\frac{dy}{dx}$ et $\frac{dz}{dx}$, et l'on peut écrire

$$\sqrt{1 + \left(\frac{\Delta y}{\Delta x}\right)^2 + \left(\frac{\Delta z}{\Delta x}\right)^2} = \sqrt{1 + \left(\frac{dy}{dx}\right)^2 + \left(\frac{dz}{dx}\right)^2} + \alpha,$$

α étant une fonction qui s'annule avec Δx. De là résulte

$$P = \sum \left[\Delta x \sqrt{1 + \left(\frac{dy}{dx}\right)^2 + \left(\frac{dz}{dx}\right)^2} \right] + \sum (\alpha \Delta x).$$

Mais, d'après un principe démontré (n° 16), on a

$$\lim \sum (\alpha \Delta x) = 0,$$

donc

$$\lim P = \lim \sum \left[\Delta x \sqrt{1 + \left(\frac{dy}{dx}\right)^2 + \left(\frac{dz}{dx}\right)^2} \right].$$

Supposons maintenant que x soit la variable indépendante; alors $\frac{dy}{dx}$, $\frac{dz}{dx}$ et $\sqrt{1 + \left(\frac{dy}{dx}\right)^2 + \left(\frac{dz}{dx}\right)^2}$, pouvant être regardés comme des fonctions de x, considérons, dans un système de coordonnées rectangulaires, la courbe ef, qui a pour équation

$$Y = \sqrt{1 + \left(\frac{dy}{dx}\right)^2 + \left(\frac{dz}{dx}\right)^2}.$$

Soient $Og = a$, $Oh = b$; on aura, en supposant que x

varie depuis a jusqu'à b,

$$\sum\left[\Delta x \sqrt{1+\left(\frac{dy}{dx}\right)^2+\left(\frac{dz}{dx}\right)^2}\right]=\sum(\mathrm{Y}\Delta x).$$

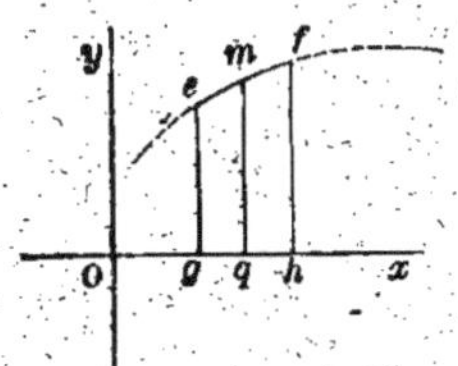

Fig. 52.

Or $\sum(\mathrm{Y}\Delta x)$ a pour limite l'aire $efgh$: donc la limite de P et l'aire $efgh$ sont exprimées par le même nombre. C'est ce nombre qui représente la longueur de l'arc CD.

275. Soit maintenant arc $\mathrm{CM}=s$. Si $Oq=x$, on aura numériquement

$$\text{arc } \mathrm{CM}=\text{aire } emqg;$$

par conséquent

$$ds=d\,(\text{aire } emqg)=dx\sqrt{1+\left(\frac{dy}{dx}\right)^2+\left(\frac{dz}{dx}\right)^2},$$

ou

$$ds=\sqrt{dx^2+dy^2+dz^2}.$$

LIMITE DU RAPPORT D'UN ARC A SA CORDE.

276. On conclut facilement de là, comme nous l'avons déjà démontré pour les courbes planes, que *la limite du rapport d'un arc à sa corde est l'unité*. En effet, soit l'arc $\mathrm{MM}'=\Delta s$, on a

$$\frac{\text{arc }\mathrm{MM}'}{\mathrm{MM}'}=\frac{\Delta s}{\sqrt{\Delta x^2+\Delta y^2+\Delta z^2}}=\frac{\dfrac{\Delta s}{\Delta x}}{\sqrt{1+\left(\dfrac{\Delta y}{\Delta x}\right)^2+\left(\dfrac{\Delta z}{\Delta x}\right)^2}}.$$

Mais le numérateur et le dénominateur du dernier membre ont pour limite commune $\sqrt{1+\left(\dfrac{dy}{dx}\right)^2+\left(\dfrac{dz}{dx}\right)^2}$: donc

$$\lim\frac{\text{arc }\mathrm{MM}'}{\mathrm{MM}'}=1.$$

VINGT-QUATRIÈME LEÇON.

DES SURFACES COURBES ET DES LIGNES A DOUBLE COURBURE.

Équation du plan tangent.— Équations de la normale.—Degré de l'équation du plan tangent. — Problèmes relatifs aux plans tangents.— Plan osculateur. — Angles du plan osculateur avec les plans coordonnés. — Normale principale.

ÉQUATION DU PLAN TANGENT.

277. Soit M (x, y, z) un point quelconque d'une surface représentée par l'équation

$$(1) \qquad f(x, y, z) = 0 :$$

on peut, par ce point, imaginer une infinité de courbes tracées sur la surface. Toutes les tangentes à ces courbes menées par le point M sont contenues dans un même plan, que nous appellerons le plan tangent de la surface au point M.

En effet, soit

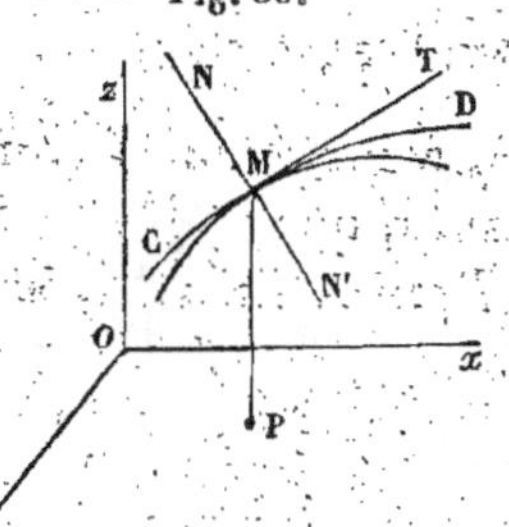

$$(2) \qquad \varphi(x, y, z) = 0$$

l'équation d'une nouvelle surface passant par le point M. L'intersection des surfaces (1) et (2) est une courbe CMD, dont la tangente MT au point M est, d'après ce que nous avons vu dans la Leçon précédente, représentée par le système des deux équations

$$(3) \qquad \frac{df}{dx}(X - x) + \frac{df}{dy}(Y - y) + \frac{df}{dz}(Z - z) = 0,$$

$$(4) \qquad \frac{d\varphi}{dx}(X - x) + \frac{d\varphi}{dy}(Y - y) + \frac{d\varphi}{dz}(Z - z) = 0.$$

Or l'équation (3), considérée isolément, représente un plan qui passe toujours par la tangente MT, quelle que soit cette tangente, puisque l'équation de ce plan ne dépend nullement de la fonction φ. Donc toutes les tangentes menées à la surface (1), par le point M, sont contenues dans le plan (3), qui est le plan tangent à la surface au point M.

ÉQUATIONS DE LA NORMALE.

278. La normale à la surface au point M est la perpendiculaire menée par ce point au plan tangent. Cette droite, passant par le point M (x, y, z), aura deux équations de la forme

$$\frac{X-x}{a} = \frac{Y-y}{b} = \frac{Z-z}{c}.$$

Pour que cette droite soit perpendiculaire au plan tangent, représenté par l'équation (3), il faut qu'on ait, en supposant les axes coordonnés rectangulaires,

$$\frac{a}{\frac{df}{dx}} = \frac{b}{\frac{df}{dy}} = \frac{c}{\frac{df}{dz}}.$$

Si l'on remplace a, b, c par les dérivées auxquelles elles sont proportionnelles, les équations de la normale prendront la forme

$$(5) \qquad \frac{X-x}{\frac{df}{dx}} = \frac{Y-y}{\frac{df}{dy}} = \frac{Z-z}{\frac{df}{dz}}.$$

279. On peut donner à l'équation du plan tangent et à celles de la normale une autre forme. En regardant z comme une fonction de x et de y, appelons p et q les dérivées partielles de z par rapport à x et à y, c'est-à-dire posons

$$\frac{dz}{dx} = p, \quad \frac{dz}{dy} = q.$$

En différentiant l'équation

$$f(x,y,z) = 0$$

successivement par rapport à x, puis par rapport à y, on aura

$$\frac{df}{dx}\,dx + \frac{df}{dz}\,dz = 0, \quad \frac{df}{dy}\,dy + \frac{df}{dz}\,dz = 0;$$

d'où l'on tire

$$p = -\frac{df}{dx} : \frac{df}{dz}, \quad q = -\frac{df}{dy} : \frac{df}{dz}.$$

Alors l'équation du plan tangent (3) pourra se mettre sous la forme

$$p(X - x) + q(Y - y) - (Z - z) = 0,$$

et les équations (5), qui représentent la normale, donneront par la substitution

$$(c) \qquad \begin{cases} X - x + p(Z - z) = 0, \\ Y - y + q(Z - z) = 0. \end{cases}$$

280. Si l'on nomme α, β, γ les angles que la normale fait avec les axes, on aura

$$\cos\alpha = -\frac{p}{\sqrt{p^2+q^2+1}}, \quad \cos\beta = -\frac{q}{\sqrt{p^2+q^2+1}}, \quad \cos\gamma = \frac{1}{\sqrt{p^2+q^2+1}}.$$

DEGRÉ DE L'ÉQUATION DU PLAN TANGENT, PAR RAPPORT AUX COORDONNÉES DU POINT DE CONTACT.

281. L'équation du plan tangent peut se mettre sous la forme

$$\frac{df}{dx}X + \frac{df}{dy}Y + \frac{df}{dz}Z = x\frac{df}{dx} + y\frac{df}{dy} + z\frac{df}{dz}.$$

Si l'équation de la surface est algébrique et du degré m, les dérivées $\frac{df}{dx}$, $\frac{df}{dy}$, $\frac{df}{dz}$ sont des fonctions algébriques du degré $m - 1$. Le premier membre sera donc une fonction du degré $m - 1$ des coordonnées du point de contact. Quant au second membre, il semble être du degré m par rapport à ces coordonnées; mais on peut le réduire au degré $m - 1$, en tenant compte de l'équation de la surface.

En effet, soit

$$f(x, y, z) = u + u_1 + u_2 + \ldots,$$

u représentant la somme des termes du degré m, u_1 celle des termes du degré $m - 1$, u_2 celle des termes du degré $m - 2$, et ainsi de suite : on a

$$\frac{df}{dx} = \frac{du}{dx} + \frac{du_1}{dx} + \frac{du_2}{dx} + \ldots,$$

$$\frac{df}{dy} = \frac{du}{dy} + \frac{du_1}{dy} + \frac{du_2}{dy} + \ldots,$$

$$\frac{df}{dz} = \frac{du}{dz} + \frac{du_1}{dz} + \frac{du_2}{dz} + \ldots.$$

Si l'on multiplie ces équations respectivement par x, y et z, et qu'on ajoute les résultats, on aura

$$x\frac{df}{dx} + y\frac{df}{dy} + z\frac{df}{dz} = \left(x\frac{du}{dx} + y\frac{du}{dy} + z\frac{du}{dz} \right)$$
$$+ \left(x\frac{du_1}{dx} + y\frac{du_1}{dy} + z\frac{du_1}{dz} \right)$$
$$+ \left(x\frac{du_2}{dx} + y\frac{du_2}{dy} + z\frac{du_2}{dz} \right) + \ldots,$$

ou, d'après une propriété des fonctions homogènes (n° **178**),

$$x\frac{df}{dx} + y\frac{df}{dy} + z\frac{df}{dz}$$
$$= mu + (m - 1)u_1 + (m - 2)u_2 + \ldots$$
$$= m(u + u_1 + u_2 + \ldots) - u_1 - 2u_2 - 3u_3 - \ldots.$$

Mais le point (x, y, z) étant sur la surface, on a

$$u + u_1 + u_2 + \ldots = 0;$$

donc l'équation précédente devient

$$x \frac{df}{dx} + y \frac{df}{dy} + z \frac{df}{dz} = - u_1 - 2u_2 - 3u_3 - \dots$$

Il en résulte que l'équation du plan tangent se réduit à

$$\frac{df}{dx} X + \frac{df}{dy} Y + \frac{df}{dz} Z + u_1 + 2u_2 + 3u_3 + \dots = 0,$$

équation qui est du $(m-1)^{i\grave{e}me}$ degré par rapport aux coordonnées du point de contact.

SURFACES ENVELOPPES.

282. Soit une équation de la forme

$$(1) \qquad\qquad F(x, y, z, c) = 0,$$

qui renferme un paramètre arbitraire c : si l'on donne à c une infinité de valeurs, l'équation pourra représenter une infinité de surfaces. Dans ce *faisceau*, considérons les surfaces S et S' qui correspondent aux valeurs c et $c + \Delta c$ du paramètre : leur intersection sera représentée par l'équation (1) et par l'équation

$$F(x, y, z, c + \Delta c) = F + \frac{dF}{dc} \Delta c + \frac{1}{2} \frac{d^2 F}{dc^2} \Delta c^2 + \dots = 0,$$

qui, en ayant égard à l'équation (1), donne

$$\frac{dF}{dc} + \frac{1}{2} \frac{d^2 F}{dc^2} \Delta c + \dots = 0.$$

Si Δc tend vers zéro, l'intersection de la surface S avec la surface S' tendra vers une ligne C, représentée par l'équation (1) et par

$$(2) \qquad\qquad \frac{dF(x, y, z, c)}{dc} = 0.$$

Supposons maintenant que nous donnions à c diverses valeurs; les courbes correspondantes C engendreront une certaine surface qui est l'*enveloppe* des surfaces du faisceau (1); celles-ci sont les *enveloppées*, et les courbes C sont les *caractéristiques* de l'enveloppe. Chacune de ces courbes coupe la courbe infiniment voisine en un point dont le lieu peut être regardé comme la courbe enveloppe des caractéristiques et est appelé *arête de rebroussement* de la surface enveloppe.

On peut aussi considérer des surfaces dont l'équation

$$(3) \qquad F(x, y, z, c, c') = 0$$

renferme deux paramètres arbitraires : on reconnaît que l'une de ces surfaces coupe toutes les surfaces infiniment voisines en un ou plusieurs points dont les coordonnées sont données par l'équation (3) et les suivantes

$$\frac{dF}{dc} = 0, \qquad \frac{dF}{dc'} = 0;$$

le lieu de ces points constitue l'enveloppe des surfaces (3).

283. Cherchons le plan tangent en un point M de l'enveloppe que nous avons déterminée en premier lieu. Le premier membre $f(x, y, z)$ de l'équation de cette enveloppe peut être obtenu en remplaçant dans $F(x, y, z, c)$ c par sa valeur tirée de l'équation (2); or nous pouvons prendre les dérivées partielles de f sans effectuer la substitution : le premier membre de l'équation (3) du n° **277** devient

$$(4) \qquad \left[\frac{dF}{dx} + \frac{dF}{dc} \frac{dc}{dx} \right] (X - x) + \ldots = 0;$$

mais l'expression de c en fonction de x, y, z annule identiquement $\frac{dF}{dc}$; il en résulte que l'équation (4) se réduit à celle du plan tangent à l'enveloppée (1) au point M. Donc la surface enveloppe touche chacune de ses enveloppées tout le long de la caractéristique correspondante. Les enveloppes du second genre touchent chacune de leurs enveloppées en un nombre limité de points.

PLAN OSCULATEUR.

284. Soit CML une courbe quelconque dans l'espace. Soient M et M' deux points très rapprochés sur cette courbe. La tangente MT à la courbe au point M et le point M' déterminent un plan. On appelle *plan osculateur* la limite du plan MTM', quand le point M' vient se confondre avec le point M.

On peut encore dire que le plan osculateur au point M

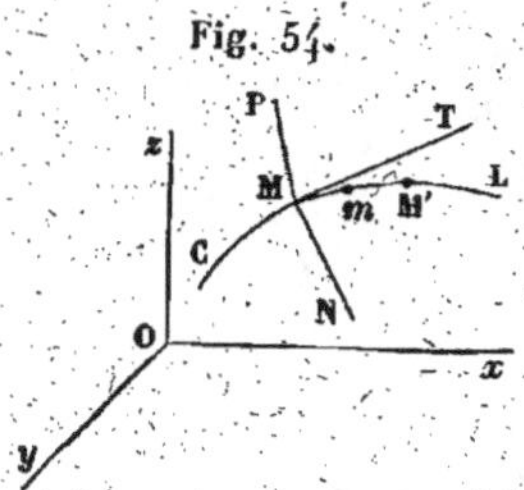

est le plan qui passe par le point M et par les deux points m et M' voisins du point M sur la courbe, quand ces deux derniers points viennent se confondre avec M. Cette définition s'accorde avec la première, puisque la ligne Mm tend à devenir tangente au point M lorsque les trois points se rapprochent.

285. Le plan osculateur de la courbe au point M, dont les coordonnées sont x, y, z, devant passer par ce point, aura une équation de la forme

$$(1) \qquad A(X-x)+B(Y-y)+C(Z-z)=0.$$

D'ailleurs les équations de la tangente sont

$$(2) \qquad Y-y=\frac{dy}{dx}(X-x); \quad Z-z=\frac{dz}{dx}(X-x).$$

Comme cette droite doit être tout entière dans le plan osculateur, on doit avoir, quel que soit X ou $(X-x)$,

$$A(X-x)+B\frac{dy}{dx}(X-x)+C\frac{dz}{dx}(X-x)=0,$$

ou bien

$$(3) \qquad A\,dx+B\,dy+C\,dz=0.$$

Soient maintenant $x+\Delta x,\ y+\Delta y,\ z+\Delta z$ les coordonnées du point M′ : en substituant ces coordonnées dans l'équation (1) à la place de X, Y, Z, on aura

$$(4) \qquad A\Delta x + B\Delta y + C\Delta z = 0.$$

Or on peut considérer x, y, z comme des fonctions d'une certaine variable indépendante t, et si α, 6, γ désignent des quantités qui s'évanouissent avec Δt, on aura

$$\Delta x = \Delta t \, \frac{dx}{dt} + \frac{\Delta t^2}{1.2}\left(\frac{d^2 x}{dt^2} + \alpha\right),$$
$$\Delta y = \Delta t \, \frac{dy}{dt} + \frac{\Delta t^2}{1.2}\left(\frac{d^2 y}{dt^2} + 6\right),$$
$$\Delta z = \Delta t \, \frac{dz}{dt} + \frac{\Delta t^2}{1.2}\left(\frac{d^2 z}{dt^2} + \gamma\right).$$

Par suite l'équation (4) devient

$$A\left[\frac{dx}{dt}\Delta t + \frac{\Delta t^2}{1.2}\left(\frac{d^2 x}{dt^2} + \alpha\right)\right]$$
$$+ B\left[\frac{dy}{dt}\Delta t + \frac{\Delta t^2}{1.2}\left(\frac{d^2 y}{dt^2} + 6\right)\right]$$
$$+ C\left[\frac{dz}{dt}\Delta t + \frac{\Delta t^2}{1.2}\left(\frac{d^2 z}{dt^2} + \gamma\right)\right] = 0,$$

ou bien, à cause de l'équation (3), et en divisant les deux membres par $\frac{1}{2}\Delta t^2$,

$$A\left(\frac{d^2 x}{dt^2} + \alpha\right) + B\left(\frac{d^2 y}{dt^2} + 6\right) + C\left(\frac{d^2 z}{dt^2} + \gamma\right) = 0.$$

A la limite, α, 6, γ s'évanouissent, et alors, en multipliant les deux membres par dt^2, on a

$$(5) \qquad A\,d^2 x + B\,d^2 y + C\,d^2 z = 0,$$

équation qui, jointe à l'équation (3), servira à déterminer les rapports $\frac{A}{C}$, $\frac{B}{C}$. Éliminant B entre ces deux équations, il vient

$$A\,(dx\,d^2y - dy\,d^2x) + C\,(dz\,d^2y - dy\,d^2z) = 0,$$

d'où l'on tire

$$\frac{A}{C} = \frac{dy\,d^2z - dz\,d^2y}{dx\,d^2y - dy\,d^2x}.$$

On aura de même

$$\frac{B}{C} = \frac{dz\,d^2x - dx\,d^2z}{dx\,d^2y - dy\,d^2x}.$$

L'un des coefficients A, B, C étant arbitraire, je prendrai

$$C = dx\,d^2y - dy\,d^2x,$$

d'où

$$A = dy\,d^2z - dz\,d^2y, \quad B = dz\,d^2x - dx\,d^2z,$$

et l'on aura enfin, pour équation du plan osculateur,

$$(6) \quad \left\{ \begin{aligned} & (dy\,d^2z - dz\,d^2y)\,(X - x) \\ &+ (dz\,d^2x - dx\,d^2z)\,(Y - y) \\ &+ (dx\,d^2y - dy\,d^2x)\,(Z - z) = 0. \end{aligned} \right.$$

Voici un moyen mnémonique pour retrouver cette équation ; on écrit les fractions

$$\frac{dx}{d^2x}, \quad \frac{dy}{d^2y}, \quad \frac{dz}{d^2z}, \quad \frac{dx}{d^2x},$$

et l'on retranche chacune de ces fractions de la précédente : les numérateurs de ces différences sont respectivement les coefficients de $Z - z$, $X - x$, $Y - y$.

ANGLES DU PLAN OSCULATEUR AVEC LES PLANS COORDONNÉS.

286. Soient λ, μ et ν les angles que fait avec les axes Ox, Oy, Oz, une perpendiculaire MP au plan osculateur, angles respectivement égaux à ceux que ce dernier plan forme avec les plans yz, zx et xy. On a

$$(\alpha) \qquad \cos\lambda = \frac{A}{D}, \quad \cos\mu = \frac{B}{D}, \quad \cos\nu = \frac{C}{D},$$

en posant
$$D^2 = A^2 + B^2 + C^2,$$
c'est-à-dire
$$(m) \quad \begin{cases} D^2 = (dy\,d^2z - dz\,d^2y)^2 + (dz\,d^2x - dx\,d^2z)^2 \\ \qquad + (dx\,d^2y - dy\,d^2x)^2. \end{cases}$$

287. La valeur de D^2 peut être mise sous d'autres formes : posons, pour abréger,
$$dx = a, \qquad dy = b, \qquad dz = c,$$
$$d^2x = a', \qquad d^2y = b', \qquad d^2z = c',$$
on aura
$$D^2 = (bc' - cb')^2 + (ca' - ac')^2 + (ab' - ba')^2,$$
ou
$$D^2 = (a^2 + b^2 + c^2)(a'^2 + b'^2 + c'^2) - (aa' + bb' + cc')^2.$$
Or, en appelant ds la différentielle de l'arc qui aboutit au point M, on a
$$ds^2 = dx^2 + dy^2 + dz^2 = a^2 + b^2 + c^2,$$
ce qui donne, en différentiant par rapport à la variable indépendante t, et divisant par 2,
$$ds\,d^2s = dx\,d^2x + dy\,d^2y + dz\,d^2z = aa' + bb' + cc';$$
il vient donc
$$D^2 = ds^2[(d^2x)^2 + (d^2y)^2 + (d^2z)^2 - (d^2s)^2],$$
ou enfin
$$(n) \quad D = ds\sqrt{(d^2x)^2 + (d^2y)^2 + (d^2z)^2 - (d^2s)^2}.$$

On peut encore écrire
$$D = \sqrt{(ds\,d^2x - dx\,d^2s)^2 + (ds\,d^2y - dy\,d^2s)^2 + (ds\,d^2z - dz\,d^2s)^2},$$
ce qu'on vérifie en développant, ou bien
$$(p) \quad D = ds^3 \sqrt{\left(\frac{d\frac{dx}{ds}}{ds}\right)^2 + \left(\frac{d\frac{dy}{ds}}{ds}\right)^2 + \left(\frac{d\frac{dz}{ds}}{ds}\right)^2}.$$

Dans toutes ces expressions la variable indépendante est quelconque.

NORMALE PRINCIPALE.

288. On appelle normale principale celle qui est située dans le plan osculateur.

Cette droite doit être perpendiculaire à la tangente MT et à la normale MP. Or de l'identité

$$\left(\frac{dx}{ds}\right)^2 + \left(\frac{dy}{ds}\right)^2 + \left(\frac{dz}{ds}\right)^2 = 1,$$

on déduit

$$(1) \qquad \frac{dx}{ds}\, d\frac{dx}{ds} + \frac{dy}{ds}\, d\frac{dy}{ds} + \frac{dz}{ds}\, d\frac{dz}{ds} = 0.$$

D'autre part, l'équation

$$A\, d^2 x + B\, d^2 y + C\, d^2 z = 0$$

peut s'écrire ainsi :

$$(2) \qquad A\, d\frac{dx}{ds} + B\, d\frac{dy}{ds} + C\, d\frac{dz}{ds} = 0.$$

Les équations (1) et (2) montrent que la droite qui fait avec les axes des angles dont les cosinus sont proportionnels à

$$d\frac{dx}{ds}, \quad d\frac{dy}{ds}, \quad d\frac{dz}{ds},$$

est perpendiculaire à la tangente MT et à la normale MP; c'est donc la droite cherchée.

Il résulte de là que les équations de la normale principale sont

$$(3) \qquad \frac{X - x}{d\frac{dx}{ds}} = \frac{Y - y}{d\frac{dy}{ds}} = \frac{Z - z}{d\frac{dz}{ds}}.$$

EXERCICES.

1. *Une courbe tracée sur la surface d'un cône droit a pour projection orthogonale, sur un plan perpendiculaire à l'axe du cône, une spirale logarithmique, $r = e^{m\theta}$, dont ce sommet est le pôle. On demande les équations de la tangente à cette courbe et l'équation de son plan normal en un point donné. Prouver que cette courbe coupe toutes les arêtes du cône sous un angle constant.*

SOLUTION. — L'angle du cône étant α, la tangente à la courbe fait avec les axes des angles dont les cosinus sont

$$\frac{m\cos\theta - \sin\theta}{\sqrt{1 + \dfrac{m^2}{\sin^2\alpha}}}, \quad \frac{m\sin\theta + \cos\theta}{\sqrt{1 + \dfrac{m^2}{\sin^2\alpha}}}, \quad \frac{m\cot\alpha}{\sqrt{1 + \dfrac{m^2}{\sin^2\alpha}}}.$$

La tangente fait avec l'arête du cône un angle dont la cotangente est $\dfrac{m}{\sin\alpha}$. L'équation du plan normal est

$$(X - x)(mx - y) + (Y - y)(my + x) + (Z - z)mz = 0.$$

2. *Une courbe est donnée par deux relations entre la distance r d'un quelconque de ses points M à un point fixe O, l'angle θ que le rayon vecteur OM fait avec une droite fixe Ox, et l'angle φ que le plan MOx fait avec un plan fixe xOy : trouver la différentielle de son arc en fonction des quantités r, θ et φ et de leurs différentielles.*

SOLUTION.

$$ds = \sqrt{dr^2 + r^2 d\theta^2 + r^2 \sin^2\theta\, d\varphi^2}.$$

3. *Trouver l'équation du lieu des normales à la surface*

$$a^2 y^2 = x^2(b^2 - z^2)$$

menées par tous les points de la droite

$$z = k, \quad ay = x\sqrt{b^2 - k^2},$$

qui est tout entière sur la surface.

SOLUTION. — Le paraboloïde hyperbolique

$$ak\left(ax + y\sqrt{b^2 - k^2}\right)\left(x\sqrt{b^2 - k^2} - ay\right)$$
$$+ (a^2 + b^2 - k^2)^2 \sqrt{b^2 - k^2}\,(z - k) = 0.$$

VINGT-CINQUIÈME LEÇON.

COURBURE DES LIGNES DANS L'ESPACE. — HÉLICE.

Courbure des lignes dans l'espace. — Cercle osculateur. — Rayon de torsion ou de seconde courbure. — Équations de l'hélice. — Tangente. — Rayon et centre de courbure. — Lieu des centres de courbure. — Plan osculateur et angle de torsion.

COURBURE DES LIGNES DANS L'ESPACE.

289. On nomme *angle de contingence*, dans une courbe gauche, comme dans une courbe plane, l'angle ω que font entre elles les deux tangentes menées aux extrémités d'un arc $MM' = \Delta s$, qui devient infiniment petit; et *courbure au point* M, la limite vers laquelle tend le rapport $\frac{\omega}{\Delta s}$, quand Δs diminue indéfiniment. Cette limite est représentée par $\frac{\omega}{ds}$.

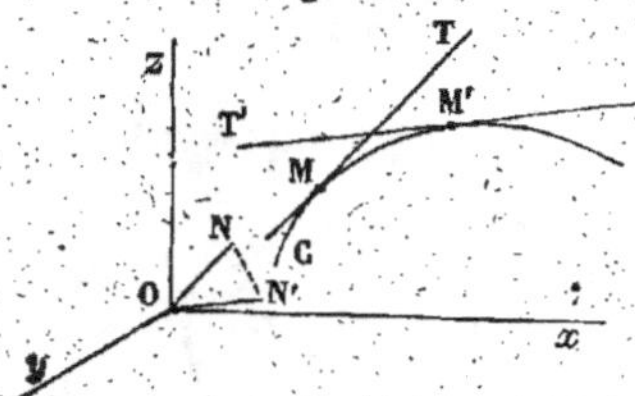

L'inverse de la courbure, ou $\frac{ds}{\omega}$, est dit le *rayon de courbure* au point M. Nous le désignerons par ρ.

290. Pour évaluer ω, menons par le point O les droites ON et ON' égales à l'unité de longueur et respectivement parallèles aux tangentes MT et M'T'. Soient

$$a = \frac{dx}{ds}, \quad b = \frac{dy}{ds}, \quad c = \frac{dz}{ds}$$

les cosinus des angles que MT ou ON fait avec les axes, ou, ce qui revient au même, les coordonnées du point N;

soient a', b', c' les coordonnées du point N'. L'angle NON' sera égal à ω, et l'on aura

$$NN' = 2\,ON\sin\frac{1}{2}\,\omega = \sqrt{(a'-a)^2 + (b'-b)^2 + (c'-c)^2},$$

ou, puisque $ON = 1$,

$$2\sin\frac{1}{2}\,\omega = \sqrt{\Delta a^2 + \Delta b^2 + \Delta c^2}.$$

En passant à la limite et remplaçant le sinus de l'angle $\frac{1}{2}\,\omega$ par cet angle lui-même, on aura

$$\omega = \sqrt{da^2 + db^2 + dc^2},$$

d'où

$$\frac{\omega}{ds} = \frac{1}{\rho} = \sqrt{\frac{da^2}{ds^2} + \frac{db^2}{ds^2} + \frac{dc^2}{ds^2}};$$

on aura donc, en remplaçant a, b, c par leurs valeurs,

$$\frac{1}{\rho} = \sqrt{\left(\frac{d\,\dfrac{dx}{ds}}{ds}\right)^2 + \left(\frac{d\,\dfrac{dy}{ds}}{ds}\right)^2 + \left(\frac{d\,\dfrac{dz}{ds}}{ds}\right)^2},$$

quelle que soit la variable indépendante.

291. A cause de la formule (p) du n° 287, on peut écrire

$$\rho = \frac{ds^3}{D}.$$

En prenant deux des formes que l'on a trouvées pour D à l'endroit cité, on a encore

$$\rho = \frac{ds^2}{\sqrt{(d^2x)^2 + (d^2y)^2 + (d^2z)^2 - (d^2s)^2}},$$

$$\rho = \frac{ds^3}{\sqrt{(dy\,d^2z - dz\,d^2y)^2 + (dz\,d^2x - dx\,d^2z)^2 + (dx\,d^2y - dy\,d^2x)^2}}.$$

292. La normale principale MN fait avec les axes des

angles l, m, n dont les cosinus sont proportionnels à

$$d\frac{\frac{dx}{ds}}{ds}, \quad d\frac{\frac{dy}{ds}}{ds}, \quad d\frac{\frac{dz}{ds}}{ds};$$

on en conclut

$$\cos l = \rho\,\frac{d\frac{dx}{ds}}{ds}; \quad \cos m = \rho\,\frac{d\frac{dy}{ds}}{ds}, \quad \cos n = \rho\,\frac{d\frac{dz}{ds}}{ds}.$$

Or les équations de la normale MN sont

$$X - x = R\cos l, \quad Y - y = R\cos m, \quad Z - z = R\cos n,$$

R étant la distance du point M à un point quelconque (X, Y, Z) de cette normale. On pourra donc, en remplaçant $\cos l$, $\cos m$, $\cos n$ par les valeurs que nous venons de trouver, mettre ces équations sous la forme suivante :

$$(a)\quad X - x = R\rho\,\frac{d\frac{dx}{ds}}{ds}, \quad Y - y = R\rho\,\frac{d\frac{dy}{ds}}{ds}, \quad Z - z = R\rho\,\frac{d\frac{dz}{ds}}{ds}.$$

CERCLE OSCULATEUR.

293. Si, par le milieu de la corde MM', on mène un

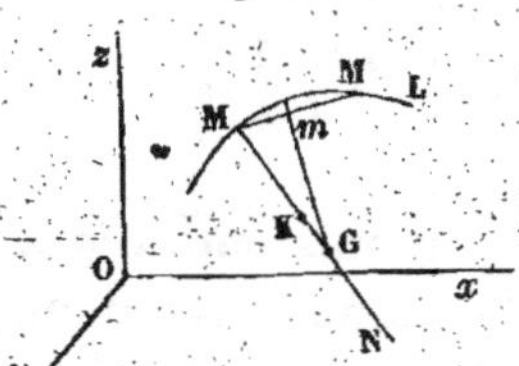

Fig. 56.

plan perpendiculaire à cette corde et qui coupe la normale principale MN au point G, ce point sera le centre d'un cercle passant par les deux points M et M'. Si le point M' se rapproche du point M, le plan NMM' tendra à se confondre avec le plan osculateur TMN, et le cercle deviendra à la limite ce qu'on nomme le *cercle osculateur* à la courbe au point M.

Le rayon du cercle osculateur au point M est égal au rayon de courbure en ce point.

En effet, l'équation du plan perpendiculaire mené à la corde MM' par son milieu est

$$\Delta x \left(X - x - \frac{1}{2} \Delta x \right) + \Delta y \left(Y - y - \frac{1}{2} \Delta y \right)$$
$$+ \Delta y \left(Z - z - \frac{1}{2} \Delta z \right) = 0,$$

ou

$$(X - x)\Delta x + (Y - y)\Delta y + (Z - z)\Delta z = \frac{1}{2}(\Delta x^2 + \Delta y^2 + \Delta z^2).$$

Si l'on élimine $X - x$, $Y - y$, $Z - z$ entre cette équation et celles de la normale (a), on aura

$$R\rho \left(\frac{d \frac{dx}{ds}}{ds} \Delta x + \frac{d \frac{dy}{ds}}{ds} \Delta y + \frac{d \frac{dz}{ds}}{ds} \Delta z \right) = \frac{1}{2}(\Delta x^2 + \Delta y^2 + \Delta z^2);$$

mais si l'on regarde x, y et z comme des fonctions de s, on a

$$\Delta x = \Delta s \frac{dx}{ds} + \frac{\Delta s^2}{2} \left(\frac{d \frac{dx}{ds}}{ds} + \alpha \right),$$

$$\Delta y = \Delta s \frac{dy}{ds} + \frac{\Delta s^2}{2} \left(\frac{d \frac{dy}{ds}}{ds} + \beta \right),$$

$$\Delta z = \Delta s \frac{dz}{ds} + \frac{\Delta s^2}{2} \left(\frac{d \frac{dz}{ds}}{ds} + \gamma \right);$$

α, β, γ étant des quantités qui s'évanouissent avec Δs.

Substituant ces valeurs dans l'équation précédente, et supprimant les termes qui contiennent Δs en facteur termes dont la somme est nulle, on aura

$$R\rho \left[\left(\frac{d \frac{dx}{ds}}{ds} \right)^2 + \left(\frac{d \frac{dy}{ds}}{ds} \right)^2 + \left(\frac{d \frac{dz}{ds}}{ds} \right)^2 + \alpha \frac{d \frac{dx}{ds}}{ds} + \dots \right] = \frac{\Delta x^2 + \Delta y^2 + \Delta z^2}{\Delta s^2}$$

et en passant à la limite,

$$\rho \times \frac{1}{\rho^2} \times \lim R = 1$$

ou

$$\lim R = \rho.$$

Ainsi *le rayon du cercle osculateur au point M est égal au rayon de courbure en ce point.* C'est pourquoi le point K, limite du point G, sera dit indifféremment le *centre de courbure* ou le *centre du cercle osculateur.*

294. On prouve d'une manière semblable que l'intersection de la normale principale MN avec le plan normal à la courbe passant par le point M' est encore, à la limite, le point K ou le centre de courbure.

En effet, l'équation de ce plan normal est

$$\left(\frac{dx}{ds} + \Delta\frac{dx}{ds}\right)(X - x - \Delta x) + \left(\frac{dy}{ds} + \Delta\frac{dy}{ds}\right)(Y - y - \Delta y)$$
$$+ \left(\frac{dz}{ds} + \Delta\frac{dz}{ds}\right)(Z - z - \Delta z) = 0.$$

En remplaçant $X - x$, $Y - y$, $Z - z$ par leurs valeurs tirées des équations (*a*) de la normale principale,

$$(a)\ \ X - x = R\rho\frac{d\frac{dx}{ds}}{ds},\quad Y - y = R\rho\frac{d\frac{dy}{ds}}{ds},\quad Z - z = R\rho\frac{d\frac{dz}{ds}}{ds},$$

on aura

$$R\rho\left[\frac{d\frac{dx}{ds}}{ds}\left(\frac{dx}{ds}+\Delta\frac{dx}{ds}\right) + \frac{d\frac{dy}{ds}}{ds}\left(\frac{dy}{ds}+\Delta\frac{dy}{ds}\right) + \frac{d\frac{dz}{ds}}{ds}\left(\frac{dz}{ds}+\Delta\frac{dz}{ds}\right)\right]$$
$$= \Delta x\frac{dx}{ds} + \Delta y\frac{dy}{ds} + \Delta z\frac{dz}{ds} + \Delta x\Delta\frac{dx}{ds} + \Delta y\Delta\frac{dy}{ds} + \Delta z\Delta\frac{dz}{ds}.$$

Cette équation se simplifie beaucoup au moyen des

remarques suivantes. D'abord on a

$$\frac{dx}{ds} d\frac{dx}{ds} + \frac{dy}{ds} d\frac{dy}{ds} + \frac{dz}{ds} d\frac{dz}{ds} = 0,$$

et il reste, en divisant par Δs,

$$R\rho \left(\frac{d\frac{dx}{ds}}{ds} \frac{\Delta\frac{dx}{ds}}{\Delta s} + \frac{d\frac{dy}{ds}}{ds} \frac{\Delta\frac{dy}{ds}}{\Delta s} + \frac{d\frac{dz}{ds}}{ds} \frac{\Delta\frac{dz}{ds}}{\Delta s} \right)$$

$$= \frac{\Delta x}{\Delta s}\frac{dx}{ds} + \frac{\Delta y}{\Delta s}\frac{dy}{ds} + \frac{\Delta z}{\Delta s}\frac{dz}{ds} + \frac{\Delta x}{\Delta s}\Delta\frac{dx}{ds} + \frac{\Delta y}{\Delta s}\Delta\frac{dy}{ds} + \frac{\Delta z}{\Delta s}\Delta\frac{dz}{ds}.$$

Si l'on observe que

$$\left(\frac{d\frac{dx}{ds}}{ds} \right)^2 + \left(\frac{d\frac{dy}{ds}}{ds} \right)^2 + \left(\frac{d\frac{dz}{ds}}{ds} \right)^2 = \frac{1}{\rho^2},$$

la limite du premier membre sera $\frac{1}{\rho}\lim R$.

D'ailleurs la limite du second membre est

$$\left(\frac{dx}{ds} \right)^2 + \left(\frac{dy}{ds} \right)^2 + \left(\frac{dz}{ds} \right)^2 \quad \text{ou} \quad 1.$$

On aura donc

$$\frac{1}{\rho}\lim R = 1 \quad \text{ou} \quad \lim R = \rho,$$

ce qu'il fallait prouver.

295. D'après cela, on peut regarder le centre de courbure au point M comme étant l'intersection du plan osculateur en M avec deux plans normaux, l'un mené par le point M et l'autre par un point infiniment voisin.

Pour obtenir les coordonnées ξ, η et ζ du centre de courbure K, il faudra, dans les équations de la normale

$$X - x = R\rho\frac{d\frac{dx}{ds}}{ds}, \quad Y - y = R\rho\frac{d\frac{dy}{ds}}{ds}, \quad Z - z = R\rho\frac{d\frac{dz}{ds}}{ds},$$

remplacer X, Y, Z par ξ, n, ζ. En observant que R devient alors égal à ρ, on aura

$$\xi - x = \rho^2 \frac{d\frac{dx}{ds}}{ds}, \quad n - y = \rho^2 \frac{d\frac{dy}{ds}}{ds}, \quad \zeta - z = \rho^2 \frac{d\frac{dz}{ds}}{ds},$$

équations qui donneront ξ, n et ζ en fonction des coordonnées du point M.

ANGLE DE TORSION. — RAYON DE SECONDE COURBURE.

296. Soient a, b, c les cosinus des angles que fait avec les axes la perpendiculaire au plan osculateur en M. Si l'on appelle Φ l'angle de ce plan et du plan osculateur voisin, on aura, comme au n° 290,

$$2 \sin \frac{1}{2} \Phi = \sqrt{\Delta a^2 + \Delta b^2 + \Delta c^2}.$$

Si l'on passe à la limite, et qu'on appelle φ ce que devient Φ, c'est-à-dire l'angle de deux plans osculateurs infiniment voisins, on a

$$\varphi = \sqrt{da^2 + db^2 + dc^2}$$

ou

$$\varphi = \sqrt{(d\cos\lambda)^2 + (d\cos\mu)^2 + (d\cos\nu)^2},$$

λ, μ et ν étant les angles que fait avec les axes Ox, Oy et Oz la perpendiculaire au plan osculateur de la courbe relatif au point M. On a d'ailleurs

$$\cos\lambda = \frac{dy\,d^2z - dz\,d^2y}{D},$$

$$\cos\mu = \frac{dz\,d^2x - dx\,d^2z}{D},$$

$$\cos\nu = \frac{dx\,d^2y - dy\,d^2x}{D}.$$

297. L'angle infiniment petit φ, formé par deux plans osculateurs successifs, se nomme *angle de torsion*, et l'on appelle *seconde courbure* ou *torsion* le rapport de φ à *ds*. Si l'on prend *ds* constant, cette courbure sera proportionnelle à l'angle φ.

Par analogie avec ce que l'on a fait pour la première courbure, on représente le rapport $\dfrac{\varphi}{ds}$ par $\dfrac{1}{r}$, de sorte que $r = \dfrac{ds}{\varphi}$, et l'on appelle *r* le *rayon de la deuxième courbure* ou *rayon de torsion*.

DÉFINITION ET ÉQUATIONS DE L'HÉLICE.

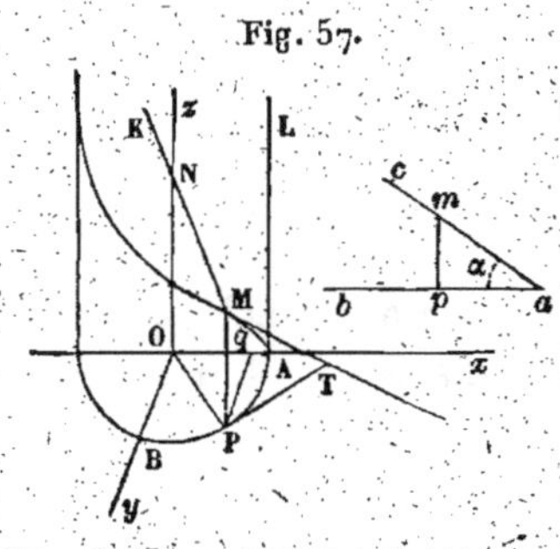

298. Lorsqu'on enroule le plan d'un angle $cab = \alpha$ sur un cylindre droit OABL, à base circulaire, de manière que le côté *ab* vienne s'appliquer exactement sur la circonférence AB, la courbe suivant laquelle s'enroule le côté *ac* se nomme une *hélice*.

299. Prenons pour axe des *x* la droite OA qui passe par le point A, origine de l'hélice ; pour axe des *y* une perpendiculaire à O*x* menée dans le plan de la base par le centre, et enfin pour axe des *z* l'axe du cylindre.

Soient $x = Oq$, $y = Pq$, $z = MP$ les coordonnées du point M. Nommons *m* la tangente de l'angle α, *u* l'angle AOP, et R le rayon du cylindre ; nous aurons

$$(a) \qquad x = R\cos u, \quad y = R\sin u, \quad z = mRu,$$

car

$$z = \overline{mp} = \overline{pa}\,\mathrm{tang}\,\alpha = \text{arc AP} \times \mathrm{tang}\,\alpha = mRu.$$

L'élimination de *u* entre les équations (a) donnera

les équations de l'hélice,

$$x = R \cos \frac{z}{mR}, \quad y = R \sin \frac{z}{mR};$$

mais il vaut mieux conserver les trois équations (a) avec la variable auxiliaire u.

TANGENTE A L'HÉLICE.

300. Les cosinus des angles que la tangente MT au point $M(x, y, z)$ forme avec les axes sont $\frac{dx}{ds}$, $\frac{dy}{ds}$, $\frac{dz}{ds}$. Mais

$$dx = -R \sin u\, du, \quad dy = R \cos u\, du, \quad dz = mR\, du,$$

$$ds = R \sqrt{1 + m^2}\, du;$$

on a donc

$$\frac{dx}{ds} = \frac{-\sin u}{\sqrt{1 + m^2}}, \quad \frac{dy}{ds} = \frac{\cos u}{\sqrt{1 + m^2}}, \quad \frac{dz}{ds} = \frac{m}{\sqrt{1 + m^2}}.$$

La formule $\dfrac{dz}{ds} = \dfrac{m}{\sqrt{1 + m^2}} = \sin \alpha$ montre que *la tangente MT fait avec les génératrices un angle constant égal au complément de α, et, par suite, que l'angle qu'elle fait avec le plan de la base du cylindre est aussi constant et égal à l'angle α.*

On a

$$\frac{dy}{dx} = -\frac{\cos u}{\sin u} = -\frac{1}{\tang u};$$

or $\dfrac{dy}{dx}$ est le coefficient angulaire de la droite PT, et $\tang u$ est celui de la ligne OP. Donc ces deux droites sont perpendiculaires entre elles ; donc la projection de la tangente à l'hélice sur le plan xy est tangente au point P à la base du cylindre.

RAYON ET CENTRE DE COURBURE.

301. Le rayon de courbure au point M est donné par la formule

$$\rho = \cfrac{1}{\sqrt{\left(\dfrac{d\dfrac{dx}{ds}}{ds}\right)^2 + \left(\dfrac{d\dfrac{dy}{ds}}{ds}\right)^2 + \left(\dfrac{d\dfrac{dz}{ds}}{ds}\right)^2}}.$$

Or, des expressions trouvées au numéro précédent on déduit

$$\frac{d\dfrac{dx}{ds}}{ds} = -\frac{\cos u}{R\,(1 + m^2)}, \qquad \frac{d\dfrac{dy}{ds}}{ds} = -\frac{\sin u}{R\,(1 + m^2)}, \qquad \frac{d\dfrac{dz}{ds}}{ds} = 0.$$

Par conséquent

$$\rho = \frac{1}{\sqrt{\dfrac{\cos^2 u + \sin^2 u}{R^2\,(1 + m^2)^2}}} = R\,(1 + m^2).$$

Ainsi le *rayon de courbure a la même valeur pour tous les points de l'hélice.*

302. La normale principale à l'hélice au point M forme avec les axes des angles dont les cosinus sont proportionnels à $d\dfrac{dx}{ds}$, $d\dfrac{dy}{ds}$, $d\dfrac{dz}{ds}$, ou bien à $\cos u$, $\sin u$ et 0. Donc cette droite est parallèle à OP, et, par suite, le rayon de courbure est dirigé suivant le rayon du cylindre. La droite MN, perpendiculaire à l'axe, et la tangente MT détermineront le plan osculateur, et si l'on prend $NK = m^2 R$, K sera le centre de courbure de l'hélice pour le point M.

Comme d'ailleurs le rayon de courbure a une valeur constante, toujours plus grande que le rayon du cylindre, il en résulte que *le lieu des centres de courbure de l'hélice est une autre hélice du même pas, mais située en sens inverse.*

303. La droite MN, lorsque le point M se meut sur l'hélice, décrit une surface conoïde appelée *hélicoïde gauche*. Le plan NMT est tangent à cette surface au point M, puisqu'il passe par la génératrice rectiligne MN et par la tangente MT à l'hélice placée sur cette surface. Pour avoir l'équation de cette surface, il suffit d'éliminer u entre les équations

$$z = m \, \mathrm{R} \, u, \qquad y = x \, \mathrm{tang} \, u,$$

qui représentent la droite MN. On obtient ainsi

$$y = x \, \mathrm{tang} \, \frac{z}{m \, \mathrm{R}}.$$

PLAN OSCULATEUR. — ANGLE ET RAYON DE TORSION.

304. On a

$$dx = - \mathrm{R} \sin u \, du, \qquad dy = \mathrm{R} \cos u \, du, \qquad dz = m \mathrm{R} \, du,$$
$$d^2 x = - \mathrm{R} \cos u \, du^2, \quad d^2 y = - \mathrm{R} \sin u \, du^2, \quad d^2 z = 0.$$

On aura par suite

$$dx \, d^2 y - dy \, d^2 x = \mathrm{R}^2 du^3,$$
$$dz \, d^2 x - dx \, d^2 z = - m \mathrm{R}^2 \cos u \, du^3,$$
$$dy \, d^2 z - dz \, d^2 y = m \mathrm{R}^2 \sin u \, du^3.$$

Alors l'équation du plan osculateur sera, en divisant par le facteur commun $\mathrm{R}^2 du^3$,

$$m \sin u \, (\mathrm{X} - x) - m \cos u \, (\mathrm{Y} - y) + \mathrm{Z} - z = 0.$$

305. Si l'on appelle φ l'angle de torsion, on sait que

$$\varphi = \sqrt{(d \cos \lambda)^2 + (d \cos \mu)^2 + (d \cos \nu)^2},$$

λ, μ, ν étant les angles que fait avec les axes la perpendiculaire élevée par le point M au plan osculateur. Or on a

$$\cos \nu = \frac{1}{\sqrt{1 + m^2}}, \qquad \cos \mu = - \frac{m \cos u}{\sqrt{1 + m^2}}, \qquad \cos \lambda = \frac{m \sin u}{\sqrt{1 + m^2}},$$

d'où résulte

$$d\cos\nu = 0, \quad d\cos\mu = \frac{m\sin u\,du}{\sqrt{1+m^2}}, \quad d\cos\lambda = \frac{m\cos u\,du}{\sqrt{1+m^2}}.$$

Donc

$$\varphi = \sqrt{\frac{m^2\sin^2 u}{1+m^2} + \frac{m^2\cos^2 u}{1+m^2}}\,du = \frac{m\,du}{\sqrt{1+m^2}},$$

$$\frac{\varphi}{ds} = \frac{m\,du}{\sqrt{1+m^2}} : R\sqrt{1+m^2}\,du = \frac{m}{1+m^2}\cdot\frac{1}{R}.$$

Par conséquent la seconde courbure, aussi bien que la première, est constante.

EXERCICE.

Rayon de courbure et plan osculateur de la courbe

$$x^2 + y^2 = ax, \quad x^2 + y^2 + z^2 = a^2.$$

Solution. — Rayon de courbure :

$$\rho = \frac{(a+x)^{\frac{3}{2}}}{(5a+3x)^{\frac{1}{2}}};$$

plan osculateur :

$$[2xy^2 - a(y^2 - z^2)]X + 2y^3 Y + 2z^3 Z = a^2 z^2 + 2ax(y^2 - z^2).$$

VINGT-SIXIÈME LEÇON.

POINTS SINGULIERS DES COURBES PLANES.

Points d'inflexion. — Points multiples. — Points de rebroussement. — Points isolés. — Points d'arrêt. — Points anguleux.

DÉFINITION DES POINTS SINGULIERS DES COURBES PLANES. — POINTS D'INFLEXION.

306. On appelle *points singuliers* d'une courbe des points qui offrent quelque particularité remarquable, indépendante de la position de la courbe par rapport aux axes des coordonnées. Dans ce qui suit il ne sera question que des courbes planes.

Ayant déjà parlé des points d'inflexion (n° 206), nous allons seulement en donner quelques exemples.

307. Soit d'abord la sinusoïde

$$y = \sin x.$$

Pour $x = 0$, et en général pour $x = \pm m\pi$, m étant un nombre entier, on a $y = 0$; par conséquent, la courbe rencontre l'axe des x en une infinité de points, que l'on obtiendra en portant sur cet axe, à partir de l'origine et dans les deux sens, des longueurs égales à la demi-circonférence rectifiée. La courbe se compose d'une infinité de parties identiques, mais situées alternativement au-dessus et au-dessous de l'axe des x. Les ordonnées maximum et minimum, égales à l'unité en valeur absolue, correspondent aux abscisses $\dfrac{\pi}{2}, \dfrac{3\pi}{2}, \dfrac{5\pi}{2}, \ldots$

De l'équation de la courbe on tire

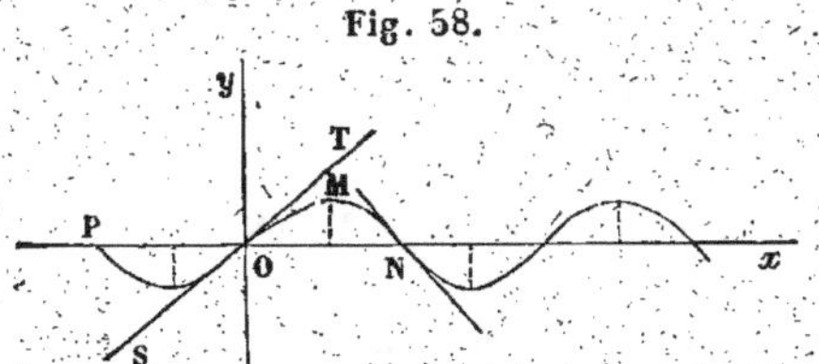

Fig. 58.

$$\frac{dy}{dx} = \cos x,$$

$$\frac{d^2 y}{dx^2} = -\sin x,$$

La seconde dérivée s'annule et change de signe pour $x = \pm\, m\pi$. Par conséquent, les points P, O, N,..., où la courbe rencontre l'axe des x, sont des points d'inflexion, et comme, pour $x = \pm\, m\pi$, la première dérivée est égale à $\pm\, 1$, en ces points la tangente à la courbe est toujours inclinée de 45° ou de 135° sur l'axe des x.

308. Soit encore la courbe

$$y = \tang x.$$

Pour $x = 0$ et, en général, pour $x = \pm\, m\pi$, on a $y = 0$.

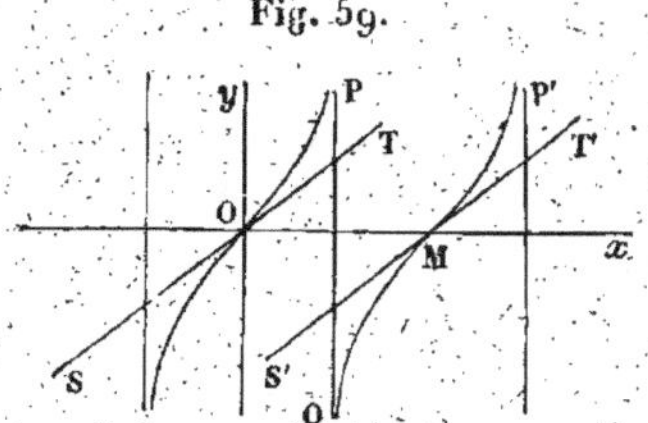

Fig. 59.

La courbe rencontre donc l'axe des x à l'origine et en une infinité d'autres points équidistants. Pour $x = \dfrac{\pi}{2}$, on a $y = \infty$, et si l'on fait x un peu moindre que $\dfrac{\pi}{2}$, $\tang x$ sera très-grande et positive. Si l'abscisse est un peu plus grande que $\dfrac{\pi}{2}$, $\tang x$ sera très-grande, mais négative. La courbe aura donc pour asymptote la droite dont l'équation est $x = \dfrac{\pi}{2}$. On voit d'ailleurs que la courbe s'étend à l'infini des deux côtés de l'axe des y, et se compose d'un nombre illimité de branches identiques.

Par la différentiation, il vient

$$\frac{dy}{dx} = \frac{1}{\cos^2 x}, \quad \frac{d^2 y}{dx^2} = \frac{2\sin x}{\cos^3 x},$$

et si l'on pose $\frac{d^2 y}{dx^2} = 0$, on trouve que tous les points où la courbe rencontre l'axe des x sont des points d'inflexion.

POINTS MULTIPLES.

309. On appelle *point multiple* un point qui est traversé par plusieurs branches d'une même courbe. Le caractère auquel on reconnaît un pareil point est que la courbe y admet plusieurs tangentes. Nous omettrons le cas où ces tangentes se réunissent en une seule.

Voici un exemple assez général, où y est une fonction explicite de x. Soit

$$y = \varphi(x) \pm (x - a)(x - b)^{\frac{p}{q}},$$

$\frac{p}{q}$ étant une fraction irréductible, dont le dénominateur q est pair : le terme $(x - a)(x - b)^{\frac{p}{q}}$ a deux valeurs réelles et de signes contraires, pour chacune des valeurs convenables de x, ce que nous indiquons en faisant précéder ce terme du signe $\pm$.

On tire de cette équation

$$\frac{dy}{dx} = \varphi'(x) \pm (x - b)^{\frac{p}{q}} \pm \frac{p}{q}(x - a)(x - b)^{\frac{p}{q} - 1}.$$

Pour $x = a$, on a

$$y = \varphi(a), \qquad \frac{dy}{dx} = \varphi'(a) \pm (a - b)^{\frac{p}{q}}.$$

Si l'on suppose a plus grand que b, il y aura deux tangentes distinctes : d'ailleurs, à des valeurs de x peu différentes de a, correspondent deux valeurs réelles et distinctes de y, qui se réduisent à une seule quand $x = a$: donc le point qui a pour coordonnées $x = a, y = \varphi(a)$ est un point double.

Mais si a est moindre que b, $\dfrac{dy}{dx}$ sera imaginaire, et il n'y aura pas de tangente en ce point. En effet, pour des valeurs de x très-peu différentes de a, $x - b$ étant négatif, les ordonnées correspondantes seront imaginaires; par suite, il n'existera pas de point de la courbe dans le voisinage du point considéré. Nous reviendrons plus tard sur ce genre de points singuliers (n° 315).

310. Quand l'équation de la courbe

$$(1) \qquad f(x, y) = 0$$

n'est pas résolue par rapport à y, on en tire par la différentiation

$$(2) \qquad \frac{df}{dx} + \frac{df}{dy}\frac{dy}{dx} = 0.$$

En un point multiple de la courbe, $\dfrac{dy}{dx}$ doit avoir plusieurs valeurs réelles et distinctes : mais l'équation (2) étant du premier degré par rapport à $\dfrac{dy}{dx}$, cela ne peut arriver qu'autant qu'on aurait à la fois

$$(3) \qquad \frac{df}{dx} = 0, \quad \frac{df}{dy} = 0;$$

donc, pour avoir les points multiples, il faudra commencer par chercher les points dont les coordonnées vérifient les équations (1) et (3).

Comme l'équation (2) se réduit alors à $0 = 0$, elle ne peut servir à déterminer la valeur de $\dfrac{dy}{dx}$. Il faudra recourir à l'équation dérivée

$$\frac{d^2f}{dx^2} + 2\frac{d^2f}{dx\,dy}\frac{dy}{dx} + \frac{d^2f}{dy^2}\left(\frac{dy}{dx}\right)^2 + \frac{df}{dy}\frac{d^2y}{dx^2} = 0,$$

ou, puisque $\dfrac{df}{dy} = 0$,

$$(4) \qquad \frac{d^2f}{dx^2} + 2\,\frac{d^2f}{dx\,dy}\,\frac{dy}{dx} + \frac{d^2f}{dy^2}\left(\frac{dy}{dx}\right)^2 = 0.$$

Supposons que les trois coefficients $\dfrac{d^2f}{dx^2}$, $\dfrac{d^2f}{dx\,dy}$ et $\dfrac{d^2f}{dy^2}$ ne soient pas tous nuls, et que l'équation (4) donne deux valeurs réelles et distinctes de $\dfrac{dy}{dx}$: il en résulte qu'il y a deux tangentes au point considéré, et par suite que deux branches de la courbe s'y traversent mutuellement : c'est donc un point double.

Mais si trois branches de la courbe se rencontraient en ce point, il devrait y avoir trois tangentes, et comme l'équation (4), qui n'est que du second degré par rapport à $\dfrac{dy}{dx}$, ne peut donner trois valeurs de cette quantité, on devrait avoir en même temps

$$\frac{d^2f}{dx^2} = 0, \quad \frac{d^2f}{dx\,dy} = 0, \quad \frac{d^2f}{dy^2} = 0.$$

Les valeurs de $\dfrac{dy}{dx}$ s'obtiendraient ensuite en différentiant l'équation (4). On voit comment il faudrait opérer, si un plus grand nombre de branches se rencontraient au point (x, y).

311. Comme exemple, soit la courbe représentée par l'équation

$$y^2 = x^2(1 - x^2); \quad \text{ou bien} \quad y = \pm\, x\sqrt{1 - x^2}.$$

Cette courbe est symétrique par rapport à l'axe des x et à l'axe des y. Elle coupe l'axe des x à l'origine et aux deux points qui ont pour abscisses $x = 1$ et $x = -1$.

En différentiant l'équation de la courbe, on trouve

$$\frac{dy}{dx} = \pm\,\sqrt{1 - x^2} \mp \frac{x^2}{\sqrt{1 - x^2}} = \pm\,\frac{1 - 2x^2}{\sqrt{1 - x^2}}.$$

Pour $x = 0$, les deux valeurs de y se réduisent à une seule, qui est 0. D'ailleurs, pour ce point, on a

$$\frac{dy}{dx} = \pm\, 1.$$

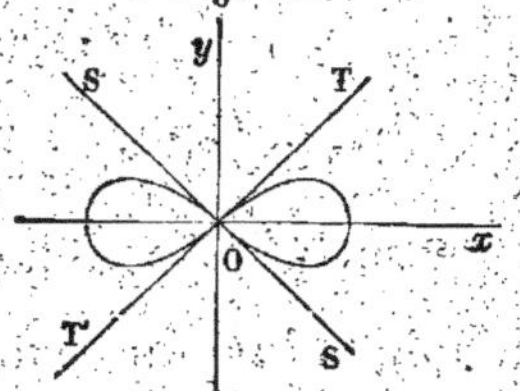

Fig. 60.

Ainsi, l'origine est un point double. En ce point, les tangentes TT' et SS' divisent en deux parties égales les angles des axes.

On trouve, pour la dérivée seconde,

$$\frac{d^2y}{dx^2} = \pm \frac{\dfrac{x(1 - 2x^2)}{\sqrt{1 - x^2}} - 4x\sqrt{1 - x^2}}{(1 - x^2)} = \pm \frac{2x^3 - 3x}{(1 - x^2)^{\frac{3}{2}}};$$

pour $x = 0$, on a $\dfrac{d^2y}{dx^2} = 0$: ainsi, l'origine est à la fois un point double et un point d'inflexion.

POINTS DE REBROUSSEMENT.

312. On appelle *point de rebroussement* un point où deux branches de courbe viennent s'arrêter, et où elles ont une tangente commune. Il faut, dans ce cas, que deux valeurs de y, réelles quand x est supérieur ou inférieur à l'abscisse du point, soient imaginaires quand x est inférieur ou supérieur à cette abscisse, et, en outre, que deux valeurs de $\dfrac{dy}{dx}$ deviennent égales.

Le rebroussement est dit *de première* ou *de seconde espèce*, suivant que les deux branches sont de deux côtés différents (*fig.* 65) ou du même côté de la tangente qui leur est commune (*fig.* 64). D'après ce que nous avons vu sur la convexité des courbes planes (n° 205), l'espèce du rebroussement se reconnaîtra par le signe de $\dfrac{d^2y}{dx^2}$ sur les deux branches, près du point en question.

313. Soit la courbe

$$y = \varphi(x) \pm (x-a)^{\frac{p}{q}} \psi(x),$$

$\varphi(x)$ et $\psi(x)$ étant deux fonctions réelles et finies, pour des valeurs de x voisines de a; supposons la fraction $\frac{p}{q}$ positive, irréductible et ayant un dénominateur pair. Alors, pour chaque valeur de x supérieure à a, le terme $(x-a)^{\frac{p}{q}} \psi(x)$ a deux valeurs réelles égales et de signes contraires, ce que nous indiquons par le double signe $\pm$.

Les deux valeurs de y, réelles et inégales pour x plus grand que a, deviennent égales pour $x = a$, et imaginaires pour x plus petit que a. Donc les deux branches de la courbe viennent se réunir et s'arrêter au point qui a pour coordonnées $x = a$, $y = \varphi(a)$.

Reste à voir maintenant si en ce point les deux branches ont la même tangente. Or l'équation de la courbe donne

$$\frac{dy}{dx} = \varphi'(x) \pm \frac{p}{q}(x-a)^{\frac{p}{q}-1} \psi(x) \pm (x-a)^{\frac{p}{q}} \psi'(x).$$

Si $\frac{p}{q}$ est plus grand que 1, à la valeur $x = a$ correspondra pour $\frac{dy}{dx}$ la valeur unique $\varphi'(a)$. Donc les deux branches ayant même tangente au point considéré, ce dernier est un point de rebroussement.

Pour savoir si le point de rebroussement est de première ou de seconde espèce, on calcule $\frac{d^2 y}{dx^2}$, ce qui donne

$$\frac{d^2 y}{dx^2} = \varphi''(x) \pm \frac{p}{q}\left(\frac{p}{q}-1\right)(x-a)^{\frac{p}{q}-2} \psi(x)$$

$$\pm 2\frac{p}{q}(x-a)^{\frac{p}{q}-1} \psi'(x) \pm (x-a)^{\frac{p}{q}} \psi''(x).$$

Nous ferons ici deux hypothèses : 1° si l'on a

$$\frac{p}{q} - 2 > 0,$$

on aura, pour $x = a$,

$$\frac{d^2 y}{dx^2} = \varphi''(a).$$

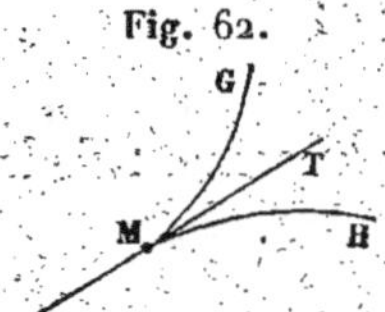

Fig. 61.

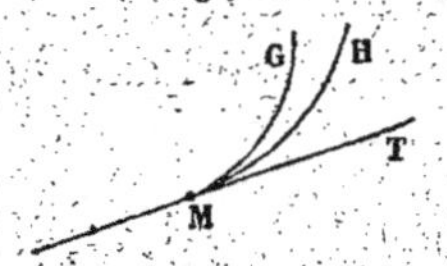

Ainsi, en admettant que $\varphi''(a)$ ne soit pas nulle, $\frac{d^2 y}{dx^2}$ a le même signe sur les deux branches, et, par conséquent, la courbe offre un rebroussement de seconde espèce (*fig.* 64).

2° Si, au contraire, on a

$$\frac{p}{q} - 2 < 0,$$

pour une valeur de x très-peu supérieure à a, le terme

$$(1) \qquad \frac{p}{q}\left(\frac{p}{q} - 1\right)(x - a)^{\frac{p}{q} - 2}\,\psi(x)$$

sera très-grand en valeur absolue, et il n'en serait pas de même des autres termes de $\frac{d^2 y}{dx^2}$ qui tous, excepté le premier, $\varphi''(x)$, convergent vers zéro, lorsque x tend vers a. Ainsi, le terme (1) donne son signe à $\frac{d^2 y}{dx^2}$, et comme ce terme a le double signe, il s'ensuit qu'au point $[x = a, y = \varphi(a)]$, les deux branches sont situées de part et d'autre de la tangente commune. Dans ce cas, le rebroussement est de première espèce (*fig.* 65).

Fig. 62.

314. Soit comme exemple la courbe

$$y = x^2 \pm x^{\frac{5}{2}}.$$

A une valeur positive de x correspondent toujours deux valeurs réelles de y, qui deviennent égales pour $x = 0$. La

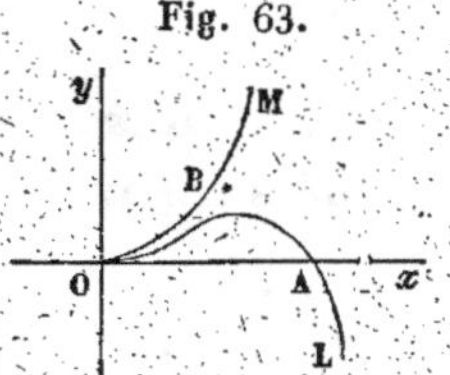
Fig. 63.

courbe n'a aucun point du côté des abscisses négatives. Du côté des abscisses positives, elle a deux branches qui s'en vont à l'infini, l'une du côté des ordonnées positives, l'autre du côté des ordonnées négatives ; celle-ci, après avoir coupé l'axe des x au point dont l'abscisse égale 1.

Le rapport $\dfrac{y}{x}$ a pour limite zéro quand $x = 0$, et, lorsque x a une très-petite valeur positive, les deux valeurs correspondantes de y sont aussi positives. Donc les deux branches ont la même tangente au point O, et sont situées, près de ce point, du même côté de cette tangente. Donc l'origine est un point de rebroussement de la seconde espèce.

On parvient encore à ce résultat au moyen des valeurs de $\dfrac{dy}{dx}$ et de $\dfrac{d^2 y}{dx^2}$:

$$\frac{dy}{dx} = 2\,x \pm \frac{5}{2}\,x^{\frac{3}{2}}, \quad \frac{d^2 y}{dx^2} = 2 \pm \frac{15}{4}\,x^{\frac{1}{2}}.$$

Pour $x = 0$, on a

$$\frac{dy}{dx} = 0 \quad \text{et} \quad \frac{d^2 y}{dx^2} > 0;$$

le point O est donc un point de rebroussement de la seconde espèce.

POINTS ISOLÉS.

315. On appelle *point isolé* ou *conjugué* un point dont les coordonnées satisfont à l'équation d'une courbe, sans qu'aucune branche de cette courbe passe par ce point.

Soit l'équation

$$y = \pm (x - a) \sqrt{x - b},$$

et supposons d'abord a plus petit que b. Pour $x = b$, on a $y = 0$, ce qui donne un point B situé sur l'axe des abscisses.

Si x croît de b à $+\infty$, y croît de 0 à $\pm\infty$, et l'on a une branche telle que MBL.

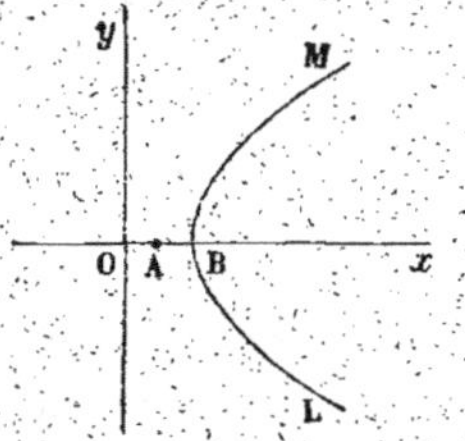

Fig. 64.

Si l'on fait x plus petit que b, l'ordonnée est imaginaire, excepté pour $x = a$, car, pour cette valeur de x, on a $y = 0$.

Ainsi, le point A $(x = a, y = 0)$ est un point isolé.

Si a est plus grand que b, la courbe n'a plus de point isolé, parce que les deux valeurs de y sont réelles quand x est comprise entre b et a. Pour $x = a$, les valeurs de y se réduisent toutes deux à 0. De $x = a$ à $x = \infty$, y croît jusqu'à l'infini.

Fig. 65.

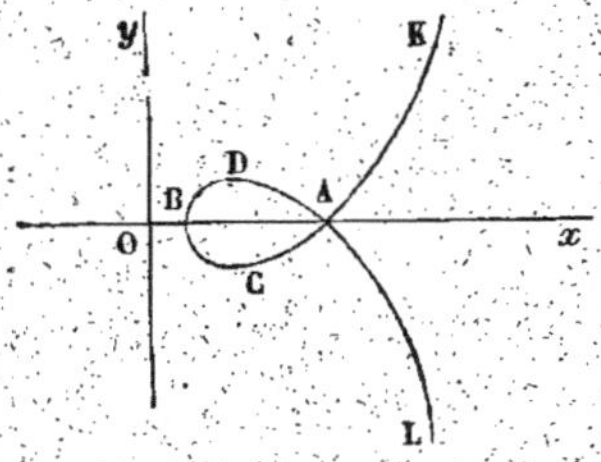

Dans ce cas, le point A est traversé par les deux branches BCK, BDL : c'est donc un point double.

POINTS D'ARRÊT.

316. On appelle *point d'arrêt* un point où une branche unique d'une courbe vient brusquement s'arrêter.

Prenons la courbe représentée par l'équation

$$y = e^{\frac{1}{x}}.$$

Donnons d'abord à x des valeurs positives : pour

$x = 0$, on a $y = \infty$; si l'on fait croître x jusqu'à $+ \infty$, y décroît depuis $+ \infty$ jusqu'à $+ 1$, ce qui donne une branche asymptotique à l'axe des y, et à la droite dont l'équation est $y = 1$.

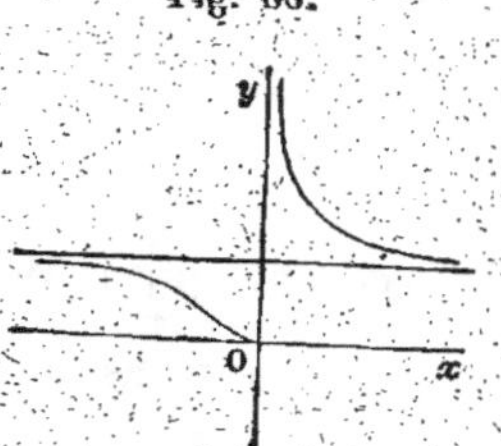

Fig. 66.

Considérons maintenant des valeurs négatives de x ; si on change x en $- x$, la valeur de y sera $1 : e^{\frac{1}{x}}$, et pour $x = 0$ on aura $y = 0$; la courbe passera donc par l'origine. L'ordonnée augmentera ensuite avec la valeur absolue de x jusqu'à la valeur $y = 1$. Il y aura ainsi une seconde branche de courbe, asymptotique à la droite qui a pour équation $y = + 1$, et s'arrêtant brusquement à l'origine en venant des x négatifs. L'origine sera donc un point d'arrêt.

Il y a un point d'inflexion pour $x = - \frac{1}{2}$.

317. Soit encore la courbe $y = \dfrac{1}{\log x}$. On ne peut pas donner à x des valeurs négatives, car $\log x$ serait imaginaire. Si l'on donne à x des valeurs positives et très petites, l'ordonnée sera très petite et négative, croîtra en valeur absolue avec x jusqu'à $x = 1$, et deviendra égale à $- \infty$ pour $x = 1$. On aura donc une branche de courbe partant de l'origine, et qui aura pour asymptote du côté des y négatives la droite $x = 1$. Si x croît à partir de 1 jusqu'à ∞, y devient posi-

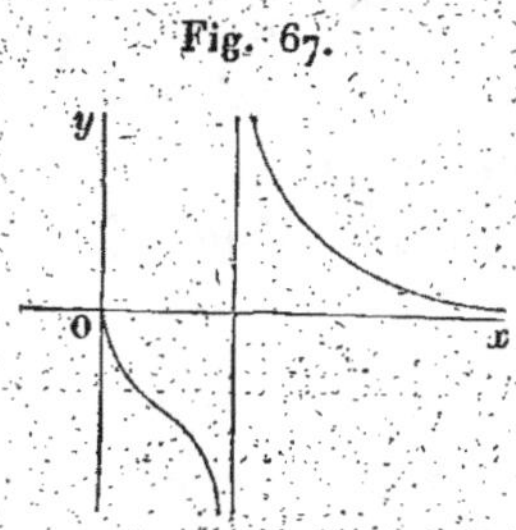

Fig. 67.

tive, et cette ordonnée, d'abord très grande, décroît indéfiniment jusqu'à zéro, ce qui donne la branche LM. Dans cet exemple l'origine est un point d'arrêt; on a supposé la base des logarithmes supérieure à l'unité.

POINT SAILLANT OU ANGULEUX.

318. Soit la courbe

$$y = \frac{x}{1 + e^{\frac{1}{x}}};$$

pour $x = 0$, on a $y = 0$. L'origine est un point de la courbe. Si maintenant, dans l'expression $\dfrac{y}{x} = \dfrac{1}{1 + e^{\frac{1}{x}}}$,

on fait $x = 0$, on a $\lim \dfrac{y}{x} = 0$. Ainsi, la branche OG a pour tangente au point O l'axe Ox.

D'ailleurs, si l'on fait $x = -z$, d'où $\dfrac{y}{x} = \dfrac{1}{1 + e^{-\frac{1}{z}}}$,

Fig. 68.

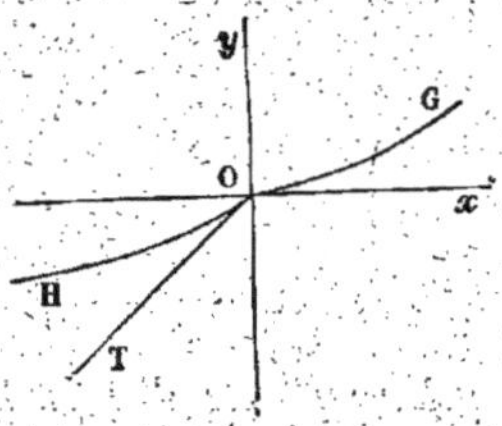

pour $x = -z = 0$, on a

$$\lim \frac{y}{x} = 1.$$

Donc la branche OH, située du côté des abscisses négatives, a pour tangente au point O la bissectrice OT de l'angle des axes.

Un pareil point O, où viennent se terminer deux branches de courbe qui ont chacune en ce point une tangente distincte, est dit un *point anguleux* ou *point saillant.*

319. La recherche des points singuliers exige que l'on examine avec soin la forme de la courbe dans les environs du point pour lequel l'expression analytique de $\dfrac{dy}{dx}$ présente une des particularités signalées dans cette Leçon; car il peut se faire que $\dfrac{\Delta y}{\Delta x}$ soit constamment imaginaire près de ce point, et que $\dfrac{dy}{dx}$ soit réel en ce point. Mais cette discussion, dans le cas où y est une fonction implicite de x, nous entraînerait trop loin.

EXERCICES.

1. *Déterminer les points d'inflexion d'une conchoïde (courbe qu'on obtient en prolongeant d'une longueur constante les droites menées d'un point fixe à une droite fixe).*

Solution. — On prend pour axe des y la droite fixe et pour axe des x la perpendiculaire menée par le point fixe. Si a est la distance du point fixe à la droite et b la quantité dont on prolonge les rayons vecteurs menés à la droite, les abscisses des points d'inflexion seront données par l'équation

$$x^3 + 3\,ax^2 - 2\,ab^2 = 0.$$

2. *Construire et discuter la courbe* $y^5 = x^7$.

3. *Démontrer qu'en tout point singulier d'une courbe*

$$f(x, y) = 0$$

(les points d'inflexion exceptés) on a

$$\frac{df}{dx} = 0, \qquad \frac{df}{dy} = 0.$$

4. *Si une courbe du troisième degré a deux points d'inflexion, elle en aura un troisième en ligne droite avec les deux premiers.*

CALCUL INTÉGRAL.

VINGT-SEPTIÈME LEÇON.

RÈGLES POUR L'INTÉGRATION DES FONCTIONS.

Définitions et notations. — Intégration d'une fonction multipliée par une constante. — Intégration immédiate de quelques différentielles simples. — Intégration d'une somme. — Intégration par parties. — Intégration par substitution.

DÉFINITIONS ET NOTATIONS.

320. Étant donnée une fonction d'une seule variable, on peut toujours la considérer comme la dérivée d'une autre fonction inconnue, et chercher cette autre fonction, qui aura pour différentielle la fonction donnée, multipliée par la différentielle de la variable indépendante.

Soit $f(x)$ la fonction donnée; je dis qu'il existe toujours une autre fonction qui a pour différentielle $f(x)\,dx$. En effet, construisons la courbe CMD qui, rapportée à des axes rectangulaires, a pour équation

$$y = f(x).$$

L'aire de cette courbe, comprise entre une ordonnée fixé quelconque CA et l'ordonnée MP qui correspond à l'abscisse variable x, est une fonction déterminée de x. Or, la différentielle de cette aire est $y\,dx$ ou $f(x)\,dx$; donc cette aire est une fonction qui a $f(x)\,dx$ pour différentielle, ou $f(x)$ pour dérivée.

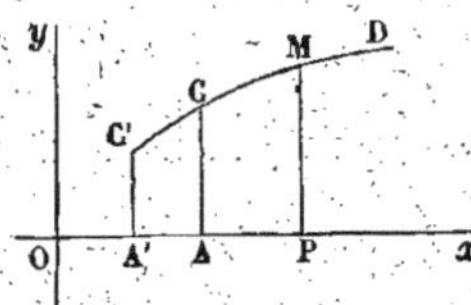
Fig. 69.

321. On appelle *intégrale* de $f(x)\,dx$ et l'on représente par $\int f(x)\,dx$ une fonction dont la différentielle est $f(x)\,dx$. L'opération par laquelle on passe de la différentielle d'une fonction à cette fonction se nomme *intégration*.

L'intégration et la différentiation sont deux opérations inverses l'une de l'autre, de telle sorte que le signe d et le signe $\int$ se détruisent mutuellement.

Ainsi l'on a, par la définition même,

$$d\int f(x)\,dx = f(x)\,dx, \qquad \int d\varphi(x) = \varphi(x).$$

322. L'intégrale d'une différentielle donnée $f(x)\,dx$ peut avoir une infinité de valeurs, car si $\varphi(x)$ est une fonction dont $f(x)\,dx$ soit la différentielle, en ajoutant à cette fonction une constante arbitraire, l'expression $\varphi(x) + C$ aura la même différentielle. Mais il n'y en a pas d'autre, puisque deux fonctions ayant la même différentielle ne peuvent différer que par une *constante*.

Ainsi l'intégrale générale de $f(x)\,dx$ est

$$\varphi(x) + C,$$

C étant une constante arbitraire. La figure rend bien compte de cette constante arbitraire; car si, au lieu de prendre CA pour ordonnée fixe, on prenait C'A', on obtiendrait l'aire C'A'MP, qui surpasse CAMP de l'aire constante C'A'AC.

INTÉGRATION D'UNE DIFFÉRENTIELLE MULTIPLIÉE PAR UN FACTEUR CONSTANT.

323. On sait qu'un facteur constant a peut être placé en dehors du signe de différentiation; il y a une règle analogue pour l'intégration.

En effet, on a
$$dau = adu;$$
or
$$\int dau = au, \quad a\int du = au;$$
donc
$$\int dau = a\int du \quad \text{ou} \quad \int adu = a\int du,$$

ou bien, en posant $du = f(x)\,dx$,
$$\int af(x)\,dx = a\int f(x)\,dx.$$

INTÉGRATION IMMÉDIATE DE QUELQUES FONCTIONS SIMPLES.

324. La différentiation des fonctions simples x^m, a^x, etc., conduit immédiatement à un certain nombre d'intégrales, que nous réunissons dans le tableau suivant :

$$dx^{n+1} = (n+1)x^n\,dx, \qquad \int x^n\,dx = \frac{x^{n+1}}{n+1} + C,$$

$$de^x = e^x\,dx, \qquad \int e^x\,dx = e^x + C,$$

$$da^x = a^x la\,dx, \qquad \int a^x\,dx = \frac{a^x}{la} + C,$$

$$dlx = \frac{dx}{x}, \qquad \int \frac{dx}{x} = lx + C,$$

$$d\sin x = \cos x\,dx, \qquad \int \cos x\,dx = \sin x + C,$$

$$d\cos x = -\sin x\,dx, \qquad \int \sin x\,dx = -\cos x + C,$$

$$d\tan x = \frac{dx}{\cos^2 x}, \qquad \int \frac{dx}{\cos^2 x} = \tan x + C,$$

$$d\cot x = \frac{-dx}{\sin^2 x}, \qquad \int \frac{dx}{\sin^2 x} = -\cot x + C.$$

Si l'arc est moindre que $\frac{\pi}{2}$,

$$d \operatorname{arc\,sin} x = \frac{dx}{\sqrt{1-x^2}}, \qquad \int \frac{dx}{\sqrt{1-x^2}} = \operatorname{arc\,sin} x + C,$$

$$d \operatorname{arc\,cos} x = - \frac{dx}{\sqrt{1-x^2}}, \qquad \int \frac{dx}{\sqrt{1-x^2}} = - \operatorname{arc\,cos} x + C.$$

On a pour la même intégrale $\int \frac{dx}{\sqrt{1-x^2}}$ deux valeurs qui semblent différentes ; mais, comme

$$\operatorname{arc\,cos} x + \operatorname{arc\,sin} x = \frac{\pi}{2},$$

on voit que les deux intégrales ne diffèrent que par une constante,

$$d \operatorname{arc\,tang} x = \frac{dx}{1+x^2}, \qquad \int \frac{dx}{1+x^2} = \operatorname{arc\,tang} x + C.$$

325. Dans toutes ces formules, x peut être la variable indépendante ou une fonction quelconque de la variable indépendante. Par exemple, si, dans la formule

$$(1) \qquad \int x^n dx = \frac{x^{n+1}}{n+1} + C,$$

on remplace x par $\varphi(x)$, on aura encore

$$\int [\varphi(x)]^n d\varphi(x) = \frac{[\varphi(x)]^{n+1}}{n+1} + C.$$

326. La formule (1) devient illusoire quand on y fait $n = -1$: elle donne alors

$$\int \frac{dx}{x} = \frac{1}{0} + C.$$

Cela tient à ce que $\int \frac{dx}{x}$ est égale à la transcendante lx, qui ne peut pas être représentée par une expression algébrique. Cependant un artifice de calcul permet de déduire de la formule (1) la valeur de $\int \frac{dx}{x}$.

En effet, si, dans cette formule, on retranche du second membre la quantité constante $\frac{1}{n+1}$, ce qui ne change pas sa différentielle, on aura

$$\int x^n\, dx = \frac{x^{n+1} - 1}{n+1} + C.$$

Or, si l'on fait $n = -1$, la fraction $\frac{x^{n+1} - 1}{n+1}$ devient $\frac{0}{0}$; pour avoir sa vraie valeur par la méthode connue, il faut prendre la dérivée des deux termes par rapport à n, et faire $n = -1$ dans le quotient de ces dérivées, c'est-à-dire dans $\frac{x^{n+1}\, lx}{1}$, ce qui donne lx. On a donc

$$\int \frac{dx}{x} = lx + C.$$

INTÉGRATION D'UNE SOMME.

327. Nous avons donné, dans le calcul différentiel, des règles pour différentier une somme, un produit de plusieurs fonctions, une fonction de fonctions; on en déduit des règles analogues pour le calcul intégral.

Ainsi, de la formule

$$d(u + v - z) = du + dv - dz,$$

on tire, en intégrant les deux membres,

$$\int d(u + v - z) = \int du + \int dv - \int dz,$$

ou

$$\int [f(x) + \varphi(x) - \psi(x)]\, dx$$

$$= \int f(x)\, dx + \int \varphi(x)\, dx - \int \psi(x)\, dx.$$

Donc *l'intégrale d'une somme de fonctions est la somme des intégrales des fonctions qui la composent.*

Par exemple,

$$\int (A x^m + B x^n + C x^p + \dots) dx = \frac{A\,x^{m+1}}{m+1} + \frac{B\,x^{n+1}}{n+1} + \frac{C\,x^{p+1}}{p+1} + \dots,$$

$$\int (4 x^3 - 5 x^2 - 3 x + 8)\, dx = x^4 - \frac{5}{3} x^3 - \frac{3}{2} x^2 - 8 x + C,$$

$$\int \frac{(x^3 - 4 x^2 + 5)\, dx}{x} = \frac{1}{3} x^3 - 2 x^2 + 5 \, l\, x + C.$$

INTÉGRATION PAR PARTIES.

328. Quand u et v sont deux fonctions quelconques d'une même variable, on a

$$d\,uv = u\,dv + v\,du;$$

donc, en intégrant, on a

$$uv = \int u\,dv + \int v\,du;$$

ou bien

$$\int u\,dv = uv - \int v\,du.$$

Cette formule, qui ramène la recherche d'une intégrale $\int u\,dv$ à celle d'une autre intégrale $\int v\,du$, constitue une méthode d'intégration fréquemment employée. On l'appelle *intégration par parties*, quoiqu'il fût peut-être plus correct de la nommer *intégration par facteurs*, puisqu'elle est fondée sur la décomposition de la différentielle que l'on veut intégrer en deux facteurs.

EXEMPLES.

$$1° \qquad \int x^2 \cos x\, dx.$$

On posera

$$\int x^2 \cos x\, dx = \int x^2 d\sin x = x^2 \sin x - 2\int x \sin x\, dx,$$

$$\int x \sin x\, dx = -\int x d\cos x = -x\cos x + \int \cos x\, dx$$
$$= -x\cos x + \sin x + C.$$

On aura donc, en substituant cette valeur dans la première égalité,

$$\int x^2 \cos x\, dx = x^2 \sin x + 2x\cos x - 2\sin x + C.$$

2°
$$\int x^m e^x\, dx.$$

On a

$$\int x^m e^x dx = \int x^m de^x = x^m e^x - m\int x^{m-1} e^x dx.$$

Ainsi l'intégration de $x^m e^x dx$ se ramène à celle de $x^{m-1} e^x dx$; on ramènera de même cette dernière à celle de $x^{m-2} e^x dx$, et ainsi de suite; en sorte que, si m est un nombre entier positif, on sera définitivement conduit à chercher $\int e^x dx$, qui est $e^x + C$, et une suite de substitutions donnera l'intégrale demandée.

En prenant $m = 2$, on trouverait

$$\int x^2 e^x dx = e^x(x^2 - 2x + 2) + C.$$

3°
$$\int lx\, dx,$$

lx étant le logarithme népérien de x. On trouve

$$\int lx\, dx = x\, lx - \int x\, \frac{dx}{x} = x(lx - 1) + C.$$

INTÉGRATION PAR SUBSTITUTION.

329. Quelquefois une fonction différentielle $f(x)\,dx$, qui n'était pas immédiatement intégrable, le devient par un changement de variable. On dit alors que l'intégrale est obtenue *par substitution*.

Ainsi, soit $x = \varphi(t)$: on a

$$dx = \varphi'(t)\,dt \quad \text{et} \quad \int f(x)\,dx = \int f[\varphi(t)]\,\varphi'(t)\,dt.$$

EXEMPLES.

1° $$\int (ax + b)^m\,dx.$$

On posera

$$ax + b = t, \quad \text{d'où} \quad dx = \frac{dt}{a}.$$

Donc

$$\int (ax + b)^m\,dx = \frac{1}{a} \int t^m\,dt = \frac{1}{a}\frac{t^{m+1}}{m+1} + C,$$

ou

$$\int (ax + b)^m\,dx = \frac{1}{a}\frac{(ax + b)^{m+1}}{m+1} + C.$$

2° Plus généralement, si l'on avait à trouver

$$\int f(ax + b)\,dx,$$

on poserait

$$ax + b = t, \quad \text{d'où} \quad dx = \frac{dt}{a},$$

et alors on serait ramené à

$$\frac{1}{a} \int f(t)\,dt.$$

3° $$\int \frac{5\,x^3\,dx}{3\,x^4 + 7}.$$

On se fonde ici, pour le choix d'une nouvelle variable t, sur ce que le numérateur de la fonction différentielle est égal, à un facteur constant près, à la différentielle du dénominateur. Posons

$$3x^4 + 7 = t, \quad \text{d'où} \quad x^3 dx = \frac{1}{12} dt;$$

il en résulte

$$\int \frac{5\,x^3 dx}{3\,x^4 + 7} = \int \frac{5}{12} \frac{dt}{t} = \frac{5}{12} \, lt + C,$$

ou bien

$$\int \frac{5\,x^3 dx}{3\,x^4 + 7} = \frac{5}{12} \, l(3\,x^4 + 7) + C.$$

4°
$$\int \frac{x\,dx}{\sqrt{a^2 + x^2}}.$$

Posons

$$\sqrt{a^2 + x^2} = t, \quad \text{d'où} \quad a^2 + x^2 = t^2, \quad x\,dx = t\,dt.$$

Par suite

$$\int \frac{x\,dx}{\sqrt{a^2 + x^2}} = \int dt = t + C = \sqrt{a^2 + x^2} + C.$$

5° La même méthode conduit à l'intégrale fréquemment employée

$$\int \frac{dx}{x^2 + px + q},$$

lorsque les deux facteurs du premier degré dans lesquels
se décompose $x^2 + px + q$ sont imaginaires, c'est-à-dire
quand on a $q - \dfrac{p^2}{4} > 0$. On a identiquement

$$x^2 + px + q = \left(x + \frac{p}{2} \right)^2 + \left(q - \frac{p^2}{4} \right).$$

Si l'on pose

$$x + \frac{p}{2} = t \sqrt{q - \frac{p^2}{4}}, \quad \text{d'où} \quad dx = dt \sqrt{q - \frac{p^2}{4}},$$

l'intégrale cherchée devient

$$\frac{1}{\sqrt{q - \dfrac{p^2}{4}}} \int \frac{dt}{1 + t^2} = \frac{1}{\sqrt{q - \dfrac{p^2}{4}}} \operatorname{arc\,tang} t - C,$$

ou bien, en remplaçant t par sa valeur en fonction de x,

$$\int \frac{dx}{x^2 + px + q} = \frac{1}{\sqrt{q - \frac{p^2}{4}}} \text{ arc tang } \frac{x + \frac{p}{2}}{\sqrt{q - \frac{p^2}{4}}} + C.$$

Ce résultat peut se mettre sous une autre forme. Nommons $\alpha + 6\sqrt{-1}$ et $\alpha - 6\sqrt{-1}$ les racines imaginaires de l'équation

$$x^2 + px + q = 0.$$

On a

$$\alpha = -\frac{p}{2}, \quad 6 = \sqrt{q - \frac{p^2}{4}};$$

donc l'intégrale en question pourra s'écrire

$$\int \frac{dx}{x^2 + px + q} = \frac{1}{6} \text{ arc tang } \frac{x - \alpha}{6} + C.$$

$6°$
$$\int \frac{dx}{\sqrt{a - bx^2}};$$

on a

$$\int \frac{dx}{\sqrt{a - bx^2}} = \frac{1}{\sqrt{a}} \int \frac{dx}{\sqrt{1 - \frac{bx^2}{a}}}.$$

Soit maintenant

$$\frac{bx^2}{a} = t^2 \quad \text{d'où} \quad x = t\sqrt{\frac{a}{b}}, \quad dx = \sqrt{\frac{b}{a}}\, dt;$$

par suite, on a

$$\int \frac{dx}{\sqrt{a - bx^2}} = \frac{1}{\sqrt{a}} \int \frac{\sqrt{\frac{a}{b}}\, dt}{\sqrt{1 - t^2}} = \frac{1}{\sqrt{b}} \int \frac{dt}{\sqrt{1 - t^2}} = \frac{1}{\sqrt{b}} \text{ arc sin } t + C,$$

ou enfin

$$\int \frac{dx}{\sqrt{a - bx^2}} = \frac{1}{\sqrt{b}} \text{ arc sin }\left(x\sqrt{\frac{b}{a}} \right) + C.$$

VINGT-HUITIÈME LEÇON.

INTÉGRATION DES FONCTIONS RATIONNELLES.

Cas des racines simples. — Cas particulier des racines simples imaginaires. — Cas des racines multiples. — Cas particulier des racines multiples imaginaires.

INTÉGRATION DES FRACTIONS RATIONNELLES.

330. Soit proposé d'intégrer la fraction

$$\frac{F(x)\,dx}{f(x)},$$

$F(x)$ et $f(x)$ étant des fonctions algébriques entières de x.

Si le degré de $F(x)$ n'est pas moindre que celui de $f(x)$, on peut diviser $F(x)$ par $f(x)$ jusqu'à ce qu'on parvienne à un reste $\varphi(x)$ d'un degré inférieur à celui de $f(x)$; appelons Q le quotient, on a

$$\frac{F(x)}{f(x)} = Q + \frac{\varphi(x)}{f(x)},$$

d'où

$$\int \frac{F(x)\,dx}{f(x)} = \int Q\,dx + \int \frac{\varphi(x)\,dx}{f(x)},$$

et comme on sait obtenir $\int Q\,dx$, la question est ramenée à intégrer la fraction rationnelle $\dfrac{\varphi(x)\,dx}{f(x)}$, où $\varphi(x)$ est d'un degré inférieur à celui de $f(x)$.

CAS DES RACINES SIMPLES.

331. Nous allons donc chercher

$$\int \frac{\varphi(x)\,dx}{f(x)}.$$

Soit m le degré de l'équation

$$f(x) = 0,$$

dont nous désignerons les m racines par $a, b, c, \ldots, k$.

Supposons d'abord que ces m racines, réelles ou imaginaires, soient toutes inégales. Cherchons à déterminer, si c'est possible, m constantes $A, B, C, \ldots, K$, de manière que l'égalité

$$(1) \qquad \frac{\varphi(x)}{f(x)} = \frac{A}{x-a} + \frac{B}{x-b} + \ldots + \frac{K}{x-k}$$

soit vérifiée identiquement. Il faut et il suffit que l'on ait, pour toute valeur de x,

$$(2) \qquad \varphi(x) = A \frac{f(x)}{x-a} + B \frac{f(x)}{x-b} + \ldots + K \frac{f(x)}{x-k}.$$

Tous les quotients $\dfrac{f(x)}{x-a}, \dfrac{f(x)}{x-b}, \ldots$, sont entiers, et les inconnues $A, B, C, \ldots$, sont en nombre égal à m; on pourrait donc trouver leurs valeurs en égalant les coefficients des mêmes puissances de x dans les deux membres; mais on emploie un moyen beaucoup plus simple, et qui a l'avantage de faire voir que ces valeurs ne sont ni infinies ni indéterminées.

Faisons $x = a$ dans l'équation (2); puisque les racines $a, b, c, \ldots, k$ sont toutes inégales, les quotients $\dfrac{f(x)}{x-b}$, $\dfrac{f(x)}{x-c}, \ldots, \dfrac{f(x)}{x-k}$ deviendront nuls. D'ailleurs $\dfrac{f(x)}{x-a}$ devient $\dfrac{0}{0}$ pour $x = a$; mais sa vraie valeur, d'après la règle connue, est $f'(a)$. Donc

$$\varphi(a) = A f'(a), \quad \text{d'où} \quad A = \frac{\varphi(a)}{f'(a)}.$$

Cette valeur de A n'est pas infinie, puisque a étant une racine simple de $f(x)$, $f'(a)$ n'est pas nulle; la valeur de A est, en outre, différente de 0 si l'on admet, ce qui est toujours permis, que la fraction $\dfrac{\varphi(x)}{f(x)}$ soit irréductible.

Ainsi, en donnant aux constantes les valeurs finies et déterminées

$$(3) \qquad A = \frac{\varphi(a)}{f'(a)}, \quad B = \frac{\varphi(b)}{f'(b)}, \ldots, \quad K = \frac{\varphi(k)}{f'(k)},$$

l'équation (2) est satisfaite pour $x = a$, $x = b$, …. Elle aura donc lieu pour toute autre valeur de x. Car, si l'équation (2) n'était pas identique, comme elle est au plus du degré $m - 1$ par rapport à x, et qu'elle est vérifiée pour les m valeurs de a, b, c, …, k, elle aurait m racines, ce qui est impossible.

332. On peut encore parvenir de deux autres manières à la valeur de $\dfrac{f(x)}{x-a}$ pour $x = a$.

1° On a (122)

$$f(x) = f(a + x - a) = f(a) + (x-a)f'(a) + \frac{(x-a)^2}{1 \cdot 2}f''(a) + \ldots,$$

et comme $f(x)$ est un polynôme algébrique, ce développement est limité ; or, puisque $f(a) = 0$, il se réduit à

$$f(x) = (x-a)f'(a) + \frac{(x-a)^2}{1 \cdot 2}f''(a) + \ldots,$$

d'où

$$\frac{f(x)}{x-a} = f'(a) + \frac{f''(a)}{1 \cdot 2}(x-a) + \ldots,$$

et, par conséquent, pour $x = a$,

$$\lim \frac{f(x)}{x-a} = f'(a).$$

2° M étant le coefficient de la plus haute puissance de x dans $f(x)$, on a

$$\frac{f(x)}{x-a} = M(x-b)(x-c)\ldots(x-k),$$

et, par suite, pour $x = a$, il vient

$$\lim \frac{f(x)}{x - a} = \mathrm{M}(a - b)(a - c)\ldots(a - k) = f'(a).$$

333. La transformation (1) étant ainsi opérée, on a

$$\int \frac{\varphi(x)\,dx}{f(x)} = \int \frac{\mathrm{A}\,dx}{x - a} + \int \frac{\mathrm{B}\,dx}{x - b} + \ldots,$$

par conséquent

$$(4) \qquad \int \frac{\varphi(x)\,dx}{f(x)} = \mathrm{A\,l}(x - a) + \mathrm{B\,l}(x - b) + \ldots$$

On se servira de cette formule quand les racines a, b, c, ..., k seront toutes réelles, et que les différences $x - a$, $x - b$, ..., $x - k$ seront toutes positives; mais si $x - a$, par exemple, était négative, il faudrait changer $\mathrm{A\,l}(x - a)$ en $\mathrm{A\,l}(a - x)$, ce qui est permis, car on a

$$d\,\mathrm{l}(a - x) = \frac{-\,dx}{a - x} = \frac{dx}{x - a}.$$

$\mathrm{A\,l}(x - a)$ serait imaginaire (n° 160).

CAS PARTICULIER DES RACINES SIMPLES IMAGINAIRES.

334. Si quelques-unes des racines de l'équation $f(x) = 0$ étaient imaginaires, la transformation (1) serait encore possible, mais le terme correspondant à une racine imaginaire dans la formule (4) se présenterait sous une forme imaginaire. Il vaut mieux alors opérer de la manière suivante.

Considérons deux racines imaginaires conjuguées,

$$a = \alpha + 6\sqrt{-1}, \quad b = \alpha - 6\sqrt{-1};$$

on aura

$$\mathrm{A} = \frac{\varphi(a)}{f'(a)} = \frac{\varphi\left(\alpha + 6\sqrt{-1}\right)}{f'\left(\alpha + 6\sqrt{-1}\right)} = \mathrm{G} + \mathrm{H}\sqrt{-1},$$

G et H étant deux fonctions réelles et rationnelles de α et de 6. En changeant $\sqrt{-1}$ en $-\sqrt{-1}$, on aura

$$B = \frac{\varphi(b)}{f'(b)} = \frac{\varphi(\alpha - 6\sqrt{-1})}{f'(\alpha - 6\sqrt{-1})} = G - H\sqrt{-1};$$

on a donc

$$\frac{A}{x - a} + \frac{B}{x - b} = \frac{G + H\sqrt{-1}}{x - \alpha - 6\sqrt{-1}} + \frac{G - H\sqrt{-1}}{x - \alpha + 6\sqrt{-1}}$$

$$= \frac{2G(x - \alpha) - 2H6}{(x - \alpha)^2 + 6^2},$$

donc

$$\int\left(\frac{A}{x - a} + \frac{B}{x - b}\right)dx = \int\frac{2G(x - \alpha)dx}{(x - \alpha)^2 + 6^2} - \int\frac{2H6\,dx}{(x - \alpha)^2 + 6^2}.$$

Or

$$\int\frac{2G(x - \alpha)dx}{(x - \alpha)^2 + 6^2} = Gl[(x - \alpha)^2 + 6^2],$$

$$\int\frac{2H6\,dx}{(x - \alpha)^2 + 6^2} = 2H\,\text{arc tang}\left(\frac{x - \alpha}{6}\right).$$

Donc

$$\int\left(\frac{A}{x - a} + \frac{B}{x - b}\right)dx$$

$$= Gl[(x - \alpha)^2 + 6^2] - 2H\,\text{arc tang}\left(\frac{x - \alpha}{6}\right) + C.$$

De cette manière on aura opéré l'intégration de la fraction rationnelle $\frac{\varphi(x)\,dx}{f(x)}$, si toutes les racines de l'équation $f(x) = 0$ sont inégales.

335. EXEMPLES.

1° $\quad \dfrac{\varphi(x)}{f(x)} = \dfrac{(3 - 2x)dx}{x^2 - x - 2} = \dfrac{(3 - 2x)dx}{(x + 1)(x - 2)}.$

Posons

$$\frac{3 - 2x}{x^2 - x - 2} = \frac{A}{x + 1} + \frac{B}{x - 2}.$$

En substituant successivement -1 et $+2$ à x dans

$$\frac{\varphi(x)}{f'(x)} = \frac{3 - 2x}{2x - 1},$$ on a $A = -\frac{5}{3}$, $B = -\frac{1}{3}$. Par conséquent,

$$\frac{(3 - 2x)\,dx}{x^2 - x - 2} = -\frac{5}{3}\frac{dx}{x + 1} - \frac{1}{3}\frac{dx}{x - 2};$$

d'où

$$\int \frac{(3 - 2x)\,dx}{x^2 - x - 2} = -\frac{5}{3}l(x + 1) - \frac{1}{3}l(x - 2) + C.$$

2°
$$\frac{\varphi(x)}{f(x)} = \frac{1}{a^2 - x^2}.$$

Posons

$$\frac{1}{a^2 - x^2} = \frac{A}{x - a} + \frac{B}{x + a};$$

on a

$$\frac{\varphi(x)}{f'(x)} = -\frac{1}{2x}, \quad A = \frac{-1}{2a}, \quad B = \frac{1}{2a};$$

d'où

$$\int \frac{dx}{a^2 - x^2} = -\frac{1}{2a}l(x - a) + \frac{1}{2a}l(x + a) + C,$$

ou

$$\int \frac{dx}{a^2 - x^2} = \frac{1}{2a}l\left(\frac{x + a}{x - a}\right) + C = \frac{1}{2a}l\left(c\frac{x + a}{x - a}\right).$$

3°
$$\frac{\varphi(x)}{f(x)} = \frac{(3x + 7)\,dx}{2x^2 - 3x + 5}.$$

Comme l'équation $2x^2 - 3x + 5 = 0$ n'admet que des
racines imaginaires, nous allons opérer l'intégration
directe de cette fraction sans la décomposer en fractions
plus simples.

La dérivée de $2x^2 - 3x + 5$ est $4x - 3$: divisant
$3x + 7$ par $4x - 3$, on aura

$$\frac{3x + 7}{4x - 3} = \frac{3}{4} + \frac{37}{4(4x - 3)},$$

et, par suite,

$$\frac{3x + 7}{2x^2 - 3x + 5} = \frac{\frac{3}{4}(4x - 3) + \frac{37}{4}}{2x^2 - 3x + 5},$$

d'où

$$\int \frac{(3x+7)\,dx}{2x^2-3x+5} = \frac{3}{4}\int \frac{(4x-3)\,dx}{2x^2-3x+5} + \frac{37}{4}\int \frac{dx}{2x^2-3x+5},$$

ou

$$\int \frac{(3x+7)\,dx}{2x^2-3x+5} = \frac{3}{4}\,l(2x^2-3x+5) + \frac{37}{4}\int \frac{dx}{2x^2-3x+5}$$

Or on a

$$\frac{37}{4}\int \frac{dx}{2x^2-3x+5} = \frac{37}{8}\int \frac{dx}{\left(x-\dfrac{3}{4}\right)^2 + \dfrac{31}{16}}.$$

Cette dernière intégrale est égale (n° **329**, 5°) à

$$\frac{4}{\sqrt{31}}\,\text{arc tang}\,\frac{4x-3}{\sqrt{31}};$$

on a donc enfin

$$\int \frac{(3x+7)\,dx}{2x^2-3x+5}$$

$$= \frac{3}{4}\,l(2x^2-3x+5) + \frac{37}{2\sqrt{31}}\,\text{arc tang}\,\frac{4x-3}{\sqrt{31}} + C.$$

4° Plus généralement, si l'expression à intégrer est $\dfrac{(Mx+N)\,dx}{(x-\alpha)^2+6^2}$, on la mettra sous la forme

$$\frac{M}{2}\,\frac{2(x-\alpha)\,dx}{(x-\alpha)^2+6^2} + (M\alpha+N)\,\frac{dx}{(x-\alpha)^2+6^2}.$$

Mais (n° **329**),

$$\int \frac{2(x-\alpha)\,dx}{(x-\alpha)^2+6^2} = l[(x-\alpha)^2+6^2],$$

$$\int \frac{dx}{(x-\alpha)^2+6^2} = \frac{1}{6}\,\text{arc tang}\,\frac{x-\alpha}{6};$$

donc enfin

$$\int \frac{M x + N}{(x - \alpha)^2 + 6^2}\, dx$$

$$= \frac{M}{2} l[(x - \alpha)^2 + 6^2] + \frac{M \alpha + N}{6} \text{ arc tang } \frac{x - \alpha}{6} + C.$$

CAS DES RACINES MULTIPLES.

336. Dans le cas où le dénominateur de $\dfrac{\varphi(x)\, dx}{f(x)}$ admet des facteurs multiples, c'est-à-dire où l'on a

$$f(x) = M(x - a)^n (x - b)^p (x - c)^q \ldots (x - k),$$

il est impossible de trouver des valeurs de constantes A, B, C, ..., K, capables de vérifier l'identité

$$\frac{\varphi(x)}{f(x)} = \frac{A}{x - a} + \frac{B}{x - b} + \ldots$$

En effet, si l'on réduit tous les termes du deuxième membre en une seule fraction, le dénominateur de cette fraction ne contiendra $x - a$ qu'à la première puissance, tandis que ce binôme entre à la $n^{ième}$ puissance dans $f(x)$, et que d'ailleurs la fraction $\dfrac{\varphi(x)}{f(x)}$ est supposée irréductible.

Afin de découvrir le mode de décomposition propre à ce cas, supposons d'abord

$$f(x) = (x - a)^n$$

On a, d'après la série de Taylor (134),

$$\frac{\varphi(x)}{(x - a)^n} = \frac{\varphi(a)}{(x - a)^n} + \frac{\varphi'(a)}{(x - a)^{n-1}} + \frac{1}{1 \cdot 2} \frac{\varphi''(a)}{(x - a)^{n-2}} + \ldots$$

$$+ \frac{1}{1 \cdot 2 \ldots (n - 1)} \frac{\varphi^{(n-1)}(a)}{x - a}.$$

Ce développement ne s'étend pas plus loin parce que $\varphi(x)$, dans le cas où $f(x) = (x - a)^n$, est au plus du degré $n - 1$. Il résulte de là que $\dfrac{\varphi(x)}{f(x)}$ est décomposable en n fractions ayant chacune pour numérateur une constante, et pour dénominateur une puissance de $x - a$.

Le problème est ainsi ramené à intégrer des fractions de la forme $\dfrac{dx}{(x - a)^h}$. Cette différentielle pouvant se mettre sous la forme $\dfrac{d(x - a)}{(x - a)^h}$, on voit que son intégrale est $-\dfrac{1}{(h - 1)(x - a)^{h-1}}$ si h est > 1, et $\mathrm{l}(x - a)$ si $h = 1$.

337. Cherchons maintenant à opérer une décomposition analogue à la précédente, dans le cas général, c'est-à-dire quand on a

$$f(x) = \mathrm{M}(x - a)^n (x - b)^p (x - c)^q \ldots (x - k) = (x - a)^n f_1(x).$$

Soient $\mathrm{A}, \mathrm{A}_1, \mathrm{A}_2, \mathrm{A}_3, \ldots, \mathrm{A}_{n-1}$, n coefficients assujettis à vérifier l'identité

$$\frac{\varphi(x)}{f(x)} = \frac{\mathrm{A}}{(x - a)^n} + \frac{\mathrm{A}_1}{(x - a)^{n-1}} + \cdots + \frac{\mathrm{A}_{n-1}}{x - a} + \frac{\psi(x)}{f_1(x)},$$

$\psi(x)$ étant un polynôme rationnel et entier par rapport à x. Si l'on multiplie cette équation par $f(x)$ et que l'on fasse passer dans le premier membre les termes qui contiennent $\mathrm{A}, \mathrm{A}_1, \mathrm{A}_2, \ldots, \mathrm{A}_{n-1}$, il faudra que l'on ait, pour toute valeur de x,

$$(1) \quad \begin{cases} \varphi(x) - \mathrm{A}\dfrac{f(x)}{(x - a)^n} - \mathrm{A}_1 \dfrac{f(x)}{(x - a)^{n-1}} \\[2mm] \quad - \mathrm{A}_2 \dfrac{f(x)}{(x - a)^{n-2}} - \cdots - \mathrm{A}_{n-1} \dfrac{f(x)}{x - a} = (x - a)^n \psi(x). \end{cases}$$

Maintenant, en développant $\varphi(x)$ suivant les puissances de $x - a$, on aura

$$\varphi(x) = \varphi(a) + \varphi'(a)(x - a) + \frac{\varphi''(a)}{1.2}(x - a)^2 + \ldots$$

On obtiendra pour $f(x)$ un développement analogue; mais comme a est une racine multiple de l'ordre n, $f(a)$, $f'(a)$, ..., $f^{n-1}(a)$ sont nulles, et l'on a simplement

$$f(x) = \frac{f^{(n)}(a)}{1.2\ldots n}(x-a)^n + \frac{f^{(n+1)}(a)}{1.2.3\ldots(n+1)}(x-a)^{n+1} + \ldots$$

Substituons ces valeurs de $\varphi(x)$ et de $f(x)$ dans l'équation (1) : en ordonnant par rapport aux puissances de $(x-a)$, le premier membre deviendra

$$\varphi(a) - A\frac{f^{(n)}(a)}{1.2\ldots n}$$

$$+ \left[\varphi'(a) - A\frac{f^{(n+1)}(a)}{1.2\ldots(n+1)} - A_1\frac{f^{(n)}(n)}{1.2\ldots n}\right](x-a)$$

$$+ \left[\frac{\varphi''(a)}{1.2} - A\frac{f^{(n+2)}(a)}{1.2\ldots(n+2)} - A_1\frac{f^{(n+1)}(a)}{1.2\ldots(n+1)} - A_2\frac{f^{(n)}(a)}{1.2\ldots n}\right](x-a)^2$$

$$+\ldots\ldots\ldots\ldots\ldots\ldots\ldots\ldots\ldots\ldots\ldots\ldots\ldots\ldots$$

$$+ \left[\frac{\varphi^{(n)}(a)}{1.2\ldots n} - A\frac{f^{(2n)}(a)}{1.2\ldots 2n} - A_1\frac{f^{(2n-1)}(a)}{1.2\ldots(2n+1)}\ldots\right](x-a)^n$$

$$+\ldots\ldots\ldots\ldots\ldots\ldots\ldots\ldots\ldots\ldots\ldots\ldots\ldots\ldots$$

Or, comme le second membre est divisible par $(x-a)^n$, il doit en être de même du premier. Il faudra donc que les coefficients de toutes les puissances de $x-a$, dans le premier membre, jusqu'au coefficient de $(x-a)^{n-1}$ inclusivement, soient nuls.

En égalant à zéro ces coefficients, on aura n équations du premier degré, qui donneront pour A, A_1, A_2, ..., A_{n-1} un système unique de valeurs finies et déterminées, car les dénominateurs des valeurs inconnues sont les différentes puissances de $f^{(n)}(a)$, et par hypothèse $f^{(n)}(a)$ n'est pas nulle.

338. Ayant ainsi mis $\dfrac{\varphi(x)}{f(x)}$ sous la forme

$$\frac{A}{(x-a)^n} + \frac{A_1}{(x-a)^{n-1}} + \ldots + \frac{A_{n-1}}{x-a} + \frac{\psi(x)}{f_1(x)},$$

on mettra de même $\dfrac{\psi(x)}{f_1(x)}$ sous la forme

$$\frac{B}{(x-b)^p} + \frac{B_1}{(x-b)^{p-1}} + \ldots + \frac{B_{p-1}}{x-b} + \frac{\chi(x)}{f_2(x)},$$

$f_2(x)$ désignant le quotient de la division de $f_1(x)$ par $(x-b)^p$.

En continuant de la même manière, on finira par obtenir le développement

$$\frac{\varphi(x)}{f(x)} = \frac{A}{(x-a)^n} + \frac{A_1}{(x-a)^{n-1}} + \ldots + \frac{A_{n-1}}{x-a}$$

$$+ \frac{B}{(x-b)^p} + \frac{B_1}{(x-b)^{p-1}} + \ldots + \frac{B_{p-1}}{x-b}$$

$$+ \frac{C}{(x-c)^q} + \frac{C_1}{(x-c)^{q-1}} + \ldots + \frac{C_{q-1}}{x-c}$$

$$+ \ldots\ldots\ldots\ldots\ldots\ldots\ldots\ldots$$

$$+ \frac{K}{x-k},$$

expression qui, multipliée par dx, sera très-facile à intégrer.

La décomposition précédente ne peut se faire que d'une seule manière; car, si les constantes A_1, A_2, ..., A_{n-1} relatives à la racine a, par exemple, étaient susceptibles de plusieurs valeurs, on devrait les trouver en commençant la décomposition par cette racine. Or on n'a trouvé qu'une seule valeur pour chacune de ces constantes. Donc la fraction $\dfrac{\varphi(x)}{f(x)}$ ne peut se décomposer que d'une seule manière en fractions simples de la forme considérée.

CAS PARTICULIER DES RACINES IMAGINAIRES MULTIPLES.

339. Si quelques-unes des racines multiples de l'équation $f(x) = 0$ étaient imaginaires, le développement

de $\dfrac{\varphi(x)}{f(x)}$ renfermerait des imaginaires que l'on pourrait faire disparaître en groupant d'une manière convenable les termes relatifs aux racines conjuguées; mais il est plus simple d'opérer de la manière suivante.

Soient $\alpha \pm 6\sqrt{-1}$ deux racines conjuguées de l'équation $f(x) = 0$, et n leur degré de multiplicité. Posons

$$\frac{\varphi(x)}{f(x)} = \frac{Ax+B}{[(x-\alpha)^2+6^2]^n} + \frac{A_1x+B_1}{[(x-\alpha)^2+6^2]^{n-1}}$$
$$+ \frac{A_2x+B_2}{[(x-\alpha)^2+6^2]^{n-2}} + \ldots + \frac{A_{n-1}x+B_{n-1}}{(x-\alpha)^2+6^2} + \frac{\psi(x)}{f_1(x)}.$$

A, B, A_1, B_1, etc., sont des constantes qu'il s'agit de déterminer; $\psi(x)$ une fonction rationnelle et entière de x, et $f_1(x)$ le quotient de $f(x)$ divisé par $[(x-\alpha)^2+6^2]^n$. On doit avoir l'identité

$$\varphi(x) - (Ax+B)f_1(x) - (A_1x+B_1)[(x-\alpha)^2+6^2]f_1(x)$$
$$- (A_2x+B_2)[(x-\alpha)^2+6^2]^2 f_1(x)$$
$$\ldots \ldots \ldots \ldots \ldots \ldots \ldots \ldots \ldots \ldots$$
$$- (A_{n-1}x+B_{n-1})[(x-\alpha)^2+6^2]^{n-1}f_1(x)$$
$$= [(x-\alpha)^2+6^2]^n \psi(x).$$

Les constantes A, B, A_1, B_1, etc., doivent donc être choisies de telle sorte, que le premier membre de cette équation soit divisible par $[(x-\alpha)^2+6^2]^n$ ou, ce qui revient au même, de manière que, pour $x = \alpha + 6\sqrt{-1}$, ce premier membre devienne nul, ainsi que ses $n-1$ premières dérivées. On aura ainsi n équations, dont chacune se partagera en deux, car il faudra égaler séparément à zéro la partie réelle et la partie imaginaire de chaque équation.

Dans la première équation, tous les termes, à partir du second, contenant $(x-\alpha)^2+6^2$ en facteur deviendront nuls pour $x = \alpha + 6\sqrt{-1}$. Cette équation ne contient donc que A et B, et comme elle se décompose en deux, on pourra ainsi trouver les valeurs de A et B. Quant à la seconde équation, obtenue en prenant la dérivée des deux membres de la première, elle ne contiendra que A, B, A_1, B_1 quand on aura fait $x = \alpha + 6\sqrt{-1}$, et comme A et B sont déjà connus, et que cette équation se sépare en deux, elle donnera les valeurs de A_1 et de B_1. On obtiendra de la même manière les autres constantes.

Ce calcul fait, on opérera ensuite la décomposition de $\dfrac{\psi(x)}{f_1(x)}$ en différents termes dont la forme, connue d'après tout ce qui précède, dépendra de la nature des facteurs binômes de $f_1(x)$.

340. Le cas des racines imaginaires multiples conduit donc à intégrer des différentielles de la forme

$$\frac{(Ax + B)\,dx}{[(x-\alpha)^2 + 6^2]^n},$$

n étant un nombre entier et positif. Or on a identiquement

$$\int \frac{(Ax + B)\,dx}{[(x-\alpha)^2 + 6^2]^n} = \int \frac{A(x-\alpha)\,dx}{[(x-\alpha)^2 + 6^2]^n} + \int \frac{(A\alpha + B)\,dx}{[(x-\alpha)^2 + 6^2]^n}.$$

Si l'on pose

$$(x-\alpha)^2 + 6^2 = t, \quad \text{d'où} \quad 2(x-\alpha)\,dx = dt,$$

on a, à une constante près, lorsque n est > 1,

$$\int \frac{A(x-\alpha)\,dx}{[(x-\alpha)^2 + 6^2]^n} = \int \frac{A\,dt}{2t^n} = -\frac{A}{2(n-1)t^{n-1}}$$
$$= -\frac{A}{2(n-1)[(x-\alpha)^2 + 6^2]^{n-1}},$$

et, lorsque $n = 1$,

$$\int \frac{A(x-\alpha)\,dx}{(x-\alpha)^2 + 6^2} = \frac{A}{2}\,l[(x-\alpha)^2 + 6^2].$$

Reste donc à déterminer

$$\int \frac{(A\alpha + B)\,dx}{[(x-\alpha)^2 + 6^2]^n}.$$

Pour cela, soit $x - \alpha = \delta z$, d'où $dx = \delta\, dz$; on a

$$\int \frac{(A x + B)\, dx}{[(x - \alpha)^2 + \delta^2]^n} = \frac{A\alpha + B}{\delta^{2n-1}} \int \frac{dz}{(1 + z^2)^n},$$

en sorte qu'on est ramené à trouver

$$\int \frac{dz}{(1 + z^2)^n};$$

c'est donc cette dernière intégration qui doit maintenant nous occuper.

341. On a identiquement

$$(1) \qquad \int \frac{dz}{(1 + z^2)^n} = \int \frac{dz}{(1 + z^2)^{n-1}} - \int \frac{z^2\, dz}{(1 + z^2)^n}.$$

Mais

$$\int \frac{z^2\, dz}{(1 + z^2)^n} = \frac{1}{2} \int z\, \frac{2z\, dz}{(1 + z^2)^n},$$

et

$$\frac{2z\, dz}{(1 + z^2)^n} = d\left[- \frac{1}{(n - 1)(1 + z^2)^{n-1}} \right];$$

par conséquent, en intégrant par parties, on a

$$\int \frac{z^2\, dz}{(1 + z^2)^n} = - \frac{z}{(2n - 2)(1 + z^2)^{n-1}} + \frac{1}{2n - 2} \int \frac{dz}{(1 + z^2)^{n-1}}.$$

Substituant cette valeur dans (1), il vient, en réduisant,

$$\int \frac{dz}{(1 + z^2)^n} = \frac{z}{(2n - 2)(1 + z^2)^{n-1}} + \frac{2n - 3}{2n - 2} \int \frac{dz}{(1 + z^2)^{n-1}}.$$

Ainsi la recherche de $\int \dfrac{dz}{(1 + z^2)^n}$ est ramenée à celle de $\int \dfrac{dz}{(1 + z^2)^{n-1}}$; de même cette dernière serait ramenée à celle de $\int \dfrac{dz}{(1 + z^2)^{n-2}}$, et ainsi de suite, et comme n est un nombre entier positif, on sera finalement conduit à la recherche de $\int \dfrac{dz}{1 + z^2}$ qui est égale à arc tang z. L'inté-

gration de $\dfrac{dz}{(1 + z^2)^n}$, et par suite celle de $\dfrac{(\mathrm{A}\alpha + \mathrm{B})\,dx}{[(x - \alpha)^2 + \delta^2]^n}$,

se trouvera ainsi effectuée.

342. On peut encore obtenir $\int \dfrac{dz}{(1 + z^2)^n}$ de la manière

suivante. Posons

$$t = \mathrm{arc\,tang}\,z;$$

il en résulte

$$dt = \frac{dz}{1 + z^2}, \quad \frac{dz}{(1 + z^2)^n} = \frac{dt}{(1 + z^2)^{n-1}} :$$

or

$$\frac{1}{1 + z^2} = \cos^2 t, \quad \text{d'où} \quad \frac{dz}{(1 + z^2)^n} = \cos^{2n-2} t\,dt;$$

par suite

$$\int \frac{dz}{(1 + z^2)^n} = \int \cos^{2n-2} t\,dt.$$

On connaît différentes manières de parvenir à cette dernière intégrale : une des plus simples consiste à développer $\cos^{2n-2} t$ suivant les cosinus des multiples de t [154, formules (1) et (2)]. On obtient ainsi un développement limité, et dont chaque terme, multiplié par dt, s'intègre très-facilement.

VINGT-NEUVIÈME LEÇON

INTÉGRATION DES FONCTIONS IRRATIONNELLES.

Fonctions qui ne contiennent que des irrationnelles monômes. — Fonctions qui contiennent un radical du second degré. — Intégration des différentielles binômes. — Cas d'intégrabilité. — Formules de réduction.

FONCTIONS QUI NE CONTIENNENT QUE DES IRRATIONNELLES MONÔMES.

343. Une fonction qui ne contient que des monômes irrationnels est toujours intégrable. Ainsi, supposons que l'on veuille obtenir

$$\int \frac{\left(1 + \sqrt{x} - \sqrt[3]{x^2}\right) dx}{1 + \sqrt[3]{x}}.$$

Cette intégrale peut s'écrire

$$\int \frac{\left(1 + x^{\frac{1}{2}} - x^{\frac{2}{3}}\right) dx}{1 + x^{\frac{1}{3}}}.$$

Or, si l'on fait

$$x = t^6, \quad \text{d'où} \quad dx = 6 t^5 dt,$$

on aura la fraction rationnelle

$$\frac{\left(1 + t^3 - t^4\right) 6 t^5 dt}{1 + t^2},$$

ou

$$6 dt \left(- t^7 + t^6 + t^5 - t^4 + t^2 - 1 + \frac{1}{1 + t^2} \right),$$

dont l'intégrale est égale à

$$- \frac{3}{4} t^8 + \frac{6}{7} t^7 + t^6 - \frac{6}{5} t^5 + 2 t^3 - 6 t + 6 \arctan t + C,$$

et il ne reste plus qu'à remplacer t par $\sqrt[6]{x}$.

344. On ramène au cas précédent toute fonction qui ne contient que des radicaux portant sur un même binôme du premier degré. Ainsi, soit à cherche.

$$\int \frac{\left[x^2 + \sqrt[3]{(ax+b)^2}\right] dx}{x + \sqrt{ax+b}}.$$

On posera $ax + b = t^6$, d'où

$$x = \frac{t^6 - b}{a}, \quad dx = \frac{6t^5 dt}{a}, \quad \sqrt[3]{(ax+b)^2} = t^4$$

par suite on n'aura plus à intégrer que la fraction rationnelle

$$\frac{6}{a^2} \frac{t^5\left[(t^6 - b)^2 + a^2 t^4\right] dt}{t^6 - b + at^3}.$$

FONCTIONS QUI CONTIENNENT UN RADICAL DU SECOND DEGRÉ.

345. Nous passons maintenant à l'intégration des fonctions qui contiennent la racine carrée d'un trinôme du deuxième degré, tel que $a + bx + x^2$ ou $a + bx - x^2$: le trinôme peut toujours être ramené à l'une de ces deux formes en faisant sortir du radical le coefficient de x^2 pris avec le signe $+$.

La méthode que l'on emploie consiste à transformer x, $\sqrt{a + bx \pm x^2}$ et dx en fonctions rationnelles d'une nouvelle variable, de manière à ramener le problème à l'intégration d'une fonction rationnelle.

Supposons d'abord que le terme x^2, sous le radical, soit précédé du signe $+$. On pourrait indifféremment poser

$$\sqrt{a + bx + x^2} = z \pm x;$$

prenons $z - x$; en élevant au carré, on aura

$$a + bx = z^2 - 2xz;$$

d'où

$$(1) \qquad x = \frac{z^2 - a}{b + 2z},$$

$$(2) \qquad \sqrt{a + bx + x^2} = z - x = \frac{a + bz + z^2}{b + 2z},$$

$$(3) \qquad dx = \frac{(b + 2z)2z\,dz - (z^2 - a)2\,dz}{(b + 2z)^2} = \frac{(a + bz + z^2)2\,dz}{(b + 2z)^2}.$$

La substitution des valeurs (1), (2), (3), dans la fonction donnée, la changera en une fonction rationnelle de z, qu'il sera dès lors facile d'intégrer.

346. On peut encore, quand a est > 0, poser

$$\sqrt{a + bx + x^2} = \sqrt{a} + xz;$$

en élevant au carré et divisant les deux membres par x, on aura

$$b + x = 2z\sqrt{a} + xz^2;$$

d'où

$$(4) \qquad x = \frac{2z\sqrt{a} - b}{1 - z^2},$$

$$(5) \qquad \sqrt{a + bx + x^2} = \frac{z^2\sqrt{a} - bz + \sqrt{a}}{1 - z^2},$$

$$(6) \qquad dx = \frac{(z^2\sqrt{a} - bz + \sqrt{a})2\,dz}{(1 - z^2)^2}.$$

347. EXEMPLES.

$$1° \qquad \int \frac{dx}{\sqrt{a + bx + x^2}}.$$

Employons la première transformation et posons

$$\sqrt{a + bx + x^2} = z - x.$$

D'après les formules (2) et (3), on aura

$$\int \frac{dx}{\sqrt{a + bx + x^2}} = \int \frac{dz}{\frac{b}{2} + z} = l\left(\frac{b}{2} + z\right);$$

donc, en remplaçant z par sa valeur $x + \sqrt{a + bx + x^2}$, on aura

$$\int \frac{dx}{\sqrt{a + bx + x^2}} = l\left(\frac{b}{2} + x + \sqrt{a + bx + x^2}\right) + C.$$

Quand $b = 0$, cette formule devient

$$\int \frac{dx}{\sqrt{a + x^2}} = l\left(x + \sqrt{a + x^2}\right) + C.$$

2°
$$\int \frac{(gx + h)\,dx}{\sqrt{a + bx + x^2}}.$$

Il est facile de ramener cette intégrale à la précédente; on a

$$d\sqrt{a + bx + x^2} = \frac{(b + 2x)\,dx}{2\sqrt{a + bx + x^2}} = \frac{\left(\frac{b}{2} + x\right)dx}{\sqrt{a + bx + x^2}}.$$

Si le numérateur de la fonction proposée était $\frac{b}{2} + x$, on pourrait immédiatement intégrer cette fonction. Or

$$\frac{(gx + h)\,dx}{\sqrt{a + bx + x^2}} = \frac{g\left(\frac{b}{2} + x\right)dx}{\sqrt{a + bx + x^2}} + \frac{\left(h - \frac{gb}{2}\right)dx}{\sqrt{a + bx + x^2}};$$

donc

$$\int \frac{(gx + h)\,dx}{\sqrt{a + bx + x^2}}$$

$$= \int \frac{g\left(\frac{b}{2} + x\right)dx}{\sqrt{a + bx + x^2}} + \left(h - \frac{gb}{2}\right)\int \frac{dx}{\sqrt{a + bx + x^2}}$$

$$= g\sqrt{a + bx + x^2} + \left(h - \frac{gb}{2}\right)l\left(\frac{b}{2} + x + \sqrt{a + bx + x^2}\right) + C.$$

348. Occupons-nous maintenant de l'intégration de

$$f\left(x, \sqrt{a + bx - x^2}\right)dx.$$

D'abord, si a est positif, on peut employer la seconde transformation. On posera

$$\sqrt{a + bx - x^2} = \sqrt{a} + xz, \quad \text{d'où} \quad b - x = 2z\sqrt{a} + xz^2;$$

donc

$$(1) \qquad x = \frac{b - 2z\sqrt{a}}{1 + z^2},$$

$$(2) \qquad \sqrt{a + bx - x^2} = \frac{\sqrt{a} + bz - z^2\sqrt{a}}{1 + z^2},$$

$$(3) \qquad dx = \frac{2(z^2\sqrt{a} - bz - \sqrt{a})\,dz}{(1 + z^2)^2}.$$

349. Il existe une troisième transformation qui permet d'intégrer

$$f\left(x, \sqrt{a + bx \pm x^2}\right)dx,$$

quand les deux racines du trinôme $a + bx \pm x^2$ sont réelles (dans le cas où x^2 et le terme constant sous le radical ont le signe —, les racines doivent être réelles, pour que le trinôme ne soit pas constamment négatif).

Supposons d'abord que le terme x^2 sous le radical ait le signe $+$; soient α et 6 les racines de l'équation

$$a + bx + x^2 = 0,$$

ou aura

$$a + bx + x^2 = (x - \alpha)(x - 6).$$

Posons

$$\sqrt{a + bx + x^2} = (x - \alpha)z \quad \text{ou} \quad a + bx + x^2 = (x - \alpha)^2 z^2,$$

il en résulte

$$(x - \alpha)(x - 6) = (x - \alpha)^2 z^2, \quad \text{ou} \quad x - 6 = (x - \alpha)z^2;$$

par conséquent,

$$(1) \qquad x = \frac{6 - \alpha z^2}{1 - z^2},$$

$$(2) \quad \sqrt{a + bx + x^2} = (x - \alpha)z = \left(\frac{6 - \alpha z^2}{1 - z^2} - x\right)z = \frac{(6 - \alpha)z}{1 - z^2},$$

$$(3) \quad dx = \frac{-(1 - z^2)2\alpha z\,dz + (6 - \alpha z^2)2z\,dz}{(1 - z^2)^2} = \frac{2(6 - \alpha)z\,dz}{(1 - z^2)^2}.$$

Il faut modifier ces formules, quand le terme x^2 est précédé du signe $-$: on écrit dans ce cas

$$a + bx - x^2 = (x - \alpha)(6 - x).$$

Posons

$$\sqrt{a + bx - x^2} = (x - \alpha)z,$$

d'où

$$6 - x = (x - \alpha)z^2,$$

et, par suite,

$$(4) \qquad x = \frac{6 + \alpha z^2}{1 + z^2},$$

$$(5) \qquad \sqrt{a + bx - x^2} = (x - \alpha)z = \frac{(6 - \alpha)z}{1 + z^2},$$

$$(6) \quad dx = \frac{(1 + z^2)2\alpha z\,dz - (6 + \alpha z^2)2z\,dz}{(1 + z^2)^2} = \frac{2(\alpha - 6)z\,dz}{(1 + z^2)^2}.$$

350. On peut appliquer cette méthode à

$$\int \frac{dx}{\sqrt{a + bx - x^2}},$$

mais il est plus simple de ramener cette intégrale à

$$\int \frac{dt}{\sqrt{1 - t^2}}.$$

On a

$$\frac{dx}{\sqrt{a + bx - x^2}} = \frac{dx}{\sqrt{a + \dfrac{b^2}{4} - \left(x - \dfrac{b}{2}\right)^2}}.$$

Soit maintenant

$$\frac{b}{2} - x = t\sqrt{a + \frac{b^2}{4}}, \quad \text{d'où} \quad dx = -dt\sqrt{a + \frac{b^2}{4}},$$

on a

$$\int \frac{dx}{\sqrt{a + bx - x^2}} = -\int \frac{dt}{\sqrt{1 - t^2}} = \arccos \frac{b - 2x}{\sqrt{4a + b^2}} + C.$$

Si $a = 0$,

$$\int \frac{dx}{\sqrt{bx - x^2}} = \arccos \frac{b - 2x}{b} + C.$$

351. Les méthodes précédentes permettent d'intégrer une fonction rationnelle $f(x, \sqrt{x + a}, \sqrt{x + b})\,dx$, qui contient des radicaux du deuxième degré portant sur deux binômes différents du premier degré. En effet, posons

$$\sqrt{x + a} = z,$$

d'où

$$x = z^2 - a, \quad \sqrt{x + b} = \sqrt{z^2 - a + b}, \quad dx = 2z\,dz.$$

Par suite, $f(x, \sqrt{x + a}, \sqrt{x + b})\,dx$ devient une certaine fonction $F(z, \sqrt{z^2 - a + b})\,dz$, qu'il est possible d'intégrer d'après les méthodes exposées dans cette Leçon.

INTÉGRATION DES DIFFÉRENTIELLES BINÔMES. — CAS D'INTÉGRABILITÉ.

352. On appelle différentielles binômes celles qui sont de la forme

$$x^m (a + bx^n)^p\,dx.$$

On ne diminue pas la généralité de cette formule en supposant que m et n soient des nombres entiers; si l'on avait, par exemple, $x^{\frac{2}{3}}\left(a + bx^{\frac{1}{2}}\right)^p dx$, on ferait

$x = z^6$, d'où $dx = 6z^5 dz$, et la question serait ramenée à intégrer $6z^9 (a + bz^3)^p dz$, différentielle binôme dans laquelle les exposants de z, hors de la parenthèse et dans la parenthèse, sont des nombres entiers.

On peut de plus supposer n positif, car si l'on veut intégrer $x^m (a + bx^{-n})^p dx$, il suffit de faire $x = \dfrac{1}{z}$ pour ramener cette intégration à celle de $- z^{-m-2} (a + bz^n)^p dz$, où l'exposant de la variable, dans la parenthèse, est positif.

Quant à p, on doit le supposer fractionnaire. En effet, si p était un nombre entier positif, on aurait, en développant $(a + bx^n)^p$, un polynôme entier, et si p était entier et négatif, on aurait une fraction rationnelle; dans ces deux cas, l'intégrale s'obtiendrait par les procédés qui ont été exposés dans les précédentes Leçons.

353. Pour trouver d'autres cas où la différentielle $x^m (a + bx^n)^p dx$ puisse être intégrée, posons

$$a + bx^n = z,$$

d'où

$$x = \left(\frac{z - a}{b}\right)^{\frac{1}{n}}, \quad dx = \frac{1}{nb} \left(\frac{z - a}{b}\right)^{\frac{1}{n} - 1} dz.$$

La différentielle devient alors

$$\frac{1}{nb} z^p \left(\frac{z - a}{b}\right)^{\frac{m+1}{n} - 1} dz,$$

et l'intégration pourra se faire si

$$(1) \qquad \frac{m + 1}{n} = \text{un nombre entier.}$$

En effet, si p est égal à la fraction $\dfrac{q}{r}$, en faisant $z = t^r$ on sera ramené au cas d'une fonction rationnelle. L'intégration sera donc possible.

354. On trouve un autre caractère d'intégrabilité, en écrivant la différentielle binôme sous cette forme :

$$x^{m+np} (ax^{-n} + b)^p\, dx.$$

La condition qui vient d'être trouvée devient pour cette formule : $\dfrac{m + np + 1}{-n}$, ou

$$(2) \qquad \frac{m+1}{n} + p = \text{un nombre entier},$$

condition qui pourra être remplie, quand la première ne le sera pas.

Par exemple, pour la différentielle $x^4 (a + bx^3)^{\frac{1}{3}}\, dx$, on a

$$\frac{4+1}{3} = \frac{5}{3}, \quad \frac{4+1}{3} + \frac{1}{3} = 2,$$

et la deuxième condition d'intégrabilité se trouve seule remplie.

RÉDUCTION DE L'EXPOSANT DE x HORS DE LA PARENTHÈSE.

355. Comme il n'est pas possible, en général, d'intégrer la différentielle binôme $x^m (a + bx^n)^p\, dx$, il faut la ramener à d'autres intégrales plus simples; on y parvient au moyen de l'intégration par parties. On a

$$\int x^m (a + bx^n)^p\, dx = \int x^{m-n+1} (a + bx^n)^p\, x^{n-1}\, dx = \int u\, dv,$$

en posant

$$u = x^{m-n+1}, \quad v = \frac{(a + bx^n)^{p+1}}{nb\,(p+1)};$$

et, par suite,

$$(\alpha) \quad \left\{ \begin{aligned} &\int x^m (a + bx^n)^p\, dx \\ &= x^{m-n+1}\, \frac{(a + bx^n)^{p+1}}{nb\,(p+1)} - \frac{m-n+1}{nb\,(p+1)} \int x^{m-n} (a + bx^n)^{p+1}\, dx. \end{aligned} \right.$$

La nouvelle intégrale contenue dans cette formule sera plus simple que la proposée si m est positif et plus grand que n, et p négatif, car alors $p + 1$ aura une valeur absolue moindre que p. Mais on peut trouver une formule dans laquelle l'exposant de x hors de la parenthèse soit seul diminué. En effet, on a identiquement

$$x^{m-n}(a + bx^n)^{p+1} = x^{m-n}(a + bx^n)^p(a + bx^n)$$
$$= ax^{m-n}(a + bx^n)^p + bx^m(a + bx^n)^p.$$

Par conséquent,

$$\int x^{m-n}(a + bx^n)^{p+1}\,dx$$
$$= a\int x^{m-n}(a + bx^n)^p\,dx + b\int x^m(a + bx^n)^p\,dx.$$

Substituant cette valeur dans l'équation (α), on aura

$$\int x^m(a + bx^n)^p\,dx$$
$$= x^{m-n+1}\frac{(a + bx^n)^{p+1}}{nb(p+1)} - \frac{m-n+1}{nb(p+1)}a\int x^{m-n}(a + bx^n)^p\,dx$$
$$- \frac{m-n+1}{nb(p+1)}b\int x^m(a + bx^n)^p\,dx.$$

Par suite, en transposant le dernier terme et réduisant,

$$(A)\begin{cases} \displaystyle\int x^m(a + bx^n)^p\,dx \\[2mm] = \displaystyle\frac{x^{m-n+1}(a+bx^n)^{p+1}}{b(np+m+1)} - \frac{a(m-n+1)}{b(np+m+1)}\int x^{m-n}(a+bx^n)^p\,dx. \end{cases}$$

L'intégration de $x^m(a + bx^n)^p\,dx$ est ainsi ramenée à la recherche de

$$\int x^{m-n}(a + bx^n)^p\,dx;$$

on fera dépendre celle-ci de

$$\int x^{m-2n}(a + bx^n)^p\,dx,$$

et ainsi de suite, en sorte que si m est positif et plus grand que n, en désignant par in le plus grand multiple de n qui soit inférieur à m, on sera ramené, après un nombre i de réductions, à l'intégrale

$$\int x^{m-in}(a + bx^n)^p \, dx.$$

Si l'on avait $m - in = n - 1$, cette dernière intégrale pourrait s'obtenir immédiatement, car elle deviendrait

$$\int x^{n-1}(a + bx^n)^p \, dx = \frac{(a + bx^n)^{p+1}}{nb(p+1)} + C.$$

Mais l'égalité $m - in = n - 1$ revient à $\dfrac{m+1}{n} = i + 1$, et la première condition d'intégrabilité (353) est remplie.

Lorsque $np + m + 1 = 0$, le second membre de (A) prend la forme $\infty - \infty$, et cette formule devient illusoire. Mais, comme $\dfrac{m+1}{n} + p$ est égal à 0, c'est-à-dire à un nombre entier, on retombe dans le second cas d'intégrabilité (354), et l'intégrale s'obtient directement.

RÉDUCTION DE L'EXPOSANT DU BINÔME.

356. Dans la transformation (A) la réduction portait sur l'exposant de x hors de la parenthèse, tandis que le facteur $(a + bx^n)^p$ ne changeait pas. On peut maintenant, au contraire, laissant le facteur x^m invariable, ramener la recherche de l'intégrale proposée à celle d'une intégrale dans laquelle l'exposant de $a + bx^n$ sera diminué d'un certain nombre d'unités.

En effet, comme

$$x^m(a + bx^n)^p \, dx = (a + bx^n)^p \, d\frac{x^{m+1}}{m+1},$$

on aura, en intégrant par parties,

$$(\mathcal{E}) \quad \left\{ \int x^m (a + bx^n)^p \, dx \right.$$
$$= \frac{x^{m+1} (a + bx^n)^p}{m + 1} - \frac{pnb}{m + 1} \int x^{m+n} (a + bx^n)^{p-1} dx.$$

Par cette formule, l'exposant du binôme $a + bx^n$ a bien été diminué d'une unité, mais l'exposant de x hors de la parenthèse a été augmenté de n unités. Pour réduire ce dernier exposant, on change m en $m + n$, et p en $p - 1$, dans l'équation (A); il vient

$$\int x^{m+n} (a + bx^n)^{p-1} dx$$
$$= \frac{x^{m+1} (a + bx^n)^p}{b (np + m + 1)} - \frac{(m + 1) a}{b (np + m + 1)} \int x^m (a + bx^n)^{p-1} dx;$$

par suite, en portant cette valeur dans l'équation ($\mathcal{E}$),

$$\int x^m (a + bx^n)^p \, dx$$
$$= \frac{x^{m+1} (a + bx^n)^p}{m + 1} - \frac{np x^{m+1} (a + bx^n)^p}{(m + 1) (np + m + 1)}$$
$$+ \frac{anp}{np + m + 1} \int x^m (a + bx^n)^{p-1} dx,$$

et, en réduisant,

$$(B) \quad \left\{ \int x^m (a + bx^n)^p \, dx \right.$$
$$= \frac{x^{m+1} (a + bx^n)^p}{np + m + 1} + \frac{anp}{np + m + 1} \int x^m (a + bx^n)^{p-1} dx.$$

Au moyen de cette formule, on ôtera successivement de p toutes les unités que contient cet exposant.

357. La formule (B) devient illusoire quand on a

$$np + m + 1 = 0;$$

mais alors on retombe dans le second cas d'intégrabilité (354), et l'intégrale cherchée s'obtient par un changement de variable.

En résumé, l'emploi des formules (A) et (B) fera dépendre l'intégrale $\int x^m (a + bx^n)^p \, dx$, quand m et p sont positifs, de l'intégrale plus simple

$$\int x^{m-in} (a + bx^n)^{p-k} \, dx,$$

in étant le plus grand multiple de n, inférieur à m, et k la partie entière de p.

Par exemple, on ramènera l'intégrale

$$\int x^7 (a + bx^3)^{\frac{5}{2}} \, dx$$

à $\int x (a + bx^3)^{\frac{1}{2}} \, dx$, en la réduisant successivement, par la formule (A), aux suivantes :

$$\int x^4 (a + bx^3)^{\frac{5}{2}} \, dx, \quad \int x (a + bx^3)^{\frac{5}{2}} \, dx,$$

et cette dernière, par la formule (B), aux suivantes :

$$\int x (a + bx^3)^{\frac{3}{2}} \, dx, \quad \int x (a + bx^3)^{\frac{1}{2}} \, dx.$$

FORMULES DE RÉDUCTION DANS LE CAS OU LES EXPOSANTS m ET p SONT NÉGATIFS.

358. Quand m et p sont négatifs, les formules (A) et (B) ne réduisent pas la différentielle binôme à une plus simple expression ; mais elles conduisent à deux nouvelles formules, qui opèrent la réduction dans ce cas.

Occupons-nous d'abord de diminuer l'exposant de x, hors de la parenthèse. Pour cela, tirons de l'équation (A) la valeur de l'intégrale $\int x^{m-n} (a + bx^n)^p \, dx$, ce qui donne

$$\int x^{m-n}(a+bx^n)^p\,dx$$

$$=\frac{x^{m-n+1}(a+bx^n)^{p+1}}{(m-n+1)\,a}-\frac{b\,(m+np+1)}{(m-n+1)\,a}\int x^m(a+bx^n)^p\,dx.$$

Ensuite changeons $m-n$ en $-m$ ou m en $-m+n$:
nous aurons

$$(C)\quad\left\{\begin{aligned}\int x^{-m}(a+bx^n)^p\,dx&=-\frac{x^{-m+1}(a+bx^n)^{p+1}}{(m-1)\,a}\\&+\frac{b\,(np+n-m+1)}{(m-1)\,a}\int x^{-m+n}(a+bx^n)^p\,dx.\end{aligned}\right.$$

Par l'emploi répété de cette formule, l'intégrale cherchée pourra être ramenée à la suivante :

$$\int x^{-m+(i+1)n}(a+bx^n)^p\,dx,$$

dans laquelle in représente le plus grand multiple de n
contenu dans m.

Si l'on avait

$$-m+(i+1)\,n=n-1,$$

la dernière intégrale deviendrait

$$\int x^{n-1}(a+bx^n)^p\,dx=\frac{(a+bx^n)^{p+1}}{nb\,(p+1)}+C.$$

Mais comme on a

$$\frac{-m+1}{n}=-i=\text{un nombre entier,}$$

on retombe dans le premier cas d'intégrabilité.

359. Lorsque p est négatif, on tire de la formule (B)

$$\int x^m(a+bx^n)^{p-1}\,dx$$

$$=-\frac{x^{m+1}(a+bx^n)^p}{anp}+\frac{np+m+1}{anp}\int x^m(a+bx^n)^p\,dx.$$

Si l'on change dans ce résultat $p-1$ en $-p$ ou p en $-p+1$, on aura

$$\text{(D)} \quad \left\{ \begin{aligned} &\int x^m (a+bx^n)^{-p}\, dx = \frac{x^{m+1}(a+bx^n)^{-p+1}}{an(p-1)} \\ &\quad - \frac{m+n+1-pn}{an(p-1)} \int x^m (a+bx^n)^{-p+1}\, dx. \end{aligned} \right.$$

Si p est plus grand que 1, la valeur absolue de l'exposant du binôme sera diminuée d'une unité; en continuant la réduction, on finira donc par ramener cet exposant à être compris entre 0 et 1.

Quand $p=1$, cette formule devient illusoire, mais ce cas est un de ceux où l'on sait intégrer.

360. Une différentielle de la forme

$$x^q (ax^r + bx^s)^p\, dx$$

peut se mettre sous la forme $x^{q+rp}(a + bx^{s-r})^p\, dx$, et devient ainsi une différentielle binôme.

361. Les formules précédentes permettent d'intégrer la différentielle

$$\frac{x^m\, dx}{\sqrt{1+x^2}},$$

qui, d'ailleurs, tombe toujours dans l'un des deux cas d'intégrabilité. La formule (A) donne alors

$$\int \frac{x^m\, dx}{\sqrt{1-x^2}} = - \frac{x^{m-1}\sqrt{1-x^2}}{m} + \frac{m-1}{m} \int \frac{x^{m-2}\, dx}{\sqrt{1-x^2}}.$$

En faisant successivement $m = 1, 3, 5, \ldots$, on aura

$$\int \frac{x\, dx}{\sqrt{1-x^2}} = - \sqrt{1-x^2},$$

$$\int \frac{x^3\, dx}{\sqrt{1-x^2}} = - \frac{x^2}{3}\sqrt{1-x^2} + \frac{2}{3} \int \frac{x\, dx}{\sqrt{1-x^2}},$$

$$\int \frac{x^5\, dx}{\sqrt{1-x^2}} = - \frac{x^4}{5}\sqrt{1-x^2} + \frac{4}{5} \int \frac{x^3\, dx}{\sqrt{1-x^2}},$$

$$\ldots \ldots \ldots \ldots \ldots \ldots \ldots \ldots \ldots \ldots \ldots \ldots \ldots$$

d'où l'on tire

$$\int \frac{x\,dx}{\sqrt{1-x^2}} = -\sqrt{1-x^2},$$

$$\int \frac{x^3\,dx}{\sqrt{1-x^2}} = -\left(\frac{x^2}{3} + \frac{2}{1.3}\right)\sqrt{1-x^2},$$

$$\int \frac{x^5\,dx}{\sqrt{1-x^2}} = -\left(\frac{x^4}{5} + \frac{4\,x^2}{3.5} + \frac{2.4}{1.3.5}\right)\sqrt{1-x^2},$$

et, en général, si m est un nombre impair,

$$\int \frac{x^m\,dx}{\sqrt{1-x^2}}$$

$$= -\left[\frac{x^{m-1}}{m} + \frac{(m-1)x^{m-3}}{(m-2)m} + \ldots + \frac{2.4\ldots(m-1)}{1.3\ldots m}\right]\sqrt{1-x^2} + C.$$

Si m était un nombre pair, on arriverait à la formule

$$\int \frac{x^m\,dx}{\sqrt{1-x^2}}$$

$$= -\left[\frac{x^{m-1}}{m} + \frac{(m-1)x^{m-3}}{(m-2)m} + \ldots + \frac{1.3\,5\ldots(m-1)}{2.4.6\ldots m}\,x\right]\sqrt{1-x^2}$$

$$+ \frac{1.3.5\ldots(m-1)}{2.4.6\ldots m}\,\arcsin x + C.$$

EXERCICES.

1. *Calculer*

$$\int \frac{dx}{x^5\sqrt{1-x^2}}.$$

SOLUTION. — Cette intégrale se ramène à $\int \frac{d\varphi}{\sin^5\varphi}$ en posant $x = \sin\varphi$.

2. *Calculer*

$$X = \int \frac{dx}{x(a+bx^2)^{\frac{3}{2}}}.$$

Solution. — On a, à une constante près,

$$X = \frac{1}{2a^2 \sqrt{a}} l \frac{\sqrt{a + bx^2} - \sqrt{a}}{\sqrt{a + bx^2} + \sqrt{a}} + \frac{1}{a^2 \sqrt{a + bx^2}} + \frac{1}{3a(a + bx^2)^{\frac{3}{2}}}.$$

3. *Calculer*

$$X = \int \frac{dx}{(a + bx^2)^{\frac{5}{2}}}.$$

Solution. $\quad X = \frac{1}{a^2} \left(\frac{x}{\sqrt{a + bx^2}} - \frac{bx^3}{3(a + bx^2)^{\frac{3}{2}}} \right) + C.$

4. *Calculer*

$$X = \int \frac{dx}{(c + ex^2) \sqrt{a + bx^2}}.$$

Solution. — Si $bc - ae$ est positif,

$$X = \frac{1}{2\sqrt{(bc - ae)c}} l \left(\frac{\sqrt{(a + bx^2)c} + x\sqrt{bc - ae}}{\sqrt{(a + bx^2)c} - x\sqrt{bc - ae}} \right) + C;$$

si $bc - ae$ est négatif,

$$X = \frac{1}{2\sqrt{(ae - bc)c}} \operatorname{arc\,tang} \left(\sqrt{ae - bc} \frac{x}{\sqrt{(a + bx^2)c}} \right) + C.$$

5. *Calculer*

$$X = \int \frac{dx}{x\sqrt{x^2 + x - 1}};$$

donner la tangente, le sinus et le cosinus de cette intégrale.

Solution. $\qquad X = \operatorname{arc\,sin} \frac{x - 2}{x\sqrt{5}} + C.$

En supposant nulle la constante arbitraire, on a

$$\sin X = \frac{x - 2}{x\sqrt{5}}, \quad \cos X = \frac{2\sqrt{x^2 + x - 1}}{x\sqrt{5}}, \quad \operatorname{tang} X = \frac{x - 2}{2\sqrt{x^2 + x - 1}}.$$

TRENTIÈME LEÇON.

INTÉGRATION DES FONCTIONS TRANSCENDANTES.

Fonctions qui se ramènent aux fonctions algébriques. — Intégrale de $z^n P dx$. — Intégration de quelques fonctions exponentielles et trigonométriques — Intégration des produits de sinus ou de cosinus. — Intégration de $\sin^m x \cos^n x\, dx$.

FONCTIONS QUI SE RAMÈNENT AUX FONCTIONS ALGÉBRIQUES.

362. On ramène aux fonctions algébriques, par une simple substitution, les intégrales qui renferment sous le signe $\int$ une fonction algébrique d'une transcendante, multipliée par la différentielle de cette transcendante : telles sont les intégrales

$$\int f(e^x)\, e^x\, dx, \quad \int f(a^x)\, a^x\, dx, \quad \int f(lx)\, \frac{dx}{x},$$

$$\int f(\sin x) \cos x\, dx, \quad \int f(\cos x) \sin x\, dx,$$

$$\int f(\arcsin x)\, \frac{dx}{\sqrt{1-x^2}}, \quad \int f(\arctan x)\, \frac{dx}{1+x^2} \ldots$$

Par exemple, si l'on veut obtenir

$$\int (lx)^n \frac{dx}{x},$$

on posera $lx = z$, d'où $\frac{dx}{x} = dz$, et, par suite,

$$\int (lx)^n \frac{dx}{x} = \int z^n\, dz = \frac{z^{n+1}}{n+1} + C,$$

ou

$$\int (\mathrm{l}x)^n \frac{dx}{x} = \frac{(\mathrm{l}x)^{n+1}}{n+1} + C.$$

INTÉGRALE DE $z^n \mathrm{P}\,dx$.

363. Cherchons à intégrer une fonction telle que $z^n \mathrm{P}\,dx$, z étant une fonction transcendante de x. Posons, à cet effet,

$$\int \mathrm{P}\,dx = \mathrm{Q}, \qquad \int \mathrm{Q}\frac{dz}{dx}\,dx = \mathrm{R}, \qquad \int \mathrm{R}\frac{dz}{dx}\,dx = \mathrm{S}, \ldots :$$

on a

$$\int z^n \mathrm{P}\,dx = \int z^n\,d\mathrm{Q} = \mathrm{Q}z^n - n\int z^{n-1}\mathrm{Q}\,dz,$$

$$\int z^{n-1}\mathrm{Q}\,dz = \int z^{n-1}\,d\mathrm{R} = \mathrm{R}z^{n-1} - (n-1)\int z^{n-2}\mathrm{R}\,dz,$$

$$\int z^{n-2}\mathrm{R}\,dz = \int z^{n-2}\,d\mathrm{S} = \mathrm{S}z^{n-2} - (n-2)\int z^{n-3}\mathrm{S}\,dz\ldots;$$

par conséquent,

$$\text{(A)} \qquad \int z^n \mathrm{P}\,dx = \mathrm{Q}z^n - n\mathrm{R}z^{n-1} + n(n-1)\mathrm{S}z^{n-2} - \ldots$$

La loi de ce développement est évidente. On aura l'intégrale cherchée si n est un nombre entier positif, et si l'on sait obtenir les intégrales désignées par $\mathrm{Q}, \mathrm{R}, \mathrm{S}$, etc.

364. EXEMPLES.

$$1^\circ \qquad \int x^{m-1}(\mathrm{l}x)^n\,dx :$$

on a

$$\mathrm{P} = x^{m-1}, \quad z = \mathrm{l}x, \quad \frac{dz}{dx} = \frac{1}{x},$$

par conséquent,

$$\mathrm{Q} = \frac{x^m}{m}, \quad \mathrm{R} = \frac{x^m}{m^2}, \quad \mathrm{S} = \frac{x^m}{m^3}\ldots$$

donc

$$\int x^{m-1}(\mathrm{l}x)^n\,dx$$

$$= \frac{x^m}{m}\left[(\mathrm{l}x)^n - \frac{n}{m}(\mathrm{l}x)^{n-1} + \frac{n(n-1)}{m^2}(\mathrm{l}x)^{n-2} - \ldots \right.$$
$$\left. \pm \frac{n(n-1)\ldots 3\cdot 2\cdot 1}{m^n}\right] + C.$$

Si, dans cette formule, on pose $\mathrm{l}x = z$, on aura

$$\int z^n e^{mz}\,dz = \frac{e^{mz}}{m}\left[z^n - \frac{n}{m}z^{n-1} + \frac{n(n-1)}{m^2}z^{n-2} - \ldots\right] + C.$$

$$2^{\circ} \qquad \int (\arcsin x)^n\,dx.$$

Il faudra faire ici

$$z = \arcsin x, \quad P = 1.$$

On aura

$$Q = \int P\,dx = x,$$

$$R = \int \frac{x\,dx}{\sqrt{1-x^2}} = -\sqrt{1-x^2},$$

$$S = \int -\sqrt{1-x^2}\,\frac{dx}{\sqrt{1-x^2}} = -x,$$

$$T = \int \frac{-x\,dx}{\sqrt{1-x^2}} = \sqrt{1-x^2},$$

$$U = \int dx = x,$$

et ainsi de suite; la substitution de ces valeurs dans la formule (A) donnera, en groupant convenablement les termes,

$$\int (\arcsin x)^n\,dx$$

$$= x\left[z^n - n(n-1)z^{n-2} + n(n-1)(n-2)(n-3)z^{n-4} - \ldots\right]$$
$$+ \sqrt{1-x^2}\left[nz^{n-1} - n(n-1)(n-2)z^{n-3} + \ldots\right].$$

Lorsque n est un nombre entier positif, ces deux séries se terminent d'elles-mêmes.

Si l'on pose $\arcsin x = z$, on aura

$$\sqrt{1 - x^2} = \cos z, \quad dx = \cos z\, dz,$$

et la formule précédente deviendra

$$\int z^n \cos z\, dz$$
$$= \sin z\left[z^n - n(n-1)z^{n-2} + n(n-1)(n-2)(n-3)z^{n-4} - \ldots\right]$$
$$+ \cos z\left[nz^{n-1} - n(n-1)(n-2)z^{n-3} + \ldots\right].$$

Cette dernière formule est d'ailleurs une conséquence d'une autre plus générale. On a

$$\int f(x)\cos x\, dx = f(x)\sin x - \int f'(x)\sin x\, dx,$$
$$\int f'(x)\sin x\, dx = -f'(x)\cos x + \int f''(x)\cos x\, dx,$$
$$\int f''(x)\cos x\, dx = f''(x)\sin x - \int f'''(x)\sin x\, dx,$$

et ainsi de suite; par conséquent

$$\int f(x)\cos x\, dx = \left[f(x) - f''(x) + f^{\text{iv}}(x) - \ldots\right]\sin x$$
$$+ \left[f'(x) - f'''(x) + f^{\text{v}}(x) - \ldots\right]\cos x,$$

et l'intégrale pourra toujours être obtenue si $f(x)$ est une fonction algébrique et entière.

365. Quand n est un nombre négatif ou fractionnaire, le développement (A) renferme un nombre infini de termes; il faut alors recourir à des artifices particuliers pour avoir l'intégrale.

EXEMPLES.

1°
$$\int \frac{dx}{(1x)^n},$$

n étant un nombre entier positif : si l'on pose $1x = z$,

cette intégrale reviendra à $\int \frac{e^z\,dz}{z^n}$ et l'on aura, en intégrant par parties,

$$\int \frac{e^z\,dz}{z^n} = -\frac{e^z}{(n-1)\,z^{n-1}} + \frac{1}{n-1}\int e^z \frac{dz}{z^{n-1}}.$$

Au moyen de cette formule, on fera dépendre $\int \frac{e^z\,dz}{z^n}$ de $\int \frac{e^z\,dz}{z}$, qu'on n'a encore pu obtenir qu'au moyen d'une série, et l'intégrale cherchée de $\int \frac{dx}{lx}$.

$2°$
$$\int \frac{e^x x\,dx}{(1+x)^2};$$

posons
$$1 + x = z, \quad \text{d'où} \quad x = z - 1;$$

l'intégrale proposée devient alors

$$\int \frac{e^{z-1}(z-1)}{z^2}\,dz = \int \frac{e^{z-1}}{z}\,dz - \int \frac{e^{z-1}\,dz}{z^2}$$
$$= \frac{1}{e}\left(\int e^z \frac{dz}{z} - \int e^z \frac{dz}{z^2} \right).$$

En intégrant par parties, on aura

$$\int \frac{1}{z}\,e^z\,dz = \int \frac{1}{z}\,d(e^z) = \frac{e^z}{z} - \int e^z\,d\left(\frac{1}{z}\right) = \frac{e^z}{z} + \int e^z \frac{dz}{z^2},$$

et, par suite,

$$\int \frac{e^x x\,dx}{(1+x)^2} = \frac{1}{e}\cdot\frac{e^z}{z} = \frac{e^{z-1}}{z} = \frac{e^x}{1+x}.$$

INTÉGRATION DE QUELQUES FONCTIONS EXPONENTIELLES ET TRIGONOMÉTRIQUES.

366. Les intégrales $\int e^{ax}\cos bx\,dx$ et $\int e^{ax}\sin bx\,dx$ peuvent être déterminées simultanément au moyen de l'in-

tégration par parties. On a, à cause de $e^{ax}\,dx = d\dfrac{e^{ax}}{a}$,

$$(1) \qquad \int e^{ax}\cos bx\,dx = \frac{e^{ax}}{a}\cos bx + \frac{b}{a}\int e^{ax}\sin bx\,dx,$$

$$(2) \qquad \int e^{ax}\sin bx\,dx = \frac{e^{ax}}{a}\sin bx - \frac{b}{a}\int e^{ax}\cos bx\,dx.$$

De ces deux équations on tire

$$\int e^{ax}\cos bx\,dx = \frac{e^{ax}(a\cos bx + b\sin bx)}{a^2 + b^2} + C,$$

$$\int e^{ax}\sin bx\,dx = \frac{e^{ax}(a\sin bx - b\cos bx)}{a^2 + b^2} + C.$$

367. On peut encore déduire ce résultat de la formule

$$\int e^{\left(a + b\sqrt{-1}\right)x}\,dx = \frac{e^{\left(a + b\sqrt{-1}\right)x}}{a + b\sqrt{-1}},$$

où, après avoir remplacé les exponentielles imaginaires par leurs expressions trigonométriques, on égalera les parties réelles et les parties imaginaires des deux membres.

Plus généralement, pour obtenir

$$\int z^n e^{az}\cos bz\,dz \quad \text{et} \quad \int z^n e^{az}\sin bz\,dz,$$

il suffit de remplacer, dans la dernière formule, n° 364, 1°, m par $a + b\sqrt{-1}$, et d'égaler séparément les parties réelles et les parties imaginaires des deux membres.

368. On intègre $f(\sin x, \cos x)\,dx$, f désignant une fonction rationnelle, en posant $\tan g\frac{1}{2}x = z$. Il en résulte

$$\sin x = 2\sin\frac{1}{2}x\cos\frac{1}{2}x = \frac{2z}{1 + z^2},$$

$$\cos x = \cos^2\frac{1}{2}x - \sin^2\frac{1}{2}x = \frac{1 - z^2}{1 + z^2},$$

$$dx = \frac{2\,dz}{1 + z^2},$$

d'où

$$f(\sin x, \cos x)\,dx = f\left(\frac{2z}{1+z^2}, \frac{1-z^2}{1+z^2}\right)\frac{2\,dz}{1+z^2},$$

fonction rationnelle par rapport à z.

369. Voici quelques fonctions trigonométriques qui se présentent souvent dans les calculs et dont l'intégration s'obtient avec facilité.

$1°\qquad \int \sin x \cos x\,dx = \int \sin x\,d\sin x = \frac{\sin^2 x}{2} + C.$

On peut aussi écrire

$$\int \sin x \cos x\,dx = \frac{1}{2}\int \sin 2x\,dx = \frac{1}{4}\int \sin 2x\,d(2x).$$

Donc

$$\int \sin x \cos x\,dx = -\frac{1}{4}\cos 2x + C.$$

Il est aisé de s'assurer que ces deux expressions de la même intégrale ne diffèrent que par une constante.

$2°\qquad \int \tang x\,dx = -\int \frac{d\cos x}{\cos x} = -l\cos x + C,$

ou

$$\int \tang x\,dx = l\,\frac{1}{\cos x} + C.$$

$3°\qquad \int \cot x\,dx = \int \frac{d\sin x}{\sin x} = l\sin x + C.$

$4°\quad \int \frac{dx}{\sin x \cos x} = \int \frac{\dfrac{dx}{\cos^2 x}}{\dfrac{\sin x}{\cos x}} = \int \frac{d\tang x}{\tang x} = l\tang x + C.$

$5°\quad \int \frac{dx}{\sin x} = \int \frac{d\left(\dfrac{1}{2}x\right)}{\sin \dfrac{1}{2}x \cos \dfrac{1}{2}x} = l\tang \frac{1}{2}x + C.$

$6°$
$$\int \frac{dx}{\cos x} = l \tang \left(\frac{\pi}{4} + \frac{1}{2} x \right) + C.$$

Cette intégrale se déduit de la précédente en remplaçant x par $\frac{\pi}{2} + x$.

$7°$
$$\int dx \sqrt{1 - \cos x} = \int 2\, d \left(\frac{1}{2} x \right) \sqrt{2} \sin \frac{1}{2} x$$
$$= - 2 \sqrt{2} \cos \frac{1}{2} x + C.$$

On trouvera de la même manière
$$\int dx \sqrt{1 + \cos x} = 2 \sqrt{2} \sin \frac{1}{2} x + C.$$

$8°$
$$\int \frac{dx}{a \sin x + b \cos x}.$$

On pourrait ici employer la méthode générale (368); mais il vaut mieux écrire
$$\int \frac{dx}{a \sin x + b \cos x} = \frac{1}{\sqrt{a^2 + b^2}} \int \frac{dx}{\dfrac{a \sin x}{\sqrt{a^2 + b^2}} + \dfrac{b \cos x}{\sqrt{a^2 + b^2}}}.$$

Si l'on pose $\dfrac{a}{\sqrt{a^2 + b^2}} = \cos k$ et $\dfrac{b}{\sqrt{a^2 + b^2}} = \sin k$, on aura
$$\int \frac{dx}{a \sin x + b \cos x} = \frac{1}{\sqrt{a^2 + b^2}} \int \frac{dx}{\sin (x + k)},$$

ou bien $(5°)$
$$\int \frac{dx}{a \sin x + b \cos x} = \frac{1}{\sqrt{a^2 + b^2}} l \tang \frac{x + k}{2} + C.$$

$9°$
$$\int \frac{dx}{a \sin x + b \cos x + c}.$$

Il faut employer, dans ce cas, la méthode générale (367),

et poser $\tang \frac{1}{2} x = z$: on est alors conduit à intégrer la
la fraction rationnelle

$$\frac{2\,dz}{2az + b(1 - z^2) + c(1 + z^2)},$$

ce qui donne, suivant les cas,

$$\frac{2}{\sqrt{c^2 - b^2 - a^2}} \arctang \frac{(c - b)\tang\frac{1}{2}x + a}{\sqrt{c^2 - b^2 - a^2}},$$

ou

$$\frac{1}{\sqrt{a^2 + b^2 - c^2}} l \frac{(c - b)\tang\frac{1}{2}x + a - \sqrt{a^2 + b^2 - c^2}}{(c - b)\tang\frac{1}{2}x + a + \sqrt{a^2 + b^2 - c^2}} + C.$$

INTÉGRATION DES PRODUITS DE SINUS ET DE COSINUS.

370. Soit proposé de trouver

$$\int \sin(ax + b)\sin(a'x + b')\,dx.$$

On a, d'après une formule connue,

$$\sin(ax + b)\sin(a'x + b')$$
$$= \frac{\cos[(a - a')x + b - b']}{2} - \frac{\cos[(a + a')x + b + b']}{2},$$

d'où

$$\int \sin(ax + b)\sin(a'x + b')\,dx$$
$$= \frac{\sin[(a - a')x + b - b']}{2(a - a')} - \frac{\sin[(a + a')x + b + b']}{2(a + a')} + C.$$

Cette formule devient illusoire quand $a = a'$; mais,
dans ce cas, le terme

$$\frac{\cos[(a - a')x + b - b']}{2}\,dx$$

se réduit à $\dfrac{\cos(b - b')}{2}\,dx$, dont l'intégrale est $\dfrac{\cos(b - b')}{2}\,x$.

En général, il sera toujours possible d'intégrer un produit d'autant de sinus et de cosinus que l'on voudra, lorsque les arcs se présenteront sous la forme $ax + b$, puisqu'on saura toujours transformer ce produit en une somme de sinus ou de cosinus.

371. On peut, par ce moyen, déterminer

$$\int \sin^n x\, dx \quad \text{et} \quad \int \cos^n x\, dx,$$

quand n est un nombre entier positif; mais il vaut mieux développer $\sin^n x$ et $\cos^n x$ en fonction des sinus ou des cosinus des multiples de x. Ainsi, par exemple, comme

$$\sin^5 x = \frac{1}{16}\left(\sin 5x - 5\sin 3x + 10\sin x\right),$$

on a

$$\int \sin^5 x\, dx = \frac{1}{16}\left(-\frac{1}{5}\cos 5x + \frac{5}{3}\cos 3x - 10\cos x\right) + C.$$

INTÉGRATION DES DIFFÉRENTIELLES DE LA FORME $\sin^m x \cos^n x\, dx$.

372. Si l'on pose $\sin x = z$, d'où

$$\cos x = \left(1 - z^2\right)^{\frac{1}{2}} \quad \text{et} \quad dx = \left(1 - z^2\right)^{-\frac{1}{2}} dz,$$

on a

$$\sin^m x \cos^n x\, dx = z^m \left(1 - z^2\right)^{\frac{n-1}{2}} dz,$$

d'où l'on voit que si n est un nombre entier impair, positif ou négatif, on pourra intégrer, quel que soit m. On verra de même, en faisant $\cos x = z$, que l'intégration pourra se faire quand m sera un nombre entier impair, positif ou négatif.

Dans tous les cas, quels que soient m et n, on ramène cette intégrale à d'autres plus simples au moyen de l'intégration par parties. On a

$$\int \sin^m x \cos^n x\, dx = \int \cos^{n-1} x \sin^m x \cos x\, dx$$

$$= \int \cos^{n-1} x \sin^m x\, d(\sin x) = \int \cos^{n-1} x\, d\,\frac{\sin^{m+1} x}{m+1},$$

et par conséquent

$$(\beta) \quad \left\{ \begin{aligned} &\int \sin^m x \cos^n x\, dx \\ &= \cos^{n-1} x\,\frac{\sin^{m+1} x}{m+1} + \frac{n-1}{m+1} \int \sin^{m+2} x \cos^{n-2} x\, dx. \end{aligned} \right.$$

Cette formule est avantageuse lorsque m est négatif, et n positif. Mais il est possible d'obtenir une formule dans laquelle l'exposant n seul soit diminué de deux unités. Pour cela, observons que

$$\sin^{m+2} x \cos^{n-2} x = \sin^m x\,(1 - \cos^2 x) \cos^{n-2} x,$$

ou

$$\sin^{m+2} x \cos^{n-2} x = \sin^m x \cos^{n-2} x - \sin^m x \cos^n x,$$

d'où

$$\int \sin^{m+2} x \cos^{n-2} x\, dx$$

$$= \int \sin^m x \cos^{n-2} x\, dx - \int \sin^m x \cos^n x\, dx.$$

Substituant cette valeur dans la relation (β), il vient

$$\int \sin^m x \cos^n x\, dx = \cos^{n-1} x\,\frac{\sin^{m+1} x}{m+1}$$

$$+ \frac{n-1}{m+1}\left(\int \sin^m x \cos^{n-2} x\, dx - \int \sin^m x \cos^n x\, dx \right),$$

ou bien, en réduisant,

$$(B) \quad \left\{ \begin{aligned} &\int \sin^m x \cos^n x\, dx \\ &= \frac{\sin^{m+1} x \cos^{n-1} x}{m+n} + \frac{n-1}{m+n} \int \sin^m x \cos^{n-2} x\, dx. \end{aligned} \right.$$

Ainsi $\int \sin^m x \cos^n x \, dx$ est ramenée à $\int \sin^m x \cos^{n-2} x \, dx$.

On ramènerait de même cette dernière intégrale à $\int \sin^m x \cos^{n-4} x \, dx$, et ainsi de suite; en sorte que si n est un nombre entier positif, on sera conduit à l'une des deux intégrales $\int \sin^m x \, dx$, ou $\int \sin^m x \cos x \, dx$, suivant que n est pair ou impair, intégrales qu'on sait obtenir. En effet, nous avons indiqué plus haut (371) le moyen de calculer $\int \sin^m x \, dx$, quand m est un nombre entier positif, et, d'un autre côté, on a

$$\int \sin^m x \cos x \, dx = \int \sin^m x \, d \sin x = \frac{\sin^{m+1} x}{m+1} + C.$$

373. La formule (B) devient illusoire quand $m = -n$; mais, dans ce cas, la formule (β) donne

$$\int \tan^m x \, dx = \frac{\tan^{m+1} x}{m+1} - \int \tan^{m+2} x \, dx.$$

Changeons maintenant $m+2$ en m ou m en $m-2$, et résolvons par rapport à $\int \tan^m x \, dx$: il vient

$$(C) \qquad \int \tan^m x \, dx = \frac{\tan^{m-1} x}{m-1} - \int \tan^{m-2} x \, dx.$$

Cette formule sert à réduire l'exposant de $\tan x$, et conduit, selon que m est pair ou impair, à

$$\int dx = x + C,$$

ou à

$$\int \tan x \, dx = -\, l \cos x + C.$$

374. La formule (B) fait porter la réduction sur l'exposant de $\cos x$. Mais on peut en obtenir une autre qui réduise l'exposant de $\sin x$ en remplaçant x par $\frac{\pi}{2} - x$,

m par n et n par m dans la formule (B), ce qui donne

$$(D) \quad \begin{cases} \displaystyle\int \sin^m x \cos^n x\, dx \\[2mm] = -\dfrac{\sin^{m-1} x \cos^{n+1} x}{m+n} + \dfrac{m-1}{m+n} \displaystyle\int \sin^{m-2} x \cos^n x\, dx. \end{cases}$$

Cette formule sert à réduire l'exposant de $\sin x$ lorsque m est positif. Si n est un nombre entier pair, on a vu qu'au moyen de la formule (B) on ramenait l'intégrale proposée à l'intégrale $\int \sin^m x\, dx$. Maintenant, au moyen de la formule (D), on la ramènera, si m est impair, à l'intégrale $\int \sin x\, dx = -\cos x + C$, et, si m est pair, à l'intégrale $\int dx = x + C$. Donc, lorsque m et n seront entiers et positifs, il sera toujours possible de trouver l'intégrale

$$\int \sin^m x \cos^n x\, dx.$$

375. Les formules que nous venons d'obtenir ne pourraient être employées dans le cas où l'un des exposants m et n, ou tous les deux, seraient négatifs. Mais elles en fournissent d'autres, qui permettent de faire les réductions dans ces derniers cas.

Supposons m négatif, n étant positif ou négatif; en remplaçant m par $-m+2$, dans la formule (D), et en résolvant par rapport à l'intégrale qui est dans le second membre, on aura

$$(E) \quad \int \frac{\cos^n x\, dx}{\sin^m x} = -\frac{\cos^{n+1} x}{(m-1)\sin^{m-1} x} + \frac{m-n-2}{m-1} \int \frac{\cos^n x}{\sin^{m-2} x}\, dx:$$

l'intégrale proposée se ramènera donc à $\int \cos^n x\, dx$ ou à $\int \dfrac{\cos^n x}{\sin x}\, dx$, suivant que m sera pair ou impair.

376. On déduit de la formule (D), en supposant $n = 0$,

$$\text{(F)} \quad \int \sin^m x\, dx = -\frac{\sin^{m-1} x \cos x}{m} + \frac{m-1}{m} \int \sin^{m-2} x\, dx,$$

et, par conséquent, si m est pair,

$$\text{(G)} \quad \begin{aligned} \int \sin^m x\, dx = -\frac{\cos x}{m}\Bigg[&\sin^{m-1} x + \frac{m-1}{m-2}\sin^{m-3} x \\ &+ \frac{(m-1)(m-3)}{(m-2)(m-4)}\sin^{m-5} x + \cdots \\ &+ \frac{(m-1)(m-3)\cdots 3.1}{(m-2)(m-4)\cdots 4}\frac{1}{2}\sin x \Bigg] \\ &+ \frac{(m-1)(m-3)\cdots 3.1}{(m-2)(m-4)\cdots 4.2}\frac{x}{m} + C, \end{aligned}$$

et si m est impair,

$$\text{(H)} \quad \begin{aligned} \int \sin^m x\, dx = -\frac{\cos x}{m}\Bigg[&\sin^{m-1} x + \frac{m-1}{m-2}\sin^{m-3} x + \cdots \\ &+ \frac{(m-1)(m-3)\cdots 2}{(m-2)(m-4)\cdots 1} \Bigg] + C. \end{aligned}$$

On obtiendra de la même manière

$$\int \cos^n x\, dx.$$

EXERCICES.

1. *Calculer*

$$\mathrm{X} = \int \frac{d\theta}{a + b\cos\theta}$$

Traiter à part le cas de $a = b$ et comparer le résultat avec celui que donne la formule générale.

SOLUTION. $a > b$, $\mathrm{X} = \dfrac{2}{\sqrt{a^2 - b^2}} \arccos \dfrac{a\cos\theta + b}{a + b\cos\theta} + C,$

$a < b$, $\mathrm{X} = \dfrac{1}{\sqrt{b^2 - a^2}} \, l\, \dfrac{\tang\frac{1}{2}\theta + \sqrt{\dfrac{b+a}{b-a}}}{\tang\frac{1}{2}\theta - \sqrt{\dfrac{b+a}{b-a}}} + C,$

$a = b$, $\mathrm{X} = \dfrac{1}{a}\tang\frac{1}{2}\theta + C.$

2. *Calculer*

$$X = \int \frac{\cos\theta\, d\theta}{(a + b\cos\theta)^2}.$$

SOLUTION. $(a^2 - b^2)\, X = \dfrac{a\sin\theta}{a + b\cos\theta} - b\int\dfrac{d\theta}{a + b\cos\theta}.$
On est ramené à la question précédente. Si $a = b$,

$$a^2\, X = \frac{1}{2}\,\text{tang}\,\frac{1}{2}\,\theta - \frac{1}{6}\,\text{tang}^3\,\frac{1}{2}\,\theta.$$

3. *Calculer*

$$X = \int \frac{dx\,\mathrm{l}\,(1 - x)}{x\sqrt{x}}.$$

SOLUTION. $X = -\dfrac{2}{\sqrt{x}}\,\mathrm{l}\,(1 - x) + 2\,\mathrm{l}\,\dfrac{1 - \sqrt{x}}{1 + \sqrt{x}} + C.$

TRENTE ET UNIÈME LEÇON.

DES INTÉGRALES DÉFINIES.

Définitions et notations. — Signification géométrique. — Exemples d'intégrales définies. — Des intégrales considérées comme limites de sommes. — Remarques diverses. — Calcul approché d'une intégrale définie. — Nouvelle démonstration de la série de Taylor.

DÉFINITIONS ET NOTATIONS.

377. Lorsque $\varphi(x)$ est une fonction de x, dont la différentielle est $f(x)\,dx$, on a

$$\int f(x)\,dx = \varphi(x) + \mathrm{C};$$

$\varphi(x) + \mathrm{C}$ est nommée l'*intégrale indéfinie* de la différentielle $f(x)\,dx$. Ordinairement on fixe la valeur de la constante indéterminée C d'après la condition que l'intégrale devienne nulle pour une valeur particulière a, attribuée à x. Dans cette hypothèse, $\mathrm{C} = -\varphi(a)$ et

$$\int f(x)\,dx = \varphi(x) - \varphi(a).$$

Il reste encore dans cette expression une indéterminée x; mais si l'on donne à x une valeur particulière b, l'intégrale, qui devient $\varphi(b) - \varphi(a)$, est complétement déterminée. On la représente par la notation $\int_a^b f(x)\,dx$, et on la désigne sous le nom d'*intégrale définie*, prise entre les limites a et b, ou depuis $x = a$ jusqu'à $x = b$.

On a donc

$$\int_a^b f(x)\,dx = \varphi(b) - \varphi(a).$$

Ainsi la valeur de l'intégrale définie s'obtiendra en faisant dans l'intégrale indéfinie $x = a$, puis $x = b$, et retranchant le premier résultat du second.

SIGNIFICATION GÉOMÉTRIQUE DE L'INTÉGRALE DÉFINIE.

378. Soit CMD la courbe dont l'équation en coordonnées rectangulaires est $y = f(x)$. On a vu que $f(x)\,dx$ était la différentielle de l'aire d'un segment terminé à une ordonnée variable : $\int f(x)\,dx$ est donc, d'une manière

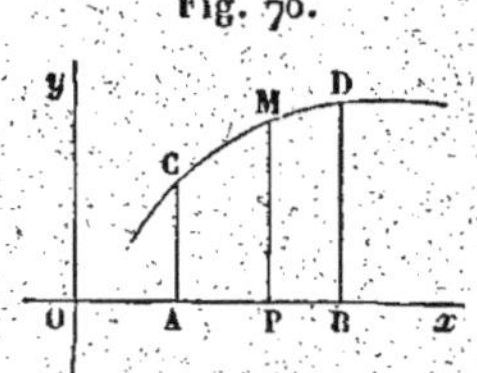

Fig. 70.

générale, l'aire comprise entre la courbe, l'axe des abscisses et deux ordonnées quelconques. Mais si la constante arbitraire est déterminée d'après la condition que l'intégrale ou l'aire soit nulle pour $x = \text{OA} = a$, $\text{OP} = x$ étant l'abscisse d'un point quelconque de la courbe, la valeur de l'intégrale pour cette valeur de x sera la surface ACMP. Par conséquent, si l'on y fait $x = \text{OB} = b$, la valeur de l'intégrale représentée, comme nous l'avons dit plus haut, par $\int_a^b f(x)\,dx$, sera la surface CABD, comprise entre la courbe, l'axe $\text{O}x$ et les deux ordonnées fixes AC et BD.

EXEMPLES D'INTÉGRALES DÉFINIES.

379.

1°
$$\int x^n\,dx = \frac{x^{n+1}}{n+1} + \text{C};$$

$$\int_0^1 x^n\,dx = \frac{1}{n+1}, \quad \text{si } n+1 \text{ est positif.}$$

$$2^o \qquad f(x) = \frac{1}{3x^2 - 2x + 5},$$

$$\int f(x)\,dx = \frac{1}{\sqrt{14}} \operatorname{arc\,tang} \frac{3x - 1}{\sqrt{14}} + C,$$

$$\int_1^2 f(x)\,dx = \frac{1}{\sqrt{14}} \left(\operatorname{arc\,tang} \frac{5}{\sqrt{14}} - \operatorname{arc\,tang} \frac{2}{\sqrt{14}} \right),$$

$$= \frac{1}{\sqrt{14}} \operatorname{arc\,tang} \frac{\sqrt{14}}{8}.$$

$$3^o \qquad \int \frac{dx}{x} = lx + C, \qquad \int_a^b \frac{dx}{x} = l\left(\frac{b}{a}\right).$$

$$4^o \qquad \int \frac{dx}{a^2 + x^2} = \frac{1}{a} \operatorname{arc\,tang} \frac{x}{a} + C,$$

$$\int_0^1 \frac{dx}{a^2 + x^2} = \frac{1}{a} \operatorname{arc\,tang} 1 = \frac{\pi}{4a}.$$

$$5^o \qquad \int \frac{dx}{\sqrt{1 - x^2}} = \operatorname{arc\,sin} x + C, \qquad \int_0^1 \frac{dx}{\sqrt{1 - x^2}} = \frac{\pi}{2}.$$

$$6^o \qquad \int_0^{\frac{\pi}{2}} \sin^{2n} x\,dx = \frac{1.3.5 \ldots (2n - 1)}{2.4.6 \ldots 2n} \frac{\pi}{2}.$$

Cette dernière intégrale se déduit de la formule (G) du
n° 376, dont tous les termes, à l'exception du dernier,
s'annulent aux deux limites.

INTÉGRALES DÉFINIES CONSIDÉRÉES COMME LIMITES
DE SOMMES.

380. Dans ce qui précède, on suppose $f(x)$ finie et
continue depuis $x = a$ jusqu'à $x = b$. Dans ce cas, l'intégrale définie $\int_a^b f(x)\,dx$ est la limite de la somme
des valeurs infiniment petites de la différentielle
$f(x)\,dx$, lorsque x varie, par degrés insensibles, depuis a jusqu'à b.

Supposons, pour fixer les idées, a moindre que b, et admettons que $f(x)$ croisse con-stamment depuis $f(a)$ jusqu'à $f(b)$. Considérons la courbe CMD, dont l'équation, en coor-données rectangulaires, est

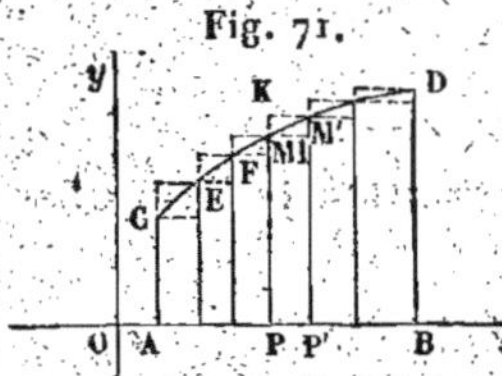

$$y = f(x).$$

Soient $OA = a$, $OB = b$, $OP = x$, $MP = y$, $PP' = \Delta x$.

On a vu, dans le calcul différentiel, que l'aire CADB était égale à la limite de la somme d'une infinité de rectangles tels que MPP'I. Or on a MPP'I $= f(x)\,\Delta x$; donc, si l'on désigne par $\Sigma[f(x)\,\Delta x]$ la somme de tous ces rectangles, on aura

$$\text{aire CABD} = \int_a^b f(x)\,dx = \lim \sum [f(x)\,\Delta x] = \sum [f(x)\,dx],$$

ce qu'il s'agissait de démontrer.

On démontre encore ce théorème d'une manière pu-rement analytique. En effet, soit $\varphi(x)$ l'une quelconque des intégrales de $f(x)\,dx$, en sorte que $f(x) = \varphi'(x)$: on aura

$$\varphi(x + \Delta x) - \varphi(x) = [\varphi'(x) + \alpha]\,\Delta x,$$

ou

$$(1) \qquad \Delta\varphi(x) = [f(x) + \alpha]\,\Delta x,$$

α étant une fonction de x qui s'annule en même temps que Δx. Or, si l'on fait varier x par degrés quelconques égaux ou inégaux, mais de plus en plus rapprochés, de-puis $x = a$ jusqu'à $x = b$, on obtiendra, pour chaque valeur attribuée à x, une équation analogue à l'équa-tion (1); en ajoutant toutes ces équations, on aura dans le premier membre la somme des valeurs de $\Delta\varphi(x)$, c'est-à-dire l'accroissement total de $\varphi(x)$ ou $\varphi(b) - \varphi(a)$; il viendra donc

$$(2) \qquad \varphi(b) - \varphi(a) = \sum [f(x)\,\Delta x] + \sum (\alpha\,\Delta x).$$

Mais, d'après un théorème demontré (16), on a

$$\lim \sum (\alpha \Delta x) = 0.$$

Donc l'équation (2) devient, en passant à la limite,

$$\varphi(b) - \varphi(a) = \int_a^b f(x)\,dx = \lim \sum [f(x)\,\Delta x] = \sum [f(x)\,dx].$$

Ainsi l'intégrale définie est la limite vers laquelle tend la somme des produits tels que $f(x)\,\Delta x$ quand x varie par degrés de plus en plus rapprochés, depuis a jusqu'à b; ou, sous une forme plus abrégée, l'intégrale est la somme des valeurs infiniment petites de la différentielle.

C'est à cause de cette propriété que l'on désigne les intégrales par le signe $\int$, lettre initiale du mot *somme*.

REMARQUES SUR LES INTÉGRALES DÉFINIES.

381. Dans la formule

$$(1) \qquad \int_a^b f(x)\,dx = \varphi(b) - \varphi(a),$$

a peut être plus petit ou plus grand que b. Ordinairement on fait en sorte que a soit inférieur à b. Or, quand il n'en est pas ainsi, on ramène aisément ce cas au premier. En effet, la formule (1) donne

$$(2) \qquad \int_b^a f(x)\,dx = \varphi(a) - \varphi(b);$$

d'où il résulte que

$$(3) \qquad \int_b^a f(x)\,dx = - \int_a^b f(x)\,dx.$$

Ainsi l'on peut intervertir l'ordre des limites d'une intégrale définie, pourvu que l'on change le signe du résultat.

382. Si c est une valeur de x comprise entre a et b, on aura

$$\int_a^b f(x)\, dx = \varphi(b) - \varphi(a), \qquad \int_a^c f(x)\, dx = \varphi(c) - \varphi(a),$$

$$\int_c^b f(x)\, dx = \varphi(b) - \varphi(c);$$

donc

$$\int_a^b f(x)\, dx = \int_a^c f(x)\, dx + \int_c^b f(x)\, dx.$$

On peut encore démontrer cette formule en s'appuyant sur le théorème du n° 380, ou bien en remontant à l'interprétation géométrique des intégrales définies.

On démontrerait de même que

$$\int_a^b f(x)dx = \int_a^c f(x)dx + \int_c^e f(x)dx + \int_e^g f(x)dx + \int_g^h f(x)dx$$

et ainsi de suite.

CALCUL APPROCHÉ D'UNE INTÉGRALE DÉFINIE

383. Quand on ne sait pas intégrer une différentielle donnée $f(x)\, dx$, on peut souvent parvenir à deux limites qui comprennent l'intégrale définie $\int_a^b f(x)\, dx$. Pour cela, soit $\psi(x)$ une fonction de x telle, que $\psi(x)$ soit moindre que $f(x)$ pour toutes les valeurs de x comprises entre a et b. Je dis qu'on a l'inégalité

$$\int_a^b f(x)\, dx > \int_a^b \psi(x)\, dx.$$

La considération des courbes le démontre d'abord très-simplement. En effet, soient CMD et C′M′D′ les courbes dont les équations sont respectivement $y = f(x)$, $y = \psi(x)$; comme de

$$x = OA = a \quad \text{à} \quad x = OB = b,$$

on a

$$f(x) > \psi(x),$$

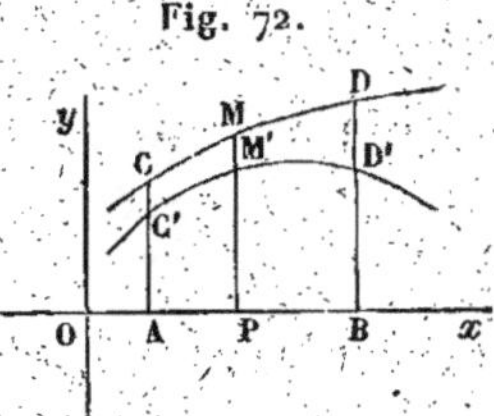

la courbe C′M′D′ sera au-dessous de la courbe CMD entre les ordonnées CA et BD; par conséquent on aura

$$\text{aire } CABD > \text{aire } C'ABD',$$

ou

$$(1) \qquad \int_a^b f(x)\,dx > \int_a^b \psi(x)\,dx.$$

Autrement : puisque $f(x) - \psi(x)$ est > 0, pour toutes les valeurs de x, depuis $x = a$ jusqu'à $x = b$, l'intégrale $\int_a^x [f(x) - \psi(x)]\,dx$, dont la dérivée est positive, croît en même temps que x, et comme cette intégrale est nulle pour $x = a$, elle est toujours positive : on a donc

$$\int_a^b [f(x) - \psi(x)]\,dx > 0, \quad \text{ou} \quad \int_a^b f(x)\,dx > \int_a^b \psi(x)\,dx.$$

De même, si $\chi(x)$ est une fonction de x telle, que $\chi(x)$ surpasse $f(x)$, de $x = a$ à $x = b$, on aura

$$(2) \qquad \int_a^b f(x)\,dx < \int_a^b \chi(x)\,dx.$$

Par conséquent, si l'on sait intégrer $\psi(x)dx$ et $\chi(x)dx$, on aura deux limites qui comprendront $\int_a^b f(x)\,dx$.

384. EXEMPLE.

$$\int_0^{\frac{1}{2}} \frac{dx}{\sqrt{1 - x^3}}.$$

Tant que x est plus petit que 1, on a

$$1 < \frac{1}{\sqrt{1-x^3}} < \frac{1}{\sqrt{1-x^2}},$$

et, par suite,

$$\int_0^{\frac{1}{2}} dx < \int_0^{\frac{1}{2}} \frac{dx}{\sqrt{1-x^3}} < \int_0^{\frac{1}{2}} \frac{dx}{\sqrt{1-x^2}}.$$

Or

$$\int_0^{\frac{1}{2}} dx = 0,5, \qquad \int_0^{\frac{1}{2}} \frac{dx}{\sqrt{1-x^2}} = \operatorname{arc\,sin} \frac{1}{2} = 0,5236\ldots$$

Donc on aura

$$0,5 < \int_0^{\frac{1}{2}} \frac{dx}{\sqrt{1-x^3}} < 0,5236\ldots$$

NOUVELLE DÉMONSTRATION DE LA FORMULE DE TAYLOR.

385. Les propriétés des intégrales définies conduisent à une nouvelle démonstration de la formule de Taylor. On a identiquement

$$f(x+h) - f(x) = \int_0^h f'(x+h-t)\, dt;$$

mais l'intégration par parties donne successivement

$$\int_0^t f'(x+h-t)\, dt$$

$$= tf'(x+h-t) + \int_0^t tf''(x+h-t)\, dt,$$

$$\int_0^t tf''(x+h-t)\, dt$$

$$= \frac{t^2}{1.2} f''(x+h-t) + \int_0^t \frac{t^2}{1.2} f'''(x+h-t)\, dt,$$

$$\int_0^t \frac{t^2}{1.2} f'''(x+h-t)\, dt$$

$$= \frac{t^3}{1.2.3} f'''(x+h-t) + \int_0^t \frac{t^3}{1.2.3} f^{\mathrm{IV}}(x+h-t)\, dt,$$

et ainsi de suite. En ajoutant toutes ces égalités, après y avoir fait $t = h$, on aura

$$f(x + h) = f(x) + hf'(x) \frac{h^2}{1.2} f''(x) + \ldots + \frac{h^n}{1.2 \ldots n} f^n(x) + R,$$

R désignant le reste

$$\frac{1}{1.2 \ldots n} \int_0^h f^{n+1}(x + h - t) \, t^n \, dt.$$

Si maintenant M est la plus grande valeur, et m la plus petite valeur que prend $f^{n+1}(x+h-t)$ de $t = 0$ à $t = h$, on aura

$$R < \frac{1}{1.2 \ldots n} \int_0^h M t^n \, dt = \frac{M h^{n+1}}{1.2 \ldots (n+1)},$$

$$R > \frac{1}{1.2 \ldots n} \int_0^h m t^n \, dt = \frac{m h^{n+1}}{1.2 \ldots (n+1)}.$$

Ainsi R est compris entre $\dfrac{h^{n+1}}{1.2 \ldots (n+1)}$ M et $\dfrac{h^{n+1}}{1.2 \ldots (n+1)}$ m. Donc (133), si la fonction proposée et toutes ses dérivées, jusqu'à la $(n+1)^{ième}$, sont finies et continues entre les limites x et $x + h$, R pourra être mis sous la forme

$$R = \frac{h^{n+1}}{1.2 \ldots (n+1)} f^{n+1}(x + \theta h),$$

θ désignant une quantité positive moindre que 1 : ce qui s'accorde avec ce qu'on a trouvé par d'autres méthodes.

TRENTE-DEUXIÈME LEÇON.

SUITE DES INTÉGRALES DÉFINIES. — INTÉGRATION PAR LES SÉRIES.

Intégrales dans lesquelles les limites deviennent infinies. — Intégrales dans lesquelles la fonction sous le signe $\int$ devient infinie dans les limites de l'intégration ou à ces limites. — Intégrales définies indéterminées. — Intégration par séries. — Exemples.

DES INTÉGRALES DÉFINIES DANS LESQUELLES LES LIMITES DEVIENNENT INFINIES.

386. Nous avons jusqu'à présent supposé que, dans l'intégrale $\int_a^b f(x)\,dx$, les deux limites a et b étaient finies, et que la fonction $f(x)$ était finie et continue entre ces mêmes limites. Nous allons maintenant chercher ce que devient l'intégrale lorsque l'une des limites, b par exemple, est infinie, $f(x)$ restant finie et continue. Dans ce cas, la valeur de l'intégrale est la limite de $\int_a^b f(x)\,dx$, quand b croît indéfiniment. Cette valeur peut être finie, infinie ou indéterminée, comme on le verra par les exemples suivants.

387. 1° $$\int_0^\infty e^{-x}\,dx.$$

On a d'abord

$$\int e^{-x}\,dx = -\,e^{-x} + C.$$

Donc

$$\int_0^b e^{-x}\,dx = 1 - \frac{1}{e^b},$$

et, en faisant $b = \infty$,

$$\int_0^\infty e^{-x}\, dx = 1.$$

Si l'on construit la courbe $y = \dfrac{1}{e^x}$, on obtient une bran-

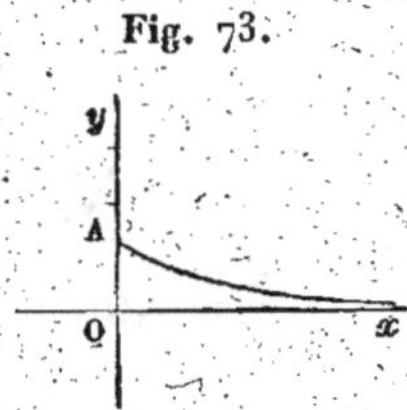

Fig. 73.

che infinie asymptote à l'axe Ox : l'intégrale définie représente l'aire comprise entre cette branche, l'ordonnée OA et l'axe Ox.

$$2° \qquad \int_0^\infty e^x\, dx.$$

On a, dans ce cas,

$$\int_0^b e^x\, dx = e^b - 1, \qquad \int_0^\infty e^x\, dx = \infty.$$

$$3° \qquad \int_0^\infty \frac{dx}{x^2 + c^2}.$$

L'intégrale indéfinie est

$$\int \frac{dx}{x^2 + c^2} = \frac{1}{c} \operatorname{arc\,tang} \frac{x}{c} + C.$$

Par suite,

$$\int_0^b \frac{dx}{x^2 + c^2} = \frac{1}{c} \operatorname{arc\,tang} \frac{b}{c},$$

donc

$$\int_0^\infty \frac{dx}{x^2 + c^2} = \frac{1}{c} \operatorname{arc\,tang} \infty = \frac{\pi}{2c}.$$

$$4° \qquad \int_a^\infty \frac{dx}{x}.$$

On a

$$\int_a^b \frac{dx}{x} = 1\frac{b}{a}, \qquad \int_a^\infty \frac{dx}{x} = \infty.$$

$5°$
$$\int_0^\infty \cos x\, dx.$$

On a

$$\int_0^b \cos x\, dx = \sin b;$$

mais quand b tend vers l'infini, $\sin b$ ne tend vers aucune limite déterminée. La valeur de l'intégrale $\int_0^\infty \cos x\, dx$ est donc indéterminée.

388. On peut quelquefois reconnaître si l'intégrale

$$\int_a^b f(x)\, dx$$

a une valeur finie quand b devient infini.

Supposons b très-grand, mais non infini : en appelant k une quantité comprise entre a et b, on a

$$\int_a^b f(x)\, dx = \int_a^k f(x)\, dx + \int_k^b f(x)\, dx.$$

Puisque $f(x)$ ne devient pas infinie, la première partie de l'intégrale est une quantité finie; il suffit donc de savoir si l'autre partie $\int_k^b f(x)\, dx$ est finie. Mettons $f(x)$ sous la forme

$$f(x) = \frac{\varpi(x)}{x^n},$$

$\varpi(x)$ désignant une fonction qui reste finie pour toutes les valeurs de x plus grandes que k. Soit M la plus grande, et m la plus petite des valeurs de $\varpi(x)$, pour toutes les valeurs de x plus grandes que k : on aura

$$\frac{M}{x^n} > f(x) > \frac{m}{x^n}.$$

On aura donc

$$\int_k^b f(x)\, dx < \mathrm{M} \int_k^b \frac{dx}{x^n},$$

ou

$$\int_k^b f(x)\, dx < \frac{\mathrm{M}}{n-1}\left(\frac{1}{k^{n-1}} - \frac{1}{b^{n-1}}\right).$$

Or, quand n est plus grand que 1, le second membre de cette inégalité se réduit, pour $b = \infty$, à $\dfrac{\mathrm{M}}{n-1}\dfrac{1}{k^{n-1}}$. Donc l'intégrale $\displaystyle\int_a^\infty f(x)\, dx$ a, dans ce cas, une valeur finie.

Si n est moindre que 1, on aura

$$\int_k^b f(x)\, dx > m \int_k^b \frac{dx}{x^n},$$

ou

$$\int_k^b f(x)\, dx > \frac{m}{1-n}(b^{1-n} - k^{1-n}).$$

Or, $1-n$ étant positif, le second membre de cette inégalité devient infini pour $b = \infty$: donc $\displaystyle\int_k^b f(x)\, dx$, et par suite $\displaystyle\int_a^b f(x)\, dx$, est infinie pour $b = \infty$.

Enfin, si $n = 1$, on a

$$\int_k^b f(x)\, dx > m \int_k^b \frac{dx}{x} = m\,\mathrm{l}\left(\frac{b}{k}\right);$$

mais $\mathrm{l}\left(\dfrac{b}{k}\right) = \infty$ quand $b = \infty$: donc

$$\int_k^\infty f(x)\, dx = \infty.$$

La même remarque s'applique à l'intégrale

$$\int_{-\infty}^b f(x)\, dx,$$

quand on peut mettre $f(x)$ sous la forme $\dfrac{\varpi(x)}{x^n}$, $\varpi(x)$ restant finie pour toutes les valeurs de x comprises entre $-\infty$ et une certaine quantité moindre que b : cette intégrale est finie si n est plus grand que 1, et infinie si n est inférieur ou égal à 1.

INTÉGRALES DANS LESQUELLES LA FONCTION SOUS LE SIGNE $\int$ DEVIENT INFINIE ENTRE LES LIMITES DE L'INTÉGRATION OU A CES LIMITES.

389. Dans le cas où $f(x)$ devient infinie pour $x = b$, on définit $\displaystyle\int_a^b f(x)\,dx$ comme étant la limite de l'intégrale $\displaystyle\int_a^{b-\varepsilon} f(x)\,dx$, lorsque ε décroît jusqu'à zéro.

De même, si $f(a) = \infty$, $\displaystyle\int_a^b f(x)\,dx$ est la limite de $\displaystyle\int_{a+\varepsilon}^b f(x)\,dx$, quand ε décroît jusqu'à zéro.

Enfin, si $f(c)$ est infinie ou discontinue, c étant une quantité comprise entre a et b, on pose par définition

$$\int_a^b f(x)\,dx = \lim \int_a^{c-\varepsilon} f(x)\,dx + \lim \int_{c+\eta}^b f(x)\,dx,$$

quand ε et η décroissent jusqu'à zéro.

On voit, d'après cela, comment il faudrait définir $\displaystyle\int_a^b f(x)\,dx$, si $f(x)$ devenait infinie ou discontinue, pour un plus grand nombre de valeurs de x comprises entre a et b.

390. Quand la fonction $f(x)$ devient infinie à l'une des limites ou entre les limites, on peut souvent reconnaître si la valeur de l'intégrale est *finie* ou *infinie*. Supposons, par exemple, $f(b) = \infty$: soit

$$f(x) = \frac{\pi(x)}{(b-x)^n},$$

n étant un nombre positif et $\pi(x)$ une fonction qui ne devient pas infinie lorsqu'on fait $x \leq b$. Appelons k une quantité comprise entre a et b et aussi rapprochée de b que l'on voudra ; on a

$$\int_a^b f(x)\,dx = \int_a^k f(x)\,dx + \int_k^b f(x)\,dx.$$

Or, $\int_a^k f(x)\,dx$ a une valeur finie. Il suffit donc de savoir si $\int_k^b f(x)\,dx$ est finie.

Désignons par M et m deux constantes entre lesquelles $\pi(x)$ reste comprise, lorsque x varie de k à b. On aura pour ces valeurs de x, si n est plus petit que 1,

$$f(x) < \frac{M}{(b-x)^n},$$

par suite,

$$\int_k^{b-\varepsilon} f(x)\,dx < \int_k^{b-\varepsilon} \frac{M\,dx}{(b-x)^n}$$

$$< \frac{M}{1-n}\left[(b-k)^{1-n} - \varepsilon^{1-n}\right].$$

Quand ε tend vers zéro, le second membre de cette inégalité tend vers la valeur finie $\dfrac{M}{1-n}(b-k)^{1-n}$. Donc,

$$\lim \int_k^{b-\varepsilon} f(x)\,dx, \text{ et, par suite, } \int_a^b f(x)\,dx, \text{ a une}$$

valeur finie.

Je dis maintenant que, si l'on a $n > 1$, l'intégrale proposée est infinie. En effet, on a

$$f(x) > \frac{m}{(b - x)^n},$$

par suite,

$$\int_k^{b-\varepsilon} f(x)\, dx > m \int_k^{b-\varepsilon} \frac{dx}{(b - x)^n}$$

$$> \frac{m}{n - 1} \left[\frac{1}{\varepsilon^{n-1}} - \frac{1}{(b - k)^{n-1}} \right];$$

n étant une quantité plus grande que 1, lorsque ε tendra vers zéro, le second membre deviendra infini. Donc, à fortiori, $\int_k^b f(x)\, dx$ tendra vers l'infini.

Il en serait de même si l'on avait $n = 1$; car, de l'inégalité

$$f(x) > \frac{m}{b - x},$$

on déduit

$$\int_k^{b-\varepsilon} f(x)\, dx > m \int_k^{b-\varepsilon} \frac{dx}{b - x}$$

$$> m\, l\, \frac{b - k}{\varepsilon}.$$

Le second membre devient infini quand ε s'annule; donc $\int_k^b f(x)\, dx$, et, par suite, $\int_a^b f(x)\, dx$ elle-même sera infinie.

391. Exemples.

$$1° \qquad \int_a^b \frac{P\, dx}{\sqrt{2b^2 - bx - x^2}},$$

a et b étant deux quantités positives, et P une fonction de x, qui ne devient infinie pour aucune valeur de x, comprise entre a et b. On peut écrire

$$\frac{P}{\sqrt{2b^2 - bx - x^2}} = \frac{P}{\sqrt{2b + x}} \times \frac{1}{\sqrt{b - x}} = \frac{\pi(x)}{(b - x)^{\frac{1}{2}}},$$

en faisant

$$\frac{P}{\sqrt{2b + x}} = \pi(x).$$

Comme l'exposant de $b - x$ est plus petit que 1, il résulte de la règle établie ci-dessus que $\displaystyle\int_a^b \frac{P\,dx}{\sqrt{2b^2 - bx - x^2}}$ a une valeur finie.

2^n

$$\int_0^1 \frac{dx}{\sqrt{1 - x}}.$$

On a

$$\int \frac{dx}{\sqrt{1 - x}} = -2\sqrt{1 - x}.$$

Donc,

$$\int_0^{1 - \varepsilon} \frac{dx}{\sqrt{1 - x}} = 2 - 2\sqrt{\varepsilon},$$

et, par suite,

$$\int_0^1 \frac{dx}{\sqrt{1 - x}} = 2.$$

Pour interpréter ce résultat, construisons la courbe $y = \dfrac{1}{\sqrt{1 - x}}$: cette courbe a pour asymptotes l'axe des x et une parallèle AP à l'axe des y menée à la distance OA $= 1$.

On voit alors que $\displaystyle\int_0^1 \frac{dx}{\sqrt{1 - x}}$ représente l'aire comprise entre OB, OA, la courbe et son asymptote AP. Ainsi, quoique ce segment s'étende à l'infini, son aire a néanmoins une valeur finie.

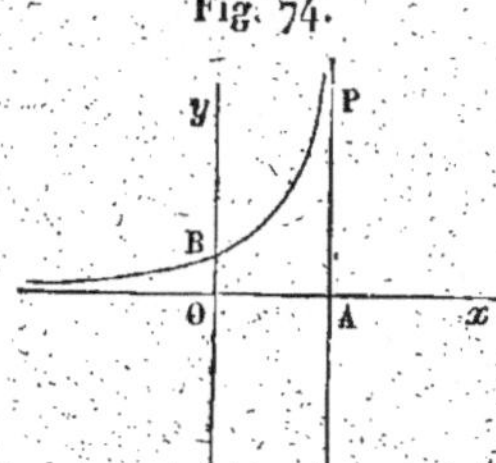

Fig. 74.

DES INTÉGRALES INDÉTERMINÉES.

392. Une intégrale définie peut quelquefois devenir indéterminée; c'est ce qui a lieu pour l'intégrale

$$\int_0^\infty \cos x\, dx = \sin \infty - \sin o,$$

car $\sin x$, lorsque x tend vers l'infini, ne tend vers aucune limite déterminée.

En voici un autre exemple : soit l'intégrale

$$\int_{-a}^{+b} \frac{dx}{x},$$

a et b étant deux quantités positives quelconques. Comme $\frac{1}{x}$ devient infini pour $x = o$, valeur comprise entre $-a$ et $+b$, il faut poser

$$\int_{-a}^{+b} \frac{dx}{x} = \lim \int_{-a}^{-\varepsilon} \frac{dx}{x} + \lim \int_{\eta}^{+b} \frac{dx}{x},$$

et faire tendre ε et η vers zéro. Or,

$$\int_{-a}^{-\varepsilon} \frac{dx}{x} = l\varepsilon - la, \qquad \int_{\eta}^{b} \frac{dx}{x} = lb - l\eta;$$

donc

$$\int_{-a}^{-\varepsilon} \frac{dx}{x} + \int_{\eta}^{b} \frac{dx}{x} = lb - l(+a) + l\varepsilon - l\eta$$

$$= l\left(\frac{b}{a}\right) + l\left(\frac{\varepsilon}{\eta}\right).$$

Par conséquent,

$$\int_{-a}^{+b} \frac{dx}{x} = l\left(\frac{b}{a}\right) + \lim l\left(\frac{\varepsilon}{\eta}\right).$$

Mais comme il n'existe aucune dépendance entre les deux

quantités variables ε et η, $\dfrac{\varepsilon}{\eta}$ ne tend vers aucune limite dé-terminée, et par conséquent l'intégrale est indéterminée.

INTÉGRATION PAR SÉRIES.

393. Étant donnée une différentielle $f(x)\,dx$, si l'on peut exprimer $f(x)$ par une série convergente

$$(1) \qquad f(x) = u_1 + u_2 + u_3 + \ldots + u_n + r_n,$$

on aura, en multipliant par dx, et en intégrant entre deux limites a et b,

$$(2) \quad \left\{ \begin{aligned} \int_a^b f(x)\,dx &= \int_a^b u_1\,dx + \int_a^b u_2\,dx + \ldots \\ &\qquad + \int_a^b u_n\,dx + \int_a^b r_n\,dx. \end{aligned} \right.$$

Si la série (1) est convergente pour $x = a$, $x = b$ et toutes les valeurs de x comprises entre a et b, on peut supposer $r_n < \varepsilon$, ε étant une quantité aussi petite que l'on veut, pourvu que n soit assez grand. Dès lors

$$\int_a^b r_n\,dx < \int_a^b \varepsilon\,dx,$$

ou

$$\int_a^b r_n\,dx < \varepsilon(b - a).$$

Donc $\displaystyle\int_a^b r_n\,dx$ décroît jusqu'à zéro quand n augmente jusqu'à l'infini. Il en résulte que la série

$$\int_a^b u_1\,dx + \int_a^b u_2\,dx + \int_a^b u_3\,dx + \ldots + \int_a^b u_n\,dx + \ldots$$

est convergente et qu'elle a pour somme $\displaystyle\int_a^b f(x)\,dx$. On peut remplacer la valeur fixe b par l'indéterminée x, et il vient

$$(3) \qquad \int_a^x f(x)\,dx = \int_a^x u_1\,dx + \int_a^x u_2\,dx + \dots$$

394. Cette formule est encore vraie pour $x = b$, même lorsque la série $u_1 + u_2 + u_3 + \dots$, convergente quand x est moindre que b, devient divergente pour $x = b$, pourvu que la série (3) soit encore convergente et reste fonction continue de x. En effet, quelque petite que soit la quantité positive ε, on a

$$\int_a^{b-\varepsilon} f(x)\,dx = \int_a^{b-\varepsilon} u_1\,dx + \int_a^{b-\varepsilon} u_2\,dx + \int_a^{b-\varepsilon} u_3\,dx + \dots$$

Or les deux membres étant des fonctions continues de x, qui ont constamment la même valeur, leurs limites pour $\varepsilon = 0$ doivent être égales. Donc

$$\int_a^b f(x)\,dx = \int_a^b u_1\,dx + \int_a^b u_2\,dx + \int_a^b u_3\,dx + \dots$$

395. En général, si la formule de Maclaurin donne pour $f(x)$ une série convergente,

$$f(x) = f(0) + xf'(0) + \frac{x^2}{1.2}f''(0) + \frac{x^3}{1.2.3}f'''(0) + \dots,$$

on aura

$$\int f(x)\,dx = C + xf(0) + \frac{x^2}{1.2}f'(0) + \frac{x^3}{1.2.3}f''(0) + \dots$$

Si l'on veut en déduire l'intégrale définie $\int_0^x f(x)\,dx$, c'est-à-dire si l'on veut que l'intégrale commence à $x = 0$, ou soit nulle pour $x = 0$, il faudra que C soit nul. On a, dans ce cas,

$$\int_0^x f(x)\,dx = xf(0) + \frac{x^2}{1.2}f'(0) + \frac{x^3}{1.2.3}f''(x) + \dots$$

EXEMPLES D'INTÉGRATION PAR SÉRIES.

396. 1° $$\int \frac{dx}{1+x} = l(1+x).$$

Par une simple division on trouve

$$\frac{1}{1+x} = 1 - x + x^2 - x^3 + \ldots \pm x^{n-1} \mp \frac{x^n}{1+x}.$$

Donc

$$l(1+x) = x - \frac{x^2}{2} + \frac{x^3}{3} - \frac{x^4}{4} + \ldots \pm \frac{x^n}{n} \mp \int_0^x \frac{x^n\,dx}{1+x}.$$

Quand x est moindre que 1 en valeur absolue, la série $1 - x + x^2 - x^3 + \ldots$ est convergente ; donc la série $x - \dfrac{x^2}{2} + \dfrac{x^3}{3} - \dfrac{x^4}{4} + \ldots$ l'est aussi entre les mêmes limites de x. Donc quand $-1 < x < +1$, on a

$$l(1+x) = x - \frac{x^2}{2} + \frac{x^3}{3} - \frac{x^4}{4} + \ldots.$$

On peut démontrer directement que $\displaystyle\int_0^x \frac{x^n\,dx}{1+x}$ tend vers zéro quand n augmente indéfiniment.

En effet, si x est positif, on a

$$\frac{x^n}{1+x} < x^n,$$

donc

$$\int_0^x \frac{x^n\,dx}{1+x} < \int_0^x x^n\,dx = \frac{x^{n+1}}{n+1}.$$

Or quand n augmente, le dernier membre tend vers zéro. Donc, en arrêtant la série à un certain terme, l'erreur commise sera moindre que le terme suivant. Cette erreur sera en plus ou en moins, suivant que le dernier terme employé sera de rang pair ou de rang impair.

Quand x est négatif, en désignant par α une quantité plus grande que x, mais moindre que 1, on a

$$\frac{x^n}{1-x} < \frac{x^n}{1-\alpha},$$

et, par suite,

$$\int_0^x \frac{x^n\,dx}{1-x} < \frac{x^{n+1}}{(n+1)(1-\alpha)},$$

expression qui tend vers zéro lorsque n augmente jusqu'à l'infini. Dans ce cas, l'erreur est toujours dans le même sens.

Si l'on avait $x=1$, la série $1-1+1-1+1-\dots$ cesserait d'être convergente, mais la série $1-\frac{1}{2}+\frac{1}{3}-\frac{1}{4}+\dots$ le serait encore, et représenterait $l\,2$ (394). On a donc

$$l\,2 = 1 - \frac{1}{2} + \frac{1}{3} - \frac{1}{4} + \dots$$

$2°$
$$\int_0^x \frac{dx}{1+x^2}\ \text{arc tang}\,x.$$

On a
$$\frac{1}{1+x^2} = 1 - x^2 + x^4 - x^6 + \dots \pm x^{n-1} \mp \frac{x^{n+1}}{1+x^2},$$

n étant un nombre positif impair; si l'on intègre les deux membres et qu'on désigne par arc tang x le plus petit des arcs positifs ayant x pour tangente, on trouve

$$\text{arc tang}\,x = x - \frac{x^3}{3} + \frac{x^5}{5} - \frac{x^7}{7} + \dots \pm \frac{x^n}{n} \mp \int_0^x \frac{x^{n+1}\,dx}{1+x^2}.$$

La série $1 - x^2 + x^4 - x^6 + \dots$ cesse d'être convergente pour $x=1$, mais la série $x - \frac{x^3}{3} + \frac{x^5}{5} - \dots$ l'est encore pour $x=1$; on aura donc

$$\text{arc tang}\,1 = \frac{\pi}{4} = 1 - \frac{1}{3} + \frac{1}{5} - \frac{1}{7} + \dots$$

$3°$
$$\int_0^x \frac{dx}{\sqrt{1-x^2}} = \text{arc sin}\,x.$$

Par la formule du binôme, on aura

$$(1) \quad \frac{1}{\sqrt{1-x^2}} = 1 + \frac{1}{2} x^2 + \frac{1.3}{2.4} x^4 + \frac{1.3.5}{2.4.6} x^6 + \ldots$$

Multipliant le second membre par dx et intégrant, il vient

$$(2) \quad \arcsin x = x + \frac{1}{2} \frac{x^3}{3} + \frac{1.3}{2.4} \cdot \frac{x^5}{5} + \frac{1.3.5}{2.4.6} \frac{x^7}{7} + \ldots,$$

série convergente quand on a $-1 < x < 1$, puisque la série (1) est convergente entre ces limites.

La série (1) cesse d'être convergente pour $x = 1$; néanmoins, comme pour $x = 1 = \sin \frac{\pi}{2}$ la série (2) est encore convergente, on a (394)

$$\frac{\pi}{2} = 1 + \frac{1}{2} \frac{1}{3} + \frac{1.3}{2.4} \cdot \frac{1}{5} + \frac{1.3.5}{2.5.6} \cdot \frac{1}{7} \ldots,$$

On trouve une série plus convergente en faisant $x = \frac{1}{2} = \sin \frac{\pi}{6}$:

$$\frac{\pi}{6} = \frac{1}{2} + \frac{1}{2} \cdot \frac{1}{2^3.3} + \frac{1.3}{2.4} \cdot \frac{1}{2^5.5} + \ldots,$$

TRENTE-TROISIÈME LEÇON.

APPLICATIONS GÉOMÉTRIQUES DU CALCUL INTÉGRAL.

QUADRATURE DES AIRES PLANES.

Formules générales. — Quadrature des courbes rapportées à des coordonnées rectilignes. — Quadrature des courbes rapportées à des coordonnées polaires.

FORMULES GÉNÉRALES.

397. Soit CMD la courbe dont l'équation en coordonnées rectangulaires est $y = f(x)$, et représentons par u l'aire ACMP. En appelant x et y les coordonnées du point variable M (207), on aura

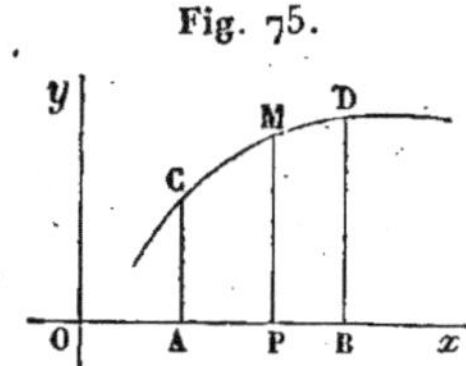

$$du = y\,dx = f(x)\,dx.$$

Par conséquent $u = \int f(x)\,dx$.

Si l'on veut que l'aire soit limitée à l'ordonnée CA correspondant à l'abscisse $OA = a$, l'intégrale doit commencer à $x = a$, et l'on a

$$u = \int_a^x f(x)\,dx,$$

x représentant l'abscisse d'un point quelconque de la courbe.

Enfin, si on limite de même l'aire à l'ordonnée BD correspondant à $x = OB = b$, on a

$$u = \text{aire ABCD} = \int_a^b f(x)\,dx.$$

Si les axes étaient obliques, on aurait, en appelant θ

l'angle des axes,

$$\text{aire ABCD} = \sin\theta \int_a^b f(x)\,dx.$$

398. L'intégrale définie est la somme des valeurs infiniment petites de la différentielle entre les deux limites a et b. Or, si l'on suppose, ce qui est le cas ordinaire, que dx soit positive, $f(x)\,dx$ ou la différentielle de l'aire

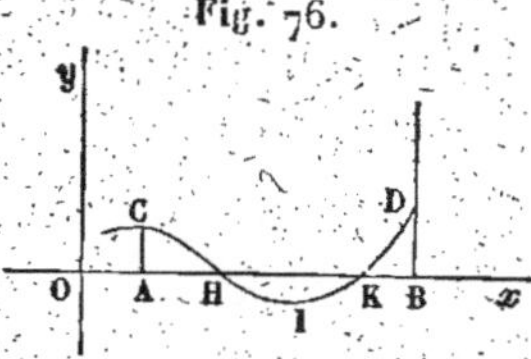

sera positive ou négative, suivant que $f(x)$ ou l'ordonnée y sera positive ou négative. Par conséquent, l'intégrale représentera la différence entre la somme des segments situés au-dessus de l'axe des x et la somme des segments situés au-dessous, de sorte que, si l'ordonnée change de signe deux fois, par exemple, entre les ordonnées AC et BD, on aura

$$\int_a^b f(x)\,dx = \text{ACH} - \text{HIK} + \text{KDB}.$$

La somme de ces segments serait donnée par

$$\int_a^h f(x)\,dx - \int_h^k f(x)\,dx + \int_k^b f(x)\,dx,$$

en désignant par h et k les abscisses OH et OK.

399. Si l'on voulait avoir la mesure de la surface comprise entre les deux ordonnées CA, MP, l'arc CM et l'arc C'M' d'une autre courbe ayant pour équation

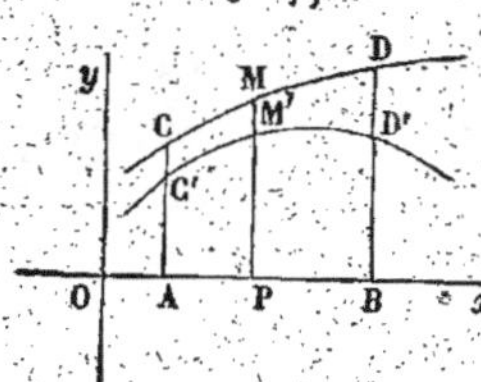

$$y' = \varphi(x),$$

on aurait

$$\text{aire CC'M'M} = \int_a^x y\,dx - \int_a^x y'\,dx = \int_a^x (y - y')\,dx.$$

EXEMPLES DE QUADRATURES DE COURBES RAPPORTÉES A DES COORDONNÉES RECTILIGNES.

400. Soit d'abord, comme exemple de la théorie pré-cédente, une *parabole* quelconque $y^n = px^m$, m et n étant positifs. Soit aire $\mathrm{OMP} = u$; on a

$$du = y\,dx = p^{\frac{1}{n}} x^{\frac{m}{n}} dx,$$

d'où

$$u = \int_0^x y\,dx = \frac{n}{m+n} p^{\frac{1}{n}} x^{\frac{m+n}{n}}.$$

Ce résultat peut s'écrire

$$u = \frac{n}{m+n} p^{\frac{1}{n}} x^{\frac{m}{n}} x = \frac{n}{m+n} xy.$$

Or, xy représente l'aire du rectangle OPMQ construit sur les coordonnées du point **M**. On a donc

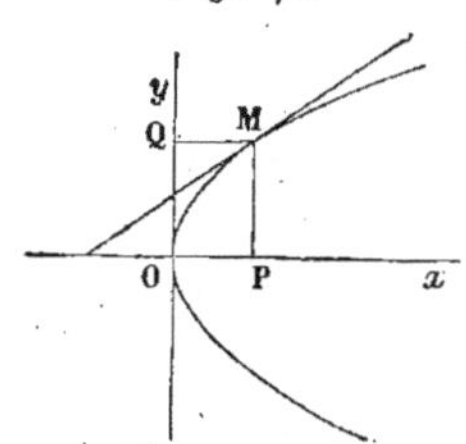

Fig. 78.

$$\mathrm{OMP} : \mathrm{OPMQ} = n : (m+n),$$

ou

$$\mathrm{OMP} : \mathrm{OMQ} = n : m.$$

Ainsi, la parabole partage le rectangle OPMQ dans le rapport constant de $m : n$.

401. Réciproquement, il n'y a que les paraboles qui jouissent de cette propriété. En effet, la proportion précédente peut s'écrire

$$u : (xy - u) = n : m,$$

d'où

$$(m+n)u = nxy.$$

Par conséquent, on doit avoir

$$(m+n)\,du = nx\,dy + ny\,dx,$$

ou, puisque $du = y\,dx$,

$$(m + n)\,y\,dx = nx\,dy + ny\,dx,$$

ou enfin

$$my\,dx = nx\,dy.$$

Ce résultat peut se mettre sous la forme

$$m\,\frac{dx}{x} = n\,\frac{dy}{y};$$

d'où, en intégrant,

$$n\,\mathrm{l}\,y = m\,\mathrm{l}\,x + \mathrm{C} \quad \text{ou} \quad \mathrm{l}\,y^n = \mathrm{l}\,x^m + \mathrm{C}.$$

Mettant C sous la forme $\mathrm{l}p$, il vient, pour l'équation générale des courbes qui possèdent la propriété dont il s'agit,

$$\mathrm{l}\,y^n = \mathrm{l}\,px^m,$$

ou

$$y^n = px^m.$$

Dans le cas de la parabole ordinaire $y^2 = px$, on a $n = 2$, $m = 1$, et, par suite,

$$u = \frac{2}{3}\,xy.$$

402. Considérons, en second lieu, une courbe du genre *hyperbole* donnée par l'équation

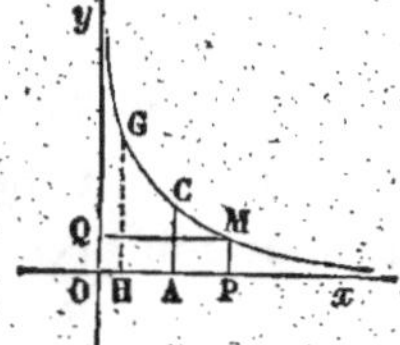

$$x^m y^n = p,$$

m et n étant deux nombres entiers positifs. On n'a représenté dans la figure que la branche située dans l'angle $y\,\mathrm{O}\,x$, et qui a pour asymptotes les deux axes.

Supposons n plus grand que m. Soient $u = \mathrm{ACMP}$, $\mathrm{OA} = a$, $\mathrm{OP} = x$. On a

$$u = \int_a^x y\,dx = \int_a^x p^{\frac{1}{n}}\,x^{-\frac{m}{n}}\,dx,$$

et, en effectuant l'intégration,

$$u = \frac{n}{n-m} p^{\frac{1}{n}} \left(x^{\frac{n-m}{n}} - a^{\frac{n-m}{n}} \right).$$

On voit que si x augmente jusqu'à l'infini, l'aire ACMP augmente aussi jusqu'à l'infini. Mais, au contraire, si, laissant MP fixe, on fait décroître a jusqu'à o, la surface augmente continuellement, mais en restant toujours finie, et, à la limite, quand $a = $ o, cette aire se réduit à

$$\frac{n}{n-m} p^{\frac{1}{n}} x^{\frac{n-m}{n}}.$$

Ainsi la surface ACGH tend vers une limite finie, à mesure que le point G se rapproche de plus en plus de l'asymptote Oy.

Cette limite, égale à $\dfrac{n}{n-m} p^{\frac{1}{n}} x\, x^{-\frac{m}{n}}$ ou bien à $\dfrac{n}{n-m} xy$, est dans le rapport constant de n à $n-m$ avec le rectangle OPMQ $= xy$. On a donc la proportion

$$u : xy = n : (n-m),$$

en désignant par u une aire qui s'étend indéfiniment, tout en ayant une grandeur finie.

403. Réciproquement, il n'y a que les courbes comprises dans l'équation $x^m y^n = p$ qui jouissent de cette propriété. En effet, on déduit de la proportion précédente

$$u(n-m) = nxy,$$

d'où

$$(n-m)\,du = nx\,dy + ny\,dx.$$

Comme $du = y\,dx$, il vient, en réduisant et divisant par xy,

$$-m \frac{dx}{x} = n \frac{dy}{y}.$$

Donc, en intégrant,

$$n\,l\,y = C - n\,l\,x,$$

ou bien, en faisant $C = l\,p$,

$$l\,y^n = l\,\frac{p}{x^m},$$

d'où

$$x^m\,y^n = p.$$

Dans le cas particulier où $m = n$, l'équation

$$x^m\,y^n = p$$

revient à la suivante

$$xy = p,$$

qui représente une hyperbole équilatère du second degré. On aura

$$y = \frac{p}{x}, \quad \text{donc} \quad y\,dx = p\,\frac{dx}{x},$$

et, par suite,

$$u = p\,l\,x + C = p\,l\,\frac{x}{a}.$$

Si $p = 1$, $a = 1$, on aura

$$u = l\,x,$$

c'est-à-dire que l'aire est égale au logarithme népérien de l'abscisse (**211**, 2°).

404. Soit maintenant le *cercle*, dont l'équation est

$$y^2 + x^2 = a^2;$$

on en tire

$$y = \sqrt{a^2 - x^2}.$$

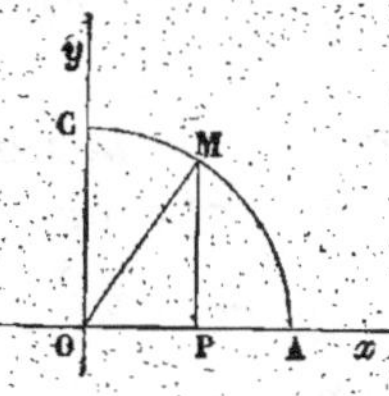

Considérons un segment quelconque COPM, limité à l'axe des y, et à une ordonnée arbitraire MP. Nous aurons, en désignant par u l'aire de ce segment,

$$(1) \qquad u = \int_0^x dx\,\sqrt{a^2 - x^2};$$

en intégrant par parties, il vient

$$(2) \qquad \int dx \sqrt{a^2 - x^2} = x \sqrt{a^2 - x^2} + \int \frac{x^2 \, dx}{\sqrt{a^2 - x^2}}.$$

Mais

$$\int \frac{x^2 \, dx}{\sqrt{a^2 - x^2}} = \int \frac{(x^2 - a^2 + a^2) \, dx}{\sqrt{a^2 - x^2}}$$

$$= a^2 \int \frac{dx}{\sqrt{a^2 - x^2}} - \int dx \sqrt{a^2 - x^2}.$$

Portant cette valeur dans l'équation (2), transposant et divisant par 2, il viendra

$$\int dx \sqrt{a^2 - x^2} = \frac{x \sqrt{a^2 - x^2}}{2} + \frac{a^2}{2} \int \frac{dx}{\sqrt{a^2 - x^2}}.$$

Mais

$$\int \frac{dx}{\sqrt{a^2 - x^2}} = \arcsin \frac{x}{a} + C;$$

donc

$$u = \int_0^x dx \sqrt{a^2 - x^2} = \frac{x \sqrt{a^2 - x^2}}{2} + \frac{a^2}{2} \arcsin \frac{x}{a}.$$

On déduit de là l'aire du secteur COM. En effet, le triangle OMP a pour mesure $\dfrac{x \sqrt{a^2 - x^2}}{2}$; en le retranchant du segment, on aura donc

$$\text{secteur OCM} = \frac{a^2}{2} \arcsin \frac{x}{a} = \frac{a}{2} \, a \arcsin \frac{x}{a} = \frac{a}{2} \, \text{arc CM},$$

c'est-à-dire que *l'aire du secteur circulaire a pour mesure le produit de l'arc qui lui sert de base multiplié par la moitié du rayon.*

405. Passons à l'*ellipse*, dont l'équation est

$$a^2 y^2 + b^2 x^2 = a^2 b^2,$$

et soit u le segment OPMB, limité à l'axe des y et à une ordonnée quelconque MP. On tire de l'équation de l'ellipse

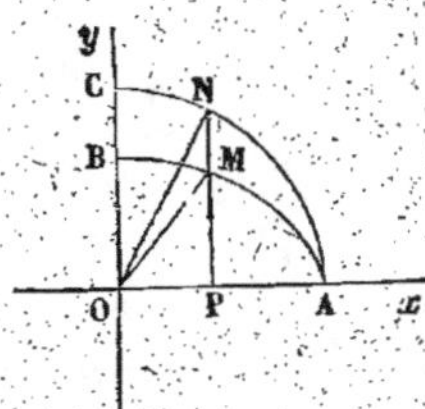

Fig. 81.

$$y = \frac{b}{a}\sqrt{a^2 - x^2}.$$

Donc,

$$u = \frac{b}{a}\int_0^x \sqrt{a^2 - x^2}\,dx.$$

Décrivons sur l'axe $2a$ comme diamètre une demi-circonférence, et soit u' l'aire du segment COPN : on a

$$u' = \int_0^x dx\sqrt{a^2 - x^2},$$

d'où l'on déduit

$$\frac{u}{u'} = \frac{b}{a}.$$

Ainsi *le segment elliptique et le segment circulaire, qui correspondent à la même abscisse, sont entre eux dans le rapport constant de b à a.* Il en résulte que si l'on désigne par S la surface entière de l'ellipse, et par S' la surface du cercle, on aura

$$S : S' = b : a,$$

d'où l'on tire, à cause de $S' = \pi a^2$,

$$S = \frac{b}{a} \times \pi a^2 = \pi ab;$$

donc *la surface de l'ellipse est moyenne proportionnelle entre les surfaces des deux cercles qui ont pour diamètres respectifs les axes de l'ellipse.*

406. Les deux triangles OMP, ONP, qui ont même base OP, sont entre eux comme leurs hauteurs. Donc

$$\frac{\text{OMP}}{\text{ONP}} = \frac{\text{MP}}{\text{NP}} = \frac{b}{a};$$

et comme, d'ailleurs,

$$\frac{u}{u'} = \frac{b}{a},$$

on aura

$$\frac{u - \text{OMP}}{u' - \text{ONP}} = \frac{b}{a},$$

ou

$$\frac{\text{OBM}}{\text{OCN}} = \frac{b}{a},$$

ce qui permettra d'évaluer le secteur elliptique OBM, puisque l'aire du secteur circulaire OCN est connue. On passera de là facilement à l'aire d'un secteur quelconque.

On peut diviser l'ellipse en un certain nombre de secteurs équivalents, quand on sait faire la même opération pour le cercle. Il suffit de diviser le cercle en parties égales, puis de mener, par les points de division, des perpendiculaires à OA. Si l'on joint le centre aux points où ces ordonnées rencontrent l'ellipse, on aura divisé cette courbe en secteurs équivalents.

407. Pour l'*hyperbole,* dont l'équation est

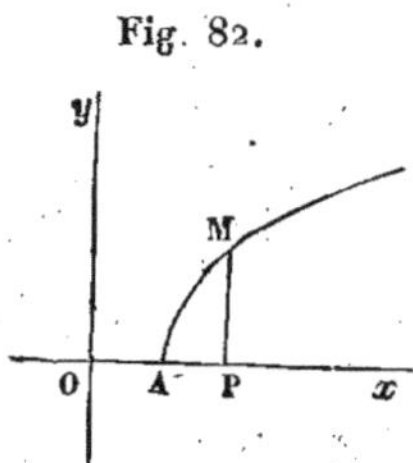

Fig. 82.

$$y = \frac{b}{a} \sqrt{x^2 - a^2},$$

l'aire du segment AMP est donnée par la formule

$$u = \frac{b}{a} \int_a^x \sqrt{x^2 - a^2}\, dx.$$

En intégrant par parties, on a

$$\int \sqrt{x^2 - a^2}\, dx = x\sqrt{x^2 - a^2} - \int \frac{x^2\, dx}{\sqrt{x^2 - a^2}}.$$

Mais

$$\int \frac{x^2\, dx}{\sqrt{x^2 - a^2}} = \int \frac{(x^2 - a^2 + a^2)\, dx}{\sqrt{x^2 - a^2}}$$

$$= \int dx \sqrt{x^2 - a^2} + a^2 \int \frac{dx}{\sqrt{x^2 - a^2}},$$

et $(347, 1^\circ)$

$$\int \frac{dx}{\sqrt{x^2 - a^2}} = l\left(x + \sqrt{x^2 - a^2}\right) + C;$$

on a donc

$$\int dx \sqrt{x^2 - a^2} = \frac{x\sqrt{x^2 - a^2}}{2} - \frac{a^2}{2} l\left(x + \sqrt{x^2 - a^2}\right) + C,$$

d'où

$$\text{AMP} = \frac{bx\sqrt{x^2 - a^2}}{2a} - \frac{ab}{2} l\left(\frac{x + \sqrt{x^2 - a^2}}{a}\right).$$

408. Comme dernière application, considérons la cycloïde AMD engendrée par le mouvement du cercle ANB roulant sur la droite BD. Prenons pour origine des coordonnées le sommet A, et pour axes la normale et la tangente à la courbe en ce point. L'équation différentielle de la cycloïde est alors

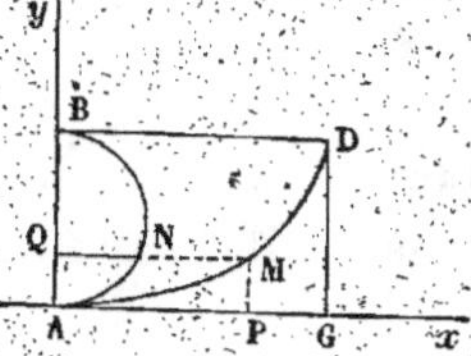
Fig. 83.

$$dx = dy \sqrt{\frac{2a - y}{y}}.$$

On aura donc

$$\text{aire AMP} = \int_0^y y\, dx = \int_0^y dy \sqrt{2ay - y^2}.$$

Menons MQ perpendiculaire à AB, et soit AQN le segment déterminé par MQ dans le cercle ANB. En observant que $QN = \sqrt{2ay - y^2}$, nous avons

$$\text{segm. AQN} = \int_0^y dy \sqrt{2ay - y^2},$$

donc

$$\text{AMP} = \text{segm. ANQ.}$$

Si l'on fait $x = \pi a$, et, par conséquent, $y = 2a$, on aura

$$\mathrm{ADG} = \frac{\pi a^2}{2}.$$

Retranchant cette aire de l'aire $2\pi a^2$ du rectangle ABDG, et doublant, on aura

$$2 \text{ aire AMDB} = 3\pi a^2;$$

c'est-à-dire que *l'aire comprise entre la cycloïde et sa base est égale à trois fois l'aire du cercle générateur.*

QUADRATURE DES COURBES RAPPORTÉES A DES COORDONNÉES POLAIRES.

409. Si u désigne l'aire du secteur COM, on aura

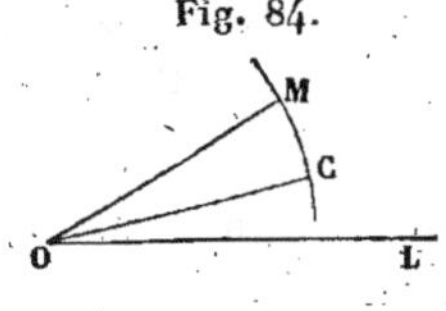

$$du = \frac{1}{2}\, r^2 d\theta,$$

r et θ étant les coordonnées polaires du point M; par suite,

$$u = \frac{1}{2}\int r^2 d\theta.$$

cette intégrale ayant pour limites les valeurs de θ qui correspondent aux points C et M.

410. Soit comme application la *spirale logarithmique*, dont l'équation est

$$r = ae^{m\theta};$$

on aura

$$u = \frac{a^2}{2}\int e^{2m\theta}d\theta = \frac{a^2}{4m}\, e^{2m\theta} + \mathrm{C} = \frac{r^2}{4m} + \mathrm{C}.$$

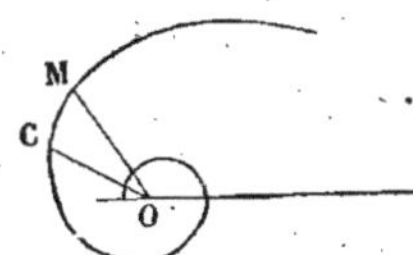

Posons $\mathrm{OC} = r'$, et faisons dans la formule $r = r'$; il vient

$$0 = \frac{r'^2}{4m} + \mathrm{C};$$

par suite,

$$u = \frac{1}{4m}\left(r^2 - r'^2\right).$$

Si le point C se meut en rétrogradant sur la courbe, le rayon vecteur OC décroît jusqu'à o, et l'aire du secteur tend vers la limite $\dfrac{r^2}{4m}$.

411. La quadrature des aires curvilignes est quelquefois rendue plus facile par l'emploi des coordonnées polaires.

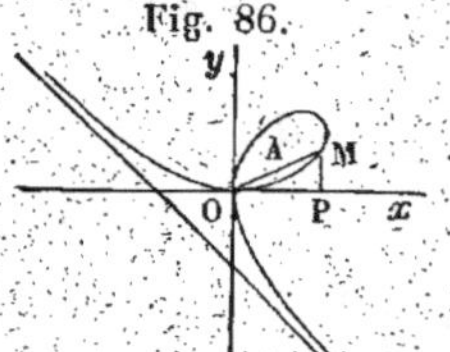

Pour en donner un exemple, soit la courbe qui a pour équation

$$(1) \qquad x^3 + y^3 - axy = 0.$$

Cette courbe, connue sous le nom de *folium de Descartes*, se compose de deux branches infinies qui se traversent mutuellement à l'origine, et qui ont pour asymptote commune la droite dont l'équation est

$$x + y + \frac{a}{3} = 0.$$

Avec les coordonnées primitives, la question qui nous occupe exige la résolution d'une équation du troisième degré; mais si l'on prend l'équation polaire de la courbe, en plaçant le pôle au point O, on n'aura jamais qu'une seule valeur du rayon vecteur pour une direction donnée; car l'origine étant un point double, l'équation devra être satisfaite pour deux valeurs nulles de r, et, par conséquent, le premier membre sera divisible par r^2.

Si l'on prend Ox pour axe polaire, il faudra remplacer x par $r\cos\theta$ et y par $r\sin\theta$ dans l'équation (1), ce qui donnera

$$r^3\left(\cos^3\theta + \sin^3\theta\right) - ar^2\sin\theta\cos\theta = 0,$$

où bien, en supprimant le facteur r^2 et résolvant par rapport à r,

$$(2) \qquad r = \frac{a \sin \theta \cos \theta}{\sin^3 \theta + \cos^3 \theta}.$$

D'ailleurs, u désignant l'aire du segment OAM, on a

$$u = \frac{1}{2} \int_0^\theta r^2 d\theta.$$

Donc, en remplaçant r par sa valeur, nous aurons

$$u = \frac{1}{2} \int_0^\theta \frac{a^2 \sin^2 \theta \cos^2 \theta}{(\cos^3 \theta + \sin^3 \theta)^2} d\theta,$$

ou bien

$$u = \frac{a^2}{2} \int_0^\theta \frac{\tang^2 \theta \, \dfrac{d\theta}{\cos^2 \theta}}{(1 + \tang^3 \theta)^2}.$$

Pour trouver cette intégrale, posons

$$1 + \tang^3 \theta = z, \quad \text{d'où} \quad dz = 3 \tang^2 \theta \frac{d\theta}{\cos^2 \theta},$$

et, par suite,

$$\int \frac{\tang^2 \theta \, \dfrac{d\theta}{\cos^2 \theta}}{(1 + \tang^3 \theta)^2} = \frac{1}{3} \int \frac{dz}{z^2} = -\frac{1}{3z} + C$$

$$= -\frac{1}{3(1 + \tang^3 \theta)} + C.$$

En reportant cette valeur dans u, on a

$$u = -\frac{a^2}{6} \cdot \frac{1}{1 + \tang^3 \theta} + C.$$

La constante C devant être déterminée de manière que l'aire soit nulle pour $\theta = 0$, on a $C = \dfrac{a^2}{6}$: par suite,

$$u = \frac{a^2}{6} \frac{\tang^3 \theta}{1 + \tang^3 \theta}.$$

On obtiendra l'aire de la feuille entière, en faisant $\theta = \dfrac{\pi}{2}$ dans la valeur de u, qui devient alors $\dfrac{a^2}{6}$; car la fraction $\dfrac{\tang^3 \theta}{1 + \tang^3 \theta}$, que l'on peut écrire $\dfrac{1}{1 + \cot^3 \theta}$, est égale à 1 pour $\theta = \dfrac{\pi}{2}$.

EXERCICES.

1. *Calculer l'aire que renferme la développée d'une ellipse dont les axes sont $2a$ et $2b$.*

Solution :
$$\frac{3}{8} \pi \frac{(a^2 - b^2)^2}{ab}.$$

2. *Trouver en coordonnées polaires l'équation de la développante d'un cercle, l'expression d'un arc de cette courbe et celle du secteur compris entre cet arc et les droites menées du centre du cercle aux extrémités du même arc.*

Solution. — Équation de la développante...
$$d\theta = \frac{\sqrt{r^2 - a^2}}{ar} dr.$$

Arc de la courbe...........
$$s = \frac{r^2 - a^2}{2a}.$$

Secteur.....................
$$\frac{1}{6a}(r^2 - a^2)^{\frac{3}{2}}.$$

3. *Trouver l'aire contenue dans la portion fermée de la courbe*
$$x^4 + y^4 - a^2 xy = 0$$
qui se trouve dans l'angle des coordonnées positives.

Solution :
$$\frac{\pi a^2}{8}.$$

TRENTE-QUATRIÈME LEÇON.

RECTIFICATION DES COURBES PLANES.

Formule générale. — Application à divers exemples. — Parabole. — Ellipse. — Hyperbole. — Cycloïde.

FORMULE GÉNÉRALE.

442. Si l'on désigne par s un arc de courbe compris entre un point fixe et un point de cette courbe, dont les coordonnées rectangulaires sont x et y, on aura

$$ds = \sqrt{dx^2 + dy^2}.$$

Il suffira donc, pour trouver la longueur de l'arc, d'intégrer $\sqrt{dx^2 + dy^2}$ entre des limites convenables, après avoir remplacé x ou y par sa valeur tirée de l'équation de la courbe : si y, par exemple, est fonction de x, on prendra

$$s = \int dx \sqrt{1 + \frac{dy^2}{dx^2}}.$$

RECTIFICATION DE LA PARABOLE.

443. Si, par exemple, nous voulons trouver la longueur d'un arc de la *parabole* dont l'équation est

$$y^2 = 2px,$$

il faudra, dans la formule $ds = \sqrt{dx^2 + dy^2}$, où nous supposerons x fonction de y, remplacer dx par sa valeur tirée de l'équation différentielle

$$y\,dy = p\,dx,$$

ce qui donnera

$$ds = \sqrt{\frac{y^2 dy^2}{p^2} + dy^2} = \frac{dy}{p}\sqrt{y^2 + p^2}.$$

Nous avons donc, si l'arc doit commencer au sommet de la courbe,

$$s = \frac{1}{p} \int_0^y dy \sqrt{y^2 + p^2}.$$

En intégrant par parties, il vient

$$\int dy \sqrt{y^2 + p^2} = y \sqrt{y^2 + p^2} - \int \frac{y^2 dy}{\sqrt{y^2 + p^2}};$$

mais on a

$$\int \frac{y^2 dy}{\sqrt{p^2 + y^2}} = \int dy \sqrt{y^2 + p^2} - p^2 \int \frac{dy}{\sqrt{p^2 + y^2}}.$$

Par conséquent, en substituant et transposant,

$$2 \int dy \sqrt{y^2 + p^2} = y \sqrt{y^2 + p^2} + p^2 \int \frac{dy}{\sqrt{y^2 + p^2}}.$$

Or (347, 1°)

$$\int \frac{dy}{\sqrt{y^2 + p^2}} = l\left(y + \sqrt{y^2 + p^2}\right) + C;$$

donc

$$\frac{1}{p} \int dy \sqrt{y^2 + p^2} = \frac{y \sqrt{y^2 + p^2}}{2p} + \frac{p}{2} l\left(y + \sqrt{y^2 + p^2}\right) + C.$$

L'intégrale devant s'annuler pour $y = 0$, on aura

$$0 = \frac{p}{2} l p + C, \quad \text{d'où} \quad C = -\frac{p}{2} l p;$$

en substituant cette valeur dans la formule, il vient

$$s = \frac{y \sqrt{y^2 + p^2}}{2p} + \frac{p}{2} l \left(\frac{y + \sqrt{y^2 + p^2}}{p} \right).$$

RECTIFICATION DE L'ELLIPSE.

414. Considérons l'arc d'*ellipse* BM, compté à partir du sommet B du petit axe (*fig.* 84, n° 405).

De l'équation de la courbe

$$a^2 y^2 + b^2 x^2 = a^2 b^2,$$

on tire

$$\frac{dy}{dx} = -\frac{b^2 x}{a^2 y};$$

on aura donc

$$ds = dx \sqrt{1 + \frac{b^4 x^2}{a^4 y^2}} = dx \sqrt{1 + \frac{b^4 x^2}{a^2(a^2 b^2 - b^2 x^2)}},$$

ou bien

$$ds = dx \sqrt{\frac{a^4 - (a^2 - b^2) x^2}{a^2(a^2 - x^2)}}.$$

Posons pour simplifier $\sqrt{a^2 - b^2} = ae$, e désignant l'excentricité, c'est-à-dire le rapport de la distance focale au grand axe : il vient

$$ds = dx \sqrt{\frac{a^2 - e^2 x^2}{a^2 - x^2}}.$$

Comme x varie entre 0 et a, on aura toutes les valeurs de x en faisant

$$x = a \sin \varphi,$$

l'angle φ variant de 0 à $\dfrac{\pi}{2}$: il en résulte

$$ds = a\, d\varphi \cos \varphi \sqrt{\frac{1 - e^2 \sin^2 \varphi}{\cos^2 \varphi}} = a\, d\varphi \sqrt{1 - e^2 \sin^2 \varphi}.$$

Nous aurons donc enfin

$$s = \operatorname{arc} BM = a \int_0^\varphi d\varphi \sqrt{1 - e^2 \sin^2 \varphi}.$$

415. L'intégrale $\displaystyle\int_0^\varphi d\varphi \sqrt{1 - e^2 \sin^2 \varphi}$ est une fonction transcendante dont la valeur ne peut être obtenue que

par un développement en série. La formule du binôme donne

$$(1 - e^2 \sin^2\varphi)^{\frac{1}{2}} = 1 - \frac{1}{2} e^2 \sin^2\varphi - \frac{1}{2}\frac{1}{4} e^4 \sin^4\varphi$$

$$- \frac{1.1.3}{2.4.6} e^6 \sin^6\varphi - \frac{1.1.3.5}{2.4.6.8} e^8 \sin^8\varphi - \dots$$

On a donc pour l'arc BM

$$(1) \quad \left\{ s = a \left(\varphi - \frac{1}{2} e^2 \int d\varphi \sin^2\varphi - \frac{1}{2}\frac{1}{4} e^4 \int d\varphi \sin^4\varphi \right.\right.$$

$$\left.\left. - \frac{1.1.3}{2.4.6} e^6 \int d\varphi \sin^6\varphi - \dots \right) \right.$$

Les intégrales du second membre s'obtiendront en substituant φ à x dans la formule (G) du n° 376, ce qui donne

$$(2) \quad \left\{ \int \sin^m\varphi\, d\varphi = - \frac{\cos\varphi}{m} \left[\sin^{m-1}\varphi + \frac{m-1}{m-2} \sin^{m-3}\varphi \right.\right.$$

$$+ \frac{(m-1)(m-3)}{(m-2)(m-4)} \sin^{m-5}\varphi + \dots$$

$$\left. + \frac{(m-1)(m-3)\dots5.3.1}{(m-2)(m-4)\dots4.2} \sin\varphi \right]$$

$$+ \frac{(m-1)(m-3)\dots5.3.1}{(m-2)(m-4)\dots4.2} \frac{\varphi}{m}.$$

On ne met pas de constante arbitraire parce que cette intégrale doit commencer à zéro.

416. Si l'on veut avoir le quart de l'ellipse, il faudra faire $\varphi = \frac{\pi}{2}$ dans toutes les intégrales. Cette substitution effectuée dans la formule (2) donne

$$(3) \quad \int_0^{\frac{\pi}{2}} \sin^m\varphi\, d\varphi = \frac{1.3.5\dots(m-3)(m-1)}{2.4.6\dots m} \cdot \frac{\pi}{2}.$$

On aura donc

$$\int_0^{\frac{\pi}{2}} \sqrt{1 - e^2 \sin^2\varphi}\, d\varphi = \frac{\pi}{2} - \frac{1}{2} e^2 \frac{1}{2}\frac{\pi}{2} - \frac{1}{2}\cdot\frac{1}{4} e^4 \frac{1.3}{2.4}\frac{\pi}{2}$$
$$- \frac{1.1.3}{2.4.6} e^6 \frac{1.3.5}{2.4.6}\frac{\pi}{2} - \cdots,$$

et, par suite,

$$\mathrm{BMA} = \frac{\pi a}{2}\left[1 - \left(\frac{1}{2} e\right)^2 - \frac{1}{3}\left(\frac{1.3}{2.4} e^2\right)^2 \right.$$
$$\left. - \frac{1}{5}\left(\frac{1.3.5}{2.4.6} e^3\right)^2 - \frac{1}{7}\left(\frac{1.3.5.7}{2.4.6.8} e^4\right)^2 - \cdots \right],$$

série convergente, et d'autant plus que e est plus petit, ou que a diffère moins de b. Lorsque l'ellipse s'écarte peu du cercle décrit sur le grand axe, il suffit de calculer un petit nombre de termes de la série pour en avoir la valeur avec une approximation suffisante.

417. On aurait pu parvenir à la formule (3) sans recourir à la formule (2). En effet, si, dans la relation

$$\int \sin^m\varphi\, d\varphi = -\frac{\sin^{m-1}\varphi \cos\varphi}{m} + \frac{m-1}{m}\int \sin^{m-2}\varphi\, d\varphi,$$

on prend les intégrales entre les limites zéro et $\frac{\pi}{2}$, on aura

$$\int_0^{\frac{\pi}{2}} \sin^m\varphi\, d\varphi = \frac{m-1}{m}\int_0^{\frac{\pi}{2}} \sin^{m-2}\varphi\, d\varphi.$$

On aura de même

$$\int_0^{\frac{\pi}{2}} \sin^{m-2}\varphi\, d\varphi = \frac{m-3}{m-2}\int_0^{\frac{\pi}{2}} \sin^{m-4}\varphi\, d\varphi,$$

$$\int_0^{\frac{\pi}{2}} \sin^{m-4}\varphi\, d\varphi = \frac{m-5}{m-4}\int_0^{\frac{\pi}{2}} \sin^{m-6}\varphi\, d\varphi,$$

$$\cdots\cdots\cdots\cdots\cdots\cdots\cdots\cdots\cdots\cdots\cdots\cdots$$

$$\int_0^{\frac{\pi}{2}} \sin^2\varphi\, d\varphi = \frac{1}{2}\cdot\frac{\pi}{2}.$$

Par suite, en multipliant toutes ces équations termes à termes, on aura comme plus haut (416)

$$\int_0^{\frac{\pi}{2}} \sin^m \varphi \, d\varphi = \frac{(m-1)(m-3)(m-5)\ldots 3.1}{m(m-2)\ldots 4.2} \cdot \frac{\pi}{2},$$

et substituant dans la valeur de s, on retombera sur le résultat déjà trouvé.

418. Il est facile de trouver sur la figure l'angle φ donné par l'équation

$$x = a \sin \varphi.$$

Or, si l'on décrit sur le grand axe de l'ellipse comme diamètre une circonférence (*fig.* 84, n° 405) et que l'on joigne ON, on aura

$$OP = x = ON \cos PON = a \sin CON;$$

par conséquent l'angle CON est l'angle φ.

RECTIFICATION DE L'HYPERBOLE.

419. Dans le cas de l'*hyperbole*, représentée par l'équation

$$a^2 y^2 - b^2 x^2 = - a^2 b^2,$$

on a

$$ds = dx \sqrt{1 + \frac{b^4 x^2}{a^4 y^2}} = dx \sqrt{\frac{(a^2 + b^2) x^2 - a^4}{a^2 (x^2 - a^2)}}.$$

Posons, pour simplifier,

$$\sqrt{a^2 + b^2} = ae,$$

e représentant le rapport de la distance focale à l'axe transverse. Il viendra

$$ds = dx \sqrt{\frac{e^2 x^2 - a^2}{x^2 - a^2}}.$$

Comme x varie entre a et l'infini, posons

$$x = \frac{a}{\cos \varphi},$$

φ variant de zéro à $\dfrac{\pi}{2}$. On aura

$$dx = \frac{a\sin\varphi\, d\varphi}{\cos^2\varphi},$$

et, par suite,

$$ds = \frac{d\varphi}{\cos^2\varphi}\sqrt{a^2 e^2 - a^2\cos^2\varphi} = \frac{ae\, d\varphi}{\cos^2\varphi}\sqrt{1 - \frac{\cos^2\varphi}{e^2}}.$$

Donc

$$s = \text{arc AM} = \int_0^\varphi ae\,\frac{d\varphi}{\cos^2\varphi}\sqrt{1 - \frac{\cos^2\varphi}{e^2}},$$

Pour obtenir cette intégrale, on développera le radical $\sqrt{1 - \dfrac{\cos^2\varphi}{e^2}}$ par la formule du binôme, et il viendra

$$s = ae\int_0^\varphi \frac{d\varphi}{\cos^2\varphi}\left[1 - \frac{1}{2}\frac{\cos^2\varphi}{e^2} - \frac{1}{2}\cdot\frac{1}{4}\frac{\cos^4\varphi}{e^4} - \dots \right.$$
$$\left. - \frac{1.1.3\dots(2n-3)}{2.4.6\dots 2n}\frac{\cos^{2n}\varphi}{e^{2n}} - \dots\right],$$

d'où

$$s = ae\tang\varphi - \frac{1}{2}\frac{a}{e}\varphi$$
$$- \frac{a}{e}\int_0^\varphi\left(\frac{1}{2}\cdot\frac{1}{4}\frac{\cos^2\varphi}{e^2} + \frac{1.1.3}{2.4.6}\frac{\cos^4\varphi}{e^4} + \dots\right)d\varphi.$$

Il reste à intégrer des expressions de la forme $\cos^m\varphi\, d\varphi$, m étant pair. On y parviendra en faisant, dans la formule (F) du n° 375, $x = \dfrac{\pi}{2} - \varphi$.

RECTIFICATION DE LA CYCLOÏDE.

420. On a, en prenant les mêmes coordonnées que dans la Leçon précédente (408),

$$dx = dy\sqrt{\frac{2a-y}{y}};$$

par suite,

$$ds = dy\sqrt{\frac{2a-y}{y}+1} = dy\sqrt{\frac{2a}{y}} = 2\sqrt{2a}\,\frac{dy}{2\sqrt{y}}.$$

En intégrant cette formule entre les limites zéro et y, il vient

$$s = \text{arc AM} = 2\sqrt{2a}\int_0^y \frac{dy}{2\sqrt{y}} = 2\sqrt{2a}\,\sqrt{y}.$$

Menons, au point M, la tangente à la cycloïde, et limitons-la au point T où elle rencontre l'axe des x. Nous avons (249)

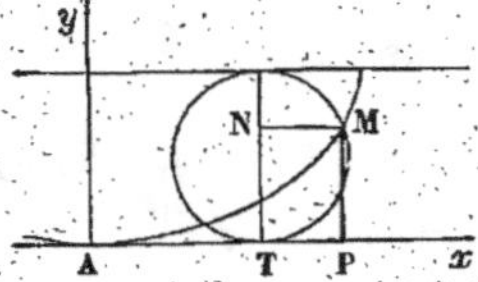

Fig. 87.

$$MT = \sqrt{2ay}\,;$$

par conséquent,

$$\text{arc MA} = 2\,MT,$$

propriété déjà connue (254).

Si l'on veut avoir la longueur de la demi-cycloïde, il faudra faire $y = 2a$, ce qui donnera $4a$ pour la longueur cherchée.

EXERCICES.

1. *Rectifier la courbe*

$$y = \frac{1}{2}(e^x + e^{-x}).$$

SOLUTION :

$$s = \frac{1}{2}(e^x - e^{-x}),$$

l'arc étant compté à partir de l'axe des y.

2. Soient $OM' = s'$, $OM'' = s''$ deux arcs ayant une tangente commune à l'origine et ayant leurs tangentes parallèles aux points correspondants $M'(x', y')$, et $M''(x'', y'')$. Soit $OM = s$ une troisième courbe dont un point quelconque M est déterminé par les équations

$$x = a'x' + a''x'', \quad y = a'y' + a''y'',$$

on aura

$$s = a's' + a''s''.$$

TRENTE-CINQUIÈME LEÇON.

CUBATURE DES SOLIDES.

Solides de révolution. — Application à divers exemples. — Volumes engendrés par la révolution d'une ellipse, d'une cycloïde. — Volumes qui s'obtiennent par une seule intégration. — Volumes terminés par des surfaces quelconques.

CUBATURE DES SOLIDES DE RÉVOLUTION.

421. Soit V le volume engendré par la révolution de l'aire plane CAMP tournant autour de l'axe Ox. Si l'on donne à x un accroissement $\Delta x = PP'$, le volume V prendra un accroissement ΔV égal au volume engendré par MM'PP'.

Fig. 88.

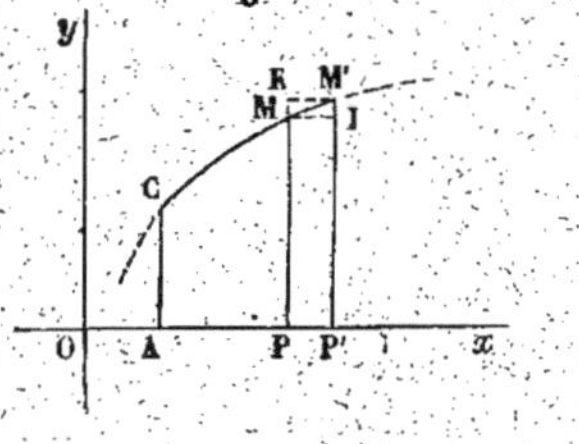

Or, si Δx est supposé assez petit pour que y croisse ou décroisse constamment dans l'intervalle MM', ΔV sera compris entre les volumes des cylindres engendrés par la révolution des rectangles MIPP', KM'PP'; nous aurons donc, si y croît, en désignant par Y l'ordonnée M'P',

$$\pi y^2 \Delta x < \Delta V < \pi Y^2 \Delta x,$$

ou bien

$$\pi y^2 < \frac{\Delta V}{\Delta x} < \pi Y^2.$$

Ces inégalités changeraient de sens si y décroissait. Dans tous les cas, le rapport $\dfrac{\Delta V}{\Delta x}$ est compris entre deux quantités qui convergent l'une vers l'autre, à mesure

27.

que Δx décroît; par conséquent, à la limite,

$$\frac{d\mathrm{V}}{dx} = \pi y^2,$$

d'où

$$\mathrm{V} = \pi \int y^2\, dx.$$

Il faudra donc tirer de l'équation de la courbe la valeur de y en fonction de x, et intégrer entre des limites qui correspondent aux extrémités de l'arc générateur.

422. Le volume engendré par l'aire CMM′C′ est la différence des volumes engendrés par les aires CMPA et C′M′PA. Alors, en désignant MP par y et M′P par y', on a

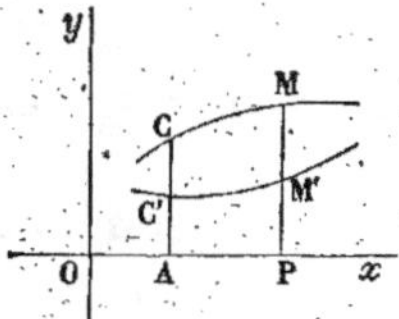

Fig. 89.

$$\mathrm{V} = \pi \int y^2\, dx - \pi \int y'^2\, dx,$$

ou bien

$$\mathrm{V} = \pi \int (y^2 - y'^2)\, dx.$$

CUBATURE DE L'ELLIPSOÏDE DE RÉVOLUTION.

423. Soit V le volume engendré par la révolution d'une portion AMP d'ellipse tournant autour du grand axe. L'équation de l'ellipse rapportée à son axe et à la tangente au sommet est

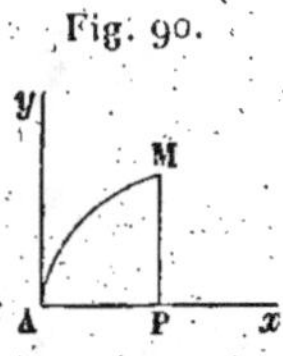

Fig. 90.

$$y^2 = \frac{b^2}{a^2}(2ax - x^2):$$

par suite,

$$(1)\qquad \mathrm{V} = \frac{\pi b^2}{a^2}\int_0^x (2ax - x^2)\, dx = \frac{\pi b^2}{a^2}\left(ax^2 - \frac{x^3}{3}\right).$$

Si l'on fait $x = 2a$, on aura le volume de l'ellipsoïde

entier, savoir

$$(2) \qquad V = \frac{\pi b^2}{a^2}\left(4a^3 - \frac{8a^3}{3}\right) = \frac{4}{3}\pi b^2 a.$$

Pour obtenir le volume engendré par la demi-ellipse tournant autour du petit axe, il faudra changer b en a et a en b, ce qui donnera $\frac{4}{3}\pi a^2 b$: on voit que ce volume est plus grand que le premier.

En faisant $b = a$ dans ces formules, on trouve $\frac{4}{3}\pi a^3$ pour le volume de la sphère, et $\dfrac{\pi x^2(3a - x)}{3}$ pour le volume d'un segment sphérique à une base.

VOLUME ENGENDRÉ PAR LA RÉVOLUTION D'UNE CYCLOÏDE.

424. Prenons pour axe la tangente au sommet et la normale en ce point. Soit V le volume du solide engendré par le segment AMP tournant autour de l'axe Ax.

L'équation différentielle de la cycloïde étant (408)

$$dx = dy\sqrt{\frac{2a - y}{y}} = \frac{dy}{y}\sqrt{2ay - y^2},$$

on aura

$$V = \pi \int_0^y y\,dy\sqrt{2ay - y^2},$$

ce qu'on peut écrire

$$V = \pi a \int_0^y dy\sqrt{2ay - y^2} - \pi \int_0^y (a - y)\,dy\sqrt{2ay - y^2}.$$

La première intégrale représente la surface du segment AQN (408). Pour obtenir la seconde, posons $2ay - y^2 = z$, d'où $2(a-y)\,dy = dz$: nous aurons

$$\int (a-y)\,dy\,\sqrt{2ay-y^2} = \int \sqrt{z}\,\frac{dz}{2} = \frac{1}{2}\int z^{\frac{1}{2}}\,dz = \frac{z^{\frac{3}{2}}}{3} ;$$

et, par suite,

$$V = \pi a\,\operatorname{segm} AQN - \frac{\pi}{3}\,(2ay-y^2)^{\frac{3}{2}}.$$

Le volume engendré par AQM tournant autour de Ax s'obtiendra en calculant la différence des volumes engendrés par le rectangle APMQ et par la portion de surface AMP.

VOLUMES QUI PEUVENT S'OBTENIR PAR UNE SEULE INTÉGRATION.

425. On peut encore, par une seule intégration, obtenir le volume d'un corps lorsque l'aire de la section faite dans ce corps par un plan parallèle au plan yOz est une fonction connue de la distance de ces deux plans.

Supposons d'abord les axes rectangulaires : soient u et $u+\Delta u$ les sections faites dans le corps par deux plans P

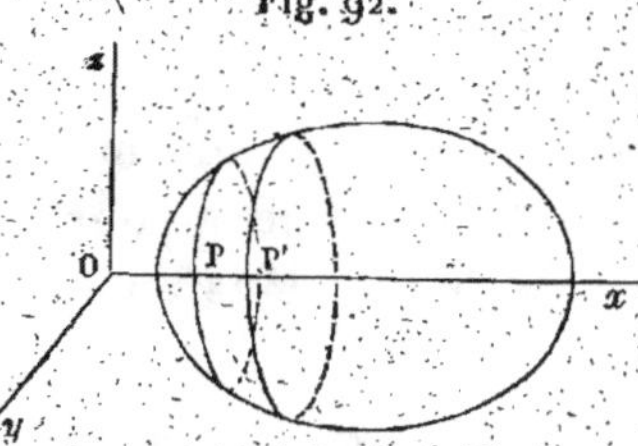

et P', parallèles au plan yOz, et dont les distances à ce dernier sont respectivement x et $x+\Delta x$. L'accroissement ΔV du volume correspondant à l'accroissement Δx de l'abscisse sera compris entre les cylindres droits qui auraient pour bases respectives u et $u+\Delta u$ et Δx pour hauteur; c'est-à-dire que l'on a, en supposant Δu positif,

$$u\,\Delta x < \Delta V < (u+\Delta u)\,\Delta x,$$

d'où

$$u < \frac{\Delta V}{\Delta x} < u+\Delta u.$$

Or, à la limite, Δu est nul; on a donc

$$\frac{dV}{dx} = u, \quad \text{ou} \quad dV = u\,dx.$$

Cette démonstration suppose que les deux cylindres ne se coupent pas. Si ces deux cylindres se coupent, ils ont une partie commune qui a pour base $u - \alpha$, α étant une quantité très-petite, et qui s'évanouit en même temps que Δx. De même, cette partie commune, augmentée des parties excédantes de part et d'autre, forme un cylindre qui a pour base $u + 6$, 6 s'évanouissant avec Δx. Or ΔV est évidemment compris entre ces deux quantités : par suite

$$u - \alpha < \frac{\Delta V}{\Delta x} < u + 6,$$

et en passant à la limite,

$$\frac{dV}{dx} = u, \quad \text{ou} \quad dV = u\,dx.$$

Le volume compris entre deux plans parallèles à yOz menés à des distances a et b s'obtiendra donc par la formule

$$V = \int_a^b u\,dx.$$

Pour obtenir le volume du corps entier, il faudra mener des plans tangents parallèles à yOz, et prendre pour limites de l'intégration les distances de ces plans au plan yOz.

426. Supposons maintenant que l'axe Ox ne soit plus perpendiculaire au plan des sections. En comparant le volume compris entre deux plans parallèles à yOz et la surface, avec un cylindre oblique qui a pour base u et pour hauteur la distance des deux plans représentée par $dx\sin\lambda$, λ étant l'angle que fait le plan xy avec l'axe Ox, on a

$$dV = u\,dx\sin\lambda, \quad \text{d'où} \quad V = \sin\lambda\int u\,dx.$$

On démontrerait facilement cette formule avec la même rigueur que la précédente, mais nous croyons inutile de nous y arrêter.

427. Soit, par exemple, un *cône à base quelconque*:

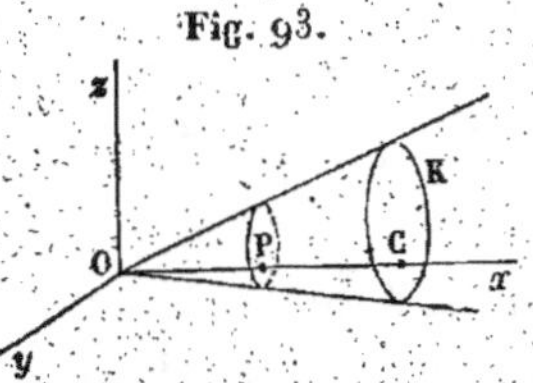

Fig. 93.

prenons pour axe des x la perpendiculaire OC, abaissée du sommet sur la base, et pour plan des yz un plan mené par le sommet parallèlement au plan de la base; appelons h la hauteur du cône et b sa base. En menant à une distance $OP = x$ un plan parallèle à yOz, l'aire de la section sera, d'après un théorème connu, $u = \dfrac{b.x^2}{h^2}$. Donc

$$V = \int_0^x \frac{b.x^2 dx}{h^2} = \frac{b.x^3}{3h^2},$$

et en faisant $x = h$, on a, pour le volume du cône, $\dfrac{bh}{3}$.

428. Soit encore un *ellipsoïde rapporté à ses axes principaux*,

$$\frac{x^2}{a^2} + \frac{y^2}{b^2} + \frac{z^2}{c^2} = 1.$$

La section GPH faite dans l'ellipsoïde par un plan parallèle au plan yOz, mené à la distance $OP = x$, a pour équation

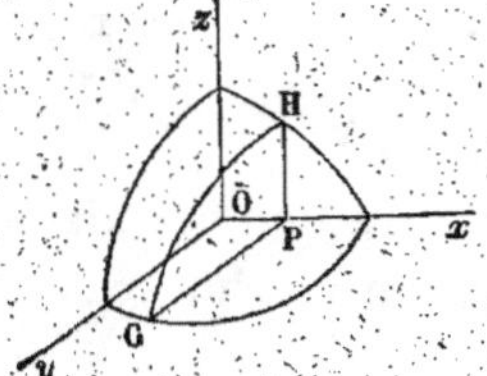

Fig. 94.

$$\frac{y^2}{b^2} + \frac{z^2}{c^2} = 1 - \frac{x^2}{a^2}.$$

On aura, pour ses demi-axes, en faisant successivement $z = 0$, $y = 0$,

$$GP = b\sqrt{1 - \frac{x^2}{a^2}}, \quad PH = c\sqrt{1 - \frac{x^2}{a^2}}.$$

De sorte que l'aire de la section est

$$\pi bc\left(1 - \frac{x^2}{a^2}\right) = \frac{\pi bc}{a^2}(a^2 - x^2),$$

d'où l'on déduit pour le volume V du segment compris entre les plans yOz et GPH,

$$V = \frac{\pi bc}{a^2}\int_0^x dx\,(a^2 - x^2) = \frac{\pi bc}{a^2}\left(a^2 x - \frac{x^3}{3}\right).$$

Pour obtenir le volume de la moitié de l'ellipsoïde, on fait, dans la formule précédente, $x = a$, et il vient

$$V = \frac{\pi bc}{a^2}\left(a^3 - \frac{a^3}{3}\right) = \frac{2}{3}\pi abc.$$

Le volume entier de l'ellipsoïde sera donc exprimé par $\frac{4}{3}\pi abc$.

429. Considérons maintenant un *ellipsoïde rapporté à trois diamètres conjugués obliques*. Son équation est de la forme

$$\frac{x^2}{a'^2} + \frac{y^2}{b'^2} + \frac{z^2}{c'^2} = 1.$$

La section faite par un plan parallèle à yOz, à une distance égale à x, est une ellipse ayant pour équation

$$\frac{y^2}{b'^2} + \frac{z^2}{c'^2} = \frac{a'^2 - x^2}{a'^2},$$

et les demi-diamètres conjugués auxquels elle est rapportée ont pour longueurs $\dfrac{b'}{a'}\sqrt{a'^2 - x^2}$, $\dfrac{c'}{a'}\sqrt{a'^2 - x^2}$; donc, en désignant par θ l'angle que font entre eux ces diamètres, on aura pour la surface de la section considérée

$$u = \frac{\pi b' c'}{a'^2}(a'^2 - x^2)\sin\theta.$$

Par suite, on aura pour le volume du segment d'ellipsoïde

$$V = \frac{\pi b' c' \sin\theta \sin\lambda}{a'^2} \int_0^x (a'^2 - x^2)\, dx$$

$$= \frac{\pi b' c' \sin\theta \sin\lambda}{a'^2} \left(a'^2 x - \frac{x^3}{3} \right),$$

et pour l'ellipsoïde entiér

$$\frac{4}{3}\, \pi a' b' c' \sin\theta \sin\lambda.$$

430. En comparant cette expression du volume de l'ellipsoïde à celle qu'on a obtenue précédemment, on trouve

$$a' b' c' \sin\theta \sin\lambda = abc,$$

équation qui démontre que tous les parallélipipèdes construits sur les diamètres conjugués d'un ellipsoïde sont équivalents au parallélipipède rectangle construit sur les axes. On en déduit aussi

$$\pi abc = \pi a' b' c' \sin\theta \sin\lambda,$$

c'est-à-dire que tous les cylindres circonscrits à l'ellipsoïde et dont les bases sont parallèles aux plans des courbes de contact sont équivalents entre eux.

VOLUMES TERMINÉS PAR DIVERSES SURFACES.

431. Imaginons maintenant une surface quelconque CDEF dont l'équation soit

$$F(x, y, z) = 0.$$

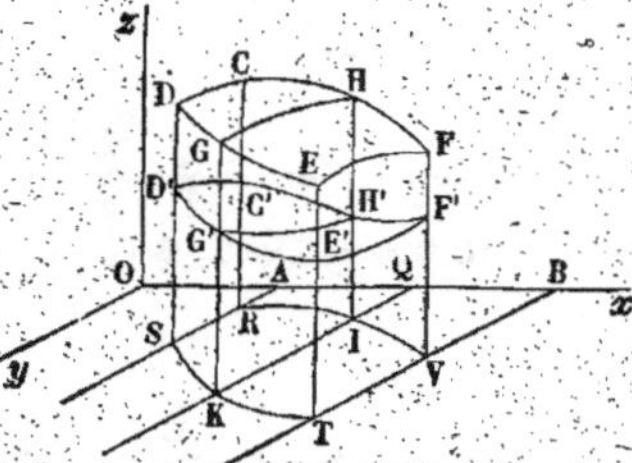

Fig. 95.

Supposons que deux plans parallèles à yOz, menés aux distances $OA = a$, $OB = b$, coupent la surface suivant les courbes CD et EF. Imaginons encore deux cylindres droits

$$y = \varphi(x), \quad y_1 = \psi(x),$$

ayant pour bases, sur le plan yOx, les courbes RV et ST et coupant la surface suivant les courbes CF et DE. On pourrait se proposer de trouver le volume DCFERVTS, mais il vaut mieux rendre la question plus générale en considérant une seconde surface C'D'E'F', dont l'équation est

$$F_1(x, y, z) = 0,$$

et chercher le volume CDEFC'D'E'F'.

Pour cela, menons à une distance arbitraire $x = OQ$, comprise entre a et b, un plan parallèle à yOz, et déterminons l'aire de la section GHH'G'. Or cette aire plane est comprise entre deux courbes dont les équations

$$(1) \qquad z = f(x, y), \quad z_1 = f_1(x, y),$$

s'obtiennent en faisant, dans celles des deux surfaces, la variable x égale à la constante OQ. Elle aura pour différentielle $(z - z_1)\, dy$, z et z_1 étant, d'après les équations (1), des fonctions de y correspondantes à une même valeur de cette variable. On aura donc, en intégrant entre les limites y et y_1,

$$\text{aire GHG'H'} = \int_y^{y_1} (z - z_1)\, dy.$$

Ainsi $z - z_1$ étant une fonction de y dans laquelle x entre comme constante, on trouvera pour l'intégrale indéfinie

$$\int (z - z_1)\, dy = \pi(x, y) + C.$$

On fera, dans cette fonction, $y = \varphi(x)$ et $y = \psi(x)$ successivement, x étant regardée comme constante, d'où l'on déduira

$$\int_{\varphi(x)}^{\psi(x)} (z - z_1)\, dy = \text{aire GHH'G'} = \pi[x, \psi(x)] - \pi[x, \varphi(x)],$$

résultat qui ne dépend que de x.

En regardant de nouveau x comme variable, on aura pour le volume demandé

$$V = \int_a^b \left\{ \pi[x, \psi(x)] - \pi[x, \varphi(x)] \right\} dx = \int_a^b dx \int_{\varphi(x)}^{\psi(x)} (z - z_i) \, dy.$$

432. Lorsque les deux surfaces cylindriques se réduisent à des plans parallèles à zOy, $\varphi(x)$ et $\psi(x)$ ne sont plus que des constantes c et e, indépendantes de la valeur OQ de x, et la formule se réduit à

$$V = \int_a^b dx \int_c^e (z - z_i) \, dy.$$

433. Si la surface inférieure se confond avec le plan xy, on aura $z_i = 0$, et

$$V = \int_a^b dx \int_{\varphi(x)}^{\psi(x)} z \, dy,$$

pour le volume compris entre une surface quelconque, le plan xy, deux cylindres parallèles à l'axe des z et deux plans parallèles au plan zOy.

434. Ce qui précède peut servir à déterminer le volume d'un corps quelconque terminé de tous côtés par une surface dont l'équation $F(x, y, z) = 0$ est connue.

Imaginons un cylindre circonscrit à la surface, parallèlement à l'axe des z; comme en chaque point (x, y, z) de la courbe de contact le plan tangent

$$\frac{dF}{dx}(X - x) + \frac{dF}{dy}(Y - y) + \frac{dF}{dz}(Z - z) = 0$$

est vertical, on a

$$\frac{dF(x, y, z)}{dz} = 0.$$

L'élimination de z, entre cette équation et celle de la surface, donne une équation

$$\psi(x, y) = 0,$$

qui représente la trace du cylindre sur le plan xy. Cette courbe est, par hypothèse, une courbe fermée, et, en la coupant par un plan parallèle à yOz, on aura deux ordonnées $y = \varphi(x)$ et $y_1 = \varphi_1(x)$ représentées sur la figure par QI, QK, et analogues aux lignes de même nom dans la question précédente.

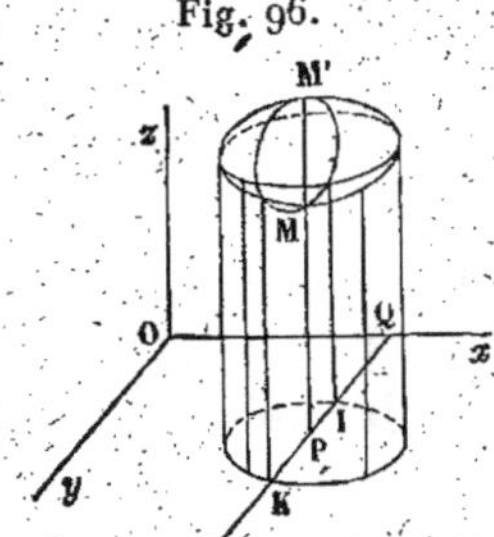
Fig. 96.

De même, ce plan sécant déterminera dans la surface une courbe fermée, et si $z = $ MP, $z_1 = $ M'P sont les deux valeurs de z correspondant à la valeur $y = $ PQ, l'aire de cette section sera exprimée par

$$\int_y^{y_1} (z - z_1)\, dy.$$

Si maintenant on désigne par a et b les distances du plan yOz aux plans tangents à la surface, qui lui sont parallèles, on aura pour le volume du corps

$$V = \int_a^b dx \int_y^{y_1} (z - z_1)\, dy.$$

EXERCICES.

1. La sphère $x^2 + y^2 + z^2 = r^2$ est percée à jour par les deux cylindres

$$y^2 + x^2 - rx = 0,$$
$$y^2 + x^2 + rx = 0.$$

Le volume du solide sphérique non enlevé est égal à $\dfrac{16}{9} r^3$.

2. *Calculer le volume compris entre le plan xy et les surfaces représentées par les équations*

$$\frac{(x - \alpha)^2}{a^2} + \frac{(y - \beta)^2}{b^2} = 1, \quad z = \frac{xy}{c}.$$

SOLUTION. $\qquad V = \dfrac{\pi ab\alpha\beta}{c}.$

TRENTE-SIXIÈME LEÇON.

INTÉGRALES MULTIPLES. — AIRE DES SURFACES COURBES.

Intégrales doubles. — Intégrales triples. — Théorème sur l'ordre des intégrations. — Quadrature des surfaces courbes. — Aire des surfaces de révolution. — Application à l'ellipsoïde. — Changement de variables dans une intégrale double.

DES INTÉGRALES DOUBLES.

435. Toute expression où il entre deux intégrales relatives à des variables différentes, comme celles que nous avons obtenues à la fin de la dernière Leçon, est ce que l'on appelle une *intégrale double*.

Une intégrale double est *définie* lorsqu'on assigne les limites des deux intégrations. Elle est *indéfinie* dans le cas contraire, et on la représente alors simplement par

$$\int\int z\,dx\,dy.$$

436. Une intégrale double $\int_a^b dx \int_{\varphi(x)}^{\psi(x)} z\,dy$ est la limite de la somme de tous les produits de la forme $z\,\Delta x\,\Delta y$ entre les limites des deux intégrations.

En effet, $\int_{\varphi(x)}^{\psi(x)} z\,dy$ est l'intégrale définie de $z\,dy$ prise entre les limites $\varphi(x)$ et $\psi(x)$ de y, x étant regardée comme constante : on a donc (375)

$$\int_{\varphi(x)}^{\psi(x)} z\,dy = \lim \sum (z\Delta y).$$

Par conséquent, en multipliant par Δx et faisant varier x depuis $x = a$ jusqu'à $x = b$, il vient

$$\sum\left(\Delta x \int_{\varphi(x)}^{\psi(x)} z\,dy\right) = \sum\left[\Delta x \lim \sum (z\Delta y)\right].$$

Or, si les valeurs de x se rapprochent de plus en plus, on a

$$\lim \sum \left(\Delta x \int_{\varphi(x)}^{\psi(x)} z\, dy \right) = \int_a^b dx \int_{\varphi(x)}^{\psi(x)} z\, dy;$$

d'un autre côté, x étant regardée comme constante, dans $\sum (z\,\Delta y)$, on a

$$\lim \sum \left[\Delta x \lim \sum (z\,\Delta y) \right] = \lim \sum \left[\lim \sum (z\,\Delta y\,\Delta x) \right],$$

ou bien

$$\lim \sum \left[\Delta x \lim \sum (z\,\Delta y) \right] = \lim \sum \sum (z\,\Delta y\,\Delta x).$$

Donc enfin

$$\int_a^b dx \int_{\varphi(x)}^{\psi(x)} z\, dy = \lim \sum \sum (z\,\Delta y\,\Delta x),$$

ce qu'il fallait démontrer.

437. On peut d'ailleurs démontrer ce théorème par des considérations géométriques. Soit

$$z = \mathrm{F}(x,\ y)$$

l'équation d'une surface : l'intégrale double

$$\int_a^b dx \int_{\varphi(x)}^{\psi(x)} z\, dy$$

représente, comme on l'a vu au n° 433, le volume V compris entre cette surface, le plan xy, deux cylindres parallèles à l'axe des z et deux plans parallèles au plan zOy.

Soient M et M' deux points voisins quelconques sur la surface. Construisons le rectangle Pp' dont les côtés parallèles aux axes Ox et Oy soient conduits par les points P et P', pieds des parallèles à l'axe des z menées par les points M et M'. Les plans MPp, mpP', M'P'p' et $m'p'$P coupent la surface suivant un quadrilatère courbe MM' : le volume V est la somme des solides analogues à MP', terminés aux limites convenables. Soit MP$=z$, et soient $z-\alpha$ la plus petite, et $z+6$ la plus grande distance des points de la surface au plan xy dans toute l'étendue du quadrilatère courbe MM'.

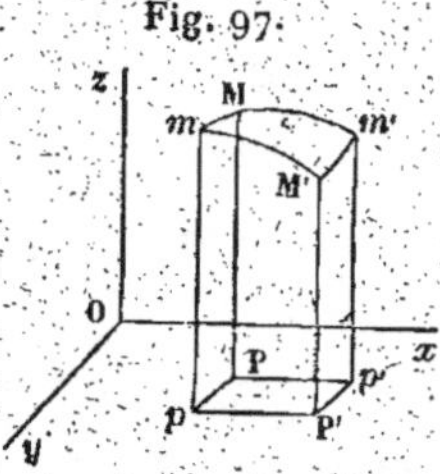

Fig. 97.

Le volume MP', que nous désignerons par ΔV, est compris entre deux parallélipipèdes rectangles ayant pour base commune Pp' et respectivement pour hauteurs $z-\alpha$ et $z+6$; comme d'ailleurs le rectangle P$p'=\Delta x\,\Delta y$, on aura

$$(z-\alpha)\,\Delta x\,\Delta y < \Delta V < (z+6)\,\Delta x\,\Delta y,$$

ou

$$z-\alpha < \frac{\Delta V}{\Delta x\,\Delta y} < z+6.$$

Mais α et 6 s'annulant avec Δx et Δy, on a

$$\lim \frac{\Delta V}{\Delta x\,\Delta y} = z.$$

Par conséquent,

$$\Delta V = z\,\Delta x\,\Delta y\,(1+\eta),$$

η devenant nul en même temps que Δx et Δy.

Pour chaque valeur de x et de Δx, on a une infinité de valeurs de Δy qui produisent dans le solide une tranche, dont le volume sera représenté par

$$\sum\left[z\,\Delta x\,\Delta y\,(1+\eta)\right].$$

Puis en faisant varier x, c'est-à-dire en prenant les autres valeurs de Δx, on a une suite de tranches dont la somme donne, quand on passe à la limite, le volume V, et par conséquent,

$$V = \lim \sum [z \Delta x \Delta y (1 + \eta)],$$

Mais

$$\sum \sum [z \Delta x \Delta y (1 + \eta)] = \sum \sum (z \Delta x \Delta y) + \sum \sum (\eta z \Delta x \Delta y).$$

Or

$$\sum \sum (\eta z \Delta x \Delta y) = 0.$$

En effet, en supposant tous les points M, M', etc., assez rapprochés les uns des autres, on pourra toujours faire en sorte que pour chacun d'eux on ait $\eta < \varepsilon$, ε étant une constante arbitraire que l'on peut supposer aussi petite que l'on veut. Par conséquent,

$$\sum \sum (\eta z \Delta x \Delta y) < \sum \sum (\varepsilon z \Delta x \Delta y), \quad \text{ou} \quad < \varepsilon \sum \sum (z \Delta x \Delta y).$$

Or cette dernière quantité est nulle à la limite, puisque ε peut être pris aussi petit que l'on veut, et que d'ailleurs $\sum \sum (z \Delta x \Delta y)$ a une valeur finie. Donc enfin

$$V \quad \text{ou} \quad \int_a^b dx \int_{\varphi(x)}^{\psi(x)} z\, dx = \lim \sum \sum (z \Delta x \Delta y).$$

INTÉGRALES TRIPLES.

438. Soit $U = f(x, y, z)$ une fonction de trois variables indépendantes x, y, z.

Si l'on intègre la différentielle $U\,dz$ par rapport à z, c'est-à-dire en regardant x et y comme des constantes, et si l'on fait varier z entre deux limites représentées par deux fonctions de x et de y, savoir $f(x, y)$ et $F(x, y)$, on aura l'intégrale

$$\int_{f(x,y)}^{F(x,y)} U\,dz,$$

qui sera une fonction de x et de y.

Considérons maintenant x comme constante dans la fonction

$$dy \int_{f(x,y)}^{F(x,y)} U\,dz.$$

Intégrons cette fonction par rapport à y en faisant varier y entre deux limites représentées par $\varphi(x)$ et $\psi(x)$: on aura l'intégrale

$$\int_{\varphi(x)}^{\psi(x)} dy \int_{f(x,y)}^{F(x,y)} U\,dz,$$

qui sera une fonction de x.

Enfin, si l'on intègre la différentielle

$$dx \int_{\varphi(x)}^{\psi(x)} dy \int_{f(x,y)}^{F(x,y)} U\,dz,$$

par rapport à x, en faisant varier x entre deux limites quelconques a et b, on aura pour résultat

$$\int_{a}^{b} dx \int_{\varphi(x)}^{\psi(x)} dy \int_{f(x,y)}^{F(x,y)} U\,dz.$$

Cette expression se nomme *intégrale triple* ; on la représente aussi par

$$\iiint U\,dx\,dy\,dz.$$

On concevra de même une intégrale d'un ordre quelconque.

On démontrera encore, dans le cas de l'intégrale triple, que

$$\int_{a}^{b} dx \int_{\varphi(x)}^{\psi(x)} dy \int_{f(x,y)}^{F(x,y)} U\,dz = \lim \sum\sum\sum (U\,\Delta x\,\Delta y\,\Delta z).$$

La démonstration étant tout à fait semblable à celle que nous avons donnée pour une intégrale double, nous nous dispenserons de la répéter ici.

THÉORÈME SUR L'ORDRE DES INTÉGRATIONS.

439. Nous avons obtenu précédemment (431), pour l'expression du volume compris entre deux surfaces, deux cylindres parallèles à l'axe Oz, et deux plans parallèles au plan yz, l'intégrale double

$$\int_a^b dx \int_{\varphi(x)}^{\psi(x)} (z - z_1)\, dy.$$

Ici l'ordre des intégrations n'est pas indifférent. Ainsi l'on n'obtiendrait pas, en général, le résultat cherché par la formule

$$\int_{\varphi(x)}^{\psi(x)} dy \int_a^b (z - z_1)\, dx.$$

Toutefois, si $\varphi(x)$ et $\psi(x)$ sont des constantes a' et b', c'est-à-dire si les deux cylindres parallèles à l'axe des z se réduisent à deux plans, il sera indifférent de commencer par l'une quelconque des deux intégrations; car, en répétant les raisonnements du n° 431, on voit que le volume en question a tout à la fois pour mesure l'une quelconque des expressions

$$\int_a^b dx \int_{a'}^{b'} (z - z_1)\, dy \quad \text{ou} \quad \int_{a'}^{b'} dy \int_a^b (z - z_1)\, dx.$$

DE L'AIRE DES SURFACES COURBES.

440. On appelle aire d'une surface courbe, terminée à un contour quelconque, la limite vers laquelle tend l'aire d'une surface polyédrique composée de faces planes, qui, en diminuant toutes indéfiniment, tendent à devenir tangentes à la surface considérée. On suppose d'ailleurs que le contour qui termine la surface polyédrique se rapproche indéfiniment de celui qui termine la surface courbe.

Nous allons d'abord démontrer l'existence de cette limite.

Prenons sur la surface deux points M (x, y, z), et M' $(x + \Delta x, y + \Delta y, z + \Delta z)$. Soient P et P' leurs projections sur le plan xOy. Formons le rectangle PP' $= \Delta x \Delta y$ dont les côtés soient parallèles à Ox et à Oy, et concevons un prisme indéfini ayant pour base ce rectangle, et dont les arêtes soient perpendiculaires au plan xy. Ce prisme intercepte sur la surface donnée un quadrilatère curviligne MM', et sur la surface polyédrique une aire ω qui, si elle n'est pas plane, sera composée de parties planes a, a', a'', etc.

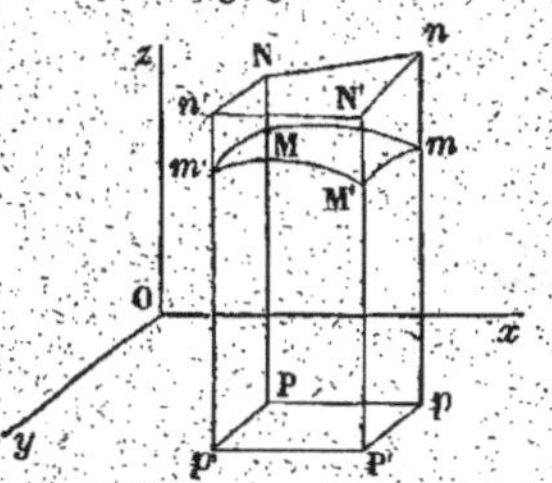

Or, puisque les plans de toutes ces surfaces tendent indéfiniment à se confondre avec le plan tangent à la surface au point M, si θ, θ', θ'', etc., sont les angles formés par les plans des éléments a, a', a'', etc., avec le plan xy, et si λ est l'angle que forme ce dernier plan avec le plan tangent en M, on aura

$$\cos\theta = \cos\lambda\,(1 + \alpha), \quad \cos\theta' = \cos\lambda\,(1 + \alpha'),\ldots,$$

α, α', etc., désignant des quantités qui s'annulent en même temps que Δx, Δy. Mais le rectangle PP' est la somme des projections de tous les triangles dont nous parlons. Donc

$$\Delta x \Delta y = a\cos\lambda\,(1 + \alpha) + a'\cos\lambda\,(1 + \alpha') + a''\cos\lambda\,(1 + \alpha'') + \ldots,$$

ou

$$\frac{\Delta x \Delta y}{\cos\lambda} = a + a' + a'' + \ldots + (a\alpha + a'\alpha' + a''\alpha'' + \ldots),$$

ou, comme $a + a' + a'' + \ldots = \omega$,

$$\frac{\Delta x \Delta y}{\cos\lambda} = \omega + (a\alpha + a'\alpha' + a''\alpha'' + \ldots).$$

En opérant de la même manière dans toute l'étendue de la surface, on aura un certain nombre d'équations analogues à celle-ci, et qui, ajoutées membre à membre, donneront l'égalité

$$\sum \frac{\Delta x \Delta y}{\cos \lambda} = \sum \omega + \sum (a\alpha + a'\alpha' + a''\alpha'' + \ldots).$$

Donc

$$\lim \sum \frac{\Delta x \Delta y}{\cos \lambda} = \lim \sum \omega + \lim \sum (a\alpha + a'\alpha' + a''\alpha'' + \ldots).$$

Or

$$\lim \sum (a\alpha + a'\alpha' + a''\alpha'' + \ldots) = 0,$$

d'après le théorème démontré au n° 16 : donc

$$\lim \sum \omega = \lim \sum \frac{\Delta x \Delta y}{\cos \lambda} = \int \int \frac{dx\, dy}{\cos \lambda}.$$

On voit par là que $\sum \omega$, ou la surface polyédrique, a une limite.

441. Ainsi, en appelant A l'aire de la surface, on a

$$A = \int \int \frac{dx\, dy}{\cos \lambda}.$$

Si p et q sont les dérivées partielles $\frac{dz}{dx}$ et $\frac{dz}{dy}$ tirées de l'équation de la surface, on a

$$\cos \lambda = \frac{1}{\sqrt{1 + p^2 + q^2}},$$

et il vient

$$A = \int \int \sqrt{1 + p^2 + q^2}\, dx\, dy.$$

Si la surface est limitée aux plans $x = a$, $y = b$ et aux cylindres $y = \varphi(x)$, $y = \psi(x)$, on aura

$$A = \int_a^b dx \int_{\varphi(x)}^{\psi(x)} dy \sqrt{1 + p^2 + q^2};$$

la marche par laquelle on parvient à ces limites est la

même que celle que nous avons déjà suivie dans une autre
question (431).

AIRE DES SURFACES DE RÉVOLUTION.

442. L'aire d'une surface de révolution s'obtient par
une seule intégration.

Soit CMD une courbe plane qui, par sa révolution autour de l'axe Ox, situé dans son
plan, engendre la surface dont on
veut avoir l'aire. Soit CMM'D
un contour polygonal inscrit
dans cette courbe. On peut
considérer l'aire de la surface
comme la limite vers laquelle

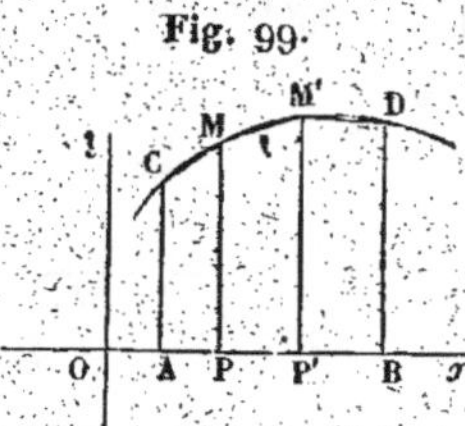

Fig. 99.

tend la somme des surfaces des troncs de cônes engendrés
par le contour polygonal, lorsque ses côtés décroissent
indéfiniment, en même temps que leur nombre augmente
jusqu'à l'infini.

Soient
$$M(x, y) \quad \text{et} \quad M'(x + \Delta x, \; y + \Delta y)$$

deux sommets consécutifs du contour polygonal. La surface décrite par la révolution de MM' a pour mesure

$$\tfrac{1}{2}\, MM' \,(\text{circ } MP + \text{circ } M'P').$$

ou
$$\pi\,(2y + \Delta y)\,\Delta x\,\sqrt{1 + \left(\frac{\Delta y}{\Delta x}\right)^2}.$$

Mais comme
$$\lim (2y + \Delta y)\,\sqrt{1 + \left(\frac{\Delta y}{\Delta x}\right)^2} = 2y\,\sqrt{1 + \left(\frac{dy}{dx}\right)^2},$$

il s'ensuit que l'expression de la surface du tronc de cône
sera

$$2\pi y\left[\sqrt{1 + \left(\frac{dy}{dx}\right)^2} + \alpha\right]\Delta x,$$

α désignant une quantité qui s'annule avec Δx, et, par suite, la surface décrite par le contour polygonal aura pour mesure

$$\sum 2\pi y \left[\sqrt{1 + \left(\frac{dy}{dx}\right)^2} + \alpha \right] \Delta x.$$

En désignant par A la surface cherchée, on aura donc

$$A = \lim \sum \left(2\pi y \sqrt{1 + \frac{dy^2}{dx^2}} \Delta x \right) + 2\pi y \lim \sum (\alpha \Delta x).$$

Mais $\lim \sum (\alpha \Delta x) = 0$ (16), et

$$\lim \sum \left(2\pi y \sqrt{1 + \frac{dy^2}{dx^2}} \Delta x \right) = 2\pi \int_a^b y\, dx \sqrt{1 + \left(\frac{dy}{dx}\right)^2};$$

donc

$$A = 2\pi \int_a^b y\, dx \sqrt{1 + \left(\frac{dy}{dx}\right)^2},$$

a et b étant les abscisses des extrémités de l'arc CD.

En désignant par s un arc compté à partir d'un point fixe, on a

$$ds = dx \sqrt{1 + \left(\frac{dy}{dx}\right)^2}.$$

Donc

$$A = 2\pi \int_a^x y\, ds.$$

SURFACE DE L'ELLIPSOÏDE DE RÉVOLUTION.

443. Supposons que l'ellipse OAB tourne autour d'un de ses axes OA, et cherchons à évaluer la surface engendrée par la révolution de l'arc BM, qui commence à l'extrémité B de l'autre axe. On aura (442)

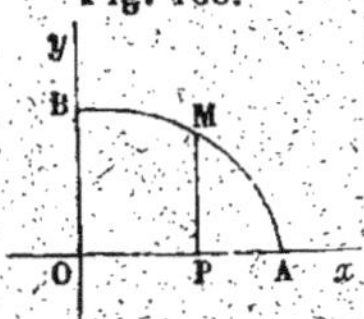

$$A = 2\pi \int_0^x y\, dx \sqrt{1 + \left(\frac{dy}{dx}\right)^2}.$$

Or l'équation de l'ellipse, $a^2y^2 + b^2x^2 = a^2b^2$, donne

$$\frac{dy}{dx} = -\frac{b^2 x}{a^2 y},$$

d'où

$$\sqrt{1 + \left(\frac{dy}{dx}\right)^2} = \frac{\sqrt{a^4 y^2 + b^4 x^2}}{a^2 y}.$$

Remplaçant dans cette expression $a^2 y^2$ par $a^2 b^2 - b^2 x^2$, il vient

$$\sqrt{1 + \left(\frac{dy}{dx}\right)^2} = \frac{b\sqrt{a^4 - (a^2 - b^2)x^2}}{a^2 y}.$$

Supposons d'abord que a soit plus grand que b, c'est-à-dire que l'ellipse tourne autour de son grand axe. Posons $\sqrt{a^2 - b^2} = ae$. Il vient alors

$$\sqrt{1 + \left(\frac{dy}{dx}\right)^2} = \frac{b\sqrt{a^4 - a^2 e^2 x^2}}{a^2 y} = \frac{b\sqrt{a^2 - c^2 x^2}}{ay};$$

par conséquent,

$$A = 2\pi \frac{b}{a} \int_0^x dx\sqrt{a^2 - c^2 x^2} = \frac{2\pi be}{a} \int_0^x dx\sqrt{\frac{a^2}{e^2} - x^2}.$$

Or (404)

$$2\int_0^x dx\sqrt{\frac{a^2}{e^2} - x^2} = x\sqrt{\frac{a^2}{e^2} - x^2} + \frac{a^2}{e^2}\arcsin\frac{cx}{a};$$

donc

$$A = \frac{\pi be}{a}\left(x\sqrt{\frac{a^2}{e^2} - x^2} + \frac{a^2}{e^2}\arcsin\frac{cx}{a}\right).$$

444. Si l'on fait dans cette expression $x = a$, et si l'on prend le double du résultat, il vient

$$2\pi b^2 + \frac{2\pi ba}{e}\arcsin e$$

pour la surface totale de l'ellipsoïde.

Si $e = 0$, l'ellipsoïde devient une sphère, et en observant que $\lim \dfrac{\arcsin e}{e} = 1$ pour $e = 0$, on retrouve $4\pi a^2$ pour la surface de la sphère.

445. Soient maintenant

$$a < b \quad \text{et} \quad \sqrt{b^2 - a^2} = be :$$

on aura

$$A = 2\pi \int_0^x y\, dx \frac{b\sqrt{a^4 + (b^2 - a^2)x^2}}{a^2 y}$$

$$= \frac{2\pi b}{a^2} \int_0^x dx \sqrt{a^4 + b^2 e^2 x^2} = \frac{2\pi b^2 e}{a^2} \int_0^x dx \sqrt{\frac{a^4}{b^2 e^2} + x^2}.$$

Or

$$\int dx \sqrt{x^2 + c} = \frac{x\sqrt{x^2 + c}}{2} + \frac{c}{2} \, l\left(x + \sqrt{x^2 + c}\right) + C;$$

donc

$$A = \frac{\pi b^2 c}{a^2} \left[x\sqrt{\frac{a^4}{b^2 c^2} + x^2} + \frac{a^4}{b^2 c^2} \, l\left(x + \sqrt{\frac{a^4}{b^2 e^2} + x^2}\right) \right] + C.$$

Comme cette intégrale doit être nulle pour $x = 0$, on aura

$$C = -\frac{\pi b^2 e}{a^2} \, \frac{a^4}{b^2 e^2} \, l \frac{a^2}{be},$$

et, par suite,

$$A = \frac{\pi b^2 e}{a^2} \left[x\sqrt{\frac{a^4}{b^2 e^2} + x^2} + \frac{a^4}{b^2 e^2} \, l\left(\frac{x + \sqrt{\dfrac{a^4}{b^2 e^2} + x^2}}{\dfrac{a^2}{be}}\right) \right].$$

Si l'on fait $x = a$, on aura, en doublant,

$$2\pi b \sqrt{a^2 + b^2 e^2} + \frac{2\pi a^2}{e} \, l\left(\frac{be + \sqrt{a^2 + b^2 e^2}}{a}\right)$$

pour la surface totale de l'ellipsoïde.

Cette formule se réduit à une forme plus simple en remplaçant $b^2 e^2$ par sa valeur $b^2 - a^2$. Elle devient alors

$$2\pi b^2 + \frac{2\pi a^2}{e} \, l \frac{be + b}{a} = 2\pi b^2 + 2\pi a^2 \, l\left[\frac{b}{a}(e + 1)\right]^{\frac{1}{e}}.$$

Quand $b = a$, on a

$$\frac{b}{a} = 1, \quad e = 0, \quad l(1 + e)^{\frac{1}{e}} = 1,$$

et par conséquent

$$2\pi b^2 + 2\pi a^2 = 4\pi a^2$$

pour la surface de la sphère.

CHANGEMENT DE VARIABLES DANS LES INTÉGRALES DOUBLES.

446. Une intégrale définie double

$$S = \iint P\, dx\, dy,$$

dans laquelle P désigne une fonction de x et de y, peut être regardée comme exprimant le volume compris entre le plan des xy et la surface dont l'ordonnée est égale à P, à l'intérieur d'un cylindre parallèle à l'axe des z et ayant pour base la partie Ω du plan des xy dans laquelle on fait varier x et y pour effectuer la double intégration ; les axes sont supposés rectangulaires. Nous allons chercher ce que devient l'expression de S lorsqu'à x et y on substitue deux variables u et v, dont les valeurs sont données en fonction de x et y. Une simple substitution transforme P en une fonction connue P_1 de u et de v ; mais il reste à déterminer l'élément différentiel par lequel P_1 doit être multiplié dans l'intégrale double.

A une valeur de u correspond une infinité de systèmes de valeurs de x et y, coordonnées d'un point dont le lieu est une ligne U ; de même, à chaque valeur de v correspond une courbe V, et les variables u et v constituent un système de coordonnées, généralement curvilignes, dans le plan des xy. Donnons à u et à v deux séries de valeurs infiniment rapprochées les unes des autres : les lignes U et V correspondantes forment deux familles de courbes qui divisent le plan des xy en quadrilatères ABCD infiniment petits. On verra, comme au n° 437, que le volume S est égal à la limite de la somme

de petits prismes, dont chacun a pour base un quadrilatère tel que ABCD et pour hauteur l'ordonnée d'un
des points A, B, C ou D; il s'agit d'évaluer l'aire du
quadrilatère ABCD. Ce quadrilatère peut être assimilé
à un parallélogramme, parce que la courbure totale de
chacun de ses côtés est infiniment petite, et que les
côtés opposés ont sensiblement la même direction. Or
si trois sommets d'un parallélogramme ont pour coordonnées

$$x, y; \quad x + h, y + k; \quad x + h', y + k',$$

l'aire du polygone est égale, comme on sait, à

$$\pm (hk' - kh').$$

Soient x et y les coordonnées d'un sommet A dont
les coordonnées curvilignes sont u et v; en passant au
sommet B, u, par exemple, augmentera de du, tandis
que v restera constant; les coordonnées rectilignes de
B sont donc

$$x + \frac{dx}{du} du, \quad y + \frac{dy}{du} du;$$

celles du sommet C sont, pour une raison semblable,

$$x + \frac{dx}{dv} dv, \quad y + \frac{dy}{dv} dv;$$

la formule rappelée tout à l'heure donne

$$\text{aire ABCD} = \pm \left(\frac{dx}{du} \frac{dy}{dv} - \frac{dx}{dv} \frac{dy}{du} \right) du\, dv,$$

le signe $\pm$ étant choisi de manière à rendre positif le
coefficient de $du\, dv$. On aura donc

$$S = \int\int \pm P_1 \left(\frac{dx}{du} \frac{dy}{dv} - \frac{dy}{du} \frac{dx}{dv} \right) du\, dv,$$

et l'on donnera à u et v toutes les valeurs comprises
dans le champ d'intégration Ω.

446. Prenons, par exemple, pour u et v les coordon-

nées polaires r et θ; on a

$$x = r\cos\theta, \qquad y = r\sin\theta;$$

les quadrilatères ABCD dans lesquels on divise le plan des xy sont des rectangles dont l'un est compris entre deux cercles de rayons r et $r + dr$, et deux rayons vecteurs faisant avec Ox les angles θ et $\theta + d\theta$; son aire est égale à

$$\pm\left(\frac{dx}{dr}\frac{dy}{d\theta} - \frac{dy}{dr}\frac{dx}{d\theta}\right) dr\, d\theta = r\, dr\, d\theta.$$

Considérons une sphère qui a pour centre l'origine et pour rayon a: la partie de sa surface située au-dessus du plan des xy, à l'intérieur du cylindre défini par l'équation

$$x^2 + y^2 - ax = 0,$$

est égale (441) à

$$S = \int_0^a dx \int_{-\sqrt{ax-x^2}}^{\sqrt{ax-x^2}} \frac{a\, dy}{\sqrt{a^2 - x^2 - y^2}};$$

en prenant des coordonnées polaires, on aura

$$S = \int_{-\frac{\pi}{2}}^{\frac{\pi}{2}} d\theta \int_0^{a\cos\theta} \frac{ar\, dr}{\sqrt{a^2 - r^2}}$$

$$= 2a^2 \int_0^{\frac{\pi}{2}} (1 - \sin\theta)\, d\theta = (\pi - 2)a^2.$$

Des considérations analogues aux précédentes montrent qu'une intégrale de la forme $\int\int\int P\, dx\, dy\, dz$ peut être transformée en une autre de la forme

$$\int\int\int P_1 \sum \frac{dx}{du}\left(\frac{dy}{dv}\frac{dz}{dw} - \frac{dy}{dw}\frac{dz}{dv}\right) du\, dv\, dw,$$

mais nous nous bornerons à cette seule indication.

TABLE

DES DÉFINITIONS, DES PROPOSITIONS ET DES FORMULES PRINCIPALES

CONTENUES

DANS LE PREMIER VOLUME DU COURS D'ANALYSE.

PREMIÈRE LEÇON.

NOTIONS PRÉLIMINAIRES.

1. NOTIONS SUR LES FONCTIONS. — On appelle *variable* une quantité qui prend successivement différentes valeurs, et *constante* celle qui conserve une valeur fixe dans le cours d'un même calcul.

2. Quand les valeurs d'une variable dépendent de celles que prend une autre variable, la première est dite une *fonction* de la seconde.

3. On nomme *variable indépendante* celle à laquelle on donne des valeurs arbitraires, et *fonction* la variable qui prend des valeurs correspondantes.

On indique différentes fonctions d'une variable x par $f(x)$, $\varphi(x)$, $F(x)$. Le résultat de la substitution de a à la place de x dans $f(x)$ est indiqué par $f(a)$.

On représente les fonctions de plusieurs variables par $f(x, y, z)$, $\varphi(x, y, z)$, $F(x, y, z)$,.... On indique par $f(a, b, c)$, $\varphi(a, b, c)$, $F(a, b, c)$,...., les résultats que l'on obtient lorsqu'on met a, b, c à la place de x, y, z dans ces fonctions.

4. On représente une fonction d'une seule variable par l'ordonnée d'une courbe plane, et par une surface, une fonction de deux variables indépendantes.

5. On nomme fonction *explicite* celle qui est exprimée immédiatement au moyen de la variable ou des variables dont elle dépend, et fonction *implicite* celle qui est liée aux variables dont elle dépend par des équations non résolues, ou par des conditions quelconques non exprimées analytiquement.

6 à 9. MÉTHODE DES LIMITES. — Quand les valeurs successives d'une quantité variable approchent indéfiniment d'une quantité fixe

et déterminée, *de manière à n'en différer qu'aussi peu qu'on voudra,* cette quantité fixe est appelée la *limite* des valeurs de la variable.

Si deux quantités qui varient simultanément restent constamment égales entre elles, dans tous les états de grandeur par lesquels elles passent, et si l'une d'elles tend vers une limite, l'autre tend aussi vers la même limite : principe de la *méthode des limites.*

10 à 12. MÉTHODE INFINITÉSIMALE. — Un infiniment petit est une quantité essentiellement variable qui a pour limite zéro.

Les infiniment petits sont des auxiliaires qui servent à rendre plus aisé le calcul des quantités finies.

13. THÉORÈME I. — La limite du rapport de deux quantités infiniment petites n'est pas changée quand on remplace ces quantités par d'autres qui ne leur sont pas égales, mais qui ont avec elles des rapports tendant vers l'unité.

14. Autre énoncé : La limite du rapport de deux infiniment petits ne change pas quand on les remplace par d'autres qui en diffèrent d'une quantité infiniment petite par rapport à eux.

15. THÉORÈME II. — La limite d'une somme d'infiniment petits de même signe ne change pas quand on les remplace par d'autres dont les rapports aux premiers ont respectivement pour limite l'unité.

16. THÉORÈME. — Si une somme d'infiniment petits, dont le nombre augmente indéfiniment, a une limite finie, la somme des produits obtenus en les multipliant respectivement par d'autres infiniment petits aura pour limite zéro.

17. DIFFÉRENTS ORDRES D'INFINIMENT PETITS. — Quand des infiniment petits dépendent les uns des autres, on en prend un pour *infiniment petit principal.* On appelle *infiniment petits du premier ordre* tous ceux dont les rapports à l'infiniment petit principal ont des limites finies ; *infiniment petits du second ordre* ceux dont les rapports aux infiniment petits du premier ordre sont des infiniment petits du premier ordre, et ainsi de suite.

Si α est un infiniment petit du premier ordre, p étant fini et β infiniment petit, $\alpha^n (p + \beta)$ représentera un infiniment petit de l'ordre de n.

Autre énoncé des théorèmes I et II (13, 15) :

Quand en cherche la limite du rapport de deux quantités composées d'infiniment petits de divers ordres, on peut ne conserver, dans chacune de ces quantités, que les infiniment petits de l'ordre le moins élevé.

Quand on cherche la limite de la somme de plusieurs quantités infiniment petites, on peut ne conserver que les infiniment petits de l'ordre le moins élevé.

DEUXIÈME LEÇON.

THÉORÈMES SUR LES DÉRIVÉES ET LES DIFFÉRENTIELLES.

18. Origine du calcul différentiel. — On a été conduit à la découverte du calcul différentiel en cherchant une méthode générale pour mener des tangentes aux courbes planes représentées par des équations.

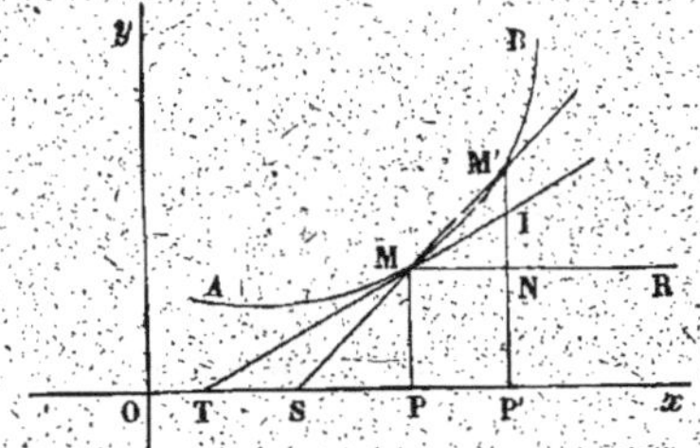

Soit la courbe AMB, les points $M(x, y)$, $M'(x + h, y + h)$, la sécante M'MS, et la tangente MT,

$$\operatorname{tang} IMR = \lim \frac{k}{h},$$

quand h diminue indéfiniment jusqu'à zéro.

19. But du calcul différentiel. — Fonction dérivée. — Le calcul différentiel a pour but de déterminer, pour chaque fonction, la limite du rapport de l'accroissement de la fonction à celui de la variable, quand celui-ci diminue jusqu'à zéro. Cette limite est appelée la fonction *dérivée* de la fonction proposée. On la représente par y' ou par $f'(x)$.

20. Différentielle. — Le produit de l'accroissement de la variable indépendante x par la dérivée de la fonction s'appelle la *différentielle* de la variable y, et on la désigne par dy :

$$dy = y'h = f'(x)h.$$

La différentielle de la variable indépendante n'est autre chose que l'accroissement h.

La dérivée d'une fonction d'une variable est le quotient de la différentielle de la fonction par la différentielle de la variable.

21. dx et dy sont les accroissements correspondants de x et de y, quand on passe du point de contact M situé sur la courbe à un point quelconque I de la tangente, tandis que k ou M'N est l'accroissement de l'ordonnée de la courbe correspondant au même accroissement $h = dx$ de l'abscisse.

22. Le rapport de l'accroissement de la fonction à la différentielle de cette fonction tend vers l'unité.

23. Propriétés générales des fonctions dérivées. — Une fonction croît ou décroît à partir d'une valeur déterminée de x, suivant que sa dérivée est, pour cette valeur, positive ou négative.

24. Si la dérivée d'une fonction est nulle pour toutes les valeurs de x comprises entre a et b, cette fonction a une valeur constante dans cet intervalle.

25. Si une fonction est croissante dans un certain intervalle, sa dérivée ne peut devenir négative dans cet intervalle; si une fonction est décroissante, sa dérivée sera négative.

26. Si la dérivée d'une fonction était constamment infinie, x serait une constante.

27. Quand on considère plusieurs variables x, y, z, u, on représente les accroissements simultanés de ces variables par Δx, Δy, Δz, Δu.

28. Lorsque deux fonctions sont égales pour toutes les valeurs de la variable indépendante, leurs différentielles ou leurs dérivées sont égales.

Deux fonctions qui ne diffèrent que par une constante ont la même différentielle.

29. Réciproquement, si les différentielles de deux fonctions sont égales entre elles, dans un certain intervalle, ces fonctions auront, dans cet intervalle, une différence constante.

30. Des fonctions de fonctions. — Quand on a

$$u = \varphi(y),$$

y étant elle-même une fonction de x, $f(x)$, on dit que u est une *fonction de fonction* de x.

$$\frac{du}{dx} = \varphi'(y) f'(x).$$

La dérivée d'une fonction de fonction est égale au produit des dérivées de ces fonctions.

31. On peut écrire

$$du = \varphi'(y)\, dy.$$

32.

$$\frac{du}{dx} = \frac{du}{dy}\frac{dy}{dx}.$$

33. Si l'on a

$$v = \psi(u), \quad u = \varphi(y), \quad y = f(x),$$

on aura

$$\frac{dv}{dx} = \psi'(u)\,\varphi'(y)\,f'(x),$$

la dérivée de la fonction v est égale au produit des dérivées des trois fonctions dont elle est formée. Cette règle s'applique à un nombre quelconque de fonctions.

TROISIÈME LEÇON.

RÈGLES DE DIFFÉRENTIATION.

34. SOMME.

$$d(u + v - z) = du + dv - dz.$$

35 à 37. PRODUIT.

$$dy = d(au) = a\,du.$$
$$d(uv) = v\,du + u\,dv.$$
$$d(uvz) = vz\,du + uz\,dv + uv\,dz.$$
$$\frac{d(uvz\ldots t)}{uvz\ldots t} = \frac{du}{u} + \frac{dv}{v} + \frac{dz}{z} + \ldots + \frac{dt}{t}.$$

38. QUOTIENT.

$$d\frac{u}{v} = \frac{v\,du - u\,dv}{v^2}.$$

39 à 42. PUISSANCE m QUELCONQUE.

$$du^m = mu^{m-1}\,du.$$

43. EXPRESSION IMAGINAIRE.

$$d\left(u + v\sqrt{-1}\right) = du + dv\sqrt{-1}.$$

44 et 45. APPLICATIONS.

$1°$ Courbe telle, que la sous-normale ait une longueur constante a.

$$y^2 = 2ax + c.$$

$2°$ Courbe dont la sous-normale est une puissance donnée de l'abscisse.

$$y^2 = \frac{2}{m+1} x^{m+1} + c.$$

$3°$ Courbe dont la sous-tangente est en raison inverse de l'ordonnée.

$$xy - cy = -a^2.$$

$4°$ Courbe dont la normale est constante.

$$(y - c)^2 + y^2 = a^2.$$

STURM. — *An.*, I.

46. Différentiation des fonctions composées.

$$y = f(u, v), \quad dy = \frac{dy}{du}\, du + \frac{dy}{dv}\, dv.$$

47.

$$y = f(u, v, z), \quad dy = \frac{dy}{du}\, du + \frac{dy}{dv}\, dv + \frac{dy}{dz}\, dz.$$

QUATRIÈME LEÇON.

NOTIONS SUR LES SÉRIES.

48. Définitions. — *Série,* suite composée d'un nombre infini de termes formés d'après une loi déterminée.

Si, à partir d'une valeur de n suffisamment grande, la somme des n premiers termes S_n approche indéfiniment d'une limite finie et déterminée, quand n augmente de plus en plus, la série est *convergente,* et la limite S vers laquelle elle tend est la *somme* de la série. La différence $S - S_n = R_n$ se nomme le *reste de la série.*

Si S_n croît au delà de toute limite, ou n'a pas de limite fixe, la série est *divergente.*

49. Théorèmes sur la convergence des séries. — Pour qu'une série soit convergente, la condition nécessaire et suffisante consiste en ce que la somme d'un nombre quelconque de termes au delà du $n^{ième}$, u_n, soit aussi petite que l'on voudra, si n est suffisamment grand.

50. A partir d'un terme u_n, n étant assez grand, les termes doivent finir par devenir plus petits que toute quantité donnée. Condition nécessaire, non suffisante.

51. En général, pour reconnaître si une série est convergente, on compare ses termes, à partir d'un certain rang, à ceux d'une autre série qu'on sait être convergente, et s'il arrive que les termes de la première soient inférieurs ou au plus égaux à ceux de la seconde, alors cette première série est *convergente.*

52. Théorème I. — Une série dont tous les termes, ou du moins les termes très-éloignés, sont positifs, est convergente si, à partir d'un certain terme, le rapport d'un terme quelconque au précédent est plus petit qu'un nombre déterminé k, qui est lui-même plus petit que l'unité.

53. Théorème II. — Une série à termes positifs est convergente, si, à partir d'un certain terme, on a constamment

$$\sqrt[n]{u_n} < k < 1.$$

54. Les termes d'une série ayant des signes quelconques, si la série qu'on obtient en prenant positivement tous les termes au delà d'un certain rang est convergente, la série proposée le sera aussi. Condition suffisante, non nécessaire.

55. THÉORÈME III. — Une série est convergente quand les termes éloignés sont alternativement positifs et négatifs, et décroissent indéfiniment.

56.

$$\left(u_1 + v_1\sqrt{-1}\right) + \left(u_2 + v_2\sqrt{-1}\right) + \ldots + \left(u_n + v_n\sqrt{-1}\right) + \ldots :$$

série convergente, si les deux sommes

$$u_1 + u_2 + u_3 + \ldots + u_n + \ldots, \quad v_1 + v_2 + v_3 + \ldots + v_n + \ldots,$$

sont convergentes.

57. ÉTUDE DE QUELQUES SÉRIES :

$$1° \quad 1 + x + \frac{x^2}{1.2} + \frac{x^3}{1.2.3} + \ldots + \frac{x^n}{1.2.3\ldots n} + \ldots,$$

convergente, quel que soit x,

$$R_n < \frac{x^{n+1}}{1.2\ldots n} \frac{1}{n+1-x};$$

$$2° \quad 1 + x\cos x + \frac{x^2}{1.2}\cos 2x + \ldots + \frac{x^n}{1.2\ldots n}\cos nx + \ldots,$$

convergente, quel que soit x;

$$3° \quad \frac{x}{1} + \frac{x^2}{2} + \frac{x^3}{3} + \ldots + \frac{x^n}{n} + \ldots,$$

convergente pour x entre -1 et $+1$,

$$R_n < \frac{x^{n+1}}{n+1} \frac{1}{1-x};$$

$$4° \quad 1 + mx + \frac{m(m-1)}{1.2}x^2 + \ldots + \frac{m(m-1)\ldots(m-p+1)}{1.2\ldots p}x^p + \ldots,$$

convergente, si $x^2 < 1$;

$$5° \quad 1 + \frac{1}{2^m} + \frac{1}{3^m} + \frac{1}{4^m} + \ldots,$$

divergente pour $m \lessgtr 1$, convergente pour $m > 1$;

$$6^\circ \quad 2 + \frac{1}{1.2} + \frac{1}{1.2.3} + \frac{1}{1.2.3.4} + \ldots + \frac{1}{1.2.3\ldots n}, \ldots,$$

convergente. On en représente la somme par e :
e est entre 2 et 3,

$$R_n < \frac{1}{1.2.3\ldots n} \times \frac{1}{n} ;$$

$e = 2,7182818$, à un dix-millionième près.

58 à 61. LIMITE DE $\left(1 + \frac{1}{m}\right)^m$ **QUAND** m **CROIT INDÉFINIMENT.** — Cette limite est le nombre e.

62. e est incommensurable.

CINQUIÈME LEÇON.

DIFFÉRENTIATION DES FONCTIONS TRANSCENDANTES.

63. FONCTIONS LOGARITHMIQUES.

$$d.\log x = \frac{dx}{x} \log e.$$

64. Quand le nombre e est la base, les logarithmes sont dits népériens : nous les désignerons par l.

$$d\, \mathrm{l}x = \frac{dx}{x}.$$

On passe d'un système quelconque au système népérien, et *vice versâ*, par la formule

$$\log x = \mathrm{l}x \times \frac{1}{\mathrm{l}a} = \mathrm{l}x \times \log e.$$

$\frac{1}{\mathrm{l}a}$ ou $\log e$ est le *module* du système. Quand $a = 10$, le module est

$$\log e = 0,4342945.$$

65 et 66. La règle de la différentiation des logarithmes est souvent utile pour différentier d'autres fonctions.

67 à 69. FONCTIONS EXPONENTIELLES.

$$du^u = a^u\, \mathrm{l}a\, du, \quad de^x = e^x dx.$$

La fonction Ce^x est la seule qui soit égale à sa dérivée.

70 à 75. FONCTIONS CIRCULAIRES DIRECTES. — $\sin x$, $\cos x$,... sont les rapports des droites ainsi nommées au rayon du cercle. x est la longueur d'un arc rapportée au rayon pris pour unité ; si z est le nombre des degrés contenus dans x,

$$x = \frac{\pi z}{180}, \quad z = \frac{180°}{\pi} \times x = 57° 16' \times x.$$

L'arc égal au rayon $= 57° 16'$.

$$d \sin x = \cos x\, dx, \quad d \cos z = -\sin z\, dz.$$

$$d \tang z = \frac{dz}{\cos^2 z}. \quad d \cot z = -\frac{dz}{\sin^2 z}. \quad d \sec z = \frac{\sin z\, dz}{\cos^2 z}.$$

76 à 80. FONCTIONS CIRCULAIRES INVERSES. — L'arc dont le sinus est x se représente par arc $\sin x$.

$$d \text{ arc} \sin u = \frac{du}{\sqrt{1 - u^2}}.$$

$$d \text{ arc} \cos u = -\frac{du}{\sqrt{1 - u^2}}.$$

$$d \text{ arc} \tang u = \frac{du}{1 + u^2}.$$

$$d \text{ arc} \cot u = -\frac{du}{1 + u^2}.$$

SIXIÈME LEÇON.

DIFFÉRENTIATION DES FONCTIONS IMPLICITES. — CHANGEMENT DE LA VARIABLE INDÉPENDANTE.

81 et 82. DIFFÉRENTIATION DES FONCTIONS IMPLICITES DONNÉES PAR UNE SEULE ÉQUATION

$$f(x, y) = 0 :$$

$$\frac{df}{dx}dx + \frac{df}{dy}dy = 0, \quad \frac{dy}{dx} = -\frac{\dfrac{df}{dx}}{\dfrac{df}{dy}}.$$

83. ÉLIMINATION DES CONSTANTES. — Si entre une équation donnée et l'équation qu'on en tire par la différentiation, on élimine une constante, on a une nouvelle équation qui exprime une propriété de la tangente, commune à toutes les courbes que représente l'équation proposée, quand on y donne différentes valeurs à la constante.

84. Fonctions implicites données par plusieurs équations.

$$f(x, y, z) = 0, \quad F(x, y, z) = 0,$$

$$\frac{df}{dx}\,dx + \frac{df}{dy}\,dy + \frac{df}{dz}\,dz = 0,$$

$$\frac{dF}{dx}\,dx + \frac{dF}{dy}\,dy + \frac{dF}{dz}\,dz = 0,$$

$$\frac{dy}{dx} = \frac{\dfrac{df}{dx}\dfrac{dF}{dz} - \dfrac{df}{dz}\dfrac{dF}{dx}}{\dfrac{df}{dz}\dfrac{dF}{dy} - \dfrac{df}{dy}\dfrac{dF}{dz}}, \qquad \frac{dz}{dx} = \frac{\dfrac{df}{dy}\dfrac{dF}{dx} - \dfrac{df}{dx}\dfrac{dF}{dy}}{\dfrac{df}{dz}\dfrac{dF}{dy} - \dfrac{df}{dy}\dfrac{dF}{dz}}$$

85 et 86. Si l'on a n équations entre $n+1$ variables, on égalera à zéro les différentielles des premiers membres de toutes ces équations; on aura n équations du premier degré, d'où l'on tirera $\dfrac{dy}{dx}$, $\dfrac{dz}{dx}$, etc.

87. Dérivées et différentielles de divers ordres. — Soit $y = f(x)$ une fonction quelconque de x, et y' sa dérivée. Si l'on différentie y', on obtient la dérivée de y', que l'on appelle la *dérivée seconde* ou du second ordre de y, et qu'on désigne par y''. De même y'' aura une dérivée y''', et, en continuant ainsi, on aura les dérivées de tous les ordres de y. On les représente aussi par $f'(x)$, $f''(x)$, $f'''(x)$,....

A ces dérivées correspondent les différentielles successives de y, que l'on représente par d^2y, d^3y,....

$$dy = y'dx, \quad d^2y = y''dx^2, \quad d^3y = y'''dx^3,\dots, \quad d^n y = y^{(n)}dx^n,$$

$$y' = \frac{dy}{dx}, \quad y'' = \frac{d^2 y}{dx^2}, \quad y''' = \frac{d^3 y}{dx^3},\dots, \quad y^{(n)} = \frac{d^n y}{dx^n}.$$

88. Exemples :

1°
$$y = x^m.$$

2°
$$y = A x^m + B x^{m-1} + C x^{m-2} + \dots$$

Si m est entier, $\dfrac{d^m y}{dx^m} = 1.2.3\dots m.A.$

Les dérivées suivantes sont nulles.

3°
$$y = a^x.$$

$$\frac{d^n y}{dx^n} = a^x (la)^n.$$

4°
$$y = \log x.$$

$$\frac{d^n y}{dx^n} = (-1)^{n-1} 1.2.3\ldots(n-1)x^{-n}.\log e.$$

5°
$$y = \sin x, \quad \frac{d^n y}{dx^n} = \sin\left(x + \frac{n}{2}\pi\right).$$

$$y = \cos x, \quad \frac{d^n y}{dx^n} = \cos\left(x + \frac{n}{2}\pi\right).$$

89. Quand la fonction y est donnée par l'équation $f(x, y) = 0$,

$$\varphi = \frac{df}{dx} + \frac{df}{dy}y' = 0, \quad \frac{d\varphi}{dx} + \frac{d\varphi}{dy}y' + \frac{d\varphi}{dy'}y'' = 0.$$

On trouverait de même y''', y^{iv},....

90. Du changement de la variable indépendante. — Si l'on a n équations entre $(n+1)$ variables, y, x, t, u, v,..., on peut en regarder une comme indépendante, et imaginer que toutes les autres soient exprimées en fonction de celle-ci. Si l'on choisit t, par exemple, on a

$$y = \psi(t) \quad \text{et} \quad d^n y = \psi^{(n)}(t)dt^n.$$

91. Si l'on prend t pour variable indépendante, et que l'on considère x et y comme fonctions de t, on a

$$dy = f'(x)dx,$$
$$d^2y = f''(x)dx^2 + f'(x)d^2x,$$
$$d^3y = f'''(x)dx^3 + 3f''(x)dx\,d^2x + f'(x)d^3x;$$

ou
$$\psi'(t) = f'(x)\varphi'(t),$$
$$\psi''(t) = f''(x)\varphi'(t)^2 + f'(x)\varphi''(t),$$
$$\psi'''(t) = f'''(x)\varphi'(t)^3 + 3f''(x)\varphi'(t)\varphi''(t) + f'(x)\varphi'''(t).$$

92, 93. Réciproquement,

$$f'(x) = \frac{dy}{dx},$$

$$f''(x) = \frac{dx\,d^2y - dy\,d^2x}{dx^3},$$

$$f'''(x) = \frac{dx(dx\,d^3y - dy\,d^3x) - 3d^2x(dx\,d^2y - dy\,d^2x)}{dx^5},$$

les différentielles dans les seconds membres sont relatives à t.

94. La dérivée première $f'(x)$ est la seule dont l'expression par les différentielles de x et de y reste la même quand on cesse de prendre x pour variable indépendante, ou quand dx cesse d'être constante.

95. Vérification des formules générales. Si $x = t$,

$$f'(x) = \frac{dy}{dx}, \quad f''(x) = \frac{d^2y}{dx^2}, \quad f'''(x) = \frac{d^3y}{dx^3}, \dots$$

96. Si l'on prenait y pour variable indépendante, l'équation

$$y = f(x),$$

étant résolue par rapport à x, donnerait une valeur de la forme

$$x = F(y).$$

$F(y)$ est dite la *fonction inverse* de $f(x)$.

$$f'(x) = \frac{1}{F'(y)},$$

$$f''(x) = -\frac{F''(y)}{F'(y)^3},$$

$$f'''(x) = \frac{3 F''(y)^2 - F'(y) F'''(y)}{F'(y)^5}.$$

97. Exemple.

SEPTIÈME LEÇON.

DIFFÉRENTIATION DES FONCTIONS DE PLUSIEURS VARIABLES INDÉPENDANTES.

98. DIFFÉRENTIELLES PARTIELLES ET TOTALES D'UNE FONCTION DE PLUSIEURS VARIABLES INDÉPENDANTES. — Si dans une fonction de plusieurs variables indépendantes

$$u = f(x, y, z),$$

on ne fait varier que x, et qu'on prenne la dérivée de la fonction par rapport à x, cette *dérivée partielle* sera une certaine fonction $\varphi(x, y, z)$; on la représente par la notation $\dfrac{du}{dx}$ ou $\dfrac{df(x, y, z)}{dx}$. En multipliant la dérivée partielle par dx ou par l'accroissement arbitraire de x, on aura la *différentielle partielle* de u par rapport à x,

$$\varphi(x, y, z)\, dx, \quad \text{ou} \quad \frac{du}{dx}\, dx.$$

99. La somme des différentielles partielles de u par rapport à toutes les variables s'appelle la *différentielle totale* de u.

100.

$$\Delta u = [\varphi(x, y, z)\, \Delta x + \psi(x, y, z)\, \Delta y + \chi(x, y, z)\, \Delta z] + (\alpha \Delta x + \beta'' \Delta y + \gamma'' \Delta z).$$

L'accroissement de la fonction u se compose de deux parties : dans l'une, les accroissements des variables sont multipliés par des fonctions indépendantes de ces accroissements, et qui sont les dérivées partielles de u; dans l'autre, ces accroissements sont multipliés par des quantités α, β'', γ'' qui s'évanouissent en même temps qu'eux.

101. EXEMPLES.

102. PROPRIÉTÉS DE LA DIFFÉRENTIELLE TOTALE. — La limite du rapport de l'accroissement d'une fonction à sa différentielle totale est l'unité.

103. Quand une fonction de plusieurs variables est constante, sa différentielle totale est nulle.

Si deux fonctions ont une différence constante, leurs différentielles partielles ou totales sont égales, et réciproquement.

104. DIFFÉRENTIATION D'UNE FONCTION COMPOSÉE DE FONCTIONS DE PLUSIEURS VARIABLES INDÉPENDANTES. p fonction composée de deux fonctions des variables : $p = F(u, v)$, u et v étant des fonctions des variables indépendantes x, y, z :

$$\frac{dp}{dx} = \frac{dp}{du}\frac{du}{dx} + \frac{dp}{dv}\frac{dv}{dx},$$

$$\frac{dp}{dy} = \frac{dp}{du}\frac{du}{dy} + \frac{dp}{dv}\frac{dv}{dy},$$

$$\frac{dp}{dz} = \frac{dp}{du}\frac{du}{dz} + \frac{dp}{dv}\frac{dv}{dz};$$

la différentielle totale de p :

$$dp = \frac{dp}{du}du + \frac{dp}{dv}dv.$$

105. DIFFÉRENTIELLES DES FONCTIONS IMPLICITES DE PLUSIEURS VARIABLES INDÉPENDANTES.

$$(1) \qquad f(x, y, z, u, v) = 0,$$

$$(2) \qquad F(x, y, z, u, v) = 0.$$

$$\frac{df}{dx}dx + \frac{df}{dy}dy + \frac{df}{dz}dz + \frac{df}{du}du + \frac{df}{dv}dv = 0,$$

$$\frac{dF}{dx}dx + \frac{dF}{dy}dy + \frac{dF}{dz}dz + \frac{dF}{du}du + \frac{dF}{dv}dv = 0.$$

De ces deux équations on tirera du et dv.

106. DÉRIVÉES ET DIFFÉRENTIELLES DE DIVERS ORDRES. $\dfrac{ddu}{dy\,dx}$ ou

$\dfrac{d^2u}{dy\,dx}$ indique la dérivée par rapport à y de la dérivée de u par rapport à x. De même $\dfrac{d^2u}{dx\,dy}$ est la dérivée par rapport à x de la dérivée de u par rapport à y.

On indique d'une manière semblable le résultat d'un nombre quelconque de différentiations exécutées dans un certain ordre sur la fonction u.

107 à 109. Théorème sur l'ordre des différentiations. — Le résultat final de plusieurs différentiations successives est toujours le même, quel que soit l'ordre dans lequel on opère par rapport aux diverses variables.

110. Différentielles totales de divers ordres d'une fonction de plusieurs variables indépendantes. — Soit u une fonction de trois variables indépendantes x, y, z,

$$d^n u = \left(\frac{du}{dx} dx + \frac{du}{dy} dy + \frac{du}{dz} dz \right)^{(n)},$$

formule symbolique, dans laquelle il faudra remplacer du^n par $d^n u$ après le développement.

111. Dérivées partielles des fonctions implicites. — Une équation $f(x, y) = 0$, entre deux variables x et y, donne

$$\frac{df}{dx} dx + \frac{df}{dy} dy = 0, \quad \text{d'où} \quad \frac{dy}{dx} = -\frac{\dfrac{df}{dx}}{\dfrac{df}{dy}},$$

$$\frac{d^2 f}{dx^2} + 2 \frac{d^2 f}{dx\,dy} \frac{dy}{dx} + \frac{d^2 f}{dy^2} \left(\frac{dy}{dx} \right)^2 + \frac{df}{dy} \frac{d^2 y}{dx^2} = 0;$$

d'où l'on tire $\dfrac{d^2 y}{dx^2}$. En différentiant de nouveau, on obtiendra $\dfrac{d^3 y}{dx^3}$, $\dfrac{d^4 y}{dx^4}, \ldots$

112 et 113. Si l'on a une seule équation entre trois variables

$$(1) \qquad f(x, y, z) = 0,$$

en différentiant l'équation (1) par rapport à x, on a

$$(2) \qquad \frac{df}{dx} + \frac{df}{dz} \frac{dz}{dx} = 0;$$

d'où l'on tire $\dfrac{dz}{dx}$. On a de même $\dfrac{dz}{dy}$ par l'équation

$$(3) \qquad \frac{df}{dy} + \frac{df}{dz}\frac{dz}{dy} = 0.$$

En différentiant l'éduation (2) par rapport à x, on aura

$$\frac{d^2 f}{dx^2} + 2\frac{d^2 f}{dx\,dz}\frac{dz}{dx} + \frac{d^2 f}{dz^2}\left(\frac{dz}{dx}\right)^2 + \frac{df}{dz}\frac{d^2 z}{dx^2} = 0;$$

d'où $\dfrac{d^2 z}{dx^2}$.

En différentiant l'équation (2) par rapport à y, ou l'équation (3) par rapport à x, on trouve également

$$\frac{d^2 f}{dx\,dy} + \frac{d^2 f}{dy\,dz}\frac{dz}{dx} + \frac{d^2 f}{dx\,dz}\frac{dz}{dy} + \frac{d^2 f}{dz^2}\frac{dz}{dx}\frac{dz}{dy} + \frac{df}{dz}\frac{d^2 z}{dx\,dy} = 0,$$

d'où $\dfrac{d^2 z}{dx\,dy}$, etc.

HUITIÈME LEÇON.

FORMATION DES ÉQUATIONS DIFFÉRENTIELLES; ÉLIMINATION DES FONCTIONS ARBITRAIRES.

114-115. ÉLIMINATION DES CONSTANTES. — Étant données n équations qui renferment une variable indépendante x, n fonctions inconnues de cette variable et $n + p$ constantes arbitraires, on peut éliminer ces constantes entre les équations données et celles qu'on en déduit en les différentiant un nombre suffisant de fois par rapport à x; on obtient n équations différentielles simultanées.

L'élimination de C et C_1 entre une équation

$$f(x, y, z, C, C_1) = 0$$

et les équations dérivées par rapport à x et y donne une équation aux dérivées partielles, moins générale que l'équation proposée.

116. ÉLIMINATION DES FONCTIONS ARBITRAIRES. — Soit

$$\varphi(\alpha_1, \alpha_2, \ldots, \alpha_n) = 0$$

une équation dont le premier membre est une fonction arbitraire des n quantités $\alpha_1, \alpha_2, \ldots, \alpha_n$ qui sont des fonctions connues d'une quantité inconnue z et de n variables indépendantes x_1, x_2, ..., x_n; on peut éliminer φ'_{α_1}, φ'_{α_2}, ... entre les équations obtenues en différentiant la proposée par rapport à x_1, x_2, ..., x_n; le résultat constitue une équation aux dérivées partielles, linéaire et du premier ordre.

117. On trouve encore une équation du premier ordre, mais non linéaire, en éliminant a et la fonction φ entre les équations

$$f[x, y, z, a, \varphi(a)] = 0, \qquad \frac{df}{da} = 0$$

et les équations dérivées de la première.

118. D'une manière générale, on peut, à l'aide d'un nombre suffisant de différentiations, éliminer tant de fonctions arbitraires que l'on veut.

119. CHANGEMENT DES VARIABLES INDÉPENDANTES. — Soit u une fonction de x, y, z; si l'on donné x, y, z en fonction de ξ, η, ζ, on aura, entre les anciennes et les nouvelles dérivées de u,

$$(1) \qquad \frac{du}{d\xi} = \frac{du}{dx}\frac{dx}{d\xi} + \frac{du}{dy}\frac{dy}{d\xi} + \frac{du}{dz}\frac{dz}{d\xi} \text{ etc.}$$

$$(2) \qquad \frac{du}{dx} = \frac{du}{d\xi}\frac{d\xi}{dx} + \frac{du}{d\eta}\frac{d\eta}{dx} + \frac{du}{d\zeta}\frac{d\zeta}{dx} \text{ etc.}$$

120. Application des relations (2) au cas où l'on pose

$$x = r\cos\theta, \qquad y = r\sin\theta.$$

121. Une dérivée partielle de la forme $\frac{du}{dx}$ n'a de sens que si l'on indique les variables qui restent constantes quand x varie.

122. Soit u une fonction de x et y; si l'on pose

$$x = F(\xi, \eta, \upsilon), \qquad y = F_1(\xi, \eta, \upsilon), \qquad u = F_2(\xi, \eta, \upsilon),$$

on pourra regarder υ comme fonction de ξ et η, et l'on aura

$$\frac{du}{d\xi} = \frac{dF}{d\xi} + \frac{dF}{d\upsilon}\frac{d\upsilon}{d\xi}, \qquad ..., \qquad \frac{du}{d\xi} = \frac{dF_2}{d\xi} + \frac{dF_2}{d\upsilon}\frac{d\upsilon}{d\xi}, \qquad ...;$$

en substituant ces expressions dans les équations (1), n° 119, on aura assez d'équations pour calculer $\frac{du}{dx}$, $\frac{du}{dy}$, $\frac{d^2u}{dx^2}$, ..., en fonction de $\frac{d\upsilon}{d\xi}$, $\frac{d\upsilon}{d\eta}$, ...

NEUVIÈME LEÇON.

DÉVELOPPEMENT EN SÉRIE DES FONCTIONS D'UNE SEULE VARIABLE.

123 à 125. Série de Taylor.

$$f(x+h) = f(x) + hf'(x) + \frac{1 \cdot 2}{h^2} f''(x) + \dots$$
$$+ \frac{h^n}{1.2.3\dots n} f^{(n)}(x) + \frac{h^{n+1}}{1.2.3\dots(n+1)} f^{(n+1)}(x+\theta h).$$

Cette formule a lieu pourvu que $f^{(n+1)}(x')$ reste finie et bien déterminée pour toutes les valeurs de la variable x', depuis la valeur x jusqu'à $x+h$.

Les fonctions dérivées d'ordre supérieur à $n+1$ ne sont assujetties à aucune condition.

$$R = \frac{h^{n+1}}{1.2.3\dots(n+1)} f^{(n+1)}(x+\theta h).$$

126. Autres formes du reste.

$$R = \frac{h^n}{1.2.3\dots n} [f^{(n)}(x+\theta h) - f^{(n)}(x)].$$

La formule suppose que $f^{(n)}(x')$ reste finie et déterminée pour toutes les valeurs de la variable x', depuis x jusqu'à $x+h$; elle n'exige aucune condition relative aux dérivées d'un ordre supérieur à n.

127.

$$R = \frac{h^{n+1}(1-\theta)^n}{1.2.3\dots n} f^{(n+1)}(x+\theta h).$$

128. Remarque sur la série de Taylor. — Si l'on arrête la série à un terme $\frac{h^n}{1.2.3\dots n} f^{(n)}(x)$ qui ne soit pas nul, on pourra prendre la quantité h assez petite pour que ce terme surpasse en valeur absolue *le reste* qu'il faudrait ajouter à

$$f(x) + hf'(x) + \dots + \frac{h^n}{1.2.3\dots n} f^{(n)}(x),$$

afin d'avoir la valeur exacte de $f(x+h)$.

129. Série de Maclaurin.

$$f(x) = f(0) + xf'(0) + \frac{x^2}{1.2} f''(0) + \frac{x^3}{1.2.3} f'''(0) + \dots$$

Le reste a l'une de ces trois formes

$$\frac{x^{n+1}}{1.2.3\ldots(n+1)}f^{(n+1)}(\theta x), \qquad \frac{x^{n}}{1.2.3\ldots n}[f^{(n)}(\theta x)-f^{n}(0)],$$

$$\frac{x^{n+1}(1-\theta)^{n}}{1.2.3\ldots n}f^{(n+1)}(\theta x).$$

130. REMARQUES SUR LA FORMULE DE MACLAURIN. — Si la fonction $f(x)$ devient infinie ou discontinue pour $x = 0$, on peut la développer, suivant les puissances de $x - a$, par la formule

$$f(x) = f(a) + (x-a)f'(a) + \frac{(x-a)^2}{1.2}f''(a) + \ldots$$

$$+\frac{(x-a)^n}{1.2.3\ldots n}f^{(n)}(a) + \frac{(x-a)^{n+1}}{1.2.3\ldots(n+1)}f^{(n+1)}[a+\theta(1-a)].$$

131. La fonction $f(x)$ ne peut être développée en une série convergente procédant suivant les puissances entières et ascendantes de x autrement que par la formule de Maclaurin.

132. La série de Maclaurin, quand elle est convergente, peut converger vers une limite différente de $f(x)$.

133. AUTRE DÉMONSTRATION DE LA SÉRIE DE TAYLOR.

DIXIÈME LEÇON.

APPLICATIONS DE LA SÉRIE DE MACLAURIN.

134 et 135. DÉVELOPPEMENT DES FONCTIONS EXPONENTIELLES.

$$e^x = 1 + \frac{x}{1} + \frac{x^2}{1.2} + \frac{x^3}{1.2.3} + \ldots$$

$$+ \frac{x^n}{1.2.3\ldots n} + \frac{x^{n+1}}{1.2.3\ldots(n+1)}e^{\theta x}.$$

$$a^x = 1 + \frac{x\,la}{1} + \frac{x^2(la)^2}{1.2} + \frac{x^3(la)^3}{1.2.3} + \ldots + \frac{x^n(la)^n}{1.2\ldots n}$$

$$+ \frac{x^{n+1}(la)^{n+1}}{1.2\ldots(n+1)}a^{\theta x}.$$

136. DÉVELOPPEMENT DE SIN x.

$$\sin x = x - \frac{x^3}{1.2.3} + \frac{x^5}{1.2.3.4.5} - \ldots$$

$$\pm \frac{x^{n-1}}{1.2\ldots(n+1)} \mp \frac{x^{n+1}}{1.2\ldots(n+1)}\cos(\theta x).$$

137. Développement de cos x.

$$\cos x = 1 - \frac{x^2}{1.2} + \frac{x^4}{1.2.3.4} - \cdots$$

$$\pm \frac{x^{n-1}}{1.2.3\ldots(n-1)} + \frac{x^{n+1}}{1.2.3\ldots(n+1)} \cos(\theta x).$$

138 à 141. Formule du binôme pour un exposant quelconque.

$$(1+x)^m = 1 + mx + \frac{m(m-1)}{1.2} x^2 + \cdots$$

$$+ \frac{m(m-1)\ldots(m-n+1)}{1.2.3\ldots n} x^n$$

$$+ \frac{m(m-1)\ldots(m-n)}{1.2.3\ldots(n+1)} x^{n+1} (1+\theta x)^{m-n-1},$$

série convergente, si x tombe entre -1 et $+1$, quel que soit m.

142. Développement de $l(1+x)$. — Si x est entre $+1$ et -1,

$$l(1+x) = x - \frac{x^2}{2} + \frac{x^3}{3} - \frac{x^4}{4} + \cdots.$$

143, 144. Formules pour le calcul des logarithmes.

$$l(y+h) - ly = 2\left[\frac{h}{2y+h} + \frac{1}{3} \cdot \frac{h^3}{(2y+h)^3} + \cdots \right]$$

$$l(x+4)+l(x-4)+l(x+3)+l(x-3)-2lx-l(x+5)-l(x-5)$$

$$= 2\left[\frac{72}{x^4 - 25x^2 + 72} + \frac{1}{3}\left(\frac{72}{x^4 - 25x^2 + 72} \right)^3 \right.$$

$$\left. + \frac{1}{5}\left(\frac{72}{x^4 - 25x^2 + 72} \right)^5 + \cdots \right]$$

Si $x \geq 1000$, on a, avec une erreur moindre que $\frac{1}{10^{10}}$,

$$l(x+4) + l(x-4) + l(x+3) + l(x-3)$$

$$- 2lx - l(x+5) - l(x-5) = 0.$$

145, 146. Lorsque deux nombres sont supérieurs à une certaine limite, telle que 10 000, leur différence, pourvu qu'elle soit suffisamment petite, qu'elle ne surpasse pas 1, par exemple, est sensiblement proportionnelle à la différence de leurs logarithmes.

147. Des logarithmes considérés comme limites d'expressions algébriques.

$$e^x = \lim \left(1 + \frac{x}{m} \right)^m$$

quand $m = \infty$.

$$\mathrm{l}y = \lim\left[m\left(\sqrt[m]{y} - 1\right)\right] \text{ quand } m = \infty.$$

ONZIÈME LEÇON.

FORMULE DE MOIVRE ET SES CONSÉQUENCES.

150. GÉNÉRALITÉS SUR LES EXPRESSIONS IMAGINAIRES. — Une équation où entrent des quantités imaginaires est la représentation symbolique de deux équations entre des quantités réelles.

151. Toute expression imaginaire $a + b\sqrt{-1}$ peut être mise sous la forme $r\left(\cos t + \sqrt{-1}\sin t\right)$:

$$r = \sqrt{a^2 + b^2}, \quad \cos t = \frac{a}{\sqrt{a^2 + b^2}}, \quad \sin t = \frac{b}{\sqrt{a^2 + b^2}}.$$

La quantité positive r est dite le *module* de l'expression imaginaire. Les valeurs de $\sin t$ et de $\cos t$ font connaître l'arc t ou *l'argument* : on le choisit ordinairement positif et plus petit que la circonférence.

152. FORMULE DE MOIVRE.

$$\left(\cos x + \sqrt{-1}\sin x\right)^m = \cos mx + \sqrt{-1}\sin mx,$$

encore vraie lorsque m est un nombre fractionnaire, positif ou négatif.

153. DÉVELOPPEMENT DU SINUS ET DU COSINUS D'UN MULTIPLE D'UN ARC SUIVANT LES PUISSANCES DU SINUS ET DU COSINUS DE CET ARC.

$$\cos mx = \cos^m x - \frac{m(m-1)}{1.2}\cos^{m-2}x\sin^2 x$$
$$+ \frac{m(m-1)(m-2)(m-3)}{1.2.3.4}\cos^{m-4}x\sin^4 x - \ldots,$$

$$\sin mx = m\cos^{m-1}x\sin x - \frac{m(m-1)(m-2)}{1.2.3}\cos^{m-3}\sin^3 x + \ldots$$

154. DÉVELOPPEMENT D'UNE PUISSANCE D'UN SINUS OU D'UN COSINUS SUIVANT LES SINUS OU LES COSINUS DES MULTIPLES DE L'ARC. — $m = 2n$:

$$2^{m-1}\cos^m x = \cos mx + m\cos(m-2)x$$
$$+ \frac{m(m-1)}{1.2}\cos(m-4)x + \ldots + \frac{1}{2}\frac{m(m-1)\ldots(n+1)}{1.2.3\ldots n}.$$

$m = 2n + 1 :$

$$2^{m-1} \cos^m x = \cos mx + m \cos (m - 2) x$$
$$+ \frac{m(m-1)}{1.2} \cos (m - 4) x + \ldots + \frac{m(m-1)\ldots(n+2)}{1.2.3\ldots n} \cos x.$$

155. $m = 2n :$

$$(-1)^n 2^{m-1} \sin^m x = \cos mx - m \cos (m - 2) x$$
$$+ \frac{m(m-1)}{1.2} \cos (m - 4) x - \ldots \pm \frac{1}{2} \frac{m(m-1)\ldots(n+1)}{1.2.3\ldots n}.$$

$m = 2n + 1 :$

$$(-1)^n 2^{m-1} \sin^m x = \sin mx - m \sin (m - 2) x$$
$$+ \frac{m(m-1)}{1.2} \sin (m - 4) x \ldots \pm \frac{m(m-1)\ldots(n+2)}{1.2\ldots n} \sin x.$$

156. **Définition et propriétés de** e^z, $\cos z$, $\sin z$. — La série

$$1 + \frac{z}{1} + \frac{z^2}{1.2} + \frac{z^3}{1.2.3} + \ldots$$

est toujours convergente, et sa somme est une fonction bien déterminée de z pour toutes les valeurs réelles et imaginaires de z; par définition, cette fonction est e^z. On pose de même, quel que soit z,

$$\cos z = 1 - \frac{z^2}{1.2} + \frac{z^4}{1.2.3.4} - \ldots, \qquad \sin z = \frac{z}{1} - \frac{z^3}{1.2.3} + \ldots.$$

157. Les fonctions ainsi définies conservent les propriétés caractéristiques établies dans le cas des variables réelles; en premier lieu, l'égalité

$$\left(1 + \frac{x}{1} + \frac{x^2}{1.2} + \ldots \right) \left(1 + \frac{y}{1} + \frac{y^2}{1.2} + \ldots \right)$$
$$= 1 + \frac{x+y}{1} + \frac{(x+y)^2}{1.2} + \ldots$$

est une identité, qui implique la relation générale $e^x e^y = e^{x+y}$.

158. Si, dans l'équation qui définit e^z, on change z en $\pm z \sqrt{-1}$, on trouve, eu égard à la définition générale de $\sin z$ et $\cos z$,

$$e^{\pm z \sqrt{-1}} = \cos z \pm \sqrt{-1} \sin z;$$

cette relation, combinée avec la propriété fondamentale de e^z, montre que les formules fondamentales de la Trigonométrie s'é-

tendent aux arcs imaginaires. On nomme sinus et cosinus hyperboliques de z les fonctions

$$\frac{1}{2}(e^z + e^{-z}), \quad \frac{1}{2}(e^z - e^{-z}).$$

159-160. Définition de lz et de z^m. — Le logarithme népérien de

$$a + b\sqrt{-1} = \rho(\cos\omega + \sqrt{-1}\,\sin\omega)$$

est défini par la condition

$$e^{x+y\sqrt{-1}} = \rho(\cos\omega + \sqrt{-1}\,\sin\omega),$$

$$l\left[\rho(\cos\omega + \sqrt{-1}\,\sin\omega)\right] = l\rho + (\omega + 2k\pi)\sqrt{-1};$$

il a une infinité de valeurs, mais on peut suivre l'une d'elles par
continuité. On a

$$z^m = e^{mlz} = \rho^m\left[\cos m(\omega + 2k\pi) + \sqrt{-1}\sin(\omega + 2k\pi)\right];$$

cette quantité a q valeurs si $m = \dfrac{p}{q}$.

161. La dérivée d'une fonction $f(z)$ de variable imaginaire est

$$f'(z) = \lim \frac{f(z + \Delta z) - f(z)}{\Delta z};$$

l'extension aux imaginaires des règles du calcul algébrique et des
relations sur lesquelles repose la différentiation des transcendantes
élémentaires généralise les résultats obtenus pour les dérivées
des fonctions de variables réelles. On a

$$df(z) = f'(z)\,dz.$$

DOUZIÈME LEÇON.

EXPRESSIONS QUI SE PRÉSENTENT SOUS UNE FORME INDÉTERMINÉE.

**162, 163. Vraie valeur des expressions qui se présentent
sous la forme** $\dfrac{0}{0}$. $\dfrac{f(x)}{\varphi(x)}$ se réduit à $\dfrac{0}{0}$ quand $x = a$. $f^{(n+1)}(a)$ et
$\varphi^{(n+1)}(a)$ sont les premières dérivées qui ne s'annulent pas simul-
tanément pour $x = a$.

$$\lim \frac{\varphi(x)}{f(x)} = \frac{\varphi^{(n+1)}(a)}{f^{(n+1)}(a)}.$$

164, 165. Valeur des expressions qui prennent la forme $\frac{\infty}{\infty}$.

$\frac{\varphi(x)}{f(x)}$ prend la forme $\frac{\infty}{\infty}$, pour $x = a$; $n+1$ est l'ordre des dérivées de $\varphi(x)$ et de $f(x)$ qui, les premières, ne sont pas nulles ou infinies à la fois.

$$\lim \frac{\varphi(x)}{f(x)} = \frac{\varphi^{(n+1)}(a)}{f^{(n+1)}(a)}.$$

166. Valeur des expressions qui prennent la forme $0 \times \infty$. — Pour trouver la valeur de l'expression $\varphi(a) f(a)$, dans laquelle $\varphi(a) = 0$ et $f(a) = \infty$, on observe que

$$\varphi(x) f(x) = \frac{\varphi(x)}{\dfrac{1}{f(x)}},$$

expression qui devient $\frac{0}{0}$ pour $x = a$, et l'on appliquera les règles précédentes.

167. Lorsque les dérivées de $\varphi(x)$ et de $f(x)$ conduisent à des expressions qui présentent toujours pour $x = a$ la même indétermination que celle dont on cherche la vraie valeur, on remplace x par $a + h$, on développe les fonctions par la série de Taylor, et, toutes simplifications faites, on pose $h = 0$.

168. Valeur des expressions qui prennent la forme 0^0 ou 1^∞. $f(x)^{\varphi(x)}$ prend une forme indéterminée lorsque $f(x)$ et $\varphi(x)$ s'annulent toutes les deux pour $x = a$; sa vraie valeur s'obtient en cherchant celle du produit $\varphi(x) \, l f(x)$.

169. Extension des règles précédentes. — Ces règles subsistent encore lorsque a devient infini.

Mais avant de les appliquer, il faudra s'assurer que l'expression proposée, ainsi que $\frac{\varphi'(x)}{f'(x)}$, approche d'une limite quand x tend vers l'infini.

TREIZIÈME LEÇON.

DÉVELOPPEMENT DES FONCTIONS DE PLUSIEURS VARIABLES.

170-171. Extension du théorème de Taylor. — Soit $u = f(x, y)$

une fonction de deux variables :

$$f(p, q) = U, \quad x + ht = p, \quad y + kt = q,$$

$$f(x+h, y+k) = u + \frac{du}{dx}h + \frac{du}{dy}k + \frac{1}{1.2}\left(\frac{du}{dx}h + \frac{du}{dy}k\right)^{(2)}$$

$$+ \frac{1}{1.2.3}\left(\frac{du}{dx}h + \frac{du}{dy}k\right)^{(3)} + \ldots + \frac{1}{1.2\ldots n}\left(\frac{du}{dx}h + \frac{du}{dy}k\right)^{(n)} + R$$

$$R = \frac{1}{1.2\ldots n}\left[\left(\frac{dU}{dp}h + \frac{dU}{dq}k\right)^{(n)} - \left(\frac{du}{dx}h + \frac{du}{dy}k\right)^{(n)}\right],$$

expression dans laquelle il faut remplacer p par $x + \theta h$, et q par $y + \theta k$.

172. On a la formule

$$(1) \quad \begin{cases} f(x+h, y+k, z+l, \ldots) \\ \quad = u + du + \dfrac{d^2 u}{1.2} + \ldots + \dfrac{d^n u}{1.2\ldots n} + R, \end{cases}$$

où

$$R = \frac{1}{1.2\ldots n}\left[\left(\frac{dU}{dp}h + \frac{dU}{dq}k + \frac{dU}{dr}l + \ldots\right)^{(n)} \right.$$

$$\left. - \left(\frac{du}{dx}h + \frac{du}{dy}k + \frac{du}{dz}l + \ldots\right)^{(n)}\right].$$

$$u = f(x, y, z \ldots), \quad U = f(p, q, r \ldots),$$

$$p = x + \theta h, \quad q = y + \theta k, \quad r = z + \theta l \ldots,$$

θ égale une fraction positive.

Si R peut devenir plus petit que toute quantité donnée, lorsque n est assez grand, la série indéfinie qui forme le second membre de l'équation (1) est convergente et a pour somme

$$f(x+h, y+k, z+l \ldots).$$

C'est la série de Taylor étendue à un nombre quelconque de variables.

173. En prenant h et k assez petits, un terme quelconque du développement, s'il n'est pas nul, surpassera en valeur absolue le reste de la série, à partir de ce terme.

174. EXTENSION DU THÉORÈME DE MACLAURIN. — Désignons par u_0, $\left(\frac{du}{dx}\right)_0$, $\left(\frac{du}{dy}\right)_0$, ..., ce que deviennent u, $\frac{du}{dx}$, $\frac{du}{dy}$, ..., pour $x = 0$, $y = 0$,

on aura

$$(2) \quad \begin{cases} f(x, y) = u_0 + \left(\dfrac{du}{dx}\right)_0 x + \left(\dfrac{du}{dy}\right)_0 y \\ \quad + \left[\left(\dfrac{du}{dx}\right)_0 x + \left(\dfrac{du}{dy}\right)_0 y\right]^{(2)} + \ldots + R, \end{cases}$$

$$R = \frac{1}{1.2.3\ldots n}\left[\left(\frac{dU}{dp}h + \frac{dU}{dq}k\right)_0^{(n)} - \left(\frac{du}{dx}h + \frac{du}{dy}k\right)_0^{(n)}\right] :$$

expression dans laquelle on doit faire $x = 0$, $y = 0$, et remplacer h par x, k par y, p par θx et q par θy.

175. Fonctions homogènes. $f(x, y, z)$ sera une fonction homogène si l'on a

$$f(tx, ty, tz) = t^m f(x, y, z);$$

m est dit le degré de la fonction.

176. Si l'on divise une fonction homogène de degré m par une des variables élevée à la puissance m, la fonction ne dépendra plus que des rapports des autres variables à celle-ci, et réciproquement.

177. Les dérivées partielles et du premier ordre de toute fonction homogène du degré m, $f(x, y, z)$ sont des fonctions homogènes du degré $(m - 1)$.

178. à 181. Pour toute fonction homogène, on a

$$\frac{du}{dx}x + \frac{du}{dy}y + \frac{du}{dz}z = mu,$$

$$\left(\frac{du}{dx}x + \frac{du}{dy}y + \frac{du}{dz}z\right)^{(2)} = m(m-1)u,$$

$$\left(\frac{du}{dx}x + \frac{du}{dy}y + \frac{du}{dz}z\right)^{(3)} = m(m-1)(m-2)u,$$

$$\ldots\ldots\ldots\ldots\ldots\ldots\ldots\ldots\ldots\ldots\ldots$$

La somme des dérivées partielles d'une fonction homogène, multipliées respectivement par la variable correspondante, est égale à la fonction multipliée par son degré.

QUATORZIEME LEÇON.

MAXIMUM ET MINIMUM DES FONCTIONS D'UNE VARIABLE.

182. Maximums et minimums des fonctions d'une seule variable indépendante. — Soit $f(x)$ une fonction d'une seule variable x. Si, en faisant croître x, la fonction prend une valeur réelle qui surpasse celles qui la précèdent et celles qui la suivent immédiatement, cette valeur de la fonction est dite un *maximum*. On appelle *minimum* une valeur moindre que les valeurs voisines.

183. Une fonction peut avoir plusieurs valeurs maximums et minimums, lesquelles doivent se succéder alternativement. Un maximum peut être moindre qu'un minimum. Un maximum négatif devient un minimum quand on fait abstraction de son signe, et de même un minimum négatif pris positivement devient un maximum.

184. Les valeurs de x qui rendent $f(x)$ maximum ou minimum se trouvent parmi celles pour lesquelles $f'(x)$ devient nulle, infinie ou discontinue en changeant de signe.

185. Ordinairement $f(x)$ reste finie et continue. Dans ce cas, on a la règle suivante.

186, 187. Quand une valeur de x annule quelques-unes des dérivées successives $f'(x)$, $f''(x)$,...., si la première dérivée qu'elle n'annule pas est d'ordre pair, la fonction $f(x)$ est un minimum ou un maximum, selon que cette dérivée est positive ou négative; mais il n'y a ni maximum ni minimum si la première dérivée qui ne s'annule pas est d'ordre impair.

188, 189. MAXIMUMS ET MINIMUMS DES FONCTIONS IMPLICITES D'UNE SEULE VARIABLE INDÉPENDANTE. — Trois équations :

$$(1) \quad \begin{cases} f(x, y, z, u) = 0, \\ \varphi(x, y, z, u) = 0, \\ \psi(x, y, z, u) = 0. \end{cases}$$

Pour trouver les maximums ou les minimums de u, on différentie les équations (1), en y regardant y, z et u comme des fonctions de x et supprimant les termes où entre $\dfrac{du}{dx}$, ce qui donne

$$(2) \quad \begin{cases} \dfrac{df}{dx} + \dfrac{df}{dy} \cdot \dfrac{dy}{dx} + \dfrac{df}{dz} \cdot \dfrac{dz}{dx} = 0, \\[2mm] \dfrac{d\varphi}{dx} + \dfrac{d\varphi}{dy} \cdot \dfrac{dy}{dx} + \dfrac{d\varphi}{dz} \cdot \dfrac{dz}{dx} = 0, \\[2mm] \dfrac{d\psi}{dx} + \dfrac{d\psi}{dy} \cdot \dfrac{dy}{dx} + \dfrac{d\psi}{dz} \cdot \dfrac{dz}{dx} = 0. \end{cases}$$

On élimine $\dfrac{dy}{dx}$ et $\dfrac{dz}{dx}$ et l'on obtient une équation,

$$(3) \quad F(x, y, z, u) = 0,$$

qui, jointe aux équations (1), détermine les valeurs de x, y, z et u.

L'élimination de $\dfrac{dy}{dx}$ et de $\dfrac{dz}{dx}$ entre les équations (2) peut se faire en ajoutant ces équations multipliées respectivement par 1, λ et μ, et choisissant les indéterminées λ et μ de manière que dans le résultat les coefficients de $\dfrac{dy}{dx}$ et de $\dfrac{dz}{dx}$ soient nuls.

190. Fonction explicite $F(x, y, z, u)$, x, y, z et u étant liées par les équations

$$\begin{cases} f(x, y, z, u) = 0, \\ \varphi(x, y, z, u) = 0, \\ \psi(x, y, z, u) = 0. \end{cases}$$

On posera $F(x, y, z, u) - v = 0$, et l'on sera ramené à la question précédente.

QUINZIÈME LEÇON.

MAXIMUM ET MINIMUM DES FONCTIONS DE PLUSIEURS VARIABLES.

191. MAXIMUMS ET MINIMUMS DES FONCTIONS DE PLUSIEURS VARIABLES INDÉPENDANTES. — Une valeur particulière et réelle d'une fonction de plusieurs variables indépendantes $f(x, y, z)$ est un maximum, quand elle surpasse toutes les valeurs de cette fonction qu'on obtiendrait en donnant aux variables des valeurs très-peu différentes de celles que l'on considère. On appelle minimum d'une fonction une valeur particulière moindre que toutes les valeurs voisines.

Les valeurs de x, y, z qui rendent $u = f(x, y, z)$ maximum ou minimum se trouvent parmi celles qui rendent les dérivées $\dfrac{du}{dx}$, $\dfrac{du}{dy}$, $\dfrac{du}{dz}$ nulles, infinies ou discontinues.

192 et 193. En se bornant au cas où ces dérivées sont continues. La différentielle totale du premier ordre est nulle.

Si d^2u n'est pas identiquement nulle, il peut arriver trois cas : 1° d^2u pourra changer de signe, alors il n'y aura ni maximum ni minimum ; 2° d^2u conservera toujours le même signe, alors u sera maximum ou minimum selon que d^2u sera négative ou positive ; 3° d^2u sera nulle pour certaines valeurs de h, k, l, mais sans jamais changer de signe. Alors on ne peut dire si la fonction est un maximum ou un minimum, et pour avoir une conclusion il faut pousser plus loin le développement de Δu.

Pour que $d^2 u$ ou la fonction

$$A h^2 + B k^2 + C l^2 + 2 D h k + 2 E h l + 2 F k l$$

soit positive pour toutes les valeurs réelles de h, k et l, A n'étant pas nul, il faut que l'on ait dans le cas du minimum

$$(1) \qquad\qquad A > 0.$$

Maintenant, on peut écrire $d^2 u$ sous la forme

$$A \left(h + \frac{D k + E l}{A} \right)^2 + G k^2 + I l^2 + 2 M k l,$$

si l'on pose, pour abréger,

$$B - \frac{D^2}{A} = G, \quad C - \frac{E^2}{A} = I, \quad F - \frac{ED}{A} = M.$$

$$(2) \qquad\qquad G > 0, \quad \left(G = B - \frac{D^2}{A} \right),$$

$$(3) \qquad\qquad N > 0, \quad \left(N = I - \frac{M^2}{G}, \quad M = F - \frac{ED}{A} \right)$$

Ces conditions sont suffisantes.

194. Si $f(x, y, z)$ est un maximum, il faudra que l'on ait

$$A h^2 + B k^2 + \ldots + 2 F k l < 0,$$
$$A < 0, \quad G < 0, \quad N < 0.$$

195. Si les quotients différentiels A, B, C, D, E, F étaient tous nuls, pour les valeurs de x, y et z, tirées des équations

$$\frac{du}{dx} = 0, \quad \frac{du}{dy} = 0, \quad \frac{du}{dz} = 0,$$

les quotients différentiels du troisième ordre devraient s'annuler d'eux-mêmes, et la différentielle du quatrième ordre aurait le même signe pour toutes les valeurs tirées des accroissements h, k, l.

196. Maximums et minimums des fonctions implicites de plusieurs variables indépendantes.

$$(1) \qquad \begin{cases} f(x, y, z, u, v) = 0, \\ \varphi(x, y, z, u, v) = 0, \\ \psi(x, y, z, u, v) = 0, \end{cases}$$

x et y sont indépendantes. Si l'on veut rendre maximum ou minimum la fonction v, la différentielle totale de v doit être nulle.

Si l'on différentie les équations (1) en faisant attention que $dv = 0$, il viendra

$$(2) \quad \begin{cases} \dfrac{df}{dx}dx + \dfrac{df}{dy}dy + \dfrac{df}{dz}dz + \dfrac{df}{du}du = 0, \\[2mm] \dfrac{d\varphi}{dx}dx + \dfrac{d\varphi}{dy}dy + \dfrac{d\varphi}{dz}dz + \dfrac{d\varphi}{du}du = 0, \\[2mm] \dfrac{d\psi}{dx}dx + \dfrac{d\psi}{dy}dy + \dfrac{d\psi}{dz}dz + \dfrac{d\psi}{du}du = 0 \end{cases}$$

En éliminant dz et du, on obtiendra une équation de la forme

$$P\,dx + Q\,dy = 0,$$

et il faudra que l'on ait

$$(3) \qquad P = 0, \quad Q = 0.$$

Les équations (1) et (3) donneront les valeurs cherchées de x, y, z, u, v.

Pour savoir si la valeur correspondante de la fonction est maximum ou minimum, il restera à examiner si la différentielle totale $d^2 v$ garde toujours le même signe.

197. Comme cas particulier, si l'on a une fonction

$$v = F(x, y, z, u)$$

avec les relations

$$\varphi(x, y, z, u) = 0,$$
$$\psi(x, y, z, u) = 0,$$

cela revient à changer, dans la question précédente, $f(x, y, z, u, v)$ en $F(x, y, z, u) - v$, et à supposer que les fonctions φ et ψ sont indépendantes de v.

SEIZIÈME LEÇON.

THÉORIE DES TANGENTES.

198 et 199. ÉQUATIONS DE LA TANGENTE ET DE LA NORMALE. — $f(x, y) = 0$, équation de la courbe; x et y coordonnées d'un de ses points; X et Y coordonnées courantes.

$$(1) \qquad Y - y = \frac{dy}{dx}(X - x),$$

ou

$$(2)\qquad \frac{df}{dx}(X-x)+\frac{df}{dy}(Y-y)=0.$$

200. Équation de la normale, axes rectangulaires,

$$Y-y=-\frac{dx}{dy}(X-x).$$

Axes obliques (θ angle des axes),

$$Y-y=-\frac{dx+dy\cos\theta}{dy+dx\cos\theta}(X-x).$$

201. Longueur des lignes nommées sous-tangente, etc. — Axes rectangulaires.

Fig. 11.

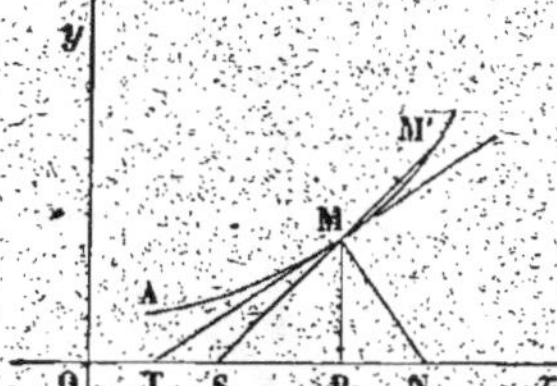

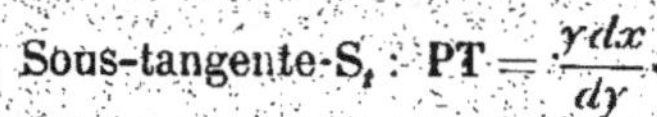

Sous-tangente S_t : $PT = \dfrac{y\,dx}{dy}$.

Sous-normale PN : $S_n = \dfrac{y\,dy}{dx}$.

Tangente : $MT = y\sqrt{1+\dfrac{dx^2}{dy^2}}$.

Normale : $MN = y\sqrt{1+\dfrac{dy^2}{dx^2}}$.

202. Degré de l'équation de la tangente. — Si l'équation de la courbe est algébrique et du degré m, l'équation de la tangente sera du $(m-1)^{ième}$ degré relativement aux coordonnées du point de contact.

203. Problèmes sur les tangentes. — Mener par un point (a, b) une tangente.

$$(1)\qquad f(x, y) = 0,$$

$$(2)\qquad a\frac{df}{dx}+b\frac{df}{dy}=\frac{df}{dx}x+\frac{df}{dy}y.$$

L'équation (2) considérée isolément représente un lieu géométrique qui contient tous les points de contact et qui est du degré $(m-1)$ au plus.

204. Tangente parallèle à une droite dont l'équation est $Y = aX$. On doit avoir

$$\frac{dy}{dx}=a;$$

équation qui, jointe à $f(x, y) = 0$, déterminera les coordonnées du point de contact.

Si $f(x, y)$ est du degré m, le problème admettra au plus $m(m-1)$ solutions.

205. DE LA CONCAVITÉ ET DE LA CONVEXITÉ DES COURBES PLANES. — Selon que $\dfrac{d^2y}{dx^2}$ est positif ou négatif, la courbe tourne sa concavité du côté de la partie positive ou de la partie négative de l'axe des y.

206. Si $\dfrac{d^2y}{dx^2}$ est positif, un peu avant que x devienne égale à OP,

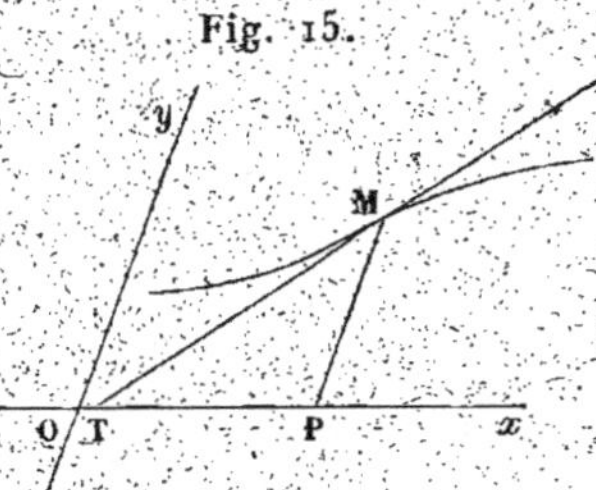

Fig. 15.

et négatif après que x a dépassé cette valeur, ou *vice versâ*, la courbe, convexe ou concave à gauche du point M, devient concave ou convexe du côté des y négatifs à droite de cepoint. Le point M est dit un *point d'inflexion.* Ces points s'obtiennent en cherchant les valeurs de x et de y, qui, rendant $\dfrac{d^2y}{dx^2}$ nulle ou infinie, lui font en même temps changer de signe.

DIX-SEPTIÈME LEÇON.

THÉORÈMES SUR LES AIRES ET LES ARCS DES COURBES PLANES.

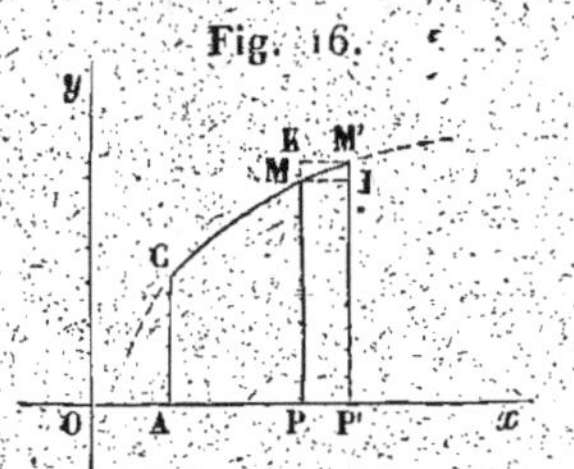

Fig. 16.

207 à 209. DIFFÉRENTIELLE DE L'AIRE D'UNE COURBE PLANE.

CAMP $= u$:

$$du = y\,dx.$$

Axes obliques (θ angle des axes) :

$$du = y\,dx \sin\theta.$$

210. DES AIRES CONSIDÉRÉES COMME LIMITES D'UNE SOMME DE PARALLÉLOGRAMMES. — Dans le cas des axes rectangulaires, la sur-

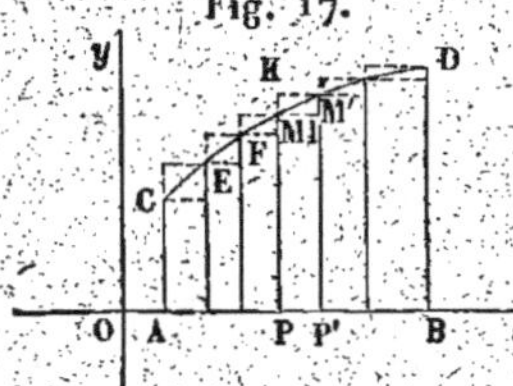

Fig. 17.

face ABDC est la limite d'une somme de rectangles intérieurs, tels que MIP'P, formés en menant par les points C, E, F, ..., M, M', etc., pris sur la courbe, des parallèles à Ox dont chacune soit terminée à l'ordonnée du point suivant.

Si l'on mène, par chacun des points considérés sur la courbe, des parallèles à Ox, terminées aux ordonnées des points précédents, on formera des rectangles extérieurs analogues à PKM'P'. u est aussi la limite de la somme de ces rectangles.

211. Application.

$$y^2 = 2px,$$

$$u = \frac{2}{3}xy.$$

212. Différentielle d'un arc de courbe. — La longueur d'une courbe est la limite vers laquelle tend le périmètre d'une ligne brisée inscrite dans cette courbe, lorsque ses côtés sont de plus en plus petits, et que leur nombre croît jusqu'à l'infini. Ce périmètre a une limite déterminée.

213.

$$\text{arc CM} = s; \quad ds = \sqrt{dx^2 + dy^2}.$$

214. Limite du rapport de l'arc a sa corde. — Nouveaux théorèmes sur les arcs considérés comme limites de polygones. — La limite du rapport d'un arc quelconque à sa corde est l'unité.

215. Si $cef\ldots d$ est un contour polygonal d'un même nombre de côtés que le contour CEF....D; si, à mesure que les sommets C, E, F, ... se rapprochent de plus en plus, les côtés ce, ef, etc., tendent de plus en plus à devenir égaux aux côtés correspondants CE, EF, etc., en même temps que le nombre de ces côtés va en augmentant jusqu'à l'infini, le contour polygonal $cef\ldots d$ aura même limite que le contour CEF...D, c'est-à-dire la longueur de l'arc CD.

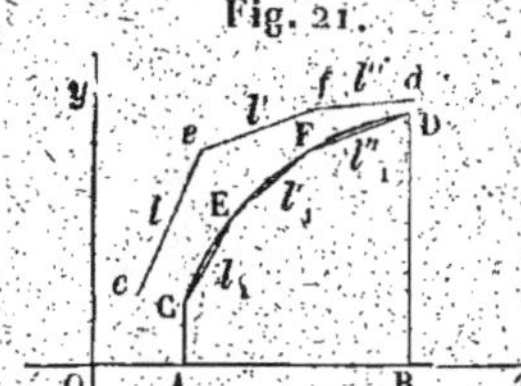

Fig. 21.

216. Si l'on mène entre les deux ordonnées extrêmes CA, DB un nombre indéfini de parallèles à l'axe des y, puis que l'on inscrive entre ces parallèles d'autres lignes droites, tangentes à la courbe, la somme de ces dernières tend vers une limite qui est encore la longueur de la courbe donnée, même quand elles ne forment pas une ligne brisée continue.

DIX-HUITIÈME LEÇON.

DES COURBES PLANES RAPPORTÉES A DES COORDONNÉES POLAIRES.

217, 218. DÉTERMINATION DE LA TANGENTE. — Pour mener la tangente MT par M, il suffit de connaître l'angle OMT $= \mu$.

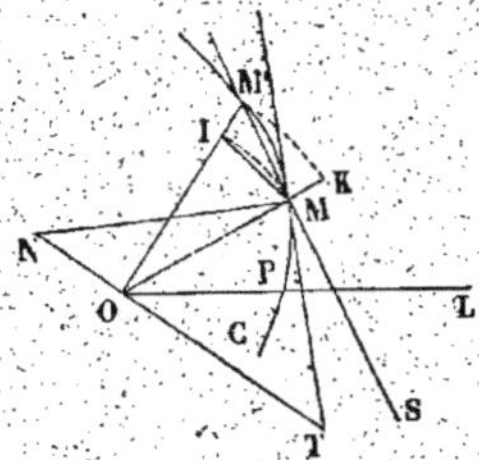
Fig. 22.

$$\tan \mu = \frac{r\,d\theta}{dr},$$

$$\cos \mu = \frac{dr}{\sqrt{dr^2 + r^2\,d\theta^2}},$$

$$\sin \mu = \frac{r\,d\theta}{\sqrt{dr^2 + r^2\,d\theta^2}}.$$

219. LONGUEUR DES LIGNES NOMMÉES SOUS-TANGENTE, SOUS-NORMALE.

Sous-tangente : $S_t = \text{OT} = \dfrac{r^2\,d\theta}{dr}$,

Sous-normale : $S_n = \text{ON} = \dfrac{dr}{d\theta}$.

220. DIFFÉRENTIELLE D'UN SECTEUR. — Considérons ($fig.$ 25) un secteur POM $= u$:

$$du = \frac{1}{2} r^2\,d\theta.$$

221. La différentielle du secteur POM est aussi égale à

$$\frac{1}{2}(x\,dy - y\,dx).$$

222, 223. DIFFÉRENTIELLE D'UN ARC DE COURBE.

$$ds = \sqrt{dr^2 + r^2\,d\theta^2}, \quad \sin \mu = \frac{r\,d\theta}{ds}, \quad \cos \mu = \frac{dr}{ds}.$$

224. APPLICATIONS.

1° Ellipse : $r = \dfrac{p}{1 + e\cos\theta}$, $\tan \mu = \dfrac{1 + e\cos\theta}{e\sin\theta}$.

2° Spirale d'Archimède : $r = a\theta$, $\tan \mu = \theta$, $S_t = a\theta^2$, $S_n = a$.

3° Spirale hyperbolique : $r\theta = a$, $\tan \mu = -\theta$, $S_t = -a$.

4° Spirale logarithmique : $r = ab^\theta$.

La tangente fait un angle constant avec le rayon vecteur qui passe par le point de contact.

L'extrémité de la sous-tangente décrit une spirale égale à la première, mais située différemment.

L'extrémité de la normale décrit aussi une spirale égale à la première.

225, 226. Des coordonnées bipolaires. — Dans ce système de coordonnées, on détermine la position d'un point sur un plan par ses distances r et r' à deux points fixes A et B.

Soit $f(r, r') = 0$ l'équation de la courbe CM. Soient $AM = r$, $BM = r'$, $AMT = \alpha$, $BMT = 6$:

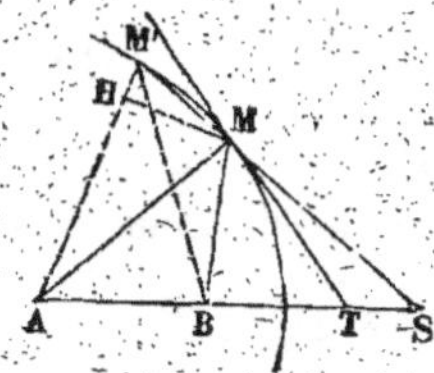

Fig. 29.

$$\frac{\cos \alpha}{\cos 6} = \frac{dr}{dr'}.$$

DIX-NEUVIÈME LEÇON.

THÉORIE DU CONTACT DES COURBES PLANES.

227, 228. Contact de divers ordres des courbes planes. — Soient deux courbes

$$y = f(x), \quad y' = \varphi(x);$$

si

$$y' = y, \quad \frac{dy'}{dx} = \frac{dy}{dx}, \quad \frac{d^2 y'}{dx^2} = \frac{d^2 y}{dx^2}, \ldots, \quad \frac{d^n y'}{dx^n} = \frac{d^n y}{dx^n},$$

les deux courbes MN′ et MN ont un contact de l'ordre n.

Par un point commun à deux courbes qui ont un contact de l'ordre n, on ne peut faire passer entre ces deux courbes aucune autre courbe ayant, avec l'une des deux proposées, un contact d'un ordre inférieur au $n^{ième}$.

229, 230. L'ordre du contact est indépendant du choix des axes, pourvu que l'axe des ordonnées ne soit pas parallèle à la tangente commune aux deux courbes.

231. Caractères géométriques d'un contact d'ordre pair ou impair. — Quand deux courbes ont entre elles un contact d'ordre *impair*, l'une des deux embrasse l'autre, et deux courbes se traversent mutuellement au point de contact, quand elles ont un contact d'ordre *pair*.

232, 233. Des courbes osculatrices. — Si l'équation d'une courbe renferme $n + 1$ constantes arbitraires, a, b, c,...; si l'on détermine les constantes a, b, c, etc., de manière à obtenir un contact du $n^{ième}$ ordre avec une courbe donnée $y = f(x)$, parmi toutes les courbes de même espèce représentées par l'équation proposée, celle qui répond à ces valeurs des constantes est dite *osculatrice* à la courbe $y = f(x)$.

234. Du CERCLE OSCULATEUR. — Soit en coordonnées rectangulaires

$$y = f(x)$$

l'équation d'une courbe;

$$(x - \xi)^2 + (y - n)^2 = \rho^2$$

l'équation du cercle osculateur : on aura pour déterminer ξ, n, ρ les trois équations

$$(x - \xi)^2 + (y - n)^2 = \rho^2,$$

$$(x - \xi) + (y - n)\frac{dy}{dx} = 0,$$

$$1 + \frac{dy^2}{dx^2} + (y - n)\frac{d^2y}{dx^2} = 0.$$

On tire de ces équations :

$$\rho = \pm \frac{\left(1 + \frac{dy^2}{dx^2}\right)^{\frac{3}{2}}}{\frac{d^2y}{dx^2}}.$$

235. Il faut prendre le signe $+$ ou le signe $-$ suivant que $\frac{d^2y}{dx^2}$ est > 0 ou < 0.

Le centre du cercle osculateur est toujours dans la concavité de la courbe.

La droite qui unit le point de contact au centre du cercle osculateur est perpendiculaire à la tangente commune.

Le cercle osculateur traverse la courbe, excepté en certains points particuliers, où le contact est d'un ordre supérieur au second.

On appelle souvent le cercle osculateur *cercle de courbure;* son centre et son rayon *centre* et *rayon de courbure.*

236. Dans toute section conique, le rayon de courbure est égal au cube de la normale, divisé par le carré du demi-paramètre.

VINGTIÈME LEÇON.

DÉVELOPPÉES ET ENVELOPPES DE COURBES PLANES.

237. DÉVELOPPÉES ET DÉVELOPPANTES. — Les centres de courbure d'une courbe CM forment une nouvelle courbe FF′, que l'on appelle la *développée* de la courbe CM, et celle-ci est appelée la *développante* de FF′. On aura l'équation de la développée en éliminant x et y entre les équations

$$(1) \qquad x - \xi + (y - \eta)\frac{dy}{dx} = 0,$$

$$(2) \qquad 1 + \frac{dy^2}{dx^2} + (y - \eta)\frac{d^2y}{dx^2} = 0,$$

et l'équation

$$(3) \qquad f(x, y) = 0$$

de la courbe donnée.

238. PROPRIÉTÉS GÉNÉRALES DE LA DÉVELOPPÉE. — Les normales à la courbe CM touchent la développée aux centres de courbure.

239. La développée d'une courbe est le lieu des intersections successives des normales à cette courbe.

240. La différence entre deux rayons de courbure MK et M_1K_1 est égale à l'arc K_1K de la développée compris entre les deux centres de courbure correspondants.

Fig. 37.

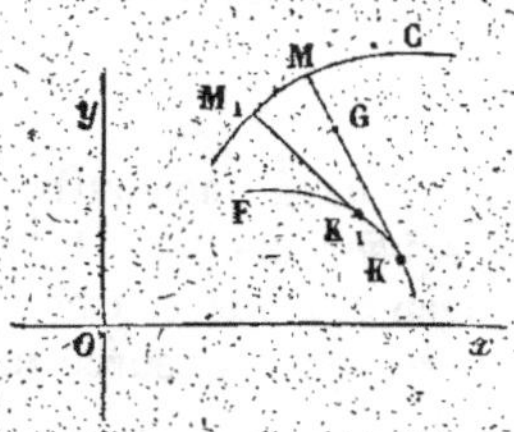

241. Imaginons un fil dont une partie soit enroulée sur FK, et dont l'autre partie, tendue suivant la tangente K_1M_1, se termine en M_1 sur la courbe CM. Si l'on déroule ce fil en le tenant toujours tendu, son extrémité décrira la courbe CM.

242. Une même courbe FK a une infinité de développantes; pour les décrire il suffira d'allonger ou de diminuer le fil d'une quantité arbitraire. Toutes les développantes ont les mêmes normales et les mêmes centres de courbure, et interceptent sur leurs normales communes des longueurs constantes.

243. Si une courbe est algébrique, sa développée sera rectifiable.

244. Rayon de courbure et développée de la parabole,

$$y^2 = 2px.$$

Rayon de courbure : $\rho = \dfrac{(y^2 + p^2)^{\frac{3}{2}}}{p^2}.$

Équation de la développée : $\eta^2 = \dfrac{8}{27p}(\xi - p)^3.$

245. Rayon de courbure et développée de l'ellipse,

$$a^2 y^2 + b^2 x^2 = a^2 b^2.$$

Rayon de courbure : $\rho = \dfrac{(b^4 x^2 + a^4 y^2)^{\frac{3}{2}}}{a^4 b^4}.$

Si l'on pose, pour abréger, $\dfrac{c^2}{a} = A$ et $\dfrac{c^2}{b} = B$, on a pour l'équation de la développée,

$$(\alpha) \qquad \left(\frac{\xi}{A}\right)^{\frac{2}{3}} + \left(\frac{\eta}{B}\right)^{\frac{2}{3}} = 1.$$

246. Rayon de courbure et développée de l'hyperbole.

Rayon de courbure : $\rho = \dfrac{(b^4 x^2 + a^4 y^2)^{\frac{3}{2}}}{a^4 b^4}.$

Équation de la développée, en posant $c^2 = a^2 + b^2$, $\dfrac{c^2}{a} = A$ et $\dfrac{c^2}{b} = B$: $\left(\dfrac{\xi}{A}\right)^{\frac{2}{3}} - \left(\dfrac{\eta}{B}\right)^{\frac{2}{3}} = 1,$

247. Enveloppe d'une courbe mobile. — Quand une courbe se meut sur un plan, en changeant de forme suivant une loi déterminée, elle est en général constamment tangente à une courbe fixe qu'on nomme son *enveloppe*. On peut supposer que la courbe mobile est représentée par une équation

$$(1) \qquad F(x, y, c) = 0,$$

où c est un paramètre qui varie d'une manière continue.

Si entre les équations

$$F(x, y, c) = 0, \quad \frac{dF}{dc} = 0$$

on élimine *c*, on aura *le lieu des intersections successives* des courbes représentées par l'équation (1) ou l'enveloppe cherchée.

VINGT ET UNIÈME LEÇON.

ÉTUDE PARTICULIÈRE DE LA CYCLOÏDE.

248. DÉFINITION ET ÉQUATION DE LA CYCLOÏDE. — La *cycloïde* est le lieu des positions d'un point M donné sur un cercle qui *roule sans glisser* sur une droite indéfinie A*x*.

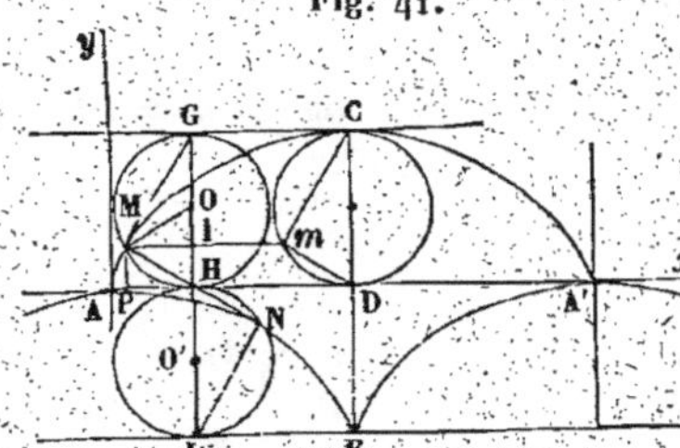

Fig. 41.

Équation de la cycloïde :

$$x = a \operatorname{arc} \cos \frac{a - y}{a}$$
$$\mp \sqrt{2ay - y^2}.$$

Le signe supérieur convient à l'arc AC, et le signe inférieur à l'arc CA'.

249, 250. TANGENTE ET NORMALE.

$$\frac{dy}{dx} = \frac{\sqrt{2ay - y^2}}{y}.$$

MH est la normale au point M, et MG, perpendiculaire à MH, est la tangente en ce point.

Supposons le cercle C*m*D décrit sur l'ordonnée maximum comme diamètre ; menons M*m* parallèle à A*x* : une parallèle à C*m*, menée par le point M, sera la tangente cherchée.

251. RAYON ET CENTRE DU CERCLE OSCULATEUR. R = 2MH, MN = 2MH, N est le centre.

252, 253. DÉVELOPPÉE DE LA CYCLOÏDE. — La développée de la cycloïde est engendrée par le mouvement d'un point N placé sur la circonférence d'un cercle égal au cercle OM, mais qui roulerait sur une parallèle LE à A*x*, au-dessous de cette droite, et à une distance de celle-ci égale au diamètre du cercle mobile. Cette développée est une cycloïde égale à la première.

254, 255. LONGUEUR D'UN ARC DE CYCLOÏDE.

$$\operatorname{arc} CM = 2MG = 2\sqrt{4a^2 - 2ay}.$$

256. L'arc entier de la cycloïde est égal à quatre fois le diamètre du cercle générateur.

VINGT-DEUXIÈME LEÇON.

COURBURE DES COURBES PLANES.

257. EXPRESSION DU RAYON DE COURBURE QUAND LA VARIABLE INDÉPENDANTE EST QUELCONQUE.

$$\rho = \frac{(dx^2 + dy^2)^{\frac{3}{2}}}{dx\,d^2y - dy\,d^2x}.$$

258. EXPRESSION DU RAYON DE COURBURE EN COORDONNÉES PO-LAIRES.

$$\rho = \frac{\left(r^2 + \dfrac{dr^2}{d\theta^2}\right)^{\frac{3}{2}}}{r^2 + 2\dfrac{dr^2}{d\theta^2} - r\dfrac{d^2r}{d\theta^2}}.$$

259.

$$r = \frac{1}{u}, \quad \rho = \frac{\left(u^2 + \dfrac{du^2}{d\theta^2}\right)^{\frac{3}{2}}}{u^3\left(u + \dfrac{d^2u}{d\theta^2}\right)}.$$

260. EXEMPLES. 1° Courbes du second degré :

$$r = \frac{p}{1 + e\cos\theta}.$$

$$\rho = p\,\frac{(1 + 2e\cos\theta + e^2)^{\frac{3}{2}}}{(1 + e\cos\theta)^3}.$$

2° Spirale logarithmique, $r = ae^{m\theta}$:

$$\rho = r\sqrt{1 + m^2}.$$

L'extrémité de la sous-normale est le centre de courbure.

La développée est une spirale logarithmique égale à la première, mais différemment placée.

261. DE LA COURBURE DES COURBES PLANES. — La courbure d'une circonférence, la même en tous ses points, a pour mesure $\dfrac{1}{R}$.

La courbure d'un cercle est égale à l'angle de deux tangentes divisé par l'arc compris entre les points de contact.

262. On appelle *angle de contingence* l'angle formé par les tangentes menées aux extrémités d'un arc infiniment petit. La courbure d'une courbe est égale à l'angle de contingence divisé par la différentielle de l'arc.

263 à 265. IDENTITÉ DU CERCLE DE COURBURE ET DU CERCLE OSCULATEUR.

266, 267. EXPRESSION DU RAYON DE COURBURE EN COORDONNÉES POLAIRES. — (*Voir* n° 258.)

VINGT-TROISIÈME LEÇON.

DES COURBES A DOUBLE COURBURE.

268 à 270. ÉQUATIONS DE LA TANGENTE. — On appelle *courbes à double courbure* celles dont tous les points ne sont pas dans un même plan.

Équations de la tangente :

$$\frac{X - x}{dx} = \frac{Y - y}{dy} = \frac{Z - z}{dz}.$$

Si $f(x, y, z) = 0$, $\varphi(x, y, z) = 0$ sont les équations de la courbe, la tangente a encore pour équations

$$\frac{df}{dx}(X - x) + \frac{df}{dy}(Y - y) + \frac{df}{dz}(Z - z) = 0,$$

$$\frac{d\varphi}{dx}(X - x) + \frac{d\varphi}{dy}(Y - y) + \frac{d\varphi}{dz}(Z - z) = 0.$$

271. ANGLES DE LA TANGENTE AVEC LES AXES. — Axes rectangulaires ; α, β et γ angles formés par la tangente avec les trois axes.

$$\cos\alpha = \frac{dx}{ds}, \quad \cos\beta = \frac{dy}{ds}, \quad \cos\gamma = \frac{dz}{ds}.$$

272, 273. PLAN NORMAL.

$$(X - x)\,dx + (Y - y)\,dy + (Z - z)\,dz = 0.$$

274, 275. DIFFÉRENTIELLE DE L'ARC D'UNE COURBE A DOUBLE COURBURE.

$$ds = \sqrt{dx^2 + dy^2 + dz^2}.$$

276. LIMITE DU RAPPORT D'UN ARC A SA CORDE. — La limite du rapport d'un arc à sa corde est l'unité.

VINGT-QUATRIÈME LEÇON.

DES SURFACES COURBES ET DES LIGNES A DOUBLE COURBURE.

277. ÉQUATION DU PLAN TANGENT. — Équation de la surface :

$$f(x, y, z) = 0.$$

Plan tangent de la surface au point (x, y, z) :

$$\frac{df}{dx}(X - x) + \frac{df}{dy}(Y - y) + \frac{df}{dz}(Z - z) = 0.$$

278. ÉQUATIONS DE LA NORMALE.

$$\frac{X - x}{\dfrac{df}{dx}} = \frac{Y - y}{\dfrac{df}{dy}} = \frac{Z - z}{\dfrac{df}{dz}}.$$

279.

$$\frac{dz}{dx} = p, \quad \frac{dz}{dy} = q.$$

Équation du plan tangent :

$$Z - z = p(X - x) + q(Y - y).$$

Équations de la normale :

$$X - x + p(Z - z) = 0,$$
$$Y - y + q(Z - z) = 0.$$

280. α, β, γ, angles que la normale fait avec les axes :

$$\cos \alpha = -\frac{p}{\sqrt{p^2 + q^2 + 1}},$$

$$\cos \beta = -\frac{q}{\sqrt{p^2 + q^2 + 1}}, \quad \cos \gamma = \frac{1}{\sqrt{p^2 + q^2 + 1}}.$$

281. DEGRÉ DE L'ÉQUATION DU PLAN TANGENT, PAR RAPPORT AUX COORDONNÉES DU POINT DE CONTACT. — L'équation du plan tangent est du degré $m - 1$ par rapport aux coordonnées du point de contact.

282. SURFACES ENVELOPPES. — Une équation de la forme

$$f(x, y, z, c) = 0$$

peut représenter une infinité de surfaces quand on donne au paramètre c toutes les valeurs possibles. L'intersection d'une surface de ce faisceau avec une surface infiniment voisine a pour limite une ligne U définie par les équations

$$f = 0, \qquad \frac{df}{dc} = 0,$$

dont le lieu est une surface, appelée l'enveloppe des surfaces données; celles-ci sont les enveloppées, et les lignes U les caractéristiques de l'enveloppe.

L'intersection d'une ligne U avec la surface infiniment voisine est un point dont les coordonnées annulent $\dfrac{d^2 f}{dc^2}$, et dont le lieu est l'arête de rebroussement de la surface enveloppe.

Une équation de la forme

$$f(x, y, z, c, c') = 0$$

peut représenter une infinité de surfaces formant un réseau; chacune d'elles coupe les surfaces infiniment voisines en un ou plusieurs points définis par les équations

$$f = 0, \qquad \frac{df}{dc} = 0, \qquad \frac{df}{dc'} = 0;$$

le lieu de ces points est l'enveloppe des surfaces.

283. En chaque point commun à une surface et à son enveloppe les deux surfaces ont le même plan tangent; chaque surface d'un faisceau touche son enveloppe tout le long d'une caractéristique; pour une surface faisant partie d'un réseau, le nombre des points de contact est limité.

284. PLAN OSCULATEUR. — La tangente MT à la courbe au point M

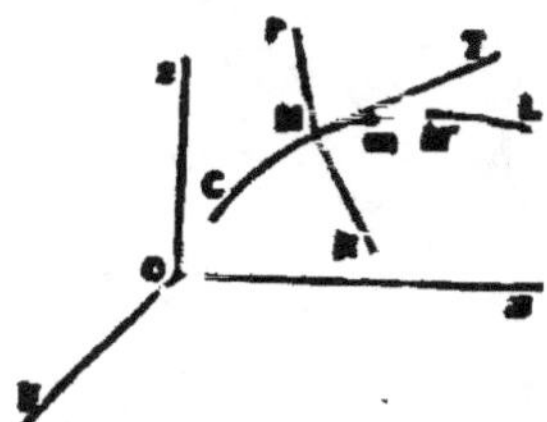

Fig. 54.

et le point M' déterminent un plan. On appelle *plan osculateur* la limite du plan MTM', quand le point M' vient se confondre avec le point M.

285. Équation du plan osculateur :

$$(dy\, d^2 z - dz\, d^2 y)(X - x)$$
$$+ (dz\, d^2 x - dx\, d^2 z)(Y - y)$$
$$+ (dx\, d^2 y - dy\, d^2 x)(Z - z) = 0.$$

286, 287. ANGLES DU PLAN OSCULATEUR AVEC LES PLANS COORDONNÉS.

$$(a) \qquad \cos \lambda = \frac{A}{D}, \quad \cos \mu = \frac{B}{D}, \quad \cos \nu = \frac{C}{D},$$

$$D^2 = (dy\, d^2 z - dz\, d^2 y)^2 + (dz\, d^2 x - dx\, d^2 z)^2$$
$$+ (dx\, d^2 y - dy\, d^2 x)^2.$$

$$D = ds \sqrt{(d^2 x)^2 + (d^2 y)^2 + (d^2 z)^2 - (d^2 s)^2},$$

$$D = \sqrt{(ds\, d^2 x - dx\, d^2 s)^2 + (ds\, d^2 y - dy\, d^2 s)^2 + (ds\, d^2 z - dz\, d^2 s)^2},$$

$$D = ds^3 \sqrt{\left(\frac{d\frac{dx}{ds}}{ds}\right)^2 + \left(\frac{d\frac{dy}{ds}}{ds}\right)^2 + \left(\frac{d\frac{dz}{ds}}{ds}\right)^2}.$$

288. NORMALE PRINCIPALE. — On appelle *normale principale* celle qui est située dans le plan osculateur.

Équations de la normale principale :

$$\frac{X - x}{d\frac{dx}{ds}} = \frac{Y - y}{d\frac{dy}{ds}} = \frac{Z - z}{d\frac{dz}{ds}}.$$

VINGT-CINQUIÈME LEÇON.

COURBURE DES LIGNES DANS L'ESPACE. — HÉLICE.

289. COURBURE DES LIGNES DANS L'ESPACE. — On nomme *angle de contingence* l'angle ω que font les tangentes menées aux extrémités d'un arc MM' qui devient infiniment petit, et *courbure au point* M la limite vers laquelle tend le rapport $\frac{\omega}{\Delta s}$, quand Δs diminue indéfiniment. L'inverse de la courbure, $\frac{ds}{\omega}$, est dit le *rayon de courbure* ρ au point M.

290.

$$\frac{1}{\rho} = \sqrt{\left(\frac{d\frac{dx}{ds}}{ds}\right)^2 + \left(\frac{d\frac{dy}{ds}}{ds}\right)^2 + \left(\frac{d\frac{dz}{ds}}{ds}\right)^2}.$$

291.

$$\rho = \frac{ds^2}{\sqrt{(d^2 x)^2 + (d^2 y)^2 + (d^2 z)^2 - (d^2 s)^2}},$$

$$\rho = \frac{ds^3}{\sqrt{(dy\, d^2 z - dz\, d^2 y)^2 + (dz\, d^2 x - dx\, d^2 z)^2 + (dx\, d^2 y - dy\, d^2 x)^2}}.$$

292. Équations de la normale principale MN :

$$(a) \quad X - x = R\rho\, \frac{d\frac{dx}{ds}}{ds}, \quad Y - y = R\rho\, \frac{d\frac{dy}{ds}}{ds}, \quad Z - z = R\rho\, \frac{d\frac{dz}{ds}}{ds},$$

293. CERCLE OSCULATEUR. — Si, par le milieu de la corde MM', on mène un plan perpendiculaire à cette corde et qui coupe la normale principale MN au point G, si le point M' se rapproche du point M, le cercle GMM' deviendra à la limite ce qu'on nomme le *cercle osculateur* à la courbe au point M.

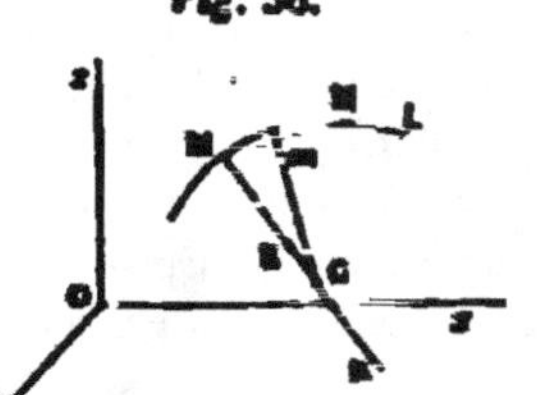
Fig. 56.

Le rayon du cercle osculateur au point M est égal au rayon de courbure en ce point. Le point K est le *centre de courbure* ou le *centre du cercle osculateur.*

294. L'intersection de la normale principale MN avec le plan normal à la courbe passant par le point M' est encore, à la limite, le point K ou le centre de courbure.

295. Le centre de courbure au point M est l'intersection du plan osculateur en M avec deux plans normaux, l'un mené par le point M et l'autre par un point infiniment voisin.

Coordonnées ξ, η et ζ du centre de courbure K :

$$\xi = x + \rho^2 \frac{d\frac{dx}{ds}}{ds}, \quad \eta = y + \rho^2 \frac{d\frac{dy}{ds}}{ds}, \quad \zeta = z + \rho^2 \frac{d\frac{dz}{ds}}{ds}.$$

296. ANGLE DE TORSION. — RAYON DE SECONDE COURBURE. — Angle de deux plans osculateurs infiniment voisins :

$$\varphi = \sqrt{(d\cos\lambda)^2 + (d\cos\mu)^2 + (d\cos\nu)^2}.$$

Angles avec les axes de la perpendiculaire au plan osculateur :

$$\cos\lambda = \frac{dy\, d^2z - dz\, d^2y}{D},$$

$$\cos\mu = \frac{dz\, d^2x - dx\, d^2z}{D},$$

$$\cos\nu = \frac{dx\, d^2y - dy\, d^2x}{D}.$$

297. L'angle infiniment petit φ, formé par deux plans osculateurs successifs, se nomme *angle de torsion*, et l'on appelle *seconde courbure* ou *torsion* le rapport de φ à ds.

On appelle $r = \dfrac{ds}{\varphi}$ le *rayon de la deuxième courbure* ou *rayon de torsion.*

298. DÉFINITION ET ÉQUATIONS DE L'HÉLICE. — Lorsqu'on enroule le plan d'un angle $cab = \alpha$ sur un cylindre droit OABL, à base circulaire, de manière que le côté ab vienne s'appliquer exactement sur la circonférence AB, la courbe suivant laquelle s'enroule le côté ac se nomme une *hélice*.

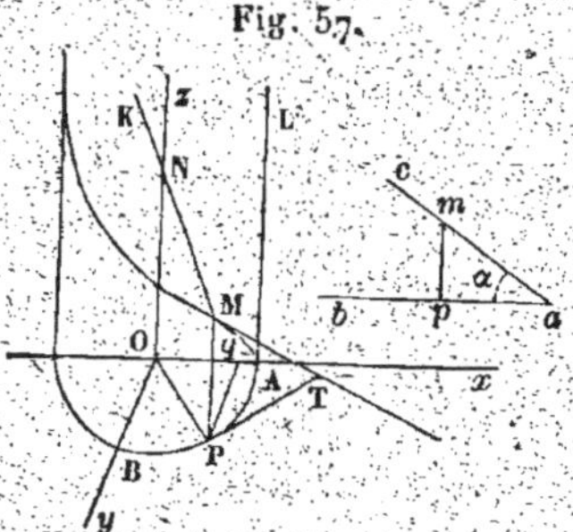

299. Nommons m la tangente de l'angle α, u l'angle AOP et R le rayon du cylindre. Nous aurons

$$x = R\cos u, \quad y = R\sin u, \quad z = mRu.$$

Équations de l'hélice ;

$$x = R\cos\frac{z}{mR}, \quad y = R\sin\frac{z}{mR}.$$

300. TANGENTE A L'HÉLICE.

$$\frac{dx}{ds} = \frac{-\sin u}{\sqrt{1+m^2}}, \quad \frac{dy}{ds} = \frac{\cos u}{\sqrt{1+m^2}}, \quad \frac{dz}{ds} = \frac{m}{\sqrt{1+m^2}}.$$

La tangente MT fait avec le plan de la base du cylindre un angle égal à l'angle α.

La projection de la tangente à l'hélice sur le plan xy est tangente au point P à la base du cylindre.

301. RAYON ET CENTRE DE COURBURE.

$$\rho = R(1+m^2) = \text{const.}$$

302. Le rayon de courbure est dirigé suivant le rayon du cylindre. Si l'on prend $NK = m^2R$, K sera le centre de courbure de l'hélice pour le point M.

303. La droite MN, lorsque le point M se meut sur l'hélice, décrit une surface conoïde appelée *hélicoïde gauche*. Équation de cette surface :

$$y = x\tan\frac{z}{mR}.$$

Le lieu des centres de courbure de l'hélice est une autre hélice du même pas, mais située en sens inverse.

304. PLAN OSCULATEUR.

$$m\sin u\,(X - x) - m\cos u\,(Y - y) + Z - z = 0,$$

305. Angle et rayon de torsion.

$$\frac{\varphi}{ds} = \frac{m}{1 + m^2}\frac{1}{R} = \text{const.}$$

VINGT-SIXIÈME LEÇON.

POINTS SINGULIERS DES COURBES PLANES.

306. Définition des points singuliers des courbes planes. — Points d'inflexion. — *Points singuliers*, points qui offrent quelque particularité remarquable, indépendante de la position de la courbe par rapport aux axes.

307. Sinusoïde

$$y = \sin x.$$

Les points où la courbe rencontre l'axe des x sont des points d'inflexion.

308.

$$y = \tang x.$$

Tous les points où la courbe rencontre l'axe des x sont des points d'inflexion.

309. Points multiples. — Points qui sont traversés par plusieurs branches d'une même courbe.

$$y = \varphi(x) \pm (x - a)(x - b)^{\frac{p}{q}},$$

$\frac{p}{q}$ étant une fraction irréductible, dont le dénominateur q est pair.

Si l'on suppose $a > b$, le point qui a pour coordonnées $x = a$, $y = \varphi(a)$ est un point double.

310, 311. Équation de la courbe :

$$f(x, y) = 0.$$

Pour avoir les points multiples, il faudra commencer par chercher les points dont les coordonnées vérifient les équations

$$\frac{df}{dx} = 0, \quad \frac{df}{dy} = 0;$$

on aura

$$\frac{d^2f}{dx^2} + 2\frac{d^2f}{dx\,dy}\frac{dy}{dx} + \frac{d^2f}{dy^2}\left(\frac{dy}{dx}\right)^2 = 0,$$

et si les trois coefficients $\dfrac{d^2 f}{dx^2}$, $\dfrac{d^2 f}{dx\,dy}$ et $\dfrac{d^2 f}{dy^2}$ ne sont pas tous nuls, et que l'équation donne deux valeurs réelles et distinctes de $\dfrac{dy}{dx}$, le point considéré est un point double.

Mais si trois branches de la courbe se rencontraient en ce point, il faudrait que l'on eût en même temps

$$\frac{d^2 f}{dx^2} = 0, \quad \frac{d^2 f}{dx\,dy} = 0, \quad \frac{d^2 f}{dy^2} = 0.$$

312. **Points de rebroussement.** — Points où deux branches de courbe viennent s'arrêter, et où elles ont une tangente commune.

Le rebroussement est *de première* ou *de seconde espèce*, suivant que les deux branches sont de deux côtés différents ou du même côté de la tangente commune.

313, 314. Si le rebroussement est de première espèce, $\dfrac{d^2 y}{dx^2}$ a des signes différents sur les deux branches; si le point de rebroussement est de seconde espèce, $\dfrac{d^2 y}{dx^2}$ a le même signe sur les deux branches.

315. **Points isolés.** — Points dont les coordonnées satisfont à l'équation d'une courbe, sans qu'aucune branche de cette courbe passe par ce point.

$$y = \pm (x - a)\sqrt{x - b},$$
$$a < b.$$

Le point $(x = a, y = 0)$ est un point isolé.

316. **Points d'arrêt.** — Points où une branche unique d'une courbe vient brusquement s'arrêter.

317. $y = \dfrac{1}{\log x} \cdot$ L'origine est un point d'arrêt.

318, 319. **Point saillant ou anguleux.** — Point où viennent se terminer deux branches de courbe qui ont chacune en ce point une tangente distincte.

$$y = \frac{x}{1 + e^{\frac{1}{x}}}$$

a un point saillant à l'origine.

VINGT-SEPTIÈME LEÇON.

RÈGLES POUR L'INTÉGRATION DES FONCTIONS.

320. Définitions et notations. — Une fonction d'une seule variable est toujours la dérivée d'une autre fonction.

321. On appelle *intégrale* de $f(x)dx$ et l'on représente par $\int f(x)dx$ une fonction dont la différentielle est $f(x)dx$. L'opération par laquelle on passe de la différentielle d'une fonction à cette fonction se nomme *intégration*.

On a, par la définition même,

$$d\int f(x)\,dx = f(x)\,dx, \quad \int d\varphi(x) = \varphi(x).$$

322. L'intégration générale de $f(x)dx$ est

$$\varphi(x) + C,$$

C étant une constante arbitraire et $\varphi(x)$ une fonction qui a pour dérivée $f(x)$.

323. Intégration d'une différentielle multipliée par un facteur constant.

$$\int af(x)\,dx = a\int f(x)\,dx.$$

324. Intégration immédiate de quelques fonctions simples.

$$\int x^n\,dx = \frac{x^{n+1}}{n+1} + C,$$

$$\int e^x\,dx = e^x + C,$$

$$\int a^x\,dx = \frac{a^x}{la} + C,$$

$$\int \frac{dx}{x} = lx + C,$$

$$\int \cos x\,dx = \sin x + C,$$

$$\int \sin x\,dx = -\cos x + C,$$

$$\int \frac{dx}{\cos^2 x} = \tang x + C,$$

$$\int \frac{dx}{\sin^2 x} = -\cot x + C,$$

$$\int \frac{dx}{\sqrt{1-x^2}} = \arcsin x + C,$$

$$\int \frac{dx}{\sqrt{1-x^2}} = -\arccos x + C,$$

$$\int \frac{dx}{1+x^2} = \arctan x + C.$$

325. Dans ces formules, x peut être la variable indépendante ou une fonction quelconque de la variable indépendante

326. La formule

$$\int x^n\,dx = \frac{x^{n+1}}{n+1} + C$$

devient illusoire quand on y fait $n = -1$. Cependant un artifice de calcul permet de déduire de la formule la valeur de $\int \dfrac{dx}{x}$.

$$\int x^n\,dx = \frac{x^{n+1}-1}{n+1} + C.$$

Si l'on fait $n = -1$ dans le quotient des dérivées des deux termes par rapport à n, on a

$$\int \frac{dx}{x} = lx + C.$$

327. INTÉGRATION D'UNE SOMME. — L'intégrale d'une somme de fonctions est la somme des intégrales des fonctions qui la composent.

328. INTÉGRATION PAR PARTIES.

$$\int u\,dv = uv - \int v\,du.$$

329. INTÉGRATION PAR SUBSTITUTION.

$$\int f(x)\,dx = \int f[\varphi(t)]\,\varphi'(t)\,dt,$$

$$\int \frac{dx}{x^2+px+q} = \frac{1}{\sqrt{q-\frac{p^2}{4}}}\arctan \frac{x+\frac{p}{2}}{\sqrt{q-\frac{p^2}{4}}} + C.$$

$$= \frac{1}{\delta}\arctan \frac{x-\alpha}{\delta} + C.$$

$\alpha + 6\sqrt{-1}$, $\alpha + \beta\sqrt{-1}$ racines de l'équation

$$x^2 + px + q = 0.$$

VINGT-HUITIÈME LEÇON.

INTÉGRATION DES FRACTIONS RATIONNELLES.

330. Intégration des fractions rationnelles. — La question se ramène à intégrer la fraction rationnelle $\frac{\varphi(x)\,dx}{f(x)}$, où $\varphi(x)$ est d'un degré inférieur à celui de $f(x)$.

331, 332. Cas des racines simples. m degré de $f(x)$; a, b, c,..., k racines de $f(x)$.

$$\frac{\varphi(x)}{f(x)} = \frac{A}{x-a} + \frac{B}{x-b} + \ldots + \frac{K}{x-k},$$

$$A = \frac{\varphi(a)}{f'(a)}, \quad B = \frac{\varphi(b)}{f'(b)}, \ldots, \quad K = \frac{\varphi(k)}{f'(k)}.$$

333.

$$\int \frac{\varphi(x)\,dx}{f(x)} = A\,l(x-a) + B\,l(x-b) + \ldots.$$

Si $x - a$ était négative, il faudrait changer $A\,l(x-a)$ en $A\,l(a-x)$.

334. Cas particulier des racines simples imaginaires.

$$a = \alpha + 6\sqrt{-1}, \quad b = \alpha - 6\sqrt{-1};$$

$$A = \frac{\varphi(\alpha + 6\sqrt{-1})}{f'(\alpha + 6\sqrt{-1})} = G + H\sqrt{-1},$$

$$B = \frac{\varphi(\alpha - 6\sqrt{-1})}{f'(\alpha - 6\sqrt{-1})} = G - H\sqrt{-1};$$

$$\int \left(\frac{A}{x-a} + \frac{B}{x-b}\right) dx$$

$$= G\,l[(x-\alpha)^2 + 6^2] - 2H \text{ arc tang}\left(\frac{x-\alpha}{6}\right) + C.$$

335.

$$\int \frac{Mx+N}{(x-\alpha)^2 + 6^2}\,dx$$

$$= \frac{M}{2}\,l[(x-\alpha)^2 + 6^2] + \frac{M\alpha + N}{6} \text{ arc tang } \frac{x-\alpha}{6} + C.$$

336 à 338. **Cas des racines multiples.**

$$f(x) = M(x-a)^n (x-b)^p (x-c)^q \ldots (x-k) = (x-a)^n f_1(x).$$

$$\frac{\varphi(x)}{f(x)} = \frac{A}{(x-a)^n} + \frac{A_1}{(x-a)^{n-1}} + \ldots + \frac{A_{n-1}}{x-a}$$

$$+ \frac{B}{(x-b)^p} + \frac{B_1}{(x-b)^{p-1}} + \ldots + \frac{B_{p-1}}{x-b}$$

$$+ \frac{C}{(x-c)^q} + \frac{C_1}{(x-c)^{q-1}} + \ldots + \frac{C_{q-1}}{x-c}$$

$$+ \ldots \ldots \ldots \ldots \ldots \ldots \ldots \ldots \ldots$$

$$+ \frac{K}{x-k},$$

expression qui, multipliée par dx, sera très-facile à intégrer. Cette décomposition ne peut se faire que d'une seule manière.

339. **Cas particulier des racines imaginaires multiples.** — Soient $\alpha \pm b\sqrt{-1}$ deux racines conjuguées de l'équation $f(x) = 0$, et n leur degré de multiplicité.

On a l'identité

$$\varphi(x) - (Ax+B)f_1(x) - (A_1 x + B_1)[(x-\alpha)^2 + b^2] f_1(x)$$
$$- (A_2 x + B_2)[(x-\alpha)^2 + b^2]^2 f_1(x)$$
$$\ldots \ldots \ldots \ldots \ldots \ldots \ldots \ldots \ldots$$
$$- (A_{n-1} x + B_{n-1})[(x-\alpha)^2 + b^2]^{n-1} f_1(x)$$
$$= [(x-\alpha)^2 + b^2]^n \psi(x).$$

Les constantes A, B, A_1, B_1, etc., choisies de manière que, pour $x = \alpha + b\sqrt{-1}$, le premier membre devienne nul, ainsi que ses $n-1$ premières dérivées.

340. Le cas actuel conduit à

$$\int \frac{(Ax+B)\,dx}{[(x-\alpha)^2 + b^2]^n} = \int \frac{A(x-\alpha)\,dx}{[(x-\alpha)^2 + b^2]^n} + \int \frac{(A\alpha+B)\,dx}{[(x-\alpha)^2 + b^2]^n},$$

$$n > 1, \quad \int \frac{A(x-\alpha)\,dx}{[(x-\alpha)^2 + b^2]^n} = -\frac{A}{2(n-1)[(x-\alpha)^2 + b^2]^{n-1}},$$

$$n = 1, \quad \int \frac{A(x-\alpha)\,dx}{(x-\alpha)^2 + b^2} = \frac{A}{2} l[(x-\alpha)^2 + b^2].$$

Soit $x - a = bz$,

$$\int \frac{(Az + B)\,dx}{[(x-a)^2 + b^2]^n} = \frac{Az + B}{b^{2n-1}} \int \frac{dz}{(1 + z^2)^n};$$

$$x - a = bz.$$

341.

$$\int \frac{dz}{(1 + z^2)^n} = \frac{z}{(2n-2)(1+z^2)^{n-1}} + \frac{2n-3}{2n-2} \int \frac{dz}{(1 + z^2)^{n-1}},$$

formule qui conduit finalement à $\int \dfrac{dz}{1 + z^2} = \operatorname{arc\,tang} z$.

342. On peut encore poser $t = \operatorname{arc\,tang} z$: il en résulte

$$\int \frac{dz}{(1 + z^2)^n} = \int \cos^{2n-2} t\,dt.$$

On développe $\cos^{2n-2} t$ suivant les cosinus des multiples de t et on intègre chaque terme.

VINGT-NEUVIÈME LEÇON.

INTÉGRATION DES FONCTIONS IRRATIONNELLES.

343. FONCTIONS QUI NE CONTIENNENT QUE DES IRRATIONNELLES MONÔMES. — Faisant $x = t^6$,

$$\int \frac{\left(1 + x^{\frac{1}{2}} - x^{\frac{2}{3}}\right) dx}{1 + x^{\frac{1}{2}}} = \int \frac{(1 + t^3 - t^4)}{1 + t^3} 6t^5\,dt.$$

344. On ramène au cas précédent toute fonction qui ne contient que des radicaux portant sur un même binôme du premier degré.

345. FONCTIONS QUI CONTIENNENT UN RADICAL DU SECOND DEGRÉ. — Le terme x^2 sous le radical est précédé du signe $+$. On pose

$$\sqrt{a + bx + x^2} = z - x,$$

$$x = \frac{z^2 - a}{b + 2z},$$

$$\sqrt{a + bx + x^2} = \frac{a + bz + z^2}{b + 2z},$$

$$dx = \frac{(a + bz + z^2)\,2dz}{(b + 2z)^2}.$$

La fonction donnée se changera en une fonction rationnelle de z.

346. Autre méthode : $a > 0$,

$$\sqrt{a + bx + x^2} = \sqrt{a} + xz,$$

$$x = \frac{2z\sqrt{a} - b}{1 - z^2};$$

$$\sqrt{a + bx + x^2} = \frac{z^2\sqrt{a} - bz + \sqrt{a}}{1 - z^2};$$

$$dx = \frac{(z^2\sqrt{a} - bz + \sqrt{a})\, 2dz}{(1 - z^2)^2}.$$

347. EXEMPLES.

$$\int \frac{dx}{\sqrt{a + bx + x^2}} = l\left(\frac{b}{2} + x + \sqrt{a + bx + x^2}\right) + C.$$

$b = 0$,

$$\int \frac{dx}{\sqrt{a + x^2}} = l\left(x + \sqrt{a + x^2}\right) + C,$$

$$\int \frac{(gx + h)\, dx}{\sqrt{a + bx + x^2}}$$

$$= g\sqrt{a + bx + x^2} + \left(h - \frac{gb}{2}\right) l\left(\frac{b}{2} + x + \sqrt{a + bx + x^2}\right) + C.$$

348. Intégration de $f\left(x, \sqrt{a + bx - x^2}\right) dx$; $a > 0$,

$$\sqrt{a + bx - x^2} = \sqrt{a} + xz, \quad x = \frac{b - 2z\sqrt{a}}{1 + z^2},$$

$$\sqrt{a + bx + x^2} = \frac{\sqrt{a} + bz - z^2\sqrt{a}}{1 + z^2},$$

$$dx = \frac{2(z^2\sqrt{a} - bz - \sqrt{a})\, dz}{(1 + z^2)^2}.$$

349. Troisième transformation quand les racines α, β du trinôme $a + bx \pm x^2$ sont réelles.

1° x^2 a le signe $+$,

$$\sqrt{a + bx + x^2} = (x - \alpha) z,$$

$$x = \frac{\beta - \alpha z^2}{1 - z^2}, \quad \sqrt{a + bx + x^2} = \frac{(\beta - \alpha) z}{1 - z^2},$$

$$dx = \frac{2(\beta - \alpha) z\, dz}{(1 - z^2)^2}.$$

2° x^2 est précédé du signe —,

$$a + bx - x^2 = (x - a)^2 z^2,$$

$$x = \frac{b + a z^2}{1 + z^2},$$

$$\sqrt{a + bx - x^2} = \frac{(b - a) z}{1 + z^2},$$

$$dx = \frac{2(a - b) z\, dz}{(1 + z^2)^2}.$$

350.

$$\int \frac{dx}{\sqrt{a + bx - x^2}} = \text{arc cos} \frac{b - 2x}{\sqrt{4a + b^2}} + C.$$

351. On peut intégrer une fonction rationnelle

$$f\left(x, \sqrt{x + a}, \sqrt{x + b}\right) dx,$$

qui contient des radicaux du deuxième degré portant sur deux binômes différents du premier degré.

352. INTÉGRATION DES DIFFÉRENTIELLES BINÔMES. — Les différentielles binômes sont de la forme

$$x^m (a + bx^n)^p\, dx.$$

On ne diminue pas la généralité de cette formule en supposant m et n entiers et $n > 0$, p doit être supposé fractionnaire.

353 et 354. CAS D'INTÉGRABILITÉ.

$$\frac{m+1}{n} = \text{un nombre entier,}$$

$$\frac{m+1}{n} + p = \text{un nombre entier.}$$

355. RÉDUCTION DE L'EXPOSANT DE x HORS DE LA PARENTHÈSE.

$$(A) \quad \begin{cases} \displaystyle \int x^m (a + bx^n)^p\, dx \\[2ex] \displaystyle = \frac{x^{m-n+1}(a + bx^n)^{p+1}}{b(np + m + 1)} - \frac{a(m - n + 1)}{b(np + m + 1)} \int x^{m-n}(a + bx^n)^p\, dx. \end{cases}$$

Si m est positif et $> n$, kn étant le plus grand multiple de n qui soit inférieur à m, on sera ramené à l'intégrale

$$\int x^{m-kn}(a + bx^n)^p\, dx.$$

356. Réduction de l'exposant du binôme.

$$(B) \quad \begin{cases} \displaystyle\int x^m (a + bx^n)^p \, dx \\[2mm] = \dfrac{x^{m+1} (a + bx^n)^p}{np + m + 1} + \dfrac{anp}{np + m + 1} \displaystyle\int x^m (a + bx^n)^{p-1} \, dx. \end{cases}$$

Au moyen de cette formule, on ôtera successivement de p toutes les unités que contient cet exposant.

357. L'emploi des formules (A) et (B) fera dépendre l'intégrale $\displaystyle\int x^m (a + bx^n)^p \, dx$, quand m et p sont positifs, de l'intégrale plus simple

$$\int x^{m-in} (a + bx^n)^{p-k} \, dx,$$

in étant le plus grand multiple de n, inférieur à m, et k la partie entière de p.

358. Formules de réduction dans le cas où les exposants m et p sont négatifs.

$$(C) \quad \begin{cases} \displaystyle\int x^{-m} (a + bx^n)^p \, dx = - \dfrac{x^{-m+1} (a + bx^n)^{p+1}}{(m - 1) a} \\[2mm] + \dfrac{b (np + n - m + 1)}{(m - 1) a} \displaystyle\int x^{-n+n} (a + bx^n)^p \, dx. \end{cases}$$

Par cette formule, l'intégrale cherchée sera ramenée à

$$\int x^{-m+(i+1)n} (a + bx^n)^p \, dx,$$

où in est le plus grand multiple de n contenu dans m.

359.

$$(D) \quad \begin{cases} \displaystyle\int x^m (a + bx^n)^{-p} \, dx = \dfrac{x^{m+1} (a + bx^n)^{-p+1}}{an (p - 1)} \\[2mm] - \dfrac{m + n + 1 - pn}{an (p - 1)} \displaystyle\int x^m (a + bx^n)^{-p+1} \, dx. \end{cases}$$

Si p est > 1, on ramènera cet exposant à être compris entre 0 et 1.

360.

$$x^q (ax^r + bx^s)^p \, dx$$

devient la différentielle binôme $x^{q+rp} (a + bx^{s-r})^p \, dx$.

361. m impair,

$$\int \frac{x^m \, dx}{\sqrt{1 - x^2}} = - \left[\frac{x^{m-1}}{m} + \frac{(m-1) x^{m-1}}{(m-2) m} + \dots + \frac{2 . 4 \dots (m-1)}{1 . 3 \dots m} \right] \sqrt{1 - x^2} + C.$$

m pair,

$$\int \frac{x^m\,dx}{\sqrt{1-x^2}}$$

$$= -\left[\frac{x^{m-1}}{m} + \frac{(m-1)x^{m-3}}{(m-2)m} + \ldots + \frac{1.3.5\ldots(m-1)}{2.4.6\ldots m}x\right]\sqrt{1-x^2}$$

$$+ \frac{1.3.5\ldots(m-1)}{2.4.6\ldots m}\arcsin x + C$$

TRENTIÈME LEÇON.

INTÉGRATION DES FONCTIONS TRANSCENDANTES.

362. FONCTIONS QUI SE RAMÈNENT AUX FONCTIONS ALGÉBRIQUES. — Si l'on a, sous le signe $\int$, une fonction algébrique d'une transcendante, multipliée par la différentielle de cette transcendante,

$$\int f(e^x)\,e^x\,dx, \quad \int f(a^x)\,a^x\,dx, \quad \int f(lx)\frac{dx}{x},\ldots,$$

on pose e^x ou a^x ou $lx = z$.

363. INTÉGRALE DE $z^n P\,dx$, z étant une fonction transcendante de x. Posons

$$\int P\,dx = Q, \quad \int Q\frac{dz}{dx}\,dx = R, \quad \int R\frac{dz}{dx}\,dx = S,\ldots.$$

$$(A) \qquad \int z^n P\,dx = Qz^n - nRz^{n-1} + n(n-1)Sz^{n-2} - \ldots.$$

364. EXEMPLES.

$$\int x^{m-1}(lx)^n\,dx = \frac{x^m}{m}\left[(lx)^n - \frac{n}{m}(lx)^{n-1}\right.$$
$$+ \frac{n(n-1)}{m^2}(lx)^{n-2} - \ldots$$
$$\left.\pm \frac{n(n-1)\ldots 3.2.1}{m^n}\right] + C,$$

$$\int x^n e^{mx}\,dx = \frac{e^{mx}}{m}\left[x^n - \frac{n}{m}x^{n-1} + \frac{n(n-1)}{m^2}x^{n-2} - \ldots\right] + C.$$

$$\int(\arcsin x)^n\,dx$$
$$= x\left[x^n - n(n-1)x^{n-2} + n(n-1)(n-2)(n-3)x^{n-4} - \ldots\right]$$
$$+ \sqrt{1-x^2}\left[nx^{n-1} - n(n-1)(n-2)x^{n-3} + \ldots\right].$$

$$\int z^n \cos z\, dz$$
$$= \sin z\left[z^n - n(n-1)z^{n-2} + n(n-1)(n-2)(n-3)z^{n-4} - \ldots\right]$$
$$+ \cos z\left[nz^{n-1} - n(n-1)(n-2)z^{n-3} + \ldots\right].$$

$$\int f(x)\cos x\, dx = \left[f(x) - f''(x) + f^{\mathrm{iv}}(x) - \ldots\right]\sin x$$
$$+ \left[f'(x) - f'''(x) + f^{\mathrm{v}}(x) - \ldots\right]\cos x.$$

365. Exemple.

$$\int \frac{e^z\, dz}{z^n},$$

n étant un nombre entier positif, dépend de $\int \frac{e^z\, dz}{z}$.

On ramène $\int \frac{dx}{(\mathrm{l}x)^n}$ à $\int \frac{dx}{\mathrm{l}x}$.

366. Intégration de quelques fonctions exponentielles et trigonométriques.

$$\int e^{ax}\cos bx\, dx = \frac{e^{ax}(a\cos bx + b\sin bx)}{a^2 + b^2} + C,$$

$$\int e^{a}\sin bx\, dx = \frac{e^{ax}(a\sin bx - b\cos bx)}{a^2 + b^2} + C.$$

367. Pour obtenir

$$\int z^n e^{az}\cos bz\, dz \quad \text{et} \quad \int z^n e^{az}\sin bz\, dz,$$

on remplace dans la seconde formule du n° **364** m par $a + b\sqrt{-1}$, et l'on égale séparément les parties réelles et les parties imaginaires des deux membres.

368.

$$f(\sin x,\ \cos x)\, dx,$$

f étant une fonction rationnelle. On pose $\tan\frac{1}{2}x = z$; d'où

$$f(\sin x,\ \cos x)\, dx = f\left(\frac{2z}{1+z^2},\ \frac{1-z^2}{1+z^2}\right)\frac{2\, dz}{1+z^2}.$$

369.

$$\int \sin x \cos x\, dx = -\frac{1}{4}\cos 2x + C.$$

$$\int \tan x\, dx = \mathrm{l}\frac{1}{\cos x} + C.$$

$$\int \frac{dx}{\sin x \cos x} = l \, \mathrm{tang}\, x + C.$$

$$\int \frac{dx}{\sin x} = l \, \mathrm{tang}\, \frac{1}{2} x + C.$$

$$\int dx \sqrt{1 + \cos x} = -2 \sqrt{2} \cos \frac{1}{2} x + C.$$

$$\frac{a}{\sqrt{a^2 + b^2}} = \cos k, \quad \frac{b}{\sqrt{a^2 + b^2}} = \sin k.$$

$$\int \frac{dx}{a \sin x + b \cos x} = \frac{1}{\sqrt{a^2 + b^2}} l \, \mathrm{tang}\, \frac{x + k}{2} + C.$$

Suivant les cas,

$$\int \frac{dx}{a \sin x + b \cos x + c}$$

$$= \frac{2}{\sqrt{c^2 - b^2 - a^2}} \, \mathrm{arc\,tang}\, \frac{(c - b) \, \mathrm{tang}\, \frac{1}{2} x + a}{\sqrt{c^2 - b^2 - a^2}},$$

ou

$$\frac{1}{\sqrt{a^2 + b^2 + c^2}} l \, \frac{(c - b) \, \mathrm{tang}\, \frac{1}{2} x + a - \sqrt{a^2 + b^2 - c^2}}{(c - b) \, \mathrm{tang}\, \frac{1}{2} x + a + \sqrt{a^2 + b^2 - c^2}} + C.$$

370. INTÉGRATION DES PRODUITS DE SINUS ET DE COSINUS.

$$\int \sin(ax + b) \sin(a'x + b') \, dx$$

$$= \frac{\sin[(a - a')x + b - b']}{2(a - a')} - \frac{\sin[(a + a')x + b + b']}{2(a + a')} + C.$$

On intègre un produit de sinus et de cosinus lorsque les arcs se présentent sous la forme $ax + b$, en transformant ce produit en une somme de sinus ou de cosinus.

371.

$$\int \sin^n x \, dx \quad \text{et} \quad \int \cos^n x \, dx,$$

quand n est un nombre entier positif, se déterminent en développant $\sin^n x$ et $\cos^n x$ en fonction des sinus ou des cosinus des multiples de x.

372. INTÉGRATION DES DIFFÉRENTIELLES DE LA FORME.

$$\sin^m x \cos^n x \, dx.$$

$$\int \sin^m x \cos^n x \, dx = \frac{\sin^{m+1} x \cos^{n-1} x}{m + n} + \frac{n - 1}{m + n} \int \sin^m x \cos^{n-2} x \, dx.$$

On sera conduit à $\int \sin^m x\, dx$, ou $\int \sin^m x \cos x\, dx$.

373. Quand $m = -n$,

$$\int \tan^m x\, dx = \frac{\tan^{m-1} x}{m-1} - \int \tan^{m-1} x\, dx.$$

374.

$$\int \sin^m x \cos^n x\, dx = -\frac{\sin^{m-1} x \cos^{n+1} x}{m+n} + \frac{m-1}{m+n} \int \sin^{m-2} x \cos^n x\, dx.$$

Par là on réduit l'exposant de $\sin x$ lorsque m est positif.

375.

$$\int \frac{\cos^n x\, dx}{\sin^m x} = -\frac{\cos^{n+1} x}{(m-1)\sin^{m-1} x} + \frac{m-n-2}{m-1} \int \frac{\cos^n x}{\sin^{m-2} x}\, dx.$$

376. m pair.

$$\int \sin^m x\, dx = -\frac{\cos x}{m}\left[\sin^{m-1} x + \frac{m-1}{m-2} \sin^{m-3} x \right.$$
$$+ \frac{(m-1)(m-3)}{(m-2)(m-4)} \sin^{m-5} x + \ldots$$
$$\left. + \frac{(m-1)(m-3)\ldots 3.1}{(m-2)(m-4)\ldots 4.2} \sin x \right]$$
$$+ \frac{(m-1)(m-3)\ldots 3.1}{(m-2)(m-4)\ldots 4.2} + C.$$

m impair,

$$\int \sin^m x\, dx = -\frac{\cos x}{m}\left[\sin^{m-1} x + \frac{m-1}{m-2} \sin^{m-3} x + \ldots \right.$$
$$\left. + \frac{(m-1)(m-3)\ldots 2}{(m-2)(m-4)\ldots 1} \right] + C.$$

TRENTE ET UNIÈME LEÇON.

DES INTÉGRALES DÉFINIES.

377. DÉFINITIONS ET NOTATIONS. — Lorsque $\varphi(x)$ a pour différentielle $f(x)\, dx$, $\varphi(x) + C$ est nommée l'*intégrale indéfinie* de la différentielle $f(x)\, dx$. On fixe la valeur de C par la condition que l'intégrale devienne nulle pour $x = a$. Dans cette hypothèse,

$$C = -\varphi(a) \quad \text{et} \quad \int f(x)\, dx = \varphi(x) - \varphi(a).$$

L'expression $\varphi(b) - \varphi(a)$, représentée par la notation $\int_a^b f(x)\,dx$, est dite *intégrale définie*, prise entre les limites a et b, ou depuis $x = a$ jusqu'à $x = b$.

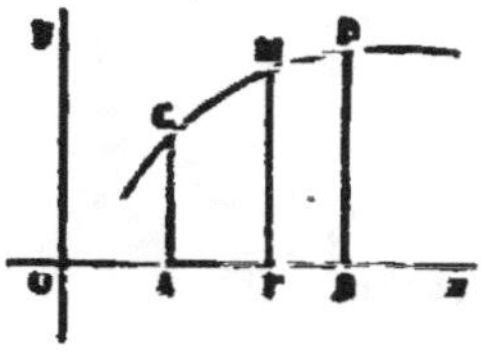

Fig. 70.

378. SIGNIFICATION GÉOMÉTRIQUE DE L'INTÉGRALE DÉFINIE. — La valeur de l'intégrale $\int_a^b f(x)\,dx$ est la surface CABD.

379. EXEMPLES D'INTÉGRALES DÉFINIES.

$$\int_0^1 x^n\,dx = \frac{1}{n+1}, \text{ si } n + 1 \text{ est positif,}$$

$$\int_a^b \frac{dx}{x} = l\left(\frac{b}{a}\right).$$

$$\int_0^{\frac{\pi}{2}} \sin^{2n} x\,dx = \frac{1.3.5\ldots(2n-1)}{2.4.6\ldots 2n}\,\frac{\pi}{2}.$$

380. INTÉGRALES DÉFINIES CONSIDÉRÉES COMME LIMITES DE SOMMES. — L'intégrale définie $\int_a^b f(x)\,dx$ est la limite de la somme des valeurs infiniment petites de la différentielle $f(x)\,dx$, lorsque x varie, par degrés insensibles, depuis a jusqu'à b.

381. REMARQUES SUR LES INTÉGRALES DÉFINIES.

$$\int_b^a f(x)\,dx = -\int_a^b f(x)\,dx.$$

382. Si c est une valeur quelconque de x, on aura

$$\int_a^b f(x)\,dx = \int_a^c f(x)\,dx + \int_c^b f(x)\,dx.$$

$$\int_a^b f(x)\,dx = \int_a^c f(x)\,dx + \int_c^e f(x)\,dx + \int_e^g f(x)\,dx + \int_g^b f(x)\,dx.$$

383. CALCUL APPROCHÉ D'UNE INTÉGRALE DÉFINIE. — Soit $\psi(x)$ une fonction de x telle, que l'on ait $\psi(x) < f(x)$ pour toutes les valeurs de x comprises entre a et b :

$$\int_a^b f(x)\,dx > \int_a^b \psi(x)\,dx.$$

Si $\chi(x)$ est une fonction de x telle, que l'on ait $\chi(x) > f(x)$, de $x = a$ à $x = b$, on aura

$$\int_a^b f(x)\,dx < \int_a^b \chi(x)\,dx.$$

384. Exemple.

$$0,5 < \int_0^{\frac{1}{2}} \frac{dx}{\sqrt{1 - x^2}} < 0,5236\ldots$$

385. Nouvelle démonstration de la série de Taylor.

____

TRENTE-DEUXIÈME LEÇON.

Suite des intégrales définies. — Intégration par les séries.

386. Des intégrales définies dans lesquelles les limites deviennent infinies. — L'intégrale $\int_a^\infty f(x)\,dx$, $f(x)$ restant finie et continue, est la limite de $\int_a^b f(x)\,dx$, quand b croît indéfiniment.

387. 1° $$\int_0^\infty e^{-x}\,dx = 1.$$

2° $$\int_0^\infty e^x\,dx = \infty.$$

3° $$\int_0^\infty \frac{dx}{x^2 + c^2} = \frac{\pi}{2c}.$$

4° $$\int_0^\infty \frac{dx}{x} = \infty.$$

5° $$\int_0^\infty \cos x\,dx \text{ est indéterminée.}$$

388.

$$f(x) = \frac{\varpi(x)}{x^n};$$

$\varpi(x)$, fonction finie pour les valeurs de x supérieures à a.

Si $n > 1$, l'intégrale $\displaystyle\int_a^\infty f(x)\,dx$ a une valeur finie.

Si $n \leq 1$, cette intégrale a une valeur infinie.

389. Intégrales dans lesquelles la fonction sous le signe $\displaystyle\int$ devient infinie entre les limites de l'intégration ou a ces limites. — Quand $f(b) = \infty$, $\displaystyle\int_a^b f(x)\,dx$ est la limite de l'intégrale $\displaystyle\int_a^{b-s} f(x)\,dx$, lorsque s décroît jusqu'à o.

Si $f(a) = \infty$, $\displaystyle\int_a^b f(x)\,dx$ est la limite de $\displaystyle\int_{a+s}^b f(x)\,dx$, quand s décroît jusqu'à o.

Si $f(c)$ est infinie ou discontinue, c étant une quantité comprise entre a et b, on pose

$$\int_a^b f(x)\,dx = \lim \int_a^{c-s} f(x)\,dx + \lim \int_{c+n}^b f(x)\,dx,$$

quand s et n décroissent jusqu'à o.

390. Supposons $f(b) = \infty$: soit

$$f(x) = \frac{\pi(x)}{(b-x)^n},$$

n étant un nombre positif et $\pi(x)$ une fonction qui ne devient pas infinie lorsqu'on fait $x \leq b$.

Si n est < 1, $\displaystyle\int_a^b f(x)\,dx$ a une valeur finie.

Si l'on a $n > 1$ ou $n = 1$, l'intégrale proposée est infinie.

391. Exemples.

392. Des intégrales indéterminées. — L'intégrale

$$\int_{-a}^{+b} \frac{dx}{x},$$

$a > 0, b > 0$, est indéterminée.

393 à 395. Intégration par séries. — Si

$$f(x) = u_1 + u_2 + u_3 + \ldots + u_n$$

on aura

$$\int_a^b f(x)\,dx = \int_a^b u_1\,dx + \int_a^b u_2\,dx + \int_a^b u_3\,dx + \ldots$$
$$+ \int_a^b u_n\,dx + \ldots,$$

formule encore vraie même si la série $u_1 + u_2 + u_3 + \ldots$, convergente quand x est moindre que b, devient divergente pour $x = b$, pourvu que la dernière série soit encore convergente.

En général, si la formule de Maclaurin donne une série convergente,

$$f(x) = f(o) + xf'(o) + \frac{x^2}{1.2} f''(o) + \frac{x^3}{1.2.3} f'''(o) + \ldots,$$

on aura

$$\int f(x)\,dx = C + xf(o) + \frac{x^2}{1.2} f'(o) + \frac{x^3}{1.2.3} f''(o) + \ldots$$

TRENTE-TROISIÈME LEÇON.

QUADRATURE DES AIRES PLANES.

397. FORMULES GÉNÉRALES. $y = f(x)$, équation de CD,

Fig. 75.

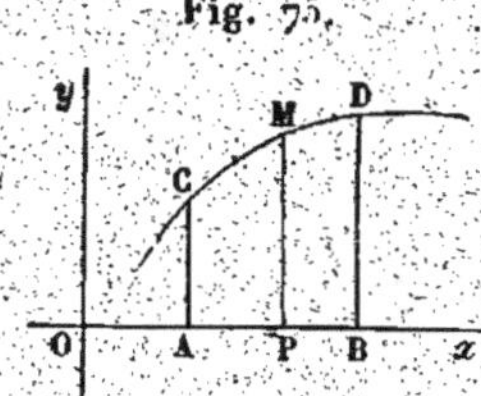

$$\text{aire ABCD} = \int_a^b f(x)\,dx.$$

Axes obliques (θ l'angle des axes),

$$\text{aire ABCD} = \sin\theta \int_a^b f(x)\,dx.$$

398. $\displaystyle\int_a^b f(x)\,dx$ représente la différence entre la somme des segments situés au-dessus de l'axe des x et la somme des segments situés au-dessous.

Fig. 77.

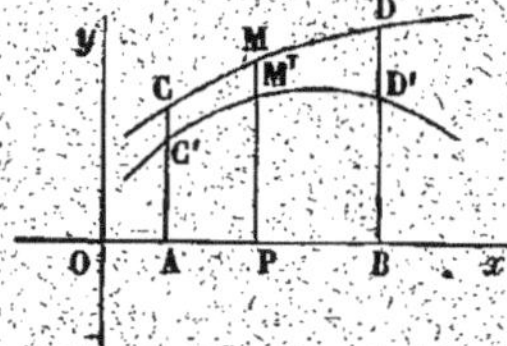

399 ($fig.$ 80).

$$\text{aire CC'M'M} = \int_a^x (y - y')\,dx.$$

400. Exemples. — *Parabole* quelconque,

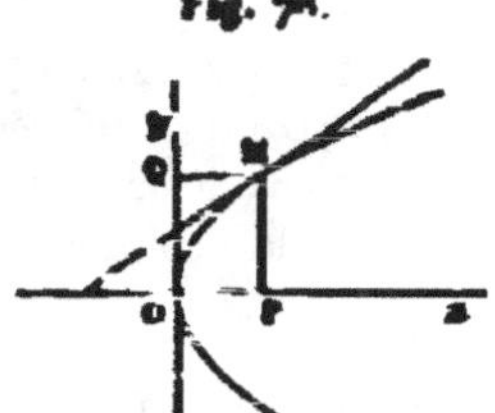

$$y^n = px^m.$$

m et n étant positifs.

$$\text{aire OMP} = \frac{n}{m+n}\,xy.$$

La parabole partage le rectangle OPMQ dans le rapport constant de $n : m$.

401. Réciproquement, il n'y a que les paraboles qui jouissent de cette propriété.

402. Courbe du genre *hyperbole* donnée par l'équation

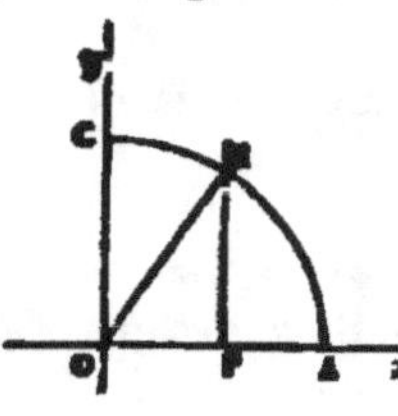

$$x^m y^n = p,$$

m et n étant deux nombres entiers positifs.

$$n > m, \quad OA = a.$$

$$\text{aire ACMP} = \frac{n}{n-m}\, p^{\frac{1}{n}}\left(x^{\frac{n-m}{n}} - a^{\frac{n-m}{n}}\right).$$

La surface ACGH tend vers une limite finie, à mesure que le point G se rapproche de plus en plus de l'asymptote Oy. Cette limite est dans le rapport constant de n à $n - m$ avec le rectangle OPMQ $= xy$.

403. Réciproquement, il n'y a que les courbes comprises dans l'équation $x^m y^n = p$ qui jouissent de cette propriété.

Fig. 80.

404. Cercle,

$$y^2 + x^2 = a^2.$$

$$\text{COPM} = \frac{x\sqrt{a^2 - x^2}}{2} + \frac{a^2}{2}\arcsin\frac{x}{a}.$$

$$\text{secteur OCM} = \frac{x}{a}\operatorname{arc} CM.$$

405. Ellipse,

$$a^2 y^2 + b^2 x^2 = a^2 b^2.$$

Le segment elliptique OPMB et le segment circulaire OPNC, qui

correspondent à la même abscisse, sont entre eux dans le rapport
constant de b à a.

La surface de l'ellipse est moyenne proportionnelle entre les surfaces des deux cercles qui ont pour diamètres respectifs les axes de l'ellipse.

Fig. 81.

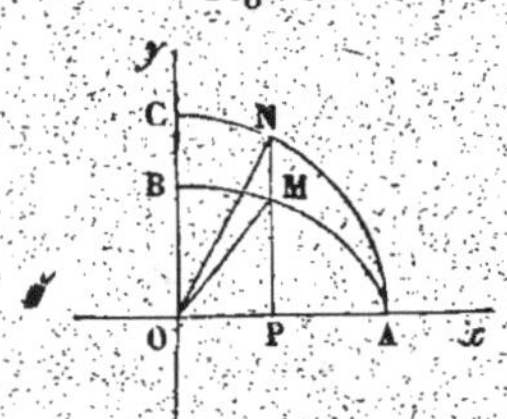

406.

$$\frac{\text{secteur OBM}}{\text{secteur OCN}} = \frac{b}{a}.$$

407. *Hyperbole*,

Fig. 82.

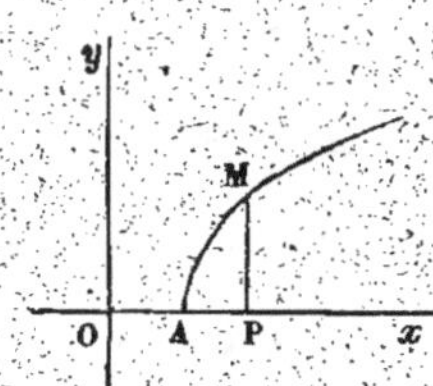

$$y = \frac{b}{a}\sqrt{x^2 - a^2}.$$

$$\text{AMP} = \frac{bx\sqrt{x^2 - a^2}}{2a}$$

$$- \frac{ab}{2}\, l\left(\frac{x + \sqrt{x^2 - a^2}}{a}\right).$$

408 *Cycloïde* AMD engendrée par le mouvement du cercle ANB roulant sur la droite BD,

Fig. 83.

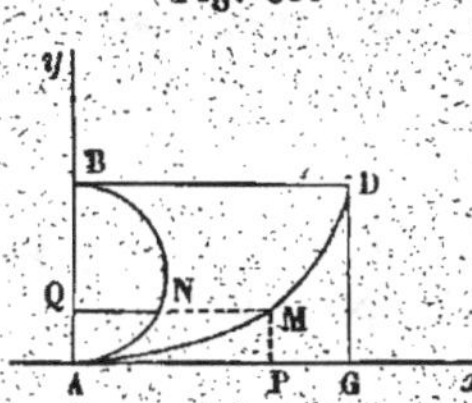

$$dx = dy\sqrt{\frac{2a - y}{y}}.$$

$$\text{aire AMP} = \int_0^y y\,dx$$

$$= \int_0^y dy\sqrt{2ay - y^2},$$

$$\text{AMP} = \text{segm. ANQ}.$$

L'aire comprise entre la cycloïde et sa base est égale à trois fois l'aire du cercle générateur.

409. QUADRATURE DES COURBES RAPPORTÉES A DES COORDONNÉES POLAIRES. — Si u désigne l'aire du secteur COM, on aura

Fig. 84.

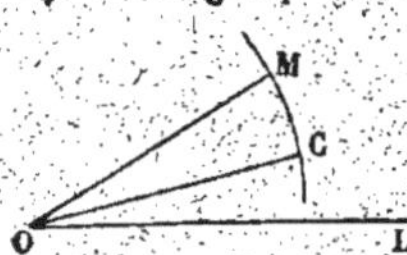

$$\text{secteur OCM} = u = \frac{1}{2}\int r^2\,d\theta,$$

cette intégrale ayant pour limites les valeurs de θ qui correspondent aux points C et M.

410. *Spirale logarithmique*, $r = a e^{m\theta}$.

Fig. 85.

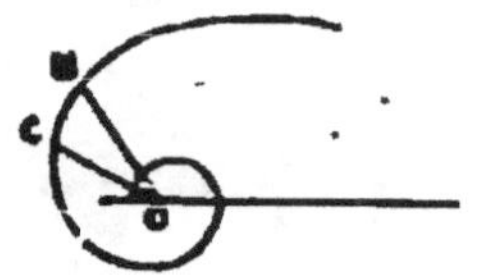

$$OC = r',$$

$$u = \frac{1}{4m}(r'^2 - r^2).$$

411. La quadrature des aires curvilignes est quelquefois rendue plus facile par l'emploi des coordonnées polaires.

Fig. 86.

Exemple, folium de Descartes,

$$x^3 + y^3 - axy = 0.$$

TRENTE-QUATRIÈME LEÇON.

RECTIFICATION DES COURBES PLANES.

412. FORMULE GÉNÉRALE.

$$s = \int dx \sqrt{1 + \frac{dy^2}{dx^2}}.$$

413. PARABOLE. $y^2 = 2px$.

$$s = \frac{y\sqrt{y^2 + p^2}}{2p} + \frac{p}{2} l\left(\frac{y + \sqrt{y^2 + p^2}}{p}\right).$$

414. ELLIPSE. — Arc d'ellipse BM (*fig.* 81, p. 519), compté à partir du sommet B du petit axe.

$$s = a\int_0^{\varphi} d\varphi \sqrt{1 - e^2 \sin^2\varphi}.$$

415.

$$s = a\left(\varphi - \frac{1}{2}e^2 \int d\varphi \sin^2\varphi - \frac{1}{2}\frac{1}{4}e^4 \int d\varphi \sin^4\varphi - \frac{1.1.3}{2.4.6}e^6 \int d\varphi \sin^6\varphi - \ldots\right).$$

416 à 418. Quart de l'ellipse,

$$\mathrm{BMA} = \frac{\pi a}{2}\left[1 - \left(\frac{1}{2}e\right)^2 - \frac{1}{3}\left(\frac{1.3}{2.4}e^2\right)^2 \right.$$
$$\left. - \frac{1}{5}\left(\frac{1.3.5}{2.4.6}e^3\right)^2 - \frac{1}{7}\left(\frac{1.3.5.7}{2.4.6.8}e^4\right)^2 - \ldots \right].$$

419. Hyperbole. $a^2 y^2 - b^2 x^2 = - a^2 b^2$.

$$s = ae\,\mathrm{tang}\,\varphi - \frac{1}{2}\frac{a}{e}\varphi - \frac{a}{e}\int_0^\varphi \left(\frac{1}{2}\frac{1}{4}\frac{\cos^2\varphi}{e^2} + \frac{1.2.3}{2.4.6}\frac{\cos^4\varphi}{e^4} + \ldots\right) d\varphi.$$

On intègre $\cos^m \varphi\, d\varphi$, m pair, en faisant [formule (F) du n° 375],

$$x = \frac{\pi}{2} - \varphi.$$

420. Cycloïde. — *Voir* n° 254.

TRENTE-CINQUIÈME LEÇON.

CUBATURE DES SOLIDES.

421. Cubature des solides de révolution. V, volume engendré par la révolution de CAMP autour de Ox,

Fig. 88.

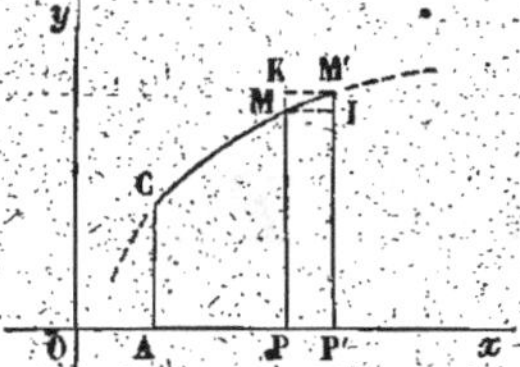

$$V = \pi \int y^2\, dx.$$

422. Volume engendré par l'aire CMM'C', en désignant MP par y et M'P par y',

Fig. 89.

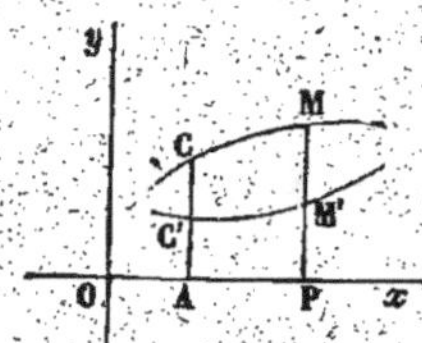

$$V = \pi \int (y^2 - y'^2)\, dx.$$

423. Cubature de l'ellipsoïde de révolution.

Fig. 9°.

$$\text{vol. AMP} = \frac{\pi b'}{a'}\left(ax^2 - \frac{x^3}{3}\right).$$

Volume de l'ellipsoïde entier,

$$V = \frac{4}{3}\pi b^2 a.$$

Volume engendré par la demi-ellipse tournant autour du petit axe,

$$V = \frac{4}{3}\pi a^2 b.$$

424. Volume engendré par la révolution d'une cycloïde. — Solide engendré par le segment AMP (*fig.* 86, p. 499), tournant autour de Ax,

$$V = \pi a \operatorname{segm} AQN - \frac{\pi}{3}(2ay - y^2)^{\frac{1}{2}}.$$

425. Volumes qui peuvent s'obtenir par une seule intégration. — Ceux où l'aire a de la section faite par un plan parallèle au plan yOz est fonction de la distance de ces deux plans.

Le volume compris entre deux plans parallèles à yOz menés à des distances a et b s'obtiendra par la formule

$$V = \int_a^b u\,dx.$$

426. Axes obliques, λ étant l'angle que font les plans de section avec l'axe Ox,

$$V = \sin\lambda \int u\,dx.$$

427. Cône à base quelconque.

428. Ellipsoïde rapporté à ses axes principaux,

$$\frac{x^2}{a^2} + \frac{y^2}{b^2} + \frac{z^2}{c^2} = 1.$$

$$V = \frac{\pi bc}{a^2}\left(a^2 x - \frac{x^3}{3}\right).$$

Volume entier de l'ellipsoïde,

$$\frac{4}{3}\pi abc.$$

429. Ellipsoïde rapporté à trois diamètres conjugués obliques,

$$\frac{x^2}{a'^2} + \frac{y^2}{b'^2} + \frac{z^2}{c'^2} = 1.$$

$$V = \frac{\pi b' c' \sin\theta \sin\lambda}{a'^2}\left(a'^2 x - \frac{x^3}{3}\right).$$

Ellipsoïde entier,

$$\frac{4}{3}\pi a' b' c' \sin\theta \sin\lambda.$$

430. Tous les parallélipipèdes construits sur les diamètres conjugués d'un ellipsoïde sont équivalents au parallélipipède rectangle construit sur les axes. .

431. VOLUMES TERMINÉS PAR DIVERSES SURFACES. — Une surface quelconque CDEF

$$F(x, y, z) = 0;$$

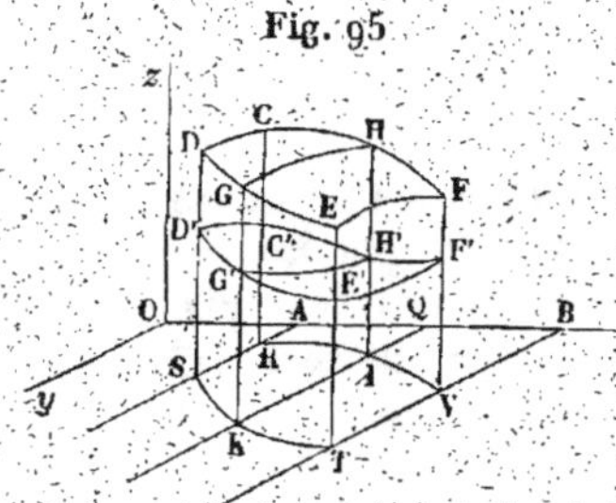

deux plans parallèles à yOz, menés aux distances $OA = a$, $OB = b$; deux cylindres droits

$$y = \varphi(x), \quad y_1 = \psi(x);$$

une seconde surface C'D'E'F'

$$F_1(x, y, z) = 0.$$

$$V = \int_a^b dx \int_{\varphi(x)}^{\psi(x)} (z - z_1)\, dy.$$

432. Lorsque les deux surfaces cylindriques se réduisent à des plans parallèles à zOy,

$$V = \int_a^b dx \int_c^e (z - z_1)\, dy.$$

433.

$$V = \int_a^b dx \int_{\varphi(x)}^{\psi(x)} z\, dy,$$

volume compris entre une surface quelconque, le plan xy, deux cylindres parallèles à l'axe des z et deux plans parallèles au plan zOy.

434. Volume d'un corps quelconque terminé de tous côtés par une surface dont l'équation $F(x, y, z) = 0$ est connue.

Imaginons un cylindre circonscrit à la surface, parallèlement à l'axe des z;

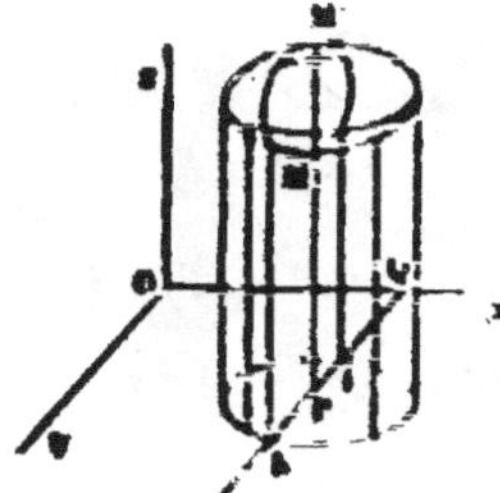

$$\psi(x, y) = 0$$

représente la trace du cylindre sur le plan xy, courbe fermée; en la coupant par un plan parallèle à yOz, on aura deux ordonnées $y = \varphi(x)$ et $y_1 = \varphi_1(x)$.

Si $z = MP$, $z_1 = M'P$ sont les deux valeurs de z tirées de l'équation de la surface, on aura pour le volume du corps

$$V = \int_a^b dx \int_y^{y'} (z - z_1) \, dy.$$

TRENTE-SIXIÈME LEÇON.

INTÉGRALES MULTIPLES. — AIRES DES SURFACES COURBES.

435. DES INTÉGRALES DOUBLES. — Toute expression où il entre deux intégrales relatives à des variables différentes est une *intégrale double*.

Une intégrale double est *définie* lorsqu'on assigne les limites des deux intégrations, *indéfinie* dans le cas contraire; on la représente par $\int \int z \, dx \, dy$.

436, 437. Une intégrale double $\int_a^b dx \int_{\varphi(x)}^{\phi(x)} z \, dy$ est la limite de la somme de tous les produits de la forme $z \Delta x \Delta y$ entre les limites des deux intégrations.

438. INTÉGRALES TRIPLES. — Soit $U = f(x, y, z)$ une fonction de trois variables indépendantes x, y, z.

$$\int_a^b dx \int_{\varphi(x)}^{\phi(x)} dy \int_{f(x,y)}^{F(x,y)} U \, dz.$$

Cette expression se nomme *intégrale triple*; on la représente aussi par

$$\int \int \int U \, dx \, dy \, dz.$$

On a

$$\int_a^b dx \int_{\varphi(x)}^{\psi(x)} dy \int_{f(x,y)}^{F(x,y)} U\,dz = \lim \sum\sum\sum (U\,\Delta x\,\Delta y\,\Delta z).$$

439. Théorème sur l'ordre des intégrations.

$$\int_a^b dx \int_{a'}^{b'} (z - z_1)\,dy = \int_{a'}^{b'} dy \int_a^b (z - z_1)\,dx.$$

440. De l'aire des surfaces courbes. — L'aire d'une surface courbe, terminée à un contour quelconque, est la limite de l'aire d'une surface polyédrique composée de faces planes, qui, en diminuant toutes indéfiniment, tendent à devenir tangentes à la surface considérée.

La surface polyédrique a une limite.

441. Soit A l'aire de la surface; si p et q sont les dérivées partielles $\dfrac{dz}{dx}$ et $\dfrac{dz}{dy}$ tirées de l'équation de la surface, on a

$$A = \int\int \sqrt{1 + p^2 + q^2}\,dx\,dy.$$

442. Aire des surfaces de révolution.

$$A = 2\pi \int_a^b y\,dx \sqrt{1 + \left(\frac{dy}{dx}\right)^2}.$$

En désignant par s un arc compté à partir d'un point fixe, on a

$$A = 2\pi \int_u^x y\,ds.$$

443. Surface de l'ellipsoïde de révolution. — Surface engendrée par la révolution de l'arc BM,

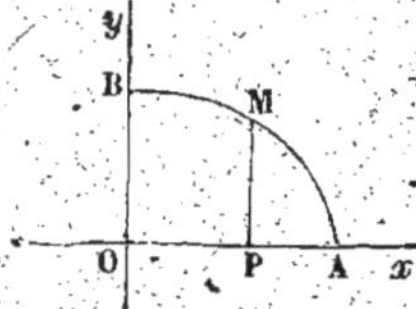

$$A = \frac{\pi be}{a}\left(x\sqrt{\frac{a^2}{e^2} - x^2} + \frac{a^2}{e^2}\arcsin\frac{ex}{a} \right).$$

445. Si l'on fait $x = a$ dans l'expression précédente, et si l'on prend le double du résultat on a,

$$2\pi b^2 + \frac{2\pi bn}{e}\,\mathrm{arc\,sin}\,e,$$

pour la surface totale de l'ellipsoïde.

444. $a < b$ et $\sqrt{b^2 - a^2} = be$:

$$A = \frac{\pi b^2 e}{a^2}\left[x\sqrt{\frac{a^4}{b^2 e^2} + x^2} + \frac{a^2}{b^2 e^2}\,l\left(x + \sqrt{\frac{a^4}{b^2 e^2} + x^2}\right)\right] + C;$$

si l'on fait $x = a$, on aura, en doublant, pour la surface totale de l'ellipsoïde,

$$2\pi b\sqrt{a^2 + b^2 e^2} + \frac{2\pi a^2}{e}\,l\left(\frac{be + \sqrt{a^2 + b^2 e^2}}{a}\right),$$

ou bien, en remplaçant $b^2 e^2$ par sa valeur $b^2 - a^2$,

$$2\pi b^2 + 2\pi a^2\,l\left[\frac{b}{a}(e + 1)\right]^{\frac{a}{e}}.$$

445. Si l'on suppose $e = 0$, on retrouve $4\pi a^2$ pour la surface de la sphère.

446. CHANGEMENT DE VARIABLES DANS UNE INTÉGRALE DOUBLE — Si, dans une intégrale double $\int\int P\,dx\,dy$, on remplace x et y par des fonctions données de deux nouvelles variables u et v, P devient une fonction connue P_1 de u et de v, et on aura pour l'intégrale proposée

$$\int\int P_1\left(\frac{dx}{du}\frac{dy}{dv} - \frac{dx}{dv}\frac{dy}{du}\right)du\,dv.$$

447. Si l'on pose

$$x = r\cos\theta, \quad y = r\sin\theta,$$

on aura des intégrales de la forme $\int\int P_1\,r\,d\theta\,dr$.

Application à un exemple.

PREMIÈRE LEÇON COMPLÉMENTAIRE [1].

COURBES A DOUBLE COURBURE.

Cosinus directeurs de la tangente, de la normale principale et de la binormale. — Expression des coordonnées en séries. — Propriétés du plan osculateur. — Formules de Serret. — Droites et surface polaires. — Développées. — Contact d'une ligne et d'une surface. — Sphère osculatrice. — Applications à l'hélice. — Contact de deux lignes.

COSINUS DIRECTEURS DE LA TANGENTE, DE LA NORMALE PRINCIPALE ET DE LA BINORMALE.

1*. Par un point quelconque M d'une courbe à double courbure on peut mener trois droites qui jouent un rôle capital dans l'étude des propriétés infinitésimales de la courbe : ce sont la tangente, la normale principale et la perpendiculaire au plan osculateur ou binormale; les résultats obtenus dans les n°^{s} 271, 275, 286, 291 et 292 font connaître les cosinus directeurs de chacune de ces droites, c'est-à-dire les cosinus des angles qu'elle fait avec trois axes rectangulaires OXYZ; il est bon d'en rappeler les valeurs. On a, pour la tangente,

$$(1) \qquad \cos \alpha = \frac{dx}{ds}, \qquad \cos \beta = \frac{dy}{ds}, \qquad \cos \gamma = \frac{dz}{ds};$$

pour la normale principale,

$$(2) \qquad \cos l = \rho \frac{d\frac{dx}{ds}}{ds}, \qquad \cos m = \rho \frac{d\frac{dy}{ds}}{ds}, \qquad \cos n = \rho \frac{d\frac{dz}{ds}}{ds};$$

pour la binormale,

$$(3) \quad \begin{cases} \cos \lambda = \rho \dfrac{dy\,d^2z - dz\,d^2y}{ds^3}, \\[2mm] \cos \mu = \rho \dfrac{dz\,d^2x - dx\,d^2z}{ds^3}, \\[2mm] \cos \nu = \rho \dfrac{dx\,d^2y - dy\,d^2x}{ds^3}. \end{cases}$$

---

[1] Cette Leçon ferait naturellement suite à la vingt-cinquième du texte.

Dans ces formules, les coordonnées x, y, z peuvent être regardées comme fonctions d'un paramètre arbitraire t, dont la valeur caractérise chaque point de la courbe; ds est l'élément d'arc, ρ la valeur absolue du rayon de courbure.

Sur chacune des trois droites considérées, on peut cheminer, à partir du point M, dans deux directions opposées auxquelles correspondent, en quelque sorte, deux demi-droites; il y a donc lieu de caractériser les directions MT, MN, MB auxquelles se rapportent les cosinus donnés par les formules (1), (2), (3). Il est clair que les demi-droites définies à l'aide de ces cosinus seront toujours les mêmes, quelle que soit l'orientation des axes OX, OY, OZ, et, pour les distinguer, nous placerons nos axes d'une façon particulière : l'origine coïncidant avec le point M, la partie positive de l'axe des x sera dirigée suivant la tangente du côté où s croît, celle de l'axe des y suivant la portion de normale principale menée du côté vers lequel la courbe tourne sa concavité; l'axe des z coïncidera avec la binormale. Pour cette position particulière des axes, nous développerons les coordonnées d'un point quelconque de la courbe en séries ordonnées suivant les puissances de l'arc s compté à partir du point M, et nous en déduirons, non seulement le caractère des demi-droites MT, MN, MB, mais encore quelques propriétés importantes de la courbe.

DÉVELOPPEMENTS DES COORDONNÉES EN SÉRIES.

2°. Si le point M ne présente aucune singularité, les coordonnées x, y, z, qui sont des fonctions bien déterminées de s, peuvent se développer par la formule de Maclaurin en séries de la forme suivante :

$$x = As + A's^2 + A''s^3 + \ldots,$$
$$y = Bs + B's^2 + B''s^3 + \ldots,$$
$$z = Cs + C's^2 + C''s^3 + \ldots.$$

On en déduit, d'après les formules du n° 1°,

$$\cos\alpha = A + 2A's + 3A''s^2 + \ldots, \qquad \cos l = \rho(2A' + 6A''s + \ldots),$$
$$\cos\beta = B + 2B's + \ldots, \qquad \cos m = \rho(2B' + 6B''s + \ldots),$$
$$\cos\gamma = C + 2C's + \ldots, \qquad \cos n = \rho(2C' + 6C''s + \ldots).$$

Mais au point M, pour lequel s est nul, on doit avoir

$$\cos\alpha = \pm 1, \qquad \cos m = \pm 1, \qquad \cos\beta = \cos\gamma = \cos l = \cos n = 0;$$

il en résulte

$$A = \pm 1, \qquad A' = 0,$$
$$B = 0, \qquad B' = \pm \frac{1}{2\rho_0},$$
$$C = 0, \qquad C' = 0,$$

ρ_0 étant le rayon de courbure au point M. D'ailleurs, quand s est positif et très petit, x et y doivent être positifs, par suite de l'orientation que nous avons donnée aux parties positives de OX et de OY; les premiers termes du développement de ces coordonnées ne sauraient être négatifs. En tenant compte des résultats qu'on vient d'obtenir, on peut écrire les valeurs de x, y, z sous la forme suivante :

$$(1) \quad \begin{cases} x = s + as^3 + \dots, \\ y = \dfrac{1}{2\rho_0} s^2 + bs^3 + \dots, \\ z = cs^3 + \dots. \end{cases}$$

On en déduit

$$(2) \quad \begin{cases} \cos\alpha = 1 + 3as^2 + \dots, \\ \cos\beta = \dfrac{s}{\rho_0} + 3bs^2 + \dots, \\ \cos\gamma = 3cs^2 + \dots, \end{cases}$$

$$(3) \quad \begin{cases} \cos l = \rho(6as + \dots), \\ \cos m = \rho\left(\dfrac{1}{\rho_0} + 6bs + \dots\right), \\ \cos n = \rho(6cs + \dots). \end{cases}$$

Les cosinus directeurs de la binormale peuvent se calculer en prenant s pour variable indépendante : on a de la sorte

$$\cos\lambda = \rho\left(\frac{dy}{ds}\frac{d^2z}{ds^2} - \frac{dz}{ds}\frac{d^2y}{ds^2}\right) = \rho\left(\frac{3c}{\rho_0}s^2 + \dots\right),$$
$$\cos\mu = \rho(-6cs + \dots),$$
$$\cos\nu = \rho\left(\frac{1}{\rho_0} + 6bs + \dots\right);$$

quand s tend vers zéro, $\cos\nu$ devient égal à l'unité.

Nous pouvons dès maintenant caractériser les directions MT, MN, MB : la première est celle de la tangente menée du côté où s

augmente; MN se dirige vers le centre de courbure; enfin la portion de binormale définie par les cosinus (3) (1°) est orientée, par rapport à MT et MN, comme la partie positive de l'axe OZ l'est relativement aux parties positives de OX et de OY.

3°. Nous allons déterminer les coefficients a, b, c. Comme on a toujours

$$\cos^2 \alpha + \cos^2 \beta + \cos^2 \gamma = 1,$$

la somme des carrés des seconds membres des équations (2) (2°) doit se réduire identiquement à l'unité, les termes en s, s^2, s^3, ... disparaissant; si l'on écrit que le coefficient de s^2 est nul, on trouve

$$6a + \frac{1}{\rho_0^2} = 0, \qquad a = - \frac{1}{6\rho_0^2}.$$

En second lieu, remplaçons, dans les seconds membres des équations (3) (2°), ρ par sa valeur donnée par la formule de Maclaurin,

$$\rho = \rho_0 + \frac{s}{1} \rho_0' + \frac{s^2}{1.2} \rho_0'' + \dots,$$

et élevons ces équations au carré : la somme des seconds membres doit alors se réduire identiquement à l'unité; en écrivant que le coefficient de s est nul, nous aurons

$$12b\rho_0 + 2\frac{\rho_0'}{\rho_0} = 0, \qquad b = - \frac{1}{6}\frac{\rho_0'}{\rho_0^2}.$$

En tenant compte de cette valeur de b, on reconnaît que les expressions de $\cos\lambda$, $\cos\mu$, $\cos\nu$ peuvent se mettre sous la forme

$$\cos\lambda = (3c + a)s^2,$$
$$\cos\mu = - (6c\rho_0 + a')s,$$
$$\cos\nu = 1 + c''s,$$

a, a', a'' s'annulant avec s. Si l'arc s devient infiniment petit, l'angle des binormales à ses deux extrémités M et M' mesurera (296) la torsion φ de cet arc, et l'on aura $\varphi = \nu$,

$$\sin^2\varphi = 1 - \cos^2\nu = \cos^2\lambda + \cos^2\mu = (36c^2\rho_0^2 + \tau_1)s^2,$$

τ_1 s'annulant avec s. Le rayon de torsion r_0 au point M est égal à la limite de $\dfrac{s}{\varphi}$ ou de $\dfrac{s}{\sin\varphi}$ pour $s = 0$, c'est-à-dire à la valeur absolue de $\dfrac{1}{6\,c\,\rho_0}$: on a donc

$$r_0 = \pm\,\frac{1}{6\,c\,\rho_0}, \qquad c = \pm\,\frac{1}{6\,r_0\,\rho_0};$$

d'ailleurs, pour des valeurs positives et suffisamment petites de s, z a le signe de c; il faudra prendre les signes supérieurs ou les signes inférieurs selon que, en suivant la courbe à partir du point M du côté où s croît, on se trouve ou l'on ne se trouve pas, par rapport au plan osculateur en M, du même côté que la binormale MB.

L'expression de $\cos\mu$ donne lieu à une remarque qui nous servira plus loin : c'est que, pour des valeurs positives et suffisamment petites de s, l'angle μ est obtus ou aigu selon que la courbe est, par rapport au plan osculateur en M, dans la première ou la seconde position que nous venons de considérer.

4*. La connaissance des valeurs de a, b, c permet, en négligeant les termes de l'ordre de s^4, d'écrire l'expression des coordonnées x, y, z d'un point quelconque de la courbe en fonction des éléments géométriques relatifs au point M, qui a été choisi arbitrairement : on trouve

$$x = s - \frac{s^3}{6\rho_0^2}, \qquad y = \frac{s^2}{2\rho_0} - \frac{\rho_0'}{6\rho_0^2}s^3, \qquad z = \pm\,\frac{s^3}{6r_0\rho_0}.$$

Quand s est suffisamment petit, les valeurs de y et de z se réduisent, sans erreur appréciable, chacune au premier terme de son développement, et l'on a immédiatement les deux théorèmes suivants :

1° *Le rayon de courbure d'une courbe en un point* M *est égal à la limite vers laquelle tend le quotient du carré d'un arc* MM' *de cette courbe par le double de la distance du point* M' *à la tangente en* M, *quand* MM' *tend vers zéro.*

2° *Le rayon de torsion en* M *est égal à la limite vers laquelle tend le quotient du cube de l'arc* MM' *par six fois le produit du rayon de courbure en* M *et de la distance du point* M' *au plan osculateur en* M.

On sait que la limite de ces quotients n'est pas altérée si l'on remplace MM' par un infiniment petit dont le rapport à MM' tende vers l'unité.

Le premier théorème conduirait à l'expression donnée (291) pour ρ et à d'autres équivalentes; le second fait connaître explicitement la valeur de r; nous allons la calculer, parce qu'elle n'est pas donnée dans le texte. Soit

$$(X - x)(dy\,d^2z - dz\,d^2y) + \ldots = 0$$

l'équation du plan osculateur en M, par rapport à des axes rectangulaires quelconques; le point infiniment voisin M' a pour coordonnées

$$x + dx + \tfrac{1}{2} d^2x + \frac{1 + \varepsilon}{6} d^3x,$$

$$y + dy + \tfrac{1}{2} d^2y + \frac{1 + \varepsilon'}{6} d^3y,$$

$$z + dz + \tfrac{1}{2} d^2z + \frac{1 + \varepsilon''}{6} d^3z,$$

ε, ε', ε'' étant infiniment petits; sa distance au plan considéré se réduit à

$$\pm \frac{1}{6} \frac{(dy\,d^2z - dz\,d^2y)(1 + \varepsilon)d^3x + \ldots}{\sqrt{(dy\,d^2z - dz\,d^2y)^2 + \ldots}};$$

divisant dr^3 par six fois cette distance, et par ρ, dont la valeur est connue, puis annulant, à la limite, ε, ε', ε'', on trouve

$$= \pm \frac{(dy\,d^2z - dz\,d^2y)^2 + (dz\,d^2x - dx\,d^2z)^2 + (dx\,d^2y - dy\,d^2x)^2}{(dy\,d^2z - dz\,d^2y)d^3x + (dz\,d^2x - dx\,d^2z)d^3y + (dx\,d^2y - dy\,d^2x)d^3z}$$

on choisit le signe $\pm$ de manière à rendre positif le second membre, dont la forme rationnelle est remarquable.

PROPRIÉTÉS DU PLAN OSCULATEUR.

5°. Le plan osculateur en un point M a été défini comme passant par la tangente en M et par un point de la courbe infiniment voisin du point M; il peut y avoir avantage à le définir autrement. Ainsi, je vais montrer qu'un plan passant par le point M et par deux autres points M_1, M_2 de la courbe va se confondre avec le plan osculateur en M, quand les points M_1, M_2 se rapprochent indéfiniment de M.

Prenons pour axes coordonnés les droites MT, MN, MB, et soient

$x_1, y_1, z_1, x_2, y_2, z_2$ les coordonnées de M_1 et M_2; l'équation du plan MM_1M_2 est

$$(y_1 z_2 - z_1 y_2)X + (z_1 x_2 - x_1 z_2)Y + (x_1 y_2 - y x_2)Z = 0.$$

Désignons par s_1, s_2 les arcs MM_1, MM_2, et exprimons $x_1, x_2, \ldots$ en fonction de s_1 et s_2 par les formules du n° 4*; on pourra diviser tous les termes de l'équation par $s_1 s_2 \dfrac{s_2 - s_1}{2\rho_0}$, et il restera

$$\left(\frac{s_1 s_2}{6 r_0 \rho_0} + \ldots\right)X - \left(\frac{s_1 + s_2}{3 r_0} + \ldots\right)Y$$
$$- \left(1 - \rho_0' \frac{s_1 + s_2}{3\rho_0} + \ldots\right)Z = 0;$$

quand s_1 et s_2 tendent vers zéro, cette équation tend à se réduire à l'équation $Z = 0$, qui représente bien le plan osculateur en M.

Le plan osculateur en M peut encore être considéré comme la limite d'un plan mené par la tangente MT parallèlement à la tangente au point infiniment voisin M'. Les équations de cette droite, rapportée aux axes MT, MN, MB, sont de la forme

$$X - s + \ldots = \frac{\rho_0 Y - \tfrac{1}{2} s^2 + \ldots}{s - \ldots} = \frac{r_0 \rho_0 Z - \tfrac{1}{6} s^3 + \ldots}{\tfrac{1}{2} s^2 + \ldots};$$

le plan mené par l'axe de x, MT, parallèlement à cette droite, a pour équation

$$r_0 Z - (\tfrac{1}{2} s + \ldots)Y = 0,$$

d'où l'on conclut la proposition énoncée. Ces équations montren encore que la plus courte distance des tangentes en M et en M' est $\dfrac{1 + \varepsilon}{12 r_0 \rho_0} s^3$, ε s'annulant avec s.

En général, les tangentes en deux points M, M_1 d'une courbe à double courbure ne se rencontrent pas; mais, si MM_1 est infiniment petit, on peut dire que les tangentes se coupent, à condition de négliger les infiniment petits du troisième ordre par rapport à MM_1. Sous la même réserve, on dira que le plan osculateur en M passe par la tangente MT et par la tangente infiniment voisine.

6*. *L'intersection du plan osculateur en M avec le plan oscula-teur au point infiniment voisin M' a pour limite la tangente MT.*

En effet, l'équation du plan osculateur en M', rapporté aux droites MT, MN, MB, peut s'écrire, en remplaçant x, y, z par leurs

expressions en fonction de s et multipliant tous les termes par
$\pm 2\rho_0$.

$$\left(\frac{1}{2r_0\rho_0} + \varepsilon\right)s^2 X - \left(\frac{1}{r_0} + \varepsilon'\right)sY$$

$$+ (1+\varepsilon'')Z - \left(\frac{1}{6r_0\rho_0} + \varepsilon''\right)s^3 = 0;$$

les termes ε, ε', ε'', ε''' contiennent s en facteur. Pour déterminer
l'intersection de ce plan avec le plan osculateur en M, on fera
$Z = o$ dans l'équation précédente; on peut alors diviser tous les
termes par s et si, après cette division, on fait $s = o$, on trouve
l'équation $Y = o$, qui, avec $Z = o$, représente la tangente MT.

Cela posé, imaginons les plans osculateurs en une série de points
infiniment rapprochés sur la courbe donnée : les intersections de
chacun de ces plans avec le suivant sont des droites qui coïncident
avec les tangentes à la courbe et forment une surface réglée S,
enveloppe des plans osculateurs. Une propriété essentielle de ce
lieu S peut, dès maintenant, être mise en évidence en considérant
un second mode de génération de la surface.

Prenons sur la courbe donnée une série de points a, b, c, d, e, ...
très rapprochés les uns des autres et formant les sommets d'un polygone inscrit dans la courbe : les plans de trois sommets consécutifs,
tels que abc, bcd, cde, ... ne coïncident pas en général, mais se
coupent suivant des droites bc, cd, ...; ces droites, prolongées
indéfiniment, constituent les arêtes d'une sorte de surface polyédrale ayant un très grand nombre de facettes très aiguës, situées
dans les plans abc, bcd, ... Supposons maintenant que les points a,
b, c, ... deviennent infiniment nombreux et rapprochés les uns
des autres : les droites bc, cd, ... tendront à se confondre avec les
tangentes à la courbe et la surface polyédrale aura pour limite la
surface S, qui en conservera les propriétés essentielles.

Il est évident que la surface polyédrale considérée peut être
appliquée sur un plan donné P sans altérer la grandeur de ses
éléments linéaires ou superficiels; il suffit de placer une des facettes sur le plan P, puis de faire tourner une facette adjacente
autour de l'arête commune jusqu'à ce qu'elle coïncide avec P, et
ainsi de suite. En passant à la limite, on voit que S peut être appliquée sur un plan sans altérer la grandeur de ses éléments linéaires et superficiels; il en résulte que l'angle sous lequel se coupent deux lignes de la surface est égal à celui sous lequel se coupent
leurs transformées; on dit que la surface est *développable*.

On voit aussi que le plan d'une des facettes de notre surface polyédrale a pour limite le plan tangent à la surface S tout le long de la génératrice avec laquelle vient se confondre une des arêtes de la facette; d'ailleurs le plan de cette facette passe par trois sommets consécutifs du polygone $abcde\ldots$; il a pour limite le plan osculateur à la courbe en l'un de ses points M, et ce plan touche S tout le long de la tangente MT.

La courbe donnée est *l'arête de rebroussement* de la surface S. En effet, si nous voulons trouver le lieu des traces des tangentes à la courbe sur un de ses plans normaux, le plan NMB, par exemple, il suffit de faire $X = 0$ dans les équations de la tangente, rappelées à la fin du paragraphe précédent; on a

$$Y = -\left(\frac{1}{2\rho_0} + \varepsilon\right)s^2, \qquad Z = -\left(\frac{1}{6r_0\rho_0} + \varepsilon'\right)s^3;$$

on reconnaît que le lieu présente un rebroussement au point M; ce rebroussement se retrouve dans la trace de S sur tout plan mené par M sans passer par MT.

FORMULES DE SERRET.

7*. Quand on se déplace sur la courbe, les neuf cosinus considérés n° 1* varient, en général, d'une manière continue : leurs différentielles ont des valeurs remarquables, que Frenet a fait connaître et dont M. Alfred Serret a montré toute l'utilité.

Il suffit de comparer les équations (1) et (2), 1*, pour en conclure

$$(1). \quad d\cos\alpha = \frac{ds}{\rho}\cos l, \quad d\cos\beta = \frac{ds}{\rho}\cos m, \quad d\cos\gamma = \frac{ds}{\rho}\cos n.$$

Pour trouver les différentielles de $\cos\lambda$, $\cos\mu$, $\cos\nu$, je mène par l'origine deux droites Ob, Ob', égales à l'unité et parallèles aux binormales en deux points infiniment voisins M, M', dont la distance est ds; la droite bb' est sensiblement égale à la mesure de l'angle de torsion $\frac{ds}{r}$: d'ailleurs, les plans osculateurs en M et M' peuvent être considérés comme se coupant suivant la tangente MT, 6*, et le plan Obb' est parallèle au plan normal en M; le triangle Obb' étant isocèle, la droite bb' fait un angle infiniment voisin de 90° avec la binormale MB, et, puisqu'elle est parallèle au plan normal en M, elle sera parallèle à la normale principale. Selon que l'arc MM'

(ds étant supposé positif) est ou n'est pas, par rapport au plan osculateur en M, du même côté que la portion MB de la binormale,
l'angle de Ob' avec la direction MN est obtus ou aigu; il en résulte
que, dans le premier cas, la direction bb' est de sens contraire à
la direction MN; dans le second cas, elle est de même sens. Les
projections de bb' sur les axes sont (296) $d\cos\lambda$, $d\cos\mu$, $d\cos\nu$,
et l'on a

$$(2)\quad\begin{cases} d\cos\lambda = \mp \dfrac{ds}{\rho}\cos l, \\[2mm] d\cos\mu = \mp \dfrac{ds}{\rho}\cos m, \\[2mm] d\cos\nu = \mp \dfrac{ds}{\rho}\cos n; \end{cases}$$

il faut prendre les signes supérieurs ou les signes inférieurs, selon
que MM' et MB sont ou ne sont pas du même côté du plan osculateur en M.

Enfin, le trièdre MTNB étant trirectangle, on a

$$\cos^2 l = 1 - \cos^2\alpha - \cos^2\lambda,$$
$$\cos l\, d\cos l = -\cos\alpha\, d\cos\alpha - \cos\lambda\, d\cos\lambda;$$

si l'on remplace $d\cos\alpha$ et $d\cos\lambda$ par leurs valeurs (1) et (2), on
peut tout diviser par $\cos l$, et il reste

$$d\cos l = -\frac{ds}{\rho}\cos\alpha \pm \frac{ds}{r}\cos\lambda.$$

On a de même

$$d\cos m = -\frac{ds}{\rho}\cos\beta \pm \frac{ds}{r}\cos\mu,$$
$$d\cos n = -\frac{ds}{\rho}\cos\gamma \pm \frac{ds}{r}\cos\nu;$$

il faut choisir les signes supérieurs ou inférieurs de la même manière que dans les équations (2).

DROITES ET SURFACE POLAIRES.

8°. Soit

$$(1)\quad (X-x)\cos\alpha + (Y-y)\cos\beta + (Z-z)\cos\gamma = 0$$

l'équation du plan normal au point quelconque M de la courbe;

si l'on désigne le premier membre par V, l'équation du plan normal au point voisin M', tel que $MM' = \Delta s$, pourra s'écrire

$$(2) \qquad V + \Delta V = V + \left(\frac{dV}{ds} + \varepsilon\right)\Delta s = 0,$$

ε s'annulant vers Δs. L'intersection des deux plans normaux est représentée par les équations (1) et (2); dans la seconde, on peut supprimer V et diviser par Δs. Si alors on suppose que Δs tende vers zéro, ε s'annule et l'on voit que l'intersection du plan normal en M avec le plan normal infiniment voisin est une droite D définie par les équations

$$V = 0, \qquad \frac{dV}{ds} = 0;$$

la seconde s'obtient en différentiant le premier membre de l'équation (1), tenant compte du premier groupe des équations de Serret et observant que X, Y, Z ne dépendent pas de s; on trouve

$$\frac{dV}{ds} = \frac{X-x}{\rho}\cos l + \frac{Y-y}{\rho}\cos m$$
$$+ \frac{Z-z}{\rho}\cos n - \cos^2\alpha - \cos^2\beta - \cos^2\gamma.$$

La droite D peut donc être représentée par l'équation (1) et par l'équation

(3) $\quad (X-x)\cos l + (Y-y)\cos m + (Z-z)\cos n - \rho = 0.$

L'élimination de $X-x$ entre les équations (1) et (3) donne

$$(Y-y)(\cos\alpha\cos m - \cos\beta\cos l)$$
$$+ (Z-z)(\cos\alpha\cos n - \cos\gamma\cos l) - \rho\cos\alpha = 0.$$

En vertu des relations qui lient les cosinus directeurs de trois droites rectangulaires, le coefficient de $Y-y$ est égal à $\cos\nu$, celui de $Z-z$ à $-\cos\mu$, celui de ρ à $\cos m\cos\nu - \cos n\cos\mu$, et l'équation peut s'écrire

$$(Y-y-\rho\cos m)\cos\nu - (Z-z-\rho\cos n)\cos\mu = 0.$$

La forme de cette équation et la symétrie des équations (1) et (3) montrent que la droite D peut être définie par le système des équations

$$(4) \qquad \frac{X-x-\rho\cos l}{\cos\lambda} = \frac{Y-y-\rho\cos m}{\cos\mu} = \frac{Z-z-\rho\cos n}{\cos\nu};$$

la droite est parallèle à la binormale en M et passe par le centre de courbure correspondant C; c'est l'axe du cercle de courbure; on lui donne aussi le nom de *droite polaire*.

9°. La droite polaire étant déterminée, on peut chercher ce que devient son point de rencontre avec le plan normal en M' quand MM' tend vers zéro. Nous écrirons l'équation du plan sous la forme

$$(2\ bis)\qquad V + \frac{dV}{ds}\Delta s + \frac{1}{2}\left(\frac{d^2V}{ds^2} + \eta\right)\Delta s^2 = 0,$$

η s'annulant avec Δs. La valeur commune des fractions (4) représente la distance u du point C au point (X, Y, Z) de la droite D, et l'on a

$$(6)\qquad X = x + \rho \cos l + u \cos \lambda, \qquad \text{etc.}$$

En portant ces valeurs dans l'équation (2 *bis*), on forme une équation en u dont la racine exprime la distance du point C au point de rencontre de D avec le plan normal en M'; après la substitution, V et $\frac{dV}{ds}$ s'annulent identiquement, et u est donné par la transformée de l'équation $\frac{d^2V}{ds^2} + \eta_1 = 0$. Supposons maintenant que MM' tende vers zéro : on aura simplement $\frac{d^2V}{ds^2} = 0$; on peut même remplacer cette équation par celle qu'on obtient en égalant à zéro la dérivée relative à s du premier membre de l'équation (3), c'est-à-dire de $\rho\,\frac{dV}{ds}$. On trouve, en ayant égard aux formules de Serret,

$$\frac{d}{ds}\rho\,\frac{dV}{ds} = (x - X)\left(\frac{\cos \alpha}{\rho} \mp \frac{\cos \lambda}{r}\right) - \cos \alpha \cos l + \ldots - \frac{d\rho}{ds} = 0;$$

la somme des trois termes analogues à $\cos \alpha \cos l$ est nulle; quant à X, Y, Z, on les remplace par leurs valeurs (6), après avoir mis au lieu de u, sa limite U; il vient

$$(\rho \cos l + U \cos \lambda)\left(\frac{\cos \alpha}{\rho} \mp \frac{\cos \lambda}{r}\right) + \ldots + \frac{d\rho}{ds} = 0;$$

si l'on effectue les trois produits qui entrent dans cette équation.

il se fait de nombreuses réductions, parce que le trièdre MTNB est trirectangle, et l'on a simplement

$$U = \pm r \frac{d\rho}{ds}.$$

Les coordonnées du point limite cherché, que je désigne par P, sont

$$(7) \quad \begin{cases} X = x + \rho \cos l \pm r \dfrac{d\rho}{ds} \cos \lambda, \\[2mm] Y = y + \rho \cos m \pm r \dfrac{d\rho}{ds} \cos \mu, \\[2mm] Z = z + \rho \cos n \pm r \dfrac{d\rho}{ds} \cos \nu. \end{cases}$$

Désignons par (M) la courbe donnée et par (P) la courbe, lieu des points P; les éléments infinitésimaux des deux lignes aux points qui se correspondent sont liés entre eux d'une manière très simple. Au point M′ infiniment voisin de M correspond un point P′ infiniment voisin de P, et ayant pour coordonnées $X + dX$, $Y + dY$, $Z + dZ$; or la première des équations (7) donne

$$dX = dx + d\rho \cos l - \rho\, ds \left(\frac{\cos \alpha}{\rho} \mp \frac{\cos \lambda}{r} \right)$$
$$- r \frac{d\rho}{ds} \frac{ds \cos l}{r} \pm \cos \lambda\, d.\, r \frac{d\rho}{ds}$$

ou, après des réductions évidentes,

$$dX = \pm \left(\rho \frac{ds}{r} + d.\, r \frac{d\rho}{ds} \right) \cos \lambda;$$

on a de même

$$dY = \pm \left(\rho \frac{ds}{r} + d.\, r \frac{d\rho}{ds} \right) \cos \mu,$$
$$dZ = \pm \left(\rho \frac{ds}{r} + d.\, r \frac{d\rho}{ds} \right) \cos \nu.$$

On en conclut que la tangente à la ligne (P) au point P est la droite polaire D, et que l'arc PP′ a pour longueur

$$dS = \pm \left(\frac{\rho}{r} + \frac{d}{ds}\, r \frac{d\rho}{ds} \right) ds.$$

Soient $\mathcal{A}$, $\mathcal{B}$, $\mathcal{C}$, $\mathcal{L}$, $\mathcal{M}$, $\mathcal{N}$ les angles que la tangente et la normale principale à (P) au point P font avec les axes coordonnés, $\mathcal{R}$ le rayon de courbure; on peut écrire

$$\cos \mathcal{A} = \cos \lambda, \qquad \cos \mathcal{B} = \cos \mu, \qquad \cos \mathcal{C} = \cos \nu.$$

Si l'on différentie, en ayant égard aux formules de Serret, on a, en valeur absolue,

$$\frac{dS}{\mathcal{R}} \cos \mathcal{L} = \frac{ds}{r} \cos l,$$

$$\frac{dS}{\mathcal{R}} \cos \mathcal{M} = \frac{ds}{r} \cos m,$$

$$\frac{dS}{\mathcal{R}} \cos \mathcal{N} = \frac{ds}{r} \cos n;$$

donc les normales principales à (M) et à (P) aux points correspondants sont parallèles, et la torsion de l'arc MM' est égale à la courbure de l'arc PP'.

Le plan normal à (M) au point M est osculateur à (P), puisqu'il contient la tangente et la normale principale en P; donc, la binormale à (P) au même point est parallèle à la tangente MT. On en conclura, par un calcul analogue à celui qui vient d'être fait, que la courbure de l'arc MM' est égale à la torsion de l'arc PP'.

Les droites polaires étant tangentes à la courbe (P) forment une surface développable appelée *surface polaire* de la courbe (M), et dont (P) est l'arête de rebroussement; cette surface est l'enveloppe des plans normaux à (M), et elle est tangente à chacun de ces plans tout le long d'une des droites polaires.

DÉVELOPPÉES.

10°. On a vu que le lieu des centres de courbure d'une courbe plane est une ligne, nommée *développée*, dont toutes les tangentes sont normales à la courbe proposée; il n'en est plus de même pour les courbes à double courbure. En effet, les coordonnées du centre de courbure C correspondant au point M sont

$$X = x + \rho \cos l, \qquad Y = y + \rho \cos m, \qquad Z = z + \rho \cos n,$$

les cosinus directeurs de la tangente au lieu des centres sont proportionnels à

$$dX = dx + d\rho \cos l - \rho\,ds\left(\frac{\cos\alpha}{\rho} \mp \frac{\cos\lambda}{r}\right) = d\rho \cos l \pm \rho\,\frac{ds}{r}\cos\lambda,$$

$$dY = d\rho \cos m \pm \rho\,\frac{ds}{r}\cos\mu,$$

$$dZ = d\rho \cos n \pm \rho\,\frac{ds}{r}\cos\nu;$$

ils ne peuvent coïncider avec ceux de la droite CM que si r est infini, ce qui n'a pas lieu d'une manière générale, à moins que la courbe donnée ne soit plane.

Il existe pourtant une infinité de lignes, auxquelles on conserve le nom de *développées,* et dont toutes les tangentes sont normales à une courbe quelconque donnée (M). Pour nous en rendre compte, par une série de points M, M′, M″, M‴, ... très rapprochés sur la courbe, menons-lui des plans normaux dont les intersections successives sont des droites d, d', d'', ... qui auraient pour limites des droites polaires; sur d, choisissons arbitrairement un point q, et menons les droites Mq, M′q : elles sont normales à (M), puisqu'elles sont dans des plans normaux. La droite M′q, prolongée au besoin, rencontre d^L en un point q', menons la droite M″q' : elle est encore normale à (M), et rencontre d'' en un point q''. Tirons la droite M‴q'', qui sera normale à (M), et continuons la série de constructions que nous avons commencée; nous formerons un polygone $qq'q''....$, dont tous les côtés sont normaux à (M). Si les points M, M′, M″, ... se rapprochent indéfiniment, ce polygone aura pour limite une courbe dont les tangentes seront normales à (M); le point q a pour limite un point Q situé sur D dans une position tout à fait arbitraire; il y a donc une infinité de lignes satisfaisant à la condition proposée.

Lorsque les points M, M′, M″, ... sont infiniment voisins les uns des autres, les longueurs qM et qM′, q'M′ et q'M″, q''M″ et q''M‴, ... sont égales, en négligeant des infiniment petits du second ordre, au moins; la ligne polygonale $qq'q''....q^{(n)}$ sera sensiblement égale à M$^{(n+1)}q^{(n)}$ — Mq, et, à la limite, on aura ce théorème :

Un arc quelconque de développée (sur lequel il n'y a pas de rebroussement) est égal à la différence des longueurs des tan-

gentes menées par ses extrémités jusqu'aux points où elles coupent normalement la courbe donnée.

11°. Nous allons indiquer un procédé simple pour déterminer analytiquement les développées d'une courbe. Le point Q de la développée, qui correspond au point M, est sur la droite polaire D; si l'on désigne par v la longueur CQ, comptée positivement dans le sens de MB, les coordonnées du point Q seront

$$(1)\qquad \begin{cases} \xi = x + \rho \cos l + v \cos \lambda, \\ \eta = y + \rho \cos m + v \cos \mu, \\ \zeta = z + \rho \cos n + v \cos \nu; \end{cases}$$

on en déduit

$$d\xi = dx + d\rho \cos l - \rho\, dl \left(\frac{\cos x}{\rho} + \frac{\cos \lambda}{r} \right) + dv \cos \lambda \mp v \frac{dv}{r} \cos l$$

$$= \left(d\rho \mp v \frac{dv}{r} \right) \cos l + \left(dv \pm \rho \frac{dv}{r} \right) \cos \lambda.$$

$$d\eta = \left(d\rho \mp v \frac{dv}{r} \right) \cos m + \left(dv \pm \rho \frac{dv}{r} \right) \cos \mu,$$

$$d\zeta = \left(d\rho \mp v \frac{dv}{r} \right) \cos n + \left(dv \pm \rho \frac{dv}{r} \right) \cos \nu.$$

Pour que la droite MQ soit tangente à la développée, il faut qu'on ait

$$\frac{d\xi}{\xi - x} = \frac{d\eta}{\eta - y} = \frac{d\zeta}{\zeta - z}$$

ou

$$(2)\qquad \begin{cases} \dfrac{\left(d\rho \mp v \frac{dv}{r} \right) \cos l + \left(dv \pm \rho \frac{dv}{r} \right) \cos \lambda}{\rho \cos l + v \cos \lambda} \\[2em] = \dfrac{\left(d\rho \mp v \frac{dv}{r} \right) \cos m + \ldots}{\rho \cos m + v \cos \mu} = \dfrac{\left(d\rho \mp v \frac{dv}{r} \right) \cos n + \ldots}{\rho \cos n + v \cos \nu}. \end{cases}$$

Or une fraction de la forme $\dfrac{ax + by}{a'x + b'y}$ ne peut prendre la même valeur pour trois systèmes de valeurs de x et y que si l'on a

$$\frac{a}{a'} = \frac{b}{b'};$$

l'égalité des trois rapports (2) exige donc que l'on ait

$$\frac{d\rho \mp \varrho \dfrac{ds}{r}}{\rho} = \frac{d\varrho \pm \rho \dfrac{ds}{r}}{\varrho};$$

d'où, en réduisant,

$$\frac{\rho\, d\varrho - \varrho\, d\rho}{\varrho^2 + \rho^2} = \pm \frac{ds}{r}.$$

Le premier membre est la différentielle de $\operatorname{arc\,tang} \dfrac{\varrho}{\rho}$, qui mesure l'angle QMC; le second membre est la différentielle de la torsion totale de la courbe, torsion qu'on sait calculer. Soient θ la valeur, choisie arbitrairement, de l'angle CMQ pour un point M_0 de la courbe, T la torsion totale à partir de M_0; on aura

$$CMQ = \operatorname{arc\,tang} \frac{\varrho}{\rho} = \theta \mp T,$$

$$\varrho = \rho \operatorname{tang}(\theta \mp T);$$

en portant cette valeur de ϱ dans l'équation (1), on a les coordonnées du point Q en fonction du paramètre qui définit la position du point M; il suffit d'éliminer ce paramètre entre les équations (1) pour avoir les équations de la développée qui correspond à la valeur adoptée pour θ.

Pour une autre développée, dans laquelle le point correspondant à M serait Q_1, on aurait

$$Q_1 MC = \theta_1 \mp T.$$

Les angles QMC, Q_1MC étant dans un même plan, on a

$$Q_1 MQ = Q_1 MC - QMC = \theta_1 - \theta;$$

donc *les tangentes menées d'un point quelconque de* (M) *à deux développées données font entre elles un angle constant.*

12*. Les développées d'une courbe sont, en général, des courbes gauches situées sur la surface polaire, mais elles se transforment en lignes droites quand on applique la surface sur un plan.

Pour le démontrer, considérons les plans normaux à (M) en des points M, M', M″, ... très voisins les uns des autres, et leurs intersections successives d, d', d'', ... (10*); ces droites forment les arêtes d'un polyèdre qui, à la limite, devient la surface polaire. Cherchons à appliquer sur un plan Π toutes les faces de ce polyèdre et même leurs plans tout entiers qui, après le rabattement, formeront comme des feuillets superposés. On fera coïncider avec Π le plan normal en M, par exemple, puis on rabattra autour de d le plan normal en M'; mais l'arc MM' peut être considéré comme un arc de cercle ayant d pour axe; après le rabattement, le point M' viendra coïncider avec le point M. Nous devrons ensuite faire tourner le plan normal en M' autour de la droite sur laquelle s'est déjà rabattue d'; cette rotation amènera M'' en coïncidence avec M et M', et, en continuant, on verra que, lorsque toutes les faces du polyèdre auront été rabattues sur Π, tous les points M, M', M'', M''', ... coïncideront.

Considérons en même temps les droites Mq, $M'qq'$, $M''q'q''$, ... qui nous ont conduit (10°) à la notion des développées : après le rabattement, elles passeront toutes par ce point où sont venus M, M', M'', ...; d'ailleurs, chacune d'elles a, avec la suivante, un point commun non situé sur la courbe (M); donc, après le rabattement, elles ne formeront plus qu'une seule droite, sur laquelle viendront les points q, q', q'', ... Quand les points M, M', M'', ... seront infiniment voisins, les points q, q', q'', ... auront pour limites les points de la développée, et ceux-ci viendront sur une même droite si l'on applique la surface polaire sur le plan Π.

Il résulte de là que l'arc QEQ' de développée qui passe par deux points Q, Q' de la surface polaire est plus court que toute autre ligne QHQ' tracée sur la surface entre les mêmes points; si, en effet, on applique la surface sur un plan, les lignes QEQ', QHQ' changent de forme sans que leurs longueurs soient altérées; or la transformée de QEQ' est une droite, nécessairement plus courte que la transformée de QHQ'.

Une développée étant une ligne de longueur minimum sur la surface polaire, ses plans osculateurs doivent (788) être normaux à la surface; il est facile de vérifier que cette condition est satisfaite. On peut dire (5°) que le plan osculateur à la développée au point Q contient la tangente QM et la tangente infiniment voisine $Q'M'$; il contient donc le petit arc MM' et, par suite, est perpendiculaire sur le plan normal en M à la ligne (M); or ce plan touche la surface polaire au point Q; le plan osculateur à la développée est donc au même point normal à la surface polaire.

CONTACT D'UNE LIGNE ET D'UNE SURFACE.

13* Considérons une surface S et une ligne L ayant un point commun M où elles ne présentent aucune singularité. Prenons sur L un arc MM′ que nous regarderons comme infiniment petit du premier ordre, et, par le point M′, menons diverses droites assujetties à la seule condition de ne pas faire un angle très petit avec le plan tangent à S au point M : chacune de ces droites rencontre la surface en un point infiniment voisin de M′. Je dis que les segments infiniment petits $M'M''$, $M'M''_1$, $M'M''_2$, ..., déterminés sur les diverses sécantes, sont du même ordre de grandeur. En effet on a, dans le triangle $M'M''M''_1$ par exemple,

$$\frac{M'M''}{M'M''_1} = \frac{\sin M'M''_1 M''}{\sin M'M''M''_1};$$

or ces rapports sont finis, parce que la droite $M''M''_1$, sensiblement parallèle au plan tangent en M, fait avec $M'M''$ et $M'M''_1$ des angles qui ne sont voisins ni de zéro, ni de 180°, et dont le sinus est fini.

Cela posé, si les segments $M'M''$, $M'M''_1$, ... sont des infiniment petits de l'ordre $n+1$, on dit que la surface et la ligne données ont, au point M, un contact du $n^{\text{ième}}$ ordre.

Rien n'empêche de regarder le segment $M'M''$ comme la différence des ordonnées des deux points où une parallèle à l'axe des z couperait L et S ; ce point de vue établit une analogie complète entre la définition qui vient d'être développée et celle qui a été donnée (**227**) pour le contact de deux lignes planes.

14*. Soient

$F(X, Y, Z) = 0$ l'équation de la surface ;

x, y, z les coordonnées du point M ;

$x+h, y+k, z+l$ celles de M′ ;

$x+h+\alpha, y+k+\beta, z+l+\gamma$ celles de M″.

Une, au moins, des quantités h, k, l est infiniment petite du premier ordre, les deux autres pouvant être d'ordre supérieur ; de même, une, au moins, des quantités α, β, γ est du $(n+1)^{\text{ième}}$ ordre, les deux autres pouvant être d'ordre supérieur. Le point M″ étant sur la surface, on aura

$$F(x+h+\alpha, y+k+\beta, z+l+\gamma) = 0;$$

d'où

$$F(x + h, y + k, z + l) = - \alpha F'_x - \beta F'_y - \gamma F'_z - \dots.$$

Le second membre est infiniment petit d'ordre $n + 1$, quels que soient les rapports mutuels de α, β, γ; donc la condition analytique pour que L et S aient un contact d'ordre n est que les coordonnées du point M', substituées dans le premier membre de l'équation de S, le rendent infiniment petit d'ordre $n + 1$.

Les coordonnées d'un point quelconque de L peuvent être exprimées en fonction d'un paramètre t; alors $F(x, y, z)$ devient une fonction $\varphi(t)$; soit θ l'accroissement de t quand on passe du point M au point M'; on a

$$F(x + h, y + k, z + l) = \varphi(t + \theta)$$
$$= \varphi(t) + \frac{\theta}{1} \varphi'(t) + \dots + \frac{\theta^n}{n!} \left[\varphi^{(n)}(t) + \varepsilon \right].$$

Pour que $\varphi(t + \theta)$ soit de l'ordre $n + 1$, θ étant du premier ordre, il faut qu'on ait

$$(1) \quad \varphi(t) = 0, \quad \varphi'(t) = 0, \quad \varphi''(t) = 0, \quad \dots \quad \varphi^{(n)}(t) = 0,$$

t étant, bien entendu, la valeur du paramètre relative au point M. Ces conditions reviennent aux suivantes :

$$(2) \quad F(x, y, z) = 0, \quad dF = 0, \quad d^2F = 0, \quad \dots, \quad d^nF = 0.$$

On a $n + 1$ équations qui se déduisent les unes des autres par différentiation, en regardant x, y, z comme des fonctions de t.

15°. Quand l'équation $F = 0$ des surfaces d'une certaine famille renferme $n + 1$ arbitraires, on peut, en général, choisir ces arbitraires de telle sorte que la surface correspondante ait, avec une ligne donnée L, un contact d'ordre n au point M; il suffit que les équations (2) soient satisfaites. On dit alors que la surface est *osculatrice* à la ligne donnée. En certains points de la ligne, on peut obtenir un contact d'ordre supérieur à n, mais ces points sont exceptionnels.

Si l'on exprime qu'une surface de la famille considérée passe par le point M et par n points M_1, M_2, ..., M_n de L qui viennent se confondre avec M, on retrouve la surface osculatrice que nous avons définie. Soient, en effet,

$$t, \quad t + \theta_1, \quad t + \theta_2, \quad \dots, \quad t + \theta_n$$

les valeurs que prend en M, M_1, M_2, ..., M_n le paramètre qui
caractérise chaque point de L; nous devons avoir $n+1$ conditions
de la forme

$$\varphi(t) = 0, \qquad \varphi(t+\theta_1) = 0, \qquad ..., \qquad \varphi(t+\theta_n) = 0;$$

les n dernières peuvent s'écrire, eu égard à la première,

$$\theta_1 \varphi'(t) + \frac{\theta_1^2}{2} \varphi''(t) + \ldots + \frac{\theta_1^n}{n!} \varphi^{(n)}(t) = \varepsilon_1 \theta_1^n,$$

$$\theta_2 \varphi'(t) + \frac{\theta_2^2}{2} \varphi''(t) + \ldots + \frac{\theta_2^n}{n!} \varphi^{(n)}(t) = \varepsilon_2 \theta_2^n,$$

$$\ldots \ldots \ldots \ldots \ldots \ldots \ldots \ldots \ldots \ldots,$$

les ε tendant vers zéro en même temps que les θ. Or la théorie
des équations linéaires montre que, si θ_1, θ_2, ..., θ_n sont distincts,
le système précédent donne pour $\varphi'(t)$, $\varphi''(t)$ ... des valeurs de
la forme $A_1\varepsilon_1 + A_2\varepsilon_2 + ...$, A_1, A_2 étant finis. Cela posé, faisons
tendre θ_1, θ_2, ... vers zéro : ε_1, ε_2, ..., $\varphi'(t)$, $\varphi''(t)$ ... tendront
aussi vers zéro, et, à la limite, nous aurons $n+1$ conditions iden-
tiques avec celle du groupe (1) (14*).

L'équation générale d'un plan

$$AX + BY + CZ + D = 0$$

contient trois paramètres arbitraires; un plan peut donc avoir
avec une ligne donnée un contact du second ordre en un point tel
que M; il suffit qu'on ait

$$A x \quad + B y \quad + C z + D = 0,$$
$$A \, dx \quad + B \, dy \quad + C \, dz \quad = 0,$$
$$A \, d^2 x + B \, d^2 y + C \, d^2 z \quad = 0;$$

le plan déterminé par ces conditions est celui qui a déjà été considéré sous le nom de *plan osculateur*.

SPHÈRE OSCULATRICE.

16*. L'équation générale d'une sphère,

$$(X - a)^2 + (Y - b)^2 + (Z - c)^2 - R^2 = 0,$$

dépend de quatre paramètres; on pourra les déterminer de manière que la sphère ait avec une ligne donnée un contact du troi

sième ordre en un point tel que M. La première des équations de condition est

$$(1) \qquad (x-a)^2 + (y-b)^2 + (z-c)^2 - R^2 = 0.$$

Pour obtenir les trois autres, nous différentierons trois fois la première par rapport à s en ayant égard aux formules de Serret; nous aurons d'abord

$$(2) \quad (x-a)\cos\alpha + (y-b)\cos\beta + (z-c)\cos\gamma = 0,$$

$$(x-a)\frac{\cos l}{\rho} + (y-b)\frac{\cos m}{\rho} + (z-c)\frac{\cos n}{\rho} + 1 = 0,$$

ou, en multipliant par ρ,

$$(3) \quad (x-a)\cos l + (y-b)\cos m + (z-c)\cos n + \rho = 0.$$

Prenons encore la dérivée par rapport à s, et changeons les signes

$$(x-a)\left(\frac{\cos\alpha}{\rho} \mp \frac{\cos\lambda}{r}\right) - \cos\alpha\cos l + \ldots - \frac{d\rho}{ds} = 0;$$

si nous tenons compte de l'équation (2) et de la relation

$$\cos\alpha\cos l + \cos\beta\cos m + \cos\gamma\cos n = 0,$$

la dernière équation de condition devient

$$(4) \quad (x-a)\cos\lambda + (y-b)\cos\mu + (z-c)\cos\nu \pm r\frac{d\rho}{ds} = 0.$$

Ajoutons membre à membre les équations (2), (3) et (4) après les avoir multipliées respectivement par $\cos\alpha$, $\cos l$ et $\cos\lambda$, ou par $\cos\beta$, $\cos m$ et $\cos\mu$, ou enfin par $\cos\gamma$, $\cos n$ et $\cos\nu$, nous en tirerons

$$a = x + \rho\cos l \pm r\frac{d\rho}{ds}\cos\lambda,$$

$$y = b + \rho\cos m \pm r\frac{d\rho}{ds}\cos\mu,$$

$$z = c + \rho\cos n \pm r\frac{d\rho}{ds}\cos\nu,$$

l'équation (1) donne alors, pour le carré du rayon de la sphère osculatrice,

$$R^2 = \rho^2 + r^2\left(\frac{d\rho}{ds}\right)^2.$$

Le centre de la sphère osculatrice coïncide avec le point P de l'arête de rebroussement de la surface polaire, dont les coordonnées sont calculées dans le n° 9*; la grandeur du rayon R montre que la sphère coupe le plan osculateur suivant un cercle de rayon ρ, qui est le cercle de courbure. Conformément à une proposition générale établie au n° 15*; la sphère osculatrice passe par le point M et par trois points infiniment voisins M_1, M_2, M_3; son centre est à l'intersection des trois plans perpendiculaires sur les milieux de MM_1, de M_1M_2, de M_2M_3; on peut le regarder comme le point de concours du plan normal en M et de deux plans normaux infiniment voisins.

APPLICATIONS A L'HÉLICE.

17*. Si, dans les formules du n° 298, nous remplaçons m par $\tan i$, nous pourrons prendre les coordonnées d'un point de l'hélice sous la forme suivante

$$x = \mathrm{R}\cos t, \qquad y = \mathrm{R}\sin t, \qquad z = \mathrm{R}\,t\,\tan i;$$

on en déduit

$$ds = \frac{\mathrm{R}\,dt}{\cos i},$$

$$\cos\alpha = -\cos i\sin t, \qquad \cos\beta = \cos i\cos t, \qquad \cos\gamma = \sin i;$$

i est l'angle constant que la tangente fait avec le plan de la section droite du cylindre.

Le premier groupe des formules de Serret nous donne

$$\frac{\cos l}{\rho} = -\frac{\cos^2 i\cos t}{\mathrm{R}}, \qquad \frac{\cos m}{\rho} = -\frac{\cos^2 i\sin t}{\mathrm{R}}, \qquad \frac{\cos n}{\rho} = 0.$$

on en déduit un résultat déjà obtenu (303)

$$\rho = \frac{\mathrm{R}}{\cos^2 i}, \qquad \cos l = -\cos t, \qquad \cos m = -\sin t, \qquad \cos n = 0,$$

La forme bien connue de l'hélice montre que si, à partir d'un de ses points M, on chemine dans le sens où s croît, on est, par rapport au plan osculateur en M, du même côté que la portion de binormale définie au n° 2*; il faut donc, dans les formules de Serret, prendre les signes supérieurs; le troisième groupe de ces formules nous donne, en divisant par di,

$$\sin l = - \frac{R}{\cos i}\left(- \frac{\cos^2 i \sin l}{R} - \frac{\cos \lambda}{r}\right),$$

$$- \cos l = - \frac{R}{\cos i}\left(\frac{\cos^2 i \cos l}{R} - \frac{\cos \mu}{r}\right),$$

$$0 = - \frac{\sin i \cos^2 i}{R} + \frac{\cos \nu}{r};$$

on en conclut immédiatement

$$r = \frac{R}{\sin i \cos i},$$

$$\cos \lambda = \sin i \sin l, \qquad \cos \mu = - \sin i \cos l, \qquad \cos \nu = \cos l,$$

résultats trouvés directement, mais moins simplement, au n° 308.

Comme $\frac{d\rho}{ds}$ est nul, le centre de la sphère osculatrice coïncide avec le centre de courbure; ses coordonnées sont

$$a = - R \tan g^2 i \cos l, \qquad b = - R \tan g^2 i \sin l, \qquad c = R l \tan g i;$$

son lieu est une hélice, parfaitement réciproque de l'hélice donnée; la surface polaire est un hélicoïde développable.

Enfin, les formules du n° 11° donnent pour les coordonnées d'un point quelconque d'une des développées, en supposant $l = o$ pour le point M_0,

$$\xi = - R \tan g^2 i \cos l + \frac{R \sin i}{\cos^2 i} \sin l \, \tan g(\theta - l \sin i),$$

$$\eta = - R \tan g^2 i \sin l - \frac{R \sin i}{\cos^2 i} \cos l \, \tan g(\theta - l \sin i),$$

$$\zeta = R l \tan g i + \frac{R}{\cos i} \tan g(\theta - l \sin i).$$

CONTACT DE DEUX LIGNES.

18°. Soit M un point commun à deux lignes données; si l'on prend sur ces deux lignes deux arcs MN', MM' infiniment petits du premier ordre, on verra, comme au n° 13°, que le segment M'M' est d'un ordre infinitésimal déterminé, n, pourvu que sa direction fasse un angle fini avec chacune des tangentes en M; quand $n > 1$, les courbes ont en M un contact d'ordre $n - 1$. Les conditions analytiques de ce contact consistent en ce que les coordonnées du point M', substituées dans les deux équations de la seconde courbe, rendent leurs premiers membres infiniment petits de l'ordre n; on peut aussi exprimer que les projections des deux lignes sur deux plans différents ont un contact de l'ordre $n-1$; l'une ou l'autre méthode donne $2n$ équations de condition.

Quand les équations de condition dépendent de $2n$ ou $2n+1$ arbitraires, on peut faire en sorte que cette ligne ait un contact d'ordre $n-1$ avec une courbe donnée en un point donné; la ligne devient alors osculatrice à la courbe donnée. Une droite, dont les équations contiennent quatre paramètres, ne peut, en général, avoir avec une courbe donnée qu'un contact de premier ordre; un cercle, dont les équations renferment six indéterminées, aura un contact du second ordre quand il sera osculateur. Une hélice peut avoir en un point donné d'une courbe gauche un contact du deuxième ordre avec cette courbe; ses équations dépendent, en effet, de sept paramètres; quatre servent à déterminer la position de l'axe du cylindre; le cinquième est le rayon de la base; un autre fixe la position d'un point de l'hélice sur la surface du cylindre; le septième est l'angle des tangentes avec les génératrices.

DEUXIÈME LEÇON COMPLÉMENTAIRE[*].

INTÉGRATION DE QUELQUES DIFFÉRENTIELLES ALGÉBRIQUES.

Différentielles qui dépendent des courbes unicursales. — Différentielles qui contiennent la racine carrée d'un polynôme du troisième ou du quatrième degré. — Intégrales et fonctions elliptiques.

DIFFÉRENTIELLES QUI DÉPENDENT DES COURBES UNICURSALES.

19°. Les différentielles algébriques qu'on a le plus souvent à considérer dans le Calcul intégral sont comprises dans la formule $\int f(x, y)\,dx$, f désignant une fonction rationnelle des variables x et y qui sont liées par une équation algébrique et entière $F(x,y) = o$; x et y peuvent être regardés comme les coordonnées d'un point quelconque d'une courbe algébrique. On est loin de savoir intégrer, d'une manière générale, la différentielle considérée; mais l'intégration est très simple dans un cas qui présente d'ailleurs beaucoup d'intérêt, celui où x et y peuvent s'exprimer en fonction rationnelle d'une variable t,

$$(1) \qquad x = \varphi(t), \qquad y = \varphi_1(t);$$

on a, par une simple substitution,

$$\int f(x,y)\,dx = \int f[\varphi(t), \varphi_1(t)]\varphi'(t)\,dt.$$

et il n'y a plus qu'à intégrer une fonction rationnelle de t.

20°. Les courbes dont les points peuvent se déterminer *individuellement*, comme dit Chasles, à l'aide des équations (1), ont été nommées par M. Cayley *courbes unicursales*. Nous devons chercher les caractères géométriques qui correspondent à la définition analytique si simple au point de vue du Calcul intégral. On peut

---

[*] Cette Leçon ferait naturellement suite à la vingt-neuvième du texte.

toujours supposer que les fractions φ et φ_1 aient le même dénominateur,

$$(2) \qquad x = \varphi(t) = \frac{\psi(t)}{\pi(t)}, \qquad y = \varphi_1(t) = \frac{\psi_1(t)}{\pi(t)},$$

et que les polynômes $\psi(t)$, $\psi_1(t)$, $\pi(t)$ soient premiers entre eux; on peut même les considérer comme étant du même degré m, les termes manquant dans quelques-uns étant censés avoir des coefficients nuls.

Je dis d'abord que la courbe considérée est du degré m. Cherchons, en effet, ses points de rencontre avec une droite quelconque : si, dans l'équation $ux + vy + w = 0$, qui représente cette droite, je mets pour x et y leurs valeurs (2), je vois que t doit satisfaire à l'équation

$$u\,\psi(t) + v\,\psi_1(t) + w\,\pi(t) = 0;$$

il y a m racines à chacune desquelles correspond un point d'intersection.

Je dis, en second lieu, que la courbe considérée U_m a des points doubles, propriété qui n'appartient pas à une courbe quelconque, et que le nombre de ces points est

$$\mu = \frac{1}{2}(m - 1)(m - 2).$$

Supposons que, pour deux valeurs t' et t'' de t, on trouve pour x et y les mêmes systèmes de valeurs : quand t variera de t' à t'', la courbe reviendra à son point de départ qui sera un point double. Cherchons donc le nombre des couples t', t'' qui satisfont à cette condition, en supposant, pour simplifier, que $\pi(t)$ soit réellement du degré m, et sans facteurs multiples. On a des identités de la forme

$$\varphi(t) = Q + \sum \frac{A}{t - a}, \qquad \varphi_1(t) = Q_1 + \sum \frac{A_1}{t - a};$$

les équations $\varphi(t') = \varphi(t'')$, $\varphi_1(t') = \varphi_1(t'')$ reviennent aux suivantes :

$$(t' - t'') \sum \frac{A}{(t' - a)(t'' - a)} = 0,$$

$$(t' - t'') \sum \frac{A_1}{(t' - a)(t'' - a)} = 0.$$

On rejettera la solution $t' - t'' = 0$ et l'on posera

$$t' + t'' = p, \qquad t' t'' = q;$$

nous aurons alors entre p et q les deux équations

$$\sum \frac{A}{a^2 - pa + q} = 0, \qquad \sum \frac{A_1}{a^2 - pa + q} = 0.$$

Quand on aura chassé les dénominateurs, ces deux équations seront du degré $m - 1$ par rapport à p et q; elles admettront $(m - 1)^2$ solutions; mais il est facile de voir que plusieurs d'entre elles ne donneront pas de points doubles. En effet, les deux équations rendues entières sont satisfaites si l'on a

$$(3) \qquad a^2 - pa + q = 0, \qquad b^2 - pb + q = 0;$$

d'où

$$p = a + b, \qquad q = ab, \qquad t' = a, \qquad t'' = b;$$

pour ces deux valeurs de t, x et y sont infinis sans que rien n'indique l'existence d'un point double, même à l'infini. Le nombre de manières dont on peut choisir les deux trinômes (3) que j'ai supposés nuls est $\frac{1}{2} m(m - 1)$; le nombre des solutions à chacune desquelles correspond un couple t', t'' donnant un point double se réduit donc à

$$(m - 1)^2 - \frac{1}{2} m(m - 1) = \frac{1}{2}(m - 1)(m - 2) = \mu.$$

On démontre en Géométrie qu'une courbe de degré m ne peut avoir plus de μ points doubles sans se décomposer en lignes de moindre degré; on montre aussi qu'un point multiple d'ordre n joue ici le même rôle que $\frac{1}{2} n(n - 1)$ points doubles, mais nous nous bornerons au cas le plus ordinaire où il n'y a que des points doubles.

21°. Pour qu'une courbe U_m de degré m soit unicursale, il faut qu'elle ait μ points doubles; nous allons voir que cela suffit. Cherchons à déterminer une courbe U_{m-2} de degré $m - 2$ qui passe par les μ points doubles de U_m et, en outre, par $m - 3$ points simples donnés sur la même courbe. L'équation de la ligne demandée contient $\frac{1}{2}m(m-1)$ coefficients; mais, comme l'un d'eux

peut être pris égal à l'unité, il y a $\frac{1}{2}m(m-1)-1$ paramètres

arbitraires; écrivons que l'équation est satisfaite par les coordonnées des

$$\frac{1}{2}(m-1)(m-2)+m-3=\frac{1}{2}m(m-1)-2$$

points imposés à U_{m-2}; nous aurons autant d'équations linéaires qu'il y a de paramètres à déterminer, moins un; tous ces paramètres pourront s'exprimer linéairement en fonction de l'un d'eux, que j'appelle t, et l'équation de U_{m-2} sera de la forme

$$(4) \qquad G(x,y)+t\,G_1(x,y)=0,$$

où tous les coefficients sont connus, sauf t.

Cherchons maintenant les abscisses des points d'intersection de U_m et U_{m-2} : si on élimine y entre les équations de ces courbes, on aura une équation $H(x)=0$ de degré $m(m-2)$, et dont les coefficients contiennent t à la puissance m. Mais l'équation $H(x)=0$ doit admettre comme racines doubles les abscisses $a_1, a_2, \ldots, a_\mu$ des points doubles et comme racines simples $m-3$ quantités connues, $\alpha_1, \alpha_2, \ldots, \alpha_{m-3}$; le nombre des racines qui dépendent de t est donc

$$m(m-2)-(m-1)(m-2)-(m-3)=1,$$

et le polynôme H sera de la forme

$$H(x)=(x-a_1)^2\ldots(x-a_\mu)^2(x-\alpha_1)\ldots(x-\alpha_{m-3})[x\pi(t)-\psi(t)];$$

donc, à chaque valeur de t correspond un seul point de U_m, dont l'abscisse est de la forme $x=\dfrac{\psi(t)}{\pi(t)}$.

On trouverait de même, en éliminant x entre les équations de U_m et de U_{m-2}, qu'à la même valeur de t correspond un seul point sur U_m, ayant pour ordonnée $\dfrac{\psi_1(t)}{\pi_1(t)}$. Les polynômes $\pi(t)$ et $\pi_1(t)$, de degré m, ne peuvent être différents; car alors, en réduisant x et y au même dénominateur, on serait conduit (21^*) à trouver que le lieu du point (x,y) est de degré supérieur à m.

Il ne sera pas nécessaire de former complètement l'équation $H(x)=0$; il suffit de connaître la somme de ses racines, fournie

sans trop de peine par une méthode d'élimination due à Liouville,
et d'en retrancher $2(a_1 + \ldots + a_\mu) + \alpha_1 + \ldots + \alpha_{m-2}$ pour avoir
la dernière racine $\dfrac{\psi(t)}{\pi(t)}$. On fera une remarque analogue relativement à y.

22°. On peut aussi, comme l'a fait d'abord M. Clebsch, déterminer individuellement les points de U_m à l'aide de courbes U_{m-1}
de degré $m-1$, qu'on assujettirait à passer par les μ points doubles et par $2m-3$ points simples de U_m. On verra, en raison-
nant comme ci-dessus, que l'équation de U_{m-1} est de la forme (4);
l'équation aux abscisses des points communs à U_m et à U_{m-1}
sera

$$m(m-1)-(m-1)(m-2)-(2m-3)=1$$

racine dépendant de t, et l'on sera conduit à des conséquences
analogues à celles que j'ai exposées. Mais, en général, une équation de degré $m-1$ doit donner lieu à des calculs plus longs
qu'une équation de degré $m-2$.

On ne pourrait pas employer des courbes de degré inférieur à
$m-2$.

23°. Pour les coniques, μ est nul; une conique quelconque est
donc unicursale; et, en effet, si, par un de ces points x_1, y_1, nous
menons une droite (U_{m-1}),

$$(1) \qquad y - y_1 = t(x - x_1),$$

elle coupe la courbe en un seul point différent de (x_1, y_1) et dont
les coordonnées sont des fonctions rationnelles de t. Considérons
la conique définie par l'équation

$$(2) \qquad F(x,y) = y^2 - a - bx - cx^2 = 0;$$

en tenant compte de l'identité

$$y_1^2 - a - bx_1 - cx_1^2 = 0,$$

on tire des équations (1) et (2)

$$(3) \qquad
\begin{cases}
x = \dfrac{x_1 t^2 - 2y_1 t + cx_1 + b}{t^2 - c}, \\[2ex]
y = \dfrac{-y_1 t^2 + (b + 2cx_1)t - cy_1}{t^2 - c}.
\end{cases}$$

Nous pouvons prendre $x_1 = 0$, $y_1 = \sqrt{a}$; en faisant $c = \pm 1$, on retrouve la transformation d'un radical du second degré indiquée aux n°s 346 et 348. Si l'on prend $y_1 = 0$, x_1 sera l'une des valeurs α, β qui annulent $a + bx + cx^2$; soit $x_1 = \alpha$; on a, dans ce cas, $b = -c(\alpha + \beta)$, et, en faisant $c = \pm 1$, on retombe sur les formules de transformation données $n°$ 349.

Une courbe du troisième degré est unicursale quand elle a un point double; si l'on prend ce point pour origine et si l'on pose $y = tx.(U_{m-2})$, on tire immédiatement de l'équation de U_3 des valeurs de x et y en fonction rationnelle de t.

24*. Une courbe du quatrième degré, U_4, qui a trois points doubles est unicursale; nous déterminerons ses points individuellement à l'aide d'une conique U_2 passant par les trois points doubles et par un quatrième point qu'il est commode de supposer infiniment voisin d'un des points doubles; c'est dire qu'en ce point U_2 a même tangente que l'une des branches de U_4 qui s'y croisent. Rien n'est plus facile que de former l'équation de U_2 et celles qui donnent les coordonnées des points communs à U_2 et à U_4.

Prenons pour U_4 la lemniscate de Bernoulli

$$(1) \qquad (x^2 + y^2)^2 - a^2(x^2 - y^2) = 0.$$

On reconnaît aisément, en rendant l'équation homogène, que la courbe a pour points doubles, non seulement l'origine, mais encore deux points situés à l'infini sur les droites définies par les équations $y = \pm x\sqrt{-1}$. Les coniques U_2 passant par ces trois points et touchant à l'origine, comme le fait U_4, la droite

$$y - x = 0,$$

sont données par l'équation

$$(2) \qquad x^2 + y^2 - ta(y - x) = 0.$$

Il s'agit de résoudre les équations (1) et (2) : si l'on porte dans la première la valeur de $x^2 + y^2$ tirée de la seconde et si l'on divise par $a^2(y - x)$, il reste

$$(x - y)t^2 - (x + y) = 0;$$

cette équation, combinée avec l'équation (2), donne immédiatement

$$x = at\,\frac{t^2 + 1}{t^4 + 1}, \qquad y = at\,\frac{t^2 - 1}{t^4 + 1}.$$

DIFFÉRENTIELLES QUI RENFERMENT LA RACINE CARRÉE D'UN POLYNOME DU TROISIÈME OU DU QUATRIÈME ORDRE.

25°. Il y a une classe de différentielles algébriques $f(x, y)\,dx$ qui, au point de vue de l'Analyse, jouent un rôle plus important que lorsque x et y sont les coordonnées d'un point d'une courbe unicursale; ce sont celles dans lesquelles y représente la racine carrée d'un polynôme X, qui contient x à un degré supérieur au second. L'intégration de la différentielle proposée ne peut plus se faire, en général, au moyen des fonctions algébriques, logarithmiques ou circulaires, mais elle introduit dans l'Analyse des fonctions nouvelles qu'on appelle *intégrales elliptiques* ou *hyperelliptiques*, suivant que le degré de X est ou n'est pas inférieur à 5. Nous nous bornerons aux intégrales elliptiques, en nous proposant de trouver le nombre des transcendantes distinctes ainsi introduites en Analyse, et de mettre sous les formes les plus simples les différentielles qui leur donnent naissance.

La fraction rationnelle $f(x, \sqrt{X})$ est nécessairement de la forme

$$f(x, \sqrt{X}) = \frac{M + N\sqrt{X}}{M_1 + N_1\sqrt{X}},$$

M, N, M_1, N_1 étant des polynômes; si l'on multiplie haut et bas par $M_1 - N_1\sqrt{X}$, on peut écrire

$$f(x, \sqrt{X}) = P + P_1\sqrt{X} = P + \frac{P_1 X}{\sqrt{X}} = P + \frac{Q}{\sqrt{X}},$$

P et Q étant des fonctions rationnelles de x. La différentielle proposée se compose de deux parties, l'une rationnelle $P\,dx$ que nous savons intégrer, et l'autre $\dfrac{Q\,dx}{\sqrt{X}}$, que nous aurons seule à considérer.

26°. On peut toujours par une transformation réelle, à condition que les coefficients de X soient eux-mêmes réels, ramener la différentielle $\dfrac{Q\,dx}{\sqrt{X}}$ à une autre de même forme, mais dans laquelle la quantité soumise au radical est un trinôme bicarré. Supposons d'abord que X soit du quatrième degré

$$X = Ax^4 + Bx^3 + Cx^2 + Dx + E;$$

nous excluons le cas où il y aurait des facteurs multiples puisqu'on n'aurait plus en réalité qu'un radical du second degré. On
sait que X, ayant ses coefficients réels, est toujours décomposable,
au moins d'une manière, en un produit de deux facteurs du second
degré à coefficients réels :

$$X = A(x^2 + 2gx + h)(x^2 + 2g'x + h').$$

On pose

$$x = \frac{\lambda + \mu z}{1 + z},$$

λ et μ étant deux constantes indéterminées; la transformation
s'opère sans difficulté et donne

$$\frac{dx}{\sqrt{X}} = \frac{(\mu - \lambda)dz}{\sqrt{(Fz^2 + 2Gz + H)(F'z^2 + 2G'z + H')}} = \frac{(\mu - \lambda)dz}{\sqrt{Z}};$$

on a écrit, pour abréger,

$$F = A(\mu^2 + 2g\mu + h), \qquad F' = \mu^2 + 2g'\mu + h',$$
$$G = A[\lambda\mu + g(\lambda + \mu) + h], \qquad G' = \lambda\mu + g'(\lambda + \mu) + h',$$
$$H = A(\lambda^2 + 2g\lambda + h); \qquad H' = \lambda^2 + 2g'\lambda + h'.$$

Pour que Z soit bicarré, il suffit que G et G' s'annulent; de ces
deux conditions on tire, en supposant $g \gtrless g'$,

$$\lambda + \mu = \frac{h - h'}{g' - g}, \qquad \lambda\mu = \frac{gh' - hg'}{g' - g};$$

λ et μ sont racines d'une équation du second degré qu'on peut
former, et elles seront réelles si la quantité

$$\Delta = (h - h')^2 - 4(g' - g)(gh' - hg')$$

est positive. On peut écrire, en appelant α, β, α', β' les racines
de l'équation $X = 0$ rangées dans un ordre convenable,

$$2g = -(\alpha + \beta), \qquad h = \alpha\beta, \qquad 2g' = -(\alpha' + \beta'), \qquad h' = \alpha'\beta';$$

on aura alors

$$\Delta = (\alpha\beta - \alpha'\beta')^2 - (\alpha + \beta - \alpha' - \beta')[\alpha\beta(\alpha' + \beta') - \alpha'\beta'(\alpha + \beta)]$$

Si l'on calcule les coefficients de α^2 et de α, et le terme indépendant de α, on s'aperçoit qu'ils ont un facteur commun, et l'on

peut écrire

$$\Delta = [z^2 - (\alpha' + \beta')z + \alpha'\beta'][\beta^2 - (\alpha' + \beta')\beta + \alpha'\beta']$$
$$= (z - \alpha')(\alpha - \beta')(\beta - \alpha')(\beta - \beta').$$

Quand l'équation $X = 0$ a deux ou quatre racines imaginaires, il n'y a qu'un mode de décomposition en facteurs réels; un des groupes α, β, α', β' ou tous les deux sont formés d'imaginaires conjuguées et Δ est évidemment positif. Quand les quatre racines sont réelles, X peut se décomposer de trois manières en facteurs réels du second degré; pour que Δ soit positif, il faut qu'il n'y ait pas une, et une seule, des quantités α', β' comprise entre α et β comme cela arrive pour l'un des modes de décomposition; il faut alors faire un choix entre les trois systèmes de valeurs réelles de g, h, g', h'; mais dans tous les cas il y aura des valeurs réelles de λ et μ satisfaisant aux conditions que nous avons posées; pour les connaître explicitement, il faudra toujours résoudre une équation du troisième degré.

Nous avons supposé g et g' différents; s'ils sont égaux, il suffit de remplacer x par $z - g$ pour avoir un résultat de la forme cherchée, soit

$$\frac{dx}{\sqrt{X}} = \frac{dz}{\sqrt{A(z^2 + h - g^2)(z^2 + h' - g'^2)}}.$$

Quand X se réduit à un polynôme du troisième degré, on peut toujours le décomposer en un produit de facteurs réels de la forme

$$X = B(x - a)(x^2 + 2gx + h);$$

le changement de variable que nous avons fait dans le cas du quatrième degré réussirait encore; mais il est plus simple de poser $x = a + z^2$; il vient alors

$$\frac{dx}{\sqrt{X}} = \frac{2dz}{\sqrt{B[(z^2 + a)^2 + 2g(z^2 + a) + h]}}$$

27°. Dans le cas le plus général que nous ayons eu en vue, nous sommes ramenés à une différentielle qu'on peut mettre sous la forme

$$\frac{Rz + S}{R_1 z + S_1} \frac{dz}{\sqrt{Z}},$$

où les polynômes R, S, R_1, S_1 et Z ne renferment que des puissances paires de z. Si l'on multiplie haut et bas par $R_1 - S_1 z$, la différentielle prend la forme

$$\varphi(z^2)\frac{dz}{\sqrt{Z}} + \varphi_1(z^2)\frac{z\,dz}{\sqrt{Z}},$$

φ et φ_1 désignant des fonctions rationnelles de z^2. Il suffit de poser $z^2 = t$ pour ramener la seconde partie à ne contenir d'autre irrationnelle que la racine carrée d'un trinôme du second degré en t, et nous n'avons qu'à nous occuper de la première partie. On peut supposer qu'on ait fait sortir du radical la valeur absolue du terme constant de chacun des deux facteurs dans lesquels on a décomposé Z et ne considérer que la différentielle

$$\varphi(z^2)\frac{dz}{\sqrt{Z}},$$

où $Z = (mz^2 \pm 1)(m'z^2 \pm 1)$.

28*. Nous allons, par un dernier changement de variable, réduire à un seul les divers cas que présente cette différentielle suivant les signes des quatre termes qui figurent dans l'expression précédente de Z. Par une analyse bien simple, on reconnaît que Z ne peut avoir que l'une des six formes suivantes, où les signes sont en évidence :

1° $(1 - a^2 z^2)(1 - b^2 z^2),$

2° $(1 - a^2 z^2)(b^2 z^2 - 1),$

3° $(1 - a^2 z^2)(b^2 z^2 + 1),$

4° $(1 - a^2 z^2)(-1 - b^2 z^2),$

5° $(1 + a^2 z^2)(1 + b^2 z^2),$

6° $(1 + a^2 z^2)(-1 - b^2 z^2).$

Dans le premier cas, on peut, en rangeant convenablement les facteurs, faire en sorte que a soit $> b$; on pose

$$az = x, \qquad \frac{b}{a} = k;$$

alors $\dfrac{dz}{\sqrt{Z}}$ se transforme en $\dfrac{dx}{\sqrt{X}}$, en désignant dorénavant par X

le trinôme

$$(1) \qquad X = (1 - x^2)(1 - k^2 x^2);$$

nous supposerons toujours k positif et inférieur à l'unité.

Dans le second cas, on peut faire en sorte que a soit $< b$; nous poserons alors

$$\frac{b^2 - a^2}{b^2} = k^2, \qquad z^2 = \frac{1}{a^2} - \left(\frac{1}{a^2} - \frac{1}{b^2}\right) x^2 = \frac{1 - k^2 x^2}{a^2};$$

dans ce cas et dans les trois suivants, la transformation est telle que, lorsque x^2 varie de 0 à 1, z^2 prenne toutes les valeurs qu rendent $Z > 0$. Ici nous aurons

$$dz = - \frac{k^2 x\, dx}{a\sqrt{1 - k^2 x^2}}, \qquad 1 - a^2 z^2 = k^2 x^2,$$

$$b^2 z^2 - 1 = b^2 k^2 \frac{1 - x^2}{a^2};$$

$\dfrac{dz}{\sqrt{Z}}$ se transforme en $- \dfrac{1}{b}\dfrac{dx}{\sqrt{X}}$. X étant toujours le trinôme (1) où $k < 1$.

Dans le troisième cas, nous poserons

$$z^2 = \frac{1 - x^2}{a^2}, \qquad k^2 = \frac{b^2}{a^2 + b^2},$$

et nous aurons

$$dz = - \frac{x\, dx}{a\sqrt{1 - x^2}}, \qquad 1 - a^2 z^2 = x^2,$$

$$1 + b^2 z^2 = b^2 \frac{1 - k^2 x^2}{a^2 k^2}, \qquad \frac{dz}{\sqrt{Z}} = - \frac{k}{b}\frac{dx}{\sqrt{X}}.$$

Dans le quatrième cas, nous poserons

$$z^2 = \frac{1}{a^2(1 - x^2)}, \qquad k^2 = \frac{a^2}{a^2 + b^2},$$

et nous aurons

$$dz = - \frac{x\, dx}{a(1 - x^2)^{\frac{3}{2}}}, \qquad \ldots, \qquad \frac{dz}{\sqrt{Z}} = \frac{k}{a}\frac{dx}{\sqrt{X}}.$$

Dans le cinquième cas, nous ferons en sorte que a soit $> b$, et nous aurons

$$z^2 = \frac{x^2}{a^2(1-x^2)}, \qquad k^2 = \frac{a^2 - b^2}{a^2}, \qquad \frac{dz}{\sqrt{Z}} = \frac{1}{a}\frac{dx}{\sqrt{X}}.$$

Enfin, le sixième cas, où $\sqrt{Z}$ est toujours imaginaire, se ramène au cinquième en faisant sortir -1 du radical.

Quant à $\varphi(z^2)$, elle se transformera toujours en une fraction rationnelle $\psi(x^2)$ qui pourra se décomposer en éléments simples de la forme

$$\psi(x^2) = \sum A x^{2p} + \sum \frac{B}{(1+nx^2)^q};$$

p et q sont des entiers dont le premier peut être négatif. Nous sommes donc ramenés, en définitive, à deux espèces d'intégrales, savoir

$$U_p = \int \frac{x^{2p}\,dx}{\sqrt{X}}, \qquad V_q = \int \frac{dx}{(1+nx^2)^q\,\sqrt{X}};$$

nous allons voir que toutes ces intégrales peuvent s'exprimer au moyen de trois d'entre elles et de fonctions élémentaires.

29*. En développant l'expression de X, on trouve

$$X = 1 - (1+k^2)x^2 + k^2 x^4,$$

et l'on en déduit l'identité suivante :

$$d.x^\mu \sqrt{X} = \mu x^{\mu-1} \sqrt{X}\,dx + x^\mu \frac{2k^2 x^3 - (1+k^2)x}{\sqrt{X}}$$

$$= \mu \frac{x^{\mu-1}\,dx}{\sqrt{X}} - (\mu+1)(1+k^2)x^{\mu+1}\frac{dx}{\sqrt{X}}$$

$$+ (\mu+2)k^2 x^{\mu+3}\frac{dx}{\sqrt{X}}.$$

Faisons $\mu = p - 3$ et prenons les intégrales des deux membres, sans mettre en évidence de constantes arbitraires, puisque chaque intégrale en comporte une : il vient

$$x^{2p-3}\sqrt{X} = (2p-3)U_{p-2}$$
$$- (2p-2)(1+k^2)U_{p-1} + (2p-1)k^2 U_p.$$

Cette formule permet d'exprimer au moyen de U_0, U_1 et de fonctions algébriques l'intégrale U_2, puis U_3, U_4, ... et aussi U_{-1}, U_{-2}, etc.

Pour obtenir une réduction analogue des intégrales V_q, nous partirons de l'identité suivante, qui se vérifie sans difficulté :

$$(1) \quad \begin{cases} d\dfrac{x\sqrt{X}}{(1+nx^2)^q} \\[2mm] = \dfrac{[2q-(2q-1)(1+nx^2)]X+[2k^2x^4-(1+k^2)x^2](1+nx^2)}{(1+nx^2)^{q+1}\sqrt{X}}\,dx \end{cases}$$

On a aussi les identités

$$n^2X = k^2(1+nx^2)^2$$
$$-(n+nk^2+2k^2)(1+nx^2)+(n+1)(n+k^2),$$

$$n^2[2k^2x^4-(1+k^2)x^2]$$
$$= 2k^2(1+nx^2)^2-(n+nk^2+3k^2)(1+nx^2)+n+nk^2+2k^2.$$

Si l'on multiplie par n^2 tous les termes de l'égalité (1), on pourra transformer le numérateur du second membre au moyen des deux dernières identités; on ordonnera le second membre par rapport à $1+nx^2$ et, en intégrant, on trouvera sans peine

$$(2) \quad \begin{cases} 2q(n+1)(n+k^2)V_{q+1} \\[2mm] \quad -(2q-1)[n(n+2)+(2n+3)k^2]V_q \\[2mm] \quad +(2q-2)[n+(n+3)k^2]V_{q-1} \\[2mm] \qquad -(2q-3)k^2V_{q-2} = \dfrac{n^2x\sqrt{X}}{(1+nx^2)^q}. \end{cases}$$

Cette relation subsiste quand même un ou plusieurs des indices des V seraient négatifs. Supposons d'abord n différent de -1 et de $-k^2$; en faisant $q=1$, la relation (2) permet d'exprimer V_2 au moyen d'un terme algébrique, de V_1, V_0 et V_{-1}; mais V_0 n'est autre que U_0, et V_{-1} que U_0+nU_1. En donnant ensuite à q les valeurs 2, 3, 4, ..., on pourra exprimer V_3, V_4, ... au moyen de V_1, de U_0, de U_1 et de termes algébriques.

Quand n est égal à -1 ou à $-k^2$, le premier terme disparaît de la relation (2), et celle-ci montre qu'on peut, dans ce cas, exprimer V_1, V_2, V_3, ... au moyen de U_0, U_1 et de termes algébriques.

INTÉGRALES ET FONCTIONS ELLIPTIQUES.

30*. En résumé, les transcendantes distinctes introduites par l'intégration de la différentielle $f(x, \sqrt{X})\, dx$ se réduisent à trois, U_0, U_1 et V_1. Nous prendrons, comme on fait habituellement, les intégrales à partir de $x = 0$, et nous poserons

$$u = \int_0^x \frac{dx}{\sqrt{(1-x^2)(1-k^2 x^2)}},$$

$$u_1 = \int_0^x \frac{x^2\, dx}{\sqrt{(1-x^2)(1-k^2 x^2)}},$$

$$\varphi = \int_0^x \frac{dx}{(1+n x^2)\sqrt{(1-x^2)(1-k^2 x^2)}};$$

ces intégrales sont connues sous les noms d'*intégrales elliptiques* de *première*, *deuxième* et *troisième espèce*; la constante k est le *module*, n le *paramètre* de l'intégrale de troisième espèce. Le nom d'*intégrales elliptiques* vient de ce que, dans une ellipse où le demi grand axe est égal à l'unité et l'excentricité à k, un arc compté à partir du sommet du petit axe a pour longueur

$$s = \int_0^x dx \sqrt{\frac{1-k^2 x^2}{1-x^2}} = u - k^2 u_1;$$

Legendre avait même donné à cette fonction s le nom d'*intégrale de seconde espèce*.

Si l'on pose $x = \sin\varphi$, les intégrales elliptiques prennent des formes remarquables :

$$u = \int_0^\varphi \frac{d\varphi}{\sqrt{1 - k^2 \sin^2\varphi}},$$

$$u_1 = \int_0^\varphi \frac{\sin^2\varphi\, d\varphi}{\sqrt{1 - k^2 \sin^2\varphi}},$$

$$w = \int_0^\varphi \frac{d\varphi}{(1 + n \sin^2\varphi)\sqrt{1 - k^2 \sin^2\varphi}}.$$

Les intégrales elliptiques ne peuvent, en général, se réduire les unes aux autres; il y a toutefois une exception indiquée à la fin du n° 29° : dans l'équation (3) de ce numéro, faisons $q = 1$, et tour à tour $n = -1$ ou $n = -k^2$; enfin, prenons les intégrales V à partir de $x = 0$: nous trouverons que, lorsque son paramètre est égal à -1 ou à $-k^2$, l'intégrale de troisième espèce est réductible aux deux autres, et l'on a pour ces cas particuliers

$$\int_0^x \frac{dx}{\sqrt{(1-x^2)^3(1-k^2x^2)}}$$

$$= \frac{k^2}{1-k^2}(u_1 - u) + \frac{1}{1-k^2}\sqrt{\frac{1-k^2x^2}{1-x^2}},$$

$$\int_0^x \frac{dx}{\sqrt{(1-x^2)(1-k^2x^2)^3}}$$

$$= \frac{u - k^2 u_1}{1-k^2} - \frac{k^2}{1-k^2}\sqrt{\frac{1-x^2}{1-k^2x^2}};$$

ces formules peuvent se vérifier au moyen d'une différentiation.

31°. Quand le module devient égal à zéro ou à l'unité, $\sqrt{X}$ se réduit à $\sqrt{1-x^2}$ ou à $1-x^2$, et les intégrales elliptiques se réduisent à des fonctions algébriques, logarithmiques et circulaires que nous calculerions sans peine. Nous ferons seulement, sur un de ces cas particuliers, une observation essentielle qu'on peut généraliser. Pour $k = 1$, u devient égal à arc sin x; c'est une fonction bien connue de x; mais, à son tour, x est une fonction de u, sin u; or cette fonction joue, dans l'Analyse, un rôle bien plus important que la fonction inverse. La même chose se présente dans le cas général où k n'est plus nul : x est une fonction de u, c'est la fonction inverse de l'intégrale elliptique, et c'est elle qui joue, en Analyse, le rôle le plus important; Gudermann a désigné cette fonction par sn u; il a aussi posé

$$\sqrt{1-x^2} = cn\,u, \qquad \sqrt{1-k^2x^2} = dn\,u;$$

sn u, cn u, dn u sont les trois *fonctions elliptiques*, dont la théorie a été développée par M. Laurent dans l'Appendice du second Volume.

APPENDICE AU TOME I.

EXERCICES SUR LE CALCUL DIFFÉRENTIEL [1].

QUESTIONS TIRÉES DU RECUEIL DE M. TISSERAND.

1. Combien l'équation

$$\sin(x - \alpha) - m\sin^4 x = 0$$

a-t-elle de racines réelles?

2. Même question pour l'équation

$$xe^{-\sin\frac{\alpha}{2}\left(x - \frac{1}{x}\right)} = m.$$

3. L'équation $\tan g\, z = z$ n'a pas de racines imaginaires.

4. Racines imaginaires de l'équation $\tan g\, z = kz$.

5. Trouver la dérivée $n^{\text{ième}}$ de $e^{\frac{1}{x}}$; en déduire la dérivée n^{ieme} de $\varphi\left(\frac{1}{x}\right)$.

6. Trouver la dérivée $n^{\text{ième}}$ de e^{-x^2}; en déduire la dérivée $n^{\text{ième}}$ $\varphi(x^2)$.

7. Trouver la dérivée $n^{\text{ième}}$ de $\varphi(e^x)$.

8. Trouver la dérivée $n^{\text{ième}}$ de $\varphi(\log x)$.

9. Étudier les variations du rapport de la somme des surfaces des cercles tangents aux trois côtés d'un triangle à la surface du cercle circonscrit.

10. Même question pour les circonférences.

11. Étudier les variations de l'expression

$$u = (a\cos\alpha + b\cos\beta + c\cos\gamma)^2 + (a\sin\alpha + b\sin\beta + c\sin\gamma)^2$$

α, β, γ étant des angles variables.

12. Lieu géométrique du sommet d'un angle constant circonscrit à une cycloïde.

13. Lieu des centres des ellipses qui ont en un point donné un contact du troisième ordre avec une courbe donnée.

---

[1] *Recueil complémentaire d'Exercices sur le Calcul infinitésimal,* par M. TISSERAND. Paris, Gauthier-Villars.

14. Lieu des centres des hyperboles équilatères qui ont en un point donné un contact du second ordre avec une courbe donnée.

15. Trouver le lieu des foyers et l'enveloppe des axes des paraboles qui ont en un point donné un contact du second ordre avec une courbe donnée.

16. Trouver l'équation de la conique qui a en un point donné un contact du quatrième ordre avec une courbe donnée.

17. Lieu des points de rebroussement des courbes du troisième degré qui ont pour asymptotes trois droites données.

18. Intersection de la surface

$$y^2 z^2 + z^2 x^2 + x^2 y^2 - 2 x y z = 0$$

et de la sphère

$$x^2 + y^2 + z^2 = 1.$$

19. Trouver toutes les hélices dans lesquelles le rayon de courbure est proportionnel à l'arc compté d'un point fixe.

20. Trajectoires des génératrices rectilignes d'un hélicoïde développable.

---

1. Étant donnée une courbe du troisième ordre ayant un point double O, trouver l'enveloppe des cordes D qui sont vues du point O sous un angle droit. Application aux courbes représentées par les équations (¹)

$$a y^2 = x^3, \qquad x^3 + y^3 = 3 a x y.$$

2. Déterminer les points où la courbe définie par les équations

$$x = a u - b \sin u, \qquad y = a - b \cos u$$

(a et b étant des constantes et u un paramètre variable) peut avoir un contact du troisième ordre avec un cercle.

3. Trouver une courbe plane telle que le rayon de courbure en un quelconque de ses points soit proportionnel au cosinus de l'angle que la tangente fait avec l'axe des x.

4. Trouver une courbe plane telle que les diagonales du quadrilatère formé par les axes coordonnés et par la tangente et la

---

(¹) Dans ceux des énoncés où figurent des coordonnées rectilignes, on devra supposer les axes rectangulaires.

normale en un quelconque de ses points se coupent sous un angle donné.

5. En un point quelconque M d'une parabole dont le sommet est O, on élève une droite MP perpendiculaire au plan de la courbe et proportionnelle à l'aire comprise entre l'arc OM et sa corde; trouver le lieu du point P; calculer sa courbure et sa torsion en P, ainsi que la longueur de l'arc OP.

6. Déterminer une courbe située sur un cône droit et telle que toutes ses tangentes coupent une circonférence donnée dont le plan est perpendiculaire à l'axe du cône et dont le centre coïncide avec le sommet. Rectifier la courbe trouvée; calculer ses rayons de courbure et de torsion.

7. Sur un cylindre de révolution, trouver une courbe telle que la droite menée d'un quelconque de ses points M à un point fixe sur l'axe du cylindre soit proportionnelle au cosinus de l'angle qu'elle fait avec la tangente en M. Rectification de la courbe. Aire cylindrique comprise entre deux génératrices, un arc de la courbe et une section droite du cylindre.

8. Calculer les rayons de courbure et de torsion en un point de l'intersection de l'hélicoïde défini par l'équation

$$z = m \text{ arc tang } \frac{y}{x}$$

et d'une surface gauche de révolution autour de l'axe des z.

9. Calculer l'aire comprise à l'intérieur des boucles formées par l'une des courbes

$$x^{2n+1} + y^{2n+1} = ax^n y^n, \qquad x^{2n} + y^{2n} = a^2 x^{n-1} y^{n-1},$$

n étant un entier donné.

10. Aire intérieure à la courbe

$$x^4 + x^2 y^2 + y^4 = a^2 (x^2 - y^2).$$

11. Étant donnée la sphère $x^2 + y^2 + z^2 = a^2$, évaluer la portion de sa surface qui se projette sur Oxy à l'intérieur de la courbe qui a pour équation

$$r = a\sqrt{2 - 3 \text{ tang}^2 \theta}.$$

12. Étant donnée la même sphère et le cylindre

$$x^2 + y^2 + ax = 0,$$

évaluer les parties de la surface et du volume du cylindre qui sont comprises dans l'intérieur de la sphère.

13. Calculer la partie de l'aire d'un cône droit comprise entre le sommet et un plan donné

14. Le centre d'une sphère de rayon donné parcourt une hélice tracée sur un cylindre de révolution; trouver l'équation et l'aire de l'intersection du plan d'une section droite du cylindre avec la surface enveloppe de la sphère.

15. Aire de la partie d'un paraboloïde elliptique comprise à l'intérieur du lieu des points où la normale au paraboloïde fait un angle donné avec son axe.

16. Volume compris entre le plan des xy, le paraboloïde $xy = az$ et le plan $x + y + z = a$.

17. Soit AB un arc d'hélice tracée sur un cylindre de révolution; ses tangentes engendrent une portion de la surface d'un hélicoïde développable : calculer l'aire de la partie de cette surface comprise entre l'arc AB, la tangente en B et le plan de la section droite du cylindre menée par le point A; volume compris entre ce plan, le cylindre, l'hélicoïde et le plan qui touche le cylindre au point B.

18. Surface engendrée par une droite AB qui rencontre l'axe des z sous un angle constant en un point A tel que OA soit proportionnel à l'angle dièdre BOAX; évaluer l'aire de la surface située au-dessus du plan des xy et limitée par une génératrice; volume compris entre les plans Oxy, OAB et la surface.

19. Discuter le lieu du point d'intersection de deux droites, dont l'une tourne autour de l'origine avec une vitesse angulaire constante, tandis que l'autre, parallèle à l'axe des x, est animée d'un mouvement de translation uniforme. Montrer que la construction exacte de la courbe résoudrait le problème de la quadrature du cercle.

20. Déterminer l'aire comprise entre les portions situées dans l'angle positif des coordonnées (rectangulaires) des quatre courbes que représente l'équation

$$\frac{x^2}{\lambda^2} + \frac{y^2}{\lambda^2 - c^2} = 1,$$

quand on donne successivement à λ^2 les valeurs $\frac{1}{2}c^2$, $\frac{2}{3}c^2$, $\frac{4}{3}c^2$ et $\frac{5}{3}c^2$.

21. Les rayons émanés d'un point lumineux P, situé dans un

plan donné, sont réfléchis par une courbe située dans le plan; méthode générale pour déterminer l'enveloppe des rayons réfléchis. Cas où la courbe est :

1° Une parabole, le point P étant sur l'axe;

2° Une circonférence, le point P étant à l'infini.

22. On considère les sections faites dans une surface du second ordre par des plans menés suivant une droite qui touche la surface en M : lieu du centre du cercle osculateur à la développée d'une quelconque de ces sections au point qui est le centre de courbure de la section en M.

23. Déterminer l'arête de rebroussement de la surface enveloppe d'une sphère de rayon donné, qui se meut de manière à conserver un contact du second ordre avec une courbe donnée.

FIN DU PREMIER VOLUME.

PARIS. — IMPRIMERIE GAUTHIER-VILLARS,
29912   Quai des Grands-Augustins, 55.

www.ingramcontent.com/pod-product-compliance
Lightning Source LLC
Chambersburg PA
CBHW051514060726

47597CB00001B/55